AF252956

# ŒUVRES

## COMPLÈTES

# DE LAPLACE,

PUBLIÉES SOUS LES AUSPICES

## DE L'ACADÉMIE DES SCIENCES;

PAR

## MM. LES SECRÉTAIRES PERPÉTUELS.

## TOME HUITIÈME.

## PARIS,

### GAUTHIER-VILLARS ET FILS, IMPRIMEURS-LIBRAIRES

DE L'ÉCOLE POLYTECHNIQUE, DU BUREAU DES LONGITUDES

Quai des Grands-Augustins, 55.

M DCCC XCI

# ŒUVRES

### COMPLÈTES

# DE LAPLACE.

# ŒUVRES

## COMPLÈTES

# DE LAPLACE,

PUBLIÉES SOUS LES AUSPICES

## DE L'ACADÉMIE DES SCIENCES,

PAR

## MM. LES SECRÉTAIRES PERPÉTUELS.

---

## TOME HUITIÈME.

PARIS,

**GAUTHIER-VILLARS ET FILS, IMPRIMEURS-LIBRAIRES**

DE L'ÉCOLE POLYTECHNIQUE, DU BUREAU DES LONGITUDES,

Quai des Grands-Augustins, 55.

M DCCC XCI

# MÉMOIRES

### EXTRAITS DES

# RECUEILS DE L'ACADÉMIE DES SCIENCES DE PARIS

### ET DE

### LA CLASSE DES SCIENCES MATHÉMATIQUES ET PHYSIQUES
### DE L'INSTITUT DE FRANCE.

# TABLE DES MATIÈRES

## CONTENUES DANS LE HUITIÈME VOLUME.

# ERRATA.

Page 51, ligne 12, *au lieu de*

$$\frac{1}{(2p + 3q + f)^3 \left(1 + \dfrac{u}{3p + 2q + f}\right)^3} = .$$

*lire*

$$\frac{1}{(2p + 3q + f)^3 \left(1 + \dfrac{u}{2p + 3q + f}\right)^3} = .$$

Page 206, ligne 3 en remontant, *au lieu de* $\dfrac{S\psi' - \psi}{Mr}$, *lire* $\dfrac{S\psi' - \psi}{Mr}$.

# MÉMOIRES

EXTRAITS DES

# RECUEILS DE L'ACADÉMIE DES SCIENCES DE PARIS

ET DE

LA CLASSE DES SCIENCES MATHÉMATIQUES ET PHYSIQUES
DE L'INSTITUT DE FRANCE.

# MÉMOIRE

### SUR

# LES SUITES RÉCURRO-RÉCURRENTES

#### ET SUR LEURS USAGES

## DANS LA THÉORIE DES HASARDS.

# MÉMOIRE

## SUR

# LES SUITES RÉCURRO-RÉCURRENTES

### ET SUR LEURS USAGES

## DANS LA THÉORIE DES HASARDS (¹).

*Mémoires de l'Académie Royale des Sciences de Paris (Savants étrangers).*
Tome VI. p. 353; 1774.

1. On peut concevoir ainsi la formation des suites récurrentes : si $\varphi$ exprime une fonction quelconque de $x$, et que l'on y substitue successivement, au lieu de $x$, 1, 2, 3, ..., on formera une suite de termes dont je désigne par $y_x$ celui qui répond au nombre $x$; cela posé, si dans cette suite chaque terme est égal à un nombre quelconque de termes précédents, multipliés chacun par une fonction de $x$ à volonté, la suite est alors récurrente.

Telle est l'idée la plus générale que l'on puisse s'en former, et c'est sous ce point de vue que je les ai considérées dans un Mémoire antérieur présenté à l'Académie (²).

Je suppose maintenant que $\varphi$ est une fonction de $x$ et de $n$, et que l'on y substitue successivement au lieu de $x$ et de $n$ les nombres 1, 2, 3, ... : on formera pour chaque valeur de $n$ une suite dont je désigne le terme répondant aux nombres $x$ et $n$ par $_n y_x$; or, si $_n y_x$ est égal à un nombre quelconque de termes précédents pris dans un nombre quel-

---

(¹) Par M. de la Place, Professeur à l'École Royale militaire.
(²) *Voir* le Tome IV des *Mémoires de Turin.*

conque de ces suites et multipliés chacun par une fonction de $x$ et de $n$, ces suites seront ce que j'appelle *suites récurro-récurrentes*; elles diffèrent des suites récurrentes en ce que leur terme général a deux indices variables.

Comme la considération de ces suites m'a paru très utile dans la Théorie des hasards, et qu'elles n'ont encore été examinées par personne, que je sache, j'ai cru qu'il ne serait pas inutile de les développer ici avec quelque étendue.

2. Problème I. — *Je suppose que l'on ait une suite d'équations de cette forme*

$$_1y_x + A._1y_{x-1} + B._1y_{x-2} + \ldots + N = 0,$$

$$_2y_x + A_2._2y_{x-1} + B_2._2y_{x-1} + \ldots + N_2$$
$$= H_2._1y_x + M_2._1y_{x-1} + P_2._1y_{x-2} + \ldots,$$

$$_3y_x + A_3._3y_{x-1} + B_3._3y_{x-1} + \ldots + N_3$$
$$= H_3._2y_x + M_3._2y_{x-1} + P_3._2y_{x-2} + \ldots,$$

$$\ldots\ldots\ldots\ldots\ldots\ldots\ldots\ldots\ldots\ldots$$

$$(1) \qquad \left\{ \begin{array}{l} _ny_x + A_n._ny_{x-1} + B_n._ny_{x-2} + \ldots + N_n \\[4pt] = H_n._{n-1}y_x + M_n._{n-1}y_{x-1} + \ldots. \end{array} \right.$$

*Il faut déterminer la valeur de* $_ny_x$; $A_n$, $B_n$, ..., $N_n$, $H_n$, ... *étant des fonctions quelconques de* $n$, *et* $A_2$, $B_2$, ..., $A_3$, $B_3$, ... *étant ce que deviennent ces fonctions lorsque l'on y substitue successivement, au lieu de* $n$, 1, 2, 3, ..., *enfin* A, B, N, ... *étant des constantes quelconques.*

Supposons d'abord que l'on ait

$$(a) \qquad _1y_x + A._1y_{x-1} = 0,$$

$$(b) \qquad _2y_x + A_2._2y_{x-1} = H_2._1y_x + M_2._1y_{x-1}.$$

La seconde de ces équations donnera

$$_2y_{x-1} + A_2._2y_{x-1} = H_2._1y_{x-1} + M_2._1y_{x-2},$$

mais l'équation $(a)$ donne

$$_1y_{x-2} = - \frac{_1y_{x-1}}{A},$$

partant

(c)
$$_2y_{x-1} + A_{1\cdot2}\,y_{x-2} = \Pi_{2\cdot1}\,y_{x-1} - \frac{M_2}{A}\,_1y_{x-1};$$

multipliant l'équation ($a$) par $-\alpha$, l'équation ($c$) par $\beta$, et les ajoutant avec l'équation ($b$), on aura

$$_2y_x + {}_2y_{x-1}(A_2 + \beta) + \beta A_{1\cdot2}\,y_{x-2}$$
$$= {}_1y_x(\alpha + \Pi_2) \div {}_1y_{x-1}\left[\alpha A + M_2 + \beta\left(\Pi_2 - \frac{M_2}{A}\right)\right].$$

On fera disparaitre $_1y_x$ et $_1y_{x-1}$, au moyen des équations

$$\alpha + \Pi_2 = 0,$$
$$\alpha A + M_2 + \beta\left(\Pi_2 - \frac{M_2}{A}\right) = 0;$$

on voit que, en suivant ce procédé, il est toujours possible de transformer l'équation ($1$) du problème dans la suivante

(2)
$$_n y_x = a_n\cdot{}_n y_{x-1} + b_n\cdot{}_n y_{x-2} + c_n\cdot{}_n y_{x-3} + \ldots + u_n,$$

$a_n$, $b_n$, ..., $u_n$ étant des fonctions de $n$ et de constantes que l'on déterminera par la méthode suivante.

L'équation (2) donnera les suivantes :

$$\Pi_n\cdot{}_{n-1} y_x = \Pi_n(a_{n-1\cdot n-1} y_{x-1} + b_{n-1\cdot n-1} y_{x-2} + \ldots + u_{n-1}),$$
$$M_n\cdot{}_{n-1} y_{x-1} = M_n(a_{n-1\cdot n-1} y_{x-2} + b_{n-1\cdot n-1} y_{x-3} + \ldots + u_{n-1}),$$
$$P_n\cdot{}_{n-1} y_{x-2} = P_n(a_{n-1\cdot n-1} y_{x-3} + b_{n-1\cdot n-1} y_{x-4} + \ldots + u_{n-1}),$$
$$\cdots\cdots\cdots\cdots\cdots\cdots\cdots\cdots\cdots\cdots\cdots$$

En comparant ces équations avec l'équation ($1$), on aura

$$_1y_x + A_n\cdot{}_n y_{x-1} + B_n\cdot{}_n y_{x-2} + \ldots + N_n = a_{n-1}({}_n y_{x-1} + A_n\cdot{}_n y_{x-2} + \ldots + N_n)$$
$$+ b_{n-1}({}_n y_{x-2} + A_n\cdot{}_n y_{x-3} + \ldots + N_n)$$
$$+ \cdots\cdots\cdots\cdots\cdots\cdots\cdots\cdots\cdots$$
$$+ u_{n-1}(\Pi_n + M_n + P_n + \ldots).$$

Si l'on compare cette équation avec l'équation (2), on aura

$$a_n = a_{n-1} - A_n,$$
$$b_n = b_{n-1} + a_{n-1} A_n - B_n,$$
$$c_n = c_{n-1} + b_{n-1} A_n + a_{n-1} B_n - c_n,$$
$$\dots\dots\dots\dots\dots\dots\dots\dots\dots,$$
$$u_n = u_{n-1}(H_n + M_n + P_n + \dots) - N_n(1 - a_{n-1} - b_{n-1} - c_{n-1} - \dots).$$

L'équation (1) du problème sera donc ainsi transformée dans l'équation (2) qui est aux suites récurrentes ordinaires, et que l'on intégrera facilement par la méthode exposée dans le Mémoire cité ci-dessus.

3. PROBLÈME II. — *On propose d'intégrer l'équation* différentio-différentielle

$$(3) \quad \left\{ \begin{aligned} & _nY_x + A_n \cdot {_n}y_{x-1} + B_n \cdot {_n}y_{x-2} + \dots + N_n \\ & = H_{n \cdot n-1} y_x + M_{n \cdot n-1} y_{x-1} + P_{n \cdot n-1} y_{x-2} + \dots \\ & + \alpha_{n \cdot n-2} y_x + \beta_{n \cdot n-2} y_{x-1} + \gamma_{n \cdot n-2} y_{x-2} + \dots, \end{aligned} \right.$$

*en supposant que l'on ait*

$$_2y_x + A \cdot {_2}y_{x-1} + B \cdot {_2}y_{x-2} + \dots + N = H \cdot {_1}y_x + M \cdot {_1}y_{x-1} + P \cdot {_1}y_{x-2} + \dots.$$

On fera voir aisément, comme dans le problème précédent, qu'il est toujours possible de transformer l'équation (3) dans une autre, telle que

$$(4) \quad \left\{ \begin{aligned} & _ny_x = a_n \cdot {_n}y_{x-1} + b_n \cdot {_n}y_{x-2} + c_n \cdot {_n}y_{x-3} + \dots + u_n \\ & + h_{n \cdot n-1} y_x + l_{n \cdot n-1} y_{x-1} + p_{n \cdot n-1} y_{x-2} + \dots; \end{aligned} \right.$$

on aura donc

$$\alpha_{n \cdot n-1} y_x = \alpha_n \big( a_{n-1 \cdot n-1} y_{x-1} + b_{n-1 \cdot n-1} y_{x-2} + c_{n-1 \cdot n-1} y_{x-3} + \dots + u_{n-1}$$
$$+ h_{n-1 \cdot n-2} y_x + l_{n-1 \cdot n-2} y_{x-1} + p_{n-1 \cdot n-2} y_{x-2} + \dots \big),$$
$$\beta_{n \cdot n-1} y_{x-1} = \beta_n \big( a_{n-1 \cdot n-1} y_{x-2} + b_{n-1 \cdot n-1} y_{x-3} + c_{n-1 \cdot n-1} y_{x-4} + \dots + u_{n-1}$$
$$+ h_{n-1 \cdot n-2} y_{x-1} + l_{n-1 \cdot n-2} y_{x-2} + p_{n-1 \cdot n-2} y_{x-3} + \dots \big),$$
$$\gamma_{n \cdot n-1} y_{x-2} = \gamma_n \big( a_{n-1 \cdot n-1} y_{x-3} + \dots + u_{n-1}$$
$$+ h_{n-1 \cdot n-2} y_{x-2} + \dots \big),$$
$$\dots\dots\dots\dots\dots\dots\dots\dots\dots\dots\dots\dots\dots\dots\dots,$$

ce qui donnera, en combinant ces équations avec l'équation (3) du problème,

$$\alpha_{n \cdot n-1} y_x + \beta_{n \cdot n-1} y_{x-1} + \gamma_{n \cdot n-1} y_{x-2} + \dots$$
$$= a_{n-1}(\alpha_{n \cdot n-1} y_{x-1} + \beta_{n \cdot n-1} y_{x-2} + \dots)$$
$$+ b_{n-1}(\alpha_{n \cdot n-1} y_{x-2} + \dots)$$
$$+ \dots \dots \dots \dots \dots \dots \dots \dots \dots$$
$$+ h_{n-1}(_n y_x + A_{n \cdot n} y_{x-1} + B_{n \cdot n} y_{x-2} + \dots$$
$$\qquad - H_{n \cdot n-1} y_x - M_{n \cdot n-1} y_{x-1} - \dots)$$
$$+ l_{n-1}(_n y_{x-1} + A_{n \cdot n} y_{x-2} + B_{n \cdot n} y_{x-3} + \dots$$
$$\qquad - H_{n \cdot n-1} y_{x-1} - M_{n \cdot n-1} y_{x-2} - \dots)$$
$$+ \dots \dots \dots \dots \dots \dots \dots \dots \dots \dots \dots \dots \dots$$
$$+ u_{n-1}(\alpha_n + \beta_n + \gamma_n + \dots)$$
$$+ N_n(h_{n-1} + l_{n-1} + \dots).$$

Donc

$$_n y_x = {}_n y_{x-1}\left(-A_n - \frac{l_{n-1}}{h_{n-1}}\right) + {}_n y_{x-2}\left(-B_n - \frac{l_{n-1}A_n}{h_{n-1}} - \frac{p_{n-1}}{h_{n-1}}\right) + \dots$$
$$+ {}_{n-1}y_x\left(\frac{\alpha_n}{h_{n-1}} + H_n\right) + {}_{n-1}y_{x-1}\left(\frac{\beta_n}{h_{n-1}} + M_n + l_{n-1}\frac{H_n}{h_{n-1}} - \frac{\alpha_n a_{n-1}}{h_{n-1}}\right)$$
$$+ {}_{n-1}y_{x-2}\left(\frac{\gamma_n}{h_{n-1}} + P_n + \frac{l_{n-1}M_n}{h_{n-1}} + \frac{p_{n-1}H_n}{h_{n-1}} - \frac{\alpha_n b_{n-1}}{h_{n-1}} - \frac{a_{n-1}\beta_n}{h_{n-1}}\right)$$
$$+ \dots \dots \dots \dots \dots \dots \dots \dots \dots \dots \dots \dots \dots \dots$$
$$- u_{n-1}\frac{\alpha_n + \beta_n + \dots}{h_{n-1}} - N_n\frac{h_{n-1} + l_{n-1} + \dots}{h_{n-1}};$$

d'où l'on tirera, en comparant avec l'équation (4),

$$(\text{I}) \qquad \frac{\alpha_n}{h_{n-1}} + H_n = h_n,$$

$$(\text{II}) \qquad a_n = -A_n - \frac{l_{n-1}}{h_{n-1}},$$

$$(\text{III}) \qquad l_n = \frac{\beta_n}{h_{n-1}} + M_n + \frac{l_{n-1}H_n}{h_{n-1}} - \frac{\alpha_n a_{n-1}}{h_{n-1}},$$

$$(\text{IV}) \qquad b_n = -B_n - \frac{l_{n-1}A_n}{h_{n-1}} - \frac{p_{n-1}}{h_{n-1}},$$

$$(\text{V}) \qquad p_n = \frac{\gamma_n}{h_{n-1}} + P_n + \frac{l_{n-1}M_n}{h_{n-1}} + \frac{p_{n-1}H_n}{h_{n-1}} - \frac{\alpha_n b_{n-1}}{h_{n-1}} - \frac{a_{n-1}\beta_n}{h_{n-1}},$$

$$\dots \dots \dots \dots \dots \dots \dots \dots \dots \dots \dots \dots$$

De la première de ces équations, on conclura $h_n$, la deuxième donnera

$$l_n = - a_{n+1} h_n - A_{n+1} h_n;$$

cette valeur de $l_n$, substituée dans la troisième, donnera

$$- a_{n+1} h_n - A_{n+1} h_n = \frac{\beta_n}{h_{n-1}} + M_n - H_n a_n - H_n A_n - \frac{\alpha_n a_{n-1}}{h_{n-1}},$$

d'où l'on conclura $a_n$, et partant $l_n$; en combinant de la même manière la quatrième et la cinquième, ... équation, on aura l'expression de $b_n$, $c_n$, $p_n$, et ainsi du reste, et l'on déterminera $u_n$ par l'équation

$$u_n = - u_{n-1} \frac{\alpha_n + \beta_n + \dots}{h_{n-1}} - N_n \frac{h_{n-1} + l_{n-1} + \dots}{h_{n-1}}.$$

4. Si l'on appelle *équation du premier ordre* une équation aux suites récurrentes, *équation du deuxième ordre* une équation telle que celle du problème I, *équation du troisième ordre* une équation telle que celle du problème II, et ainsi de suite, on voit qu'il est toujours possible d'abaisser par la méthode précédente une équation d'un ordre quelconque $r$ à une autre d'un ordre inférieur, pourvu que, dans une supposition particulière pour $n$, l'équation de l'ordre $r$ devienne de l'ordre $r - 1$, et la même méthode aurait encore lieu si la différence constante, au lieu d'être l'unité, était un nombre $q$ quelconque; il serait inutile de nous arrêter sur cela davantage : nous allons présentement donner quelques applications de cette théorie.

5. Les problèmes les plus compliqués de toute la théorie des hasards ont pour objet la durée des événements, et l'on va voir avec quelle facilité ils peuvent être résolus par la méthode des suites récurro-récurrentes.

PRINCIPE.

*La probabilité d'un événement est égale à la somme des produits de chaque cas favorable par sa probabilité divisée par la somme des produits de chaque cas possible par sa probabilité, et si chaque cas est également probable, la probabilité de l'événement est égale au nombre des cas favorables divisé par le nombre de tous les cas possibles.*

PROBLÈME III. — *Deux joueurs A et B jouent à cette condition, qu'à chaque coup celui qui perdra donnera un écu à l'autre ; je suppose que l'adresse de A soit à celle de B comme a : b, et que A ait un nombre m d'écus et B un nombre n ; on demande quelle est la probabilité que le jeu ne finira pas avant ou au nombre x de coups.*

Je suppose d'abord $a = b$, $m = n$, et que $n$ soit un nombre pair ; il est visible que $x$ doit être alors pair ; soit $_0 y_x$ le nombre des cas possibles suivant lesquels, au coup $x$, le gain des deux joueurs est zéro : $_2 y_x$ le nombre des cas suivant lesquels il est égal à 2, et ainsi de suite ; il est évident que le nombre de tous les cas possibles est $2^x$ ; si donc l'on nomme $_n z_x$ la probabilité que le jeu ne finira pas au coup $x$, on aura

$$_n z_x = \frac{_0 y_x + _2 y_x + _4 y_x + \ldots + _{n-2} y_x}{2^x} ;$$

mais il est facile de former les équations suivantes, d'après les conditions du problème,

$$_0 y_x = 2 \cdot {}_0 y_{x-2} + {}_2 y_{x-2},$$
$$_2 y_x = 2 \cdot {}_2 y_{x-2} + 2 \cdot {}_0 y_{x-2} + {}_4 y_{x-2},$$
$$_4 y_x = 2 \cdot {}_4 y_{x-2} + {}_2 y_{x-2} + {}_6 y_{x-2},$$
$$_6 y_x = 2 \cdot {}_6 y_{x-2} + {}_4 y_{x-2} + {}_8 y_{x-2},$$
$$\ldots \ldots \ldots \ldots \ldots \ldots \ldots \ldots ,$$
$$_{n-2} y_x = 2 \cdot {}_{n-2} y_{x-2} + {}_{n-4} y_{x-2},$$

d'où l'on tire

$$_0 y_x + _2 y_x + _4 y_x + \ldots + _{n-2} y_x = 4 \cdot {}_0 y_{x-2} + 4 \cdot {}_2 y_{x-2} + \ldots + 4 \cdot {}_{n-2} y_{x-2} - {}_{n-2} y_{x-2},$$

ce qui donne

$$_n z_x = {}_n z_{x-2} - \frac{_{n-2} y_{x-2}}{2^x}$$

ou

$$2^x \Delta . {}_n z_{x-2} = - {}_{n-2} y_{x-2},$$

$\Delta . {}_n z_{x-2}$ désignant la différence finie de $_n z_{x-2}$, en regardant $x$ seule comme variable, la différence constante étant 2.

Reprenons maintenant les deux équations

$$(1) \qquad \begin{aligned} {}_0 y_x &= 2 \cdot {}_0 y_{x-1} + {}_1 y_{x-2}, \\ {}_1 y_x &= 2 \cdot {}_1 y_{x-1} + 2 \cdot {}_0 y_{x-2} + {}_2 y_{x-1}. \end{aligned}$$

La première donne

$$(2) \qquad {}_0 y_{x-2} = 2 \cdot {}_0 y_{x-1} + {}_1 y_{x-1},$$

et la seconde donne

$$(3) \qquad {}_1 y_{x-2} = 2 \cdot {}_1 y_{x-1} + 2 \cdot {}_0 y_{x-1} + {}_2 y_{x-1}.$$

Si l'on multiplie l'équation (2) par $\alpha$, et l'équation (3) par $\beta$, et qu'ensuite on les ajoute avec l'équation (1), on aura

$$\begin{aligned} {}_1 y_x = (2-\beta) \cdot {}_2 y_{x-2} &+ (\alpha + 2\beta) \cdot {}_1 y_{x-1} + (3-\alpha) \cdot {}_0 y_{x-2} \\ &+ (3\alpha + 2\beta) \cdot {}_0 y_{x-1} + {}_1 y_{x-2} + \beta \cdot {}_1 y_{x-1}. \end{aligned}$$

Soit

$$3 - \alpha = 0 \quad \text{ou} \quad \alpha = 2, \qquad \text{et} \qquad 2\alpha + 2\beta = 0 \quad \text{ou} \quad \beta = -2;$$

on aura ainsi les équations suivantes :

$$(h) \qquad \left\{ \begin{aligned} {}_2 y_x &= 4 \cdot {}_2 y_{x-2} - 2 \cdot {}_1 y_{x-1} + {}_1 y_{x-2} - 2 \cdot {}_3 y_{x-1}, \\ {}_1 y_x &= 2 \cdot {}_1 y_{x-2} + {}_2 y_{x-2} + {}_0 y_{x-1}, \\ &\cdots\cdots\cdots\cdots\cdots\cdots\cdots\cdots , \\ {}_q y_x &= 2 \cdot {}_q y_{x-2} + {}_{q-1} y_{x-2} + {}_{q+1} y_{x-1}, \\ &\cdots\cdots\cdots\cdots\cdots\cdots\cdots\cdots , \\ {}_{n-1} y_x &= 2 \cdot {}_{n-1} y_{x-2} + {}_{n-1} y_{x-1}. \end{aligned} \right.$$

Ces équations se rapportent évidemment au problème II ; je suppose donc que l'on ait en général

$$(k) \qquad \left\{ \begin{aligned} {}_q y_x = a_q \cdot {}_q y_{x-2} &+ b_q \cdot {}_q y_{x-4} + c_q \cdot {}_q y_{x-6} + \ldots + u_q \\ &+ h_q \cdot {}_{q+1} y_{x-2} + l_q \cdot {}_{q+1} y_{x-4} + p_q \cdot {}_{q+1} y_{x-6} + \ldots : \end{aligned} \right.$$

On aura donc

$$\begin{aligned} {}_{q-2} y_{x-1} = a_{q-2} \cdot {}_{q-2} y_{x-3} &+ b_{q-2} \cdot {}_{q-2} y_{x-5} + c_{q-2} \cdot {}_{q-2} y_{x-7} + \ldots + u_{q-2} \\ &+ h_{q-2} \cdot {}_{q-1} y_{x-3} + l_{q-2} \cdot {}_{q-1} y_{x-5} + p_{q-2} \cdot {}_{q-1} y_{x-7} + \ldots . \end{aligned}$$

Substituant dans cette équation, au lieu de ${}_{q-2} y_{x-2}, {}_{q-2} y_{x-1}, \ldots$, leurs valeurs que fournit l'équation $(h)$, on aura

$$_q y'_x = (2 + a_{q-1}) \cdot _q y'_{x-2} + (b_{q-1} - 2a_{q-2} + h_{q-2}) \cdot _q y'_{x-3}$$
$$+ (c_{q-2} - 2b_{q-3} + l_{q-2}) \cdot _q y'_{x-6} + \ldots$$
$$+ _{q+2} y'_{x-2} - a_{q-2} \cdot _{q+2} y'_{x-4} - b_{q-3} \cdot _{q+2} y'_{x-6} - \ldots + u_{q-2}.$$

Donc, en comparant cette équation avec l'équation $(k)$, on aura :

1°
$$2 + a_{q-1} = a_q;$$

or, comme ici la différence constante est 2, on aura en intégrant $a_q = q + c$, $c$ étant une constante, et, posant $q = 2$, on a $a_q = 4$; donc $c = 2$, partant $a_q = q + 2 = m$, en faisant $q + 2 = m$.

2°
$$h_q = 1.$$

3°
$$b_{q-2} - 2a_{q-1} + h_{q-1} = b_q;$$

d'où l'on conclura en intégrant et ajoutant la constante convenable
$$b_q = - \frac{m(m-3)}{1 \cdot 2}.$$

4°
$$l_q = - a_{q-1} = - (m - 2).$$

5°
$$c_q = c_{q-2} - 2b_{q-2} + l_{q-1};$$

donc $c_q = \dfrac{m(m-4)(m-5)}{1 \cdot 2 \cdot 3} \ldots$, enfin $u_q = u_{q-2}$; partant $u_q = C$; or $q$ étant 2, on a $C = 0$, donc $u_q = 0$; ainsi l'on aura

$$_q y'_x = m \cdot _q y'_{x-2} - \frac{m(m-3)}{1 \cdot 2} \cdot _q y'_{x-4} + \frac{m(m-4)(m-5)}{1 \cdot 2 \cdot 3} \cdot _q y'_{x-6} - \ldots$$
$$+ _{q+2} y'_{x-2} - \frac{m-3}{1} \cdot _{q+2} y'_{x-4} + \ldots.$$

Si nous supposons maintenant $q = n - 2$, alors il ne faudra point tenir compte des termes $_{q+2} y'_{x-2}, \ _{q+2} y'_{x-4}, \ldots$, et nous aurons dans cette supposition $m = n$; donc

$$_{n-2} y'_x = n \cdot _{n-2} y'_{x-2} - \frac{n(n-3)}{1 \cdot 2} \cdot _{n-2} y'_{x-4} + \ldots.$$

Substituant dans cette équation, au lieu de $_{n-2} y'_x, \ _{n-2} y'_{x-2}, \ldots$, leurs valeurs $- 2^{x+2} \Delta \cdot _n z_x, \ - 2^x \Delta \cdot _n z_{x-2}, \ldots$, nous aurons, après avoir intégré,

$$_n\bar{s}_x = \frac{n}{4}\cdot {}_n\bar{s}_{x-2} - \frac{n(n-3)}{1.2}\,\frac{1}{4^2}\cdot {}_n\bar{s}_{x-4} + \frac{n(n-4)(n-5)}{1.2.3}\,\frac{1}{4^3}\cdot {}_n\bar{s}_{x-6} - \ldots + \mathrm{H};$$

pour déterminer cette constante H, on doit observer qu'en supposant $x = n$, on aura

$$_n\bar{s}_x = 1 - \frac{1}{2^{n-1}}, \qquad _n\bar{s}_{x-2} = 1, \qquad _n\bar{s}_{x-4} = 1, \qquad \ldots,$$

donc

$$1 - \frac{1}{2^{n-1}} = \frac{1}{4}n - \frac{n(n-3)}{1.2}\,\frac{1}{4^2} + \frac{n(n-4)(n-5)}{1.2.3}\,\frac{1}{4^3} - \ldots + \mathrm{H}.$$

Or on sait que, si l'on nomme $\cos\varphi = y$, on aura

$$\cos n\varphi = 2^{n-1}y^n - n\,2^{n-3}y^{n-2} + \frac{n(n-3)}{1.2}\,2^{n-5}y^{n-4} + \ldots.$$

Posant donc $\varphi = 0$, on aura

$$1 - \frac{1}{2^{n-1}} = \frac{n}{4} - \frac{n(n-3)}{1.2.4^2} + \frac{n(n-4)(n-5)}{1.2.3.4^3} - \ldots,$$

d'où l'on conclut $\mathrm{H} = 0$.

Supposons actuellement que $n$ soit un nombre impair, $x$ sera alors impair, et nous aurons

$$_n\bar{s}_x = \frac{_1y'_x + {}_2y'_x + {}_3y'_x + \ldots + {}_{n-1}y'_x}{2^x};$$

ensuite on formera les équations suivantes :

$$_1y'_x = 3\cdot {}_1y'_{x-2} + {}_2y'_{x-1},$$
$$_2y'_x = 2\cdot {}_2y'_{x-2} + {}_1y'_{x-1} + {}_3y'_{x-2},$$
$$_3y'_x = 2\cdot {}_3y'_{x-2} + {}_2y'_{x-1} + {}_1y'_{x-1},$$
$$\ldots\ldots\ldots\ldots\ldots\ldots\ldots\ldots\ldots\ldots\ldots,$$
$$_{n-2}y'_x = 2\cdot {}_{n-2}y'_{x-2} + {}_{n-1}y_{x-2};$$

en opérant ensuite comme précédemment, on aura l'équation

$$_n\bar{s}_x = \frac{n}{4}\cdot {}_n\bar{s}_{x-2} - \frac{n(n-3)}{1.2}\,\frac{1}{4^2}\cdot {}_n\bar{s}_{x-4} + \ldots.$$

la même que pour les nombres pairs.

Supposons maintenant que les nombres des écus des deux joueurs soient égaux et pairs, et que les adresses de ces joueurs soient inégales et dans la raison de $a$ à $b$; en nommant ${}_0y_x$ le nombre des cas suivant lesquels au coup $x$ le gain des deux joueurs est zéro, ${}_2y_x$ le nombre des cas suivant lesquels le gain de A peut être 2, et ${}_2'y_x$ le nombre des cas suivant lesquels le gain de B peut être 2, et ainsi de suite, on formera aisément les équations suivantes :

$$(\mathit{1}) \qquad {}_0y_x = 2ab\cdot{}_0y_{x-2} + b^2\cdot{}_2y_{x-1} + a^2\cdot{}_1'y_{x-2},$$

$$(\mathit{2}) \qquad {}_2y_x = 2ab\cdot{}_2y_{x-2} + a^2\cdot{}_0y_{x-2} + b^2\cdot{}_1y_{x-2},$$

$$(\mathit{3}) \qquad {}_1y_x = 2ab\cdot{}_1y_{x-2} + a^2\cdot{}_2y_{x-2} + b^2\cdot{}_0y_{x-2},$$

$$\cdots\cdots\cdots\cdots\cdots\cdots\cdots\cdots\cdots,$$

$$_{n-2}y_x = 2ab\cdot{}_{n-2}y_{x-2} + a^2\cdot{}_{n-1}y_{x-2},$$

$$\cdots\cdots\cdots\cdots\cdots\cdots\cdots\cdots\cdots,$$

$$_2'y_x = 2ab\cdot{}_2'y_{x-2} + b^2\cdot{}_0y_{x-2} + a^2\cdot{}_1'y_{x-2},$$

$$_1'y_x = 2ab\cdot{}_1'y_{x-2} + b^2\cdot{}_2'y_{x-2} + a^2\cdot{}_6'y_{x-2},$$

$$\cdots\cdots\cdots\cdots\cdots\cdots\cdots\cdots\cdots,$$

$$_{n-2}'y_x = 2ab\cdot{}_{n-2}'y_{x-2} + b^2\cdot{}_{n-1}'y_{x-2};$$

or ici le nombre de tous les cas multipliés par leur probabilité particulière est $(a + b)^x$ : nous aurons donc

$$\Delta\cdot{}_n3_{x-2} = -\frac{a^2\cdot{}_{n-2}y_x}{(a+b)^x} - \frac{b^2\cdot{}_{n-1}'y_x}{(a+b)^c};$$

or il est aisé de voir que l'on a ${}_2'y_x = \dfrac{b^2}{a^2}\cdot{}_2y_x$; substituant cette valeur de ${}_2'y_x$ dans l'équation $(\mathit{1})$, on aura

$$_0y_x = 2ab\cdot{}_0y_{x-1} + 2b^2\cdot{}_2y_{x-2}.$$

Éliminant de cette équation $(^1)$ ${}_0y_x$ au moyen de l'équation $(\mathit{2})$, on aura

$$_2y_x = 4ab\cdot{}_2y_{x-2} - 2a^2b^2\cdot{}_1y_{x-1} + b^2\cdot{}_1y_{x-2} - 2ab^3\cdot{}_1y_{x-1}.$$

---

$(^1)$ Il faut changer dans cette équation $x$ en $x - 2$, et éliminer ${}_0y_{x-2}$ et ${}_0y_{x-1}$ entre l'équation ainsi obtenue, l'équation $(\mathit{2})$ et celle qu'on en déduit en remplaçant $x$ par $x - 2$.

(Note de l'Éditeur.)

Cette équation, avec l'équation $(v)$ et les suivantes, donnera, par un procédé semblable au précédent,

$$_{n-2}y'_x = nab._{n-2}y'_{x-1} - \frac{n(n-3)}{1.2} a^2 b^2._{n-2}y'_{x-1} + \ldots,$$

d'où nous conclurons

$$_n z_x = \frac{nab}{(a+b)^2} ._n z_{x-2} - \frac{n(n-3)}{1.2} \frac{a^2 b^2}{(a+b)^4} ._n z_{x-1} + \ldots + \mathrm{II}.$$

Si $n$ était impair, le problème se résoudrait exactement de la même manière; ainsi il serait inutile de nous y arrêter davantage.

Mais voici une autre manière de traiter le même problème, toujours suivant la méthode des suites récurro-récurrentes; on fera

$$_{n-2}y'_x = _0 v_x, \qquad _{n-1}y'_x = _2 v_x, \qquad \ldots,$$

et l'on aura les équations

$$_0 v_x = 2ab._0 v_{x-1} + b_2._2 v_{x-1},$$

$$_2 v_x = 2ab._2 v_{x-1} + b_2._4 v_{x-1},$$

$$\ldots \ldots \ldots \ldots \ldots \ldots \ldots \ldots$$

D'où l'on tirera facilement, par le Problème II, une équation entre $_{n-1}v_x, \;_{n-1}v_{x-2}, \ldots$ et $_{n-2}v_{x-2}, \;_{n-2}v_{x-1}, \ldots$, ou, ce qui est la même chose, entre $_2y'_x, \;_2y'_{x-2}, \ldots$ et $_0y_{x-2}, \;_0y_{x-1}, \ldots$; à l'aide de cette équation et des deux équations $(t)$ et $(v)$, on éliminera facilement $_2y'_x, \;_2y'_{x-2}$ et $_0y_{x-2}, \;_0y_{x-1}$, et l'on aura une équation entre $_2y_x, \;_2y_{x-2}, \ldots$ et $_4y_{x-2}, \;_4y_{x-1}, \ldots$, d'où ensuite il sera facile, par le Problème II, de trouver une équation entre $_{n-2}y_x, \;_{n-2}y_{x-2}, \ldots$, et, changeant dans cette équation $a$ en $b$ et $b$ en $a$, on aura une seconde équation entre $_{n-2}y'_x, \;_{n-2}y'_{x-2}, \ldots$, et de ces deux équations on aura facilement $_n z_x$.

Ce serait le même procédé si le nombre d'écus était différent pour les deux joueurs, et le problème n'a d'autre difficulté que la longueur du calcul.

6. Je passe maintenant au Problème suivant, qui m'a été proposé à l'occasion d'un pari fait sur la loterie de l'École militaire.

PROBLÈME IV. — *Une loterie étant composée d'un nombre n de numéros 1,
2, 3, ..., n, dont il sort un nombre p à chaque tirage, on demande la
probabilité qu'après x tirages tous les numéros seront sortis.*

Supposons que S parie que tous les numéros ne seront pas sortis
après ce nombre de tirages, et cherchons tous les cas favorables à S ;
il est clair que leur nombre est égal :

1° Au nombre de cas suivant lesquels le numéro 1 peut n'être pas
sorti après le tirage $x$ ;

2° Au nombre des cas suivant lesquels le numéro 2 peut n'être pas
sorti, le numéro 1 étant sorti ;

3° Au nombre des cas suivant lesquels le numéro 3 peut n'être pas
sorti, les numéros 1 et 2 étant sortis, et ainsi de suite ; si donc l'on
nomme $_qY_x$ la somme de tous ces cas jusqu'au numéro $q$, on aura

$$_qY_n = {_{q-1}}Y_n - {_{q-1}}Y_{n-1} + \left[ \frac{(n-1)\ldots(n-p)}{1.2\ldots p} \right]^x,$$

équation qui se rapporte au Problème I, $q$ et $n$ étant supposés variables et $x$ constant ; voici comment on peut l'intégrer dans ce cas particulier ; posant $q$ successivement égal à 1, 2, 3, ..., on aura

$$_1Y_n = \left[ \frac{(n-1)\ldots(n-p)}{1.2\ldots p} \right]^x,$$

$$_2Y_n = 2 \left[ \frac{(n-1)\ldots(n-p)}{1.2\ldots p} \right]^x - \left[ \frac{(n-2)\ldots(n-p-1)}{1.2\ldots p} \right]^x,$$

$$_3Y_n = 3 \left[ \frac{(n-1)\ldots(n-p)}{1.2\ldots p} \right]^x - 3 \left[ \frac{(n-2)\ldots(n-p-1)}{1.2\ldots p} \right]^x + \left[ \frac{(n-3)\ldots(n-p-2)}{1.2\ldots p} \right]^x,$$

d'où l'on conclura facilement

$$_nY_n = n \left[ \frac{(n-1)\ldots(n-p)}{1.2\ldots p} \right]^x - \frac{n(n-1)}{1.2} \left[ \frac{(n-2)\ldots(n-p-1)}{1.3\ldots p} \right]^x$$
$$+ \frac{n(n-1)(n-2)}{1.2.3} \left[ \frac{(n-3)\ldots(n-p-2)}{1.2\ldots p} \right]^x + \ldots.$$

Or ici la somme de tous les cas possibles est $\left[ \dfrac{n(n-1)\ldots(n-p+1)}{1.2\ldots p} \right]^x$ ;

nommant donc $z_x$ la probabilité de S, on aura

$$z_x = n \left[ \frac{(n-1)(n-2)\ldots(n-p)}{n(n-1)\ldots(n-p+1)} \right]^x - \frac{n(n-1)}{1 \cdot 2} \left[ \frac{(n-2)\ldots(n-p-1)}{n\ldots(n-p+1)} \right]^x + \ldots$$

Si l'on veut appliquer cette formule à la loterie de l'École militaire, il faut, suivant la nature de cette loterie, supposer $n = 90$ et $p = 5$.

7. La notation que nous avons employée et la manière dont nous considérons le calcul aux différences finies à deux variables sont, comme l'on voit, d'un usage étendu dans la théorie des hasards. Pour en donner encore un exemple très simple, que l'on se propose le problème suivant :

Problème V. — *Si dans un tas de $x$ pièces, on en prend un nombre au hasard, on demande la probabilité que ce nombre sera pair ou impair.*

Soit $_p y'_x$ le nombre des cas suivant lesquels ce nombre peut être pair, et $_{p-1} y'_x$ le nombre des cas suivant lesquels il peut être impair; on aura

(1) $$_p y'_{x+1} = {}_p y'_x + {}_{p-1} y'_x,$$

(2) $$_{p-1} y'_{x+1} = {}_{p-1} y'_x + {}_p y'_x + 1.$$

Cette seconde équation donnera

$$_{p-1} y'_x = {}_{p-1} y'_{x-1} + {}_p y'_{x-1} + 1.$$

La première donne

$$_p y'_x = {}_p y'_{x-1} + {}_{p-1} y'_{x-1};$$

donc on aura

$$_p y'_{x+1} = 2^p y'_x + 1;$$

d'où l'on tire, en intégrant,

$$_p y'_x = A \, 2^x - 1;$$

or, posant $x = 1$, on a

$$_p y'_x = 0;$$

donc $2A - 1 = 0$ et $A = \frac{1}{2}$, partant $_p y'_x = 2^{x-1} - 1$, et puisque l'équation (1) donne

$$_{p-1}y_x = _py_{x+1} - _py_x,$$

on aura

$$_{p-1}y_x = 2^{x-1}.$$

La somme de tous les cas possibles est visiblement

$$_py_x + _{p-1}y_x = 2^x - 1.$$

Si donc on nomme $_pz_x$ la probabilité que le nombre sera pair, et $_{p-1}z_x$ la probabilité qu'il sera impair, on aura

$$_pz_x = \frac{2^{x-1} - 1}{2^x - 1},$$

$$_{p-1}z_x = \frac{2^{x-1}}{2^x - 1};$$

d'où il est facile de voir qu'il y a toujours plus d'avantage à parier pour les nombres impairs que pour les pairs.

Je suppose que l'on soit assuré que le nombre $x$ ne peut excéder $n$, mais que ce nombre et tous les nombres inférieurs sont également possibles; on aura, pour la somme de tous les cas favorables aux impairs,

$$S\,2^{x-1} = 2^x + C;$$

or, $x$ étant 1, on a

$$2^x + C = 1;$$

donc $C = -1$ et $2^x + C = 2^x - 1$; on aura pareillement

$$S(2^{x-1} - 1) = 2^x - x + C;$$

or, $x$ étant 1, on a

$$2^x - x + C = 0,$$

donc $C = -1$; partant, la somme de tous les cas favorables aux impairs est $2^n - 1$, et la somme de tous les cas favorables aux pairs est $2^n - n - 1$; ainsi la probabilité pour les impairs est

$$\frac{2^n - 1}{2^{n+1} - n - 2},$$

et la probabilité pour les pairs est

$$\frac{2^n - n - 1}{2^{n+1} - n - 2}.$$

Dans l'*Histoire de l'Académie des Sciences*, pour l'année 1728, on voit que M. de Mairan a pareillement observé qu'il y a toujours plus d'avantage à parier pour les impairs que pour les pairs ; mais il me semble que la manière dont cet ingénieux auteur envisage le problème n'est point exacte, et que, pour apprécier cet avantage, il est nécessaire de le considérer sous le point de vue sous lequel nous l'avons estimé.

On peut concevoir de la même manière des suites récurro-récurrentes, dont le terme général aurait trois ou même un plus grand nombre d'indices variables, et si elles se rencontrent dans la résolution des problèmes, on pourra les traiter par une méthode analogue à la précédente.

8. Quoique les théorèmes suivants n'aient qu'un rapport éloigné avec l'objet de ce Mémoire, cependant, comme ils m'ont paru être de quelque utilité dans l'Analyse, j'en donnerai ici l'énoncé, sans y joindre la démonstration ; on la trouvera dans le Mémoire que j'ai déjà cité au commencement de celui-ci, et qui a pour titre : *Recherches sur le Calcul intégral aux différences infiniment petites et aux différences finies.*

THÉORÈME I, SUR LES DIFFÉRENCES INFINIMENT PETITES. — *Soit*

$$y = Cu + C'u' + C''u'' + \ldots + C^{(n-1)}u^{(n-1)}$$

*l'intégrale complète de l'équation*

$$(\alpha) \qquad 0 = y + H\frac{dy}{dx} + H'\frac{d^2y}{dx^2} + \ldots + H^{n-1}\frac{d^ny}{dx^n},$$

*C, C', C'', … étant des constantes arbitraires, u, u', u'', … étant des intégrales particulières de l'équation* ($\alpha$)*, et H, H', H'', … étant des fonctions de la variable x, dont la différence est supposée constante, et que* *l'on suppose*

$$\bar{u} = \frac{u'\,\partial u - u\,\partial u'}{\partial u}, \qquad \bar{\bar{u}} = \frac{\bar{u}'\,\partial\bar{u} - \bar{u}\,\partial\bar{u}'}{\partial\bar{u}}, \qquad \bar{\bar{\bar{u}}} = \frac{\bar{\bar{u}}'\,\partial\bar{\bar{u}} - \bar{\bar{u}}\,\partial\bar{\bar{u}}'}{\partial\bar{\bar{u}}},$$

$$\overline{u'} = \frac{u''\,\partial u - u\,\partial u''}{\partial u}, \qquad \overline{\overline{u'}} = \frac{\bar{u}''\,\partial\bar{u} - \bar{u}\,\partial\bar{u}''}{\partial\bar{u}}, \qquad \dots\dots\dots\dots,$$

$$\overline{u''} = \frac{u'''\,\partial u - u\,\partial u'''}{\partial u}, \qquad \dots\dots\dots\dots, \qquad \dots\dots\dots\dots,$$

$$\dots\dots\dots\dots, \qquad \dots\dots\dots\dots, \qquad \dots\dots\dots\dots.$$

*jusqu'à ce que l'on parvienne ainsi à former* $\bar{u}$; *soit alors* $\dfrac{\partial\left(\dfrac{1}{\frac{\bar{u}}{z}}\right)}{\partial x} = z^{n-1}$;
*si, dans l'expression de* $z^{(n-1)}$ *on change* $u^{(n-1)}$ *en* $u^{(n-2)}$, *et réciproquement,*
*on formera* $z^{(n-2)}$; *si, dans la même expression de* $z^{(n-1)}$, *on change* $u^{(n-1)}$
*en* $u^{(n-3)}$, *et réciproquement, on formera* $z^{(n-3)}$, *et ainsi de suite ; je dis que*
*l'intégrale complète de l'équation*

$$X = y + \Pi\frac{\partial y}{\partial x} + \Pi'\frac{\partial^2 y}{\partial x^2} + \dots + \Pi^{n-1}\frac{\partial^n y}{\partial x^n},$$

X *étant une fonction quelconque de* $x$, *sera*

$$y = u\left(C + \int z\,X\,\partial x\right)$$
$$+ u'\left(C' + \int z'\,X\,\partial x\right)$$
$$+ u''\left(C'' + \int z''\,X\,\partial x\right)$$
$$+ \dots\dots\dots\dots\dots$$
$$+ u^{(n-1)}\left(C^{(n-1)} + \int z^{(n-1)}\,X\,\partial x\right).$$

THÉORÈME II, SUR LES DIFFÉRENCES FINIES. — *Soit l'équation différentielle*
*aux différences finies*

$$(6) \qquad 0 = y_x + \Pi_x y_{x+1} + {}'\Pi_x y_{x+2} + \dots + {}^{n-1}\Pi_x y_{x+n},$$

$\Pi_x, {}'\Pi_x, \dots$ *étant des fonctions quelconques de* $x$, *et* $y_x$ *désignant l'*$y$ *qui*
*répond à l'indice* $x$; *soit l'intégrale de cette équation*

$$y_x = A u + {}'A\,'u + {}''A\,''u + \dots + {}^{n-1}A\,{}^{n-1}u,$$

*A, 'A, … étant des constantes arbitraires, et u, 'u, … étant des intégrales particulières de l'équation (6); que l'on suppose*

$$\bar{u} = u\,\Delta\!\left(\frac{'u}{u}\right), \qquad \bar{\bar{u}} = \bar{u}\,\Delta\!\left(\frac{\overline{'u}}{u}\right), \qquad \bar{\bar{\bar{u}}} = \bar{\bar{u}}\,\Delta\!\left(\frac{\overline{\overline{'u}}}{u}\right),$$

$$\overline{'u} = u\,\Delta\!\left(\frac{''u}{u}\right), \qquad \overline{\overline{'u}} = \bar{u}\,\Delta\!\left(\frac{''\bar{u}}{u}\right), \qquad \dots\dots\dots,$$

$$\overline{''u} = u\,\Delta\!\left(\frac{'''u}{u}\right), \qquad \overline{\overline{''u}} = \bar{u}\,\Delta\!\left(\frac{'''\bar{u}}{u}\right), \qquad \dots\dots\dots,$$

$$\dots\dots\dots, \qquad \dots\dots\dots, \qquad \dots\dots\dots,$$

*jusqu'à ce que l'on parvienne ainsi à former $\overset{\frac{1}{2}}{u}$; soit maintenant $\overset{\frac{1}{2}}{u} = {}^{n-1}z$, et concevons que dans ${}^{n-1}z$ on change ${}^{n-1}u$ en ${}^{n-2}u$, et réciproquement, on formera ${}^{n-2}z$; si dans la même expression on change ${}^{n-1}u$ en ${}^{n-3}u$, et réciproquement, on formera ${}^{n-3}z$, …; je dis que l'intégrale complète de l'équation*

$$X_x = y_x + {}'\Pi_x\,y_{x+1} + \dots + {}^{n-1}\Pi_x\,y_{x+n}$$

*sera*

$$
\begin{aligned}
y_x ={}& u\left(A \pm \sum \frac{X_x}{z}\right),\\
&+ {}'u\left({}'A \pm \sum \frac{X_x}{{}'z}\right),\\
&+ {}''u\left({}''A \pm \sum \frac{X_x}{{}''z}\right),\\
&+ \dots\dots\dots\dots,\\
&+ {}^{n-1}u\left({}^{n-1}A \pm \sum \frac{X_x}{{}^{n-1}z}\right),
\end{aligned}
$$

*le signe + ayant lieu si n est impair, et le signe — s'il est pair; on doit observer ici que la caractéristique $\Delta$ sert à désigner la différence finie, et la caractéristique $\sum$ l'intégrale finie.*

Pour donner une application du premier théorème, considérons l'équation que M. de la Grange intègre dans le III$^e$ Volume des *Mémoires de Turin*, page 190, laquelle est de cette forme

$$X = y + A(h + Kx)\frac{dy}{dx} + B(h + Kx)^2\frac{d^2y}{dx^2} + D(h + Kx)^3\frac{d^3y}{dx^3} + \dots + V(h + Kx)^n\frac{d^ny}{dx^n},$$

A, B, D, E, …, V étant des coefficients constants.

En y supposant $X = 0$, et faisant $y = (h + Kx)^l$, elle devient, après avoir divisé par $(h + Kx)^l$,

$$(9) \qquad 0 = 1 + AKl + BK^2 l(l-1) + DK^3 l(l-1)(l-2) + \ldots.$$

Soient $p, p', p'', \ldots$ les valeurs de $l$ dans cette équation, et l'on aura

$$u = (h + Kx)^p, \qquad u' = (h + Kx)^{p'}, \qquad u'' = (h + Kx)^{p''}, \quad \ldots;$$

d'où l'on tire facilement

$$\frac{1}{u} = \frac{(p - p^{(n-1)})(p' - p^{(n-1)})(p'' - p^{(n-1)})\ldots(p^{(n-2)} - p^{(n-1)})}{p.p'\ldots p^{(n-2)}} (h + Kx)^{p^{(n-1)}},$$

partant

$$z^{(n-1)} = - \frac{pp'\ldots p^{(n-1)} K}{(p - p^{(n-1)})(p' - p^{(n-1)})\ldots} (h + Kx)^{-p^{(n-1)}-1}.$$

Donc

$$(II) \quad y = - \left\{ \begin{array}{l} \dfrac{pp'\ldots p^{(n-1)} K}{(p' - p)(p'' - p)\ldots} (h + Kx)^p \left[ C + \int X(h + Kx)^{-p-1}\, dx \right] \\[2ex] + \dfrac{pp'\ldots p^{(n-1)} K}{(p - p')(p'' - p')\ldots} (h + Kx)^{p'} \left[ C' + \int X(h + Kx)^{-p'-1}\, dx \right] \\[2ex] + \ldots\ldots\ldots\ldots\ldots\ldots\ldots\ldots\ldots\ldots\ldots\ldots\ldots\ldots\ldots \end{array} \right..$$

Ce résultat semble différer, au premier coup d'œil, de celui que trouve M. de la Grange à l'endroit cité des *Mémoires de Turin*, mais on peut en reconnaître l'identité de cette manière.

Ce grand géomètre trouve que $r_1, r_2, r_3, \ldots$ étant les racines de l'équation

$$(10) \quad \left\{ \begin{array}{l} 0 = 1 - AK(r+1) + BK^2(r+1)(r+2) \\ \qquad - DK^3(r+1)(r+2)(r+3) + \ldots, \end{array} \right.$$

si l'on différentie cette équation en faisant varier $r$, qu'après avoir divisé par $dr$ on substitue successivement au lieu de $r$ ses valeurs $r_1, r_2, r_3, \ldots$ et qu'on nomme $Q_1, Q_2, \ldots$ ce que devient alors cette différence, on aura

$$(K) \quad y = - K \left\{ \begin{array}{l} \dfrac{(h + Kx)^{-r_1-1}}{Q_1} \int X(h + Kx)^{r_1}\, dx \\[2ex] + \dfrac{(h + Kx)^{-r_2-1}}{Q_2} \int X(h + Kx)^{r_2}\, dx \\[2ex] + \ldots\ldots\ldots\ldots\ldots\ldots\ldots\ldots\ldots\ldots \end{array} \right..$$

Or, si l'on suppose $r + 1 = -t$, l'équation (10) devient

$$0 = 1 + AKt + BK^2t(t-1) + BK^3t(t-1)(t-2) + \ldots;$$

donc, en comparant cette équation avec l'équation (9), on aura

$$t = t,$$

partant

$$r_1 + 1 = -p, \qquad r_2 + 1 = -p', \qquad r_3 + 1 = -p'', \qquad \ldots$$

Ensuite l'équation (10) peut être mise sous cette forme

$$0 = \pm V(r - r_1)(r - r_2)(r - r_3)\ldots,$$

le signe $+$ ayant lieu si $n$ est pair, et le signe $-$ s'il est impair; d'où il est facile de conclure

$$\begin{aligned}
Q_1 &= \pm V(r_1 - r_2)(r_1 - r_3)(r_1 - r_4)\ldots \\
&= \pm V(p - p')(p - p'')(p - p''')\ldots
\end{aligned}$$

Or l'équation (9) donne

$$\frac{1}{V} = (-p)(-p')(-p'')(-p''')\ldots;$$

donc

$$\frac{1}{Q_1} = \frac{pp'\ldots p^{(n-1)}}{(p'-p)(p''-p)\ldots},$$

pareillement

$$\frac{1}{Q_2} = \frac{pp'\ldots p^{(n-1)}}{(p-p')(p''-p')\ldots}.$$

Substituant donc dans la formule (K), au lieu de $\frac{1}{Q_1}$, $\frac{1}{Q_2}$, $\ldots$, $r_1$, $r_2$, $\ldots$ ces valeurs, elle se changera dans la formule (II).

# MÉMOIRE

### SUR

# LA PROBABILITÉ DES CAUSES

## PAR LES ÉVÉNEMENTS.

# MÉMOIRE

SUR

# LA PROBABILITÉ DES CAUSES

## PAR LES ÉVÉNEMENTS (¹).

*Mémoires de l'Académie royale des Sciences de Paris (Savants étrangers),*
Tome VI, p. 621; 1774.

## I.

La théorie des hasards est une des parties les plus curieuses et les
plus délicates de l'Analyse, par la finesse des combinaisons qu'elle
exige et par la difficulté de les soumettre au calcul; celui qui paraît
l'avoir traitée avec le plus de succès est M. Moivre, dans un excellent
Ouvrage qui a pour titre : *Theory of chances*; nous devons à cet habile
géomètre les premières recherches que l'on ait faites sur l'intégration
des équations différentielles aux différences finies; la méthode qu'il a
imaginée pour cet objet est fort ingénieuse et il l'a très heureusement
appliquée à la solution de plusieurs problèmes sur les Probabilités; on
doit convenir cependant que le point de vue sous lequel il a envisagé
cette matière est indirect. Les équations aux différences finies sont
susceptibles des mêmes considérations que celles aux différences infiniment petites, et doivent être traitées d'une manière analogue; la
seule différence qui s'y rencontre est que, dans le cas des différences
infiniment petites, on peut négliger certaines quantités qu'il n'est pas

(¹) Par M. de la Place, Professeur à l'École royale militaire.

permis de rejeter dans le cas des équations aux différences finies, ce qui rend l'intégration de celles-ci plus épineuse; l'illustre M. de Lagrange est le premier qui les ait envisagées sous ce rapport, dans un beau Mémoire qui se trouve dans le premier Volume de ceux de Turin; cette théorie des équations aux différences finies est du plus grand usage dans la science des Probabilités, et ce n'est qu'à son moyen que l'on peut espérer une méthode générale de les assujettir à l'Analyse.

En cherchant à résoudre de cette manière plusieurs problèmes sur les hasards, je suis tombé fréquemment dans une espèce d'équations aux différences finies, très différentes de celles que l'on a considérées jusqu'ici; on peut les regarder comme des équations finies aux différences partielles; leur importance dans l'Analyse des hasards m'a déterminé à les considérer d'une manière particulière dans un Mémoire *Sur les suites récurro-récurrentes*, imprimé dans ce Volume ([1]); mais, ayant repris cette matière, je me suis aperçu qu'elle était d'une très grande utilité dans la science des hasards, et qu'elle donnait un moyen de la traiter beaucoup plus généralement qu'on ne l'a fait encore; cette considération m'a porté à l'approfondir davantage, ainsi que toute la théorie de l'intégration des équations finies différentielles; c'est ce que je me suis proposé dans un Mémoire que j'ai lu à l'Académie, et qui a pour titre : *Recherches sur l'intégration des équations différentielles aux différences finies, et sur leur usage dans la Théorie des hasards;* ce Mémoire devant paraître dans le Volume de l'Académie pour l'année 1773, j'y renvoie le lecteur ([2]); l'objet de celui-ci est très différent : je me propose de déterminer la probabilité des causes par les événements, matière neuve à bien des égards et qui mérite d'autant plus d'être cultivée que c'est principalement sous ce point de vue que la science des hasards peut être utile dans la vie civile.

----

([1]) *Voir* p. 5.
([2]) *Voir* p. 67.

## II.

L'incertitude des connaissances humaines porte sur les événements ou sur les causes des événements; si l'on est assuré, par exemple, qu'une urne ne renferme que des billets blancs et noirs dans un rapport donné, et que l'on demande la probabilité qu'en prenant au hasard un de ces billets il sera blanc, l'événement alors est incertain, mais la cause dont dépend la probabilité de son existence, c'est-à-dire le rapport des billets blancs aux noirs, est connue.

Dans le problème suivant : *Une urne étant supposée renfermer un nombre donné de billets blancs et noirs dans un rapport inconnu, si l'on tire un billet et qu'il soit blanc, déterminer la probabilité que le rapport des billets blancs aux noirs est celui de $p$ à $q$*; l'événement est connu et la cause inconnue.

On peut ramener à ces deux classes de problèmes tous ceux qui dépendent de la théorie des hasards; nous ne discuterons ici que ceux de la seconde classe, et pour cela nous établirons le principe suivant :

PRINCIPE. — *Si un événement peut être produit par un nombre $n$ de causes différentes, les probabilités de l'existence de ces causes prises de l'événement sont entre elles comme les probabilités de l'événement prises de ces causes, et la probabilité de l'existence de chacune d'elles est égale à la probabilité de l'événement prise de cette cause, divisée par la somme de toutes les probabilités de l'événement prises de chacune de ces causes.*

La question suivante éclaircira ce principe, en même temps qu'elle en fera voir l'usage :

*Je suppose que l'on me présente deux urnes A et B, dont la première contienne $p$ billets blancs et $q$ billets noirs, et la seconde contienne $p'$ billets blancs et $q'$ billets noirs; je tire de l'une de ces urnes (j'ignore de laquelle) $f + h$ billets, dont $f$ sont blancs et $h$ sont noirs; on demande, cela posé, quelle est la probabilité que l'urne dont j'ai tiré ces billets est A ou qu'elle est B.*

En supposant que cette urne soit A, la probabilité d'en tirer $f$ billets blancs et $h$ billets noirs est

$$\frac{(f+1)(f+2)\ldots(f+h)\,p(p-1)\ldots(p-f+1)\,q(q-1)\ldots(q-h+1)}{1.2.3\ldots h(p+q)(p+q-1)\ldots(p+q-f-h+1)}.$$

Soit K cette quantité; si l'on suppose maintenant que l'urne dont j'ai tiré les billets est B, la probabilité d'en tirer $f$ billets blancs et $h$ billets noirs se déterminera en changeant, dans K, $p$ et $q$ en $p'$ et $q'$; soit K' ce que devient alors cette expression. Cela posé, les probabilités que l'urne dont j'ai tiré les billets est A ou B sont entre elles, par le principe énoncé ci-dessus, comme K est à K'; la probabilité que cette urne est A est égale à $\dfrac{K}{K+K'}$ et celle qu'elle est B est égale à $\dfrac{K'}{K+K'}$.

Nous allons présentement appliquer ce principe à la résolution de quelques problèmes.

### III.

PROBLÈME I. — *Si une urne renferme une infinité de billets blancs et noirs dans un rapport inconnu, et que l'on en tire $p+q$ billets dont $p$ soient blancs et $q$ soient noirs; on demande la probabilité qu'en tirant un nouveau billet de cette urne il sera blanc.*

*Solution.* — Le rapport du nombre des billets blancs au nombre total des billets contenus dans l'urne peut être un quelconque des nombres fractionnaires compris depuis o jusqu'à 1; or, si l'on prend un de ces nombres $x$ pour représenter ce rapport inconnu, la probabilité de tirer de l'urne $p$ billets blancs et $q$ billets noirs est, dans ce cas, $x^p(1-x)^q$; partant la probabilité que $x$ est le vrai rapport du nombre des billets blancs au nombre total des billets est par le principe de l'article précédent égale à $\dfrac{x^p(1-x)^q\,dx}{\int x^p(1-x)^q\,dx}$, l'intégrale étant prise de manière qu'elle soit nulle lorsque $x=o$, et qu'elle finisse lorsque $x=1$; or, dans la supposition que $x$ est le vrai rapport du nombre des billets blancs au nombre total des billets, la probabilité de tirer un billet blanc de l'urne est $x$; si l'on multiplie maintenant cette quantité par la probabilité de la supposition, on aura, pour la probabilité de tirer un billet blanc de l'urne en vertu du rapport $x$, $\dfrac{x^{p+1}(1-x)^q\,dx}{\int x^p(1-x)^q\,dx}$, et conséquemment, si l'on nomme E la probabilité entière de tirer un billet blanc de l'urne, on aura

$$E = \frac{\int x^{p+1}(1-x)^q\,dx}{\int x^p(1-x)^q\,dx},$$

en observant de faire commencer les intégrales lorsque $x=0$ et de les terminer lorsque $x=1$.

Il est facile, d'après ces deux conditions, d'avoir une expression fort simple de E, car on a

$$\int x^{p+1}(1-x)^q\,dx = \frac{q}{p+2}\int x^{p+2}(1-x)^{q-1}\,dx$$

$$= \frac{q(q-1)}{(p+2)(p+3)}\int x^{p+3}(1-x)^{q-2}\,dx,$$

et ainsi de suite, partant

$$\int x^{p+1}(1-x)^q\,dx = \frac{1.2.3\ldots q}{(p+2)(p+3)\ldots(p+q+2)},$$

pareillement

$$\int x^p(1-x)^q\,dx = \frac{1.2.3\ldots q}{(p+1)\ldots(p+q+1)};$$

donc

$$E = \frac{p+1}{p+q+2}.$$

Si l'on cherchait la probabilité de tirer de l'urne $m$ billets blancs et $n$ billets noirs, on trouverait

$$E = \frac{\int x^{p+m}(1-x)^{q+n}\,dx}{\int x^p(1-x)^q\,dx};$$

d'où l'on tire

$$E = \frac{(q+1)(q+2)\ldots(q+n)(p+1)(p+2)\ldots(p+q+1)}{(p+m+1)(p+m+2)\ldots(p+q+m+n+1)}.$$

$p$ et $q$ étant supposés fort grands, on peut simplifier cette expression de la manière suivante : pour cela, j'observe que l'on a

$$\mathrm{l}1 + \mathrm{l}2 + \mathrm{l}3 + \ldots + \mathrm{l}x = \tfrac{1}{2}\mathrm{l}2\pi + (x + \tfrac{1}{2})\mathrm{l}x - x + \frac{1}{12x} - \ldots,$$

$\pi$ exprimant le rapport de la demi-circonférence au rayon (*voir* les *Institutions du Calcul différentiel* de M. Euler); de là il suit que, si l'on nomme $e$ le nombre dont le logarithme hyperbolique est l'unité, on aura, en supposant $p$ et $q$ de très grands nombres,

$$(q+1)(q+2)\ldots(q+n) = \frac{1.2.3\ldots(q+n)}{1.2.3\ldots q} = \frac{(q+n)^{q+n+\frac{1}{2}}}{e^n q^{q+\frac{1}{2}}},$$

pareillement

$$(p+1)\ldots(p+q+1) = \frac{(p+q+1)^{p+q+\frac{3}{2}}}{e^{q+1} p^{p+\frac{1}{2}}}$$

et

$$(p+m+1)\ldots(p+q+m+n+1) = \frac{(p+q+m+n+1)^{p+q+m+n+\frac{3}{2}}}{e^{q+n+1}(p+m)^{p+m+\frac{1}{2}}}.$$

Donc

$$\mathrm{E} = \frac{(p+q+1)^{p+q+\frac{3}{2}}(p+m)^{p+m+\frac{1}{2}}(q+n)^{q+n+\frac{1}{2}}}{q^{q+\frac{1}{2}} p^{p+\frac{1}{2}}(p+q+m+n+1)^{p+q+m+n+\frac{3}{2}}};$$

nous observerons ici que

$$(p+q+1)^{p+q+\frac{3}{2}} = e(p+q)^{p+q+\frac{3}{2}},$$

parce que

$$\left(1 + \frac{1}{p+q}\right)^{p+q+\frac{3}{2}} = e,$$

en supposant $p+q$ infiniment grand. Semblablement, si nous supposons $m$ et $n$ fort petits par rapport à $p$ et à $q$, nous aurons

$$(p+m)^{p+m+\frac{1}{2}} = e^m p^{p+m+\frac{1}{2}},$$

$$(q+n)^{q+n+\frac{1}{2}} = e^n q^{q+n+\frac{1}{2}}$$

et

$$(p+q+m+n+1)^{p+q+m+n+\frac{3}{2}} = e^{m+n+1}(p+q)^{p+q+m+n+\frac{3}{2}};$$

donc alors nous aurons

$$E = \frac{p^m q^n}{(p+q)^{m+n}}.$$

De là on peut conclure que, $p$ et $q$ étant supposés fort grands, tant que $m$ et $n$ seront beaucoup moindres, on pourra, sans craindre aucune erreur sensible, calculer la probabilité de tirer de l'urne des billets blancs et noirs, en supposant que dans cette urne le rapport du nombre des billets blancs est à celui des billets noirs comme $p$ est à $q$; mais cette supposition devient fautive lorsque $m$ et $n$ sont fort grands, ce qu'il me parait essentiel de remarquer. Pour le faire voir, supposons $m = p$ et $n = q$, nous aurons

$$E = \sqrt{\frac{1}{2}} \, \frac{p^m q^n}{(p+q)^{m+n}} = 0.7071 \, \frac{p^m q^n}{(p+q)^{m+n}},$$

expression, comme l'on voit, différente de celle-ci

$$E = \frac{p^m q^n}{(p+q)^{m+n}},$$

à laquelle on parvient en représentant par $\dfrac{p}{p+q}$ le rapport du nombre des billets blancs au nombre total des billets contenus dans l'urne.

La solution de ce problème donne une méthode directe pour déterminer la probabilité des événements futurs d'après ceux qui sont déjà arrivés; mais, cette matière étant fort étendue, je me bornerai ici à donner une démonstration assez singulière du théorème suivant :

*On peut supposer les nombres $p$ et $q$ tellement grands, qu'il devienne aussi approchant que l'on voudra de la certitude que le rapport du nombre de billets blancs au nombre total des billets renfermés dans l'urne est compris entre les deux limites $\dfrac{p}{p+q} - \omega$ et $\dfrac{p}{p+q} + \omega$, $\omega$ pouvant être supposé moindre qu'aucune grandeur donnée.*

Pour démontrer ce théorème, j'observe que la probabilité du rapport $x$ est, par ce qui précède, égale à

$$\frac{(p+1)(p+2)\ldots(p+q+1)}{1.2.3\ldots q} \, x^p (1-x)^q \, dx.$$

Soit $x = \dfrac{p}{p+q} + z$, et nous aurons

$$\int x^p (1-x)^q \, dx = \frac{p^p q^q}{(p+q)^{p+q}} \int \left(1 + \frac{p+q}{p} z\right)^p \left(1 - \frac{p+q}{q} z\right)^q dz.$$

Si l'on intègre cette quantité depuis $z = 0$ jusqu'à $z = \omega$, en multipliant cette intégrale par $\dfrac{(p+1)\ldots(p+q+1)}{1.2.3\ldots q}$, on aura la probabilité que le rapport du nombre des billets blancs au nombre total des billets est compris entre les limites $\dfrac{p}{p+q}$ et $\dfrac{p}{p+q} + \omega$.

Pareillement, si l'on intègre

$$\frac{p^p q^q}{(p+q)^{p+q}} \int \left(1 - \frac{p+q}{p} z\right)^p \left(1 + \frac{p+q}{q} z\right)^q dz,$$

depuis $z = 0$ jusqu'à $z = \omega$, en multipliant cette intégrale par $\dfrac{(p+1)\ldots(p+q+1)}{1.2.3\ldots q}$, on aura la probabilité que le rapport du nombre des billets blancs au nombre total des billets est compris entre les limites $\dfrac{p}{p+q}$ et $\dfrac{p}{p+q} - \omega$. La somme de ces deux quantités exprime donc la probabilité que ce rapport est contenu entre les limites $\dfrac{p}{p+q} - \omega$ et $\dfrac{p}{p+q} + \omega$. Nommons E cette probabilité; supposons d'ailleurs $p$ et $q$ infiniment grands, et que $\omega$, ou la plus grande valeur de $z$, soit infiniment moindre que $\dfrac{1}{\sqrt[3]{p+q}}$, et infiniment plus grande que $\dfrac{1}{\sqrt{p+q}}$, qu'elle soit égale, par exemple, à $\dfrac{1}{(p+q)^{\frac{1}{n}}}$, $n$ étant plus grand que 2 et moindre que 3.

Si l'on fait présentement $l\left(1 - \dfrac{p+q}{p} z\right)^p = u$, on aura, en réduisant en séries,

$$u = -(p+q)z - \frac{(p+q)^2}{2p} z^2 - \frac{(p+q)^3}{3p^2} z^3 - \ldots$$

Donc

$$\left(1 - \frac{p+q}{p} z\right)^p = e^u = e^{-(p+q)z - \frac{(p+q)^2}{2p} z^2 - \ldots}.$$

Nous pouvons négliger ici le terme $-\dfrac{(p+q)^3}{3p^2} z^3$ et les suivants, car la plus grande valeur de $z$ étant par la supposition égale à $\dfrac{1}{(p+q)^{\frac{1}{n}}}$, on aura

$$e^{-\frac{(p+q)^2}{3p^3}z^3} = e^{-\frac{(p+q)^{2-\frac{3}{n}}}{3p^3}}$$

dans le cas où $e$ aura le plus grand exposant négatif; or, puisque $n$ est moindre que 3, cet exposant est visiblement infiniment petit, et partant on peut supposer $e^{-\frac{(p+q)^2}{3p^3}z^3-\cdots}$ égal à l'unité. On aura pareillement

$$\left(1+\frac{p+q}{q}z\right)^q = e^{(p+q)z-\frac{(p+q)^2}{2q}z^2}.$$

De là on conclura facilement

$$E = \frac{(p+1)\ldots(p+q+1)}{1.2.3\ldots q}\,\frac{p^p q^q}{(p+q)^{p+q}}\int 2e^{-\frac{(p+q)^2}{2pq}z^2}\,dz;$$

or on a

$$\frac{(p+1)\ldots(p+q+1)}{1.2.3\ldots q} = \frac{(p+q)^{p+q+\frac{1}{2}}}{p^{p+\frac{1}{2}}q^{q+\frac{1}{2}}\sqrt{2\pi}}.$$

Donc

$$E = \frac{(p+q)^{\frac{3}{2}}}{\sqrt{2\pi}\sqrt{pq}}\int 2e^{-\frac{(p+q)^2}{2pq}z^2}\,dz.$$

Soit $-\dfrac{(p+q)^3}{2pq}z^2 = l\mu$, et l'on aura

$$\int 2e^{-\frac{(p+q)^2}{2pq}z^2}\,dz = -\frac{\sqrt{2pq}}{(p+q)^{\frac{3}{2}}}\int\frac{d\mu}{\sqrt{-l\mu}};$$

le nombre $\mu$ peut ici recevoir tous les accroissements possibles depuis o jusqu'à 1, et, en supposant l'intégrale commencer lorsque $\mu=1$, nous avons ici besoin de sa valeur lorsque $\mu=0$. Voici maintenant comment on peut la déterminer; pour cela, nous ferons usage du théorème suivant. (*Voir* le *Calcul intégral* de M. Euler.) En supposant que l'intégrale commence lorsque $\mu=0$ et finisse lorsque $\mu=1$, on a

$$\int\frac{\mu^n d\mu}{\sqrt{1-\mu^{2i}}}\int\frac{\mu^{n+i}d\mu}{\sqrt{1-\mu^{2i}}} = \frac{1}{i(n+1)}\frac{\pi}{2},$$

quels que soient $n$ et $i$. Supposons conséquemment $n = 0$ et $i$ infiniment petit; nous aurons

$$\frac{1 - \mu^{2i}}{2i} = -\,l\mu,$$

car le numérateur et le dénominateur de cette quantité devenant nuls par la supposition de $i = 0$, si l'on différentie l'un et l'autre en regardant $i$ seule comme variable, on aura

$$\frac{1 - \mu^{2i}}{2i} = -\,l\mu,$$

partant $1 - \mu^{2i} = -\,2i\,l\mu$; on aura donc dans ces suppositions

$$\int \frac{\mu^{n}\,d\mu}{\sqrt{1 - \mu^{2i}}} \int \frac{\mu^{n+i}\,d\mu}{\sqrt{1 - \mu^{2i}}} = \int \frac{d\mu}{\sqrt{2i}\sqrt{-l\mu}} \int \frac{d\mu}{\sqrt{2i}\sqrt{-l\mu}} = \frac{1}{i}\frac{\pi}{2};$$

partant

$$\int \frac{d\mu}{\sqrt{-l\mu}} = \sqrt{\pi},$$

en supposant l'intégrale commencer lorsque $\mu = 0$ et finir lorsque $\mu = 1$; mais comme, dans le cas précédent, cette intégrale commence lorsque $\mu = 1$ et finit lorsque $\mu = 0$, nous aurons

$$\int -\frac{d\mu}{\sqrt{-l\mu}} = \sqrt{\pi}.$$

Donc

$$\int 2e^{-\frac{(p+q)^2}{2pq}}\,z^2\,dz = \frac{\sqrt{pq}\sqrt{2\pi}}{(p+q)^{\frac{3}{2}}},$$

d'où nous obtiendrons $E = 1$; on voit donc qu'en négligeant les quantités infiniment petites, nous pouvons regarder comme certain que le rapport du nombre des billets blancs au nombre total des billets est compris entre les limites $\frac{p}{p+q} + \omega$ et $\frac{p}{p+q} - \omega$, $\omega$ étant égal à $\frac{1}{\sqrt[n]{p+q}}$, $n$ étant plus grand que 2 et moindre que 3, et à plus forte raison $n$ étant plus grand que 3; partant $\omega$ peut être supposé moindre qu'aucune grandeur donnée.

Supposons maintenant que l'on propose de déterminer l'erreur que l'on peut commettre en faisant $E = 1$, lorsque l'on donne à $z$ une très petite valeur $\omega$; voici un moyen fort simple d'y parvenir.

Il faut intégrer d'abord

$$\int \left(1 + \frac{p+q}{p} z\right)^{p} \left(1 - \frac{p+q}{q} z\right)^{q} dz,$$

depuis $z = 0$ jusqu'à $z = \omega$. Pour cela, je suppose que $K$ soit l'intégrale entière depuis $z = 0$ jusqu'à $z = \frac{q}{p+q}$; cette intégrale est visiblement trop grande pour l'objet que nous nous proposons; il faut en retrancher l'intégrale

$$\int \left(1 + \frac{p+q}{p} z\right)^{p} \left(1 - \frac{p+q}{q} z\right)^{q} dz,$$

depuis $z = \omega$ jusqu'à $z = \frac{q}{p+q}$; soit $z = \omega + f$, et l'on aura

$$\int \left(1 + \frac{p+q}{p} z\right)^{p} \left(1 - \frac{p+q}{q} z\right)^{q} dz$$
$$= \left(1 + \frac{p+q}{p} \omega\right)^{p} \left(1 - \frac{p+q}{q} \omega\right)^{q} \int e^{-\frac{(p+q)^{2}\omega f - \cdots}{pq - \omega(pp - qq) - \omega^{2}(p+q)^{2}}} df.$$

J'observe que $\omega$ doit, par ce qui précède, être supposé infiniment plus grand que $\frac{1}{\sqrt{p+q}}$; supposons $f$ infiniment moindre que $\frac{1}{\sqrt{p+q}}$, afin de pouvoir négliger les termes affectés de $f^{2}$, $f^{3}$, ... dans le développement de l'exposant de $e$, et nous aurons

$$\int e^{-\frac{(p+q)^{2}\omega f}{pq - \omega(pp - qq) - \omega^{2}(p+q)^{2}}} df$$
$$= \frac{pq - \omega(pp - qq) - \omega^{2}(p+q)^{2}}{(p+q)^{2}\omega} \left(1 - e^{-\frac{(p+q)^{2}\omega f}{pq - \omega(pp - qq) - \omega^{2}(p+q)^{2}}}\right).$$

Supposons ensuite $\omega f$ d'un ordre infiniment plus grand que $\frac{1}{p+q}$, ce qui est possible; alors $e^{-\frac{(p+q)^{2}\omega f}{pq - \omega(pq - qq) - \omega^{2}(p+q)^{2}}}$ devient négligeable par rapport à l'unité, et l'intégrale précédente deviendra, par la supposition de $\omega$ très petit, égale à $\dfrac{pq}{(p+q)^3\omega}$ ; nous aurons ainsi

$$\int\left(1+\frac{p+q}{p}z\right)^p\left(1-\frac{p+q}{q}z\right)^q dz$$

$$=\left(1+\frac{p+q}{p}\omega\right)^q\left(1-\frac{p+q}{q}\omega\right)^q\frac{pq}{(p+q)^3\omega},$$

l'intégrale étant supposée commencer lorsque $z=\omega$ et finir lorsque $z=\omega+\dfrac{1}{(p+q)^n}$, $n$ étant plus grand que $\dfrac{1}{2}$. Or la différence de cette intégrale avec l'intégrale entière prise depuis $z=\omega$ jusqu'à $z=\dfrac{q}{p+q}$ est infiniment moindre; pour le démontrer, j'observe que si l'on nomme, pour abréger, $y$ la quantité $\left(1+\dfrac{p+q}{p}z\right)^p\left(1-\dfrac{p+q}{q}z\right)^q$, on aura, lorsque $z=\omega+\dfrac{1}{(p+q)^n}$, $n$ étant plus grand que $\dfrac{1}{2}$,

$$y=\left(1+\frac{p+q}{p}\omega\right)^p\left(1-\frac{p+q}{q}\omega\right)^q e^{-\frac{(p+q)^{1-n}\omega}{pq-\omega(p^2-q^2)-\omega^2(p+q)^2}}.$$

Si l'on donne à $z$ une plus grande valeur, $y$ devient moindre, partant $\int y\,dz$ depuis $z=\omega+\dfrac{1}{(p+q)^n}$ jusqu'à $\dfrac{q}{p+q}$ est moindre que

$$\left(\frac{q}{p+q}-\omega-\frac{1}{(p+q)^n}\right)e^{-\frac{(p+q)^{1-n}\omega}{pq-\omega(p^2-q^2)-\omega^2(p+q)^2}};$$

or, puisque nous avons supposé $\dfrac{\omega}{(p+q)^n}$ infiniment plus grand que $\dfrac{1}{p+q}$, la quantité précédente est infiniment moindre que $\dfrac{pq}{(p+q)^3\omega}$ ; car, en général, $e^{x^{\frac{1}{n}}}>\infty^m$, $m$ et $n$ étant des nombres finis quelconques.

Nous aurons donc

$$\int\left(1+\frac{p+q}{p}z\right)^p\left(1-\frac{p+q}{q}z\right)^q dz$$

$$=\mathrm{K}-\left(1+\frac{p+q}{p}\omega\right)^p\left(1-\frac{p+q}{q}\omega\right)^q\frac{pq}{(p+q)^3\omega},$$

en supposant l'intégrale commencer lorsque $z=0$ et finir lorsque

$z = \omega$. Semblablement nous aurons, avec les mêmes conditions,

$$\int \left(1 - \frac{p+q}{p} z\right)^p \left(1 + \frac{p+q}{q} z\right)^q dz$$

$$= \mathrm{K}' - \left(1 - \frac{p+q}{p} \omega\right)^p \left(1 + \frac{p+q}{q} \omega\right)^q \frac{pq}{(p+q)^3 \omega},$$

$\mathrm{K}'$ étant ce que devient $\mathrm{K}$ lorsqu'on y change $p$ en $q$ et $q$ en $p$; nous aurons, par conséquent,

$$\mathrm{E} = \frac{(p+1)\ldots(p+q+1)}{1.2.3\ldots q} \frac{p^p q^q}{(p+q)^{p+q}} \left[ \mathrm{K} - \left(1 + \frac{p+q}{p} \omega\right)^p \left(1 - \frac{p+q}{q} \omega\right)^q \frac{pq}{(p+q)^3 \omega} \right.$$

$$\left. + \mathrm{K}' - \left(1 - \frac{p+q}{p} \omega\right)^p \left(1 + \frac{p+q}{q} \omega\right)^q \frac{pq}{(p+q)^3 \omega} \right]$$

Mais on a visiblement

$$\frac{(p+1)\ldots(p+q+1)}{1.2.3\ldots q} \frac{p^p q^q}{(p+q)^{p+q}} (\mathrm{K} + \mathrm{K}') = 1,$$

d'où l'on tirera facilement

$$\mathrm{E} = 1 - \frac{-\sqrt{pq}}{\omega \sqrt{2\pi} (p+q)^{\frac{3}{2}}} \left[ \left(1 + \frac{p+q}{p} \omega\right)^p \left(1 - \frac{p+q}{q} \omega\right)^q \right.$$

$$\left. + \left(1 - \frac{p+q}{p} \omega\right)^p \left(1 + \frac{p+q}{q} \omega\right)^q \right].$$

On peut juger par cette formule de l'erreur que l'on commet en faisant $\mathrm{E} = 1$.

### IV.

**Problème II.** — *Deux joueurs A et B, dont les adresses respectives sont inconnues, jouent à un jeu quelconque, par exemple au piquet, à cette condition que celui qui, le premier, aura gagné le nombre n de parties, obtiendra une somme a déposée au commencement du jeu; je suppose que les deux joueurs soient forcés d'abandonner le jeu, lorsqu'il manque f parties au joueur A, et h parties au joueur B; cela posé, on demande comment on doit partager la somme a entre les deux joueurs.*

*Solution.* — Si les adresses respectives des deux joueurs A et B étaient supposées connues, et qu'elles fussent dans la raison de $p$ à $q$, on trouverait, en supposant $p + q = 1$, la somme qui doit revenir à B égale à

$$aq^{f+h-1}\left[1 + \frac{p}{q}(f+h-1) + \frac{p^2}{q^2}\frac{(f+h-1)(f+h-2)}{1.2} + \dots \right.$$
$$\left. + \frac{p^{f-1}}{q^{f-1}}\frac{(f+h-1)\dots(h+1)}{1.2.3\dots(f-1)}\right].$$

Cette proposition est démontrée dans plusieurs Ouvrages ; elle se déduit fort aisément de la méthode des suites récurro-récurrentes, comme on le verra dans le Mémoire cité au commencement de celui-ci ; on y trouvera pareillement une solution générale du problème des partis, dans le cas de trois ou d'un plus grand nombre de joueurs, problème qui n'a encore été résolu par personne, que je sache, bien que les géomètres qui ont travaillé sur ces matières en aient désiré la solution. (*Voir* la seconde édition de l'*Analyse des jeux de hasard* de M. Montmort, page 247.)

Présentement, puisque la probabilité de A pour gagner une partie est inconnue, nous pouvons la supposer un des nombres quelconques, compris depuis o jusqu'à 1. Supposons qu'un de ces nombres $x$ représente cette probabilité ; dans cette supposition, la probabilité que, sur $2n - f - h$ parties, A en gagnera $n - f$, et B, $n - h$, sera

$$x^{n-f}(1-x)^{n-h};$$

d'où il résulte, par le principe de l'Article II, que la probabilité de la supposition que nous avons faite pour $x$ est

$$\frac{x^{n-f}(1-x)^{n-h}\,dx}{\int x^{n-f}(1-x)^{n-h}\,dx},$$

l'intégrale étant prise de manière qu'elle commence lorsque $x = o$ et qu'elle finisse lorsque $x = 1$. Maintenant, $x$ étant supposé être la probabilité de A pour gagner une partie, on trouvera que la somme qui doit revenir à B est

$$a(1-x)^{f+h-1}\left[1 + \frac{x}{1-x}(f+h-1) + \frac{x^2}{(1-x)^2}\frac{(f+h-1)(f+h-2)}{1.2} + \dots \right.$$
$$\left. + \frac{x^{f-1}}{(1-x)^{f-1}}\frac{(f+h-1)\dots(h+1)}{1.2.3\dots(f-1)}\right].$$

Donc la somme qui doit véritablement revenir au joueur B est

$$\frac{a\int x^{n-f}(1-x)^{f+n-1}\left[1+\frac{x}{1-x}(f+h-1)+\ldots+\frac{x^{f-1}}{(1-x)^{f-1}}\frac{(f+h-1)\ldots(h+1)}{1.2.3\ldots(f-1)}\right]dx}{\int x^{n-f}(1-x)^{n-h}dx},$$

les deux intégrales étant prises de manière qu'elles soient nulles lorsque $x=0$ et qu'elles finissent lorsque $x=1$. De là, on conclura facilement

$$\int x^{n-f}(1-x)^{n-h}dx=\frac{1.2.3\ldots(n-h)}{(n-f+1)\ldots(2n-f-h+1)};$$

pareillement

$$\int x^{n-f}(1-x)^{f+n-1}dx=\frac{1.2.3\ldots(f+n-1)}{(n-f+1)\ldots 2n},$$

et ainsi du reste.

D'où l'on aura, pour la somme qui doit revenir à B,

$$\frac{a(n-h+1)\ldots(n+f-1)}{(2n-f-h+2)\ldots 2n}\left[1+\frac{f+h-1}{1}\frac{n-f+1}{f+n-1}\right.$$
$$+\frac{(f+h-1)(f+h-2)}{1.2}\frac{(n-f+1)(n-f+2)}{(f+n-1)(f+n-2)}+\ldots$$
$$\left.+\frac{(f+h-1)\ldots(h+1)}{1.2.3\ldots(f-1)}\frac{(n-f+1)\ldots(n-1)}{(f+n-1)\ldots(n+1)}\right].$$

V.

On peut, au moyen de la théorie précédente, parvenir à la solution du problème qui consiste à déterminer le milieu que l'on doit prendre entre plusieurs observations données d'un même phénomène. Il y a deux ans que j'en donnai une à l'Académie, à la suite du *Mémoire sur les séries récurro-récurrentes*, imprimé dans ce Volume (¹); mais le peu d'usage dont elle pouvait être me la fit supprimer lors de l'impression. J'ai appris depuis, par le *Journal astronomique* de M. Jean Bernoulli, que MM. Daniel Bernoulli et Lagrange se sont occupés du même Problème dans deux Mémoires manuscrits qui ne sont point venus à ma

(¹) *Voir* p. 5.

connaissance. Cette annonce, jointe à l'utilité de la matière, a réveillé mes idées sur cet objet; et, quoique je ne doute point que ces deux illustres géomètres ne l'aient traité beaucoup plus heureusement que moi, je vais cependant exposer ici les réflexions qu'il m'a fait naître, persuadé que les différentes manières dont on peut l'envisager produiront une méthode moins hypothétique et plus sûre, pour déterminer le milieu que l'on doit prendre entre plusieurs observations.

PROBLÈME III. — *Déterminer le milieu que l'on doit prendre entre trois observations données d'un même phénomène.*

· *Solution.* — Représentons le temps par une droite indéfinie AB (*fig.* 1), et supposons que la première observation fixe l'instant du phénomène au point $a$, la seconde au point $b$ et la troisième au

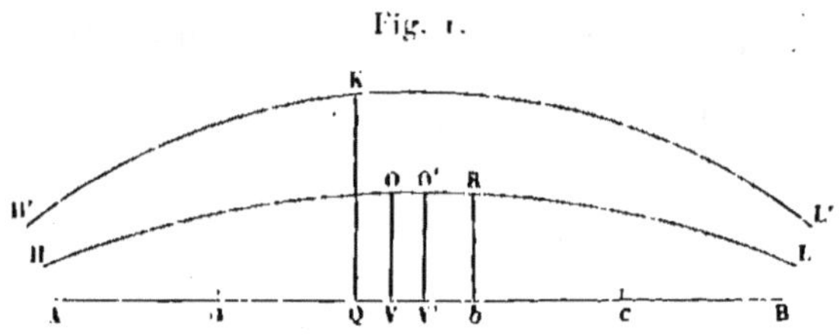

Fig. 1.

point $c$; supposons de plus que l'unité de temps soit une seconde, en sorte que l'intervalle de $a$ à $b$ soit $p$ secondes, et celui de $b$ à $c$, $q$ secondes; cela posé, on demande à quel point V de la droite AB on doit fixer le milieu que l'on doit prendre entre les trois observations $a$, $b$ et $c$.

Pour cela, on doit observer qu'il est plus probable qu'une observation donnée s'écarte de la vérité de 2 secondes que de 3 secondes, de 3 secondes que de 4 secondes, etc.; mais la loi suivant laquelle cette vraisemblance diminue à mesure que l'observation s'éloigne de la vérité nous est inconnue. Supposons donc (*fig.* 2) que le point V soit le véritable instant du phénomène; les probabilités que l'observation s'éloigne de la vérité, aux distances VP, VP′, …, peuvent être représentées par les ordonnées d'une courbe RMM′, qui décroissent suivant une loi quelconque, et dont, en nommant $x$ l'abscisse VP, et $y$ l'ordonnée correspondante PM, nous représenterons l'équation par celle-ci : $y = \varphi(x)$. Or voici les propriétés de cette courbe :

1º Elle doit être partagée en deux parties entièrement semblables par la droite VR, car il est tout aussi probable que l'observation s'écartera de la vérité à droite comme à gauche ;

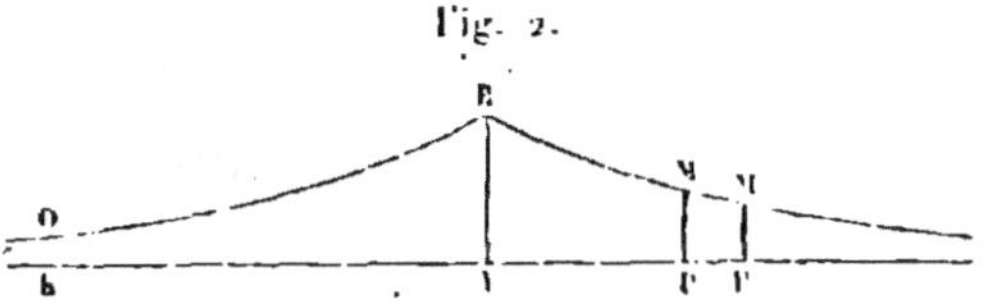

Fig. 2.

2º Elle doit avoir pour asymptote la ligne KP, parce que la probabilité que l'observation s'éloigne de la vérité à une distance infinie est évidemment nulle ;

3º L'aire entière de cette courbe doit être égale à l'unité, puisqu'il est certain que l'observation tombera sur un des points de la droite KP.

Supposons maintenant (*fig.* 1) que le véritable instant du phénomène soit au point V, à la distance $x$ du point $a$ ; la probabilité que les trois observations $a$, $b$ et $c$ s'écarteront aux distances V$a$, V$b$ et V$c$ sera

$$\varphi(x)\varphi(p - x)\varphi(p + q - x);$$

et, si nous supposons le véritable instant au point V', en sorte que $a\text{V}' = x'$, cette probabilité sera

$$\varphi(x')\varphi(p - x')\varphi(p + q - x');$$

d'où il résulte, par notre principe fondamental de l'Article II, que les probabilités que le véritable instant du phénomène est aux points V ou V' sont entre elles comme

$$\varphi(x)\varphi(p - x)\varphi(p + q - x) : \varphi(x')\varphi(p - x')\varphi(p + q - x').$$

Si donc on construit une courbe HOL, dont l'équation soit

$$y = \varphi(x)\varphi(p - x)\varphi(p + q - x),$$

les ordonnées de cette courbe pourront représenter les probabilités des points correspondants de l'abscisse. Cela posé :

Par le milieu que l'on doit choisir entre plusieurs observations, on peut entendre deux choses qu'il importe également de considérer.

La première est l'instant tel qu'il soit également probable que le véritable instant du phénomène tombe avant ou après ; on pourrait appeler cet instant *milieu de probabilité*.

La seconde est l'instant tel qu'en le prenant pour milieu, la somme des erreurs à craindre, multipliées par leur probabilité, soit un *minimum* ; on pourrait l'appeler *milieu d'erreur* ou *milieu astronomique*, comme étant celui auquel les astronomes doivent s'arrêter de préférence.

Pour avoir le premier milieu, il faut déterminer l'ordonnée OV, qui divise l'aire de la courbe HOL en deux parties égales ; car il y a visiblement alors autant de probabilité que le véritable instant du phénomène tombe à droite comme à gauche du point V.

Pour avoir le second milieu, il faut choisir (*fig.* 3) un point V sur

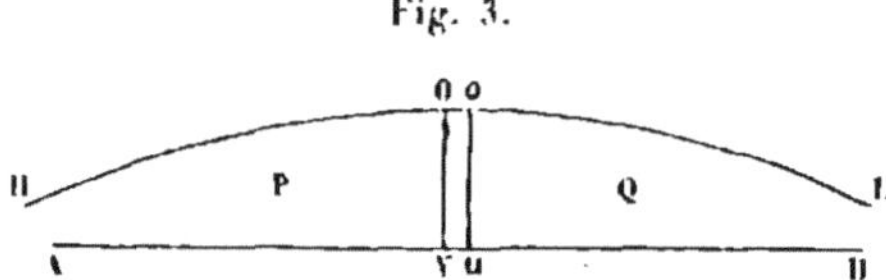


l'abscisse, tel que la somme des ordonnées de la courbe HOL, multipliées par leurs distances à ce point V, soit un minimum. Or je dis que ce second milieu ne diffère point du premier. Pour le faire voir, menons l'ordonnée *ou*, infiniment proche de OV. Soient

$Vu = dx,\ OV = y$ ;

Q le centre de gravité de la partie *uo*L de la courbe ;

M cette partie elle-même ;

$z$ la distance du point Q à l'ordonnée OV ;

P le centre de gravité de la partie VOH ;

N cette partie elle-même ;

$z'$ la distance de P à l'ordonnée OV.

Cela posé, en prenant le point V pour milieu, la somme des ordonnées multipliées par leurs distances à ce point sera

$$M z + N z' + \tfrac{1}{2} y\, dx^2,$$

et, si l'on prenait $u$ pour ce milieu, la somme des ordonnées multipliées par leurs distances au point $u$ serait

$$M(z - dx) + N(z' + dx) + \tfrac{1}{2} y\, dx^2;$$

d'où l'on voit que la différence de ces deux quantités sera

$$N\, dx - M\, dx,$$

laquelle doit être égale à zéro dans le cas du minimum. On aura donc dans ce cas $M = N$, c'est-à-dire que l'ordonnée OV partagera l'aire de cette courbe en deux parties égales. On voit donc que le milieu *astronomique* ne diffère point de celui de *probabilité*, et que l'un et l'autre se déterminent par l'ordonnée OV qui divise l'aire de la courbe HOL en deux parties égales.

Pour trouver cette ordonnée, il est nécessaire de connaître $\varphi(x)$; mais, dans le nombre infini de fonctions possibles, laquelle choisirons-nous de préférence? Les considérations suivantes peuvent nous déterminer dans ce choix. Il est certain (*fig.* 2) que, s'il n'y avait pas plus de raison pour supposer le point P plus probable que le point P′, on devrait supposer $\varphi(x)$ constant, et la courbe ORM′ serait une ligne droite infiniment proche de l'axe KP. Mais cette supposition doit être rejetée; car, si l'on supposait exister un très grand nombre d'observations du phénomène, il est à présumer qu'elles deviendraient d'autant plus rares qu'elles s'éloigneraient de la vérité; on sent facilement d'ailleurs que cette diminution ne peut être constante, et qu'elle devient d'autant moindre que les observations s'écartent de la vérité : ainsi, non seulement les ordonnées de la courbe RMM′, mais encore les différences de ces ordonnées doivent aller en décroissant à mesure qu'elles s'éloignent du point V, que nous supposons toujours être dans cette figure le véritable instant du phénomène. Or, comme nous n'avons aucune raison de supposer une autre loi aux ordonnées qu'à leurs différences, il suit que nous devons, conformément aux règles des probabilités, supposer le rapport de deux différences consécutives et infiniment petites égal à celui des ordonnées correspondantes. On aura ainsi

$$\frac{d\varphi(x+dx)}{d\varphi(x)} = \frac{\varphi(x+dx)}{\varphi(x)},$$

partant

$$\frac{d\varphi(x)}{dx} = -m\,\varphi(x),$$

ce qui donne

$$\varphi(x) = 6\,c^{-mx}.$$

Telle est donc la valeur que nous devons choisir pour $\varphi(x)$. La constante $6$ doit se déterminer par cette supposition que l'aire entière de la courbe ORM soit égale à l'unité qui représente la certitude, ce qui donne

$$6 = \tfrac{1}{2}m, \qquad \text{partant} \qquad \varphi(x) = \frac{m}{2}\,c^{-mx},$$

$c$ étant le nombre dont le logarithme hyperbolique est l'unité.

On peut objecter contre cette loi qu'en supposant $x$ extrêmement grand $\varphi(x)$ ne serait pas nul, ce qui répugne; mais, à cela, je réponds que, bien que $c^{-mx}$ ait une valeur réelle, quel que soit $x$, cette valeur cependant est si petite lorsque $x$ devient extrêmement grand, qu'elle peut être regardée comme nulle.

Maintenant, en admettant cette loi, déterminons l'aire de la courbe HOL (*fig.* 1).

1° Depuis $a$ jusqu'en $b$, l'ordonnée de la courbe HOL est

$$y = \frac{m^3}{8}\,c^{-m(2p+q-x)}.$$

Partant, l'aire de la courbe dans cet intervalle sera

$$\frac{m^2}{8}\,c^{-m(2p+q)}(c^{mx}-1).$$

2° Depuis $b$ jusqu'en $c$, l'ordonnée de la courbe sera

$$y = \frac{m^3}{8}\,c^{-m(x+q)},$$

et l'aire de la courbe dans cet intervalle sera

$$\frac{m^2}{8}\,e^{-mq}(e^{-mp}-e^{-mx}).$$

3° Depuis $c$ jusqu'à l'infini, l'aire de la courbe sera

$$\frac{m^2}{3.8}\,e^{-m(p+2q)}.$$

4° Depuis $a$ jusqu'à l'infini, du côté de A, l'aire de la courbe sera

$$\frac{m^2}{3.8}\,e^{-m(q+2p)};$$

l'aire entière de la courbe sera donc

$$\frac{m^2}{8}\,e^{-m(p+q)}\left(1-\tfrac{1}{3}e^{-mp}-\tfrac{1}{3}e^{-mq}\right).$$

On peut observer que le point V, tel que l'ordonnée OV partage l'aire de la courbe en deux parties égales, doit nécessairement tomber entre les points $a$ et $b$, en supposant $p>q$; ou entre les points $b$ et $c$, en supposant $q>p$; car l'aire de la courbe à gauche de l'ordonnée $b$R est

$$\frac{m^2}{8}\,e^{-m(p+q)}\left(1-\tfrac{2}{3}e^{-mp}\right),$$

laquelle est visiblement plus grande ou moindre que la moitié de l'aire entière, suivant que $p$ est plus grand ou moindre que $q$; nous le supposerons plus grand dans la suite du calcul. Cela posé, pour déterminer la distance $x$ du point $a$ au point V où l'on doit fixer le véritable instant du phénomène, on aura l'équation suivante

$$m^2 e^{-m(2p+q-x)}=m^2 e^{-m(p+q)}\left(1+\tfrac{1}{3}e^{-mp}-\tfrac{1}{3}e^{-mq}\right),$$

d'où l'on tire

$$x=p+\frac{1}{m}\,l\left(1+\tfrac{1}{3}e^{-mp}-\tfrac{1}{3}e^{-mq}\right).$$

*Remarque sur la méthode des milieux arithmétiques.*

La méthode en usage parmi les observateurs consiste à prendre un milieu arithmétique entre les trois observations, ce qui donnerait $x = \frac{2p+q}{3}$. Or cette méthode revient à supposer, dans les formules précédentes, $m = 0$ ou infiniment petit; car alors on a

$$l(1 + \tfrac{1}{3}e^{-mp} - \tfrac{1}{3}e^{-mq}) = \tfrac{1}{3}e^{-mp} - \tfrac{1}{3}e^{-mq}.$$

Or

$$\tfrac{1}{3}e^{-mp} = \tfrac{1}{3} - \tfrac{1}{3}mp \qquad \text{et} \qquad \tfrac{1}{3}e^{-mq} = \tfrac{1}{3} - \tfrac{1}{3}mq;$$

donc

$$\frac{1}{m}l(1 + \tfrac{1}{3}e^{-mp} - \tfrac{1}{3}e^{-mq}) = -\tfrac{1}{3}p + \tfrac{1}{3}q,$$

partant

$$x = p + \frac{1}{m}l(1 + \tfrac{1}{3}e^{-mp} - \tfrac{1}{3}e^{-mq}) = \frac{2p+q}{3},$$

la même valeur que donne la méthode des milieux arithmétiques.

La supposition de $m$ infiniment petit donne (*fig.* 2) tous les points de la droite KP également probables, au moins jusqu'à une distance extrêmement grande; ce qui est hors de toute vraisemblance par la nature même de la chose et par le résultat du calcul, comme on va le voir dans un moment. On sent par là combien cette supposition est peu naturelle, et combien il est nécessaire dans des circonstances délicates de faire usage de la méthode suivante.

Si $m$ était connue, il serait facile par ce qui précède d'avoir la valeur de $x$; mais, cette quantité étant inconnue, il faut nécessairement recourir à d'autres moyens pour obtenir cette valeur.

D'après le principe fondamental de l'Article II, les probabilités des différentes valeurs de $m$ sont entre elles comme les probabilités que, ces valeurs ayant lieu, les trois observations auront les distances respectives qu'elles ont entre elles. Or les probabilités que les trois observations $a$, $b$ et $c$ (*fig.* 1) s'éloigneront les unes des autres aux distances $p$ et $q$ sont entre elles comme les aires des courbes HOL, correspondantes aux différentes valeurs de $m$, comme il est facile de s'en assurer.

D'où il résulte, par le principe de l'Article II, que la probabilité de $m$ est proportionnelle à

$$m^2 e^{-m(p+q)}\left(1 - \tfrac{1}{3}e^{-mp} - \tfrac{1}{3}e^{-mq}\right) dm;$$

on voit par là que la probabilité de $m = 0$ ou infiniment petit, supposition que donne la méthode des milieux arithmétiques, est infiniment moindre que celle de $m$ égal à une quantité finie quelconque.

Présentement, si l'on nomme $y$ la probabilité, correspondante à $m$, que le véritable instant du phénomène tombe à la distance $x$ du point $a$, la probabilité entière que cet instant tombera à cette distance sera proportionnelle à

$$\int y\, m^2 e^{-m(p+q)}\left(1 - \tfrac{1}{3}e^{-mp} - \tfrac{1}{3}e^{-mq}\right) dm,$$

l'intégrale étant prise de manière qu'elle commence lorsque $m = 0$, et finisse lorsque $m = \infty$; si donc on construit sur l'axe AB une nouvelle courbe H'KL' dont les ordonnées soient proportionnelles à cette quantité, l'ordonnée KQ qui divisera l'aire de cette courbe en deux parties égales coupera l'axe au point que l'on doit prendre pour milieu entre les trois observations.

L'aire de cette nouvelle courbe sera évidemment proportionnelle à l'intégrale du produit de l'aire de la courbe HOL par

$$m^2 e^{-m(p+q)}\left(1 - \tfrac{1}{3}e^{-mp} - \tfrac{1}{3}e^{-mq}\right) dm.$$

Donc, puisque, pour déterminer $x$ dans une supposition particulière pour $m$, on a

$$m^2 e^{-m(2p+q-x)} = m^2 e^{-m(p+q)}\left(1 + \tfrac{1}{3}e^{-mp} - \tfrac{1}{3}e^{-mq}\right),$$

on aura

$$\int m^2 e^{-m(3p+2q-x)}\left(1 - \tfrac{1}{3}e^{-mp} - \tfrac{1}{3}e^{-mq}\right) dm$$
$$= \int m^2 e^{-m(2p+2q)}\left(1 + \tfrac{1}{3}e^{-mp} - \tfrac{1}{3}e^{-mq}\right)\left(1 - \tfrac{1}{3}e^{-mp} - \tfrac{1}{3}e^{-mq}\right) dm,$$

en intégrant de manière que les intégrales commencent lorsque $m = 0$, et finissent lorsque $m = \infty$.

Pour intégrer ces quantités, on doit observer que

$$\int m^4 e^{-Km} \, dm = -\frac{1}{K} m^4 e^{-Km} + \int \frac{4}{K} m^3 e^{-Km} \, dm$$

$$= -\frac{1}{K} m^4 e^{-Km} - \frac{4}{K^2} m^3 e^{-Km} + \int \frac{3 \cdot 4}{K^2} m^2 e^{-Km} \, dm,$$

et ainsi de suite. Partant,

$$\int m^4 e^{-Km} \, dm = C - \frac{1}{K} m^4 e^{-Km} - \frac{4}{K^2} m^3 e^{-Km}$$

$$- \frac{3 \cdot 4}{K^3} m^2 e^{-Km} - \frac{3 \cdot 3 \cdot 4}{K^4} m e^{-Km} - \frac{1 \cdot 2 \cdot 3 \cdot 4 \cdot 5}{K^5} e^{-Km}.$$

Puisque cette intégrale doit s'évanouir lorsque $m = 0$, on a

$$C = \frac{1 \cdot 2 \cdot 3 \cdot 4 \cdot 5}{K^5};$$

d'ailleurs, comme elle doit finir lorsque $m = \infty$, on a dans ce cas

$$m^4 e^{-Km} = 0, \qquad m^3 e^{-Km} = 0, \qquad \ldots;$$

partant,

$$\int m^4 e^{-Km} \, dm = \frac{1 \cdot 2 \cdot 3 \cdot 4 \cdot 5}{K^5}.$$

On aura ainsi, pour obtenir $x$, l'équation suivante :

$$(\omega) \quad \begin{cases} \dfrac{1}{(3p + 2q - x)^5} - \dfrac{1}{3(4p + 2q - x)^5} - \dfrac{1}{3(3p + 3q - x)^5} \\[2mm] = \dfrac{1}{(2p + 3q)^5} - \dfrac{1}{3(2p + 3q)^5} - \dfrac{1}{9(4p + 2q)^5} + \dfrac{1}{9(2p + 4q)^5}. \end{cases}$$

Cette équation monte au quinzième degré et donne quinze valeurs pour $x$; mais on doit observer que, dans le cas du problème précédent, $x$ doit être positive et moindre que $p$, ce qui rend un grand nombre de ces valeurs inutiles; s'il y en avait cependant plusieurs qui satisfissent à ces deux conditions, il serait impossible de déterminer laquelle est préférable. Heureusement cela n'arrive point ici, et nous allons faire voir qu'il n'y en a qu'une seule qui y satisfasse, ce qu'il est essentiel de remarquer pour l'usage de cette méthode.

Supposons qu'une des racines de $x$ soit $p - f$, et nommant, pour abréger, K le second membre de l'équation ($\omega$), nous aurons

$$\frac{1}{(2p + 2q + f)^3} - \frac{1}{3(3p + 2q + f)^3} - \frac{1}{3(2p + 3q + f)^3} = K;$$

supposons que $p - f - u$ soit une seconde racine de $x$, $f + u$ étant positif et moindre que $p$; nous aurons

$$\frac{1}{(2p + 2q + f)^3 \left(1 + \dfrac{u}{2p + 2q + f}\right)^3}$$
$$- \frac{1}{3(3p + 2q + f)^3 \left(1 + \dfrac{u}{3p + 2q + f}\right)^3}$$
$$- \frac{1}{3(2p + 3q + f)^3 \left(1 + \dfrac{u}{3p + 3q + f}\right)^3} = K.$$

Soit

$$\frac{1}{(2p + 2q + f)^3 \left(1 + \dfrac{u}{2p + 2q + f}\right)^3} = \frac{1}{(2p + 2q + f)^3}\left(1 + \frac{1}{l}\right),$$

$$\frac{1}{(3p + 2q + f)^3 \left(1 + \dfrac{u}{3p + 2q + f}\right)^3} = \frac{1}{(3p + 2q + f)^3}\left(1 + \frac{1}{l'}\right),$$

$$\frac{1}{(2p + 3q + f)^3 \left(1 + \dfrac{u}{3p + 2q + f}\right)^3} = \frac{1}{(2p + 3q + f)^3}\left(1 + \frac{1}{l''}\right);$$

$l$, $l'$ et $l''$ seront positifs ou négatifs, suivant que $u$ sera positif ou négatif; de plus, on aura $l < l'$ et $l < l''$, ensuite on aura

$$\frac{1}{l(2p + 2q + f)^3} - \frac{1}{3l'(3p + 2q + f)^3} - \frac{1}{3l''(2p + 3q + f)^3} = 0;$$

mais on a

$$\frac{1}{l(2p + 2q + f)^3} - \frac{1}{3l(3p + 2q + f)^3} - \frac{1}{3l(2p + 3q + f)^3} = \frac{K}{l};$$

donc

$$\frac{K}{l} + \frac{1}{3(3p + 2q + f)^3}\left(\frac{1}{l} - \frac{1}{l'}\right) + \frac{1}{3(2p + 3q + f)^3}\left(\frac{1}{l} - \frac{1}{l''}\right) = 0.$$

Or, K étant nécessairement positif, cette équation est visiblement impossible, à moins qu'on ne suppose $\frac{1}{l} = 0$, $\frac{1}{l'} = 0$ et $\frac{1}{l''} = 0$, ce qui donne $u = 0$. Il n'y a donc qu'une seule racine de $x$ qui satisfasse aux conditions prescrites ci-dessus.

La difficulté de tirer de l'équation ($\omega$) la valeur de $x$ rend fort pénible l'usage de la méthode précédente; mais on peut l'employer dans des circonstances délicates, où il s'agit d'avoir avec précision le milieu que l'on doit prendre entre plusieurs observations; et, quoique dans le problème précédent nous n'en ayons considéré que trois, il est visible que la solution est entièrement la même pour un nombre quelconque.

Pour donner un exemple de la méthode précédente et de la manière d'en faire usage, supposons (*fig.* 1) que les observations $b$ et $c$ coïncident, en sorte que $q = 0$; cela posé, si l'on fait $x = pz$, l'équation ($\omega$) donne

$$\frac{2}{3(3-z)^5} - \frac{1}{3(4-z)^5} = \frac{1,3229}{3.2^5},$$

et, si l'on fait $\frac{3-z}{2} = \mu$, on aura

$$\mu = \sqrt[5]{\frac{2}{1,3229 + \frac{1}{(\frac{1}{2}+\mu)^5}}}.$$

Si dans une première approximation on néglige le terme $\frac{1}{(\frac{1}{2}+\mu)^5}$, on aura une première valeur de $\mu$ qui, substituée dans l'équation, donnera une seconde valeur de $\mu$ plus approchée, et ainsi de suite. De cette manière, j'ai trouvé $\mu = 1,0697$, ce qui donne $z = 0,860$; partant, $x = 0,860\,p$. Tel est, conséquemment, le milieu que l'on doit prendre entre trois observations, dont deux coïncident; par exemple, si la première donne l'instant du phénomène à $m^h 30^m 0^s$, et les deux autres à $m^h 30^m 10^s$, on doit supposer le véritable instant du phénomène à $m^h 30^m 8^s,6$; suivant la méthode usitée par les astronomes, on le supposerait à $m^h 30^m 6^s\frac{2}{3}$. On voit donc que la méthode précédente rapproche plus l'instant du phénomène des deux observations qui coïncident, et, en cela, elle est bien plus conforme aux probabilités, car on sent aisément que ce milieu doit être pris plus près des deux observations qui coïncident que ne le donne la méthode des milieux arithmétiques.

Voici maintenant une petite Table que j'ai construite pour l'usage des observateurs. Comme la valeur de $q$ a été supposée dans nos calculs moindre que celle de $p$, je l'ai fait successivement égale à $0,0\,p$; $0,1\,p$; $0,2\,p$; $0,3\,p$; ... jusqu'à $p$; j'ai calculé ensuite les valeurs de $x$ qui y correspondent. Si la valeur de $q$ tombait entre deux de ces décimales, il serait facile de conclure $x$ par interpolation.

On doit observer, pour l'usage de cette Table, que $x$ exprime la distance de celle des deux observations extrêmes qui s'éloigne le plus de l'observation intermédiaire, au milieu que l'on doit choisir entre les trois observations.

$$q = 0,0\,p \ldots\ldots\ldots\ldots\ldots\ldots x = 0,860\,p$$
$$q = 0,1\,p \ldots\ldots\ldots\ldots\ldots\ldots x = 0,894\,p$$
$$q = 0,2\,p \ldots\ldots\ldots\ldots\ldots\ldots x = 0,916\,p$$
$$q = 0,3\,p \ldots\ldots\ldots\ldots\ldots\ldots x = 0,932\,p$$
$$q = 0,4\,p \ldots\ldots\ldots\ldots\ldots\ldots x = 0,944\,p$$
$$q = 0,5\,p \ldots\ldots\ldots\ldots\ldots\ldots x = 0,955\,p$$
$$q = 0,6\,p \ldots\ldots\ldots\ldots\ldots\ldots x = 0,965\,p$$
$$q = 0,7\,p \ldots\ldots\ldots\ldots\ldots\ldots x = 0,975\,p$$
$$q = 0,8\,p \ldots\ldots\ldots\ldots\ldots\ldots x = 0,984\,p$$
$$q = 0,9\,p \ldots\ldots\ldots\ldots\ldots\ldots x = 0,992\,p$$
$$q = p \ldots\ldots\ldots\ldots\ldots\ldots x = p$$

## VI.

La théorie précédente m'a conduit aux considérations suivantes, qui peuvent n'être pas inutiles dans la Théorie des hasards, et par lesquelles je terminerai ce Mémoire.

*Je suppose que A joue avec B à croix ou pile, à ces conditions : savoir que, si A amène croix au premier coup, B lui donnera deux écus; qu'il lui* *en donnera quatre s'il ne l'amène qu'au second, huit s'il ne l'amène qu'au troisième, et ainsi de suite jusqu'au nombre $x$ de coups.*

Il est facile de déterminer l'espérance de A, ou la somme qu'il doit donner à B, avant que de commencer le jeu ; car en nommant $y_x$ cette somme, si l'on suppose que le nombre des coups, au lieu d'être $x$, vienne à augmenter d'une unité, il est visible que l'espérance de A sera augmentée du nombre $2^{x+1}$ d'écus, multiplié par la probabilité $\frac{1}{2^{x+1}}$ de l'obtenir au coup $x + 1$. On aura donc

$$y_{x+1} - y_x = 1,$$

d'où l'on tire, en intégrant,

$$y_x = x + C,$$

C étant une constante arbitraire ; or, posant $x = 1$, $y_x = 1$ ; donc $C = 0$. Ainsi A doit donner à B le nombre $x$ d'écus.

Nous supposons dans cette solution que la pièce qui, jetée en l'air, doit amener croix ou pile, n'a pas plus de pente pour amener l'un plutôt que l'autre ; or cette supposition n'est admissible que mathématiquement, car physiquement il doit y avoir une inégalité ; mais, comme les deux joueurs A et B ignorent en commençant le jeu de quel côté est cette plus grande pente, on pourrait croire que cette incertitude n'augmente et ne diminue point leur avantage. On va voir cependant que rien n'est moins fondé que cette supposition ; d'où il résultera que la science des hasards exige d'être employée avec précaution, et demande à être modifiée lorsqu'on passe du cas mathématique au physique.

Examinons ce qui résulte de la supposition que la pièce a une plus grande pente à tomber d'un côté que de l'autre ; soit $\frac{1 - \varpi}{2}$ la probabilité qu'en jetant la pièce en l'air croix ou pile (on ignore lequel des deux) arrivera. Supposons d'abord que la probabilité pour croix soit $\frac{1 - \varpi}{2}$, l'espérance de A sera dans cette supposition égale à

$$(1 + \varpi)[1 + (1 - \varpi) + (1 - \varpi)^2 + \ldots + (1 - \varpi)^{x-1}] = \frac{(1 + \varpi)[(1 - \varpi)^x - 1]}{-\varpi};$$

supposons ensuite que la probabilité pour croix soit $\frac{1-\varpi}{2}$, l'espérance de A sera égale à $\frac{(1-\varpi)[(1+\varpi)^x-1]}{\varpi}$. Or, comme il est aussi naturel d'attribuer à croix comme à pile la probabilité $\frac{1+\varpi}{2}$, si l'on nomme E l'espérance de A, on aura

$$E = 1 + \frac{1-\varpi^2}{2\varpi}[(1+\varpi)^{x-1} - (1-\varpi)^{x-1}];$$

si l'on regarde $\varpi$ comme fort petit, on aura, tant que $x$ ne sera pas considérable,

$$E = x + \left[\frac{(x-1)(x-2)(x-3)}{1.2.3} - \frac{x-1}{1}\right]\varpi^2.$$

Ainsi l'espérance de A est moindre que $x$, si $x$ est au-dessous de 5 et plus grand que 1; elle égale $x$ si $x = 5$. Après un plus grand nombre de coups, l'espérance de A devient plus grande que $x$, et, posant $x$ infinie, elle est infiniment plus grande.

Comme la valeur de $\varpi$ est inconnue, il n'est guère possible d'évaluer ainsi l'espérance de A pour un nombre $n$ de coups; cependant, si l'on est assuré que $\varpi$ ne peut excéder une certaine quantité, par exemple, $\frac{1}{q}$, mais qu'il puisse être également un des nombres fractionnaires compris entre o et $\frac{1}{q}$, on peut calculer de cette manière l'espérance de A.

Si l'on conçoit la fraction $\frac{1}{q}$ partagée dans une infinité de parties égales, représentées par $d\varpi$, il est clair que l'élément de l'espérance de A sera égal à $Eq\,d\varpi$, et l'espérance totale sera

$$\int Eq\,d\varpi = \int q\left(1 + \frac{1-\varpi^2}{2\varpi}\right)[(1+\varpi)^{x-1} - (1-\varpi)^{x-1}]\,d\varpi$$

(en intégrant et ajoutant la constante convenable)

$$= n + \left[\frac{(n-1)(n-2)(n-3)}{1.2.3} - \frac{n-1}{1}\right]\frac{1}{3q^2}$$

$$+ \left[\frac{(n-1)\ldots(n-5)}{1.2.3.4.5} - \frac{(n-1)\ldots(n-3)}{1.2.3}\right]\frac{1}{5q^4}$$

$$+ \ldots\ldots\ldots\ldots\ldots\ldots\ldots\ldots\ldots\ldots\ldots\ldots\ldots$$

Si nous supposons $q$ fort grand, cette quantité se réduit à ses deux premiers termes, tant que $n$ est assez petit, et l'espérance de A est alors

$$n + \left[\frac{(n-1)(n-2)(n-3)}{1.2.3} - \frac{n-1}{1}\right]\frac{1}{3q^2}.$$

C'est une chose remarquable que cette espérance soit moindre que $n$ lorsque le nombre des coups est au-dessous de 5 et plus grand que 1, qu'elle lui soit égale lorsque $n = 5$, et qu'enfin elle soit plus grande lorsque $n$ est plus grand que 5.

Supposons $n = 2$ et $\frac{1}{q} = \frac{1}{10}$; l'espérance de A sera égale à $2 - \frac{1}{300}$ d'écus; d'où il résulte que A joue avec désavantage en donnant à B 2 écus, puisqu'il ne doit lui donner que $2 - \frac{1}{300}$ d'écus.

Si l'on cherchait par cette méthode la probabilité d'amener croix en deux coups, on la trouverait égale à $\frac{1}{4} + \frac{1}{12q^2}$, plus grande conséquemment que $\frac{1}{4}$; on se tromperait par conséquent en calculant ces probabilités suivant la méthode ordinaire, c'est-à-dire sans faire attention aux inégalités qui peuvent avoir lieu entre les deux faces de la pièce.

Ceci donne lieu à un nouveau genre de problème sur les hasards, fort utile dans l'application du Calcul des probabilités; car, bien que l'on ignore de quel côté est la plus grande probabilité, on voit cependant que cette incertitude rend le sort de l'un des joueurs plus avantageux que celui de l'autre; il est donc très intéressant de connaître, dans les différents cas, de quel côté est le plus grand avantage.

Mais c'est principalement dans l'application de la science des probabilités au jeu des dés que cette théorie a besoin d'être modifiée, vu que souvent entre les faces d'un dé, qui semble parfaitement cube, il existe une inégalité de pente très sensible, en sorte que, sur un fort grand nombre de coups, une des faces arrive plus souvent que l'autre, ce qui vient et de l'hétérogénéité de la matière du dé et de ce que sa figure n'est pas exactement cube; c'est ce que j'ai observé sur les dés les plus réguliers et les plus homogènes qu'il m'a été possible de trouver, et particulièrement sur les dés que l'on nomme *dés anglais*; examinons présentement les changements que ces inégalités doivent apporter dans la solution des Problèmes sur le jeu des dés.

*A et B jouent ensemble, à cette condition que si A amène dans un nombre n de coups une face donnée d'un dé, B lui donnera la somme a*; *on demande ce que A doit donner à B.*

Par la théorie des hasards, on trouve que l'espérance de A est $a - \dfrac{5^n}{6^n}a$, et c'est la somme qu'il doit donner à B; cette solution suppose toutes les faces du dé parfaitement égales, ce qui n'est vrai que mathématiquement parlant.

Soient $\dfrac{1+\varpi}{6}$ la probabilité qu'une des faces du dé (on ignore laquelle) a pour être amenée au premier coup; $\dfrac{1+\varpi'}{6}$, $\dfrac{1+\varpi''}{6}$, $\ldots$, $\dfrac{1+\varpi^{\text{v}}}{6}$ celles que les autres ont pour être amenées pareillement au premier coup; on aura

$$\frac{1+\varpi}{6} + \frac{1+\varpi'}{6} + \ldots + \frac{1+\varpi^{\text{v}}}{6} = 1,$$

partant

$$\varpi + \varpi' + \varpi'' + \ldots + \varpi^{\text{v}} = 0.$$

Or, si l'on suppose que la face donnée du dé ait la probabilité $\dfrac{1+\varpi}{6}$ pour être amenée dans un seul coup, la probabilité qu'elle n'arrivera pas dans un nombre $n$ de coups sera

$$\frac{(5 + \varpi' + \varpi'' + \ldots + \varpi^{\text{v}})^n}{6^n} = \frac{(5 - \varpi)^n}{6^n};$$

l'espérance de A est donc alors

$$a\left[1 - \frac{(5 - \varpi)^n}{6^n}\right].$$

Pareillement, si la probabilité qu'a la face donnée pour être amenée au premier coup est $\dfrac{1+\varpi'}{6}$, on aura, pour l'espérance de A,

$$a\left[1 - \frac{(5 - \varpi')^n}{6^n}\right],$$

et ainsi de suite ; d'où il suit que la véritable espérance de A est

$$a - a\,\frac{(5-\varpi)^n}{6^{n+1}} - a\,\frac{(5-\varpi')^n}{6^{n+1}} - \ldots - a\,\frac{(5-\varpi^{\mathrm{v}})^n}{6^{n+1}}.$$

Si l'on suppose $\varpi$, $\varpi'$, $\varpi''$, … fort petits et $n$ peu considérable, on aura cette espérance égale à

$$a - \frac{5^n}{6^n}\,a - \frac{n(n-1)}{1.2}\,\frac{5^{n-2}}{6^{n+1}}\,a(\varpi^2 + \varpi'^2 + \varpi''^2 + \ldots + \varpi^{\mathrm{v}2});$$

d'où il suit que, si $\varpi$, $\varpi'$, … ne sont pas nuls, ce qui serait physiquement impossible, l'espérance de A est moindre que $a - \dfrac{5^n}{6^n}\,a$, excepté dans le cas de $n = 1$ ; de là il résulte que A en donnant à B $a - \dfrac{5^n}{6^n}\,a$ joue avec désavantage.

Si $n$ était un nombre considérable, on trouverait l'espérance de A égale à

$$a - \frac{5^n}{6^n}\,a - \frac{n(n-1)}{1.2}\,\frac{5^{n-2}}{6^{n+1}}\,a(\varpi^2 + \varpi'^2 + \ldots + \varpi^{\mathrm{v}2})$$

$$+ \frac{n(n-1)(n-2)}{1.2.3}\,\frac{5^{n-3}}{6^{n+1}}\,a(\varpi^3 + \varpi'^3 + \ldots + \varpi^{\mathrm{v}3})$$

$$- \ldots \ldots \ldots \ldots \ldots \ldots \ldots \ldots \ldots$$

Or, comme il est aussi naturel de supposer $\varpi$, $\varpi'$, … négatifs comme positifs, il est visible que l'on doit rejeter les termes où ils se trouvent élevés à des puissances impaires ; ainsi l'espérance de A sera

$$a - \frac{5^n}{6^n}\,a - \frac{n(n-1)}{1.2}\,\frac{5^{n-2}}{6^{n+1}}\,a(\varpi^2 + \varpi'^2 + \ldots + \varpi^{\mathrm{v}2})$$

$$- \frac{n(n-1)(n-2)(n-3)}{1.2.3.4}\,\frac{5^{n-4}}{6^{n+1}}\,a(\varpi^4 + \ldots + \varpi^{\mathrm{v}4})$$

$$- \ldots \ldots \ldots \ldots \ldots \ldots \ldots \ldots \ldots,$$

laquelle est toujours moindre que $a - \dfrac{5^n}{6^n}\,a$, quel que soit $n$.

*Si les quantités $\varpi$, $\varpi'$, $\varpi''$, … sont inconnues, mais qu'on soit assuré qu'elles ne peuvent être plus grandes que $\dfrac{1}{q}$, ni moindres que $-\dfrac{1}{q}$, on propose de trouver dans cette supposition l'espérance de A.*

Ce problème présente quelques difficultés et exige des considérations particulières, en ce que les quantités $\varpi$, $\varpi'$, $\varpi''$, ... dépendent mutuellement les unes des autres, ce qui rend les différentes valeurs qu'on peut leur donner plus ou moins probables ; pour simplifier le calcul, au lieu du dé, j'imagine un prisme triangulaire qui ne puisse retomber que sur ses trois faces rectangulaires ; cela posé, en supposant $\varpi$ fort petit et $n$ peu considérable, l'espérance de A est

$$a - \frac{2^n}{3^n} a - \frac{n(n-1)}{1.2} \frac{2^{n-2}}{3^{n+1}} a(\varpi^2 + \varpi'^2 + \varpi''^2);$$

présentement, puisque l'on a $\varpi + \varpi' + \varpi'' = 0$, on aura $\varpi'' = -\varpi - \varpi'$ ; donc l'espérance de A est

$$a - \frac{2^n}{3^n} a - \frac{n(n-1)}{1.2} \frac{2^{n-1}}{3^{n+1}} a(\varpi^2 + \varpi\varpi' + \varpi'^2);$$

je suppose d'abord $\varpi$ positif et constant, et je cherche dans cette supposition l'espérance de A. Pour cela, je multiplie la quantité précédente par $d\varpi$, ce qui donne, après avoir intégré,

$$a\varpi - \frac{2^n}{3^n} a\varpi - \frac{n(n-1)}{1.2} \frac{2^{n-1}}{3^{n+1}} a\left(\frac{1}{3}\varpi^3 + \frac{\varpi'\varpi^2}{2} + \varpi'^2\varpi\right) + C.$$

Or la plus grande valeur positive que puisse avoir $\varpi$ est $\frac{1}{q} - \varpi'$ ; ainsi, en supposant l'intégrale nulle lorsque $\varpi = 0$, on aura $C = 0$, et l'intégrale qui convient à $\varpi$ positif est

$$\left(a - \frac{2^n}{3^n} a\right)\left(\frac{1}{q} - \varpi'\right) - \frac{n(n-1)}{1.2} \frac{2^{n-1}}{3^{n+1}} a\left[\frac{1}{3}\left(\frac{1}{q} - \varpi'\right)^3 + \frac{\varpi'}{2}\left(\frac{1}{q} - \varpi'\right)^2 + \varpi'^2\left(\frac{1}{q} - \varpi'\right)\right].$$

Pour avoir l'intégrale qui convient à $\varpi$ négatif, je fais $\varpi$ négatif dans la valeur donnée ci-dessus de l'espérance de A, laquelle devient alors

$$a - \frac{2^n}{3^n} a - \frac{n(n-1)}{1.2} \frac{2^{n-1}}{3^{n+1}} a(\varpi^2 - \varpi'\varpi + \varpi'^2).$$

Si l'on multiplie cette quantité par $d\varpi$, et que l'on intègre, on aura

$$\left(a - \frac{2^n}{3^n} a\right)\varpi - \frac{n(n-1)}{1.2} \frac{2^{n-1}}{3^{n+1}} a\left(\frac{1}{3}\varpi^3 - \frac{1}{2}\varpi'\varpi^2 + \varpi'^2\varpi\right);$$

or la plus grande valeur que puisse avoir $\varpi$ dans ce cas est $\frac{1}{q}$. On aura donc, pour l'intégrale complète qui convient à $\varpi$ négatif,

$$\left(a - \frac{2^n}{3^n}\,a\right)\frac{1}{q} - \frac{n(n-1)}{1.2}\,\frac{2^{n-1}}{3^{n+1}}\,a\left(\frac{1}{3q^3} - \frac{1}{2}\,\varpi'\,\frac{1}{q^2} + \varpi'^2\,\frac{1}{q}\right).$$

Si l'on ajoute cette intégrale à la précédente, il est visible que leur somme exprimera la somme de toutes les espérances de A, qui conviennent à cette valeur de $\varpi'$, et conséquemment à toutes les variations de $\varpi'$, depuis $-\frac{1}{q}$ jusqu'à $\frac{1}{q} - \varpi'$; cette somme sera

$$\left(a - \frac{2^n}{3^n}\,a\right)\left(\frac{2}{q} - \varpi'\right) - \frac{n(n-1)}{1.2}\,\frac{2^{n-1}}{3^{n+1}}\,a\left[\frac{1}{3}\left(\frac{1}{q} - \varpi'\right)^3 + \frac{1}{3q^3} + \frac{\varpi'^2}{2}\left(\frac{2}{q} - \varpi'\right)\right].$$

Si l'on multiplie cette quantité par $d\varpi'$, et que l'on intègre, on aura

$$\left(a - \frac{2^n}{3^n}\,a\right)\left(\frac{2}{q}\,\varpi' - \frac{1}{2}\,\varpi'^2\right) - \frac{n(n-1)}{1.2}\,\frac{2^{n-1}}{3^{n+1}}\,a\left[\frac{1}{12q^4} - \frac{1}{12}\left(\frac{1}{q} - \varpi'\right)^4 + \frac{\varpi'^3}{3q} - \frac{1}{8}\,\varpi'^4 + \frac{\varpi'}{3q^3}\right] + C,$$

et, faisant commencer l'intégrale au point où $\varpi' = 0$, et la supposant finir lorsque $\varpi' = \frac{1}{q}$, cette intégrale devient

$$\left(a - \frac{2^n}{3^n}\,a\right)\frac{3}{2qq} - \frac{n(n-1)}{1.2}\,a\,\frac{5.2^{n-1}}{3^{n+1}q^3};$$

cette quantité exprime la somme totale des espérances de A, qui conviennent à toutes les variations possibles de $\varpi'$ positif; et, pour avoir l'espérance qui en résulte pour A, il est visible qu'il faut diviser cette somme par le nombre total des variations qui conviennent à $\varpi'$ positif. Or le nombre de toutes les variations qui conviennent à $\varpi'$ est, par ce qui précède, $\frac{2}{q} - \varpi'$; multipliant par $d\varpi'$ et intégrant, on trouve $\frac{3}{2qq}$ pour le diviseur de la quantité précédente. Ainsi l'espérance de A, qui convient à $\varpi'$ positif, est

$$a - \frac{2^n}{3^n}\,a - \frac{n(n-1)}{1.2}\,\frac{2^{n-1}}{3^{n+1}}\,\frac{5a}{q^2}.$$

Or l'espérance qui convient à $\varpi'$ négatif est visiblement la même; de plus, il y a autant à parier pour $\varpi'$ négatif que pour $\varpi'$ positif; l'espérance totale de A est donc

$$a - \frac{2^n}{3^n} a - \frac{n(n-1)}{1.2} \frac{2^{n-2}}{3^{n+2}} \frac{5a}{q^2} \}$$

en suivant le même procédé, on parviendrait à résoudre le problème précédent, dans le cas où le corps aurait 4, 5, 6, ... faces. Il n'y a d'autre difficulté que dans la longueur du calcul.

Ces exemples suffisent pour faire voir avec quelle précaution on doit appliquer aux objets physiques les considérations mathématiques sur le Calcul des probabilités. On suppose dans la théorie que les différents cas qui amènent un événement sont également probables, ou, s'ils ne le sont pas, que leur probabilité est dans un rapport donné. Quand on veut ensuite faire usage de cette théorie, on regarde deux événements comme également probables, lorsqu'on ne voit aucune raison qui rende l'un plus probable que l'autre, parce que, quand bien même il y aurait une inégale possibilité entre eux, comme nous ignorons de quel côté est la plus grande, cette incertitude nous fait regarder l'un comme aussi probable que l'autre.

Lorsqu'il n'est question que de probabilités simples, il paraît que cette inégalité de probabilités ne nuit en rien à la justesse de l'application du calcul aux objets physiques; si B, par exemple, s'engage à donner deux écus à A, à cette condition que ce dernier amènera croix au premier coup, suivant la théorie, c'est-à-dire en supposant croix et pile également possibles, A doit donner à B un écu avant que de commencer le jeu; et la même chose a lieu, comme il est facile de s'en assurer, quand on supposerait une inégale probabilité pour croix et pour pile, pourvu qu'on ignorât de quel côté est la plus grande; mais, lorsqu'il s'agit de probabilité composée, il me semble que l'application que l'on fait de la théorie aux événements physiques demande à être modifiée. Par exemple, si au jeu de croix et de pile, B parie avec A que ce dernier, sur deux coups, n'amènera point croix, la probabilité de B pour gagner est visiblement composée, puisqu'elle résulte de la probabilité que croix n'arrivera point au premier coup, et de celle qu'il n'arrivera point au second, multipliées l'une par l'autre. Or, dans ce cas, la probabilité de B par la théorie ordinaire est $\frac{1}{4}$, au lieu que, pour peu que l'on suppose croix et pile inégalement possibles, cette probabilité est plus grande que $\frac{1}{4}$.

Cette aberration de la théorie ordinaire, qui n'a encore été observée par personne, que je sache, m'a paru digne de l'attention des géomètres, et il me semble que l'on ne peut trop y avoir égard, lorsqu'on applique le Calcul des probabilités aux différents objets de la vie civile.

## VII.

Quoique les théorèmes suivants n'aient aucun rapport avec la matière précédente, cependant à cause de l'utilité dont ils peuvent être dans l'Analyse, j'ai cru pouvoir les communiquer ici aux géomètres.

### Sur les solutions particulières des équations différentielles.

On sait que les équations différentielles ont des solutions particulières qui ne sont point comprises dans l'intégrale générale, de quelque manière que l'on détermine les constantes arbitraires; je les nomme, pour cette raison, *solutions particulières*. Il est donc nécessaire d'avoir une méthode pour trouver toutes ces solutions; or voici, pour y parvenir, un théorème général :

THÉORÈME. — *Soit l'équation différentielle* $dy = p\,dx$, *p étant fonction de x et de y; toute solution particulière de cette équation différentielle est un facteur commun aux deux quantités*

$$p + \frac{\dfrac{\partial^2 p}{\partial x\,\partial y}}{\dfrac{\partial^2 p}{\partial y^2}} \quad \text{et} \quad \frac{1}{\dfrac{\partial p}{\partial y}},$$

*et réciproquement, tout facteur commun à ces deux quantités, égalé à zéro, est une solution particulière de l'équation différentielle*

$$dy = p\,dx.$$

On trouvera la démonstration de ce théorème et de plusieurs autres analogues sur les équations différentielles du second ordre, dans un Mémoire intitulé : *Recherches sur les solutions particulières des équations différentielles,* qui paraîtra parmi ceux de l'Académie pour l'année 1772 ([1]).

*Sur les équations aux différences partielles.*

Théorème I. — *L'intégrale d'une équation linéaire aux différences partielles de l'ordre n renferme n fonctions arbitraires; ces fonctions peuvent entrer dans l'intégrale avec leurs différences premières, deuxièmes, troisièmes, etc., mais ces fonctions et leurs différences ne peuvent y entrer que sous une forme linéaire; ainsi, l'équation générale linéaire du deuxième ordre,*

$$0 = \frac{\partial^2 z}{\partial x^2} + \alpha\,\frac{\partial^2 z}{\partial x\,\partial y} + 6\,\frac{\partial^2 z}{\partial y^2} + \gamma\,\frac{\partial z}{\partial x} + \delta\,\frac{\partial z}{\partial y} + \lambda z + \tau,$$

$\alpha$, $6$, $\gamma$, $\delta$, $\lambda$ *et* $\tau$ *étant des fonctions de* $x$ *et de* $y$, *a nécessairement une intégrale de cette forme*

$$z = \mathrm{H} + \mathrm{A}\varphi(\varpi) + \mathrm{B}\varphi'(\varpi) + \mathrm{C}\varphi''(\varpi) + \ldots$$
$$+ \mathrm{P}\psi(\theta) + \mathrm{Q}\psi'(\theta) + \mathrm{R}\psi'(\theta) + \ldots,$$

$\varphi(\varpi)$ *et* $\psi(\theta)$ *étant deux fonctions arbitraires,* $\varphi'(\varpi)$ *représentant* $\dfrac{d\varphi(\varpi)}{d\varpi}$, $\varphi''(\varpi) = \dfrac{d\varphi'(\varpi)}{d\varpi}$, *et ainsi de suite; et* $\mathrm{H}$, $\mathrm{A}$, $\mathrm{B}$, $\mathrm{C}$, …, $\mathrm{P}$, $\mathrm{Q}$, $\mathrm{R}$, … *étant fonctions de* $x$ *et de* $y$.

*Les quantités* $\varpi$ *et* $\theta$ *se déterminent en cherchant des valeurs qui satis-*

---

([1]) La méthode dont j'ai fait usage vient de paraître dans les *Actes de Leipzig* pour l'année 1771. Mais, comme il s'est glissé, durant l'impression, plusieurs fautes assez considérables, et que d'ailleurs j'ai eu depuis occasion d'approfondir davantage cette matière, je prie le lecteur de suivre mes recherches sur cet objet, dans le Volume de l'Académie pour l'année 1772.

*fassent aux équations*

$$0 = \frac{\partial\varpi}{\partial x} + \frac{\partial\varpi}{\partial y}\left(\frac{1}{2}\alpha + \sqrt{\frac{1}{4}\alpha^2 - \delta}\right),$$

$$0 = \frac{\partial\vartheta}{\partial x} + \frac{\partial\vartheta}{\partial y}\left(\frac{1}{2}\alpha - \sqrt{\frac{1}{4}\alpha^2 - \delta}\right),$$

*équations que l'on peut toujours résoudre. En général, il est toujours facile d'intégrer cette équation*

$$0 = \frac{\partial z}{\partial x} + K\frac{\partial z}{\partial y} + V,$$

K *étant fonction de* $x$ *et de* $y$, *et* V *étant fonction de* $x$, $y$ *et* $z$. *On observera ici que, par intégrer, j'entends ramener aux différences ordinaires l'équation aux différences partielles.*

De là résulte cette remarque assez singulière : savoir, que pour déterminer la vitesse du son, il est inutile d'intégrer l'équation aux différences partielles dont elle dépend ; et, quoiqu'on ne l'ait pas encore intégrée dans le cas où l'air n'a que deux dimensions, on peut assurer cependant que cette vitesse est la même que dans les hypothèses d'une et de trois dimensions.

Du théorème précédent, suit cet autre théorème, savoir :

THÉORÈME II. — *Il existe des équations linéaires aux différences partielles du second ordre dont l'intégrale est impossible en termes finis. De ce genre est l'équation des cordes vibrantes dans un milieu résistant comme la vitesse, et toute fois que l'intégrale est possible en termes finis, on peut la trouver par une méthode qui peut également s'appliquer aux équations linéaires de tous les ordres.*

Nous supposons, dans les deux théorèmes précédents, que les fonctions arbitraires existent dans l'intégrale débarrassées de tout signe d'intégration ; et ce n'est, à proprement parler, que dans ce cas que cette intégrale est possible en termes finis. Mais, lorsque l'équation n'est pas susceptible d'une pareille intégrale, il importe souvent d'en avoir une en termes finis, quoique les fonctions arbitraires y soient enveloppées sous le signe d'intégration. Cela posé,

THÉORÈME III. — *L'expression de $z$ aura dans ce cas la forme suivante*

$$z = \Pi + A\,\varphi(\varpi) + B \int C\,\varphi(\varpi)\,d\varpi + \ldots$$
$$+ B' \int C'\varphi(\varpi)\,d\varpi + \ldots$$
$$+ \ldots\ldots\ldots\ldots\ldots$$
$$+ R\,\psi(\theta) + S \int V\,\psi(\theta)\,d\theta + \ldots$$
$$+ S' \int V'\psi(\theta)\,d\theta + \ldots$$
$$+ \ldots\ldots\ldots\ldots\ldots\ldots,$$

*dont on peut toujours déterminer les coefficients* $\Pi$, A, B, C, ..., R, S, V, ....

*Voir* pour la démonstration de ces théorèmes les *Mémoires de l'Académie pour l'année* 1773.

———⊃•⊂———

# RECHERCHES

SUR

# L'INTÉGRATION DES ÉQUATIONS DIFFÉRENTIELLES

## AUX DIFFÉRENCES FINIES

ET SUR

## LEUR USAGE DANS LA THÉORIE DES HASARDS.

# RECHERCHES

### SUR

# L'INTÉGRATION DES ÉQUATIONS DIFFÉRENTIELLES

### AUX DIFFÉRENCES FINIES

### ET SUR

### LEUR USAGE DANS LA THÉORIE DES HASARDS (¹).

*Mémoires de l'Académie Royale des Sciences de Paris (Savants étrangers),*
année 1773, t. VII, 1776 (²).

## I.

Les premières recherches que l'on a faites sur la sommation des progressions arithmétiques et sur les progressions géométriques renfermaient le germe du Calcul intégral aux différences finies à une et deux variables; voici comment : une progression arithmétique est une suite de termes qui croissent également, et il fallait en trouver la somme d'après cette condition; il est visible que chaque terme de la suite est la différence finie de la somme des termes précédents, à cette même somme augmentée de ce terme; on se proposait donc de trouver cette somme d'après la nature de sa différence finie; ainsi de quelque manière qu'on y soit parvenu, on a véritablement intégré une quantité aux différences finies. Les géomètres qui sont venus ensuite ont poussé plus loin ces recherches; ils ont déterminé la somme des carrés et des

(¹) Par M. de la Place, Professeur à l'École Royale militaire.
(²) Lu à l'Académie le 10 février 1773.

puissances supérieures et entières des nombres naturels ; ils y sont parvenus d'abord par des méthodes indirectes : ils ne s'apercevaient pas que ce qu'ils cherchaient revenait à trouver une quantité dont la différence finie était connue ; mais sitôt qu'ils ont eu fait cette réflexion, ils ont résolu directement, non seulement les cas déjà connus, mais beaucoup d'autres plus étendus. En général, $\varphi(x)$ représentant une fonction quelconque de la variable $x$, dont la différence finie est supposée constante, ils se sont proposé de trouver une quantité dont la différence finie soit égale à cette fonction, et c'est l'objet du Calcul intégral aux différences finies à une seule variable.

Pareillement, la recherche du terme général d'une progression géométrique revient à trouver le $x^{\text{ième}}$ terme d'une suite telle que chaque terme soit à celui qui le précède en raison constante. Soient $y_{x-1}$ le $(x-1)^{\text{ième}}$ terme et $y_x$ le $x^{\text{ième}}$ terme : la loi de la suite exige que l'on ait $y_x = p y_{x-1}$, quel que soit $x$, $p$ étant constant. Or il est clair que, de quelque manière que l'on soit parvenu à trouver $y_x$, on a véritablement intégré l'équation aux différences finies $y_x = p y_{x-1}$. Ensuite, on a généralisé cette recherche en se proposant de trouver le terme général des suites telles que chacun de leurs termes soit égal à plusieurs des précédents multipliés par des constantes quelconques ; ces suites ont été nommées pour cela *récurrentes*. On est parvenu d'abord à trouver leur terme général par des voies indirectes, quoique fort ingénieuses ; on ne s'apercevait pas que cela revenait à intégrer une équation linéaire aux différences finies ; mais, lorsqu'on eut fait cette réflexion, on essaya d'appliquer à ces équations les méthodes connues pour les équations linéaires aux différences infiniment petites, avec les modifications qu'exige la supposition des différences finies, et l'on résolut de cette manière des cas beaucoup plus étendus que ceux qui l'étaient déjà.

M. Moivre est, je crois, le premier qui ait déterminé le terme général des suites récurrentes ; mais M. de Lagrange est le premier qui se soit aperçu que cette recherche dépend de l'intégration d'une équation linéaire aux différences finies, et qui y ait appliqué la belle méthode des coefficients indéterminés de M. d'Alembert (*voir* le Vol. I des

*Mémoires de Turin*). Je me suis proposé ensuite d'approfondir ce calcul intéressant, dans un Mémoire imprimé dans le Tome IV de ceux de Turin ; et depuis, ayant eu occasion d'y réfléchir davantage, j'ai fait sur cela de nouvelles recherches dont je rendrai bientôt compte. Je dois observer ici que M. le marquis de Condorcet a donné d'excellentes choses sur cette matière, dans son *Traité du Calcul intégral*, et dans les *Mémoires de l'Académie.*

Il n'était question jusqu'alors que des équations aux différences ordinaires et des suites qui en dépendent ; mais la solution de plusieurs problèmes sur les hasards m'a conduit à une nouvelle espèce de suites que j'ai nommées *récurro-récurrentes*, et dont je crois avoir donné le premier la théorie et indiqué l'usage dans la Science des probabilités (*voir* le t. VI des *Savants étrangers*) (¹). Les équations dont ces suites dépendent sont à peu près, dans les différences finies, ce que les équations aux différences partielles sont dans les différences infiniment petites ; ce que j'ai donné sur ces équations n'est qu'un essai : en les approfondissant, j'ai vu qu'elles étaient fort importantes dans la Théorie des chances, et qu'elles donnaient une méthode de les traiter beaucoup plus généralement qu'on ne l'a fait encore : c'est ce qui m'engage à les considérer de nouveau ; mais, les nouvelles recherches que j'ai faites sur cet objet supposant celles que j'ai déjà données, je vais reprendre ici toute cette matière.

## II.

On peut concevoir ainsi les équations aux différences finies ; j'imagine la suite

$$y_1, \quad y_2, \quad y_3, \quad y_4, \quad y_5, \quad \ldots, \quad y_x,$$

formée suivant une loi telle que l'on ait constamment

$$(A) \qquad X_x = M_x y_x + N_x \Delta y_x + P_x \Delta^2 y_x + \ldots + S_x \Delta^n y_x;$$

les nombres 1, 2, 3, …, $x$, placés au bas des $y$, indiquent le rang

(¹) *Voir* p. 5.

qu'occupe $y$ dans la suite, ou, ce qui revient au même, l'indice de la série ; les quantités $X_x$, $M_x$, $N_x$, ... sont des fonctions quelconques de la variable $x$, dont la différence est supposée constante et égale à l'unité. La caractéristique $\Delta$ sert à exprimer la différence finie de la quantité devant laquelle elle est placée, comme dans l'Analyse infinitésimale la lettre $d$ exprime la différence infiniment petite des quantités. Cela posé, l'équation précédente est une équation aux différences finies, qui peut généralement représenter les équations de ce genre, où la variable $y_x$ et ses différences sont sous une forme linéaire.

Quoique j'aie supposé la différence constante de $x$ égale à l'unité, cela ne diminue en rien la généralité de l'équation précédente (A) ; car, si cette différence, au lieu d'être $1$, est égale à $q$, on fera $\dfrac{x}{q} = x'$, et $y_x$ étant fonction de $x$ deviendra fonction de $q x'$ ; je nomme $y_{x'}$ cette dernière fonction. Or on a, par hypothèse,

$$\Delta y_x = y_{x+q} - y_x = f(x + q) - f(x)$$
$$= f[q(x' + 1)] - f(q x') = y_{x'+1} - y_{x'} = \Delta y_{x'},$$

la différence constante de $x'$ étant $1$. Pareillement,

$$\Delta^2 y_x = y_{x+2q} - 2 y_{x+q} + y_x = y_{x'+2} - 2 y_{x'+1} + y_{x'} = \Delta^2 y_{x'},$$

et ainsi du reste. L'équation (A) sera donc transformée dans la suivante

$$X_x = M_x y_{x'} + N_x \Delta y_{x'} + \ldots + S_x \Delta^n y_{x'},$$

dans laquelle la différence de $x'$ est égale à l'unité.

On peut former aisément d'autres équations différentielles, dans lesquelles $y_x$ et ses différences entreraient d'une manière quelconque ; mais celles qui sont comprises dans l'équation (A) sont les seules qu'il soit véritablement intéressant de considérer.

Avant que de rechercher à les intégrer, je vais rappeler ici un principe fort utile dans l'analyse des différences infiniment petites, et qui s'applique également et avec le même avantage aux différences finies ; voici en quoi il consiste :

*Toute fonction de $x$ qui, renfermant $n$ constantes arbitraires irréduc-*

*tibles, satisfait pour $y_x$ dans une équation différentielle de l'ordre $n$, entre $x$ et $y_x$, est l'expression complète de $y_x$.*

Par *constantes irréductibles*, j'entends qu'elles sont telles que deux ou plusieurs ne peuvent se réduire à une seule; il suit de là que, si une fonction renfermant $n$ constantes arbitraires irréductibles satisfait pour $y_x$ dans une équation différentielle de l'ordre $n-1$, cette équation est sûrement identique; car, si elle ne l'était pas, la fonction la plus générale de $x$ qui pût y satisfaire pour $y_x$ ne renfermerait que $n-1$ constantes arbitraires irréductibles.

Pour la commodité du calcul, je supposerai que les quantités notées de cette manière, $^1\Pi$, $^2\Pi$, ..., ou $^1M$, $^2M$, ..., expriment des quantités différentes et qui peuvent n'avoir aucun rapport entre elles; mais celles-ci, $\Pi_1$, $\Pi_2$, $\Pi_3$, ..., $\Pi_x$, ou $M_1$, $M_2$, $M_3$, ..., $M_x$, représentent les différents termes d'une suite formée suivant une loi quelconque, les nombres $1$, $2$, $3$, ..., $x$ désignant le rang des $\Pi$ ou des $M$ dans la suite. Cela posé, puisque l'on a

$$\Delta y_x = y_{x+1} - y_x,$$
$$\Delta^2 y_x = y_{x+2} - 2y_{x+1} + y_x,$$
$$\Delta^3 y_x = y_{x+3} - 3y_{x+2} + 3y_{x+1} - y_x,$$
$$\dots\dots\dots\dots\dots\dots\dots\dots\dots\dots,$$

je puis donner à l'équation (A) cette forme

$$X_x = + y_x(M_x - N_x + P_x - \dots)$$
$$+ y_{x+1}(N_x - 2P_x + \dots)$$
$$+ \dots\dots\dots\dots\dots$$
$$+ y_{x+n}S_x,$$

d'où il résulte que toute équation linéaire aux différences finies peut être généralement représentée par celle-ci

(B)    $$y_x = \Pi_x y_{x-1} + {}^1\Pi_x y_{x-2} + {}^2\Pi_x y_{x-3} + \dots + {}^{n-1}\Pi_x y_{x-n} + X_x;$$

l'équation

$$y_x = \Pi_x y_{x-1} + X_x$$

est du premier ordre, celle-ci

$$y_x = \mathrm{H}_x y_{x-1} + {}'\mathrm{H}_x y_{x-2} + \mathrm{X}_x$$

est du second ordre, et ainsi de suite.

Comme dans la suite j'aurai besoin de caractéristiques pour désigner la différence finie des quantités, leurs intégrales finies, le produit de tous les termes d'une suite, je me servirai pour cela des suivantes.

La caractéristique $\Delta$ placée devant une quantité en désignera, comme ci-dessus, la différence finie : ainsi $\Delta\mathrm{H}_x$ exprimera la différence finie de $\mathrm{H}_x$; la caractéristique $\sum$ placée devant une quantité en désignera l'intégrale finie : ainsi $\sum \mathrm{H}_x$ signifiera l'intégrale finie de $\mathrm{H}_x$; enfin la caractéristique $\nabla$ désignera le produit de tous les termes d'une suite : ainsi $\nabla\mathrm{H}_x$ représentera le produit $\mathrm{H}_1\mathrm{H}_2\mathrm{H}_3\ldots\mathrm{H}_x$ de tous les termes de la suite $\mathrm{H}_1,\ \mathrm{H}_2,\ \mathrm{H}_3,\ \ldots,\ \mathrm{H}_x$.

### III.

PROBLÈME I. — *L'équation différentielle du premier ordre*

$$y_x = \mathrm{H}_x y_{x-1} + \mathrm{X}_x$$

*étant donnée, on propose de l'intégrer.*

Je fais dans cette équation $y_x = u_x \nabla\mathrm{H}_x$; elle devient

$$u_x \nabla\mathrm{H}_x = \mathrm{H}_x u_{x-1} \nabla\mathrm{H}_{x-1} + \mathrm{X}_x;$$

mais on a

$$\mathrm{H}_x \nabla\mathrm{H}_{x-1} = \nabla\mathrm{H}_x,$$

partant

$$u_x = u_{x-1} + \frac{\mathrm{X}_x}{\nabla\mathrm{H}_x} \qquad \text{ou} \qquad \Delta u_{x-1} = \frac{\mathrm{X}_x}{\nabla\mathrm{H}_x};$$

et, comme cette équation a lieu quel que soit $x$, on aura

$$\Delta u_x = \frac{\mathrm{X}_{x+1}}{\nabla\mathrm{H}_{x+1}},$$

partant, en intégrant,

$$u_x = A + \sum \frac{X_{x+1}}{\nabla\Pi_{x+1}},$$

$A$ étant une constante arbitraire. On a donc

$$y_x = \nabla\Pi_x \left( A + \sum \frac{X_{x+1}}{\nabla\Pi_{x+1}} \right).$$

Si $\Pi_x$ était constant et égal à $p$, on aurait

$$\nabla\Pi_x = p^x \qquad \text{et} \qquad y_x = p^x \left( A + \sum \frac{X_{x+1}}{p^{x+1}} \right).$$

## IV.

PROBLÈME II. — *L'équation différentio-différentielle*

$$(B) \qquad y_x = \Pi_x y_{x-1} + {}^1\Pi_x y_{x-2} + {}^2\Pi_x y_{x-3} + \ldots + {}^{n-1}\Pi_x y_{x-n} + X_x$$

*étant donnée, on propose de l'intégrer.*

Je fais

$$(C) \qquad y_x = \alpha_x y_{x-1} + T_x,$$

$\alpha_x$ et $T_x$ étant deux nouvelles variables, et j'en conclus les équations suivantes :

$$
\begin{aligned}
y_{x-1} &= \alpha_{x-1} y_{x-2} + T_{x-1}, \\
y_{x-2} &= \alpha_{x-2} y_{x-3} + T_{x-2}, \\
y_{x-3} &= \alpha_{x-3} y_{x-4} + T_{x-3}, \\
&\cdots\cdots\cdots\cdots\cdots\cdots\cdots, \\
y_{x-n+1} &= \alpha_{x-n+1} y_{x-n} + T_{x-n+1};
\end{aligned}
$$

je multiplie la première de ces équations par $-{}^1\mathfrak{G}$, la deuxième par $-{}^2\mathfrak{G}$, la troisième par $-{}^3\mathfrak{G}$, ... et je les ajoute avec l'équation $(C)$: ce qui me donne

$$
\begin{aligned}
y_x ={}& (\alpha_x + {}^1\mathfrak{G}) y_{x-1} + (-{}^1\mathfrak{G}\alpha_{x-1} + {}^2\mathfrak{G}) y_{x-2} \\
&+ (-{}^2\mathfrak{G}\alpha_{x-2} + {}^3\mathfrak{G}) y_{x-3} + \ldots - {}^{n-1}\mathfrak{G}\alpha_{x-n+1} y_{x-n} \\
&+ T_x - {}^1\mathfrak{G} T_{x-1} - {}^2\mathfrak{G} T_{x-2} - \ldots - {}^{n-1}\mathfrak{G} T_{x-n+1}.
\end{aligned}
$$

En comparant cette équation avec l'équation (B), on aura

1°

$$T_x = {}^1\delta\,T_{x-1} + {}^2\delta\,T_{x-2} + \ldots + {}^{n-1}\delta\,T_{x-n+1} + X_x;$$

2° Les équations suivantes :

$$
\begin{aligned}
{}^1\delta + \alpha_x &= \Pi_x,\\
{}^2\delta - {}^1\delta\,\alpha_{x-1} &= {}^1\Pi_x,\\
{}^3\delta - {}^2\delta\,\alpha_{x-2} &= {}^2\Pi_x,\\
&\ldots\ldots\ldots\ldots\ldots,\\
-{}^{n-1}\delta\,\alpha_{x-n+1} &= {}^{n-1}\Pi_x.
\end{aligned}
$$

De là on conclura

$$
\begin{aligned}
{}^1\delta &= \Pi_x - \alpha_x,\\
{}^2\delta &= {}^1\Pi_x + \alpha_{x-1}\,\Pi_x - \alpha_x\,\alpha_{x-1},\\
{}^3\delta &= {}^2\Pi_x + \alpha_{x-2}\cdot{}^1\Pi_x + \alpha_{x-1}\,\alpha_{x-2}\,\Pi_x - \alpha_x\,\alpha_{x-1}\,\alpha_{x-2},\\
&\ldots\ldots\ldots\ldots\ldots\ldots\ldots\ldots\ldots\ldots\ldots\ldots,\\
{}^{n-1}\delta &= {}^{n-2}\Pi_x + \alpha_{x-n+2}\cdot{}^{n-3}\Pi_x + \alpha_{x-n+3}\,\alpha_{x-n+2}\cdot{}^{n-4}\Pi_x + \ldots\\
&\qquad - \alpha_x\,\alpha_{x-1}\ldots\alpha_{x-n+1} = -\frac{{}^{n-1}\Pi_x}{\alpha_{x-n+1}},
\end{aligned}
$$

à cause de l'équation

$$-{}^{n-1}\delta\,\alpha_{x-n+1} = {}^{n-1}\Pi_x;$$

on aura donc, pour résoudre le problème, les deux équations suivantes :

$$(D)\quad
\begin{cases}
T_x = (\Pi_x - \alpha_x)\,T_{x-1} + ({}^1\Pi_x + \alpha_{x-1}\,\Pi_x - \alpha_x\,\alpha_{x-1})\,T_{x-2} + \ldots\\[4pt]
\qquad - \dfrac{{}^{n-1}\Pi_x}{\alpha_{x-n+1}}\,T_{x-n+1} + X_x,
\end{cases}$$

$$(E)\quad 0 = 1 - \frac{\Pi_x}{\alpha_x} - \frac{{}^1\Pi_x}{\alpha_x\,\alpha_{x-1}} - \frac{{}^2\Pi_x}{\alpha_x\,\alpha_{x-1}\,\alpha_{x-2}} - \ldots - \frac{{}^{n-1}\Pi_x}{\alpha_x\ldots\alpha_{x-n+1}}.$$

Les équations (D) et (E) sont d'un degré inférieur à la proposée, et l'équation (D) est de la même forme ; or il n'est pas nécessaire d'intégrer généralement ces équations pour intégrer l'équation (B) du problème ; il suffit de connaitre pour $\alpha_x$ une quantité qui satisfasse à l'équation (E). Je nomme $\delta_x$ cette valeur ; on la substituera dans l'équation (D), que je nomme (D') après cette substitution, et l'on cherchera l'intégrale complète de l'équation (D') ; ensuite, au moyen de l'équation $y_x = \delta_x y_{x-1} + T_x$, on conclura, en intégrant par le problème I,

$$y_x = \nabla \delta_x \left( A + \sum \frac{T_{x+1}}{\nabla \delta_{x+1}} \right),$$

A étant une constante arbitraire.

Cette équation est l'intégrale complète de l'équation (B), car, l'équation (D′) étant nécessairement de l'ordre $n-1$, l'expression complète de $T_x$ renferme $n-1$ constantes arbitraires irréductibles; partant, $\nabla \delta_x \left( A + \sum \frac{T_{x+1}}{\nabla \delta_{x+1}} \right)$ renferme $n$ constantes arbitraires. Ces constantes sont de plus irréductibles, car $\nabla \delta_x \sum \frac{T_{x+1}}{\nabla \delta_{x+1}}$ en renferme $n-1$ d'irréductibles, et aucune d'elles n'est réductible avec la constante A.

L'expression précédente de $y_x$ peut servir à faire connaître l'intégrale de l'équation (B) du problème; car, puisque l'équation (D′) est linéaire, on peut supposer que l'expression de $T_x$ a cette forme

$$T_x = \nabla \lambda_x \left( {}^{1}A + \sum \frac{{}^{1}T_{x+1}}{\nabla \lambda_{x+1}} \right),$$

${}^{1}T_x$ dépendant de l'intégration d'une équation linéaire de l'ordre $n-2$; on a donc

$$y_x = \nabla \delta_x \left[ A + {}^{1}A \sum \frac{\nabla \lambda_{x+1}}{\nabla \delta_{x+1}} + \sum \frac{\sum \frac{{}^{1}T_{x+1}}{\nabla \lambda_{x+1}}}{\nabla \delta_{x+1}} \right];$$

en continuant de raisonner ainsi, on verra que l'expression de $y_x$ est de cette forme

$$y_x = A \nabla \delta_x + {}^{1}A \nabla {}^{1}\delta_x + {}^{2}A \nabla {}^{2}\delta_x + \ldots + {}^{n-1}A \nabla {}^{n-1}\delta_x + L_x,$$

$A$, ${}^{1}A$, ${}^{2}A$, … étant arbitraires.

Si l'on suppose $X_x = 0$ dans l'équation (B), il est aisé de voir, par la suite des opérations que je viens d'indiquer, que $L_x$ sera nul; ainsi, dans ce cas,

$$y_x = A \nabla \delta_x + {}^{1}A \nabla {}^{1}\delta_x + \ldots + {}^{n-1}A \nabla {}^{n-1}\delta_x.$$

$\delta_x$ satisfait par la supposition pour $\alpha_x$ dans l'équation (E); ${}^{1}\delta_x$, ${}^{2}\delta_x$, … y satisferont pareillement; car, puisque l'équation $y_x = \nabla {}^{1}\delta_x$, par exemple, satisfait à l'équation (B) en y supposant $X_x = 0$, on aura

$$\nabla\,'\delta_x = \mathrm{H}_x \nabla\,'\delta_{x-1} + {}'\mathrm{H}_x \nabla_x\,'\delta_{x-2} + \ldots,$$

partant

$$0 = 1 - \frac{\mathrm{H}_x}{'\delta_x} - \frac{'\mathrm{H}_x}{'\delta_x\,'\delta_{x-1}} - \ldots.$$

## V.

Je suppose, dans les équations (D') et (B), $X_x = 0$; j'aurai les deux expressions suivantes de $y_x$ :

(1)
$$y_x = \nabla\delta_x \left( \mathrm{A} + \sum \frac{\mathrm{T}_{x+1}}{\nabla\delta_{x+1}} \right),$$

(2)
$$y_x = \mathrm{A}\nabla\delta_x + {}'\mathrm{A}\nabla\,'\delta_x + {}^2\mathrm{A}\nabla\,'\delta_x + \ldots + {}^{n-1}\mathrm{A}\nabla\,^{n-1}\delta_x.$$

Ces deux expressions, différentes en apparence, doivent réellement coïncider; je suppose donc que l'intégrale complète de l'équation (D') soit

$$\mathrm{T}_x = {}'\mathrm{A}\mathrm{R}_x + {}^2\mathrm{A}\,'\mathrm{R}_x + \ldots + {}^{n-1}\mathrm{A}\,^{n-2}\mathrm{R}_x;$$

en substituant cette valeur de $\mathrm{T}_x$ dans l'équation (1), on aura

$$y_x = \nabla\delta_x \left( \mathrm{A} + {}'\mathrm{A}\sum \frac{\mathrm{R}_{x+1}}{\nabla\delta_{x+1}} + {}^2\mathrm{A}\sum \frac{'\mathrm{R}_{x+1}}{\nabla\delta_{x+1}} + \ldots + {}^{n-1}\mathrm{A}\sum \frac{^{n-2}\mathrm{R}_{x+1}}{\nabla\delta_{x+1}} \right).$$

En comparant cette dernière équation avec l'équation (2), on aura

$$\nabla\delta_x \sum \frac{\mathrm{R}_{x+1}}{\nabla\delta_{x+1}} = \nabla\,'\delta_x,$$

$$\nabla\delta_x \sum \frac{'\mathrm{R}_{x+1}}{\nabla\delta_{x+1}} = \nabla\,'\delta_x,$$

$$\cdots\cdots\cdots\cdots\cdots\cdots$$

Donc

$$\mathrm{R}_x = \nabla\delta_x\,\Delta\,\frac{\nabla\,'\delta_{x-1}}{\nabla\delta_{x-1}},$$

$$'\mathrm{R}_x = \nabla\delta_x\,\Delta\,\frac{\nabla\,'\delta_{x-1}}{\nabla\delta_{x-1}},$$

$$'\mathrm{R}_x = \nabla\delta_x\,\Delta\,\frac{\nabla\,'\delta_{x-1}}{\nabla\delta_{x-1}},$$

$$\cdots\cdots\cdots\cdots\cdots\cdots$$

Donc, si je sais résoudre l'équation (B) en y supposant $X_x = 0$, je saurai résoudre l'équation (D') en y supposant pareillement $X_x = 0$. Soient alors $u_x$, $'u_x$, $^2u_x$, ... les valeurs particulières de $y_x$ dans l'équation (B), en sorte que son intégrale complète soit

$$y_x = A u_x + {}'A {}'u_x + {}^2A {}^2u_x + \ldots + {}^{n-1}A {}^{n-1}u_x,$$

on aura

$$u_x = \nabla \delta_x, \qquad {}'u_x = \nabla {}'\delta_x, \qquad \ldots,$$

et l'intégrale complète de l'équation (D'), en y supposant $X_x = 0$, sera

$$T_x = {}'A u_x \Delta \frac{{}'u_{x-1}}{u_{x-1}} + {}^2A u_x \Delta \frac{{}^2u_{x-1}}{u_{x-1}} + \ldots + {}^{n-1}A u_x \Delta \frac{{}^{n-1}u_{x-1}}{u_{x-1}}.$$

Présentement, si je sais intégrer l'équation (D') en y supposant $X_x$ quelconque, je pourrai, dans la même supposition, intégrer l'équation (B), puisque l'on a, par ce qui précède,

$$y_x = u_x \left( A + \sum \frac{T_{x+1}}{u_{x+1}} \right);$$

donc la difficulté d'intégrer l'équation

$$(B) \qquad y_x = H_x y_{x-1} + {}'H_x y_{x-2} + \ldots + {}^{n-1}H_x y_{x-n} + X_x,$$

lorsqu'on sait intégrer celle-ci

$$(b) \qquad y_x = H_x y_{x-1} + {}'H_x y_{x-2} + \ldots + {}^{n-1}H_x y_{x-n},$$

se réduit à intégrer l'équation

$$(D') \qquad T_x = (H - \delta_x) T_{x-1} + \ldots - \frac{{}^{n-1}H_x}{\delta_{x-n+1}} T_{x-n+1} + X_x,$$

qui est du degré $n - 1$, et que l'on sait intégrer en y supposant $X_x = 0$ : on fera pareillement dépendre l'intégration de (D') de l'intégration d'une équation du degré $n - 2$, et ainsi de suite; d'où il résulte que l'équation

$$y_x = H_x y_{x-1} + {}'H_x y_{x-2} + \ldots + {}^{n-1}H_x y_{x-n} + X_x$$

est intégrable dans les mêmes cas que celle-ci

$$y_x = H_x y_{x-1} + \ldots + {}^{n-1}H_x y_{x-n}.$$

## VI.

Le procédé que je viens d'indiquer pour ramener l'intégrale de l'équation (B) à celle de l'équation ($b$) peut servir à démontrer la liaison qu'ont entre elles ces deux intégrales; mais il serait fort pénible de l'employer à intégrer l'équation (B). Il serait donc très utile d'avoir immédiatement l'expression générale de $y_x$ dans l'équation (B), lorsqu'on a celle de l'équation ($b$).

Je reprends pour cela l'équation

$$y_x = u_x \left( A + \sum \frac{T_{x+1}}{u_{x+1}} \right),$$

$T_x$ étant supposé être l'expression complète de $T_x$ dans l'équation (D'). Or, cette équation (D') étant de la même forme que l'équation (B), si l'on nomme ${}'u_x$, ${}^1{}'u_x$, ${}^2{}'u_x$, ... les intégrales particulières de $T_x$ dans l'équation (D'), lorsqu'on y suppose $X_x = 0$, on aura, de la même manière et quel que soit $X_x$,

$$T_x = {}^1 u_x \left( {}^1 A + \sum \frac{{}^1 T_{x+1}}{{}^1 u_{x+1}} \right),$$

${}'T_x$ étant l'expression complète de ${}'T_x$ dans une équation de l'ordre $n - 2$, que je nomme (D'') et qui résulte de l'équation (D') de la même manière que celle-ci résulte de l'équation (B); on aura semblablement

$$'T_x = {}^2 u_x \left( {}^2 A + \sum \frac{{}^2 T_{x+1}}{{}^2 u_{x+1}} \right),$$

et ainsi de suite jusqu'à ce qu'on parvienne à l'équation du premier ordre

$$^{n-1}T_x = S_x \, {}^{n-2}T_{x-1} + X_x,$$

dont l'intégrale est

$$^{n-2}T_x = {}^{n-1}u_x \left( {}^{n-1}A + \sum \frac{X_{x+1}}{{}^{n-1}u_{x+1}} \right).$$

Si l'on substitue présentement dans l'expression de $y_x$ la valeur de

$T_x$ en ${}^1T_x$, celle de ${}^1T_x$ en ${}^2T_x$, etc., on aura

$$(K) \quad y_x = u_x \left\{ \mathrm{A} + \sum \frac{\overset{1}{u}_{x+1}}{u_{x+1}} \left( {}^1\mathrm{A} + \sum \frac{\overset{2}{u}_{x+2}}{\overset{1}{u}_{x+2}} \left[ {}^2\mathrm{A} \ldots + \sum \frac{\overset{n-1}{u}_{x+n-1}}{\overset{n-2}{u}_{x+n-1}} \left( {}^{n-1}\mathrm{A} + \sum \frac{X_{x+n}}{\overset{n-1}{u}_{x+n}} \right) \cdots \right] \right) \right\}$$

Il faut présentement déterminer $\overset{1}{u}_x$, $\overset{2}{u}_x$, ...; or on a, par l'Article précédent,

$$\overset{1}{u}_x = \mathrm{R}_x = u_x \, \Delta \, \frac{\overset{1}{u}_{x-1}}{u_{x-1}},$$

pareillement

$$\overset{1}{u}_x = u_x \, \Delta \, \frac{\overset{2}{u}_{x-1}}{u_{x-1}},$$

$$\overset{1}{u}_x = u_x \, \Delta \, \frac{\overset{3}{u}_{x-1}}{u_{x-1}}$$

$$\ldots\ldots\ldots\ldots\ldots ;$$

on aura de même

$$\overset{2}{u}_x = \overset{1}{u}_x \, \Delta \, \frac{\overset{1}{\overset{1}{u}}_{x-1}}{\overset{1}{u}_{x-1}},$$

$${}^1\overset{2}{u}_x = \overset{1}{u}_x \, \Delta \, \frac{\overset{1}{\overset{2}{u}}_{x-1}}{\overset{1}{u}_{x-1}},$$

$${}^2\overset{2}{u}_x = \overset{1}{u}_x \, \Delta \, \frac{\overset{1}{\overset{3}{u}}_{x-1}}{\overset{1}{u}_{x-1}},$$

$$\ldots\ldots\ldots\ldots\ldots ;$$

la formule (K) deviendra

$$(0) \quad y_x = u_x \left\{ \mathrm{A} + \sum \Delta \, \frac{\overset{1}{u}_x}{u_x} \left( {}^1\mathrm{A} + \sum \Delta \, \frac{\overset{1}{\overset{1}{u}}_{x+1}}{\overset{1}{u}_{x+1}} \left[ {}^1\mathrm{A} \ldots + \sum \Delta \, \frac{\overset{n-1}{\overset{1}{u}}_{x+n-2}}{\overset{n-2}{u}_{x+n-2}} \left( {}^n{}^1\mathrm{A} + \sum \frac{X_{x+n}}{\overset{n-1}{u}_{x+n}} \right) \cdots \right] \right) \right\};$$

si l'on ne connaissait que le nombre $n - 1$ d'intégrales particulières de $y_x$, dans l'équation

$$y_x = \mathrm{H}_x y_{x-1} + {}^1\mathrm{H}_x y_{x-2} + \ldots + {}^{n-1}\mathrm{H}_x y_{x-n},$$

l'intégration n'aurait pas plus de difficulté ; je suppose que ce soit l'intégrale ${}^{n-1}u_x$ qui soit inconnue ; puisque l'on connaît $u_x$, ${}^1u_x$, ..., ${}^{n-2}u_x$, on connaîtra $\overset{1}{u}_x$, $\overset{2}{u}_x$, ... jusqu'à $\overset{n-1}{u}_x$ exclusivement. Pour déterminer $\overset{n-1}{u}_x$, il faut intégrer l'équation

$$\overset{n-2}{T}_x = S_x \,\overset{n-1}{T}_{x-1} + X_x,$$

en supposant $X_x = 0$, ce qui serait facile par le Problème I si l'on connaissait $S_x$. Pour le trouver, j'observe que, dans l'équation (D'), le coefficient de $T_{x-1}$ est

$$H_x - \delta_x = H_x - \frac{u_x}{u_{x-1}},$$

à cause de

$$\delta_x = \frac{u_x}{u_{x-1}}.$$

Pareillement celui de $\overset{1}{T}_{x-1}$, dans l'équation (D''), est

$$H_x - \frac{u_x}{u_{x-1}} - \frac{\overset{1}{u}_x}{\overset{1}{u}_{x-1}},$$

et ainsi de suite; partant,

$$S_x = H_x - \frac{u_x}{u_{x-1}} - \frac{\overset{1}{u}_x}{\overset{1}{u}_{x-1}} - \ldots - \frac{\overset{n-2}{u}_x}{\overset{n-2}{u}_{x-1}}.$$

Si, au lieu de connaître l'intégrale de l'équation

$$y_x = H_x y_{x-1} + \ldots + \overset{n-1}{H}_x y_{x-n},$$

on connaissait un nombre $n$ ou $n-1$ de valeurs pour $\alpha_x$, dans l'équation (E), les formules précédentes serviraient également, car, $\delta_x$, $\overset{1}{\delta}_x$, ... étant ces valeurs, on a

$$u_x = \nabla \delta_x, \qquad \overset{1}{u}_x = \nabla \overset{1}{\delta}_x, \qquad \ldots$$

## VII.

La formule (O) n'a point encore tout le degré de simplicité que peut avoir l'intégrale complète de $y_x$, car on a vu (Art. IV) que cette intégrale a la forme suivante

$$y_x = A\, u_x + \overset{1}{A}\, \overset{1}{u}_x + \ldots + \overset{n-1}{A}\, \overset{n-1}{u}_x + L_x;$$

il faut donc ramener l'équation (O) à cette forme; pour cela, je divise l'équation (O) par $u_x$, et j'en conclus, en la différentiant,

$$\Delta \frac{y_{x-1}}{u_{x-1}} = \Delta \frac{{}^1 u_{x-1}}{u_{x-1}} \left\{ {}^1\Lambda + \sum \Delta \frac{{}^1_1 u_x}{\frac{1}{u_x}} \left[ {}^2\Lambda \dots + \sum \Delta \frac{{}^{n-2}_{1} u_{x+n-3}}{\frac{n-2}{u_{x+n-3}}} \left( {}^{n-1}\Lambda + \sum \frac{X_{x+n-1}}{\frac{n-1}{u_{x+n-1}}} \right) \dots \right] \right\},$$

d'où l'on conclura, en divisant par $\Delta \dfrac{{}^1 u_{x-1}}{u_{x-1}}$ et différentiant,

$$\Delta \frac{\Delta \dfrac{y_{x-2}}{u_{x-2}}}{\Delta \dfrac{{}^1 u_{x-2}}{u_{x-2}}} = \Delta \frac{{}^1 u_{x-1}}{\frac{1}{u_{x-1}}} [{}^2\Lambda + \dots].$$

On aura donc, en continuant de différentier ainsi, une équation de cette forme

$$ {}^{n-1}\Lambda + \sum \frac{X_{x-1}}{\frac{n-1}{u_{x-1}}} = \gamma_x y'_x + {}^1\gamma_x y'_{x-1} + {}^2\gamma_x y'_{x-2} + \dots + {}^{n-1}\gamma_x y'_{x-n+1};$$

$\gamma_x$, ${}^1\gamma_x$, ... étant des fonctions de $u_x$, ${}^1 u_x$, ... et de leurs différences finies. J'observe maintenant que, pour former les valeurs de ${}^1 u_x$, ${}^2 u_x$, ${}^3 u_x$, ..., j'ai considéré (Article précédent) les quantités $u_x$, ${}^1 u_x$, ${}^2 u_x$, ... dans cet ordre

$$u_x, \quad {}^1 u_x, \quad {}^2 u_x, \quad \dots, \quad {}^{n-1} u_x;$$

mais si, au lieu de cela, je les eusse considérées dans l'ordre suivant

$$ {}^1 u_x, \quad u_x, \quad {}^2 u_x, \quad \dots, \quad {}^{n-1} u_x,$$

je serais parvenu à l'équation suivante

$$ {}^{n-1}\Lambda + \sum \frac{X_{x+1}}{\left( \frac{n-1}{u_{x+1}} \right)} = (\gamma_x) y'_x + ({}^1\gamma_x) y'_{x-1} + \dots + ({}^{n-1}\gamma_x) y'_{x-n+1},$$

$\left( {}^{n-1} u_x \right)$, $(\gamma_x)$, ... étant ce que deviennent ${}^{n-1} u_x$, $\gamma_x$, ... lorsqu'on y change $u_x$ en ${}^1 u_x$, et ${}^1 u_x$ en $u_x$. Si j'avais supposé $X_{x+1} = o$, je serais parvenu aux deux équations

$$^{n-1}A = \gamma_x y_x \;\;+ {}^1\gamma_x y_{x-1} \;\;+ \ldots + {}^{n-1}\gamma_x y_{x-n+1},$$

$$^{n-1}A = (\gamma_x) y_x + ({}^1\gamma_x)\, y_{x-1} + \ldots + ({}^{n-1}\gamma_x)\, y_{x-n+1},$$

dans lesquelles la constante $^{n-1}A$ est visiblement la même, puisque j'ai supposé, pour former l'une et l'autre équation, que la valeur complète de $y_x$ est

$$y_x = A\, u_x + {}^1A\, {}^1u_x + \ldots + {}^{n-1}A\, {}^{n-1}u_x.$$

On aura donc, en comparant ces deux équations,

$$\gamma_x y_x + {}^1\gamma_x y_{x-1} + \ldots + {}^{n-1}\gamma_x y_{x-n+1}$$
$$= (\gamma_x) y_x + ({}^1\gamma_x) y_{x-1} + \ldots + ({}^{n-1}\gamma_x) y_{x-n+1},$$

équation qui doit être identique; car, si elle ne l'était pas, cette équation étant différentielle de l'ordre $n - 1$ aurait cependant pour intégrale complète

$$y_x = A\, u_x + \ldots + {}^{n-1}A\, {}^{n-1}u_x,$$

équation qui renferme $n$ constantes arbitraires, ce qui serait absurde (Art. II).

On a donc

$$^{n-1}A + \sum \frac{X_{x+1}}{\left({}^{n-1}u_{x+1}\right)} = {}^{n-1}A + \sum \frac{X_{x+1}}{{}^{n-1}u_{x+1}},$$

partant

$$\left({}^{n-1}u_{x+1}\right) = {}^{n-1}u_{x+1}.$$

Ainsi l'expression de $^{n-1}u_x$ reste toujours la même, soit qu'on y change $u_x$ en ${}^1u_x$, et ${}^1u_x$ en $u_x$; on s'assurera de la même manière que si dans $^{n-1}u_x$ on change $u_x$ en ${}^2u_x$, et ${}^2u_x$ en $u_x$; ou ${}^1u_x$ en ${}^2u_x$, et ${}^2u_x$ en ${}^1u_x$, et généralement ${}^ku_x$ en ${}^iu_x$, et ${}^iu_x$ en ${}^ku_x$, $k$ et $i$ étant moindres que $n-1$, l'expression $^{n-1}u_x$ restera toujours la même, et qu'ainsi, quelque ordre que l'on donne aux quantités $u_x$, ${}^1u_x$, ${}^2u_x$, ... pour former $^{n-1}u_x$, cette expression restera toujours la même, pourvu que $^{n-1}u_x$ soit considérée comme la dernière de ces quantités.

Je fais $^{n-1}u_{x+1} = {}^{n-1}z_{x+1}$; ensuite, au lieu de considérer $^{n-1}u_x$ comme la dernière des quantités $u_x$, $'u_x$, ..., je suppose actuellement que $^{n-2}u_x$ soit cette dernière; soit $^{n-2}z_{x+1}$ ce que devient alors $^{n-1}z_{x+1}$, c'est-à-dire lorsqu'on y change $^{n-2}u_x$ en $^{n-1}u_x$, et $^{n-1}u_x$ en $^{n-2}u_x$. On aura, par un procédé semblable au précédent,

$$^{n-2}A + \sum \frac{X_{x+1}}{^{n-2}z_{x+1}} = \gamma_x y_x + '\gamma_x y_{x-1} + \ldots + {}^{n-1}\gamma_x y_{x-n+1},$$

$\gamma_x$, $'\gamma_x$, ... étant ce que deviennent $\gamma_x$, $'\gamma_x$, ... lorsqu'on y change $^{n-1}u_x$ en $^{n-2}u_x$ et $^{n-2}u_x$ en $^{n-1}u_x$; on aura pareillement

$$^{n-3}A + \sum \frac{X_{x+1}}{^{n-3}z_{x+1}} = \underline{\gamma}_x y_x + '\underline{\gamma}_x y_{x-1} + \ldots + {}^{n-1}\underline{\gamma}_x y_{x-n+1},$$

$^{n-3}z_{x+1}$, $\underline{\gamma}_x$, $'\underline{\gamma}_x$ étant ce que deviennent $^{n-1}z_{x+1}$, $\gamma_x$, $'\gamma_x$, ... lorsqu'on y change $^{n-1}u_x$ en $^{n-3}u_x$ et $^{n-3}u_x$ en $^{n-1}u_x$. Cela posé, en disposant dans l'ordre suivant toutes les équations que l'on peut former ainsi

$$(>) \quad \begin{cases} ^{n-1}A + \sum \dfrac{X_{x+1}}{^{n-1}z_{x+1}} = \gamma_x y_x + '\gamma_x y_{x-1} + {}^{2}\gamma_x y_{x-2} + \ldots + {}^{n-1}\gamma_x y_{x-n+1}, \\[2ex] ^{n-2}A + \sum \dfrac{X_{x+1}}{^{n-2}z_{x+1}} = \gamma_x y_x + '\underline{\gamma}_x y_{x-1} + {}^{2}\underline{\gamma}_x y_{x-2} + \ldots + {}^{n-1}\underline{\gamma}_x y_{x-n+1}, \\[2ex] \cdots\cdots\cdots\cdots\cdots\cdots\cdots\cdots\cdots\cdots\cdots\cdots\cdots\cdots\cdots\cdots \\[2ex] A + \sum \dfrac{X_{x+1}}{z_{x+1}} = \dfrac{\gamma_x}{n-1} y_x + \dfrac{'\gamma_x}{n-1} y_{x-1} + \dfrac{^{2}\gamma_x}{n-1} y_{x-2} + \ldots + \dfrac{^{n-1}\gamma_x}{n-1} y_{x-n+1}, \end{cases}$$

et les ajoutant ensemble, après avoir multiplié la première par $^{n-1}u_x$, la seconde par $^{n-2}u_x$, etc., enfin la dernière par $u_x$, on aura une équation de cette forme

$$\lambda_x y_x + \ldots + {}^{n-1}\lambda_x y_{x-n+1} = u_x \left( A + \sum \frac{X_{x+1}}{z_{x+1}} \right)$$
$$+ \, {}^{1}u_x \left( {}^{1}A + \sum \frac{X_{x+1}}{^{1}z_{x+1}} \right)$$
$$+ \ldots \ldots \ldots \ldots \ldots \ldots$$
$$+ \, {}^{n-1}u_x \left( {}^{n-1}A + \sum \frac{X_{x+1}}{^{n-1}z_{x+1}} \right),$$

ce qui donne, en faisant $X_{x+1} = 0$,

$$\lambda_x y_x + {}^{1)}\lambda_x y_{x-1} + \ldots + {}^{n-1)}\lambda_x y_{x-n+1} = A u_x + {}^{1}A \, {}^{1}u_x + \ldots + {}^{n-1}A \, {}^{n-1}u_x;$$

mais on a dans ce cas

$$y_x = A u_x + {}^1A {}^1u_x + \ldots,$$

partant

$$y'_x = \lambda_x y_x + {}^1\lambda_x y_{x-1} + \ldots + {}^{n-1}\lambda_x y_{x-n+1}.$$

Or cette équation doit être identique, car autrement, quoique de l'ordre $n - 1$, son intégrale renfermerait les $n$ constantes arbitraires que renferme l'expression complète de $y_x$; on a donc pour l'intégrale complète de l'équation (B) du Problème II, quel que soit $X_x$,

$$
\begin{aligned}
y_x = {} & u_x \left( A + \sum \frac{X_{x+1}}{z_{x+1}} \right) \\
& + {}^1u_x \left( {}^1A + \sum \frac{X_{x+1}}{{}^1z_{x+1}} \right) \\
& + \ldots\ldots\ldots\ldots\ldots \\
& + {}^{n-1}u_x \left( {}^{n-1}A + \sum \frac{X_{x+1}}{{}^{n-1}z_{x+1}} \right).
\end{aligned}
$$

De là résulte cette règle fort simple, pour avoir l'intégrale complète de l'équation

$$y_x = H_x y_{x-1} + {}^1H_x y_{x-2} + \ldots + {}^{n-1}H_x y_{x-n} + X_x,$$

lorsqu'on sait intégrer celle-ci :

$$y_x = H_x y_{x-1} + {}^1H_x y_{x-2} + \ldots + {}^{n-1}H_x y_{x-n}.$$

Soit

$$y_x = A u_x + {}^1A {}^1u_x + {}^2A {}^2u_x + \ldots + {}^{n-1}A {}^{n-1}u_x$$

l'intégrale de cette dernière, et que l'on fasse

$$
{}^1u_x = u_x \Delta \frac{{}^1u_{x-1}}{u_{x-1}}, \qquad
{}^2u_x = {}^1u_x \Delta \frac{{}^1u_{x-1}}{{}^1u_{x-1}}, \qquad
{}^3u_x = {}^2u_x \Delta \frac{{}^1u_{x-1}^{\,1}}{{}^2u_{x-1}},
$$

$$
{}^1u'_x = u_x \Delta \frac{{}^2u_{x-1}}{u_{x-1}}, \qquad
{}^1u''_x = {}^1u_x \Delta \frac{{}^2u_{x-1}^{\,1}}{{}^1u_{x-1}}, \qquad \ldots\ldots\ldots\ldots,
$$

$$
{}^2u'_x = u_x \Delta \frac{{}^3u_{x-1}}{u_{x-1}}, \qquad
{}^2u''_x = {}^1u_x \Delta \frac{{}^3u_{x-1}^{\,1}}{{}^1u_{x-1}},
$$

$$\ldots\ldots\ldots\ldots, \qquad \ldots\ldots\ldots\ldots,$$

jusqu'à ce que l'on parvienne à former ${}^{n-1}u_x$, soit ${}^{n-1}u_x = {}^{n-1}z_x$. Si, dans l'expression de $^{n-1}z_x$, on change $^{n-1}u_x$ en $^{n-2}u_x$ et $^{n-2}u_x$ en $^{n-1}u_x$, on formera $^{n-2}z_x$; si, dans la même expression de $^{n-1}z_x$, on change $^{n-1}u_x$ en $^{n-3}u_x$, et réciproquement $^{n-3}u_x$ en $^{n-1}u_x$, on formera $^{n-3}z_x$, et ainsi de suite; l'intégrale complète de l'équation

(B) $$v_x = \Pi_x y_{x-1} + {}^1\Pi_x y_{x-2} + \ldots + {}^{n-1}\Pi_x y_{x-n} + X_x$$

sera

(II)
$$\begin{cases} y_x = u_x \left( \Lambda + \sum \dfrac{X_{x+1}}{z_{x+1}} \right) \\[2mm] \quad + {}^1u_x \left( {}^1\Lambda + \sum \dfrac{X_{x+1}}{{}^1z_{x+1}} \right) \\[2mm] \quad + \ldots \ldots \ldots \ldots \ldots \\[2mm] \quad + {}^{n-1}u_x \left( {}^{n-1}\Lambda + \sum \dfrac{X_{x+1}}{{}^{n-1}z_{x+1}} \right). \end{cases}$$

## VIII.

Je reprends maintenant les équations $(>)$ de l'Article précédent; elles donnent

$$^{n-1}\Lambda + \sum \frac{X_{x+2}}{{}^{n-1}z_{x+2}} = \gamma_{x+1} y_{x+1} + \ldots + {}^{n-1}\gamma_{x+1} y_{x-n+1},$$

$$\ldots \ldots \ldots \ldots \ldots \ldots \ldots \ldots \ldots \ldots \ldots \ldots,$$

$$\Lambda + \sum \frac{X_{x+2}}{z_{x+2}} = \frac{\gamma_{x+1}}{n-1} y_{x+1} + \ldots + \frac{{}^{n-1}\gamma_{x+1}}{n-1} y_{x-n+2};$$

si l'on multiplie la première par $^{n-1}u_x$, la seconde par $^{n-2}u_x$, ..., on aura, en les ajoutant ensemble, une équation de cette forme

$$\lambda_x y_{x+1} + {}^1\lambda_x y_{x+2} + \ldots + {}^{n-1}\lambda_x y_{x-n+2} = \Lambda u_x + {}^1\Lambda\, {}^1u_x + \ldots + {}^{n-1}\Lambda\, {}^{n-1}u_x;$$

donc

$$\lambda_x y_{x+1} + {}^1\lambda_x y_{x+2} + \ldots + {}^{n-1}\lambda_x y_{x-n+2} = y_x,$$

équation qui doit être identique; partant,

$$y_x = u_x \left( \Lambda + \sum \frac{X_{x+2}}{z_{x+2}} \right)$$

$$\quad + {}^1u_x \left( {}^1\Lambda + \sum \frac{X_{x+2}}{{}^1z_{x+2}} \right)$$

$$\quad + \ldots \ldots \ldots \ldots \ldots$$

On trouvera pareillement

$$\gamma_x = u_x\left(A + \sum \frac{X_{x+2}}{z_{x+1}}\right)$$
$$+\, {}^1u_x\left({}^1A + \sum \frac{X_{x+3}}{{}^1z_{x+3}}\right)$$
$$+ \ldots\ldots\ldots\ldots\ldots$$

et ainsi de suite jusqu'à ce qu'on parvienne à cette dernière équation inclusivement,

$$\gamma_x = u_x\left(A + \sum \frac{X_{x+n}}{z_{x+n}}\right)$$
$$+\, {}^1u_x\left({}^1A + \sum \frac{X_{x+n}}{{}^1z_{x+n}}\right)$$
$$+ \ldots\ldots\ldots\ldots\ldots$$

Toutes ces équations étant l'intégrale complète de l'équation (B) sont identiquement les mêmes; en les comparant ensemble, on formera les équations suivantes :

$$\frac{u_x}{z_{x+1}} + \frac{{}^1u_x}{{}^1z_{x+1}} + \ldots + \frac{{}^{n-1}u_x}{{}^{n-1}z_{x+1}} = 0,$$

$$\frac{u_x}{z_{x+2}} + \frac{{}^1u_x}{{}^1z_{x+2}} + \ldots + \frac{{}^{n-1}u_x}{{}^{n-1}z_{x+2}} = 0,$$

$$\ldots\ldots\ldots\ldots\ldots\ldots\ldots\ldots\ldots\ldots,$$

$$\frac{u_x}{z_{x+n-1}} + \frac{{}^1u_x}{{}^1z_{x+n-1}} + \ldots + \frac{{}^{n-1}u_x}{{}^{n-1}z_{x+n-1}} = 0.$$

## IX.

L'intégration de l'équation (B) du Problème II étant réduite à l'intégration de cette même équation lorsque $X_x = 0$, il ne s'agit plus pour résoudre le problème que d'intégrer celle-ci, mais cela paraît très difficile en général; ainsi je me bornerai aux cas particuliers. En voici un fort étendu, dans lequel l'intégration réussit, et qui embrasse tous les cas déjà connus; c'est celui dans lequel on a

$$(B') \quad y_x = C\varphi_x y_{x-1} + {}^1C\varphi_x \varphi_{x-1} y_{x-2} + \ldots + {}^{n-1}C\varphi_x \varphi_{x-1}\ldots \varphi_{x-n+1} y_{x-n}.$$

Si $\varphi_x = 1$, on aura l'équation des suites récurrentes.

L'équation (E) de l'Article IV devient dans ce cas

$$(E') \qquad 0 = 1 - \frac{C\,\varphi_x}{\alpha_x} - \frac{{}^1C\,\varphi_x\,\varphi_{x-1}}{\alpha_x\,\alpha_{x-1}} - \ldots - \frac{{}^{n-1}C\,\varphi_x\ldots\varphi_{x-n+1}}{\alpha_x\ldots\alpha_{x-n+1}}.$$

Or (Art. VI), il suffit pour intégrer l'équation (B') de connaître un nombre $n$ de valeurs pour $\alpha_x$ dans l'équation (E'). Soit donc $\alpha_x = a\,\varphi_x$, $a$ étant constant, et l'équation (E') donnera

$$(h) \qquad a^n = Ca^{n-1} + {}^1Ca^{n-2} + {}^2Ca^{n-3} + \ldots + {}^{n-1}C;$$

d'où l'on aura un nombre $n$ de valeurs pour $a$, et par conséquent pour $\alpha_x$, puisque $\alpha_x = a\,\varphi_x$.

Soient $p$, ${}^1p$, ${}^2p$, …, ${}^{n-1}p$ les différentes valeurs de $a$ dans l'équation $(h)$. On aura (Art. IV)

$$\delta_x = p\,\varphi_x, \qquad {}^1\delta_x = {}^1p\,\varphi_x, \qquad {}^2\delta_x = {}^2p\,\varphi_x, \qquad \ldots$$

Or on a (Art. V)

$$u_x = \nabla\,\delta_x = \varphi_1\varphi_2\varphi_3\ldots\varphi_x\,p^x,$$
$$ {}^1u_x = \nabla\,{}^1\delta_x = \varphi_1\varphi_2\varphi_3\ldots\varphi_x\,{}^1p^x,$$
$$\ldots\ldots\ldots\ldots\ldots\ldots\ldots\ldots\ldots\ldots$$

L'intégrale complète de l'équation (B') est donc

$$y_x = \varphi_1\varphi_2\varphi_3\ldots\varphi_x(Ap^x + {}^1A\,{}^1p^x + \ldots + {}^{n-1}A\,{}^{n-1}p^x).$$

On déterminera les constantes arbitraires A, ${}^1A$, ${}^2A$, … au moyen de $n$ valeurs de $y_x$, dans autant de suppositions particulières pour $x$. Soient

$$y_1 = M, \qquad y_2 = {}^1M, \qquad y_3 = {}^2M, \qquad \ldots, \qquad y_n = {}^{n-1}M;$$

et l'on aura

$$\frac{M}{\varphi_1} = Ap + {}^1A\,{}^1p + {}^2A\,{}^2p + \ldots + {}^{n-1}A\,{}^{n-1}p,$$

$$\frac{{}^1M}{\varphi_1\varphi_2} = Ap^2 + {}^1A\,{}^1p^2 + {}^2A\,{}^2p^2 + \ldots + {}^{n-1}A\,{}^{n-1}p^2,$$

$$\frac{{}^2M}{\varphi_1\varphi_2\varphi_3} = Ap^3 + {}^1A\,{}^1p^3 + {}^2A\,{}^2p^3 + \ldots + {}^{n-1}A\,{}^{n-1}p^3,$$

$$\ldots\ldots\ldots\ldots\ldots\ldots\ldots\ldots\ldots\ldots\ldots\ldots\ldots,$$

$$\frac{{}^{n-1}M}{\varphi_1\varphi_2\ldots\varphi_n} = Ap^n + {}^1A\,{}^1p^n + {}^2A\,{}^2p^n + \ldots + {}^{n-1}A\,{}^{n-1}p^n.$$

Pour résoudre ces équations, on peut faire usage des méthodes ordinaires d'élimination : mais en voici une qui me paraît plus simple.

Je multiplie la première équation par $^{n-1}p$, et je la retranche de la seconde ; je multiplie pareillement la seconde par $^{n-1}p$, et je la retranche de la troisième, et ainsi de suite, ce qui produit les équations suivantes :

$$\frac{{}^{1}M}{\varphi_1\varphi_2} - \frac{M}{\varphi_1}\,{}^{n-1}p = A\,p(p - {}^{n-1}p) + {}^{1}A\,{}^{1}p({}^{1}p - {}^{n-1}p) + \ldots + {}^{n-2}A\,{}^{n-2}p({}^{n-2}p - {}^{n-1}p),$$

$$\frac{{}^{2}M}{\varphi_1\varphi_2\varphi_3} - \frac{{}^{1}M}{\varphi_1\varphi_2}\,{}^{n-1}p = A\,p^2(p - {}^{n-1}p) + {}^{1}A\,{}^{1}p^2({}^{1}p - {}^{n-1}p) + \ldots + {}^{n-2}A\,{}^{n-2}p^2({}^{n-2}p - {}^{n-1}p),$$

$$\cdots\cdots\cdots\cdots\cdots\cdots\cdots\cdots\cdots\cdots\cdots\cdots\cdots\cdots\cdots\cdots\cdots,$$

$$\frac{{}^{n-1}M}{\varphi_1\cdots\varphi_n} - \frac{{}^{n-2}M}{\varphi_1\cdots\varphi_{n-1}}\,{}^{n-1}p = A\,p^{n-1}(p - {}^{n-1}p) + \ldots + {}^{n-3}A\,{}^{n-3}p^{n-1}({}^{n-2}p - {}^{n-1}p).$$

Je multiplie encore la première de ces équations par $^{n-2}p$, et je la retranche de la seconde ; je multiplie pareillement la seconde par $^{n-2}p$, et je la retranche de la troisième, ce qui donne

$$\frac{{}^{2}M}{\varphi_1\varphi_2\varphi_3} - \frac{{}^{1}M}{\varphi_1\varphi_2}({}^{n-1}p + {}^{n-2}p) + \frac{M}{\varphi_1}\,{}^{n-1}p\,{}^{n-2}p$$
$$= A\,p(p - {}^{n-1}p)(p - {}^{n-2}p)$$
$$+ {}^{1}A\,{}^{1}p({}^{1}p - {}^{n-1}p)({}^{1}p - {}^{n-2}p)$$
$$+ \cdots\cdots\cdots\cdots\cdots\cdots\cdots\cdots$$
$$+ {}^{n-3}A\,{}^{n-3}p({}^{n-3}p - {}^{n-1}p)({}^{n-3}p - {}^{n-2}p),$$

$$\frac{{}^{3}M}{\varphi_1\varphi_2\varphi_3\varphi_4} - \frac{{}^{2}M}{\varphi_1\varphi_2\varphi_3}({}^{n-1}p + {}^{n-2}p) + \frac{{}^{1}M}{\varphi_1\varphi_2}\,{}^{n-1}p\,{}^{n-2}p$$
$$= A\,p^2(p - {}^{n-1}p)(p - {}^{n-2}p)$$
$$+ \cdots\cdots\cdots\cdots\cdots\cdots\cdots$$
$$+ {}^{n-3}A\,{}^{n-3}p^2({}^{n-3}p - {}^{n-1}p)({}^{n-3}p - {}^{n-2}p),$$
$$\cdots\cdots\cdots\cdots\cdots\cdots\cdots\cdots\cdots\cdots\cdots\cdots\cdots\cdots ;$$

en opérant sur ces dernières équations, comme sur les précédentes,

on aura

$$\frac{^3M}{\varphi_1\varphi_2\varphi_3\varphi_4} - \frac{^3M}{\varphi_1\varphi_2\varphi_3}(^{n-1}p + ^{n-2}p + ^{n-3}p)$$

$$+ \frac{^1M}{\varphi_1\varphi_2}[(^{n-2}p + ^{n-1}p)\,^{n-3}p + ^{n-1}p\,^{n-2}p] - \frac{M}{\varphi_1}\,^{n-1}p\,^{n-2}p\,^{n-3}p$$

$$= Ap(p - ^{n-1}p)(p - ^{n-2}p)(p - ^{n-3}p) + \dots,$$

et ainsi de suite.

De là il est aisé de conclure que, si l'on nomme :

$f$ la somme des quantités $^1p$, $^2p$, $^3p$, ..., $^{n-1}p$,

$h$ la somme de leurs produits deux à deux,

$i$ la somme de leurs produits trois à trois,

$q$ la somme de leurs produits quatre à quatre, etc.,

$^1f$ la somme des quantités $p$, $^2p$, $^3p$, ..., $^{n-1}p$,

$^1h$ la somme de leurs produits deux à deux,

$^1i$ la somme de leurs produits trois à trois, etc.,

et ainsi de suite, on aura

$$A = \frac{^{n-1}M - \varphi_n f\,^{n-2}M + \varphi_n\varphi_{n-1}h\,^{n-3}M - \varphi_n\varphi_{n-1}\varphi_{n-2}i\,^{n-4}M + \dots}{\varphi_1\varphi_2\varphi_3\dots\varphi_n\,p(p - ^1p)(p - ^2p)(p - ^3p)\dots},$$

$$^1A = \frac{^{n-1}M - \varphi_n\,^1f\,^{n-2}M + \varphi_n\varphi_{n-1}\,^1h\,^{n-3}M - \dots}{\varphi_1\varphi_2\varphi_3\dots\varphi_n\,^1p(^1p - p)(^1p - ^2p)(^1p - ^3p)\dots},$$

$$\dots\dots\dots\dots\dots\dots\dots\dots\dots\dots\dots\dots$$

On peut déterminer d'une manière fort simple les quantités $f$, $h$, $i$, $q$, $^1f$, $^1h$, $^1i$, $^1q$, ...; je reprends pour cela l'équation

$$(h) \qquad a^n - Ca^{n-1} - {}^1Ca^{n-2} - \dots - {}^{n-1}C = 0;$$

je la divise par $a - p$, et l'équation résultante sera

$$a^{n-1} - fa^{n-2} + ha^{n-3} - ia^{n-4} + qa^{n-5} + \dots = 0.$$

Je multiplie cette résultante par $a - p$, et j'aurai l'équation suivante

$$a^n - (p + f)a^{n-1} + (pf + h)a^{n-2} - (ph + i)a^{n-3} + \dots = 0;$$

je la compare avec l'équation $(h)$, et j'en conclus

$$f = + C - p,$$
$$h = - {}^1C - pf,$$
$$i = + {}^2C - ph,$$
$$\dots\dots\dots\dots,$$

et, par conséquent,

$${}^1f = + C - {}^1p,$$
$${}^1h = - {}^1C - {}^1p.{}^1f,$$
$$\dots\dots\dots\dots$$

J'ai supposé jusqu'ici que toutes les racines de l'équation $(h)$ sont inégales, mais il peut arriver qu'une ou plusieurs de ces racines soient égales entre elles; voici dans ce cas la méthode qu'il faut suivre.

Je suppose que l'on ait $p = {}^1p$; on fera ${}^1p = p + dp$, et l'équation

$$y_x = \varphi_1\varphi_2\dots\varphi_x(A p^x + {}^1A\,{}^1p^x + {}^2A\,{}^2p^x + \dots + {}^{n-1}A\,{}^{n-1}p^x)$$

donnera, en réduisant $(p + dp)^x$ en séries,

$$y_x = \varphi_1\varphi_2\dots\varphi_x\left\{p^x\left[A + {}^1A\left(1 + \frac{x\,dp}{p} + \frac{x(x-1)}{1.2}\frac{dp^2}{p^2} + \dots\right)\right] + {}^2A\,{}^2p^x + \dots\right\}.$$

Soient

$$A + {}^1A = B \qquad \text{et} \qquad {}^1A\frac{dp}{p} = D,$$

B et D étant des constantes arbitraires et finies; ${}^1A$ sera donc infiniment grand de l'ordre $\frac{1}{dp}$; ${}^1A\frac{dp^2}{p^2}$, ${}^1A\frac{dp^3}{p^3}$, $\dots$ seront infiniment petits. Partant

$$y_x = \varphi_1\varphi_2\dots\varphi_x[p^x(B + Dx) + {}^2A\,{}^2p^x + {}^3A\,{}^3p^x + \dots].$$

Si, de plus, on a $p = {}^2p$, on fera ${}^2p = p + dp$ dans cette expression de $y_x$, et l'on aura

$$y_x = \varphi_1\varphi_2\dots\varphi_x\left\{p^x\left[B + {}^2A + \left(D + {}^2A\frac{dp}{p}\right)x + {}^2A\frac{dp^2}{p^2}\frac{x(x-1)}{1.2} + \dots\right] + {}^3A\,{}^3p^x + \dots\right\}.$$

Soient

$$^2A + B = {}^1B, \qquad D + {}^2A\frac{dp}{p} = {}^1D \qquad \text{et} \qquad {}^2A\frac{dp^2}{p^2} = {}^1E,$$

$^1$B, $^1$D et $^1$E étant des constantes arbitraires et finies; on aura

$$y_x = \varphi_1 \varphi_2 \ldots \varphi_x \left\{ p^x \left[ {}^1B + {}^1D\,x + {}^1E \frac{x(x-1)}{1\cdot 2} \right] + {}^3A\,{}^3p^x + \ldots \right\};$$

si de plus on avait $p = {}^3p$, on aurait

$$y_x = \varphi_1 \varphi_2 \ldots \varphi_x \left\{ p^x \left[ {}^1B + {}^2D\,x + {}^2E \frac{x(x-1)}{1\cdot 2} + {}^2F \frac{x(x-1)(x-3)}{1\cdot 2\cdot 3} \right] + {}^4A\,{}^4p^x + \ldots \right\},$$

et ainsi de suite; on déterminerait les constantes arbitraires, au moyen de $n$ valeurs particulières de $y_x$.

Si l'équation $(h)$ a deux racines imaginaires $p$ et $^1p$, on fera

$$p = a + b\sqrt{-1} \qquad \text{et} \qquad {}^1p = a - b\sqrt{-1}.$$

Soient

$$\frac{a}{\sqrt{aa + bb}} = \cos q \qquad \text{et} \qquad \frac{b}{\sqrt{aa + ab}} = \sin q;$$

on aura

$$A p^x + {}^1A\,{}^1p^x = (aa + bb)^{\frac{x}{2}} \left[ A\left( \cos q + \sqrt{-1}\,\sin q \right)^x + {}^1A\left( \cos q - \sqrt{-1}\,\sin q \right)^x \right]$$

$$= (aa + bb)^{\frac{x}{2}} \left[ (A + {}^1A)\cos q.x + (A - {}^1A)\sqrt{-1}\,\sin q.x \right],$$

parce que

$$\left( \cos q \pm \sqrt{-1}\,\sin q \right)^x = \cos q.x \pm \sqrt{-1}\,\sin q.x.$$

Soient

$$A + {}^1A = B \qquad \text{et} \qquad (A - {}^1A)\sqrt{-1} = {}^1B,$$

B et $^1$B étant réels; on aura

$$A p^x + {}^1A\,{}^1p^x = (aa + bb)^{\frac{x}{2}} (B \cos q.x + {}^1B \sin q.x);$$

on aura donc alors

$$y_x = \varphi_1 \varphi_2 \ldots \varphi_x \left[ (aa + bb)^{\frac{x}{2}} (B \cos q.x + {}^1B \sin q.x) + {}^4A\,{}^4p^x + \ldots \right];$$

ce serait le même procédé s'il y avait un plus grand nombre d'imaginaires.

Si l'on suppose, dans les calculs précédents, $\varphi_x = 1$, on aura le cas des suites récurrentes. De là résulte ce théorème :

*Si l'on nomme $Y_x$ le terme général d'une suite récurrente, telle que l'on ait*

$$Y_x = C Y_{x-1} + {}^1C Y_{x-2} + \ldots + {}^{n-1}C Y_{x-n},$$

*le terme général d'une suite telle que l'on ait*

$$y_x = C \varphi_x y_{x-1} + {}^1C \varphi_x \varphi_{x-1} y_{x-2} + \ldots + {}^{n-1}C \varphi_x \ldots \varphi_{x-n+1} y_{x-n},$$

*et dans laquelle les constantes arbitraires qui viennent en intégrant sont les mêmes que dans la précédente, sera*

$$y_x = \varphi_1 \varphi_2 \ldots \varphi_x Y_x.$$

C'est ce dont il est facile de s'assurer d'ailleurs; car, si l'on substitue cette valeur de $y_x$ dans l'équation

$$y_x = C \varphi_x y_{x-1} + \ldots,$$

on aura

$$\varphi_1 \varphi_2 \ldots \varphi_x Y_x = C \varphi_1 \varphi_2 \ldots \varphi_x Y_{x-1} + \ldots,$$

partant

$$Y_x = C Y_{x-1} + {}^1C Y_{x-2} + \ldots,$$

équation qui a lieu par la supposition.


## X.


Lorsqu'on a, par l'article précédent, l'intégrale de l'équation

$$y_x = C \varphi_x y_{x-1} + {}^1C \varphi_x \varphi_{x-1} y_{x-2} + \ldots + {}^{n-1}C \varphi_x \ldots \varphi_{x-n+1} y_{x-n} + X_x$$

en y supposant $X_x = 0$, il est facile de conclure cette même intégrale, $X_x$ étant quelconque. Pour cela, j'observe que, puisque, $X_x$ étant nul, on a

$$y_x = \varphi_1 \varphi_2 \ldots \varphi_x (A p^x + {}^1A \, {}^1p^x + \ldots + {}^{n-1}A \, {}^{n-1}p^x),$$

on aura, par l'Article V,

$$u_x = \varphi_1 \varphi_2 \varphi_3 \ldots \varphi_x p^x,$$
$$ {}^1u_x = \varphi_1 \varphi_2 \varphi_3 \ldots \varphi_x \, {}^1p^x,$$
$$ {}^2u_x = \varphi_1 \varphi_2 \varphi_3 \ldots \varphi_x \, {}^2p^x,$$
$$\ldots \ldots \ldots \ldots \ldots \ldots ,$$

d'où l'on conclura, par l'Article VII,

$$\overset{1}{u}_x = \varphi_1\varphi_2\ldots\varphi_x p^x \Delta \frac{{}^1p^{x-1}}{p^{x-1}} = \varphi_1\varphi_2\ldots\varphi_x({}^1p - p)\,{}^1p^{x-1},$$

$$\overset{1}{{}^1u}_x = \varphi_1\varphi_2\ldots\varphi_x({}^2p - p)^2\,p^{x-1},$$

$$\overset{1}{{}^2u}_x = \varphi_1\varphi_2\ldots\varphi_x({}^3p - p)^3\,p^{x-1},$$

$$\ldots\ldots\ldots\ldots\ldots\ldots\ldots\ldots\ldots\ldots,$$

$$\overset{2}{u}_x = \varphi_1\varphi_2\ldots\varphi_x({}^2p - p)({}^2p - {}^1p)^2\,p^{x-2},$$

$$\overset{2}{{}^1u}_x = \varphi_1\varphi_2\ldots\varphi_x({}^3p - p)({}^3p - {}^1p)^3\,p^{x-2},$$

$$\ldots\ldots\ldots\ldots\ldots\ldots\ldots\ldots\ldots\ldots,$$

$$\overset{3}{u}_x = \varphi_1\varphi_2\ldots\varphi_x({}^3p - p)({}^3p - {}^1p)({}^3p - {}^2p)^3\,p^{x-3},$$

$$\ldots\ldots\ldots\ldots\ldots\ldots\ldots\ldots\ldots\ldots\ldots,$$

et ainsi de suite, partant

$$\overset{n-1}{u}_{x+1} = {}^{n-1}z_{x+1} = \varphi_1\varphi_2\ldots\varphi_{x+1}({}^{n-1}p - p)({}^{n-1}p - {}^1p)({}^{n-1}p - {}^2p)\ldots{}^{n-1}p^{x-n+2};$$

pareillement

$$^{n-2}z_{x+1} = \varphi_1\varphi_2\ldots\varphi_{x+1}({}^{n-2}p - p)({}^{n-2}p - {}^1p)\ldots{}^{n-2}p^{x-n+2},$$

$$\ldots\ldots\ldots\ldots\ldots\ldots\ldots\ldots\ldots\ldots\ldots;$$

d'où l'on conclura, en substituant ces valeurs dans la formule (II) de l'article VII et faisant $X_x = \varphi_1\varphi_2\ldots\varphi_x\,{}^1X_x$ pour abréger,

$$y_x = \frac{\varphi_1\varphi_2\ldots\varphi_x}{(p - {}^1p)(p - {}^2p)(p - {}^3p)\ldots}\,p^{x+n-1}\left(G + \sum \frac{{}^1X_{x+1}}{p^{x+1}}\right)$$

$$+ \frac{\varphi_1\varphi_2\ldots\varphi_x}{({}^1p - p)({}^1p - {}^2p)\ldots}\,{}^1p^{x+n-1}\left({}^1G + \sum \frac{{}^1X_{x+1}}{{}^1p^{x+1}}\right)$$

$$+\ldots\ldots\ldots\ldots\ldots\ldots\ldots\ldots\ldots\ldots\ldots\ldots\ldots$$

Si $p = {}^1p$, on fera ${}^1p = p + dp$. Soit $K = \dfrac{1}{(p - {}^2p)(p - {}^3p)\ldots}$, et l'on aura

$$y_x = \varphi_1\varphi_2\ldots\varphi_x p^{x+n-1}\left\{B + Dx - \frac{K}{p}\sum \frac{{}^1X_{x+1}}{p^{x+1}}(x+1) + \left[\frac{dK}{dp} + \frac{K}{p}(x+n-1)\right]\sum \frac{{}^1X_{x+1}}{p^{x+1}}\right\}$$

$$+ \frac{\varphi_1\varphi_2\ldots\varphi_x}{({}^2p - p)^2({}^2p - {}^3p)\ldots}\,{}^2p^{x+n-1}\left({}^2G + \sum \frac{{}^1X_{x+1}}{{}^2p^{x+1}}\right),$$

B et D étant deux constantes arbitraires.

Si, de plus, on a $p = {}^2p$, on fera, dans cette dernière expression de $y_x$, ${}^2p = p + dp$, et ainsi de suite.

On peut donc intégrer généralement toutes les équations différentielles comprises dans la forme suivante

$$y_x = C\varphi_x y'_{x-1} + {}^1C\varphi_x \varphi_{x-1} y'_{x-2} + \ldots + X_x;$$

d'où il résulte que, si l'on désigne par $\theta_x$ une fonction quelconque de $x$, l'équation suivante

$$\theta_x y_x = C\theta_{x-1}\varphi_x y'_{x-1} + {}^1C\theta_{x-1}\varphi_x \varphi_{x-1} y'_{x-2} + \ldots + X_x$$

est généralement intégrable, puisqu'en faisant $\theta_x y_x = t_x$ cette équation est de même forme que la précédente.

## XI.

Voici maintenant une autre espèce d'équations différentielles linéaires, dont l'ordre dépend de la variable $x$; soit, par exemple,

$$
\begin{aligned}
y_x = {}&a_{x-1}y_{x-1} + b_{x-2}y_{x-2} + f_{x-3}y_{x-3} + X_x \\
&+ a_{x-4}y_{x-4} + b_{x-5}y_{x-5} + f_{x-6}y_{x-6} \\
&+ a_{x-7}y_{x-7} + b_{x-8}y_{x-8} + \ldots \\
&+ \ldots\ldots\ldots\ldots\ldots\ldots\ldots\ldots \\
&+ a_3 y_3 + b_2 y_2 + f_1 y_1.
\end{aligned}
$$

Il est facile de ramener ces équations à la forme de l'équation (B) du problème II, car on a

$$
\begin{aligned}
y_{x-3} = {}&a_{x-4}y_{x-4} + b_{x-5}y_{x-5} + f_{x-6}y_{x-6} + X_{x-3} \\
&+ a_{x-7}y_{x-7} + b_{x-8}y_{x-8} + \ldots \\
&+ \ldots\ldots\ldots\ldots\ldots\ldots\ldots\ldots \\
&+ a_3 y_3 + b_2 y_2 + f_1 y_1.
\end{aligned}
$$

Si l'on retranche cette dernière équation de la précédente, on aura

$$y_x = a_{x-1}y_{x-1} + b_{x-2}y_{x-2} + (f_{x-3} + 1)y_{x-3} + X_x - X_{x-3},$$

équation comprise dans l'équation (B).

## XII.

Présentement voici un usage fort étendu du Calcul intégral aux différences finies, pour déterminer directement l'expression générale des quantités assujetties à une certaine loi qui sert à les former, expression que jusqu'ici il me semble que l'on a toujours cherché à tirer par voie d'induction, méthode non seulement indirecte, mais qui, de plus, doit être souvent en défaut.

Pour me faire mieux entendre, je prends l'exemple suivant :

Soient $x$ le sinus d'un angle $z$ et $u$ son cosinus; on a généralement, comme l'on sait,

$$\sin n z = 2 u \sin(n-1)z - \sin(n-2)z,$$

d'où l'on tire

$$\sin z = x,$$
$$\sin 2z = x(2u),$$
$$\sin 3z = x(4u^2 - 1),$$
$$\sin 4z = x(8u^3 - 4u),$$
$$\sin 5z = x(16u^4 - 12u^2 + 1),$$
$$\dots\dots\dots\dots\dots\dots\dots\dots\dots$$

Il faut maintenant déterminer l'expression générale de $\sin n z$.

On peut y parvenir par voie d'induction, en continuant plus loin ces expressions et cherchant à découvrir la loi des différents coefficients des puissances de $u$; mais il arrivera, si ce n'est pas dans cet exemple, au moins dans une infinité d'autres, que cette loi sera très compliquée et très difficile à saisir : il importe conséquemment d'avoir une méthode générale et sûre pour la trouver dans tous les cas possibles.

Soit, pour cela, l'équation différentielle

$$(\Gamma) \quad \begin{cases} y_n = y_{n-1}(a_n u + b_n) \\ \quad + y_{n-2}({}^1a_n u^2 + {}^1b_n u + {}^1c_n) \\ \quad + y_{n-3}({}^2a_n u^3 + {}^2b_n u^2 + {}^2c_n + {}^1f_n) \\ \quad + \dots\dots\dots\dots\dots\dots\dots\dots \end{cases}$$

Je suppose que l'on ait

$$y_1 = \alpha u + 6,$$
$$y_2 = \delta u^2 + \gamma u + \Omega,$$
$$y_3 = \varpi u^3 + \pi u^2 + \vartheta u + \sigma,$$
$$\dots\dots\dots\dots\dots\dots$$

Voici comment je conclus l'expression générale de $y_n$.
Je fais

$$y_n = A_n u^n + B_n u^{n-1} + C_n u^{n-2} + \dots,$$

partant,

$$y_{n-1} = A_{n-1} u^{n-1} + B_{n-1} u^{n-2} + C_{n-1} u^{n-3} + \dots,$$
$$y_{n-2} = A_{n-2} u^{n-2} + B_{n-2} u^{n-3} + C_{n-2} u^{n-4} + \dots,$$

et ainsi de suite; si l'on substitue ces valeurs de $y_{n-1}, y_{n-2}, \dots$ dans l'équation $(\nabla)$, on aura

$$
\begin{aligned}
y_n = u^n\,&(\quad a_n A_{n-1} + {}^1a_n A_{n-2} + {}^2a_n A_{n-3} + \dots) \\
+ u^{n-1}&(\quad a_n B_{n-1} + {}^1a_n B_{n-2} + {}^2a_n B_{n-3} + \dots \\
&+ b_n A_{n-1} + {}^1b_n A_{n-2} + {}^2b_n A_{n-3} + \dots) \\
+ u^{n-2}&(\quad a_n C_{n-1} + {}^1a_n C_{n-2} + {}^2a_n C_{n-3} + \dots \\
&+ b_n B_{n-1} + {}^1b_n B_{n-2} + {}^2b_n B_{n-3} + \dots \\
&+ {}^1c_n A_{n-2} + {}^2c_n A_{n-3} + {}^3c_n A_{n-4} + \dots) \\
+ \dots&\dots\dots\dots\dots\dots\dots\dots\dots\dots\dots\dots
\end{aligned}
$$

En comparant cette expression de $y_n$ avec la précédente, on aura les équations suivantes

$$A_n = a_n A_{n-1} + {}^1a_n A_{n-2} + {}^2a_n A_{n-3} + \dots,$$
$$
\begin{aligned}
B_n = &\; a_n B_{n-1} + {}^1a_n B_{n-2} + {}^2a_n B_{n-3} + \dots \\
&+ b_n A_{n-1} + {}^1b_n A_{n-2} + {}^2b_n A_{n-3} + \dots,
\end{aligned}
$$
$$\dots\dots\dots\dots\dots\dots\dots\dots\dots\dots\dots,$$

au moyen desquelles on déterminera, par les méthodes précédentes, $A_n$, $B_n$, ..., et l'on aura ainsi l'expression générale de $y_n$.

Je suppose que l'on veuille avoir l'expression générale de $\sin nz$; il est aisé de voir, par ce qui précède, qu'elle aura cette forme

$$\sin nz = x(A_n u^{n-1} + B_n u^{n-3} + C_n u^{n-5} + D_n u^{n-7} + \dots);$$

donc

$$\sin(n-1)z = x(A_{n-1}u^{n-2} + B_{n-1}u^{n-4} + C_{n-1}u^{n-6} + \dots),$$

$$\sin(n-2)z = x(A_{n-2}u^{n-3} + B_{n-2}u^{n-5} + C_{n-2}u^{n-7} + \dots).$$

Si l'on substitue ces valeurs de $\sin(n-1)z$ et $\sin(n-2)z$ dans l'équation

$$\sin nz = 2u\sin(n-1)z - \sin(n-2)z,$$

on aura

$$\sin nz = x(2A_{n-1}u^{n-1} + 2B_{n-1}u^{n-3} + 2C_{n-1}u^{n-5} + \dots - A_{n-2}u^{n-3} - B_{n-2}u^{n-5} - \dots),$$

et, si l'on compare cette expression avec la précédente, on aura

$$(\text{A}) \qquad \begin{cases} A_n = 2A_{n-1}, \\ B_n = 2B_{n-1} - A_{n-2}, \\ C_n = 2C_{n-1} - B_{n-2}. \\ \dots\dots\dots\dots \end{cases}$$

Au moyen de ces équations on déterminera $A_n$, $B_n$, $C_n$, ..., mais on doit faire ici une observation à laquelle il est nécessaire de faire attention dans toutes les recherches qui dépendent du Calcul intégral aux différences finies; ce qui rend son usage fort délicat. Cette observation consiste en ce que les équations précédentes (A) ne commencent point à exister toutes à la fois, c'est-à-dire lorsque $n$ a une même valeur dans ces équations. Pour le faire voir, j'observe que l'équation fondamentale

$$\sin nz = 2u\sin(n-1)z - \sin(n-2)z,$$

au moyen de laquelle j'ai conclu $\sin 2z$, $\sin 3z$, $\sin 4z$, ..., suppose connus les deux premiers sinus $\sin 0z$ et $\sin 1z$; elle ne peut donc commencer à avoir lieu que lorsque $n = 2$; partant aussi, les équations (A) ne peuvent commencer à exister que lorsque $n = 2$. La première de ces équations commence à exister lorsque $n = 2$, auquel cas on a $A_2 = 2A_1$; ainsi, le plus petit indice de $A_n$, c'est-à-dire la moindre valeur que puisse avoir $n$ dans cette expression, est l'unité; la seconde équation ne peut donc commencer à avoir lieu que lorsque $n = 3$, auquel cas on a $B_3 = 2B_2 - A_1$; partant, le plus petit indice de $B_n$ est 2; la troisième équation ne peut donc commencer à avoir lieu que lorsque

$n = 4$, auquel cas on a $C_4 = 2C_3 - B_2$; partant, le plus petit indice de $C_n$ est 3, et ainsi de suite. Cela posé :

Si l'on intègre la première équation, on aura

$$A_n = 2^n H,$$

$H$ étant arbitraire; or, posant $n = 1$, $A_n = 1$, d'où $H = \frac{1}{2}$, on a $A_n = 2^{n-1}$, partant $A_{n-2} = 2^{n-3}$. Si l'on substitue cette valeur de $A_{n-2}$ dans la seconde équation et qu'ensuite on l'intègre, on aura

$$B_n = -2^{n-3}(n + H);$$

puisque l'équation différentielle en $B_n$ commence à exister lorsque $n = 3$, la constante arbitraire $H$ doit être déterminée par la valeur de $B_n$, lorsque $n = 2$; or, $u$ ne pouvant avoir d'exposant négatif dans l'expression de $\sin nz$, il suit que $B_2 = 0$, partant $H = -2$; donc

$$B_n = -2^{n-3}(n - 2) \qquad \text{et} \qquad B_{n-2} = -2^{n-5}(n - 4).$$

Si l'on substitue cette valeur de $B_{n-2}$ dans la troisième équation, et qu'ensuite on l'intègre, on aura

$$C_n = 2^{n-5}\left(\frac{n^2 - 7n}{2} + H\right);$$

or, posant $n = 3$, $C_n = 0$, d'où $H = 6$, on a $C_n = 2^{n-5}\dfrac{(n-3)(n-4)}{1 \cdot 2}$, et ainsi du reste. Donc

$$\sin nz = x\left[2^{n-1}u^{n-1} - \frac{n-2}{1}2^{n-3}u^{n-3} + \frac{(n-3)(n-4)}{1 \cdot 2}2^{n-5}u^{n-5}\right.$$
$$\left. - \frac{(n-4)(n-5)(n-6)}{1 \cdot 2 \cdot 3}2^{n-7}u^{n-7} + \ldots\right].$$

Soit encore $z = $ angle $\sin x$; on aura, en différentiant,

$$\frac{dz}{dx} = \frac{1}{\sqrt{1 - x^2}},$$

et je veux avoir l'expression générale de $\dfrac{d^n z}{dx^n}$, $dx$ étant supposé constant. Pour cela, soit $u = \dfrac{1}{\sqrt{1-x^2}}$; on aura

$$\frac{du}{dx} = \frac{x}{(1-x^2)^{\frac{3}{2}}},$$

$$\frac{d^2 u}{dx^2} = \frac{2x^2+1}{(1-x^2)^{\frac{5}{2}}},$$

$$\frac{d^3 u}{dx^3} = \frac{6x^3+9x}{(1-x^2)^{\frac{7}{2}}},$$

$$\dots\dots\dots\dots\dots$$

Il est aisé de voir, en considérant la loi de ces expressions de $du$, $d^2 u$, ..., que l'expression générale de $\dfrac{d^n u}{dx^n}$ a la forme suivante

$$\frac{d^n u}{dx^n} = \frac{A_n x^n + B_n x^{n-2} + C_n x^{n-4} + D_n x^{n-6} + \dots}{(1-x^2)^{n+\frac{1}{2}}};$$

en différentiant cette expression, on a

$$\frac{d^{n+1} u}{dx^{n+1}} = \frac{\begin{array}{l}(n+1)A_n x^{n+1}+(n+3)B_n\\ +nA_n\end{array}\bigg| \begin{array}{l}x^{n-1}+(n+5)C_n\\ +(n-2)B_n\end{array}\bigg| \begin{array}{l}x^{n-3}+(n+7)D_n\\ +(n-4)C_n\end{array}\bigg| \begin{array}{l}x^{n-5}+\dots\\ +\dots\end{array}}{(1-x^2)^{n+\frac{3}{2}}},$$

mais on a

$$\frac{d^{n+1} u}{dx^{n+1}} = \frac{A_{n+1} x^{n+1} + B_{n+1} x^{n-1} + C_{n+1} x^{n-3} + D_{n+1} x^{n-5} + \dots}{(1-x^2)^{n+\frac{3}{2}}};$$

en comparant ces deux expressions de $\dfrac{d^{n+1} u}{dx^{n+1}}$, on aura les équations suivantes :

$$A_{n+1} = (n+1)A_n,$$
$$B_{n+1} = (n+3)B_n + nA_n,$$
$$C_{n+1} = (n+5)C_n + (n-2)B_n,$$
$$\dots\dots\dots\dots\dots\dots$$

Toutes ces équations commencent à exister à la fois et lorsque $n=1$; cela posé, la première donne

$$A_n = 1.2.3\dots n;$$

la seconde donne

$$B_n = 1.2.3\ldots n(n+1)(n+2)\left[ H + \sum \frac{n}{(n+1)(n+2)(n+3)} \right],$$

ou

$$B_n = 1.2.3\ldots n(n+1)(n+2)\left[ Q + \frac{1}{2}\,\frac{1}{(n+1)(n+2)} - \frac{1}{n+2} \right].$$

On déterminera la constante $Q$ par cette condition que $B_n$ soit zéro lorsque $n = 1$; on a donc $Q = \frac{1}{2.2}$. Donc

$$B_n = 1.2.3\ldots n\,\frac{1}{2}\,\frac{n(n-1)}{1.2}.$$

La troisième équation donne, en intégrant et ajoutant les constantes convenables,

$$C_n = 1.2.3\ldots n\,\frac{1.3}{2.4}\,\frac{n(n-1)(n-2)(n-3)}{1.2.3.4};$$

on trouvera pareillement

$$D_n = 1.2.3\ldots n\,\frac{1.3.5}{2.4.6}\,\frac{n(n-1)(n-2)(n-3)(n-4)(n-5)}{1.2.3.4.5.6},$$

et ainsi de suite. Partant,

$$\frac{d^n z}{dx^n} = \frac{1.2.3\ldots(n-1)}{(1-x^2)^{n-\frac{1}{2}}}\left[ x^{n-1} + \frac{1}{2}\,\frac{(n-1)(n-2)}{1.2}\,x^{n-3} \right.$$

$$+ \frac{1.3}{2.4}\,\frac{(n-1)(n-2)(n-3)(n-4)}{1.2.3.4}\,x^{n-5}$$

$$+ \frac{1.3.5}{2.4.6}\,\frac{(n-1)(n-2)(n-3)(n-4)(n-5)(n-6)}{1.2.3.4.5.6}\,x^{n-7}$$

$$+ \frac{1.3.5.7}{2.4.6.8}\,\frac{(n-1)(n-2)\ldots(n-8)}{1.2.3\ldots 8}\,x^{n-9}$$

$$\left. + \ldots\ldots\ldots\ldots\ldots\ldots\ldots\ldots\ldots\ldots\ldots\ldots\ldots \right].$$

J'ai supposé, dans les deux exemples précédents, la loi des exposants connue, parce qu'elle était très facile à apercevoir; mais, s'il arrivait qu'elle fût compliquée, ce qui doit être extrêmement rare, on pourra la déterminer par la méthode précédente.

### XIII.

Voici encore un usage remarquable du Calcul intégral aux différences finies pour déterminer la nature des fonctions d'après des conditions données, ce qui est souvent utile, principalement dans le Calcul des différences partielles (¹).

On propose de trouver une fonction de $x$ telle qu'en y faisant successivement $x = \varphi(x)$ et $x = \psi(x)$, on ait

$$(\sigma) \qquad f[\varphi(x)] = \Pi_x\, f[\psi(x)] + X_x,$$

$\varphi(x)$, $\psi(x)$, $\Pi_x$ et $X_x$ étant des fonctions données de $x$.

Soit pour cela

$$u_z = \psi(x) \qquad \text{et} \qquad u_{z+1} = \varphi(x).$$

De la première de ces équations, je conclus

$$x = \Gamma(u_z) \qquad \text{et} \qquad \varphi(x) = \Pi(u_z),$$

$\Gamma(u_z)$ et $\Pi(u_z)$ représentant des fonctions connues de $u_z$; partant,

$$u_{z+1} = \Pi(u_z),$$

équation différentielle dont la différence constante est égale à l'unité, et que l'on peut intégrer dans plusieurs cas.

L'intégrale de cette équation donnera $u_z$ en fonction de $z$, et l'équation $x = \Gamma(u_z)$ donnera $x$ en fonction de $z$. Substituant cette valeur de $x$ dans $\Pi_x$ et $X_x$, ces quantités deviendront des fonctions de $z$, que je désigne par $L_z$ et $Z_z$. De plus, on a

$$f[\varphi(x)] = f(u_{z+1}) \qquad \text{et} \qquad f[\psi(x)] = f(u_z);$$

_______________

(¹) J'avais trouvé cette méthode sur la fin de 1772, à l'occasion de quelques problèmes que me proposa M. Monge, habile professeur de Mathématiques aux écoles du Génie à Mézières; je lui en fis part alors; dans le même temps, je l'envoyai à M. de la Grange, et je l'ai présentée à l'Académie au mois de février 1773. Depuis ce temps, M. le marquis de Condorcet a fait imprimer dans le Volume de l'Académie pour l'année 1771 un fort beau Mémoire sur cet objet; mais la route que je suis diffère de la sienne en ce qu'il ne se propose pas, comme je le fais, de ramener la question aux équations différentielles dont la différence soit constante et égale à l'unité.

l'équation $(\sigma)$ deviendra donc, en supposant $f(u_z) = y_z$,

$$r_{z+1} = \mathrm{L}_z y_z + \mathrm{Z}_3,$$

équation intégrable par le Problème I.

On doit observer ici, conformément à une remarque due à M. Euler, que les constantes qui viennent en intégrant les équations finies différentielles dont la variable est $z$, et dont la différence constante est l'unité, peuvent être supposées des fonctions quelconques de $\sin 2\pi z$ et de $\cos 2\pi z$, $\pi$ exprimant le rapport de la circonférence au diamètre.

Présentement, si l'on remet dans l'expression de $y_z$ au lieu de $z$ sa valeur en $x$, on aura $f[\psi(x)]$, et, si l'on change $\psi(x)$ en $x$, on aura la fonction de $x$, qui satisfait au Problème. Les exemples suivants éclairciront cette méthode :

*Il s'agit de trouver une fonction de $x$ telle qu'en y changeant successivement $x$ en $x^q$ et en $mx$, on ait*

$$f(x^q) = f(mx) + p,$$

*$m$ et $p$ étant constants.*

Je fais $u_z = mx$, et $u_{z+1} = x^q$; partant,

$$u_{z+1} = \left(\frac{u_z}{m}\right)^q.$$

Pour intégrer cette équation, je fais $u_1 = a$; donc $u_2 = \dfrac{a^q}{m^q}$, $u_3 = \dfrac{a^{q^2}}{m^{q^2+q}}$, ....
Soit $u_z = \dfrac{a^{g_z}}{m^{f_z}}$; donc

$$u_{z+1} = \frac{a^{q g_z}}{m^{q f_z + q}} = \frac{a^{g_{z+1}}}{m^{f_{z+1}}}.$$

Donc

$$g_{z+1} = q g_z,$$

ce qui donne

$$g_z = \mathrm{A} q^z.$$

Or, posant $z = 2$, $g_z = q$, d'où $\mathrm{A} = \dfrac{1}{q}$, on a $g_z = q^{z-1}$. De plus, on a

$f_{z+1} = q f_z + q$. Donc $f_z = A q^z + \dfrac{q}{1-q}$. Or, posant $z=2$, $f_z = q$; donc $A = \dfrac{1}{q-1}$ et $f_z = \dfrac{1}{q-1}(q^z - q)$; donc

$$u_z = \frac{a^{q^{z-1}}}{m^{\frac{1}{q-1}(q^z - q)}}.$$

Cette expression de $u_z$ est complète, puisque $a$ est arbitraire; maintenant l'équation

$$f(x^q) = f(mx) + p$$

deviendra

$$y_{z+1} = y_z + p.$$

Donc

$$y_z = C + pz = f(mx).$$

Il faut présentement avoir la valeur de $z$ en $x$; or, puisqu'on a $u_z = mx$, on aura

$$mx = \frac{a^{q^{z-1}}}{m^{\frac{1}{q-1}(q^z - q)}},$$

d'où l'on tire

$$l\, mx = q^z \frac{la}{q} - \frac{1}{q-1}(q^z - q)\, lm$$

ou

$$q^z \left( \frac{la}{q} - \frac{lm}{q-1} \right) = l \frac{mx}{m^{\frac{q}{q-1}}};$$

soit $\dfrac{la}{q} - \dfrac{lm}{q-1} = K$, et l'on trouvera

$$z = \frac{l \dfrac{mx}{m^{\frac{q}{q-1}}}}{lq} - \frac{lK}{lq},$$

partant

$$y_z = A + p \frac{l \dfrac{mx}{m^{\frac{q}{}}}}{lq},$$

A étant une constante arbitraire qui peut être une fonction quelconque de $\sin 2\pi z$ et de $\cos 2\pi z$. Soit $\Gamma(\sin 2\pi z, \cos 2\pi z)$ cette fonction; en y substituant au lieu de $z$ sa valeur, on aura

$$A = \Gamma\left(\sin 2\pi \, \frac{\mathrm{II}\frac{mx}{q}}{m^{\frac{1}{q-1}}}{\mathrm{I}q}, \quad \cos 2\pi \, \frac{\mathrm{II}\frac{mx}{q}}{m^{\frac{1}{q-1}}}{\mathrm{I}q}\right).$$

Donc

$$y_z = f(mx) = \Gamma\left(\sin 2\pi \, \frac{\mathrm{II}\frac{mx}{q}}{m^{\frac{1}{q-1}}}{\mathrm{I}q}, \quad \cos 2\pi \, \frac{\mathrm{II}\frac{mx}{q}}{m^{\frac{1}{q-1}}}{\mathrm{I}q}\right) + p\, \frac{\mathrm{II}\frac{mx}{q}}{m^{\frac{1}{q-1}}}{\mathrm{I}q};$$

ainsi la fonction de $x$ demandée est

$$f(x) = \Gamma\left(\sin 2\pi \, \frac{\mathrm{II}\frac{x}{q}}{m^{\frac{1}{q-1}}}{\mathrm{I}q}, \quad \cos 2\pi \, \frac{\mathrm{II}\frac{x}{q}}{m^{\frac{1}{q-1}}}{\mathrm{I}q}\right) + p\, \frac{\mathrm{II}\frac{x}{q}}{m^{\frac{1}{q-1}}}{\mathrm{I}q}.$$

*Il s'agit encore de trouver $f(x)$ telle que*

$$[f(x)]^2 = f(2x) + 2.$$

On pourrait d'abord penser qu'il est impossible de satisfaire à cette équation, à moins que de supposer $f(x)$ égale à une constante; c'est en effet ce qu'ont cru d'habiles géomètres (*voir* le second Volume des *Mémoires de Turin*, p. 320); mais on va voir qu'il y a une infinité d'autres moyens d'y satisfaire.

Soit

$$u_z = x \qquad \text{et} \qquad u_{z+1} = 2x;$$

donc

$$u_{z+1} = 2u_z \qquad \text{et} \qquad u_z = A 2^z = x.$$

De plus, on a

$$f(2x) = f(u_{z+1}), \qquad \text{que je désigne par} \qquad t_{z+1},$$

et

$$f(x) = f(u_z) = t_z;$$

on aura donc

$$t_{z+1} = t_z^2 - 2.$$

Pour intégrer cette équation, je suppose $t_1 = a + \dfrac{1}{a}$, donc

$$t_2 = a^2 + \dfrac{1}{a^2}, \qquad t_3 = a^4 + \dfrac{1}{a^4}, \qquad \ldots,$$

et généralement

$$t_z = a^{2^{z-1}} + \dfrac{1}{a^{2^{z-1}}},$$

expression complète de $t_z$, puisque $a$ est arbitraire ; or on a $2^{z-1} = \dfrac{x}{2A}$, donc

$$t_z = a^{\frac{x}{2A}} + a^{-\frac{x}{2A}}, \qquad \text{ou} \qquad t_z = b^x + b^{-x},$$

$b$ étant une constante arbitraire ; or cette constante peut être supposée une fonction quelconque de $\sin 2\pi z$ et de $\cos 2\pi z$, et puisque $z = H + \dfrac{Ax}{12}$, $H$ étant une constante quelconque, on aura

$$b = f\left(\sin 2\pi \dfrac{Ax}{12}, \ \cos 2\pi \dfrac{Ax}{12}\right),$$

partant la fonction de $x$ demandée est

$$\left[f\left(\sin 2\pi \dfrac{Ax}{12}, \ \cos 2\pi \dfrac{Ax}{12}\right)\right]^x + \left[f\left(\sin 2\pi \dfrac{Ax}{12}, \ \cos 2\pi \dfrac{Ax}{12}\right)\right]^{-x}.$$

*Il s'agit enfin de trouver* $f(x - y\sqrt{-1})$, *telle que l'on ait*

$$f(x + y\sqrt{-1}) - f(x - y\sqrt{-1}) = 2M\sqrt{-1}.$$

En supposant $y = g + hx$, on aura

$$f\left[g\sqrt{-1} + x(1 + h\sqrt{-1})\right] - f\left[x(1 - h\sqrt{-1}) - g\sqrt{-1}\right] = 2M\sqrt{-1}.$$

Soit

$$x(1 + h\sqrt{-1}) + g\sqrt{-1} = u_{z+1},$$
$$x(1 - h\sqrt{-1}) - g\sqrt{-1} = u_z;$$

on aura donc

$$x = \dfrac{u_z + g\sqrt{-1}}{1 - h\sqrt{-1}};$$

donc

$$u_{z+1} = \dfrac{1 + h\sqrt{-1}}{1 - h\sqrt{-1}} \, u_z + \dfrac{2g\sqrt{-1}}{1 - h\sqrt{-1}},$$

équation dont l'intégrale est

$$u_z = \Lambda \left( \frac{1 + h\sqrt{-1}}{1 - h\sqrt{-1}} \right)^z - \frac{g}{h} = x(1 - h\sqrt{-1}) - g\sqrt{-1};$$

partant,

$$z\, l\, \frac{1 + h\sqrt{-1}}{1 - h\sqrt{-1}} = l(g + h.x) + \mathrm{K}.$$

Or, si l'on nomme $\varpi\pi$ l'angle dont la tangente est $h$, et $\pi$ le rapport de la demi-circonférence au rayon, on aura

$$l\, \frac{1 + h\sqrt{-1}}{1 - h\sqrt{-1}} = 2\sqrt{-1}\,\varpi\pi;$$

donc

$$z = \frac{l(g + h.x)}{2\sqrt{-1}\,\varpi\pi} + \mathrm{K}'.$$

Maintenant on a

$$f(u_{z+1}) - f(u_z) = 2\mathrm{M}\sqrt{-1};$$

et, en représentant $f(u_z)$ par $t_z$,

$$t_{z+1} = t_z + 2\mathrm{M}\sqrt{-1},$$

donc

$$t_z = \mathrm{H} + 2\mathrm{M}\,z\sqrt{-1};$$

substituant au lieu de $z$ sa valeur, on aura

$$t_z = \mathrm{M}\,\frac{l(g + h.x)}{\varpi\pi} + \mathrm{L},$$

L étant une constante arbitraire, laquelle peut être fonction quelconque de $\sin 2\pi z$ et de $\cos 2\pi z$, ou de $\sin \dfrac{l(g + h.x)}{\varpi\sqrt{-1}}$ et de $\cos \dfrac{l(g + h.x)}{\varpi\sqrt{-1}}$, et par conséquent de $c^{\frac{l(g + h.x)}{\varpi}}$; or, $c^{l(g + h.x)} = g + h.x$; donc L peut être fonction de $(g + h.x)^{\frac{1}{\varpi}}$; partant,

$$f(x - y\sqrt{-1}) = \mathrm{M}\,\frac{l(g + h.x)}{\varpi\pi} + \Gamma\left[ (g + h.x)^{\frac{1}{\varpi}} \right].$$

## XIV.

*Des équations aux différences finies, lorsqu'on a plusieurs équations entre plusieurs variables.*

Je suppose que l'on ait les deux équations suivantes entre les trois variables $y_x$, $'y_x$ et $x$

$$(1) \qquad y_x + A_x y_{x-1} = B_x {}'y_x + C_x {}'y_{x-1},$$

$$(2) \qquad y_x + {}'A_x y_{x-1} = {}'B_x {}'y_x + {}'C_x {}'y_{x-1}.$$

La manière la plus simple de les intégrer est de les réduire par élimination à deux autres équations, l'une entre $y_x$ et $x$, l'autre entre $'y_x$ et $x$; pour cela, je multiplie la première par $'C_x$, la seconde par $C_x$, et je les retranche l'une de l'autre; ce qui donne

$$({}'C_x - C_x) y_x + ({}'C_x A_x - C_x {}'A_x) y_{x-1} = ({}'C_x B_x - C_x {}'B_x) {}'y_x,$$

partant

$$(3) \qquad \begin{cases} ({}'C_{x-1} - C_{x-1}) y_{x-1} + ({}'C_{x-1} A_{x-1} - C_{x-1} {}'A_{x-1}) y_{x-1} \\ \quad = ({}'C_{x-1} B_{x-1} - C_{x-1} {}'B_{x-1}) {}'y_{x-1}. \end{cases}$$

Je multiplie l'équation (1) par $\alpha$, l'équation (2) par $'\alpha$, et je les ajoute avec l'équation (3), ce qui donne

$$(\alpha + {}'\alpha) y_x + (\alpha A_x + {}'\alpha {}'A_x + {}'C_{x-1} - C_{x-1}) y_{x-1} + ({}'C_{x-1} A_{x-1} - C_{x-1} {}'A_{x-1}) y_{x-2}$$
$$= (\alpha B_x + {}'\alpha {}'B_x) {}'y_x + (\alpha C_x + {}'\alpha {}'C_x + {}'C_{x-1} B_{x-1} - C_{x-1} {}'B_{x-1}) {}'y_{x-1};$$

je fais disparaître $'y_x$ et $'y_{x-1}$ au moyen des équations

$$\alpha B_x + {}'\alpha {}'B_x = 0,$$
$$\alpha C_x + {}'\alpha {}'C_x + {}'C_{x-1} B_{x-1} - C_{x-1} {}'B_{x-1} = 0,$$

et j'ai de cette manière une équation différentielle entre $y_x$ et $x$ seules; par un procédé entièrement semblable, on en trouvera une entre $'y_x$ et $x$; et ce serait la même chose si l'on avait un plus grand nombre d'équations et de variables.

Il est aisé de voir que, s'il y avait dans chaque équation des termes tels que $T_x$, $X_x$, ..., $T_x$, $X_x$ étant des fonctions quelconques de $x$, elles seraient intégrables dans les mêmes cas où elles le sont, ces termes n'y étant pas.

Lorsqu'on a $n-1$ équations entre $n$ variables, celles-ci pouvant avoir une infinité de rapports différents entre elles, l'intégration de ces équations présente ainsi un grand nombre de recherches curieuses ; mais il est un cas qui mérite une attention particulière, en ce qu'il se rencontre quelquefois et principalement dans l'analyse des hasards ; c'est le cas dans lequel ces équations rentrent en elles-mêmes.

## XV.

### *Des équations différentielles rentrantes en elles-mêmes.*

Si l'on a les équations suivantes, entre les $n$ variables $\overset{1}{y}_x$, $\overset{2}{y}_x$, $\overset{4}{y}_x$, ...,

$$\overset{1}{y}_x = A\,\overset{2}{y}_{x-1},$$

$$\overset{2}{y}_x = A\,\overset{3}{y}_{x-1},$$

$$\overset{3}{y}_x = A\,\overset{4}{y}_{x-1},$$

$$\dots\dots\dots\dots,$$

$$\overset{n}{y}_x = A\,\overset{1}{y}_{x-1}.$$

Ces équations sont ce que j'appelle *équations rentrantes en elles-mêmes*.

En général, si l'on dispose sur le périmètre de la *fig.* A les $n$ va-

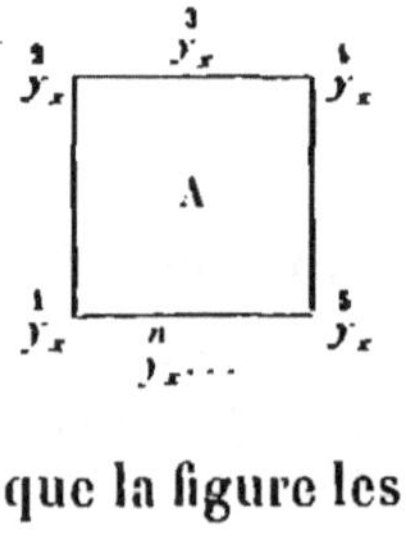

$$\overset{2}{y}_x \quad \overset{3}{y}_x \quad \overset{4}{y}_x$$

A

$$\overset{1}{y}_x \quad \overset{n}{y}_x\dots \quad \overset{5}{y}_x$$

riables $\overset{1}{y}_x$, $\overset{2}{y}_x$, $\overset{3}{y}_x$, ..., ainsi que la figure les représente, et qu'alors une fonction quelconque d'une de ces variables et de ses différences finies soit constamment égale à une fonction quelconque de celles qui la suivent et de leurs différences finies, l'équation qui en résulte est ce que je nomme *équation rentrante en elle-même*. Si, par exemple, chacune de ces variables est égale à deux fois celle qui la suit, lorsqu'on y suppose $x$ diminuer d'une unité, plus à trois fois celle qui suit cette dernière, lorsqu'on y suppose $x$ diminuer de deux unités, on aura

$$\overset{1}{y}_x = 2\overset{2}{y}_{x-1} + 3\overset{3}{y}_{x-2},$$

$$\overset{2}{y}_x = 2\overset{3}{y}_{x-1} + 3\overset{4}{y}_{x-2},$$

$$\dots\dots\dots\dots\dots\dots,$$

$$\overset{n}{y}_x = 2\overset{1}{y}_{x-1} + 3\overset{2}{y}_{x-2}.$$

On voit par là que, bien que dans l'ordre des calculs la variable $\overset{1}{y}_x$ soit la première, on aurait pu cependant également commencer par une quelconque de ces variables, et les équations auraient été absolument les mêmes, ce qui est le caractère particulier de ce genre d'équations. Cela posé,

## XVI.

**Problème III.** — *Je suppose que l'on ait les équations rentrantes*

$$\overset{1}{y}_x + A\overset{1}{y}_{x-1} + {}^1A\overset{1}{y}_{x-2} + \dots = B\overset{2}{y}_x + {}^1B\overset{2}{y}_{x-1} + {}^2B\overset{2}{y}_{x-2} + \dots + X_x,$$

$$\overset{2}{y}_x + A\overset{2}{y}_{x-1} + {}^1A\overset{2}{y}_{x-2} + \dots = B\overset{3}{y}_x + {}^1B\overset{3}{y}_{x-1} + {}^2B\overset{3}{y}_{x-2} + \dots + X_x,$$

$$\dots\dots\dots\dots\dots\dots\dots\dots\dots\dots\dots\dots,$$

$$\overset{n}{y}_x + A\overset{n}{y}_{x-1} + {}^1A\overset{n}{y}_{x-2} + \dots = B\overset{1}{y}_x + {}^1B\overset{1}{y}_{x-1} + {}^2B\overset{1}{y}_{x-2} + \dots + X_x;$$

*il faut déterminer* $\overset{1}{y}_x, \overset{2}{y}_x, \dots$.

La première équation donne

$$\overset{1}{y}_x + A\overset{1}{y}_{x-1} + {}^1A\overset{1}{y}_{x-2} + \dots + A\overset{1}{y}_{x-1} + A^1\overset{1}{y}_{x-2} + \dots + {}^1A\overset{1}{y}_{x-2} + \dots$$

$$= B\left(\overset{2}{y}_x + A\overset{2}{y}_{x-1} + {}^1A\overset{2}{y}_{x-2} + \dots\right) + {}^1B\left(\overset{2}{y}_{x-1} + A\overset{2}{y}_{x-2} + {}^1A\overset{2}{y}_{x-3} + \dots\right) + \dots$$

$$+ X_x + A X_{x-1} + {}^1A X_{x-2} + \dots.$$

Je substitue au lieu de $\overset{2}{y}_x + \mathrm{A}\overset{2}{y}_{x-1} + \ldots,\ \overset{2}{y}_{x-1} + \mathrm{A}\overset{3}{y}_{x-2} + \ldots$ leurs valeurs que donne la seconde équation, ce qui me donne une équation entre $\overset{1}{y}_x,\ \overset{1}{y}_{x-1},\ \ldots$ et $\overset{3}{y}_x,\ \overset{3}{y}_{x-1},\ \ldots$; en opérant sur celle-ci comme sur la première, j'aurai une équation entre $\overset{1}{y}_x,\ \overset{1}{y}_{x-1},\ \ldots$ et $\overset{4}{y}_x,\ \overset{4}{y}_{x-1},\ \ldots$ et, en continuant d'opérer ainsi jusqu'à la variable $\overset{q}{y}_x$, je parviendrai à une équation de cette forme

$$\overset{1}{y}_x + b_q\overset{1}{y}_{x-1} + {}^1b_q\overset{1}{y}_{x-2} + \ldots$$
$$= a_q\big(\overset{q}{y}_x + \mathrm{A}\overset{q}{y}_{x-1} + {}^1\mathrm{A}\overset{q}{y}_{x-2} + \ldots\big) + {}^1a_q\big(\overset{q}{y}_{x-1} + \mathrm{A}\overset{q}{y}_{x-1} + \ldots\big) + \ldots + \overset{q}{u}_x.$$

Il faut maintenant déterminer $b_q,\ {}^1b_q,\ \ldots,\ a_q,\ {}^1a_q,\ \ldots,\ \overset{q}{u}_x$.

Pour cela, je substitue dans l'équation précédente, au lieu de $\overset{q}{y}_x + \mathrm{A}\overset{q}{y}_{x-1} + \ldots,\ \overset{q}{y}_{x-1} + \mathrm{A}\overset{q}{y}_{x-2} + \ldots$, leurs valeurs que donne la $q^{\text{ième}}$ des équations rentrantes, ce qui donne

$$\overset{1}{y}_x + b_q\overset{1}{y}_{x-1} + {}^1b_q\overset{1}{y}_{x-2} + \ldots$$
$$= a_q\big(\mathrm{B}\overset{q+1}{y}_x + {}^1\mathrm{B}\overset{q+1}{y}_{x-1} + \ldots + \mathrm{X}_x\big) + {}^1a_q\big(\mathrm{B}\overset{q+1}{y}_{x-1} + {}^1\mathrm{B}\overset{q+1}{y}_{x-2} + \ldots + \mathrm{X}_{x-1}\big) + \ldots + \overset{q}{u}_x,$$

d'où je conclus

$$
\begin{aligned}
\overset{1}{y}_x + b_q \,\Big|\; &\overset{1}{y}_{x-1} + {}^1b_q \,\Big|\; \overset{1}{y}_{x-2} + \ldots = a_q\mathrm{B}\big(\overset{q+1}{y}_x + \mathrm{A}\overset{q+1}{y}_{x-1} + {}^1\mathrm{A}\overset{q+1}{y}_{x-2} + \ldots\big)\\
+\,\mathrm{A} \quad &\;\;+\mathrm{A}b_q \qquad\qquad\quad + ({}^1a_q\mathrm{B} + a_q{}^1\mathrm{B})\big(\overset{q+1}{y}_{x-1} + \mathrm{A}\overset{q+1}{y}_{x-2} + \ldots\big)\\
+\,{}^1\mathrm{A} \quad & \qquad\qquad\qquad\quad + ({}^2a_q\mathrm{B} + {}^1a_q{}^1\mathrm{B} + a_q{}^2\mathrm{B})\big(\overset{q+1}{y}_{x-2} + \ldots\big)\\
& \qquad\qquad\qquad\quad + \ldots\ldots\ldots\ldots\ldots\ldots\ldots\ldots\\
& \qquad\qquad\qquad\quad + \mathrm{X}_x a_q\\
& \qquad\qquad\qquad\quad + \mathrm{X}_{x-1}({}^1a_q + \mathrm{A}a_q)\\
& \qquad\qquad\qquad\quad + \mathrm{X}_{x-2}({}^2a_q + \mathrm{A}{}^1a_q + {}^1\mathrm{A}a_q)\\
& \qquad\qquad\qquad\quad + \ldots\ldots\ldots\ldots\ldots\ldots\ldots\ldots\\
& \qquad\qquad\qquad\quad + \overset{q}{u}_x + \mathrm{A}\overset{q}{u}_{x-1} + {}^1\mathrm{A}\overset{q}{u}_{x-2} + \ldots;
\end{aligned}
$$

mais on a

$$
\begin{aligned}
\overset{1}{y}_x + b_{q+1}\overset{1}{y}_{x-1} + {}^1b_{q+1}\overset{1}{y}_{x-2} + \ldots &= a_{q+1}\big(\overset{q+1}{y}_x + \mathrm{A}\overset{q+1}{y}_{x-1} + \ldots\big)\\
&\quad + {}^1a_{q+1}\big(\overset{q+1}{y}_{x-1} + \ldots\big)\\
&\quad + \ldots\ldots\ldots\ldots\ldots\ldots\\
&\quad + \overset{q+1}{u}_x;
\end{aligned}
$$

d'où l'on a, en comparant,

$$b_{q+1} = b_q + \Lambda,$$
$$^1b_{q+1} = {}^1b_q + \Lambda b_q + {}^1\Lambda,$$
$$\dots\dots\dots\dots\dots\dots;$$
$$a_{q+1} = a_q \mathrm{B},$$
$$^1a_{q+1} = {}^1a_q \mathrm{B} + a_q {}^1\mathrm{B},$$
$$\dots\dots\dots\dots\dots;$$

$$(\Lambda) \quad \begin{cases} \overset{q+1}{u}_x = \overset{q}{u}_x + \Lambda \overset{q}{u}_{x-1} + {}^1\Lambda \overset{q}{u}_{x-2} + \dots \\ \qquad + \mathrm{X}_x a_q + \mathrm{X}_{x-1}({}^1a_q + \Lambda a_q) + \mathrm{X}_{x-2}({}^2a_q + \Lambda {}^1a_q + {}^1\Lambda a_q) + \dots \end{cases}$$

Au moyen de ces équations, on déterminera facilement $a_q$, ${}^1a_q$, ..., $b_q$, ${}^1b_q$, ...; pour déterminer $\overset{q}{u}_x$, j'observe que l'on a

$$\overset{q}{u}_x = f_q \mathrm{X}_x + {}^1f_q \mathrm{X}_{x-1} + {}^2f_q \mathrm{X}_{x-2} + \dots;$$

je substitue cette valeur dans l'équation $(\Lambda)$, ce qui donne

$$\overset{q+1}{u}_x = \mathrm{X}_x(f_q + a_q) + \mathrm{X}_{x-1}({}^1f_q + {}^1a_q + \Lambda a_q + \Lambda f_q)$$
$$+ \mathrm{X}_{x-2}({}^2f_q + {}^2a_q + \Lambda {}^1a_q + {}^1\Lambda a_q + {}^1\Lambda f_q + \Lambda {}^1f_q)$$
$$+ \dots\dots\dots\dots\dots\dots\dots\dots\dots;$$

mais on a

$$\overset{q+1}{u}_x = f_{q+1} \mathrm{X}_x + {}^1f_{q+1} \mathrm{X}_{x-1} + {}^2f_{q+1} \mathrm{X}_{x-2} + \dots;$$

donc

$$f_{q+1} = f_q + a_q,$$
$$^1f_{q+1} = {}^1f_q + {}^1a_q + \Lambda f_q,$$
$$\dots\dots\dots\dots\dots\dots$$

Au moyen de ces équations on déterminera $f_q$, ${}^1f_q$, ..., et partant $\overset{q}{u}_x$. Je suppose maintenant $q = n$, et l'on aura

$$\overset{1}{y}_x + b_n \overset{1}{y}_{x-1} + \dots = a_n\left(\overset{n}{y}_x + \Lambda \overset{n}{y}_{x-1} + \dots\right)$$
$$+ {}^1a_n\left(\overset{n}{y}_{x-1} + {}^1\Lambda \overset{n}{y}_{x-2} + \dots\right)$$
$$+ \dots\dots\dots\dots\dots\dots$$
$$+ \overset{n}{u}_x;$$

mais on a

$$\overset{n}{y}_x + A\overset{n}{y}_{x-1} + \ldots = B\overset{1}{y}_x + {}^{1}B\overset{1}{y}_{x-1} + \ldots + X_x;$$

donc

$$\overset{1}{y}_x + b_n\overset{1}{y}_{x-1} + \ldots = a_n\left(B\overset{1}{y}_x + {}^{1}B\overset{1}{y}_{x-1} + \ldots\right) + a_n X_x$$
$$+ {}^{1}a_n\left(B\overset{1}{y}_{x-1} + \ldots\right) \qquad + {}^{1}a_n X_{x-1}$$
$$+ \ldots\ldots\ldots\ldots\ldots \qquad + \ldots\ldots\ldots$$
$$+ \overset{n}{u}_x,$$

et, en ordonnant les différents termes de cette équation,

$$\overset{1}{y}_x(1 - a_n B) + \overset{1}{y}_{x-1}(b_n - a_n\,{}^{1}B - {}^{1}a_n B) + \overset{1}{y}_{x-2}({}^{1}b_n - a_n\,{}^{2}B - {}^{1}a_n\,{}^{1}B - {}^{2}a_n B) + \ldots$$
$$- \overset{n}{u}_x - a_n X_x - {}^{1}a_n X_{x-1} - \ldots = 0,$$

on aura une équation entièrement semblable pour $\overset{2}{y}_x, \overset{3}{y}_x, \ldots$

## XVII.

PROBLÈME IV. — *Je suppose maintenant que les équations rentrantes renferment trois variables, et que l'on ait*

$$\overset{1}{y}_x + A\overset{1}{y}_{x-1} + {}^{1}A\overset{1}{y}_{x-2} + \ldots = B\overset{2}{y}_x + {}^{1}B\overset{2}{y}_{x-1} + {}^{2}B\overset{2}{y}_{x-2} + \ldots$$
$$+ C\overset{3}{y}_x + {}^{1}C\overset{3}{y}_{x-1} + {}^{2}C\overset{3}{y}_{x-1} + \ldots$$
$$+ X_x,$$

$$\ldots\ldots\ldots\ldots\ldots\ldots\ldots\ldots\ldots\ldots\ldots\ldots\ldots,$$

$$\overset{n}{y}_x + A\overset{n}{y}_{x-1} + {}^{1}A\overset{n}{y}_{x-2} + \ldots = B\overset{1}{y}_x + {}^{1}B\overset{1}{y}_{x-1} + {}^{2}B\overset{1}{y}_{x-2} + \ldots$$
$$+ C\overset{2}{y}_x + {}^{1}C\overset{2}{y}_{x-1} + \ldots$$
$$+ X_x,$$

*il faut déterminer* $\overset{1}{y}_x, \overset{2}{y}_x, \ldots$

En suivant le procédé du problème précédent, on arrivera à une équation de cette forme

$$\overset{1}{y}_x + b_q \overset{1}{y}_{x-1} + {}^1b_q \overset{1}{y}_{x-2} + \ldots = a_q\left(\overset{q}{y}_x + \mathrm{A}\overset{q}{y}_{x-1} + {}^1\mathrm{A}\overset{q}{y}_{x-2} + \ldots\right)$$
$$+ {}^1a_q\left(\overset{q}{y}_{x-1} + \mathrm{A}\overset{q}{y}_{x-2} + {}^1\mathrm{A}\overset{q}{y}_{x-3} + \ldots\right)$$
$$+ \ldots\ldots\ldots\ldots\ldots\ldots\ldots\ldots\ldots$$
$$+ c_q\left(\overset{q+1}{y}_x + \mathrm{A}\overset{q+1}{y}_{x-1} + {}^1\mathrm{A}\overset{q+1}{y}_{x-2} + \ldots\right)$$
$$+ {}^1c_q\left(\overset{q+1}{y}_{x-1} + \mathrm{A}\overset{q+1}{y}_{x-2} + \ldots\right)$$
$$+ \ldots\ldots\ldots\ldots\ldots\ldots\ldots\ldots$$
$$+ \overset{q}{u}_x.$$

Je substitue maintenant dans cette équation, au lieu de

$$\overset{q}{y}_x + \mathrm{A}\overset{q}{y}_{x-1} + \ldots, \qquad \overset{q}{y}_{x-1} + \mathrm{A}\overset{q}{y}_{x-2} + \ldots,$$

leurs valeurs que donne la $q^{\text{ième}}$ équation, ce qui produit la suivante

$$\overset{1}{y}_x + b_q \overset{1}{y}_{x-1} + {}^1b_q \overset{1}{y}_{x-1} + \ldots = a_q\left(\mathrm{B}\overset{q+1}{y}_x + {}^1\mathrm{B}\overset{q+1}{y}_{x-1} + {}^2\mathrm{B}\overset{q+1}{y}_{x-1} + \ldots\right)$$
$$+ {}^1a_q\left(\mathrm{B}\overset{q+1}{y}_{x-1} + {}^1\mathrm{B}\overset{q+1}{y}_{x-2} + {}^2\mathrm{B}\overset{q+1}{y}_{x-3} + \ldots\right)$$
$$+ \ldots\ldots\ldots\ldots\ldots\ldots\ldots\ldots\ldots$$
$$+ a_q\left(\mathrm{C}\overset{q+2}{y}_x + {}^1\mathrm{C}\overset{q+2}{y}_{x-1} + \ldots\right)$$
$$+ {}^1a_q\left(\mathrm{C}\overset{q+2}{y}_{x-1} + \ldots\right)$$
$$+ \ldots\ldots\ldots\ldots\ldots$$
$$+ c_q\left(\overset{q+1}{y}_x + \mathrm{A}\overset{q+1}{y}_{x-1} + \ldots\right)$$
$$+ {}^1c_q\left(\overset{q+1}{y}_{x-1} + \ldots\right)$$
$$+ \ldots\ldots\ldots\ldots$$
$$+ a_q\mathrm{X}_x + {}^1a_q\mathrm{X}_{x-1} + \ldots$$
$$+ \overset{q}{u}_x;$$

d'où l'on conclura facilement

$$
\overset{1}{y}_x + b_q \left| \overset{1}{y}_{x-1} + {}^1 b_q \right| \overset{1}{y}_{x-2} + \dots
$$
$$
+ \Lambda \quad \left| \quad + \Lambda b_q \right| 
$$
$$
+ {}^1\Lambda
$$

$$
= \quad (a_q \mathrm{B} + c_q)\left( \overset{q+1}{y}_x + \Lambda \overset{q+1}{y}_{x-1} + \dots \right)
$$
$$
+ ({}^1a_q \mathrm{B} + a_q {}^1\mathrm{B} + {}^1c_q + \Lambda c_q)\left( \overset{q+1}{y}_{x-1} + \Lambda \overset{q+1}{y}_{x-2} + \dots \right)
$$
$$
+ ({}^2a_q \mathrm{B} + {}^1a_q {}^1\mathrm{B} + a_q {}^2\mathrm{B} + {}^2c_q + \Lambda {}^1c_q + {}^1\Lambda c_q)\left( \overset{q+1}{y}_{x-2} + \Lambda \overset{q+1}{y}_{x-3} + \dots \right)
$$
$$
+ \dots\dots\dots\dots\dots\dots\dots\dots\dots\dots\dots\dots
$$
$$
+ a_q \mathrm{C}\left( \overset{q+2}{y}_x + \Lambda \overset{q+2}{y}_{x-1} + \dots \right)
$$
$$
+ ({}^1a_q \mathrm{C} + a_q {}^1\mathrm{C})\left( \overset{q+2}{y}_{x-1} + \Lambda \overset{q+2}{y}_{x-2} + \dots \right)
$$
$$
+ ({}^2a_q \mathrm{C} + {}^1a_q {}^1\mathrm{C} + a_q {}^2\mathrm{C})\left( \overset{q+2}{y}_{x-2} + \Lambda \overset{q+2}{y}_{x-3} + \dots \right)
$$
$$
+ \dots\dots\dots\dots\dots\dots\dots\dots\dots\dots\dots\dots
$$
$$
+ \overset{q}{u}_x + \Lambda \overset{q}{u}_{x-1} + {}^1\Lambda \overset{q}{u}_{x-2} + \dots
$$
$$
+ \mathrm{X}_x a_q + \mathrm{X}_{x-1}({}^1a_q + \Lambda a_q) + \dots;
$$

or on a

$$
\overset{1}{y}_x + b_{q+1}\overset{1}{y}_{x-1} + \dots = \quad a_{q+1}\left( \overset{q+1}{y}_x + \Lambda \overset{q+1}{y}_{x-1} + \dots \right)
$$
$$
+ \dots\dots\dots\dots\dots\dots\dots\dots
$$
$$
+ c_{q+1}\left( \overset{q+2}{y}_x + \Lambda \overset{q+2}{y}_{x-1} + \dots \right)
$$
$$
+ \dots\dots\dots\dots\dots\dots\dots\dots
$$
$$
+ \overset{q+1}{u}_x;
$$

d'où l'on aura, en comparant,

$$
b_{q+1} = b_q + \Lambda,
$$
$$
{}^1b_{q+1} = {}^1b_q + \Lambda b_q + {}^1\Lambda,
$$
$$
\dots\dots\dots\dots\dots\dots;
$$

ainsi l'on déterminera $b_q,\ {}^1b_q,\ \dots$; ensuite

$$
a_{q+1} = a_q \mathrm{B} + c_q \qquad \text{et} \qquad c_{q+1} = a_q \mathrm{C}, \qquad \text{partant} \qquad a_{q+1} = a_q \mathrm{B} + a_{q-1} \mathrm{C};
$$

d'où l'on aura $a_q$ et $c_q$. De plus, on aura

$$'a_{q+1} = {}'a_q B + a_q {}'B + {}'c_q + A c_q,$$
$$'c_{q+1} = {}'a_q C + a_q {}'C.$$

Donc

$$'a_{q+1} = {}'a_q B + a_q {}'B + {}'a_{q-1} {}'C + a_{q-1} {}'C + A c_q;$$

d'où l'on aura $'a_q$ et $'c_q$, et ainsi du reste ; enfin on déterminera $\overset{q}{u}_x$, comme dans le problème précédent.

Si l'on suppose présentement $q = n$, on aura

$$\overset{1}{y}_x(1 - c_n) + \overset{1}{y}_{x-1}(1 - A c_n - {}'c_n) + \ldots = a_n\left(\overset{n}{y}_x + A\overset{n}{y}_{x-1} + \ldots\right)$$
$$+ {}'a_n\left(\overset{n}{y}_{x-1} + A\overset{n}{y}_{x-2} + \ldots\right)$$
$$+ \ldots\ldots\ldots\ldots\ldots\ldots\ldots\ldots$$
$$+ \overset{n}{u}_x.$$

On formera des équations entièrement semblables entre $\overset{n-1}{y}_x$ et $\overset{n}{y}_x$, $\overset{n-2}{y}_x$ et $\overset{n-1}{y}_x$, ..., et l'on aura un nombre $n$ d'équations rentrantes à deux variables, telles que je les ai considérées dans le problème précédent.

La même méthode réussirait également si les équations rentrantes renfermaient quatre ou un plus grand nombre de variables.


## XVIII.

### *Du Calcul intégral aux différences finies et partielles.*

Je suppose que $_n y_x$ représente une fonction quelconque des deux variables $x$ et $n$ ; je puis dans cette fonction faire varier $n$ en regardant $x$ comme constant ; je puis faire varier $x$ en regardant $n$ comme constant ; enfin, je puis faire varier $n$ et $x$ à la fois, leurs variations étant dans un rapport quelconque ; or, s'il existe entre $_n y_x$ et ces différentes variations une équation quelconque, elle sera ce que je nomme *équation aux différences finies et partielles.*

$_n y_x$ représentant toujours une fonction de deux variables $x$ et $n$ :

$_{n-1} y_x$, $_{n-2} y_x$, ... signifient que $n$ a diminué de une, de deux, ... unités dans cette fonction ;

$_n y_{x-1}$, $_n y_{x-2}$, ... signifient que $x$ a diminué de une, de deux, ... unités dans cette fonction;

$_{n-1} y_{x-2}$, ... signifie que $n$ a diminué d'une unité, et $x$ de deux unités, et ainsi de suite.

Une équation aux différences partielles est donc une équation entre ces différentes quantités; telle est celle-ci :

$$_n y_x = a \cdot {_n y_{n-1}} + b \cdot {_{n-1} y_{x-1}}.$$

Les équations aux différences finies ont été trouvées par la considération des suites (Art. II). C'est pareillement la considération de certaines suites que j'ai nommées *récurro-récurrentes* (*voir* le tome VI des *Savants étrangers*) (¹), qui m'a conduit aux différences finies et partielles; voici comment : je suppose que l'on ait les suites

$$(i) \quad \begin{cases} _1 y_1, & _1 y_2, & _1 y_3, & _1 y_4, & _1 y_5, & \dots, & _1 y_x, & \dots, \\ _2 y_1, & _2 y_2, & _2 y_3, & _2 y_4, & _2 y_5, & \dots, & _2 y_x, & \dots, \\ _3 y_1, & _3 y_2, & _3 y_3, & _3 y_4, & _3 y_5, & \dots, & _3 y_x, & \dots, \\ \dots, & \dots, & \dots, & \dots, & \dots, & \dots, & \dots, & \dots, \\ _n y_1, & _n y_2, & _n y_3, & _n y_4, & _n y_5, & \dots, & _n y_x, & \dots. \end{cases}$$

Si un terme quelconque $_n y_x$ de ces suites est constamment égal à un nombre quelconque de termes précédents pris dans plusieurs de ces suites, et multipliés chacun par une fonction de $x$ et de $n$, ces suites sont celles que j'ai nommées *récurro-récurrentes*, et l'équation qui exprime la loi d'après laquelle elles sont formées est une équation aux différences finies et partielles.

J'observerai ici que les suites (*i*) peuvent être considérées non seulement dans le sens horizontal, mais encore dans le sens vertical, et, au lieu que dans le premier sens $x$ est leur indice, $n$ le sera dans le second.

Je supposerai dans la suite, comme je l'ai fait ci-dessus dans les équations aux différences ordinaires, que les différences de $x$ et de $n$

(¹) Page 5 de ce Volume.

sont constantes et égales à l'unité; si elles sont constantes sans être égales à l'unité, il sera toujours possible de les rendre telles, par l'introduction de nouvelles variables; je supposerai de plus (ce qui est encore permis) que les plus petites valeurs que puissent recevoir $x$ et $n$ sont l'unité; et toutes les fois que je m'écarterai de cette supposition, l'état de la question le fera connaître. Cela posé :

Si l'on a une équation aux différences partielles telle que

$$_n y_x = 3 \cdot {_n y_{x-1}} + 2 \cdot {_{n-1} y_{x-1}},$$

elle ne commence à avoir lieu que lorsque $x$ et $n$ sont plus grands que l'unité, comme dans les différences ordinaires l'équation $_1 y_x = a \cdot {_1 y_{x-1}}$ n'a lieu que lorsque $x$ est plus grand que $1$; en sorte que $_1 y_1$ reste arbitraire, et l'on ne détermine au moyen de cette équation que les valeurs de $_1 y_2$, $_1 y_3$, $\dots$; de même, dans l'équation

$$_n y_x = 3 \cdot {_n y_{x-1}} + 2 \cdot {_{n-1} y_{x-1}},$$

$_1 y_x$ ou $_n y_1$ sont arbitraires; ainsi l'expression générale de $_n y_x$ renferme une fonction arbitraire.

En général, le nombre des fonctions arbitraires que renferme l'intégrale d'une équation aux différences partielles se déterminera par le degré de la différence de celle des deux quantités $x$ et $n$ qui varie le moins; ainsi, dans l'équation

$$_n y_x = {_n y_{x-1}} + 3 \cdot {_{n-1} y_{x-1}},$$

le nombre des fonctions arbitraires que renferme l'intégrale est $1$, parce que, $n$ étant ici celle des deux variables dont la différence est la plus petite, elle ne varie que d'une unité; en effet, il est clair que, si l'on connait $_1 y_x$, on peut déterminer $_2 y_x$, $_3 y_x$, $_4 y_x$, $\dots$ au moyen de l'équation

$$_n y_x = {_n y_{x-1}} + 3 \cdot {_{n-1} y_{x-1}};$$

il n'y a donc alors que $_1 y_x$ d'arbitraire.

## XIX.

**Problème V.** — *L'équation aux différences finies et partielles*

$$_n y_x = {_n}\mathrm{H}_{x \cdot n-1} y_{x-1} + {_n^1}\mathrm{H}_{x \cdot n-2} y_{x-1} + {_n^2}\mathrm{H}_{x \cdot n-1} y_{x-1} + \ldots + {_n}\mathrm{P}_x$$

*étant donnée, on propose de l'intégrer.*

Puisque, dans chaque terme de cette équation, la variable $n$ décroît suivant la même loi que la variable $x$, je puis supposer $x = n + \mathrm{K}$, K étant une constante quelconque; $_n y_x$, $_n\mathrm{H}_x$, $_n^1\mathrm{H}_x$, ... deviennent alors fonctions de $x$ et de K; je représente dans ce cas $_n y_x$ par $u_x$; $_n\mathrm{H}_x$, $_n^1\mathrm{H}_x$, ... par $\mathrm{L}_x$, $^1\mathrm{L}_x$, ..., enfin $_n\mathrm{P}_x$ par $\mathrm{X}_x$; l'équation proposée devient donc

$$u_x = \mathrm{L}_x\, u_{x-1} + {^1}\mathrm{L}_x\, u_{x-2} + {^2}\mathrm{L}_x\, u_{x-1} + \ldots + \mathrm{X}_x,$$

équation aux différences ordinaires, et dont l'intégrale a cette forme par les Articles précédents, en y restituant au lieu de K sa valeur $x - n$,

$$u_x = \mathrm{C} \cdot {_n}z_x + {^1}\mathrm{C} \cdot {_n^1}z_x + {^2}\mathrm{C} \cdot {_n^2}z_x + \ldots + {_n}\mathrm{R}_x;$$

C, $^1$C, $^2$C, ... sont des constantes arbitraires, lesquelles peuvent être fonctions de K ou de $x - n$; on aura donc

$$_n y_x = {_n}z_x \cdot \varphi(x - n) + {_n^1}z_x \cdot {^1}\varphi(x - n) + {_n^2}z_x \cdot {^2}\varphi(x - n) + \ldots + {_n}\mathrm{R}_x;$$

on déterminera les fonctions arbitraires $\varphi(x - n)$, $^1\varphi(x - n)$, ... au moyen des valeurs de $_n y_x$, dans autant de suppositions particulières pour $x$ qu'il y a de ces fonctions arbitraires.

L'équation proposée aux différences partielles est donc généralement intégrable, ce qui vient de ce que dans chaque terme $n$ et $x$ varient de la même manière; mais, si l'on excepte ce cas et quelques autres fort rares, il est impossible d'avoir une intégrale entièrement débarrassée de tout signe d'intégration. Pour le faire voir par un exemple fort simple, je suppose que l'on ait à intégrer l'équation

$$_n y_x = {_n}y_{x-1} + {_{n-1}}y_{x-1};$$

en supposant $_1y_x = \varphi(x)$, on aura

$$_2y_x - {_2}y_{x-1} = \varphi(x-1) \qquad \text{ou} \qquad \Delta . {_2}y_x = \varphi(x),$$

partant $_2y_x = \Sigma \varphi(x)$; on trouvera pareillement

$$_3y_x = \Sigma^2 \varphi(x), \qquad _4y_x = \Sigma^3 \varphi(x),$$

et généralement

$$_n y_x = \Sigma^{n-1} \varphi(x);$$

telle est donc la valeur complète de $_n y_x$, en ayant soin d'ajouter à chaque intégration une constante arbitraire.

On peut simplifier cette valeur et la réduire à des quantités affectées du simple signe d'intégration, de la manière suivante.

Il faut réduire la double intégrale $\Sigma^2 \varphi(x)$ à de simples intégrales; je fais pour cela

$$\Sigma^2 \varphi(x) = z_x \Sigma \varphi(x) - \Sigma t_x \varphi(x);$$

en différentiant, il vient

$$\Sigma \varphi(x) = (z_x + \Delta z_x)[\varphi(x) + \Sigma \varphi(x)] - z_x \Sigma \varphi(x) - t_x \varphi(x)$$

ou

$$\Sigma \varphi(x) = (z_x + \Delta z_x - t_x) \varphi(x) + \Delta z_x \Sigma \varphi(x).$$

Donc $\Delta z_x = 1$ et $t_x = z_x + \Delta z_x$; je puis donc supposer $z_x = x$ et $t_x = x + 1$, ce qui donne

$$\Sigma^2 \varphi(x) = x \Sigma \varphi(x) - \Sigma(x+1)\varphi(x);$$

on réduira, par un procédé semblable, $\Sigma^3 \varphi(x)$ à des quantités affectées d'un seul signe d'intégration; mais il sera impossible de l'en débarrasser entièrement.

Voici maintenant une méthode d'intégrer les équations aux différences partielles, dans laquelle l'inconvénient des quantités affectées de plusieurs signes d'intégration n'est point à craindre.

## XX.

PROBLÈME VI. — *L'équation aux différences finies et partielles*

$$(h) \quad \begin{cases} _n y'_x = + A_{n \cdot n} y'_{x-1} + {}^1A_{n \cdot n} y'_{x-2} + {}^2A_{n \cdot n} y'_{x-3} + \ldots + N_n \\ \quad + B_{n \cdot n-1} y'_x + {}^1B_{n \cdot n-1} y'_{x-1} + {}^2B_{n \cdot n-1} y'_{x-2} + \ldots \end{cases}$$

*étant donnée, on propose de l'intégrer.*

Pour cela je cherche à ramener l'intégration à celle d'une équation aux différences ordinaires. Je suppose donc que l'on ait $_1 y_x = \varphi(x)$; l'équation $(h)$ donnera la suivante

$$(1) \quad _2 y_x = A_{2 \cdot 2} y_{x-1} + {}^1A_{2 \cdot 2} y_{x-2} + \ldots + N_2 + B_2 \varphi(x) + {}^1B_2 \varphi(x-1) + \ldots,$$

ensuite

$$_3 y_x = A_{3 \cdot 3} y_{x-1} + {}^1A_{3 \cdot 3} y_{x-2} + \ldots + N_3 + B_{3 \cdot 2} y_x + {}^1B_{3 \cdot 2} y_{x-1} + \ldots;$$

d'où il est facile de conclure

$$_3 y'_x - A_{3 \cdot 3} y'_{x-1} - {}^1A_{3 \cdot 3} y'_{x-2} - \ldots - A_2 (_3 y'_{x-1} - A_{3 \cdot 3} y'_{x-2} - \ldots) - {}^1A_2 (_3 y'_{x-2} - \ldots)$$
$$= B_3 (_2 y'_x - A_{2 \cdot 2} y'_{x-1} - \ldots) + {}^1B_3 (_2 y'_{x-1} - A_{2 \cdot 3} y'_{x-2} - \ldots) + \ldots$$
$$+ N_3 (1 - A_2 - {}^1A_2 - \ldots).$$

Si l'on substitue, au lieu de

$$_2 y'_x \quad - A_{2 \cdot 2} y'_{x-1} - \ldots,$$
$$_2 y'_{x-1} - A_{2 \cdot 2} y'_{x-1} - \ldots,$$
$$\ldots \ldots \ldots \ldots \ldots \ldots,$$

leurs valeurs tirées de l'équation (1), on aura une équation de cette forme :

$$_3 y'_x - a_{3 \cdot 3} y'_{x-1} - {}^1a_{3 \cdot 3} y'_{x-2} - \ldots = {}_3 u_x.$$

Cette équation est aux différences ordinaires; pour l'intégrer par les Articles précédents, il faut connaître $_3 u_x$ et les racines de l'équation

$$1 = \frac{a_3}{f} + \frac{{}^1a_3}{f^2} + \frac{{}^2a_3}{f^3} + \ldots;$$

or cette équation est la même que celle-ci

$$0 = 1 - \frac{A_2}{f} - \frac{{}^1 A_2}{f^2} - \ldots - \frac{A_2}{f}\left(1 - \frac{A_3}{f} - \ldots\right) - \frac{{}^1 A_2}{f^2}\left(1 - \frac{A_3}{f} - \ldots\right)$$

et, partant, elle est égale à la suivante :

$$0 = \left(1 - \frac{A_2}{f} - \frac{{}^1 A_2}{f^2} - \frac{{}^2 A_2}{f^3} - \ldots\right)\left(1 - \frac{A_3}{f} - \frac{{}^1 A_3}{f^2} - \ldots\right).$$

En suivant le même procédé pour ${}_2 y_x$, ${}_3 y_x$, et généralement pour ${}_n y_x$, on transformera l'équation ($h$) du Problème dans la suivante

$$(2) \qquad {}_n y_x = a_n \cdot {}_n y_{x-1} + {}^1 a_n \cdot {}_n y_{x-2} + \ldots + {}_n u_x,$$

qu'il sera facile d'intégrer lorsqu'on connaîtra ${}_n u_x$ et les racines de l'équation

$$0 = 1 - \frac{a_n}{f} - \frac{{}^1 a_n}{f^2} - \frac{{}^2 a_n}{f^3} - \ldots;$$

or on verra facilement que cette équation est la même que celle-ci

$$0 = \left(1 - \frac{A_2}{f} - \frac{{}^1 A_2}{f^2} - \frac{{}^2 A_2}{f^3} - \ldots\right)\left(1 - \frac{A_3}{f} - \frac{{}^1 A_3}{f^2} - \ldots\right)\ldots\left(1 - \frac{A_n}{f} - \frac{{}^1 A_n}{f^2} - \ldots\right),$$

d'où il est facile de conclure $a_n$, ${}^1 a_n$, ....

Pour déterminer présentement la valeur de ${}_n u_x$, j'observe que, de l'équation

$$(2) \qquad {}_n y_x = a_n \cdot {}_n y_{x-1} + {}^1 a_n \cdot {}_n y_{x-1} + \ldots + {}_n u_x,$$

on tire

$$B_n \cdot {}_{n-1} y_x = B_n \cdot a_{n-1} \cdot {}_{n-1} y_{x-1} + B_n \cdot {}^1 a_{n-1} \cdot {}_{n-1} y_{x-1} + \ldots + B_n \cdot {}_{n-1} u_x,$$

$${}^1 B_n \cdot {}_{n-1} y_{x-1} = {}^1 B_n \cdot a_{n-1} \cdot {}_{n-1} y_{x-2} + {}^1 B_n \cdot {}^1 a_{n-1} \cdot {}_{n-1} y_{x-3} + \ldots + {}^1 B_n \cdot {}_{n-1} u_{x-1},$$

$$\cdots\cdots\cdots\cdots\cdots\cdots\cdots\cdots\cdots\cdots\cdots\cdots$$

Si l'on ajoute toutes ces équations membre à membre, on aura

$$B_{n \cdot n-1} y_x + {}^{1}B_{n \cdot n-1} y_{x-1} + \ldots$$
$$= a_{n-1}(B_{n \cdot n-1} y_{x-1} + {}^{1}B_{n \cdot n-1} y_{x-2} + \ldots)$$
$$+ {}^{1}a_{n-1}(B_{n \cdot n-1} y_{x-2} + \ldots)$$
$$+ \ldots\ldots\ldots\ldots\ldots\ldots\ldots\ldots$$
$$+ B_{n \cdot n-1} u_x + {}^{1}B_{n \cdot n-1} u_{x-1} + \ldots$$

Or, si l'on substitue, au lieu de

$$B_{n \cdot n-1} y_x \quad + {}^{1}B_{n \cdot n-1} y_{x-1} + \ldots,$$
$$B_{n \cdot n-1} y_{x-1} + {}^{1}B_{n \cdot n-1} y_{x-1} + \ldots,$$

leurs valeurs données par l'équation du problème, on aura

$$_n y_x - A_{n \cdot n} y_{x-1} - \ldots - N_n = a_{n-1}(_n y_{x-1} - A_{n \cdot n} y_{x-2} - \ldots - N_n)$$
$$+ {}^{1}a_{n-1}(_n y_{x-2} - \ldots - N_n)$$
$$+ \ldots\ldots\ldots\ldots\ldots\ldots\ldots\ldots$$
$$+ B_{n \cdot n-1} u_x + {}^{1}B_{n \cdot n-1} u_{x-1} + \ldots$$

En ordonnant les différents termes de cette équation, on aura

$$_n y_x = {}_n y_{x-1}(a_{n-1} + A_n)$$
$$+ {}_n y_{x-2}({}^{1}a_{n-1} - a_{n-1} A_n + {}^{1}A_n)$$
$$+ {}_n y_{x-3}({}^{2}a_{n-1} - {}^{1}a_{n-1} A_n - a_{n-1} \cdot {}^{1}A_n + {}^{3}A_n)$$
$$+ \ldots\ldots\ldots\ldots\ldots\ldots\ldots\ldots\ldots$$
$$+ B_{n \cdot n-1} u_x + {}^{1}B_{n \cdot n-1} u_{x-1} + \ldots$$
$$+ N_n(1 - a_{n-1} - {}^{1}a_{n-1} - \ldots).$$

Si l'on compare maintenant terme à terme cette dernière équation avec l'équation (2), on aura les suivantes :

$$a_n = a_{n-1} + A_n,$$
$${}^{1}a_n = {}^{1}a_{n-1} - a_{n-1} A_n + {}^{1}A_n,$$
$${}^{2}a_n = {}^{2}a_{n-1} - {}^{1}a_{n-1} A_n - a_{n-1} \cdot {}^{1}A_n + {}^{2}A_n,$$
$$\ldots\ldots\ldots\ldots\ldots\ldots\ldots\ldots\ldots$$

On pourrait, en intégrant ces équations, déterminer $a_n$, $'a_n$, ..., s'il n'était pas beaucoup plus simple de les conclure par la méthode précédente.

Enfin on aura

$$(3) \quad {}_nu_x = \mathrm{N}_n(1 - a_{n-1} - 'a_{n-1} - {}^2a_{n-1} - \ldots) + \mathrm{B}_{n \cdot n-1}u_x + {}'\mathrm{B}_{n \cdot n-1}u_{x-1} + \ldots$$

Pour intégrer cette dernière équation, j'observe que, puisque ${}_1y_x = \varphi(x)$, on aura ${}_1u_x = \varphi(x)$; d'où je conclus

$$_2u_x = \mathrm{N}_2(1 - a_1 - \ldots) + \mathrm{B}_2\varphi(x) + {}'\mathrm{B}_2\varphi(x - 1) + \ldots;$$

on aurait de la même manière ${}_3u_x$, ${}_4u_x$, ..., et l'on voit qu'en procédant ainsi on aura généralement

$$(4) \qquad {}_nu_x = b_n\varphi(x) + 'b_n\varphi(x - 1) + {}^2b_n\varphi(x - 2) + \ldots + \mathrm{C}_n;$$

donc

$$_{n-1}u_x = b_{n-1}\varphi(x) \qquad + 'b_{n-1}\varphi(x - 1) + \ldots + \mathrm{C}_{n-1},$$
$$_{n-1}u_{x-1} = b_{n-1}\varphi(x - 1) + 'b_{n-1}\varphi(x - 2) + \ldots + \mathrm{C}_{n-1},$$
$$\ldots \ldots \ldots \ldots \ldots \ldots \ldots \ldots \ldots \ldots \ldots \ldots \ldots \ldots$$

Si l'on substitue ces valeurs dans l'équation (3), on aura

$$_nu_x = \mathrm{N}_n(1 - a_{n-1} - 'a_{n-1} - \ldots) + \mathrm{C}_{n-1}(\mathrm{B}_n + {}'\mathrm{B}_n + \ldots)$$
$$+ b_{n-1}\mathrm{B}_n\varphi(x) + \varphi(x - 1)({}'b_{n-1}\mathrm{B}_n + b_{n-1} \cdot \mathrm{B}'_n) + \ldots;$$

d'où, en comparant avec l'équation (4), on aura

$$b_n = \mathrm{B}_n \cdot b_{n-1},$$
$$'b_n = \mathrm{B}_n \cdot 'b_{n-1} + {}'\mathrm{B}_n \cdot b_{n-1},$$
$$\ldots \ldots \ldots \ldots \ldots \ldots \ldots \ldots \ldots,$$
$$\mathrm{C}_n = \mathrm{C}_{n-1}(\mathrm{B}_n + {}'\mathrm{B}_n + \ldots) + \mathrm{N}_n(1 - a_{n-1} - 'a_{n-1} - \ldots).$$

En intégrant ces différentes équations et ajoutant les constantes convenables, on aura les valeurs de $b_n$, $'b_n$, ..., $\mathrm{C}_n$, et partant celle de

$_n u_x$. Les constantes doivent être telles, qu'en supposant $n = 1$ on ait $_n u_x = \varphi(x)$; en sorte que l'on doit avoir $C_1 = 0$, $b_1 = 1$, $'b_1 = 0$, $^2 b_1 = 0$, ....

En intégrant l'équation $(2)$ à laquelle se réduit l'équation du problème, cette opération introduit dans l'expression de $_n y_x$ des constantes arbitraires, lesquelles peuvent être fonctions de $n$; mais ces fonctions ne sont pas arbitraires, puisque l'intégrale de l'équation $(h)$ ne peut renfermer d'autre fonction arbitraire que $\varphi(x)$; on les déterminera de cette manière.

Si l'on nomme $p_n$, $'p_n$, $^2 p_n$, ... les racines de l'équation

$$1 = \frac{a_n}{f} + \frac{'a_n}{f^2} + \frac{^1 a_n}{f^3} + \dots,$$

on aura, par l'Article X,

$$_n y_x = C_n p_n^x + {}'C_n \cdot {}'p_n^x + {}^1 C_n \cdot {}^1 p_n^x + \dots + {}_n L_x.$$

Si l'on substitue cette expression de $_n y_x$ dans l'équation $(h)$, on en tirera, en comparant les termes homologues par rapport à $x$, autant d'équations différentielles qu'il y a de fonctions $C_n$, $'C_n$, ..., et, en intégrant ces équations, on déterminera ces fonctions.

Au lieu de faire $_1 y_x = \varphi(x)$, on peut imaginer une équation différentielle quelconque entre $_1 y_x$ et $x$; je suppose que cette équation soit celle d'une suite récurrente, en sorte que l'on ait

$$_1 y_x = F \cdot {}_1 y_{x-1} + {}'F \cdot {}_1 y_{x-2} + \dots + L,$$

F, 'F, ... et L étant constants; en suivant la méthode du problème, on parviendra à l'équation suivante

$$(5) \qquad _n y_x = a_n \cdot {}_n y_{x-1} + {}'a_n \cdot {}_n y_{x-2} + {}^1 a_n \cdot {}_n y_{x-3} + \dots + a_n,$$

et l'on trouvera que l'équation

$$1 = \frac{a_n}{f} + \frac{'a_n}{f^2} + \frac{^1 a_n}{f^3} + \dots$$

est la même que celle-ci :

$$0 = \left(1 - \frac{F}{f} - \frac{{}^1F}{f^2} - \cdots\right)\left(1 - \frac{A_2}{f} - \frac{{}^1A_2}{f^2} - \cdots\right)\cdots\left(1 - \frac{A_n}{f} - \frac{{}^1A_n}{f^2} - \cdots\right).$$

On aura ensuite

$$u_n = u_{n-1}(B_n + {}^1B_n + \cdots) + N_n(1 - a_{n-1} - {}^1a_{n-1} - \cdots),$$

d'où il sera facile de conclure la valeur de ${}_ny_x$.

Le cas dans lequel l'équation entre ${}_1y_x$ et $x$ est celle d'une suite récurrente est celui qui se rencontre le plus fréquemment dans l'application de cette théorie.

On peut observer ici que les quantités $B_n$, ${}^1B_n$, ... n'entrent point dans la formation de $a_n$, ${}^1a_n$, ..., mais simplement dans celle de $u_n$; d'où il suit que, lorsque cette quantité est nulle (ce qui doit arriver très souvent), l'équation (5) restera la même quelles que soient les quantités $B_n$, ${}^1B_n$, ...; de là il résulte que, dans ce cas, ces quantités n'influent dans la solution du problème que sur la détermination des constantes arbitraires qui viennent de l'intégration de l'équation (5).

## XXI.

Pour éclaircir la théorie précédente par quelques exemples, je suppose que l'on ait les deux équations

$$_1y_x = 2 \cdot {}_1y_{x-1},$$
$$_ny_x = 2 \cdot {}_ny_{x-1} + 2 \cdot {}_{n-1}y_{x-1}.$$

Si dans la première équation on fait ${}_1y_1 = 1$, on formera à son moyen la série suivante 1, 2, 4, 8, 16, .... La seconde équation donne

$$_2y_x = 2 \cdot {}_2y_{x-1} + 2 \cdot {}_1y_{x-1},$$

et, si l'on suppose ${}_2y_1 = 0$, on aura ${}_2y_2 = 2$, ${}_2y_3 = 8$, ...; on formera de cette manière la suite 0, 2, 8, 24, .... En continuant ainsi et supposant toujours $_3y_1 = 0$, $_4y_1 = 0$, $_5y_1 = 0$, ..., on formera les suites *récurro-récurrentes* :

|   | 1 | 2 | 3 | 4 | 5 | 6 | 7 | 8 | ... | $x$ |
|---|---|---|---|---|---|---|---|---|-----|-----|
| 1 | 1 | 2 | 4 | 8 | 16 | 32 | 64 | 128 | ... | . |
| 2 | 0 | 2 | 8 | 24 | 64 | 160 | 384 | 896 | ... | . |
| 3 | 0 | 0 | 4 | 24 | 96 | 320 | 960 | 2688 | ... | . |
| 4 | 0 | 0 | 0 | 8 | 64 | 320 | 1280 | 4480 | ... | . |
| 5 | 0 | 0 | 0 | 0 | 16 | 160 | 960 | 4880 | ... | . |
| ⋮ | ⋮ | ⋮ | ⋮ | ⋮ | ⋮ | ⋮ | ⋮ | ⋮ | | ⋮ |
| $n$ | . | . | . | . | . | . | . | . | | . |

Il faut présentement déterminer le terme général de ces suites ou, ce qui revient au même, l'expression de $_ny'_x$.

Pour cela, j'observe que l'on a, par l'Article précédent,

$$_ny'_x = a_n \cdot {}_ny_{x-1} + {}^1a_n \cdot {}_ny_{x-1} + \ldots + u_n \, ;$$

ensuite l'équation

$$1 = \frac{a_n}{f} + \frac{{}^1a_n}{f^2} + \ldots$$

est dans ce cas celle-ci

$$0 = \left(1 - \frac{2}{f}\right)^n,$$

dont toutes les racines sont égales à $2$; on a, de plus, $u_n = 2u_{n-1}$; donc $u_n = \mathrm{H}.2^n$. Or, posant $n = 1$, on a $u_n = 0$, donc $\mathrm{H} = 0$; on aura ainsi, par l'Article IX,

$$_ny'_x = 2^{x-1}\left[\; \mathrm{C}_n \frac{(x-1)(x-2)\ldots(x-n+1)}{1.2.3\ldots(n-1)} \right.$$
$$+ \mathrm{D}_n \frac{(x-1)(x-2)\ldots(x-n+2)}{1.2.3\ldots(n-2)}$$
$$\left. + \mathrm{E}_n \frac{(x-1)\ldots(x-n+3)}{1.2.3\ldots(n-3)} + \ldots \right].$$

Pour déterminer les constantes arbitraires $\mathrm{C}_n$, $\mathrm{D}_n$, ..., on substituera cette valeur de $_ny'_x$ dans l'équation

$$_ny'_x = 2 \cdot {}_ny'_{x-1} + 2 \cdot {}_{n-1}y'_{x-1},$$

en observant que

$$\frac{(x-1)(x-2)\ldots(x-n+1)}{1.2.3\ldots(n-1)} = \frac{(x-2)(x-3)\ldots(x-n)}{1.2.3\ldots(n-1)} + \frac{(x-2)\ldots(x-n+1)}{1.2.3\ldots(n-2)},$$

$$\frac{(x-1)(x-2)\ldots(x-n+2)}{1.2.3\ldots(n-2)} = \frac{(x-2)\ldots(x-n+1)}{1.2.3\ldots(n-2)} + \frac{(x-2)\ldots(x-n+2)}{1.2.3\ldots(n-3)},$$

$$\ldots\ldots\ldots\ldots\ldots\ldots\ldots\ldots\ldots\ldots\ldots\ldots\ldots\ldots\ldots\ldots\ldots\ldots$$

et l'on aura

$$C_n \frac{(x-2)(x-3)\ldots(x-n)}{1.2.3\ldots(n-1)} + (C_n + D_n)\frac{(x-3)\ldots(x-n+1)}{1.2.3\ldots(n-2)}$$
$$+ (D_n + E_n)\frac{(x-2)\ldots(x-n+2)}{1.2.3\ldots(n-3)} + \ldots$$
$$= C_n \frac{(x-2)\ldots(x-n)}{1.2.3\ldots(n-1)} + (D_n + C_{n-1})\frac{(x-2)\ldots(x-n+1)}{1.2.3\ldots(n-2)}$$
$$+ (E_n + D_{n-1})\frac{(x-2)\ldots(x-n+2)}{1.2.3\ldots(n-3)} + \ldots$$

En comparant terme à terme, on aura :

1° $C_n = C_{n-1}$; donc $C_n = A$. Or, posant $n = 1$, la quantité

$$\frac{1(x-1)(x-2)\ldots(x-n+1)}{1.2.3\ldots(n-1)}$$

se réduit à son premier facteur 1, et les quantités suivantes

$$\frac{(x-1)(x-2)\ldots(x-n+2)}{1.2.3\ldots(n-2)}, \quad \ldots$$

deviennent nulles; donc $_1 y_x = A\, 2^{x-1}$. Or on a $_1 y_1 = 1$; donc $A = 1 = C_n$.

2° $D_n = D_{n-1}$, partant $D_n = A$ et $_2 y_x = 2^{x-1}\left(\dfrac{x-1}{1} + A\right)$. Or posant $x = 1$, on a $_2 y_1 = 0$ par la formation des suites précédentes; donc $A = 0$ et $D_n = 0$.

On trouvera semblablement $E_n = 0$, $F_n = 0$, $\ldots$; donc

$$_n y_x = 2^{x-1} \frac{(x-1)(x-2)\ldots(x-n+1)}{1.2.3\ldots(n-1)}.$$

Soient, par exemple, $x = 8$ et $n = 5$; on aura

$$_5 y_8 = 2^7 \frac{7.6.5.4}{1.2.3.4} = 4480.$$

Je prends encore pour exemple les deux équations

$$_1 y_x = 2 \cdot {}_1 y_{x-1},$$
$$_n y_x = (n+1) \cdot {}_n y_{x-1} + {}_{n-1} y_{x-1}.$$

Si l'on suppose

$$_1 y_1 = 1, \qquad _2 y_1 = 0, \qquad _3 y_1 = 0, \qquad _4 y_1 = 0, \qquad \ldots,$$

on formera les séries suivantes :

|   | 1 | 2 | 3 | 4 | 5 | 6 | 7 | 8 | ... | $x$ |
|---|---|---|---|---|---|---|---|---|-----|-----|
| 1 | 1 | 2 | 4 | 8 | 16 | 32 | 64 | . | ... | . |
| 2 | 0 | 1 | 5 | 19 | 65 | 211 | 665 | . | ... | . |
| 3 | 0 | 0 | 1 | 9 | 55 | 285 | 1351 | . | ... | . |
| 4 | 0 | 0 | 0 | 1 | 14 | 125 | 910 | . | ... | . |
| 5 | 0 | 0 | 0 | 0 | 1 | 20 | 245 | . | ... | . |
| ⋮ | ⋮ | ⋮ | ⋮ | ⋮ | ⋮ | ⋮ | ⋮ | ⋮ | ⋮ | ⋮ |
| $n$ | . | . | . | . | . | . | . | | | |

Pour trouver maintenant le terme général de ces suites, ou l'expression de $_n y_x$, j'observe que l'on a, par l'Article précédent,

$$_n y_x = a_n \cdot {}_n y_{x-1} + {}^1 a_n \cdot {}_n y_{x-2} + {}^2 a_n \cdot {}_n y_{x-3} + \ldots + u_n,$$

et que l'équation

$$1 = \frac{a_n}{f} + \frac{{}^1 a_n}{f^1} + \frac{{}^2 a_n}{f^2} + \ldots$$

est la même que celle-ci

$$0 = \left(1 - \frac{2}{f}\right)\left(1 - \frac{3}{f}\right)\left(1 - \frac{4}{f}\right) \cdots \left(1 - \frac{n+1}{f}\right);$$

enfin, que l'on a

$$u_n = 2 u_{n-1};$$

d'où, en intégrant,

$$u_n = H 2^n.$$

Or, posant $n = 1$, on a $u_1 = 0$; donc

$$H = 0 \qquad \text{et} \qquad u_n = 0.$$

En intégrant, on aura donc

$$_n y_x = C_n 2^{x-1} + {}^1C_n 3^{x-1} + {}^2C_n 4^{x-1} + \ldots + {}^{n-1}C_n (n+1)^{x-1},$$

équation dans laquelle il faut présentement déterminer les constantes arbitraires $C_n$, ${}^1C_n$, .... Pour cela, je substitue cette valeur de $_n y_x$ dans l'équation

$$_n y_x = (n+1)._n y_{x-1} + {}_{n-1} y_{x-1},$$

ce qui donne

$$C_n 2^{x-1} + {}^1C_n 3^{x-1} + \ldots$$
$$= (n+1) C_n 2^{x-2} + (n+1).{}^1C_n 3^{x-2} + \ldots + C_{n-1} 2^{x-2} + {}^1C_{n-1} 3^{x-2} + \ldots;$$

d'où, en comparant terme à terme, j'aurai

$$2. \quad C_n = (n+1). C_n + C_{n-1},$$
$$3. \quad {}^1C_n = (n+1). {}^1C_n + {}^1C_{n-1},$$
$$\ldots\ldots\ldots\ldots\ldots\ldots\ldots\ldots\ldots$$

Il est visible que la première équation ne commence à avoir lieu que lorsque $n = 2$; la seconde, lorsque $n = 3$; la troisième, lorsque $n = 4$, .... En intégrant la première, on aura

$$C_n = \frac{C_1}{(1-2)(1-3)(1-4)\ldots(1-n)}.$$

Or, puisque l'on a $_1 y_x = 2^{x-1}$, on aura $C_1 = 1$; donc

$$C_n = \pm \frac{1}{1.2.3\ldots(n-1)},$$

le signe $+$ ayant lieu si $n$ est impair, et le signe $-$ s'il est pair.

On aura pareillement

$$^1C_n = \frac{{}^1C_1}{(2-3)(2-4)\ldots(2-n)}.$$

Or, posant $n = 2$, on a

$$_2 y_x = C_2 2^{x-1} + {}^1C_2 3^{x-1} = {}^1C_2 3^{x-1} - 2^{x-1}.$$

Donc, puisque $_2 y_1 = 0$, on aura $^1 C_2 = 1$; partant

$$^1 C_n = \mp \frac{1}{1.2.3\ldots(n-2)},$$

le signe $+$ ayant lieu si $n$ est pair, et le signe $-$ s'il est impair. On trouvera, par un calcul semblable,

$$^2 C_n = \pm \frac{1}{1.3} \frac{1}{1.2.3\ldots(n-3)},$$

$$^3 C_n = \mp \frac{1}{1.2.3} \frac{1}{1.2.3\ldots(n-4)},$$

$$\ldots\ldots\ldots\ldots\ldots\ldots\ldots\ldots\ldots\ldots$$

Donc

$$_n Y_x = \pm \frac{1}{1.2.3\ldots(n-1)} \left[ 2^{x-1} - \frac{n-1}{1} 3^{x-1} + \frac{(n-1)(n-2)}{1.2} 4^{x-1} \right.$$

$$\left. - \frac{(n-1)(n-2)(n-3)}{1.2.3} 5^{x-1} + \ldots \pm (n+1)^{x-1} \right],$$

le signe $+$ ayant lieu si $n$ est impair, et le signe $-$ s'il est pair. Soient $n = 4$ et $x = 7$; on aura

$$_4 Y_7 = - \frac{1}{1.2.3} (2^6 - 3.3^6 + 4.4^6 - 5^6) = 910.$$

## XXII.

**Problème VII.** — *L'équation différentielle*

$$_n Y_x + A_{n \cdot n} Y_{x-1} + {}^1 A_{n \cdot n} Y_{x-2} + \ldots + N_n = B_{n \cdot n-1} Y_x + {}^1 B_{n \cdot n-1} Y_{x-1} + \ldots$$
$$+ C_{n \cdot n-2} Y_x + {}^1 C_{n \cdot n-2} Y_{x-1} + \ldots$$

*étant donnée, on propose de l'intégrer.*

En suivant l'analyse du Problème précédent, je fais $_1 y_x = \varphi(x)$ et $_2 y_x = {}^1\varphi(x)$; l'équation proposée donnera donc

$$_1 y_x + A_{2 \cdot 2} y_{x-1} + {}^1 A_{2 \cdot 2} y_{x-2} + \ldots + N_2 = B_2 . {}^1\varphi(x) + {}^1 B_2 . {}^1\varphi(x-1) + \ldots$$
$$+ C_2 . \varphi(x) + {}^1 C_2 . \varphi(x-1) + \ldots$$

et

$$_1y_x + A_{1.1}y_{x-1} + {}^1A_{1.1}y_{x-1} + \ldots + N_1$$
$$= B_{1.1}y_x + {}^1B_{1.1}y_{x-1} + \ldots$$
$$+ C_1.{}^1\varphi(x) + {}^1C_1.{}^1\varphi(x-1) + \ldots,$$

d'où l'on tirera

$$_1y_x + A_{1.1}y_{x-1} + {}^1A_{1.1}y_{x-1} + \ldots + N_1$$
$$+ A_1(_1y_{x-1} + A_{1.1}y_{x-2} + \ldots)$$
$$+ \ldots\ldots\ldots\ldots\ldots\ldots\ldots$$
$$= B_1(_1y_x + A_{1.1}y_{x-1} + \ldots)$$
$$+ {}^1B_1(_1y_{x-1} + A_{1.1}y_{x-1} + \ldots)$$
$$+ \ldots\ldots\ldots\ldots\ldots\ldots\ldots$$
$$+ C_1.{}^1\varphi(x) + {}^1C_1.{}^1\varphi(x-1) + \ldots$$
$$+ A_1.C_1.{}^1\varphi(x-1) + \ldots.$$

Or, si l'on substitue dans cette équation, au lieu de

$$_1y_x + A_{1.1}y_{x-1} + \ldots,$$
$$_1y_{x-1} + A_{1.1}y_{x-2} + \ldots,$$

leurs valeurs, on aura une équation de cette forme

$$_1y_x = a_{1.1}y_{x-1} + {}^1a_{1.1}y_{x-2} + {}^1a_{1.1}y_{x-3} + \ldots + _1u_x.$$

Cette équation s'intégrera par ce qui précède, dès que l'on connaitra $_1u_x$ et les racines de l'équation

$$1 = \frac{a_1}{f} + \frac{{}^1a_1}{f^2} + \frac{{}^1a_1}{f^3} + \ldots.$$

Or il est aisé de voir que cette équation est la même que celle-ci

$$0 = \left(1 + \frac{A_1}{f} + \frac{{}^1A_1}{f^2} + \ldots\right)\left(1 + \frac{A_1}{f} + \frac{{}^1A_1}{f^2} + \ldots\right).$$

En suivant le même procédé pour $_3y_x$, $_4y_x$, $\ldots$, et généralement pour $_ny_x$, on parviendra à une équation de cette forme

$$(A) \qquad _ny_x = a_{n.n}y_{x-1} + {}^1a_{n.n}y_{x-1} + {}^1a_{n.n}y_{x-3} + \ldots + _nu_x,$$

équation qui sera facilement intégrable lorsqu'on connaitra $_nu_x$ et les racines de l'équation

$$1 = \frac{a_n}{f} + \frac{{}^1a_n}{f^2} + \frac{{}^2a_n}{f^3} + \ldots$$

Or on trouvera facilement que cette équation est la même que celle-ci

$$0 = \left(1 + \frac{A_2}{f} + \frac{{}^1A_2}{f^2} + \ldots\right)\left(1 + \frac{A_3}{f} + \frac{{}^1A_3}{f^2} + \ldots\right)\ldots\left(1 + \frac{A_n}{f} + \frac{{}^1A_n}{f^2} + \ldots\right),$$

d'où il est facile de conclure $a_n$, ${}^1a_n$, ....

Pour déterminer présentement ${}_nu_x$, j'observe que l'équation du Problème donne la suivante :

$$\begin{aligned}
{}_ny_x &- a_n \cdot {}_ny_{x-1} - {}^1a_n \cdot {}_ny_{x-2} - \ldots + N_n(1 - a_n - {}^1a_n - \ldots) \\
&+ A_n({}_ny_{x-1} - {}^1a_n \cdot {}_ny_{x-2} - \ldots) \\
&+ \ldots\ldots\ldots\ldots\ldots\ldots\ldots \\
&= \; B_n({}_{n-1}y_x - a_n \cdot {}_{n-1}y_{x-1} - \ldots) \\
&+ \ldots\ldots\ldots\ldots\ldots\ldots\ldots \\
&+ C_n({}_{n-2}y_x - a_n \cdot {}_{n-2}y_{x-1} - \ldots) \\
&+ \ldots\ldots\ldots\ldots\ldots\ldots\ldots
\end{aligned}$$

Or on a, par l'équation (A),

$$\begin{aligned}
{}_ny_x \quad &- a_n \cdot {}_ny_{x-1} - \ldots = {}_nu_x, \\
{}_ny_{x-1} &- a_n \cdot {}_ny_{x-2} - \ldots = {}_nu_{x-1}, \\
&\ldots\ldots\ldots\ldots\ldots\ldots ;
\end{aligned}$$

de plus,

$$\begin{aligned}
{}_{n-1}y_x &- a_n \cdot {}_{n-1}y_{x-1} - {}^1a_n \cdot {}_{n-1}y_{x-2} - \ldots \\
&= {}_{n-1}y_x - a_{n-1} \cdot {}_{n-1}y_{x-1} - \ldots + A_n({}_{n-1}y_{x-1} - a_{n-1} \cdot {}_{n-1}y_{x-2} - \ldots) + \ldots \\
&= {}_{n-1}u_x + A_n \cdot {}_{n-1}u_{x-1} + \ldots ;
\end{aligned}$$

pareillement,

$$\begin{aligned}
{}_{n-2}y_x &- a_{n-1} \cdot {}_{n-2}y_{x-1} - \ldots \\
&= {}_{n-2}y_x - a_{n-1} \cdot {}_{n-2}y_{x-1} - \ldots + A_{n-1}({}_{n-2}y_{x-1} - \ldots) + \ldots \\
&= {}_{n-2}u_x + A_{n-1} \cdot {}_{n-2}u_{x-1} + \ldots
\end{aligned}$$

et

$$\begin{aligned}
{}_{n-2}y_x &- a_n \cdot {}_{n-2}y_{x-1} - \ldots \\
&= {}_{n-2}y_x - a_{n-1} \cdot {}_{n-2}y_{x-1} - \ldots + A_n({}_{n-2}y_{x-1} - \ldots) + \ldots \\
&= {}_{n-2}u_x + A_{n-1} \cdot {}_{n-2}u_{x-1} + \ldots + A_n({}_{n-2}u_{x-1} + A_{n-1} \cdot {}_{n-2}u_{x-2} + \ldots) + \ldots ;
\end{aligned}$$

donc

$$(V) \begin{cases} {}_nu_x + A_n\cdot{}_nu_{x-1} + {}^1A_n\cdot{}_nu_{x-2} + \ldots + N_n(1 - a_n - {}^1a_n - \ldots) \\ = B_n({}_{n-1}u_x + A_n\cdot{}_{n-1}u_{x-1} + \ldots) + {}^1B_n({}_{n-1}u_{x-1} + \ldots) + \ldots \\ \quad + C_n[{}_{n-2}u_x + A_{n-1}\cdot{}_{n-2}u_{x-1} + \ldots + A_n({}_{n-2}u_{x-1} + A_{n-1}\cdot{}_{n-2}u_{x-2} + \ldots) \\ \qquad\qquad + \ldots\ldots\ldots] \\ \quad + \ldots\ldots\ldots \end{cases}$$

Pour intégrer cette équation, on observera que la valeur de ${}_nu_x$ doit avoir cette forme

$$ {}_nu_x = b_n\varphi(x) + {}^1b_n\varphi(x-1) + {}^2b_n\varphi(x-2) + \ldots $$
$$ + c_n{}^1\varphi(x) + {}^1c_n{}^1\varphi(x-1) + {}^2c_n{}^1\varphi(x-2) + \ldots + g_n. $$

Il ne s'agit plus maintenant que de déterminer $b_n$, ${}^1b_n$, ..., $c_n$, ${}^1c_n$, ..., $g_n$. Pour cela, on substituera cette valeur de ${}_nu_x$ dans l'équation (V), ce qui donne

$$ b_n\varphi(x) + \varphi(x-1)({}^1b_n + A_n b_n) + \ldots $$
$$ + c_n{}^1\varphi(x) + {}^1\varphi(x-1)({}^1c_n + A_n c_n) + \ldots $$
$$ = \varphi(x)(B_n b_{n-1} + C_n b_{n-2}) $$
$$ + \varphi(x-1)[B_n{}^1b_{n-1} + B_n A_n b_{n-1} + {}^1B_n b_{n-1} $$
$$ \qquad\qquad + C_n{}^1b_{n-2} + C_n A_{n-1}b_{n-1} + C_n A_n b_{n-2} + {}^1C_n b_{n-2}] $$
$$ + \ldots\ldots\ldots\ldots $$
$$ + {}^1\varphi(x)(B_n c_{n-1} + C_n c_{n-2}) $$
$$ + {}^1\varphi(x-1)[B_n{}^1c_{n-1} + B_n A_n c_{n-1} + {}^1B_n c_{n-1} $$
$$ \qquad\qquad + C_n{}^1c_{n-2} + C_n A_{n-1}c_{n-2} + C_n A_n c_{n-2} + {}^1C_n c_{n-2}] $$
$$ + \ldots\ldots\ldots\ldots, $$

d'où l'on aura

$$ b_n = B_n b_{n-1} + C_n b_{n-2}, $$
$$ {}^1b_n = B_n{}^1b_{n-1} + C_n{}^1b_{n-2} + b_{n-1}(B_n A_n + {}^1B_n + C_n A_{n-1}) + b_{n-2}(C_n A_n + {}^1C_n), $$
$$ \ldots\ldots\ldots\ldots\ldots, $$
$$ c_n = B_n c_{n-1} + C_n c_{n-2}, $$
$$ \ldots\ldots\ldots\ldots; $$

en intégrant, on aura les valeurs de $b_n$, ${}^1b_n$, ..., $c_n$, ${}^1c_n$, ....

Ces équations montant aux secondes différences, leur intégrale doit renfermer deux constantes arbitraires. Or, en supposant $n = 1$,

$$_n y_x = \varphi(x).$$

On doit donc avoir alors

$$b_n = 1, \qquad {}^1b_n = 0, \qquad {}^2b_n = 0, \qquad \ldots,$$
$$c_n = 0, \qquad {}^1c_n = 0, \qquad {}^2c_n = 0, \qquad \ldots.$$

De plus, en supposant $n = 2$,

$$_n y_x = {}^1\varphi(x).$$

Donc alors

$$b_1 = 0, \qquad {}^1b_n = 0, \qquad {}^2b_n = 0, \qquad \ldots,$$
$$c_n = 1, \qquad {}^1c_n = 0, \qquad {}^2c_n = 0, \qquad \ldots.$$

Au moyen de ces conditions, il sera facile de déterminer les constantes arbitraires. Connaissant ainsi l'expression de $_n u_x$, il ne s'agit plus que d'intégrer l'équation $(\Lambda)$, et les constantes arbitraires que l'intégration introduit, lesquelles peuvent être fonctions de $n$, se détermineront par la méthode que j'ai donnée (Art. XX).

Si, au lieu des deux équations

$$_1 y_x = \varphi(x),$$
$$_2 y_x = {}^1\varphi(x),$$

on avait les deux suivantes

$$_1 y_x + \mathrm{E} \cdot {}_1 y_{x-1} + {}^1\mathrm{E} \cdot {}_1 y_{x-2} + \ldots + \mathrm{K} = 0,$$
$$_2 y_x + \mathrm{H} \cdot {}_1 y_{x-1} + {}^1\mathrm{H} \cdot {}_1 y_{x-2} + \ldots + \mathrm{L} = \mathrm{F} \cdot {}_1 y_x + {}^1\mathrm{F} \cdot {}_1 y_{x-1} + \ldots,$$

on parviendra, par la méthode précédente, à une équation de cette forme

$$_n y_x = a_n \cdot {}_n y_{x-1} + {}^1a_n \cdot {}_n y_{x-2} + \ldots + {}_n u_x,$$

et l'on trouvera que l'équation

$$1 = \frac{a_n}{f} + \frac{{}^1a_n}{f^2} + \ldots$$

est la même que celle-ci :

$$0 = \left(1 + \frac{E}{f} + \frac{{}^{1}E}{f^2} + \dots\right)\left(1 + \frac{H}{f} + \frac{{}^{1}H}{f^2} + \dots\right)$$
$$\times \left(1 + \frac{A_3}{f} + \dots\right)\dots\left(1 + \frac{A_n}{f} + \dots\right).$$

Pour déterminer $u_n$, on doit observer que dans ce cas l'équation (V) devient

$$u_n(1 + A_n + {}^{1}A_n + \dots) \div N_n(1 - a_n - {}^{1}a_n - \dots)$$
$$= u_{n-1}(1 \div A_n + \dots)(B_n \div {}^{1}B_n + \dots)$$
$$\div u_{n-1}(1 + A_{n-1} + \dots)(1 + A_n + \dots)(C_n + \dots);$$

or

$$1 - a_n - {}^{1}a_n - \dots = (1 - a_{n-1} - {}^{1}a_{n-1} - \dots)(1 + A_n + {}^{1}A_n + \dots);$$

donc

$$u_n = N_n(a_{n-1} + {}^{1}a_{n-1} + \dots - 1)$$
$$+ u_{n-1}(B_n + {}^{1}B_n + \dots) + u_{n-1}(1 + A_{n-1} + \dots)(C_n + {}^{1}C_n + \dots).$$

Cette équation étant différentielle du second ordre renferme deux constantes arbitraires; elles se détermineront au moyen des valeurs de $u_1$ et $u_2$. Or on a

$$u_1 = -L,$$
$$u_2 = -L(1 + E + {}^{1}E + \dots) - K(F + {}^{1}F + \dots).$$

## XXIII.

Quoique, dans les deux derniers problèmes, les équations aux différences partielles considérées par rapport à la variable $n$ ne passent pas le second ordre, on voit cependant que la méthode réussira généralement, quel que soit le degré de la différence des variables. Cette méthode suppose à la vérité que ${}_{1}y_x$, ou ${}_{1}y_x$ et ${}_{2}y_x$, ..., suivant le degré de la différence de $n$, sont données en fonctions de $x$, ou par des équations linéaires entre $x$ et ces quantités; or il peut arriver que cela ne soit pas. Je suppose, par exemple, que l'on ait les équations suivantes :

$$_1y'_x = {}_1y'_{x-1},$$
$$_2y'_x = {}_1y'_{x-1} + {}_3y'_{x-1},$$
$$\dots\dots\dots\dots\dots\dots,$$
$$_ny'_x = {}_{n-1}y'_{x-1} + {}_{n+1}y'_{x-1},$$
$$\dots\dots\dots\dots\dots\dots\dots\dots,$$
$$_my'_x = {}_{m-1}y'_{x-1}.$$

L'équation

$$_ny'_x = {}_{n-1}y'_{x-1} + {}_{n+1}y'_{x-1}$$

est aux différences partielles; mais elle diffère des équations précédentes :

1º En ce que $_1y'_x$ et $_2y'_x$ ne sont point données en fonctions de $x$, ou par deux équations différentielles;

2º En ce qu'elle cesse d'avoir lieu lorsque $n = m$.

Comme ce genre d'équations se rencontre quelquefois, et principalement dans l'analyse des hasards, je vais donner ici la manière de les intégrer.

J'observe pour cela que, si l'on pouvait réduire l'équation

$$_ny'_x = {}_{n-1}y'_{x-1} + {}_{n+1}y'_{x-1},$$

laquelle est du troisième ordre par rapport à $n$, à une autre du second ordre, le problème serait résolu; je suppose en effet que l'équation du second ordre soit

$$_ny'_x = a_n \cdot {}_ny'_{x-1} + {}^1a_n \cdot {}_ny'_{x-2} + \dots + u_n + b_n \cdot {}_{n+1}y'_x + {}^1b_n \cdot {}_{n+1}y'_{x-1} + \dots.$$

Dans le cas de $n = m - 1$, on aura

$$_{m-1}y'_x = a_{m-1} \cdot {}_{m-1}y'_{x-1} + {}^1a_{m-1} \cdot {}_{m-1}y'_{x-2} + \dots + u_{m-1} + b_{m-1} \cdot {}_my'_x + \dots,$$

d'où, éliminant $_{m-1}y'_x$ au moyen de l'équation $_my'_x = {}_{m-1}y'_{x-1}$, on aura une équation aux différences ordinaires entre $x$ et $_my'_x$.

Toute la difficulté consiste donc à abaisser l'équation du troisième ordre, par rapport à $n$,

$$_ny'_x = {}_{n-1}y'_{x-1} + {}_{n+1}y'_{x-1}$$

à une du second ordre; c'est l'objet du problème suivant.

**PROBLÈME VIII.** — *L'équation aux différences partielles du second ordre, par rapport à $n$,*

$$(\gamma)\quad\begin{cases} {}_n y_x = \mathrm{A}_{n\cdot n}y_{x-1} \quad + {}^1\mathrm{A}_{n\cdot n}y_{x-2} \quad +\ldots+ \mathrm{N}_n \\ \quad + \mathrm{B}_{n\cdot n+1}y_x + {}^1\mathrm{B}_{n\cdot n+1}y_{x-1} + {}^2\mathrm{B}_{n\cdot n+1}y_{x-2}+\ldots \\ \quad + \mathrm{C}_{n\cdot n-1}y_x + {}^1\mathrm{C}_{n\cdot n-1}y_{x-1} + {}^2\mathrm{C}_{n\cdot n-1}y_{x-2}+\ldots \end{cases}$$

*étant donnée, il faut l'abaisser à une autre du premier ordre par rapport à $n$.*

Il est nécessaire pour cela que, dans une supposition particulière pour $n$, cette équation se réduise à une du premier ordre. Je suppose donc que, en faisant $n = 1$, on ait celle-ci

$$(\eta)\qquad {}_1 y_x = \mathrm{F}\cdot{}_1 y_{x-1} + {}^1\mathrm{F}\cdot{}_1 y_{x-2} +\ldots+ \mathrm{L} + \mathrm{H}\cdot{}_1 y_x + {}^1\mathrm{H}\cdot{}_1 y_{x-1} +\ldots$$

Il est aisé de voir, cela posé, que l'équation $(\gamma)$ peut toujours être transformée dans la suivante $(\theta)$, du second ordre par rapport à $n$,

$$(\theta)\quad\begin{cases} {}_n y_x = a_{n\cdot n}y_{x-1} + {}^1 a_{n\cdot n}y_{x-2} + {}^2 a_{n\cdot n}y_{x-1} +\ldots+ u_n \\ \quad + b_{n\cdot n+1}y_x + {}^1 b_{n\cdot n+1}y_{x-1} + {}^2 b_{n\cdot n+1}y_{x-2}+\ldots, \end{cases}$$

dont on déterminera les coefficients $a_n$, ${}^1 a_n$, …, $b_n$, ${}^1 b_n$, … de cette manière : l'équation $(\theta)$ donne celle-ci

$$\mathrm{C}_{n\cdot n-1}y_x = \mathrm{C}_n\big(a_{n-1\cdot n-1}y_{x-1} + {}^1 a_{n-1\cdot n-1}y_{x-2} + {}^2 a_{n\cdot n-1}y_{x-3} +\ldots+ u_{n-1}$$
$$+ b_{n-1\cdot n}y_x + {}^1 b_{n-1\cdot n}y_{x-1} + {}^2 b_{n-1\cdot n}y_{x-2}+\ldots\big),$$

$${}^1\mathrm{C}_{n\cdot n-1}y_{x-1} = {}^1\mathrm{C}_n\big(a_{n-1\cdot n-1}y_{x-2} + {}^1 a_{n-1\cdot n-1}y_{x-3} +\ldots+ u_{n-1}$$
$$+ b_{n-1\cdot n}y_{x-1} + {}^1 b_{n-1\cdot n}y_{x-2}+\ldots\big)$$

. . . . . . . . . . . . . . . . . . . . . . . . . . . . . . . . . . . . . . . . . . . . . . . . . . . . . . . . . . .

Si l'on ajoute ces différentes équations membre à membre, et que l'on substitue dans leur somme, au lieu de

$$\mathrm{C}_{n\cdot n-1}y_x \quad + {}^1\mathrm{C}_{n\cdot n-1}y_{x-1} +\ldots,$$
$$\mathrm{C}_{n\cdot n-1}y_{x-1} + {}^1\mathrm{C}_{n\cdot n-1}y_{x-2} +\ldots,$$

leurs valeurs que fournit l'équation ($\gamma$), on aura, après avoir ordonné,

$$
\begin{aligned}
_n y_x = {} & \frac{1}{1 - b_{n-1} C_n} \big[\, _n y_{x-1}(a_{n-1} + A_n + b_{n-1} \cdot {}^1 C_n + {}^1 b_{n-1} C_n) \\
& + {}_n y_{x-2}({}^1 a_{n-1} - a_{n-1} A_n + {}^1 A_n \\
& \qquad + b_{n-1}{}^2 C_n + {}^1 b_{n-1}{}^1 C_n + {}^2 b_{n-1} C_n) \\
& + {}_n y_{x-3}({}^2 a_{n-1} - {}^1 a_{n-1} A_n - a_{n-1}{}^1 A_n + {}^2 A_n \\
& \qquad + b_{n-1}{}^3 C_n + {}^1 b_{n-1}{}^2 C_n + {}^2 b_{n-1}{}^1 C_n + {}^3 b_{n-1} C_n) \\
& + \cdots \cdots \cdots \cdots \cdots \cdots \cdots \cdots \cdots \cdots \cdots \cdots \\
& + {}_{n+1} y_x B_n \\
& + {}_{n+1} y_{x-1}({}^1 B_n - a_{n-1} B_n) \\
& + {}_{n+1} y_{x-2}({}^2 B_n - a_{n-1}{}^1 B_n - {}^1 a_{n-1} B_n) \\
& + \cdots \cdots \cdots \cdots \cdots \cdots \cdots \cdots \\
& + a_{n-1}(C_n + {}^1 C_n + {}^2 C_n + \dots) \\
& + N_n(1 - a_{n-1} - {}^1 a_{n-1} - {}^2 a_{n-1} - \dots)\,\big].
\end{aligned}
$$

En comparant cette équation avec l'équation ($\theta$), on aura :

$$
1^o \qquad\qquad b_n = \frac{B_n}{1 - C_n b_{n-1}}.
$$

Pour intégrer cette équation, je fais $b_n = -\dfrac{z_{n-1}}{z_n}$ ; ce qui donne

$$
0 = z_{n-1} + C_n z_{n-2} + B_n z_n,
$$

équation linéaire aux différences ordinaires.

$$
2^o \qquad\qquad {}^1 b_n = \frac{{}^1 B_n - a_{n-1} B_n}{1 - C_n b_{n-1}},
$$

$$
3^o \qquad\qquad a_n = \frac{A_n + a_{n-1} + {}^1 b_{n-1} C_n + b_{n-1}{}^1 C_n}{1 - C_n b_{n-1}}.
$$

De la première de ces équations, on aura

$$
{}^1 b_{n-1} = \frac{{}^1 B_{n-1} - a_{n-2} B_{n-1}}{1 - C_{n-1} b_{n-2}};
$$

substituant cette valeur de $b_{n-1}$ dans la seconde, on aura

$$a_n = \frac{A_n + a_{n-1} + C_n \dfrac{{}^{1}B_{n-1} - a_{n-2} B_{n-1}}{1 - C_{n-1} b_{n-2}} + b_{n-1} {}^{1}C_n}{1 - C_n b_{n-1}},$$

d'où l'on aura $a_n$, partant ${}^{1}b_n$, et ainsi du reste.

Enfin, on déterminera $u_n$ par cette équation

$$u_n = u_{n-1} \frac{C_n + {}^{1}C_n + \ldots + N_n (1 - a_{n-1} - {}^{1}a_{n-1} - \ldots)}{1 - C_n b_{n-1}}.$$

L'équation $(\gamma)$ du second ordre par rapport à $n$ sera donc abaissée à une autre $(\theta)$ du premier ordre; et l'on voit que la méthode précédente réussira généralement, quel que soit l'ordre de la proposée.

<h2 style="text-align:center">XXIV.</h2>

*Des équations aux différences finies et partielles à quatre variables.*

Jusqu'ici j'ai considéré les équations aux différences partielles entre trois variables ${}_{n}y_{x}$, $n$ et $x$; je vais présentement dire un mot de celles qui en renferment un plus grand nombre.

Je suppose que ${}_{m,n}y_{x}$ représente une fonction des trois variables $x$, $m$ et $n$, dont je regarde les différences comme constantes et égales à l'unité; je puis, dans cette fonction, faire varier $m$, $n$ et $x$ séparément, ou deux de ces quantités à la fois, ou toutes trois ensemble dans un rapport quelconque; or, s'il existe une équation entre ces différentes variations, elle sera ce que je nomme *équation aux différences partielles à quatre variables*. Cela posé,

Problème IX. — *Je suppose que l'on ait l'équation aux différences partielles à quatre variables*

$$(\Omega) \quad \left\{ \begin{aligned}
& {}_{m,n}y_x + {}_{m}A_n \cdot {}_{m,n}y_{x-1} + {}_{m}^{1}A_n \cdot {}_{m,n}y_{x-2} + \ldots + {}_{m}N_n \\
& \quad + {}_{m}B_n \cdot {}_{m,n-1}y_x + {}_{m}^{1}B_n \cdot {}_{m,n-1}y_{x-1} + {}_{m}^{2}B_n \cdot {}_{m,n-1}y_{x-2} + \ldots \\
& \quad = {}_{m}C_n \cdot {}_{m-1,n}y_x + {}_{m}^{1}C_n \cdot {}_{m-1,n}y_{x-1} + {}_{m}^{2}C_n \cdot {}_{m-1,n}y_{x-2} + \ldots;
\end{aligned} \right.$$

*on propose de déterminer* ${}_{m,n}y_x$.

Je suppose que, dans le cas de $n = 1$, on ait, ou l'on puisse avoir l'équation suivante

$$_{m,1}y_x + \mathrm{D}_{m \cdot m,1}y_{x-1} + {}^1\mathrm{D}_{m \cdot m,1}y_{x-2} + \ldots + \mathrm{L}_m = 0,$$

et que, dans le cas de $m = 1$, on ait, ou l'on puisse avoir celle-ci

$$_{1,n}y_x + \mathrm{E}_{n \cdot 1,n}y_{x-1} + {}^1\mathrm{E}_{n \cdot 1,n}y_{x-2} + \ldots + {}^1\mathrm{H}_n = 0;$$

on pourra, dans ce cas, transformer l'équation $(\Omega)$ dans la suivante

$$(\varpi) \qquad _{m,n}y_x = {}_m a_{n \cdot m,n}y_{x-1} + {}_m^1 a_{n \cdot m,n}y_{x-2} + {}_m^2 a_{n \cdot m,n}y_{x-3} + \ldots + {}_m u_n,$$

dont on déterminera les coefficients de cette manière.

Cette équation donne

$$_m \mathrm{C}_{n \cdot m-1,n}y_x = {}_m\mathrm{C}_n ({}_{m-1} a_{n \cdot m-1,n}y_{x-1} + {}_{m-1}^1 a_{n \cdot m-1,n}y_{x-2} + \ldots + {}_{m-1}u_n),$$
$$_m^1 \mathrm{C}_{n \cdot m-1,n}y_{x-1} = {}_m^1\mathrm{C}_n ({}_{m-1} a_{n \cdot m-1,n}y_{x-2} + {}_{m-1}^1 a_{n \cdot m-1,n}y_{x-3} + \ldots + {}_{m-1}u_n),$$
$$\cdots \cdots \cdots \cdots \cdots \cdots \cdots \cdots \cdots \cdots \cdots \cdots \cdots \cdots \cdots \cdots \cdots \cdots \cdots$$

Si l'on ajoute toutes ces équations membre à membre, et qu'on élimine les quantités

$$_m \mathrm{C}_{n \cdot m-1,n}y_x + {}_m^1\mathrm{C}_{n \cdot m-1,n}y_{x-1} + \ldots,$$
$$_m \mathrm{C}_{n \cdot m-1,n}y_{x-1} + {}_m^1\mathrm{C}_{n \cdot m-1,n}y_{x-2} + \ldots$$

au moyen de l'équation $(\Omega)$, on aura

$$(\sigma) \left\{ \begin{aligned}
_{m,n}y_x = {}&\;_{m,n}y_{x-1}({}_{m-1}a_n - {}_m\mathrm{A}_n)\\
&+ _{m,n}y_{x-2}({}_{m-1}^1 a_n + {}_{m-1}a_{n \cdot m}\mathrm{A}_n - {}_m^1\mathrm{A}_n)\\
&+ _{m,n}y_{x-3}({}_{m-1}^2 a_n + {}_{m-1}^1 a_{n \cdot m}\mathrm{A}_n + {}_{m-1}a_{n \cdot m}\mathrm{A}_n - {}_m^2\mathrm{A}_n)\\
&+ \ldots \ldots \ldots \ldots \ldots \ldots \ldots \ldots \ldots \ldots \ldots \ldots \ldots \ldots\\
&- _{m,n-1}y_x \cdot {}_m\mathrm{B}_n\\
&+ _{m,n-1}y_{x-1}(- {}_m^1\mathrm{B}_n + {}_{m-1}a_{n \cdot m}\mathrm{B}_n)\\
&+ _{m,n-1}y_{x-2}(- {}_m^2\mathrm{B}_n + {}_{m-1}^1 a_{n \cdot m}\mathrm{B}_n + {}_{m-1}a_{n \cdot m}\mathrm{B}_n)\\
&+ \ldots \ldots \ldots \ldots \ldots \ldots \ldots \ldots \ldots \ldots \ldots \ldots \ldots \ldots\\
&+ _{m-1}u_n({}_m\mathrm{C}_n + {}_m^1\mathrm{C}_n + \ldots)\\
&- _m\mathrm{N}_n(1 - {}_{m-1}a_n - {}_{m-1}^1 a_n - \ldots).
\end{aligned} \right.$$

Cette équation est aux différences partielles entre trois variables en considérant $m$ comme constante, et elle est comprise dans celle du Problème VI de l'Article XX. Or, puisque l'équation $(\sigma)$ peut être transformée dans l'équation $(\varpi)$, on aura, par l'Article XX, les équations suivantes :

$$_m a_n = {}_m a_{n-1} + {}_{m-1} a_n - {}_m A_n,$$

$$_m^1 a_n = {}_m^1 a_{n-1} + {}_{m-1}^1 a_n + {}_{m-1} a_n \cdot {}_m A_n - {}_m^1 A_n - {}_m a_{n-1}({}_{m-1} a_n - {}_m A_n),$$

$$\dots\dots\dots\dots\dots\dots\dots\dots\dots\dots\dots\dots\dots\dots\dots\dots,$$

$$_m u_n = {}_m u_{n-1}(- {}_m B_n - {}_m^1 B_n + {}_{m-1} a_n \cdot {}_m B_n + \dots)$$
$$+ {}_{m-1} u_n({}_m C_n + {}_m^1 C_n + \dots)(1 - {}_m a_{n-1} - {}_m^1 a_{n-1} - \dots)$$
$$- {}_m N_n(1 - {}_{m-1} a_n - {}_{m-1}^1 a_n - \dots)(1 - {}_m a_{n-1} - {}_m^1 a_{n-1} - \dots).$$

Ces équations sont aux différences partielles à trois variables ; pour les intégrer, j'observe qu'elles sont toutes comprises dans celle-ci :

$$(b) \qquad\qquad _n y_x = {}_n R_x \cdot {}_n y_{x-1} + {}_n T_x \cdot {}_{n-1} y_x + {}_n M_x.$$

Je suppose donc que, dans le cas de $n = 1$, on ait $_1 y_x = \varphi(x)$. Cela posé, on pourra toujours transformer l'équation $(b)$ dans la suivante

$$(l) \qquad _n y_x = {}_n b_x \cdot {}_n y_{x-1} + {}_n^1 b_x \cdot {}_n y_{x-2} + {}_n^2 b_x \cdot {}_n y_{x-3} + \dots + {}_n z_x,$$

d'où l'on aura celle-ci :

$$_{n-1} y_x \cdot {}_n T_x = {}_n T_x({}_{n-1} b_x \cdot {}_{n-1} y_{x-1} + {}_{n-1}^1 b_x \cdot {}_{n-1} y_{x-2} + \dots) + {}_n T_x \cdot {}_{n-1} z_x.$$

Si l'on y substitue, au lieu de $_n T_x \cdot {}_{n-1} y_x$, $_n T_x \cdot {}_{n-1} y_{x-1}$, ..., leurs valeurs tirées de l'équation $(b)$, on aura

$$_n y_x = {}_n R_x \cdot {}_n y_{x-1} + {}_n M_x$$
$$+ {}_{n-1} b_x({}_n y_{x-1} - {}_n R_{x-1} \cdot {}_n y_{x-2} - {}_n M_{x-1}) \frac{{}_n T_x}{{}_n T_{x-1}}$$
$$+ {}_{n-1}^1 b_x({}_n y_{x-2} - {}_n R_{x-2} \cdot {}_n y_{x-3} - {}_n M_{x-2}) \frac{{}_n T_x}{{}_n T_{x-2}}$$
$$+ \dots\dots\dots\dots\dots\dots\dots\dots\dots\dots\dots\dots\dots$$
$$+ {}_n T_x \cdot {}_{n-1} z_x,$$

d'où l'on tirera, en comparant cette équation avec l'équation ($l$),

$$_n b_x = {}_{n-1} b_x \, \frac{_n T_x}{_n T_{x-1}} + {}_n R_x,$$

$$\dots\dots\dots\dots\dots\dots\dots,$$

$$_n z_x = {}_{n-1} z_x \cdot {}_n T_x + {}_n M_x - {}_{n-1} b_x \cdot {}_n M_{x-1} \, \frac{_n T_x}{_n T_{x-1}} - \dots,$$

équations qui s'intègrent facilement par le Problème I en regardant $n$ seule comme variable.

On pourrait faire des recherches analogues sur les équations aux différences partielles à cinq, six, etc. variables, et l'on voit que la méthode précédente réussira généralement, quel que soit le nombre de ces variables.

## XXV.

### *Application des recherches précédentes à l'analyse des hasards.*

L'état présent du système de la Nature est évidemment une suite de ce qu'il était au moment précédent, et, si nous concevons une intelligence qui, pour un instant donné, embrasse tous les rapports des êtres de cet Univers, elle pourra déterminer pour un temps quelconque pris dans le passé ou dans l'avenir la position respective, les mouvements, et généralement les affections de tous ces êtres.

L'Astronomie physique, celle de toutes nos connaissances qui fait le plus d'honneur à l'esprit humain, nous offre une idée, quoique imparfaite, de ce que serait une semblable intelligence. La simplicité de la loi qui fait mouvoir les corps célestes, les rapports de leurs masses et de leurs distances, permettent à l'Analyse de suivre, jusqu'à un certain point, leurs mouvements; et, pour déterminer l'état du système de ces grands corps dans les siècles passés ou futurs, il suffit au géomètre que l'observation lui donne leur position et leur vitesse pour un instant quelconque : l'homme doit alors cet avantage à la puissance de l'instrument qu'il emploie, et au petit nombre de rapports qu'il embrasse dans ses calculs; mais l'ignorance des différentes causes qui concourent à la production des événements, et leur complication, jointe à l'imperfection de l'Analyse, l'empêchent de prononcer avec la même certitude sur le plus grand nombre des phénomènes; il y a donc pour lui des choses incertaines, il y en a de plus ou moins probables. Dans l'impossibilité de les connaître, il a cherché à s'en dédommager en déterminant leurs différents degrés de vraisemblance, en sorte que nous devons à la faiblesse de l'esprit humain une des théories les plus délicates et les plus ingénieuses des Mathématiques, savoir la science des hasards ou des probabilités.

Avant que d'aller plus loin, il importe de fixer le sens de ces mots *hasard* et *probabilité*. Nous regardons une chose comme l'effet du hasard, lorsqu'elle n'offre à nos yeux rien de régulier, ou qui annonce un dessein, et que nous ignorons d'ailleurs les causes qui l'ont produite. Le hasard n'a donc aucune réalité en lui-même; ce n'est qu'un terme propre à désigner notre ignorance sur la manière dont les différentes parties d'un phénomène se coordonnent entre elles et avec le reste de la Nature.

La notion de probabilité tient à cette ignorance. Si nous sommes assurés que, sur deux événements qui ne peuvent exister ensemble, l'un ou l'autre doit nécessairement arriver, et que nous ne voyons aucune raison pour laquelle l'un arriverait plutôt que l'autre, l'existence et la non-existence de chacun d'eux est également probable. Pareillement, si de trois événements qui s'excluent mutuellement, l'un doit nécessairement arriver, et que nous ne voyons aucune raison pour laquelle l'un arriverait plutôt que l'autre, leur existence est également probable, mais la non-existence de chacun d'eux est plus probable que son existence, et cela dans le rapport de 2 à 1, parce que sur trois cas également probables il y en a deux qui lui sont favorables, et un seul qui lui est contraire.

Le nombre des cas possibles restant le même, la probabilité d'un événement croit avec le nombre des cas favorables; au contraire, le nombre des cas favorables restant le même, elle diminue à mesure que le nombre des cas possibles augmente; en sorte qu'elle est en raison directe du nombre des cas favorables et dans l'inverse du nombre de tous les cas possibles.

La probabilité de l'existence d'un événement n'est ainsi que le rapport du nombre des cas favorables à celui de tous les cas possibles, lorsque nous ne voyons d'ailleurs aucune raison pour laquelle l'un de ces cas arriverait plutôt que l'autre. Elle peut être conséquemment représentée par une fraction dont le numérateur est le nombre des cas favorables, et le dénominateur celui de tous les cas possibles.

Semblablement, la probabilité de la non-existence d'un événement est le rapport du nombre des cas qui lui sont contraires à celui de tous les cas possibles, et doit être par conséquent exprimée par une fraction dont le numérateur est le nombre des cas contraires, et le dénominateur celui de tous les cas possibles.

Il suit de là que la probabilité de l'existence d'un événement ajoutée avec la probabilité de sa non-existence fait une somme égale à l'unité qui représente conséquemment la certitude entière, car il est visible qu'un événement doit nécessairement ou bien arriver ou manquer.

D'ailleurs, une chose arrive certainement lorsque tous les cas possibles lui sont favorables, et la fraction qui exprime sa probabilité est alors l'unité elle-même. La certitude peut donc être représentée par l'unité, et la probabilité par une fraction de la certitude; elle peut approcher de plus en plus de l'unité, et même en différer moins que d'aucune quantité donnée; mais elle ne peut jamais devenir plus grande. La théorie des hasards a pour objet de déterminer ces fractions, et l'on voit par là que c'est le supplément le plus heureux que l'on puisse imaginer à l'incertitude de nos connaissances.

La certitude et la probabilité, telles que nous venons de les définir, sont évidemment comparables entre elles et peuvent être soumises à un calcul rigoureux; il n'en est pas ainsi des états différents de l'esprit humain lorsqu'il voit que tous les cas possibles favorisent un événement, ou lorsque, dans ce nombre, il en aperçoit plusieurs qui lui sont contraires. Ces deux états sont absolument incomparables, et l'on ne peut dire du premier qu'il soit double, ou triple du second, parce que la vérité est indivisible. Il arrive ici la même chose que dans toutes les Sciences physico-mathématiques ; nous mesurons l'intensité de la lumière, les différents degrés de chaleur des corps, leurs forces, leurs résistances, etc. Dans toutes ces recherches, les causes physiques de nos sensations, et non les sensations elles-mêmes, sont l'objet de l'Analyse.

La probabilité des événements sert à déterminer l'espérance ou la crainte des personnes intéressées à leur existence, et c'est sous ce point de vue que la science des hasards est une des plus utiles de la vie civile. Ce mot *espérance* a différentes acceptions : il exprime ordinairement l'état de l'esprit humain lorsqu'il doit lui arriver un bien quelconque dans certaines suppositions qui ne sont que vraisemblables. Dans la théorie des chances, l'espérance est le produit de la somme espérée par la probabilité de l'obtenir. Pour distinguer les deux acceptions de ce terme, j'appellerai la première *espérance morale*, et la seconde, *espérance mathématique*.

Concevons $n$ personnes qui aient une égale probabilité d'obtenir la somme $a$, et que cette somme doive certainement appartenir à l'une d'entre elles ; la probabilité totale étant $1$, ou égale à la certitude, il est visible que la probabilité de chacune de ces personnes est $\frac{1}{n}$, et conséquemment leur espérance mathématique $\frac{a}{n}$. C'est aussi la somme qui devrait leur revenir, si elles voulaient, sans courir les risques de l'événement, partager la somme entière $a$.

Si l'une de ces personnes $p$ avait une probabilité double de celle des autres, son espérance mathématique et, par conséquent, la somme qui devrait lui revenir dans le partage seraient pareillement deux fois plus grandes ; car, si l'on conçoit $n+1$ personnes qui aient une égale probabilité sur la somme $a$, leur probabilité pour l'obtenir sera $\frac{1}{n+1}$, et leur espérance mathématique $\frac{a}{n+1}$. Or on peut supposer que l'une d'entre elles cède ses prétentions et son espérance à $p$ ; celle-ci acquerra conséquemment une double probabilité et une double espérance exprimée par $\frac{2a}{n+1}$; et dans le partage elle doit avoir une somme $\frac{2a}{n+1}$ double de celle des autres personnes.

On voit par là que l'espérance mathématique n'est autre chose que la somme partielle qui doit revenir lorsqu'on ne veut point courir les risques de l'événement, en supposant que la répartition de la somme entière se fasse proportionnellement à la probabilité de l'obtenir; c'est en effet la seule manière équitable de la répartir lorsqu'on fait abstraction de toutes circonstances étrangères, parce qu'avec un égal degré de probabilité on a un droit égal sur la somme espérée.

L'espérance morale dépend, ainsi que l'espérance mathématique, de la somme espérée et de la probabilité de l'obtenir; mais elle n'est pas toujours proportionnelle au produit de ces deux quantités; elle se règle sur mille circonstances variables, qu'il est presque toujours impossible de définir, et encore plus d'assujettir à l'Analyse; ces circonstances, il est vrai, ne servent qu'à augmenter ou à diminuer l'avantage que procure la somme espérée, et alors on peut regarder l'espérance morale elle-même comme le produit de cet avantage par la probabilité de l'obtenir; mais on doit distinguer, dans le bien espéré, sa valeur relative de sa valeur absolue; celle-ci est absolument indépendante du besoin et des autres raisons qui le font désirer, au lieu que la première croit avec ces différents motifs.

On ne peut donner aucune règle déterminée pour apprécier cette valeur relative; en voici cependant une fort ingénieuse que M. Daniel Bernoulli propose dans le Volume de Pétersbourg pour l'année 1730. La valeur relative d'une très petite somme est, suivant cet illustre géomètre, proportionnelle à sa valeur absolue divisée par le bien total de la personne intéressée.

Cette règle n'est cependant pas générale, mais elle peut servir dans un fort grand nombre de circonstances, et c'est tout ce que l'on peut désirer dans cette matière.

La plupart de ceux qui ont écrit sur les hasards ont paru confondre l'espérance et la probabilité morale avec l'espérance et la probabilité mathématique, ou régler au moins l'une sur l'autre; ils ont voulu ainsi donner à leurs théories une étendue dont elles ne sont pas susceptibles, ce qui les a rendues obscures et peu propres à satisfaire les esprits accoutumés à la clarté rigoureuse de la Géométrie. M. d'Alembert a proposé contre elles des objections très fines, qui ont réveillé l'attention des géomètres; il a fait sentir l'absurdité qu'il y aurait à se conduire, dans un grand nombre de circonstances, d'après les résultats du Calcul des Probabilités, et, par conséquent, la nécessité d'établir dans ces matières une distinction entre le mathématique et le moral; cette partie des sciences lui devra donc l'avantage d'être appuyée dorénavant sur des principes clairs et d'être resserrée dans ses véritables bornes.

Qu'on me permette ici la digression suivante sur les difficultés dont l'Analyse des hasards a paru susceptible : la probabilité des choses incertaines et l'espérance qui se trouve liée à leur existence sont, comme je l'ai dit, les deux objets de cette Analyse; la distinction établie précédemment entre l'espérance morale et l'espérance mathématique répond, ce me semble, à toutes les objections que l'on pourrait faire contre le second de ces deux objets; examinons par conséquent celles qui ont rapport au premier.

Dans la recherche de la probabilité des événements, on part de ce principe, savoir que la probabilité est le nombre des cas favorables divisé par celui de tous les cas possibles, ce qui est évident; il ne peut donc y avoir de difficulté qu'autant que l'on supposerait une égale possibilité à deux cas inégalement possibles; or on ne peut s'empêcher de convenir que les applications que l'on a faites jusqu'ici du Calcul des Probabilités aux objets de la vie civile sont sujettes à cette difficulté. Je suppose, par exemple, qu'au jeu de *croix* et de *pile* la pièce que l'on jette en l'air ait plus de pente à retomber d'un côté que de l'autre, mais que les deux joueurs ignorent de quel côté est la plus grande pente; il est visible qu'il y a autant à parier pour *croix* comme pour *pile*; on peut donc supposer au premier coup, comme on le fait ordinairement, que *croix* et *pile* sont également probables; mais cette supposition n'est plus permise si, par exemple, l'un des joueurs parie que sur deux coups il amènera *croix;* car alors on doit faire entrer en considération l'inégale possibilité de *croix* et de *pile,* puisque, bien que l'on ignore de quel côté se trouve la plus grande, cependant cette inégalité favorise toujours celui qui parie que *croix* n'arrivera pas en deux coups, en sorte que sa probabilité est plus grande que si *croix* et *pile* étaient également possibles; la cause de l'erreur dans laquelle on tombe vient de ce qu'on suppose également possibles ces quatre cas : 1° *croix* au premier coup, *croix* au second, ce que je désigne de cette manière (*croix, croix*); 2° (*croix, pile*); 3° (*pile, croix*); 4° (*pile, pile*), ce qui n'est pas; car ces deux-ci (*croix, croix*), (*pile, pile*), sont plus probables que les deux autres; en effet, je suppose que $\frac{1 + \varpi}{2}$ représente la probabilité du côté qui a la plus grande pente, et $\frac{1 - \varpi}{2}$ celle de l'autre côté; cela posé, la probabilité de (*croix, croix*) serait $\frac{1 + 2\varpi + \varpi^2}{4}$ si *croix* était le plus probable, et $\frac{1 - 2\varpi + \varpi^2}{4}$ s'il était le moins probable; mais, comme il n'y a pas plus de raison pour le supposer l'un plutôt que l'autre, il faut ajouter ensemble ces deux probabilités et en prendre la moitié, ce qui donne $\frac{1 + \varpi^2}{4}$ pour la probabilité de (*croix, croix*), et partant aussi pour celle de (*pile, pile*); on trouvera pareillement la probabilité de (*croix, pile*), ou de (*pile, croix*), égale à $\frac{1 - \varpi^2}{4}$; on voit donc que ces quatre cas ne sont pas également possibles, et que l'inégalité des probabilités de *croix* et de *pile,* pourvu que l'on ignore de quel côté est la plus grande, favorise le joueur qui parie que sur deux coups *croix* n'arrivera pas.

Ce que je viens de dire du jeu de *croix* et de *pile* peut s'appliquer au jeu des dés, et généralement à tous les jeux dans lesquels les différents événements sont susceptibles d'une inégalité physique; mais, ayant développé ailleurs cette remarque avec assez d'étendue (*voir* dans le Tome VI des *Savants étrangers* un Mémoire *Sur la probabilité des causes par les événements*), j'observerai seulement que, bien que l'on ignore quels sont les plus probables de ces événements, cependant il arrive ceci de remarquable, savoir, que l'on peut, dans presque tous les cas, déterminer auxquels des joueurs cette inégalité est avantageuse.

La Théorie des hasards suppose encore que si *croix* et *pile* sont également possibles, il en sera de même de toutes les combinaisons (*croix, croix, croix,* etc.), (*pile, croix, pile,* etc.), etc. Plusieurs philosophes ont pensé que cette supposition est inexacte, et que les combinaisons dans lesquelles un événement arrive plusieurs fois de suite sont moins possibles que les autres; mais il faudrait supposer pour cela que les événements passés ont quelque influence sur ceux qui doivent arriver, ce qui n'est point admissible. A la vérité, la marche ordinaire de la nature est d'entremêler les événements, mais cela vient, ce me semble, de ce que les combinaisons où ils sont mêlés sont beaucoup plus nombreuses. Voici, cependant, une difficulté spécieuse, à laquelle il est bon de répondre. Si *croix* arrivait, par exemple, vingt fois de suite, on serait fort tenté de croire que cela n'est pas l'effet du hasard, tandis que si *croix* et *pile* étaient entremêlés d'une manière quelconque, on n'en chercherait point la cause. Or, pourquoi cette différence entre ces deux cas, si ce n'est parce que l'un est physiquement moins possible que l'autre? A cela, je réponds généralement que, là où nous apercevons de la symétrie, nous croyons toujours y reconnaître l'effet d'une cause agissante avec ordre, et nous raisonnons en cela conformément aux probabilités, parce que, un effet symétrique devant être nécessairement l'effet du hasard ou celui d'une cause régulière, la seconde de ces suppositions est plus probable que la première. Soient $\frac{1}{m}$ la probabilité de son existence dans le cas où il serait dû au hasard, et $\frac{1}{n}$ cette probabilité s'il partait d'une cause régulière; la probabilité de l'existence de cette cause sera (*voir* le Tome VI des *Savants étrangers*)

$$\frac{\frac{1}{n}}{\frac{1}{m} + \frac{1}{n}} = \frac{1}{1 + \frac{n}{m}};$$

d'où l'on voit que plus $m$ sera grand par rapport à $n$, plus aussi la probabilité que l'événement symétrique est l'effet d'une cause régulière augmentera. Ce n'est donc point parce que l'événement symétrique est moins possible que les autres, mais parce qu'il y a beaucoup plus à parier qu'il est dû à une cause agissante avec ordre qu'au pur hasard, que nous recherchons cette cause. Un exemple fort simple éclaircira cette remarque. Je suppose que l'on trouve sur une table des caractères d'imprimerie arrangés dans cet ordre, INFINITÉSIMAL; la raison qui nous porte à croire que cet arrangement n'est pas l'effet du hasard ne peut venir de ce que, physiquement parlant, il est moins possible que les autres, parce que, si le mot *infinitésimal* n'était employé dans aucune langue, cet arrangement ne serait ni plus, ni moins possible, et cependant nous ne lui soupçonnerions alors aucune cause particulière. Mais, comme ce mot est en usage parmi nous, il est incomparablement plus probable qu'une personne aura ainsi disposé les caractères précédents, qu'il ne l'est que cette disposition est due au hasard. Je reviens présentement à mon objet.

L'incertitude des connaissances humaines porte ou sur les événements, ou sur les causes des événements. Si l'on est assuré, par exemple, qu'une urne ne renferme que des billets blancs et noirs dans un rapport donné, et que l'on demande la probabilité qu'en prenant au hasard un de ces billets il sera blanc, l'événement est incertain, mais la cause dont dépend la probabilité de son existence, c'est-à-dire le rapport des billets blancs aux noirs, est connue.

Dans le problème suivant : *Une urne étant supposée renfermer un nombre donné de billets blancs et noirs, si l'on en tire un billet blanc, déterminer la probabilité que la proportion des billets blancs aux noirs dans l'urne est celle de p à q*; l'événement est connu et la cause inconnue.

On peut ramener à ces deux classes de problèmes tous ceux qui dépendent de la Théorie des hasards. Il en existe, à la vérité, un très grand nombre dans lesquels la cause et l'événement paraissent également inconnus; tel est celui-ci : *Une urne étant supposée pouvoir également renfermer tous les nombres des billets blancs et noirs depuis 2 jusqu'à n inclusivement, déterminer la probabilité qu'en tirant au hasard deux de ces billets, ils seront blancs.* Le rapport des billets blancs aux noirs, le nombre total des billets et l'événement qui doit en résulter sont inconnus; mais on doit regarder ici comme cause de l'événement l'égale possibilité de tous les nombres depuis 2 jusqu'à $n$, et l'indifférence des billets à être blancs ou noirs; ainsi ce problème est du genre de ceux dans lesquels, la cause étant connue, l'événement est inconnu.

Mon dessein n'étant point ici de donner un traité complet sur la Théorie des hasards, je me contenterai d'appliquer les recherches précédentes à la solution de plusieurs problèmes relatifs à cette Théorie: je me bornerai même ici à ceux dans lesquels, la cause étant connue, il s'agit de déterminer les événements, ayant considéré dans un autre Mémoire les cas où l'on se propose de remonter des événements aux causes (*voir* le Tome VI des *Savants étrangers*).

## XXVI.

PROBLÈME X. — *Si dans un tas de $x$ pièces on en prend un nombre au hasard, il faut déterminer la probabilité que ce nombre soit pair ou impair.*

Je suppose que l'on puisse prendre indifféremment, ou une seule, ou plusieurs, ou toutes ces pièces à la fois.

Cela posé, soient $y_x$ la somme des cas dans lesquels le nombre peut être pair, et $'y_x$ celle des cas dans lesquels il peut être impair; il est visible que, si l'on augmente le nombre $x$ de pièces d'une unité, la somme des cas pairs, représentée alors par $y_{x+1}$, sera égale : 1° au nombre précédent des cas pairs; 2° au nombre précédent des cas impairs, puisque chacun de ces cas, combiné avec la nouvelle pièce, donne un cas pair. On aura donc

$$(1) \qquad y_{x+1} = y_x + 'y_x;$$

ensuite le nombre des cas impairs, représenté par $'y_{x+1}$, sera égal :

$1^{\circ}$ au nombre précédent ${}^{1}y_x$ des cas impairs; $2^{\circ}$ au nombre précédent des cas pairs; $3^{\circ}$ à l'unité, puisque la nouvelle pièce peut être prise seule. On aura conséquemment

$$(2) \qquad {}^{1}y_{x+1} = {}^{1}y_x + y_x + 1.$$

Pour intégrer ces deux équations, j'observe que l'équation (1) donne

$$\Delta y_x = {}^{1}y_x, \qquad \text{partant,} \qquad \Delta^2 y_x = \Delta . {}^{1}y_x.$$

Or l'équation (2) donne

$$\Delta . {}^{1}y_x = y_x + 1, \qquad \text{donc} \qquad \Delta^2 y_x = y_x + 1;$$

d'où il est facile de conclure

$$y_{x+1} = 2 y_x + 1.$$

En intégrant cette équation par le Problème I, on aura

$$y_x = A \, 2^x - 1,$$

A étant une constante arbitraire; pour la déterminer, j'observe que, $x$ étant 1, on a

$$y_x = 0, \qquad \text{donc} \qquad A = \tfrac{1}{2}, \qquad \text{partant} \qquad y_x = 2^{x-1} - 1.$$

Maintenant, puisque l'on a ${}^{1}y_x = \Delta y_x$, on aura ${}^{1}y_x = 2^{x-1}$. La somme de tous les cas possibles est visiblement

$$y_x + {}^{1}y_x = 2^x - 1.$$

Si donc on nomme $z_x$ la probabilité que le nombre de pièces est pair, et ${}^{1}z_x$ celle qu'il est impair, on aura

$$z_x = \frac{2^{x-1} - 1}{2^x - 1} \qquad \text{et} \qquad {}^{1}z_x = \frac{2^{x-1}}{2^x - 1};$$

d'où il résulte qu'il y a toujours plus d'avantage à parier pour les nombres impairs que pour les pairs.

Je suppose que l'on soit assuré que le nombre $x$ ne peut excéder le nombre $n$, mais que ce nombre et tous les inférieurs sont également possibles, on aura la somme de tous les cas impairs $= 2^x + C$. Or, $x$ étant $1$, on doit avoir $2^x + C = 1$; donc $C = -1$. On trouvera pareillement la somme de tous les cas pairs $= 2^x - x + C$; or, $x$ étant $1$, on a $2^x - x + C = 0$. Donc $C = -1$; partant, la somme des cas impairs est $2^n - 1$, et la somme des cas pairs est $2^n - n - 1$; ainsi, la probabilité pour les impairs est

$$\frac{2^n - 1}{2^{n+1} - n - 2},$$

et la probabilité pour les pairs

$$\frac{2^n - n - 1}{2^{n+1} - n - 2}.$$

## XXVII.

PROBLÈME XI. — *Soit $a$ une somme que Paul constitue en rente, de manière que l'intérêt soit $\frac{1}{m}$ de ce qui lui est dû : je suppose que, pour des raisons quelconques, on retienne chaque année la fraction $\frac{1}{n}$ de cet intérêt, en sorte que Paul, à la fin de la première année, par exemple, ne doive percevoir que la quantité $\frac{a}{m} - \frac{a}{mn}$, cela posé, si on lui paye tous les ans la somme $\frac{a}{m}$, et, par conséquent, plus qu'il ne lui est dû, et que le surplus soit employé à amortir le capital, on demande ce que deviendra ce capital à la $x^{ième}$ année.*

Soit $y_x$ ce capital à la $x^{ième}$ année; il est visible que, à la fin de l'année $x$, il ne sera dû à Paul que $y_x\left(\frac{1}{m} - \frac{1}{mn}\right)$. Donc, puisqu'on lui paye la somme $\frac{a}{m}$, le capital sera diminué de la quantité $\frac{a}{m} - y_x\frac{n-1}{mn}$; partant, on aura

$$y_{x+1} = y_x - \frac{a}{m} + y_x\frac{n-1}{mn}$$

et, en intégrant comme dans le Problème I,

$$y_x = \frac{na}{n-1} + A\left(1 + \frac{n-1}{mn}\right)^{x-1};$$

or, posant $x = 1$, $y_x = a$; donc,

$$A = - \frac{a}{n-1};$$

partant,

$$y_x = \frac{a}{n-1}\left[n - \left(1 + \frac{n-1}{mn}\right)^{x-1}\right].$$

Si l'on demande l'année $x$ à laquelle ce capital sera zéro, on aura

$$\left(1 + \frac{n-1}{mn}\right)^{x-1} = n;$$

donc

$$x = 1 + \frac{\mathrm{l}\,n}{\mathrm{l}\left(1 + \frac{n-1}{mn}\right)}.$$

Je suppose que l'intérêt soit de 5 pour 100, et que l'on retienne $\frac{1}{10}$ sur cet intérêt, on aura

$$m = 20 \qquad \text{et} \qquad n = 10;$$

partant,

$$x = 53,3.$$

On peut résoudre de la même manière le problème suivant :

*Une personne doit la somme $a$, et veut s'acquitter au bout de $h$ années, en sorte qu'elle ne doive rien à l'année $h + 1$, l'intérêt étant toujours $\frac{1}{m}$ de la quantité due ; il s'agit de trouver ce qu'elle doit donner pour cela chaque année.*

Soient $p$ cette quantité, et $y_x$ ce qu'elle doit à la $x^{\text{ième}}$ année, on aura, par la méthode précédente,

$$y_{x+1} = y_x\left(1 + \frac{1}{m}\right) - p,$$

d'où je conclus en intégrant $y_x = mp + A\left(1 + \frac{1}{m}\right)^{x-1}$. Or, posant $x = 1$, $y_x = a$; donc

$$a = mp + A;$$

partant,

$$y_x = mp + (a - mp)\left(1 + \frac{1}{m}\right)^{x-1};$$

mais, en faisant $x = h + 1$, on a

$$y'_x = 0,$$

par la supposition ; donc

$$p = \frac{a\left(1 + \frac{1}{m}\right)^h}{m\left[\left(1 + \frac{1}{m}\right)^h - 1\right]}.$$

## XXVIII.

PROBLÈME XII. — *J'imagine un solide composé d'un nombre $n$ de faces parfaitement égales, et que je désigne par les nombres $1, 2, 3, \ldots, n$ ; je veux avoir la probabilité que, en un nombre $x$ de coups, j'amènerai ces $n$ faces de suite dans l'ordre $1, 2, 3, 4, \ldots, n$.*

Je nomme $y_x$ cette probabilité, et $u_x$ le nombre des cas favorables ; le nombre de tous les cas possibles est $n^x$ ; car, si l'on nomme $t_x$ ce nombre au coup $x$, il sera $t_{x-1}$ au coup $x - 1$. Or, le nombre des cas au coup $x - 1$ doit se combiner avec toutes les faces du solide, pour former tous les cas possibles au coup $x$ ; on a donc

$$t_x = n t_{x-1},$$

ce qui donne

$$t_x = A n^x.$$

Or, posant $x = 1$, $t_x = n$ ; donc

$$A = 1 \quad \text{et} \quad t_x = n^x.$$

On aura donc

$$\frac{u_x}{n^x} = y_x.$$

Or $u_x$ est évidemment égal au nombre des cas favorables au coup $x - 1$ multiplié par le nombre des faces du solide, plus au nombre des cas dans lesquels la combinaison $1, 2, 3, \ldots, n$ peut arriver précisément au coup $x$ ; de plus, tous les cas dans lesquels cette combinaison n'est point arrivée au coup $x - n$ donnent chacun un cas dans lequel elle arrivera précisément au coup $x$. Le nombre de ces cas est $n^{x-n} - u_{x-n}$ ;

on aura donc

$$u_x = n u_{x-1} + n^{x-n} - u_{x-n}; \qquad \text{partant,} \qquad y_x = y_{x-1} - \frac{y_{x-n}}{n^n} + \frac{1}{n^x},$$

équation que l'on intégrera facilement par les méthodes précédentes.

Soit $n = 2$ : on aura

$$y_x = y_{x-1} - \frac{y_{x-1}}{4} + \frac{1}{4};$$

d'où je conclus, en intégrant,

$$y_x = 1 + \frac{A x + B}{2^{x-1}};$$

or, posant $x = 1$, $y_x = 0$, et posant $x = 2$, $y_x = \frac{1}{4}$; donc, $A = -\frac{1}{2}$, et $B = -\frac{1}{2}$; partant, $y_x = 1 - \frac{x+1}{2^x}$.

## XXIX.

PROBLÈME XIII. — *Je suppose un nombre $n$ de joueurs* (1), (2), (3), …, ($n$) *jouant de cette manière :* (1) *joue avec* (2), *et s'il gagne il gagne la partie; s'il ne perd ni gagne, il continue de jouer avec* (2), *jusqu'à ce que l'un des deux gagne. Que si* (1) *perd,* (2) *joue avec* (3); *s'il le gagne, il gagne la partie; s'il ne perd ni gagne, il continue de jouer avec* (3); *mais s'il perd,* (3) *joue avec* (4), *et ainsi de suite jusqu'à ce que l'un des joueurs ait vaincu celui qui le suit; c'est-à-dire que* (1) *soit vainqueur de* (2), *ou* (2) *de* (3), *ou* (3) *de* (4), …, *ou* ($n-1$) *de* ($n$), *ou* ($n$) *de* (1). *De plus, la probabilité d'un quelconque des joueurs pour gagner l'autre égale* $\frac{1}{3}$, *et celle de ne gagner ni perdre égale* $\frac{1}{3}$. *Cela posé, il faut déterminer la probabilité que l'un de ces joueurs gagnera la partie au coup $x$.*

Soit $\overset{n}{u_x}$ la probabilité qu'au coup $x$, ($n$) sera vainqueur de ($n-1$) : on aura

$$\overset{n}{u_x} = \tfrac{1}{3} \overset{n}{u_{x-1}} + \tfrac{1}{3} \overset{n-1}{u_{x-1}}.$$

Soit maintenant $\overset{1}{z_x}$ la probabilité que ($n$), au coup $x$, gagnera la partie; $\overset{2}{z}_x$ la probabilité que ce sera $(n-1)$, et ainsi de suite : on aura $\overset{1}{z}_x = \frac{1}{3}\overset{n}{u}_{x-1}$. Partant,

$$\overset{1}{z}_x - \frac{1}{3}\overset{1}{z}_{x-1} = \frac{1}{3}\overset{2}{z}_{x-1}.$$

On aura de même

$$\overset{2}{z}_x - \frac{1}{3}\overset{2}{z}_{x-1} = \frac{1}{3}\overset{3}{z}_{x-1},$$

$$\overset{3}{z}_x - \frac{1}{3}\overset{3}{z}_{x-1} = \frac{1}{3}\overset{4}{z}_{x-1},$$

$$\dots\dots\dots\dots\dots\dots\dots,$$

en sorte que ces équations sont rentrantes. Cela posé, en suivant la méthode exposée précédemment pour ce genre d'équations, on aura

$$\overset{1}{z}_x - \frac{1}{3}\overset{1}{z}_{x-1} + \frac{1}{3^2}\overset{1}{z}_{x-2} = \frac{1}{3}\left(\overset{1}{z}_{x-1} - \frac{1}{3}\overset{2}{z}_{x-1}\right) = \frac{1}{3^2}\overset{2}{z}_{x-2};$$

partant,

$$\overset{1}{z}_x - \frac{3}{3}\overset{1}{z}_{x-1} + \frac{3}{3^2}\overset{1}{z}_{x-2} - \frac{1}{3^3}\overset{1}{z}_{x-3} = \frac{1}{3^2}\left(\overset{1}{z}_{x-2} - \frac{1}{3}\overset{3}{z}_{x-2}\right) = \frac{1}{3^3}\overset{1}{z}_{x-3};$$

d'où, en continuant d'opérer ainsi, on aura

$$\overset{1}{z}_x - \frac{n}{3}\overset{1}{z}_{x-1} + \frac{n(n-1)}{1.2}\frac{1}{3^2}\overset{1}{z}_{x-2} - \frac{n(n-1)(n-2)}{1.2.3}\frac{1}{3^3}\overset{1}{z}_{x-3} + \ldots = \frac{1}{3^n}\overset{1}{z}_{x-n};$$

on aura pareillement

$$\overset{2}{z}_x - \frac{n}{3}\overset{2}{z}_{x-1} + \frac{n(n-1)}{1.3}\frac{1}{3^2}\overset{2}{z}_{x-2} - \frac{n(n-1)(n-2)}{1.2.3}\frac{1}{3^3}\overset{2}{z}_{x-3} + \ldots = \frac{1}{3^n}\overset{2}{z}_{x-n};$$

et ainsi de suite pour les autres variables $\overset{3}{z}_x,\ \overset{4}{z}_x,\ \ldots$.

Pour intégrer ces différentes équations, il faut résoudre celle-ci $\left(f - \frac{1}{3}\right)^n = \frac{1}{3^n}$; ou, en faisant $f - \frac{1}{3} = q$, $q^n - \frac{1}{3^n} = 0$, ce qu'il est aisé de faire, par le beau théorème de Cote. Il ne reste plus ainsi de difficulté que dans la détermination des constantes arbitraires qui viennent par l'intégration. Pour cela, il est nécessaire d'avoir la probabilité de gagner de chaque joueur pour un nombre $n$ de coups. Or, pour ce qui regarde le joueur (1), sa probabilité de gagner au premier coup est $\frac{1}{3}$;

au second coup elle est $\frac{1}{3^2}$; au troisième coup elle est $\frac{1}{3^3}$, $\cdots$, en sorte
que l'on a

$$1, \quad 2, \quad 3, \quad 4, \quad \ldots, \quad n,$$

$$\frac{1}{3}, \quad \frac{1}{3^2}, \quad \frac{1}{3^3}, \quad \frac{1}{3^4}, \quad \ldots, \quad \frac{1}{3^n},$$

en mettant sous chaque coup la probabilité de gagner du joueur (1) à
ce coup; on formera de même pour le joueur (2) la suite

$$2, \quad 3, \quad 4, \quad 5, \quad \ldots, \quad n+1,$$

$$\frac{1}{3^2}, \quad \frac{2}{3^3}, \quad \frac{3}{3^4}, \quad \frac{4}{3^5}, \quad \ldots, \quad \frac{n}{3^{n+1}},$$

et pour le joueur (3) celle-ci :

$$3, \quad 4, \quad 5, \quad 6, \quad \ldots, \quad n+2,$$

$$\frac{1}{3^3}, \quad \frac{3}{3^4}, \quad \frac{6}{3^5}, \quad \frac{10}{3^6}, \quad \ldots, \quad \frac{\frac{n(n+1)}{1 \cdot 2}}{3^{n+2}},$$

et ainsi de suite pour les autres joueurs.

## XXX.

PROBLÈME XIV. — *Deux joueurs* A *et* B, *dont les adresses respectives
sont en raison de p à q, jouent ensemble de manière que, sur un nombre x
de coups, il en manque n au joueur* A, *et conséquemment x — n au
joueur* B, *pour gagner; il s'agit de déterminer la probabilité respective
de ces deux joueurs.*

Soit $_n y_x$ la probabilité de B pour gagner; il est clair qu'au coup suivant elle sera, ou $_{n-1} y_{x-1}$, si B perd, ou $_n y_{x-1}$, s'il gagne. Or, la probabilité qu'il gagnera est $\frac{q}{p+q}$, et celle qu'il perdra, $\frac{p}{p+q}$. On a donc

$$(g) \qquad _n y_x = \frac{q}{p+q} \, _n y_{x-1} + \frac{p}{p+q} \, _{n-1} y_{x-1}.$$

Cette équation est aux différences partielles. Pour l'intégrer j'ob-
serve que, lorsque $n = 1$, on a $_1 y_x = \frac{q}{p+q} \, _1 y_{x-1}$, puisque dans ce cas

$_n\mathcal{y}'_x = 0$; on aura donc par le Problème VI, article XX.

$$_n\mathcal{y}_x = a_n \cdot {_n}\mathcal{y}_{x-1} + {^1}a_n \cdot {_n}\mathcal{y}_{x-2} + {^1}a_n \cdot {_n}\mathcal{y}_{x-3} + \ldots + u_n,$$

et l'on trouvera que l'équation

$$0 = 1 - \frac{a_n}{f} - \frac{{^2}a_n}{f} - \ldots$$

est la même que celle-ci :

$$0 = \left(f - \frac{q}{p+q}\right)^n.$$

On aura d'ailleurs $u_n = \dfrac{p}{p+q} u_{n-1}$, donc $u_n = \Pi\left(\dfrac{p}{p+q}\right)^n$. Or, posant $n = 1$, $u_1 = 0$; donc $\Pi = 0$, et $u_n = 0$. L'expression de $_n\mathcal{y}_x$ sera donc (art. IX)

$$_n\mathcal{y}_x = \frac{q^{x-1}}{(p+q)^{x-1}}\left[ C_n + D_n(x-1) + E_n \frac{(x-1)(x-2)}{1\cdot 2} + \ldots \right.$$
$$\left. + L_n \frac{(x-1)(x-2)\ldots(x-n+1)}{1\cdot 2\cdot 3\ldots(n-1)} \right].$$

Pour déterminer les constantes arbitraires $C_n$, $D_n$, $E_n$, …, lesquelles peuvent être des fonctions de $n$, j'observe que, si l'on fait $x = n$, on aura $_n\mathcal{y}_n = 1$; car il est visible que A perd nécessairement, lorsque sur $n$ coups il lui en manque $n$; si l'on fait $x = n - 1$, on aura pareillement $_n\mathcal{y}_{n-1} = 1$; car l'équation $(g)$ donne

$$_n\mathcal{y}_n = \frac{q}{p+q} {_n}\mathcal{y}_{n-1} + \frac{p}{p+q} {_{n-1}}\mathcal{y}_{n-1}$$

ou

$$1 = \frac{q}{p+q} {_n}\mathcal{y}_{n-1} + \frac{p}{p+q},$$

partant $_n\mathcal{y}_{n-1} = 1$; pareillement, si l'on fait $x = n - 2$, on aura $_n\mathcal{y}_{n-2} = 1$, et ainsi de suite. Si donc on fait dans l'expression de $_n\mathcal{y}_x$, $x = 1$, on aura $_n\mathcal{y}_1 = 1$; partant, $C_n = 1$. Si l'on fait $x = 2$, on aura

$$1 = (C_n + D_n) \frac{q}{p+q};$$

partant, $D_n = \dfrac{p}{q}$. Si l'on fait $x = 3$, on aura

$$1 = (C_n + 2 D_n + E_n) \frac{q^2}{(p+q)^2} = \left(1 + 2\frac{p}{q} + E_n\right) \frac{q^2}{(p+q)^2},$$

donc $E_n = \dfrac{p^2}{q^2}$, et ainsi de suite; d'où il est facile de conclure

$$_n y_x = \frac{1}{\left(\frac{p}{q}+1\right)^{x-1}} \left[ 1 + \frac{p}{q}(x-1) + \frac{p^2}{q^2} \frac{(x-1)(x-2)}{1.2} + \frac{p^3}{q^3} \frac{(x-1)(x-2)(x-3)}{1.2.3} + \dots \right.$$
$$\left. + \frac{p^{n-1}}{q^{n-1}} \frac{(x-1)(x-2)\dots(x-n+1)}{1.2.3\dots(n-1)} \right].$$

## XXXI.

Problème XV. — *Trois joueurs A, B, C, dont les adresses respectives sont représentées par les lettres p, q, r, jouent ensemble de manière que, sur un nombre x de coups, il en manque m à A, n à B et x — m — n à C; on propose de déterminer la probabilité respective de ces trois joueurs pour gagner.*

Soit $_{m,n} y_x$ la probabilité de C pour gagner; il est clair qu'après un nouveau coup elle sera, ou $_{m-1,n} y_{x-1}$, ou $_{m,n-1} y_{x-1}$, ou $_{m,n} y_{x-1}$; or la probabilité qu'elle sera $_{m-1,n} y_{x-1}$ est $\dfrac{p}{p+q+r}$; la probabilité qu'elle sera $_{m,n-1} y_{x-1}$ est $\dfrac{q}{p+q+r}$, et la probabilité qu'elle sera $_{m,n} y_{x-1}$ est $\dfrac{r}{p+q+r}$. On aura donc

$$(o) \quad _{m,n} y_x = \frac{p}{p+q+r} \, _{m-1,n} y_{x-1} + \frac{q}{p+q+r} \, _{m,n-1} y_{x-1} + \frac{r}{p+q+r} \, _{m,n} y_{x-1}.$$

Cette équation est aux différences partielles à quatre variables, et s'intègre par le Problème IX; mais, pour cela, il faut que l'on ait deux équations particulières pour les cas de $m = 1$ et de $n = 1$; pour les trouver, j'observe que, si l'on fait $m = 1$, on aura

$$(p) \quad _{1,n} y_x = \frac{r}{p+q+r} \, _{1,n} y_{x-1} + \frac{q}{p+q+r} \, _{1,n-1} y_{x-1},$$

parce que, lorsque $m = 1$, on a $_{m-1,n} y_{x-1} = 0$.

L'équation $(p)$ est aux différences partielles à deux variables; pour l'intégrer, j'observe que, si l'on y suppose $n = 1$, on a

$$_{1,1}y'_x = \frac{r}{p + q + r}\,_{1,1}y'_{x-1};$$

de cette équation et de l'équation $(p)$, on conclura facilement, par le Problème VI,

$$(q) \quad \begin{cases} _{1,n}y'_x = n\,\dfrac{r}{p + q + r}\,_{1,n}y'_{x-1} - \dfrac{n(n-1)}{1.2}\,\dfrac{r^2}{(p+q+r)^2}\,_{1,n}y'_{x-2} \\[2mm] \qquad + \dfrac{n(n-1)(n-2)}{1.2.3}\,\dfrac{r^3}{(p+q+r)^3}\,_{1,n}y'_{x-3} - \ldots \end{cases}$$

On aura semblablement

$$(q') \quad \begin{cases} _{m,1}y'_x = m\,\dfrac{r}{p + q + r}\,_{m,1}y'_{x-1} - \dfrac{m(m-1)}{1.2}\,\dfrac{r^2}{(p+q+r)^2}\,_{m,1}y'_{x-2} \\[2mm] \qquad + \dfrac{m(m-1)(m-2)}{1.2.3}\,\dfrac{r^3}{(p+q+r)^3}\,_{m,1}y'_{x-3} - \ldots \end{cases}$$

Au moyen de ces équations et de l'équation $(o)$, on déterminera, par le Problème IX, l'expression générale de $_{m,n}y'_x$; ainsi le Problème proposé n'a d'autre difficulté que la longueur du calcul.

La méthode générale du Problème IX conduit à une équation finale très élevée; mais, au moyen de considérations particulières, je suis arrivé à la solution du Problème précédent d'une manière beaucoup plus simple, que je vais développer. Je fais pour abréger $p + q + r = 1$, et l'équation $(o)$ donne

$$(o') \qquad _{2,n}y'_x = p\cdot\,_{1,n}y'_{x-1} + q\cdot\,_{2,n-1}y'_{x-1} + r\cdot\,_{2,n}y'_{x-1},$$

et si l'on fait $m = 2$, l'équation $(q')$ donne

$$_{2,1}y'_x = 2r\cdot\,_{2,1}y'_{n-1} - r^2\cdot\,_{2,1}y'_{x-2}.$$

Soit

$$(s) \qquad _{2,n}y'_x = a_n\cdot\,_{2,n}y_{x-1} + {}^{1}a_n\cdot\,_{2,n}y'_{x-2} + \ldots + {}_{n}X_x;$$

donc

$$q\cdot\,_{2,n-1}y'_{x-1} = a_{n-1}q\cdot\,_{2,n-1}y_{x-2} + {}^{1}a_{n-1}q\cdot\,_{2,n-1}y'_{x-3} + \ldots + q\cdot{}_{n-1}X_{x-1}.$$

Substituant dans cette équation, au lieu de $_{2,n-1}y_{x-2}$, $_{2,n-1}y_{x-1}$, ..., leurs valeurs tirées de l'équation $(o')$, on aura

$$_{2,n}y_x = (r + a_{n-1})\,_{1,n}y_{x-1} + ('a_{n-1} - a_{n-1}r)\,_{2,n}y_{x-2} + \dots$$
$$+ p\cdot_{1,n}y_{x-1} - a_{n-1}p\cdot_{1,n}y_{x-2} - \dots + q\cdot_{n-1}X_{x-1},$$

d'où, en comparant avec l'équation $(s)$, on aura :

$1^\circ$ $a_n = a_{n-1} + r$, partant, $a_n = (n+1)r + C$; or, posant $n = 1$, $a_n = 2r$; donc, $C = 0$.

$2^\circ$ $'a_n = {}'a_{n-1} - a_{n-1}r$, partant, $'a_n = -\dfrac{n(n+1)}{1.2}r^2 + C$; or, posant $n = 1$, $'a_n = -r^2$; donc, $C = 0$.

$3^\circ$ $^2a_n = {}^2a_{n-1} + \dfrac{n(n-1)}{1.2}r^3$; donc, $^2a_n = \dfrac{(n-1)n(n+1)}{1.2.3}r^3 + C$; or, posant $n = 1$, $^2a_n = 0$; donc, $C = 0$, et ainsi du reste. Partant,

$$p\left(_{1,n}y_{x-1} - a_{n-1}\cdot_{1,n}y_{x-2} - \dots\right)$$
$$= p\left[_{1,n}y_{x-1} - nr\cdot_{1,n}y_{x-2} + \frac{n(n-1)}{1.2}r^2\cdot_{1,n}y_{x-3} - \dots\right] = 0,$$

en vertu de l'équation $(q)$.

$4^\circ$ $_nX_x = q\cdot_{n-1}X_{x-1}$. Or, on a $_1X_x = 0$; donc, $_2X_x = 0$, et généralement $_nX_x = 0$. On a donc

$$_{2,n}y_x = (n+1)r\cdot_{2,n}y_{x-1} - \frac{n(n+1)}{1.2}r^2\cdot_{2,n}y_{x-2} + \frac{(n-1)n(n+1)}{1.2.3}\,_{1,n}y_{x-3} - \dots.$$

On aura, par un procédé entièrement semblable,

$$_{3,n}y_x = (n+2)r\cdot_{3,n}y_{x-1} - \frac{(n+2)(n+1)}{1.2}r^2\cdot_{3,n}y_{x-2} + \dots$$

et généralement

$$_{m,n}y_x = (m+n-1)r\cdot_{m,n}y_{x-1} - \frac{(m+n-1)(m+n-2)}{1.2}r^2\cdot_{m,n}y_{x-2} + \dots,$$

équation dont l'intégrale est

$$_{m,n}y_x = r^{x-2}\left[\,_mN_n\frac{(x-2)(x-3)\dots(x-m-n+1)}{1.2.3\dots(m+n-2)} + {}_mM_n\frac{(x-2)\dots(x-m-n+2)}{1.2.3\dots(m+n-3)}\right.$$
$$+ {}_mL_n\frac{(x-2)\dots(x-m-n+3)}{1.2.3\dots(m+n-4)} + {}_mK_n\frac{(x-2)\dots(x-m-n+4)}{1.2.3\dots(m+n-5)}$$
$$\left. + {}_mI_n\frac{(x-2)\dots(x-m-n+5)}{1.2.3\dots(m+n-6)} + \dots + {}_mC_n\right].$$

La difficulté consiste présentement à déterminer les constantes arbitraires $_mN_n$, $_mM_n$, ..., lesquelles peuvent être des fonctions de $m$ et de $n$.

Pour cela, je suppose d'abord $m = 1$, et l'on aura

$$(\sigma) \quad _{1,n}y_x = r^{x-1}\left[ _1C_n + _1D_n(x-2) + _1E_n\frac{(x-2)(x-3)}{1.2} + \ldots + _1N_n\frac{(x-2)\ldots(x-n)}{1.2.3\ldots(n-1)}\right].$$

Or on a $_{1,n}y_{n+1} = 1$, comme il est visible, puisqu'il ne manque alors aucun coup au joueur $C$; je reprends ensuite l'équation

$$_{1,n}y_x = r \cdot _{1,n}y_{x-1} + q \cdot _{1,n-1}y_{x-1}.$$

Si l'on fait $x = n + 1$, on a

$$_{1,n}y_{n+1} = 1 = r \cdot _{1,n}y_n + q,$$

donc

$$_{1,n}y_n = \frac{1-q}{r};$$

ensuite

$$_{1,n}y_n = \frac{1-q}{r} = r \cdot _{1,n}y_{n-1} + q\frac{1-q}{r},$$

donc

$$_{1,n}y_{n-1} = \left(\frac{1-q}{r}\right)^2.$$

On trouvera pareillement

$$_{1,n}y_{n-2} = \left(\frac{1-q}{r}\right)^3,$$

et ainsi de suite. Cela posé, si l'on fait $x = 2$, l'équation $(\sigma)$ donnera $\left(\frac{1-q}{r}\right)^{n-1} = {_1C_n}$; si l'on fait $x = 3$, on aura

$$\left(\frac{1-q}{r}\right)^{n-2} = r\left[\left(\frac{1-q}{r}\right)^{n-1} + _1D_n\right].$$

donc

$$_1D_n = \left(\frac{1-q}{r}\right)^{n-1}\frac{q}{r}.$$

En faisant $x = 4$, on aura

$$_1E_n = \left(\frac{1-q}{r}\right)^{n-3}\frac{q^2}{r^2},$$

et ainsi de suite; partant,

$$_{1,n}y_x = r^{x-1}\left[\frac{q^{n-1}}{r^{n-1}}\frac{(x-2)\ldots(x-n)}{1.2.3\ldots(n-1)} + \frac{q^{n-2}}{r^{n-1}}\frac{1-q}{r}\frac{(x-2)\ldots(x-n+1)}{1.2.3\ldots(n-2)}\right.$$
$$\left. + \frac{q^{n-3}}{r^{n-3}}\left(\frac{1-q}{r}\right)^2\frac{(x-2)\ldots(x-n+2)}{1.2.3\ldots(n-3)} + \ldots + \left(\frac{1-q}{r}\right)^{n-1}\right].$$

On aura, de même,

$$_{m,1}y_x = r^{x-1}\left[\frac{p^{m-1}}{r^{m-1}}\frac{(x-2)\ldots(x-m)}{1.2.3\ldots(m-1)} + \frac{p^{m-2}}{r^{m-1}}\frac{1-p}{r}\frac{(x-2)\ldots(x-m+1)}{1.2.3\ldots(m-2)} + \ldots\right].$$

Si l'on substitue maintenant dans l'équation ($o$), au lieu de $_{m,n}y_x$, sa valeur trouvée ci-dessus, on aura l'équation suivante

$$_m N_n \frac{(x-3)(x-4)\ldots(x-m-n)}{1.2.3\ldots(m+n-2)} + (_m M_n + _m N_n)\frac{(x-3)\ldots(x-m-n+1)}{1.2.3\ldots(m+n-3)}$$
$$+ (_m L_n + _m M_n)\frac{(x-3)\ldots(x-m-n+2)}{1.2.3\ldots(m+n-4)} + \ldots$$
$$= + \frac{p}{r}\,_{m-1}N_n\frac{(x-3)\ldots(x-m-n+1)}{1.2.3\ldots(m+n-3)}$$
$$+ \frac{p}{r}\,_{m-1}M_n\frac{(x-3)\ldots(x-m-n+2)}{1.2.3\ldots(m+n-4)} + \ldots$$
$$+ \frac{q}{r}\,_m N_{n-1}\frac{(x-3)\ldots(x-m-n+1)}{1.2.3\ldots(m+n-3)}$$
$$+ \frac{q}{r}\,_m M_{n-1}\frac{(x-3)\ldots(x-m-n+2)}{1.2.3\ldots(m+n-4)} + \ldots$$
$$+ _m N_n\frac{(x-3)\ldots(x-m-n)}{1.2.3\ldots(m+n-2)}$$
$$+ _m M_n\frac{(x-3)\ldots(x-m-n+1)}{1.2.3\ldots(m+n-3)} + \ldots.$$

d'où l'on formera les équations suivantes :

$$_m N_n = \frac{p}{r}\,_{m-1}N_n + \frac{q}{r}\,_m N_{n-1},$$

$$_m M_n = \frac{p}{r}\,_{m-1}M_n + \frac{q}{r}\,_m M_{n-1},$$

$$_m L_n = \frac{p}{r}\,_{m-1}L_n + \frac{q}{r}\,_m L_{n-1},$$

$$\ldots\ldots\ldots\ldots\ldots\ldots\ldots\ldots\ldots$$

Or on a

$$_1N_n = \frac{q^{n-1}}{r^{n-1}};$$

donc

$$_2N_n = \frac{p}{r}\,\frac{q^{n-1}}{r^{n-1}} + \frac{q}{r}\,_2N_{n-1},$$

partant

$$_2N_n = \frac{q^{n-1}}{r^{n-1}}\,\frac{p}{r}\,(n + C);$$

or, posant $n = 1$, $_2N_1 = \frac{p}{r}$; donc

$$C = 0.$$

Ensuite

$$_3N_n = \frac{p^2}{r^2}\,\frac{q^{n-1}}{r^{n-1}}\,n + \frac{q}{r}\,_3N_{n-1};$$

donc

$$_3N_n = \frac{q^{n-1}}{r^{n-1}}\left[\frac{p^2}{r^2}\,\frac{n(n+1)}{1.2} + C\right];$$

or, posant $n = 1$, $_3N_1 = \frac{p^2}{r^2}$; donc

$$C = 0,$$

et généralement

$$_mN_n = \frac{p^{m-1}q^{n-1}}{r^{m+n-2}}\,\frac{n(n+1)\ldots(n+m-2)}{1.2.3\ldots(m-1)}.$$

On a ensuite

$$_1M_n = \frac{1-q}{r}\,\frac{q^{n-2}}{r^{n-2}};$$

donc

$$_2M_n = \frac{q}{r}\,_2M_{n-1} + \frac{p}{r}\,\frac{1-q}{r}\,\frac{q^{n-2}}{r^{n-2}};$$

partant,

$$_2M_n = \frac{q^{n-2}}{r^{n-2}}\,\frac{p}{r}\,\frac{1-q}{r}\,(n-1) + C\frac{q^{n-1}}{r^{n-1}};$$

or, posant $n = 1$, $_2M_n = \frac{1-p}{r}$; donc

$$C = \frac{1-p}{r}$$

et

$$_2M_n = \frac{q^{n-2}}{r^{n-2}}\,\frac{p}{r}\,\frac{1-q}{r}\,(n-1) + \frac{q^{n-1}}{r^{n-1}}\,\frac{1-p}{r}.$$

On aura pareillement

$$_3\mathrm{M}_n = \frac{q^{n-2}}{r^{n-2}}\frac{p^2}{r^2}\frac{1-q}{r}\frac{(n-1)n}{1.2} + \frac{q^{n-1}}{r^{n-1}}\frac{p}{r}\left(\frac{1-p}{r}n + \mathrm{C}\right);$$

or, posant $n=1$, $_3\mathrm{M}_n = \frac{p}{r}\left(\frac{1-p}{r}\right)$; donc

$$\mathrm{C}=0.$$

En continuant d'opérer ainsi, on trouvera généralement

$$_m\mathrm{M}_n = \frac{p^{m-1}q^{n-2}}{r^{m+n-3}}\frac{1-q}{r}\frac{(n-1)n\ldots(n+m-3)}{1.2.3\ldots(m-1)}$$

$$+ \frac{q^{n-1}p^{m-2}}{r^{m+n-3}}\frac{1-p}{r}\frac{n(n+1)\ldots(n+m-3)}{1.2.3\ldots(m-2)}.$$

J'observerai ici, relativement à ces expressions de $_m\mathrm{N}_n$ et de $_m\mathrm{M}_n$, que

$$\frac{n(n+1)\ldots(n+m-2)}{1.2.3\ldots(m-1)} = \frac{m(m+1)\ldots(m+n-2)}{1.2.3\ldots(n-1)}$$

et que

$$\frac{n(n+1)\ldots(n+m-3)}{1.2.3\ldots(m-2)} = \frac{(m-1)m\ldots(m+n-3)}{1.2.3\ldots(n-1)};$$

d'où il résulte que les quantités $_m\mathrm{N}_n$ et $_m\mathrm{M}_n$ restent les mêmes lorsqu'on y change $p$ en $q$, $m$ en $n$, et réciproquement; ce qui doit être d'ailleurs par la nature du problème. On en doit dire autant des autres quantités $_m\mathrm{L}_n$, $_m\mathrm{K}_n$, ....

Présentement

$$_m\mathrm{L}_n = \frac{p}{r}\,_{m-1}\mathrm{L}_n + \frac{q}{r}\,_m\mathrm{L}_{n-1};$$

or, $_1\mathrm{L}_n = \frac{q^{n-3}}{r^{n-3}}\left(\frac{1-q}{r}\right)^2$; donc on aura, en intégrant,

$$_1\mathrm{L}_n = \frac{q^{n-3}}{r^{n-3}}\frac{p}{r}\left(\frac{1-q}{r}\right)^2(n-2) + \mathrm{C}\frac{q^{n-2}}{r^{n-2}};$$

or, posant $n=2$, $m=2$ et $x=4$, dans l'expression trouvée ci-dessus de $_{m,n}y_x$, on a

$$_{2,2}y_4 = r^2(_2\mathrm{L}_2 + 2._2\mathrm{M}_2 + _2\mathrm{N}_2);$$

donc, puisque $_{2,2}y_1 = 1$,

$$_1L_2 = \frac{1}{r^3} - \frac{2p}{r^2}(1-q) - \frac{2q}{r^2}(1-p) - \frac{2pq}{r^2};$$

de plus, C égale $_2L_2$ dans l'expression de $_2L_n$.

On trouvera pareillement

$$_3L_n = \frac{q^{n-3}}{r^{n-3}}\frac{p^2}{r^2}\left(\frac{1-q}{r}\right)^2\frac{(n-3)(n-1)}{1.2}$$

$$+ \frac{q^{n-2}}{r^{n-2}}\frac{p}{r}\,_2L_2(n-1)$$

$$+ C\frac{r^{n-1}}{q^{n-1}},$$

C étant une constante arbitraire; or, posant $n=1$, $_3L_n = \left(\frac{1-p}{r}\right)^2$; donc

$$C = \left(\frac{1-p}{r}\right)^2;$$

partant,

$$_3L_n = \frac{q^{n-3}}{r^{n-3}}\frac{p^2}{r^2}\left(\frac{1-q}{r}\right)^2\frac{(n-2)(n-1)}{1.2}$$

$$+ \frac{q^{n-2}}{r^{n-2}}\frac{p}{r}\,_2L_2(n-1)$$

$$+ \left(\frac{1-p}{r}\right)^2\frac{q^{n-1}}{p^{n-1}},$$

et généralement on aura

$$_mL_n = \frac{q^{n-3}p^{m-1}}{r^{m+n-1}}\left(\frac{1-q}{r}\right)^2\frac{(n-2)(n-1)\ldots(n+m-4)}{1.2.3\ldots(m-1)}$$

$$+ \frac{q^{n-2}p^{m-2}}{r^{m+n-1}}\,_2L_2\frac{(n-1)\ldots(n+m-4)}{1.2.3\ldots(m-2)}$$

$$+ \frac{q^{n-1}p^{m-3}}{r^{m+n-1}}\left(\frac{1-p}{r}\right)^2\frac{n\ldots(n+m-4)}{1.2.3\ldots(m-3)}.$$

On a ensuite

$$_2K_n = \frac{q^{n-1}}{r^{n-1}}\frac{p}{r}\left(\frac{1-q}{r}\right)^3 + \frac{q}{r}\,_2K_{n-1};$$

partant,

$$_2K_n = \frac{q^{n-1}}{r^{n-1}}\frac{p}{r}\left(\frac{1-q}{r}\right)^3(n-3) + C\frac{q^{n-3}}{r^{n-3}};$$

or, posant $n = 3$, on a

$$C = {}_2K_3.$$

De même,

$$
{}_1K_n = \frac{q^{n-1}}{r^{n-1}} \frac{p^2}{r^2} \left(\frac{1-q}{r}\right)^3 \frac{(n-3)(n-3)}{1.3} + \frac{q^{n-3}}{r^{n-3}} \frac{p}{r} {}_2K_3 (n-2) + \frac{q^{n-2}}{r^{n-2}} {}_1K_2,
$$

et généralement on aura

$$
\begin{aligned}
{}_mK_n = {}& \frac{q^{n-1} p^{m-1}}{r^{m+n-5}} \left(\frac{1-q}{r}\right)^3 \frac{(n-3)\ldots(m+n-5)}{1.2.3\ldots(m-1)} \\
&+ \frac{q^{n-3} p^{m-3}}{r^{m+n-5}} {}_2K_3 \frac{(n-2)\ldots(n+m-5)}{1.2.3\ldots(m-3)} \\
&+ \frac{q^{n-2} p^{m-3}}{r^{m+n-5}} {}_3K_2 \frac{(n-1)\ldots(n+m-5)}{1.2.3\ldots(m-3)} \\
&+ \frac{q^{n-1} p^{m-1}}{r^{m+n-5}} \left(\frac{1-p}{r}\right)^3 \frac{n\ldots(n+m-5)}{1.2.3\ldots(m-4)}.
\end{aligned}
$$

On déterminera ${}_2K_3$ et ${}_3K_2$ au moyen des équations suivantes :

$$r^3({}_2K_3 + 3\,{}_2L_3 + 3\,{}_2M_3 + {}_2N_3) = 1,$$
$$r^3({}_3K_2 + 3\,{}_3L_2 + 3\,{}_3M_2 + {}_3N_2) = 1.$$

La loi des autres coefficients ${}_mI_n$, ${}_mH_n$, ... est visible, et il est aisé, par conséquent, de les déterminer. Quant au coefficient ${}_mC_n$, on le déterminera par cette équation

$$
1 = r^{m+n-2} \left[ {}_mC_n + (m+n-2)\,{}_mD_n + \frac{(m+n-2)(m+n-3)}{1.2}\,{}_mE_n + \ldots \right].
$$

On a donc ainsi une expression générale de ${}_{m,n}Y_x$, et, conséquemment, la probabilité du joueur C pour gagner; par la même méthode, et au moyen de formules analogues, on aurait celle des deux autres joueurs A et B; en sorte que l'on a une solution du Problème des partis dans le cas de trois joueurs; Problème qui n'avait point encore été résolu, que je sache, bien que les géomètres qui se sont occupés de l'analyse des hasards parussent en désirer la solution. (Voir *M. Montmort*, dans son Ouvrage *Sur l'analyse des jeux de hasard*, seconde édition, page 247.)

Je suppose dans l'expression ${}_{m,n}Y_x$, $m = 2$, $n = 3$ et $x = 9$, c'est-à-dire que le nombre des coups qui manquent au joueur C soit 4; je suppose, de plus, $p = q = r = \frac{1}{3}$. Cela posé, on aura

$$_{2,3}Y'_x = \frac{x-3}{3^{x-1}}\left(\frac{x\,x+2}{2}\right).$$

et, en supposant $x = 9$, on aura la probabilité de C, pour gagner, égale à $_{2,3}Y_9 = \frac{83}{729}$; pour avoir la probabilité de B, j'observe qu'elle est égale à $_{2,1}Y_9$; or on a

$$_{2,1}Y'_x = \frac{1}{3^{x-1}}\left[ 4\frac{(x-2)(x-3)(x-4)(x-5)}{1.2.3.4} + 8\frac{(x-2)(x-3)(x-4)}{1.2.3} \right.$$
$$\left. + 7\frac{(x-2)(x-3)}{1.2} + 5(x-2) - 17 \right].$$

Si l'on suppose $x = 9$, on aura

$$_{2,1}Y_9 = \frac{195}{729};$$

la probabilité de A égale $1 - \frac{83}{729} - \frac{195}{729} = \frac{451}{729}$.

La méthode précédente aurait encore lieu, si, au lieu de trois joueurs, on en supposait un plus grand nombre.

On peut résoudre le Problème précédent par la méthode des combinaisons d'une manière extrêmement simple que voici :

Les mêmes choses étant supposées que dans le Problème précédent; soit, de plus, $i$ le nombre des coups qui manquent au joueur C, en sorte que l'on ait $x = m + n + i$; il est évident que le jeu doit finir au plus tard en $x - 2$ coups; donc le nombre de tous les cas possibles, multipliés chacun par leur probabilité particulière, est $(p+q+r)^{m+n+i-2}$. Pour avoir le nombre de tous les cas dans lesquels le joueur A gagne, il faut développer le trinôme $(p+q+r)^{m+n+i-2}$ et n'admettre que les termes dans lesquels $p$ a un exposant *égal ou supérieur à* $m$; soit donc $\Pi p^{m+\mu}q^{n+i-2-\mu-\nu}r^{\nu}$ un de ces termes: si les exposants de $q$ et de $r$ sont l'un moindre que $n$, et l'autre moindre que $i$, il faut admettre ce terme en entier; mais, si l'exposant de $q$, par exemple, est égal ou plus grand que $n$, il faut rejeter de ce terme toutes les combinaisons dans lesquelles $q$ arrive $n$ fois avant que $p$ arrive $m$ fois. Soit donc $\nu = n + \lambda$; j'observe, cela posé, que ces combinaisons sont : 1° celles dans lesquelles, $p$ étant arrivé $m-1$ fois, $q$ est arrivé précisément $n$ fois; 2° celles dans lesquelles, $p$ étant arrivé $m-2$ fois, $q$ est arrivé $n+1$ fois; 3° celles dans lesquelles, $p$ étant arrivé $m-3$ fois, $q$ est arrivé $n+2$ fois, etc., et ainsi de suite jusqu'à la combinaison dans laquelle, $p$ étant arrivé $m-\lambda-1$ fois, $q$ est arrivé $n+\lambda$ fois, si cependant $\lambda$ n'excède pas $m-1$; car, autrement, il faudrait s'arrêter à la combinaison dans laquelle

$p$ n'arrive point du tout; présentement, le nombre des cas dans lesquels, sur $m + n - 1$ coups, $p$ arrivera $m - 1$, et $q$, $n$ fois, est, comme l'on sait,

$$\frac{\Delta(m + n - 1)}{\Delta(n)\,\Delta(m - 1)};$$

mais, comme dans le terme $\Pi p^{m+\mu} q^{n+\lambda} r^{i-1-\mu-\lambda}$, $p$ arrive $m + \mu$ fois, et $q$, $n + \lambda$ fois, il faut multiplier $\frac{\Delta(m + n - 1)}{\Delta(n)\,\Delta(m - 1)}$ par le nombre des combinaisons dans lesquelles, $p$ arrivant $\mu + 1$ fois, $q$ arrive $\lambda$ fois; or le nombre de ces combinaisons est

$$\frac{\Delta(\mu + \lambda + 1)}{\Delta(\mu + 1)\,\Delta(\lambda)};$$

donc on aura

$$\frac{\Delta(m + n - 1)\,\Delta(\mu + \lambda + 1)}{\Delta(n)\,\Delta(\lambda)\,\Delta(m - 1)\,\Delta(\mu + 1)}$$

pour le nombre des combinaisons dans lesquelles $q$ est arrivé $n$ fois, lorsque $p$ n'est encore arrivé que $m - 1$ fois; on trouvera pareillement

$$\frac{\Delta(m + n - 1)\,\Delta(\mu + \lambda + 1)}{\Delta(n + 1)\,\Delta(\lambda - 1)\,\Delta(m - 2)\,\Delta(\mu + 2)}$$

pour le nombre des cas dans lesquels $q$ est arrivé $n + 1$ fois, lorsque $p$ n'est encore arrivé que $m - 2$ fois, et ainsi de suite. Soit donc

$$Q_{\mu+\lambda} = \left[ 1 + \frac{\lambda(m - 1)}{(n - 1)(\mu + 2)} + \frac{\lambda(\lambda - 1)(m - 1)(m - 2)}{(n + 1)(n + 2)(\mu + 2)(\mu + 3)} + \cdots \right]$$
$$\times \frac{\Delta(m + n - 1)\,\Delta(\mu + \lambda + 1)}{\Delta(n)\,\Delta(m - 1)\,\Delta(\mu + 1)\,\Delta(\lambda)}\, p^{m+\mu} q^{n+\lambda} r^{i-1-\mu-\lambda} :$$

que l'on désigne par $(Q_{\mu+\lambda})$ la somme de tous les termes que l'on peut former, en donnant à $\mu$ et à $\lambda$, dans $Q_{\mu+\lambda}$, toutes les valeurs possibles en nombres entiers et positifs depuis zéro, de manière cependant que $\mu + \lambda$ n'excède jamais $i - 2$; que l'on exprime ensuite par $(R_{\mu+\lambda})$ ce que devient $(Q_{\mu+\lambda})$, lorsqu'on y change $q$ en $r$, $n$ en $i$, et réciproquement; cela posé, la probabilité de A, pour gagner, sera

$$\frac{1}{(p + q + r)^{m+n+i-2}} \left[ p^{m+n+i-2} + \frac{m + n + i - 2}{1}\, p^{m+n+i-3}(q + r) + \cdots \right.$$
$$\left. + \frac{(m+n+i-2)\ldots(m+i-1)}{1.2.3\ldots(n-2)}\, p^{m}(q + r)^{n+i-2} - (Q_{\mu+\lambda}) - (R_{\mu+\lambda}) \right].$$

La même méthode a également lieu, quel que soit le nombre des joueurs.

## XXXII.

**Problème XVI.** — *Je suppose les numéros* A 1, A 2, B 1 *et* B 2, *renfermés dans une urne, et que deux joueurs* A *et* B *jouent à cette condition que* A *choisissant les numéros* $A_1$ *et* $A_2$, *et* $B$ *les deux autres, si l'on tire chaque fois un seul de ces numéros au hasard, celui des deux joueurs gagnera qui le premier aura atteint le nombre* $i$, *les numéros* $A_1$ *et* $B_1$ *comptant pour* $1$, *et les numéros* $A_2$ *et* $B_2$ *comptant pour* $2$. *Cela posé, s'il manque* $n$ *unités au joueur* $A$, *et* $x - n$ *unités au joueur* $B$, *on demande les probabilités respectives des deux joueurs* $A$ *et* $B$ *pour gagner.*

Soit $_nY_x$ la probabilité de $B$ pour gagner; si l'on tire de l'urne le numéro $A_1$, elle deviendra $_{n-1}Y_{x-1}$; si l'on tire le numéro $A_2$, elle deviendra $_{n-2}Y_{x-2}$; si le numéro $B_1$ sort, elle sera $_nY_{x-1}$; si c'est le numéro $B_2$, elle sera $_nY_{x-2}$; on aura donc

$$(1) \qquad _nY_x = \frac{1}{4}\,_nY_{x-1} + \frac{1}{4}\,_nY_{x-2} + \frac{1}{4}\,_{n-1}Y_{x-1} + \frac{1}{4}\,_{n-2}Y_{x-2}.$$

Cette équation s'intègre comme dans le Problème VII; mais, pour cela, il faut avoir deux équations particulières dans deux suppositions particulières pour $n$. Or, si l'on suppose $n = 0$, on a $_0Y_x = 0$, et si l'on suppose $n = 1$, $_1Y_x = \frac{1}{2}\,_1Y_{x-1}$, parce que je suppose qu'alors les deux joueurs excluent les numéros $A_2$ et $B_2$. On a donc, par le Problème VII,

$$_nY_x = a_n \cdot {}_nY_{x-1} + {}^1a_n \cdot {}_nY_{x-2} + {}^2a_n \cdot {}_nY_{x-3} + \ldots,$$

et l'équation

$$1 = \frac{a_n}{f} + \frac{{}^1a_n}{f^2} + \frac{{}^2a_n}{f^3} + \ldots$$

est la même que celle-ci

$$0 = \left(1 - \frac{1}{2f}\right)\left(1 - \frac{1}{4f} - \frac{1}{4ff}\right)^{n-1};$$

on aura ainsi

$$_nY_x = \frac{A_n}{4^x} + p^x\left[\; N_n\frac{x(x-1)\ldots(x-n+3)}{1.2.3\ldots(n-2)} + M_n\frac{x(x-1)\ldots(x-n+4)}{1.2.3\ldots(n-3)} \right.$$
$$+ L_n\frac{x(x-1)\ldots(x-n+5)}{1.2.3\ldots(n-4)} + K_n\frac{x(x-1)\ldots(x-n+6)}{1.2.3\ldots(n-5)}$$
$$\left. + \ldots\ldots\ldots\ldots\ldots\ldots\ldots\ldots\ldots\ldots\ldots\ldots\ldots\ldots\ldots\ldots + C_n\right]$$
$$+ {}^1p^x\left[\; {}^1N_n\frac{x(x-1)\ldots(x-n+3)}{1.2.3\ldots(n-2)} + \ldots\right],$$

$p$ et $'p$ étant les deux racines de l'équation

$$f^2 - \tfrac{1}{4} f = \tfrac{1}{4},$$

c'est-à-dire $p$ étant $\dfrac{1 + \sqrt{17}}{8}$, et $'p$ étant $\dfrac{1 - \sqrt{17}}{8}$.

Il faut présentement déterminer les constantes arbitraires $A_n$, $N_n$, .... Or, si l'on substitue dans l'équation (1), au lieu de $_nY_x$, $_nY_{x-1}$, $_{n-1}Y_{x-1}$, ... leurs valeurs tirées de l'expression de $_nY_x$, on aura

$$\frac{A_n}{2^x} + p^x\left[ N_n \frac{(x-2)\ldots(x-n+1)}{1.2.3\ldots(n-2)} + (2N_n + M_n)\frac{(x-2)\ldots(x-n+2)}{1.2.3\ldots(n-3)} \right.$$

$$+ (N_n + 2M_n + L_n)\frac{(x-2)\ldots(x-n+3)}{1.2.3\ldots(n-4)}$$

$$+ (M_n + 2L_n + K_n)\frac{(x-2)\ldots(x-n+4)}{1.2.3\ldots(n-5)}$$

$$\left. + \ldots\ldots\ldots\ldots\ldots\ldots\ldots\ldots\ldots\ldots\ldots\ldots + C_n \right]$$

$$+ 'p^x\left[ 'N_n \frac{(x-2)\ldots(x-n+1)}{1.2.3\ldots(n-2)} + \ldots \right]$$

$$= \tfrac{1}{4} p^x\left\{ N_n\left(\frac{1}{p} + \frac{1}{p^2}\right)\frac{(x-2)\ldots(x-n+1)}{1.2.3\ldots(n-2)} \right.$$

$$+ \left[ \frac{N_n}{p} + M_n\left(\frac{1}{p} + \frac{1}{p^2}\right) + \frac{N_{n-1}}{p} \right]\frac{(x-2)\ldots(x-n+2)}{1.2.3\ldots(n-3)}$$

$$+ \left[ \frac{M_n}{p} + L_n\left(\frac{1}{p} + \frac{1}{p^2}\right) + \frac{M_{n-1}}{p} \right.$$

$$\left. + \frac{N_{n-1}}{p} + \frac{N_{n-2}}{p^2} \right]\frac{(x-2)\ldots(x-n+3)}{1.2.3\ldots(n-4)}$$

$$+ \left[ \frac{L_n}{p} + K_n\left(\frac{1}{p} + \frac{1}{p^2}\right) + \frac{L_{n-1}}{p} \right.$$

$$\left. + \frac{M_{n-1}}{p} + \frac{M_{n-2}}{p^2} \right]\frac{(x-2)\ldots(x-n+4)}{1.2.3\ldots(n-5)} + \ldots \right\}$$

$$+ \tfrac{1}{4} 'p^x\left\{ 'N_n\left(\frac{1}{'p} + \frac{1}{'p^2}\right)\frac{(x-2)\ldots(x-n+1)}{1.2.3\ldots(x-2)} + \ldots \right\}$$

$$+ \tfrac{1}{4}\frac{A_n}{2^{x-1}} + \tfrac{1}{4}\frac{A_n}{2^{x-2}}$$

$$+ \tfrac{1}{4}\frac{A_{n-1}}{2^{x-1}} + \tfrac{1}{4}\frac{A_{n-2}}{2^{x-2}}.$$

D'où, en considérant que

$$1 = \frac{1}{4p} + \frac{1}{4pp},$$

on formera les équations suivantes :

$$0 = \frac{1}{2} A_n + \frac{1}{3} A_{n-1} + A_{n-2},$$

$$2 N_n = \frac{1}{4} \frac{N_n}{p} + \frac{1}{4} \frac{N_{n-1}}{p},$$

$$2 M_n + N_n = \frac{1}{4} \frac{M_n}{p} + \frac{1}{4} \frac{M_{n-1}}{p} + \frac{1}{4} \frac{N_{n-2}}{p^2} + \frac{1}{4} \frac{N_{n-1}}{p},$$

$$2 L_n + M_n = \frac{1}{4} \frac{L_n}{p} + \frac{1}{4} \frac{L_{n-1}}{p} + \frac{1}{4} \frac{M_{n-2}}{p^2} + \frac{1}{4} \frac{M_{n-1}}{p},$$

. . . . . . . . . . . . . . . . . . . . . . . . . . . .

On aura des équations semblables pour $'N_n$, $'M_n$, …. On déterminera les quantités $C_n$ et $'C_n$, en considérant que, lorsque $n = x$, $_nY_x = 1$, et que, lorsque $x = 2n$, $_nY_x = \frac{1}{2}$; d'où l'on tire les équations

$$1 = \frac{A_n}{2^n} + p^n \left[ C_n + n\, D_n + \ldots + \frac{n(n-1)\ldots 3}{1.2.3\ldots(n-2)} N_n \right]$$
$$+ 'p^n \left[ 'C_n + n\, 'D_n + \ldots \right]$$

et

$$\frac{1}{2} = \frac{A_n}{2^{2n}} + p^{2n} \left[ C_n + 2n\, D_n + \ldots + N_n \frac{2n\ldots(n+3)}{1.2\ldots(n-2)} \right]$$
$$+ 'p^{2n} \left[ 'C_n + 2n\, 'D_n + \ldots + 'N_n \frac{2n\ldots(n+3)}{1.2\ldots(n-2)} \right].$$

Il faut présentement intégrer les équations précédentes. Or, si l'on fait

$$-\frac{1}{2\sqrt{2}} = \cos q \quad \text{et} \quad \frac{\sqrt{7}}{2\sqrt{2}} = \sin q, \text{ ce qui donne à peu près } q = 110°42',$$

on trouvera (article IX)

$$A_n = 2^{\frac{n}{2}} (\alpha \cos nq + 6 \sin nq),$$

$\alpha$ et $6$ étant deux constantes arbitraires. Or, si l'on fait $n = 0$, on a

$$A_0 = 0 = \alpha;$$

et si l'on fait $n = 1$, on a

$$A_n = \tfrac{1}{2},$$

parce que $_1y_x = \dfrac{1}{2^{x-1}}$; donc

$$6\sqrt{3}\sin q = \tfrac{1}{4} \qquad \text{et} \qquad 6 = \dfrac{1}{3\sqrt{3}\sin q};$$

partant

$$A_n = 3^{\frac{n-3}{2}}\,\dfrac{\sin nq}{\sin q}.$$

L'équation

$$3\,N_n = \dfrac{1}{4}\,\dfrac{N_n}{p} + \dfrac{1}{4}\,\dfrac{N_{n-1}}{p}$$

donne

$$N_n = \dfrac{Q}{(8p-1)^{n-3}}.$$

Cette valeur de $N_n$ ne commence à avoir lieu que lorsque $n = 2$; donc

$$Q = N_2 \qquad \text{et} \qquad N_n = \dfrac{N_2}{(8p-1)^{n-2}};$$

pareillement

$${}^1N_n = \dfrac{{}^1N_2}{(8\,{}^1p-1)^{n-2}}.$$

on déterminera $N_2$ et ${}^1N_2$ par ces équations

$$1 = \dfrac{A_2}{2^2} + p^2.N_2 + {}^1p^2.{}^1N_2,$$

$$\dfrac{1}{3} = \dfrac{A_3}{3^3} + p^3.N_2 + {}^1p^3.{}^1N_2.$$

On déterminera de la même manière les autres coefficients $M_n$, $L_n$, $K_n$, ....

XXXIII.

PROBLÈME XVII. — *Deux joueurs A et B jouent à cette condition, qu'à chaque coup, celui qui perdra donnera un écu à l'autre; je suppose que l'adresse de A soit à celle de B, comme p est à q, et que l'un et l'autre ait un nombre m d'écus; on demande quelle est la probabilité que le jeu finira avant, ou au nombre x de coups.*

Je suppose d'abord $p = q$. Soient

$_0y_x$ le nombre des cas suivant lesquels, au coup $x$, le gain des deux joueurs est nul ;

$_1y_x$ le nombre des cas suivant lesquels le gain de l'un ou de l'autre est 1 ;

$_2y_x$ le nombre des cas suivant lesquels il est 2, et ainsi de suite.

Cela posé, on formera les équations suivantes :

$$(\psi) \quad \begin{cases} _0y_x = {}_1y_{x-1}, \\ _1y_x = 2\cdot {}_0y_{x-1} + {}_2y_{x-1}, \\ _2y_x = {}_1y_{x-1} + {}_3y_{x-1}, \\ _3y_x = {}_2y_{x-1} + {}_4y_{x-1}, \\ \dots\dots\dots\dots\dots\dots\dots, \\ (\sigma) \quad _ny_x = {}_{n-1}y_{x-1} + {}_{n+1}y_{x-1}, \\ \dots\dots\dots\dots\dots\dots\dots, \\ _{m-1}y_x = {}_{m-2}y_{x-1}. \end{cases}$$

Pour montrer par quel procédé on obtient ces équations, j'observe que, en un coup, il peut arriver deux cas différents, savoir, que A gagne, ou que ce soit B; or il est clair que le gain ne peut être zéro au coup $x$, sans avoir été 1 au coup $x - 1$, et chaque cas dans lequel il est 1 au coup $x - 1$ donne un cas dans lequel il est nul au coup $x$; d'où je tire l'équation

$$_0y_x = {}_1y_{x-1}.$$

Ensuite tous les cas dans lesquels le gain est nul au coup $x - 1$ donnent chacun deux cas dans lesquels il est 1 au coup $x$; d'où l'on aura

$$_1y_x = 2\cdot {}_0y_{x-1} + {}_2y_{x-1}.$$

Il en est de même des autres équations. Enfin, on obtiendra la dernière en considérant que l'on doit exclure le terme $_my_{x-1}$, parce que ce terme ne peut avoir lieu, tant que le jeu est supposé ne pas finir.

Le nombre de tous les cas possibles est $2^x$; car, en nommant $h_x$ ce nombre, comme il peut arriver au coup suivant deux cas différents, savoir, que A gagne B ou que B gagne A, le nombre $h_x$, pouvant se combiner avec ces deux cas, donne conséquemment $2h_x$ pour le nombre de tous les cas possibles au coup $x + 1$; on a donc

$$h_{x+1} = 2h_x;$$

d'où, en intégrant,

$$h_x = A\,2^x,$$

A étant une constante arbitraire. Or, posant $x = 1$, $h_x = 2$; donc

$$A = 1 \quad \text{et} \quad h_x = 2^x.$$

Soit présentement $u_x$ la probabilité que le jeu finira précisément au nombre $x$ de coups : on aura

$$u_x = \frac{{}_m y'_x}{2^x};$$

mais on a visiblement

$${}_m y'_x = {}_{m-1} y'_{x-1};$$

donc

$$u_x = \frac{{}_{m-1} y'_{x-1}}{2^x}.$$

Soit $z_x$ la probabilité que le jeu finira avant ou au nombre $x$ de coups, on aura

$$z_x = z_{x-1} + u_x;$$

donc

$$\Delta z_{x-1} = \frac{{}_{m-1} y'_{x-1}}{2^x} \quad \text{ou} \quad 2^{x+1}\Delta z_x = {}_{m-1} y'_x.$$

Il ne s'agit donc plus que de déterminer la valeur de ${}_{m-1} y'_x$, ce qui peut se faire au moyen des équations précédentes ($\psi$). Pour cela, j'observe que ces équations peuvent se rapporter au Problème VIII au moyen d'une légère préparation; or cette préparation consiste à former, au moyen des deux premières, une équation entre trois variables, ce que l'on fera en substituant dans la seconde, au lieu de ${}_0 y'_{x-1}$, sa valeur ${}_1 y'_{x-2}$ tirée de la première, et l'on aura

$$_1 y'_x = 2 \cdot {}_1 y'_{x-1} + {}_2 y'_{x-1}.$$

Soit maintenant

$$(\Omega) \quad {}_n y'_x = a_n \cdot {}_n y'_{x-1} + {}^1 a_n \cdot {}_n y'_{x-1} + \ldots + u_n + b_n \cdot {}_{n+1} y'_{x-1} + {}^1 b_n \cdot {}_{n+1} y'_{x-2} + \ldots.$$

Il ne faut point tenir compte, dans cette équation, des termes $_n y_{x-1}$, $_n y_{x-3}, \ldots, _{n+1} y_{x-2}, _{n+1} y_{x-1}, \ldots$, parce que ces termes sont nuls dès que $_n y_x$ a une valeur quelconque, vu que, si le gain est pair ou impair au coup $x$, il est nécessairement impair ou pair aux coups $x - 1$, $x - 3, \ldots$. Cela posé, l'équation $(\Omega)$ donne

$$_{n-1} y_{x-1} = a_{n-1 \cdot n-1} y_{x-3} + {}^1 a_{n-1 \cdot n-1} y_{x-5} + \ldots + u_{n-1}$$
$$+ b_{n-1 \cdot n} y_{x-2} + {}^1 b_{n-1 \cdot n} y_{x-1} + \ldots$$

Si l'on substitue dans cette équation, au lieu de $_{n-1} y_{x-1}, _{n-1} y_{x-3}, \ldots$, leurs valeurs que donne l'équation $(\tau)$, on aura, après avoir ordonné,

$$_n y_x = (a_{n-1} + b_{n-1}) _n y_{x-2} + ({}^1 a_{n-1} + {}^1 b_{n-1}) _n y_{x-4} + ({}^3 a_{n-1} + {}^2 b_{n-1}) _n y_{x-6} + \ldots$$
$$+ _{n+1} y_{x-1} - a_{n-1 \cdot n+1} y_{x-3} - {}^1 a_{n-1 \cdot n+1} y_{x-5} - \ldots + u_{n-1}.$$

En comparant cette équation avec l'équation $(\Omega)$, on aura

$$b_n = 1,$$
$$a_n = a_{n-1} + b_{n-1},$$
$${}^1 b_n = - a_{n-1},$$
$${}^1 a_n = {}^1 a_{n-1} + {}^1 b_{n-1},$$
$${}^2 b_n = - {}^1 a_{n-1},$$
$${}^2 a_n = {}^2 a_{n-1} + {}^2 b_{n-1},$$
$$\ldots \ldots \ldots \ldots \ldots,$$
$$u_n = u_{n-1}.$$

Pour intégrer ces équations, il est nécessaire de faire les considérations suivantes :

La première équation commence à avoir lieu lorsque $n = 1$.

La deuxième ne commence à exister que lorsque $n = 2$; ainsi, la constante arbitraire qui vient en l'intégrant doit se déterminer au moyen de la valeur de $a_n$ lorsque $n = 1$.

La troisième équation commence à exister lorsque $n = 2$.

La quatrième ne commence à exister que lorsque $n = 3$; et la constante arbitraire qui vient en l'intégrant doit se déterminer au moyen de la valeur de $^1 a_n$, lorsque $n = 2$; et ainsi du reste.

Cela posé, si l'on intègre la deuxième équation, on aura

$$a_n = n + C,$$

C étant une constante arbitraire; or, posant $n = 1$, on a

$$a_n = 2, \quad \text{donc} \quad C = 1;$$

partant

$$^1b_n = -\, a_{n-1} = -\, n.$$

On doit observer que cette équation ne commence à exister que lorsque $n = 2$; or, $n$ étant $1$, on a

$$^1b_1 = 0, \qquad ^2b_1 = 0, \quad \ldots,$$

de plus, en faisant $n = 2$, on a

$$^2b_2 = -\,^1a_1 = 0;$$

semblablement,

$$^3b_2 = 0, \qquad ^4b_2 = 0, \qquad \ldots, \qquad ^1a_3 = {}^1a_1 + {}^1b_1 = 0;$$

pareillement,

$$^2a_2 = 0, \qquad ^3a_2 = 0, \qquad \ldots.$$

Si l'on intègre la quatrième équation, on aura

$$^1a_n = -\, \frac{(n+1)(n-2)}{1 \cdot 2} + C;$$

pour déterminer la constante C, on se servira de la valeur de $^1a_2$; or, on a

$$^1a_2 = 0, \quad \text{donc} \quad C = 0;$$

partant

$$^2b_n = \frac{n(n-3)}{1 \cdot 3};$$

cette expression de $^2b_n$ ne peut commencer à avoir lieu, par les remarques précédentes, que lorsque $n = 3$; de plus, en faisant $n = 3$, on a

$$^3b_3 = -\,^1a_1 = 0;$$

pareillement,

$$^4b_3 = 0, \qquad ^5b_3 = 0, \qquad \ldots, \qquad ^2a_3 = {}^2a_1 + {}^2b_2 = 0;$$

pareillement,

$$^3a_3 = 0, \qquad ^4a_3 = 0, \qquad \ldots.$$

La sixième équation donne, en intégrant,

$$^2a_n = \frac{(n+1)(n-3)(n-4)}{1.2.3} + C.$$

Pour déterminer C, j'observe que $^2a_3$ égale o; donc, $C = o$. Partant

$$^2b_n = -\frac{n(n-4)(n-5)}{1.2.3},$$

expression qui ne peut commencer à exister que lorsque $n = 4$, et ainsi de suite.

Enfin, $u_n = u_{n-1}$; donc, $u_n = C$. Or, posant $n = 1$, $u_n = o$; donc, $C = o$. Ainsi l'on aura

$$_n y_x = (n+1)_n y_{x-2} - \frac{(n+1)(n-2)}{1.2} {}_n y_{x-4}$$
$$+ \frac{(n+1)(n-3)(n-4)}{1.2.3} {}_n y_{x-6} - \cdots$$
$$+ {}_{n+1} y_{x-1} - n \cdot {}_{n+1} y_{x-3} + \frac{n(n-3)}{1.2} {}_{n+1} y_{x-5} - \cdots.$$

Si l'on suppose présentement $n = m - 1$, alors il ne faut point tenir compte des termes $_{n+1} y_{x-1}$, $_{n+1} y_{x-3}$, …, parce que ces termes sont exclus des équations $(\psi)$; on aura donc

$$_{m-1} y_x = m \cdot {}_{m-1} y_{x-2} - \frac{m(m-3)}{1.2} {}_{m-1} y_{x-4} + \frac{m(m-4)(m-5)}{1.2.3} {}_{m-1} y_{x-6} - \cdots.$$

Si l'on substitue présentement dans cette équation, au lieu de $_{m-1} y_x$, sa valeur $2^{x+1} \Delta z_x$, on aura, après avoir intégré,

$$z_x = m \frac{1}{2^2} z_{x-2} - \frac{m(m-3)}{1.2} \frac{1}{2^4} z_{x-4} + \frac{m(m-4)(m-5)}{1.2.3} \frac{1}{2^6} z_{x-6} + \cdots + C.$$

Je suppose maintenant les adresses de deux joueurs inégales dans la raison de $p$ à $q$; soit $p + q = 1$. Cela posé, si l'on demande la probabilité de la combinaison suivante

$$1, \quad 2, \quad 3, \quad 4, \quad 5, \quad 6, \quad 7, \quad \ldots, \quad x,$$
$$p, \quad q, \quad q, \quad p, \quad p, \quad p, \quad q, \quad \ldots, \quad q,$$

ce qui signifie A gagne au premier coup, B au second et au troisième,

A aux quatrième, cinquième et sixième, etc. Il est clair que, pour avoir cette probabilité, on doit multiplier toutes ces quantités les unes par les autres; nommant donc $r$ le nombre de fois que $p$ se trouve répété dans cette combinaison, $x-r$ exprimera combien de fois $q$ s'y trouve répété; la probabilité de cette combinaison sera conséquemment $p^r q^{x-r}$.

Si l'on fait $x-r = r+s$, et que dans quelque endroit que l'on arrête la combinaison, le nombre de fois qu'une des quantités $p$ et $q$ s'y trouve plus souvent répétée que l'autre soit toujours moindre que $m$, cette combinaison sera une de celles dans lesquelles B gagnerait $s$ écus au joueur A; or, on peut faire une combinaison correspondante dans laquelle A gagnerait $s$ écus à B, et la probabilité de cette combinaison sera $q^r p^{r+s}$, le rapport de cette probabilité à la précédente est celui de $p^s$ à $q^s$; d'où il résulte que généralement le nombre des cas suivant lesquels A gagne $s$ écus à B, multipliés chacun par leur probabilité particulière, est au nombre des cas suivant lesquels B gagne $s$ écus au joueur A, multipliés par leur probabilité, comme $p^s : q^s$.

Cela posé, soit $_0y_x$ le nombre des cas suivant lesquels au coup $x$ le gain des deux joueurs est nul, multipliés chacun par leur probabilité. Soient $_1y_x$, $_2y_x$, ... le nombre des cas suivant lesquels le gain du joueur A est 1, 2, ... écus, multipliés chacun par leur probabilité particulière, et que $_1y'_x$, $_2y'_x$, ... expriment des quantités analogues pour le joueur B; il est aisé, présentement par des considérations entièrement semblables à celles suivant lesquelles j'ai formé les équations (ψ), d'obtenir les suivantes :

$$(\psi)\quad\left\{
\begin{aligned}
_0y_x &= q\cdot{}_1y_{x-1} + p\cdot{}_1y'_{x-1},\\[2pt]
_1y_x &= p\cdot{}_0y_{x-1} + q\cdot{}_2y'_{x-1},\\[2pt]
_2y_x &= p\cdot{}_1y_{x-1} + q\cdot{}_3y'_{x-1},\\[2pt]
&\;\cdots\cdots\cdots\cdots\cdots\cdots\\[2pt]
(\sigma')\quad {}_ny_x &= p\cdot{}_{n-1}y_{x-1} + q\cdot{}_{n+1}y'_{x-1},\\[2pt]
&\;\cdots\cdots\cdots\cdots\cdots\cdots\\[2pt]
_{m-1}y_x &= p\cdot{}_{m-2}y_{x-1}.
\end{aligned}
\right.$$

Or on a, par les remarques précédentes,

$$p._{-1}y_{x-1} = q._{-1}y_{x-1}.$$

La première équation devient donc

$$_0y_x = 2q._{-1}y_{x-1},$$

partant

$$_0y_{x-1} = 2q._{-1}y_{x-2};$$

substituant cette valeur de $_0y_{x-1}$ dans la seconde, on aura

$$_1y_x = 2qp._{-1}y_{x-1} + q._{-1}y_{x-1};$$

il est aisé de voir que les équations ($\psi'$) se rapportent ainsi au Problème VIII. Soit donc

$$_ny_x = a_n._ny_{x-1} + {}^1a_n._ny_{n-1} + \ldots + u_n + b_n._{n+1}y_{x-1} + {}^1b_n._{n+1}y_{x-3} + \ldots,$$

et l'on trouvera, en opérant exactement comme je l'ai fait ci-dessus, lorsque $p$ et $q$ étaient égaux,

$$_ny_x = (n+1)pq._ny_{x-2} - \frac{(n+1)(n-2)}{1.2}p^2q^2._ny_{x-4} + \ldots$$
$$+ q._{n+1}y_{x-1} - npq^2._{n+1}y_{x-3} + \ldots.$$

Donc, si l'on suppose $n = m - 1$, on aura

$$(\varpi) \qquad _{m-1}y_x = mpq._{m-1}y_{x-2} - \frac{m(m-3)}{1.2}p^2q^2._{m-1}y_{x-4} + \ldots;$$

en rejetant les termes $_my_{x-1}$, $_my_{x-3}$, $\ldots$ qui ne peuvent avoir lieu, d'après la supposition que le jeu ne finit pas avant le coup $x$. Soit maintenant $u_x$ la probabilité que le jeu finira précisément au coup $x$, il est visible que l'on aura

$$u_x = {}_my_x + {}_m'y_x;$$

or on a $_my_x : {}_m'y_x :: p^m : q^m$; donc

$$u_x = \left(1 + \frac{q^m}{p^m}\right)_my_x;$$

de plus,

$$_my_x = p._{m-1}y_{x-1};$$

partant,

$$u_x = p\left(1 + \frac{q^m}{p^m}\right)_{m-1}y_{x-1}.$$

Soit $z_x$ la probabilité que le jeu finira avant ou au coup $x$, on aura

$$\Delta z_x = u_{x+1} = p\left(1 + \frac{q^m}{p^m}\right)_{m-1}y_x;$$

en substituant donc, au lieu de $_{m-1}y_x$, cette valeur dans l'équation ($\varpi$), on aura, après avoir intégré,

$$(\varpi) \quad \begin{cases} z_x = mpq z_{x-2} - \dfrac{m(m-3)}{1.2} p^2 q^2 z_{x-4} \\[2ex] \qquad + \dfrac{m(m-3)(m-5)}{1.2.3} p^3 q^3 z_{x-6} - \ldots + C. \end{cases}$$

Pour déterminer la constante arbitraire C, j'observe que, tant que $x$ est moindre que $m$, $z_x$ égale o, et que $x$ étant égal à $m$, $z_x$ égale $p^m + q^m$; donc,

$$C = p^m + q^m.$$

Soit $1 - l_x = z_x$; $l_x$ exprimera conséquemment la probabilité que le jeu ne finira pas avant ou au coup $x$, et l'on aura

$$l_x = mpq l_{x-2} - \frac{m(m-3)}{1.2} p^2 q^2 l_{x-4} + \ldots$$
$$\qquad - p^m - q^m + \left[ 1 - mpq + \frac{m(m-3)}{1.2} p^2 q^2 - \ldots \right].$$

Or il est remarquable que l'on a, quel que soit $m$, et en supposant $p + q = 1$,

$$0 = 1 - p^m - q^m - mpq + \frac{m(m-3)}{1.2} p^2 q^2 - \ldots,$$

ou, généralement, en supposant $p$ et $q$ quelconques,

$$(p + q)^m = mpq(p+q)^{m-2} - \frac{m(m-3)}{1.2} p^2 q^2 (p+q)^{m-4} + \ldots + p^m + q^m;$$

c'est ce dont on pourrait s'assurer par induction, en donnant à $m$ dif-

férentes valeurs numériques, mais en voici une démonstration générale. On a

$$p + q = p + q,$$
$$(p + q)^2 = 2pq(p + q)^0 + p^2 + q^2,$$
$$(p + q)^3 = 3pq(p + q) + p^3 + q^3,$$
$$\dots\dots\dots\dots\dots\dots\dots\dots\dots\dots$$

Soit donc, en général,

$$(\tau) \qquad (p + q)^m = A_m(p + q)^{m-2} + {}^1A_m(p + q)^{m-4} + \dots + p^m + q^m,$$

et l'on aura

$$(p + q)^{m+1} = A_m(p + q)^{m-1} + {}^1A_m(p + q)^{m-3} + \dots$$
$$+ p^{m+1} + q^{m+1} + pq(p^{m-1} + q^{m-1}).$$

Or on a

$$p^{m-1} + q^{m-1} = (p + q)^{m-1} - A_{m-1}(p + q)^{m-3} - \dots;$$

donc

$$(p + q)^{m+1} = (A_m + pq)(p + q)^{m-1}$$
$$+ ({}^1A_m - A_{m-1}pq)(p + q)^{m-3} + \dots + p^{m+1} + q^{m+1}.$$

On a d'ailleurs

$$(p + q)^{m+1} = A_{m+1}(p + q)^{m-1} + {}^1A_{m+1}(p + q)^{m-3} + \dots + p^{m+1} + q^{m+1};$$

d'où, en comparant, on aura

$$A_{m+1} = A_m + pq,$$
$${}^1A_{m+1} = {}^1A_m - A_{m-1}pq,$$
$${}^2A_{m+1} = {}^2A_m - {}^1A_{m-1}pq,$$
$$\dots\dots\dots\dots\dots\dots\dots\dots$$

Toutes ces équations ne peuvent commencer à exister à la fois; la
première ne commence à avoir lieu que lorsque $m = 1$; la seconde,
lorsque $m = 2$; la troisième, lorsque $m = 3$; etc. De plus, comme
elles supposent nécessairement connues les expressions de $p + q$ et
$(p+q)^2$, pour déterminer ensuite, à leur moyen, $(p+q)^3$, $(p+q)^4$, ...,
il résulte que la loi représentée par ces équations commence à avoir
lieu lorsque $m + 1 = 3$; ainsi, la première équation commence à

exister lorsque $m = 2$; la seconde, lorsque $m = 3$; la troisième, lorsque $m = 4$, etc.

Cela posé, en intégrant la première, on a

$$A_m = mpq + C.$$

Or, posant $m = 2$, on a

$$A_2 = 2pq;$$

donc $C = 0$.

Ensuite, la seconde donne

$$^1A_m = - \frac{m(m-3)}{1.2} p^2 q^2 + C;$$

or, posant $m = 3$, $^1A_3 = 0$, parce que $(p+q)$ ne peut avoir d'exposant négatif dans la formule $(\tau)$; donc $C = 0$, et ainsi du reste. Donc

$$(p+q)^m = mpq(p+q)^{m-2} - \frac{m(m-3)}{1.2} p^2 q^2 (p+q)^{m-4} + \ldots + p^m + q^m;$$

ainsi l'on aura

$$(\delta) \qquad \ell_x = mpq\ell_{x-1} - \frac{m(m-3)}{1.2} p^2 q^2 \ell_{x-2} + \ldots.$$

Pour intégrer cette équation, je commence par observer qu'elle est différentielle de l'ordre $\frac{m}{2}$ ou $\frac{m-1}{2}$, suivant que $m$ est pair ou impair. De plus, il est aisé de voir, à l'inspection des équations $(\psi')$, qu'elle commence à exister lorsque $x = m$. Ainsi, les constantes arbitraires qui viennent par l'intégration doivent être déterminées par les valeurs de $\ell_x$, lorsqu'on fait $x = 0$, $x = 2$, $x = 4$, ..., $x = m-2$ ou $x = 1$, $x = 3$, $x = 5$, ..., $x = m-2$, suivant que $m$ est pair ou impair. Or, toutes ces valeurs sont égales à l'unité, puisqu'il est certain que le jeu ne peut finir avant $m$ coups.

Présentement, si l'on suppose $x'$ égal à $\frac{x}{2}$ ou $\frac{x-1}{2}$, suivant que $m$ est pair ou impair, on aura

$$\ell_x = mpq\ell_{x-1} - \frac{m(m-3)}{1.2} p^2 q^2 \ell_{x-2} + \ldots.$$

L'intégrale de cette équation dépend de la résolution de cette équation algébrique

$$f^{\frac{m}{2}} = mpqf^{\frac{m}{2}-1} - \frac{m(m-3)}{1\cdot 2}p^2q^2f^{\frac{m}{2}-2} + \dots,$$

si $m$ est pair, ou de celle-ci

$$f^{\frac{m-1}{2}} = mpqf^{\frac{m-1}{2}-1} - \frac{m(m-3)}{1\cdot 2}p^2q^2f^{\frac{m-1}{2}-2} + \dots,$$

si $m$ est impair.

Or, si l'on fait $\cos\varphi = y$, on a, comme l'on sait,

$$\cos m\varphi = 2^{m-1}y^m - m\,2^{m-3}y^{m-2} + \frac{m(m-3)}{1\cdot 2}2^{m-5}y^{m-4} - \dots$$

Soit $\cos m\varphi = 0$, et l'on aura

$$0 = y^m - m\frac{1}{4}y^{m-2} + \frac{m(m-3)}{1\cdot 2}\frac{1}{4^2}y^{m-4} - \dots$$

lorsque $m$ est pair, ou

$$0 = y^{m-1} - m\frac{1}{4}y^{m-3} + \frac{m(m-3)}{1\cdot 2}\frac{1}{4^2}y^{m-5} - \dots$$

lorsque $m$ est impair.

Les différentes valeurs de $y$ dans cette équation sont les cosinus des différents arcs, qui, multipliés par $m$, ont leurs cosinus égaux à zéro ; or les arcs qui ont leurs cosinus nuls sont $\frac{\pi}{2}$, $\frac{3\pi}{2}$, $\frac{5\pi}{2}$, ..., $\pi$ exprimant la demi-circonférence dont le rayon est l'unité. Les différentes valeurs de $y$ sont, conséquemment, plus et moins les cosinus des arcs $\frac{\pi}{2m}$, $\frac{3\pi}{2m}$, $\frac{5\pi}{2m}$, ... jusqu'à $\frac{(m-1)\pi}{2m}$ ou $\frac{(m-2)\pi}{2m}$ inclusivement, suivant que $m$ est pair ou impair ; les cosinus des arcs suivants étant les mêmes, à la différence des signes près, celui de $\frac{\pi}{2}$ étant nul ; soient donc $l$, $l_1$, $l_2$, ... ces différents cosinus, les valeurs de $y$ seront donc $\pm l$, $\pm l_1$, .... Or il est aisé de voir que $f = 4y^2pq$, partant, les différentes valeurs de $f$ seront $4l^2pq$, $4l_1^2pq$, ..., d'où l'on aura

$$t_x = A\left(2l\sqrt{pq}\right)^x + A_1\left(2l_1\sqrt{pq}\right)^x + \dots,$$

A, A$_1$, ... étant des constantes arbitraires qui se détermineront par la méthode de l'article IX.

### XXXIV.

PROBLÈME XVIII. — *J'ai supposé, dans le Problème précédent, que les deux joueurs A et B avaient un égal nombre m d'écus; je suppose actuellement que le joueur A ait i écus, et le joueur B, m écus; le reste subsistant, comme ci-dessus, on demande la probabilité que le jeu finira avant, ou au nombre x de coups.*

Il est aisé de voir que l'on aura d'abord les équations $(\psi')$ du Problème précédent. De plus, on aura les suivantes :

$$(\psi'') \quad \begin{cases} {}_1y'_x = q \cdot {}_0y'_{x-1} + p \cdot {}_2y'_{x-1}, \\ {}_2y'_x = q \cdot {}_1y'_{x-1} + p \cdot {}_3y'_{x-1}, \\ {}_3y'_x = q \cdot {}_2y'_{x-1} + p \cdot {}_4y'_{x-1}, \\ \cdots\cdots\cdots\cdots\cdots\cdots\cdots, \\ {}_ny'_x = q \cdot {}_{n-1}y'_{x-1} + p \cdot {}_{n+1}y'_{x-1}, \\ \cdots\cdots\cdots\cdots\cdots\cdots\cdots, \\ {}_{i-1}y'_x = q \cdot {}_{i-2}y'_{x-1}. \end{cases}$$

Soient

$$\begin{aligned} {}_{i-1}y'_x &= {}_1\lambda_x, & {}_{i-2}y'_x &= {}_2\lambda_x, & {}_{i-3}y'_x &= {}_3\lambda_x, & \cdots, \\ {}_0y'_x &= {}_i\lambda_x, & {}_1y'_x &= {}_{i+1}\lambda_x, & {}_2y'_x &= {}_{i+2}\lambda_x, & \cdots, \end{aligned}$$

et l'on aura, en réunissant les équations $(\psi')$ et $(\psi'')$,

$$\begin{aligned} {}_1\lambda_x &= q \cdot {}_2\lambda_{x-1}, \\ {}_2\lambda_x &= q \cdot {}_3\lambda_{x-1} + p \cdot {}_1\lambda_{x-1}, \\ &\cdots\cdots\cdots\cdots\cdots\cdots\cdots, \\ {}_{i+m-1}\lambda_x &= p \cdot {}_{i+m-2}\lambda_{x-1}. \end{aligned}$$

Soit

$$(\Omega') \quad \begin{cases} {}_n\lambda_x = a_n \cdot {}_n\lambda_{x-2} + {}^1a_n \cdot {}_n\lambda_{x-4} + {}^2a_n \cdot {}_n\lambda_{x-6} + \ldots + u_n \\ \qquad + b_n \cdot {}_{n+1}\lambda_{x-1} + {}^1b_n \cdot {}_{n+1}\lambda_{x-3} + {}^2b_n \cdot {}_{n-1}\lambda_{x-3} + \ldots, \end{cases}$$

et l'on aura

$$p._{n-1}\lambda._{x-1} = a_{n-1}p._{n-1}\lambda._{x-3} + {}^1a_{n-1}p._{n-1}\lambda._{x-5} + {}^2a_{n-1}p._{n-1}\lambda._{x-7} + \ldots + u_{n-1}p$$
$$+ b_{n-1}p._n\lambda._{x-2} + {}^1b_{n-1}p._n\lambda._{x-4} + \ldots.$$

Or on a

$$_n\lambda._x = q._{n+1}\lambda._{x-1} + p._{n-1}\lambda._{x-1};$$

donc

$$_n\lambda._x = (a_{n-1} + b_{n-1}p)_n\lambda._{x-2} + ({}^1a_{n-1} + {}^1b_{n-1}p)_n\lambda._{x-4} + ({}^2a_{n-1} + {}^2b_{n-1}p)_n\lambda._{x-6} + \ldots + u_{n-1}p$$
$$+ q._{n+1}\lambda._{x-1} - a_{n-1}q._{n+1}\lambda._{x-3} - {}^1a_{n-1}q._{n+1}\lambda._{x-5} - \ldots,$$

d'où l'on aura, en comparant avec l'équation $(\Omega'')$,

$$b_n = q,$$
$$a_n = a_{n-1} + b_{n-1}p,$$
$${}^1b_n = -a_{n-1}q,$$
$${}^1a_n = {}^1a_{n-1} + {}^1b_{n-1}p,$$
$${}^2b_n = -{}^1a_{n-1}q,$$
$${}^2a_n = {}^1a_{n-1} + {}^2b_{n-1}p,$$
$$\ldots\ldots\ldots\ldots\ldots,$$
$$u_n = u_{n-1}p.$$

On doit observer que la première de ces équations commence à exister lorsque $n = 1$; la seconde et la troisième, lorsque $n = 2$; la quatrième et la cinquième, lorsque $n = 3$; etc.

Cela posé, si l'on intègre la seconde, on aura

$$a_n = (n-1)pq + C;$$

or, posant $n = 1$, $a_n = 0$; donc $C = 0$, partant

$${}^1b_n = -a_{n-1}q = -(n-2)pq^2.$$

Si l'on intègre la quatrième, on aura

$${}^1a_n = -\frac{(n-2)(n-3)}{1.3}p^2q^2 + C;$$

pour déterminer la constante $C$, j'observe que, lorsque $n = 2$, on a

$${}^1a_2 = {}^1a_1 + {}^1b_1p = 0;$$

donc $C = 0$, partant,

$$^2b_n = \frac{(n-3)(n-4)}{1.2}\, p^2 q^3.$$

Si l'on intègre la sixième équation, on aura

$$^2a_n = \frac{(n-3)(n-4)(n-5)}{1.2.3}\, p^3 q^3 + C;$$

or on a

$$^2a_3 = {}^2a_2 + {}^1b_2 \qquad \text{et} \qquad {}^2a_3 = {}^2a_1 + {}^1b_1 = 0;$$

donc $^2a_3 = 0$, partant $C = 0$, et ainsi du reste.

Enfin, on a $u_n = u_{n-1}p$, donc $u_n = Cp^n$; or, posant $n = 1$, $u_n = 0$; donc $C = 0$ et $u_n = 0$; donc

$$_n\lambda_x = (n-1)pq\cdot{}_n\lambda_{x-2} - \frac{(n-2)(n-3)}{1.2}\, p^2 q^2 \cdot{}_n\lambda_{x-4}$$

$$+ \frac{(n-3)(n-4)(n-5)}{1.2.3}\, p^3 q^3\cdot{}_n\lambda_{x-6} - \ldots$$

$$+ q\cdot{}_{n+1}\lambda_{x-1} - (n-2)pq^2\cdot{}_{n+1}\lambda_{x-3} + \frac{(n-3)(n-4)}{1.2}\, p^2 q^3\cdot{}_{n+1}\lambda_{x-5}$$

$$- \ldots\ldots\ldots\ldots\ldots\ldots\ldots\ldots\ldots\ldots$$

Si l'on fait $n = i + m - 1$, on aura

$$_{i+m-1}\lambda_x = {}_{m-1}y_x \qquad \text{et} \qquad {}_{i+m}\lambda_x = 0;$$

donc

$$(\Xi)\ \begin{cases} _{m-1}y_x = (i+m-2)pq\cdot{}_{m-1}y_{x-2} - \dfrac{(i+m-3)(i+m-4)}{1.2}\, p^2 q^2\cdot{}_{m-1}y_{x-4} \\[2mm] \qquad + \dfrac{(i+m-4)(i+m-5)(i+m-6)}{1.2.3}\, p^3 q^3\cdot{}_{m-1}y_{x-6} - \ldots. \end{cases}$$

Si donc on nomme $z_x$ la probabilité que A gagnera avant ou au coup $x$, on aura, par un procédé semblable à celui du Problème précédent,

$$(\pi)\quad z_x = (m+i-2)pq\, z_{x-2} - \frac{(m+i-3)(m+i-4)}{1.2}\, p^2 q^2 z_{x-4} + \ldots + C.$$

Pareillement, si l'on nomme $z_x$ la probabilité du joueur B pour gagner avant, ou au coup $x$, on aura

$$(\pi') \quad \overset{1}{z}_x = (m+i-2)pq\,\overset{1}{z}_{x-2} - \frac{(m+i-3)(m+i-4)}{1\cdot3}\,p^2q^2\overset{1}{z}_{x-4} + \ldots + {}^1C.$$

Pour déterminer les constantes arbitraires qui entrent dans les expressions de $z_x$ et $\overset{1}{z}_x$, j'observe qu'elles sont au nombre de $\frac{m+i}{2}$ si $m+i$ est pair, ou $\frac{m+i+1}{2}$ s'il est impair; or voici de quelle manière on les aura.

Je suppose $m$ et $i$ impairs; l'équation $(z)$ ne commencera visiblement à avoir lieu que lorsque $x-i-m+2$ égalera $o$, ce qui donne $x=i+m-2$. L'équation $(\pi)$ ne commencera donc à exister que lorsque $x$ égalera $i+m+1$; il faut, par conséquent, avoir toutes les valeurs de $z_x$, depuis $z$, jusqu'à $z_{i+m+1}$, pour déterminer les constantes arbitraires de l'équation $(\pi)$.

Si $m$ et $i$ sont des nombres pairs, l'équation $(z)$ ne commencera à avoir lieu que lorsque $x-i-m+2$ égalera $1$; ce qui donne $x=i+m-1$. L'équation $(\pi)$ ne commence donc à avoir lieu que lorsque $x$ égale $i+m+2$; il faut, par conséquent, avoir les valeurs de $z_x$ depuis $z_2$ jusqu'à $z_{i+m+2}$.

Si, $m$ étant pair, $i$ est impair, l'équation $(z)$ ne commencera à avoir lieu que lorsque $x-i-m+1$ égalera $1$, ce qui donne $x=i+m$. L'équation $(\pi)$ n'a donc lieu que lorsque $x$ égale $i+m+3$; ainsi il faut avoir les valeurs de $z_x$, depuis $z_2$ jusqu'à $z_{i+m+3}$.

Enfin, si, $m$ étant impair, $i$ est pair, l'équation $(z)$ ne commencera à avoir lieu que lorsque $x-i-m+1$ égalera $o$, ce qui donne $x=i+m-1$. L'équation $(\pi)$ ne commence donc à exister que lorsque $x$ égale $i+m+2$. Il faut conséquemment avoir les valeurs de $z_x$, depuis $z_1$ jusqu'à $z_{i+m+2}$.

Cela posé, le nombre de tous les cas possibles au coup $m$, multipliés chacun par leur probabilité particulière, sera

$$p^m + mp^{m-1}q + \frac{m(m-1)}{1\cdot2}\,p^{m-2}q^2 + \ldots + q^m.$$

Le nombre des cas qui font gagner A au coup $m$ égale $p^m$. Pour avoir le nombre des cas qui le font gagner précisément au coup $m+2$, il est visible qu'il faut retrancher $p^m$ de la quantité précédente, et multiplier le reste par $p^2 + 2pq + q^2$, ce qui donne

$$(\chi) \quad \left\{ \begin{aligned} & mp^{m+1}q + \frac{m(m-1)}{1.2}p^m q^2 + \frac{m(m-1)(m-2)}{1.2.3}p^{m-1}q^3 + \dots \\ & + 2mp^m q^2 + \frac{2m(m-1)}{1.2}p^{m-1}q^3 + \dots + mp^{m-1}q^2 + \dots \end{aligned} \right.$$

Or, le nombre des cas qui le font gagner précisément au coup $m+2$ est visiblement $mp^{m+1}q$; on a donc

$$z_{m+2} = p^m(1 + mpq).$$

Pour avoir le nombre des cas qui font gagner A au coup $m+4$, il faut retrancher de la quantité précédente $(\chi)$, $mp^{m+1}q$, multiplier le reste par $p^2 + 2pq + q^2$, et l'on aura $\dfrac{m(m+3)}{1.2}p^{m+2}q^2$ pour le nombre de ces cas; ainsi,

$$z_{m+4} = p^m\left[1 + mpq + \frac{m(m+3)}{1.2}p^2 q^2\right].$$

On trouvera, de même,

$$z_{m+6} = p^m\left[1 + mpq + \frac{m(m+3)}{1.2}p^2 q^2 + \frac{m(m+4)(m+5)}{1.2.3}p^3 q^3\right],$$

et ainsi de suite; la loi de ces valeurs de $z_r$ a lieu jusqu'à $z_{m+i-2}$; si l'on avait besoin de valeurs ultérieures de $z_r$, on les obtiendrait facilement par ce procédé.

Pour intégrer présentement l'équation $(\pi)$, il faut avoir les racines de l'équation

$$f^{\frac{m+i-1}{2}} = (m-i-2)pqf^{\frac{m+i-3}{2}} - \frac{(m+i-3)(m+i-4)}{1.2}p^2 q^2 f^{\frac{m+i-5}{2}} + \dots,$$

si $m+i$ est impair, ou

$$f^{\frac{m+i}{2}-1} = (m+i-2)pqf^{\frac{m+i}{2}-2} - \dots$$

si $m + i$ est pair; or on trouvera ces racines en considérant que l'on a

$$\sin(m + i)z = x[2^{m+i-1}u^{m+i-1} - (m + i - 2)2^{m+i-3}u^{m+i-3} + \ldots],$$

$x$ étant le sinus et $u$ le cosinus de l'angle $z$; or, posant

$$\sin(m + i)z = 0,$$

on aura

$$u^{m+i-1} = (m + i - 2)\tfrac{1}{2}u^{m+i-3} - \ldots.$$

Soit $u = \dfrac{\sqrt{f}}{2\sqrt{pq}}$, et l'on aura

$$f^{\frac{m+i-1}{2}} = (m + i - 2)pqf^{\frac{m+i-3}{2}} - \ldots$$

si $m + i$ est impair, ou

$$f^{\frac{m+i}{2} - 1} = (m + i - 2)pqf^{\frac{m+i}{2} - 2} - \ldots$$

si $m + i$ est pair; les différentes valeurs de $u$ sont les cosinus des angles $z$, tels que $\sin(m + i)z$ égale $0$, ce qui donne

$$z = \frac{\pi}{m+i}, \qquad z = \frac{2\pi}{m+i}, \qquad z = \frac{3\pi}{m+i}, \qquad \ldots$$

Soient $l, l_1, l_2, \ldots$ les cosinus de ces angles jusqu'à $\dfrac{m+i}{2}$ si $m + i$ est pair, ou $\dfrac{m+i-1}{2}$ s'il est impair; les différentes valeurs de $f$ seront $4l^2pq, 4l_1^2pq, \ldots.$ Ces valeurs une fois déterminées, il est aisé de trouver celles de $z_x$ et $z_r$.

## XXXV.

PROBLÈME XIX. — *Je suppose deux joueurs A et B, avec un égal nombre $m$ d'écus, jouant à cette condition, que celui qui perdra donnera un écu à l'autre; que la probabilité de A pour gagner un coup soit $p$; que celle de B soit $q$; mais qu'il puisse arriver qu'aucun d'eux ne gagne, et que la probabilité pour cela soit $r$. Cela posé, on demande la probabilité que le jeu finira avant ou au nombre $x$ de coups.*

Soient $_0y_x$ le nombre des cas suivant lesquels, au coup $x$, le gain des deux joueurs est nul, multipliés par leurs probabilités; $_1y_x$, $_2y_x$, $_3y_x$, ... le nombre des cas suivant lesquels le gain du joueur A est 1, 2, 3, ... au coup $x$, multipliés par leur probabilité, et que $_1y'_x$, $_2y'_x$, $_3y'_x$, ... expriment les mêmes choses pour le joueur B. Cela posé, on formera les équations suivantes :

$$(-)\quad\left\{\begin{aligned}
_0y_x &= r._0y_{x-1} + q._1y'_{x-1} + p._1y'_{x-1},\\
_1y'_x &= r._1y_{x-1} + q._2y'_{x-1} + p._0y'_{x-1},\\
_2y'_x &= r._2y_{x-1} + q._3y'_{x-1} + p._1y'_{x-1},\\
&\;\cdots\cdots\cdots\cdots\cdots\cdots\cdots\cdots\cdots,\\
_ny'_x &= r._ny'_{x-1} + q._{n+1}y'_{x-1} + p._{n-1}y'_{x-1},\\
&\;\cdots\cdots\cdots\cdots\cdots\cdots\cdots\cdots\cdots,\\
_{m-1}y'_x &= r._{m-1}y'_{x-1} + p._{m-2}y'_{x-1}.
\end{aligned}\right.$$

Or on a

$$p._1y'_{x-1} = q._1y'_{x-1};$$

la première équation deviendra donc

$$_0y_x = r._0y_{x-1} + 2q._1y_{x-1};$$

et, si on la combine avec la seconde, on aura

$$_1y_x = 2r._1y_{x-1} + (2pq - r^2)\,_1y_{x-2} + q._1y'_{x-1} - q r._2y'_{x-2}.$$

Soit maintenant

$$_ny_x = a_n ._ny_{x-1} + {}^1a_n ._ny_{x-2} + \ldots + u_n + b_n ._{n+1}y'_{x-1} + {}^1b_n ._{n+1}y'_{x-2} + \ldots;$$

donc

$$\begin{aligned}
p._{n-1}y_{n-1} = {}&a_{n-1}\,p._{n-1}y_{x-2} + {}^1a_{n-1}\,p._{n-1}y_{x-3} + \ldots + p u_{n-1}\\
&+ b_{n-1}\,p._ny_{x-2} + {}^1b_{n-1}\,p._ny_{x-3} + \ldots.
\end{aligned}$$

Substituant au lieu de $p._{n-1}y_{x-1}$, $p._{n-1}y_{x-2}$, ... leurs valeurs que donne l'équation $(-)$, on aura

$$\begin{aligned}
_ny_x = {}&(a_{n-1} + r)\,_ny_{x-1} + ({}^1a_{n-1} - a_{n-1}r + pb_{n-1})\,_ny_{x-2}\\
&+ ({}^2a_{n-1} - {}^1a_{n-1}r + p.{}^1b_{n-1})\,_ny_{x-3} + \ldots\\
&+ q._{n+1}y'_{x-1} - a_{n-1}q._{n+1}y'_{x-2} - {}^1a_{n-1}q._{n+1}y'_{x-3} - \ldots + p u_{n-1};
\end{aligned}$$

d'où, en comparant, on aura

$$a_n = a_{n-1} + r,$$

$$b_n = q,$$

$${}^1a_n = {}^1a_{n-1} - a_{n-1}r + pb_{n-1},$$

$${}^1b_n = - a_{n-1}q,$$

$${}^2a_n = {}^2a_{n-1} - {}^1a_{n-1}r + p.{}^1b_{n-1},$$

$$\dotfill$$

La première de ces équations commence à exister lorsque $n$ égale 2 ; la seconde, lorsque $n$ égale 1 ; la troisième, lorsque $n$ égale 2 ; etc. On aura donc, en intégrant et ajoutant les constantes convenables,

$$a_n = r(n + 1),$$

$$b_n = q,$$

$${}^1a_n = - r^2 \frac{n(n + 1)}{1.2} + pq(n + 1),$$

$${}^1b_n = - a_{n-1}q = - qrn.$$

Cette dernière équation étant vraie, lorsque $n$ égale 1, il suit que la cinquième équation commence à exister lorsque $n$ égale 2 ; ce qui donne

$$^2a_n = r^3 \frac{(n + 1)n(n - 1)}{1.2.3} - pqr(n + 1)(n - 1).$$

Donc

$$^2b_n = qr^2 \frac{n(n - 1)}{1.2},$$

équation qui commence à exister lorsque $n$ égale 1, parce que $^2b_1$ égale 0. Donc, la sixième équation commence à exister lorsque $n$ égale 2, et l'on aura

$$^3a_n = - r^4 \frac{(n + 1)n(n - 1)(n - 2)}{1.2.3.4}$$

$$+ pqr^2(n + 1)(n - 1)(n - 2) - p^2q^2 \frac{(n + 1)(n - 3)}{1.2} + C.$$

Or, posant $n = 2$, on a

$$^3a_2 = {}^3a_1 - {}^2a_1 r + p.{}^2b_1 = 0,$$

donc $C = 0$, et ainsi de suite; enfin, $u_n = 0$. On aura donc, en faisant $n = m - 1$ et rejetant les termes $_mY_{x-1}, {}_mY_{x-2}, \dots$

$$_{m-1}Y_x = mr._{m-1}Y_{x-1} - \left[ r^2 \frac{m(m-1)}{1.2} - pqm \right]_{m-1}Y_{x-2}$$

$$+ \left[ r^3 \frac{m(m-1)(m-2)}{1.2.3} - pqr\, m(m-2) \right]_{m-1}Y_{x-3}$$

$$- \left[ r^4 \frac{m(m-1)(m-2)(m-3)}{1.2.3.4} - pqr^2 \frac{m(m-2)(m-3)}{1.2} + p^2q^2 \frac{m(m-3)}{1.2} \right]_{m-1}Y_{x-4}$$

$$+ \dots \dots \dots \dots \dots \dots \dots \dots \dots \dots \dots \dots \dots \dots \dots \dots \dots \dots$$

Si l'on suppose $r = 0$, on aura

$$_{m-1}Y_x = mpq._{m-1}Y_{x-2} - \frac{m(m-3)}{1.2} p^2q^2._{m-1}Y_{x-4} + \dots,$$

la même équation que j'ai trouvée ci-dessus pour ce cas.

Si l'on nomme $z_x$ la probabilité de A pour gagner avant ou au coup $x$, on aura

$$z_x = mr z_{x-1} - \left[ r^2 \frac{m(m-1)}{1.2} - pqm \right] z_{x-2} + \dots + C,$$

C étant une constante arbitraire.

Pareillement, si l'on nomme $\overset{1}{z}_x$ la probabilité de B pour gagner avant ou au coup $x$, on aura

$$\overset{1}{z}_x = mr \overset{1}{z}_{x-1} - \left[ r^2 \frac{m(m-1)}{1.2} - pqm \right] \overset{1}{z}_{x-2} + \dots + \overset{1}{C}.$$

Pour intégrer ces équations, il faut avoir les racines de l'équation

$$(A) \qquad f^m = mrf^{m-1} - \left[ r^2 \frac{m(m-1)}{1.2} - pqm \right] f^{m-2} + \dots;$$

or voici comme on peut les déterminer.

On a vu précédemment comment on pouvait avoir les racines de l'équation

$$y^m = mpq\,y^{m-1} - \frac{m(m-3)}{1 \cdot 2}\,p^2 q^2\,y^{m-3} + \ldots$$

Soit $y = f - r$, et l'on aura

$$f^m = mrf^{m-1} - \left[ r^2\,\frac{m(m-1)}{1 \cdot 2} - pqm \right] f^{m-2}$$

$$+ \left[ r^3\,\frac{m(m-1)(m-3)}{1 \cdot 2 \cdot 3} - pqrm(m-2) \right] f^{m-3}$$

$$- \ldots\ldots\ldots\ldots\ldots\ldots\ldots\ldots\ldots\ldots\ldots\ldots\ldots,$$

équation qui est la même que l'équation (A); les différentes valeurs de $f$ sont par conséquent égales à celles de $y$, augmentées de la quantité $r$; présentement l'intégration de l'équation différentielle en $z_c$ n'a rien d'embarrassant.

# SUR LE PRINCIPE

## DE LA

# GRAVITATION UNIVERSELLE

### ET SUR LES

### INÉGALITÉS SÉCULAIRES DES PLANÈTES QUI EN DÉPENDENT.

# SUR LE PRINCIPE

### DE LA

# GRAVITATION UNIVERSELLE

### ET SUR LES

## INÉGALITÉS SÉCULAIRES DES PLANÈTES QUI EN DÉPENDENT (*).

*Mémoires de l'Académie royale des Sciences de Paris (Savants étrangers),*
année 1773, t. VII, 1776.

## XXXVI.

Avant que d'entrer en matière, je crois devoir rappeler ici les équations générales du mouvement d'un corps de figure quelconque, et animé par des forces quelconques; parce qu'elles servent de base, non seulement aux recherches suivantes, mais à d'autres encore que je me propose de publier dans la suite sur différents objets de l'Astronomie physique. M. d'Alembert a donné, le premier, la solution générale de ce problème, la méthode la plus directe pour y parvenir, et tout à la fois l'application la plus utile et la plus heureuse que l'on en puisse faire, dans son excellent Traité *Sur la précession des équinoxes*, Ouvrage original, qui brille partout du génie de l'invention, et que l'on peut regarder comme renfermant le germe de tout ce qu'on a fait depuis dans la Mécanique des corps solides. Cet illustre géomètre a encore

---

(*) Ce Mémoire a été réuni, dans le tome VII des *Mémoires de l'Académie (Savants étrangers)*, année 1773, au Mémoire précédent, et les numéros des Articles se suivent. Dans cette édition, les deux Mémoires ont été séparés, mais on a maintenu la suite des numéros des Articles. *(Note de l'Éditeur.)*

généralisé ses recherches dans plusieurs savants Mémoires, qu'il a in-
sérés dans le Recueil de l'Académie et dans ses *Opuscules*. J'aurais pu
renvoyer à ces Ouvrages pour la démonstration des équations du problème, mais, comme celles auxquelles je parviens ont une forme un
peu différente des siennes, et qu'elles m'ont paru d'ailleurs commodes
pour les appliquer à l'Astronomie, je vais exposer en peu de mots le
procédé qui m'y a conduit.

## XXXVII.

### *Du mouvement d'un corps de figure quelconque et animé*<br>*par des forces quelconques.*

Par un point quelconque $i$ du corps M (*fig.* 1), je mène trois droites
$iA$, $iB$, $iC$ perpendiculaires entre elles, et une droite $iH$ qui traverse
ce corps, et que je prendrai pour axe; soit $iH = 1$, et que la projection de $iH$ sur le plan $AiB$ soit $iF$; je nomme $\varepsilon$ l'angle $AiF$, et $\theta$

Fig. 1.

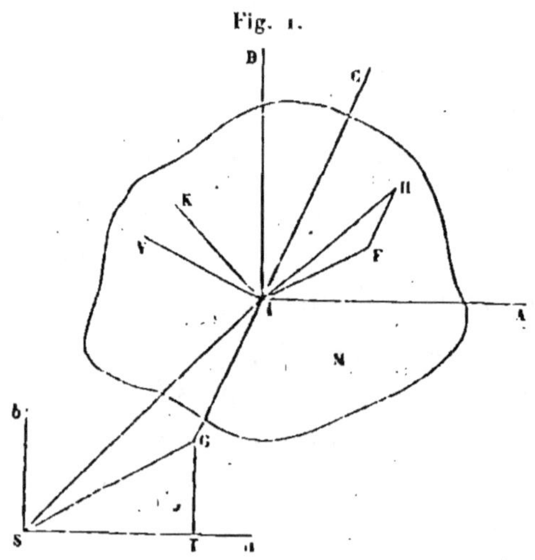

l'angle $HiF$. Je suppose que, durant le mouvement du point $i$, les
droites $iA$, $iB$ et $iC$ restent toujours parallèles à elles-mêmes; j'imagine
de plus une droite $iV = iH = 1$, laquelle soit fixe dans le corps et perpendiculaire à $iH$; par le point $i$, je mène dans le plan $HiF$ la perpen-

diculaire $i$K à $i$H; soit $\varpi$ l'angle V$i$K; je suppose enfin un point S fixe ou considéré comme fixe dans l'espace, et je fais passer par ce point un plan $b$S$a$ parallèle au plan B$i$A; les droites S$a$ et S$b$ étant supposées parallèles aux droites $i$A et $i$B; je mène ensuite la droite $i$S, dont SG est la projection sur le plan $b$S$a$, et je fais SG $= r$, tang GS$i = s$, et l'angle GST $= \varphi$.

Cela posé, la position du corps M dans l'espace dépend : 1° de la position du point $i$; 2° de la position de l'axe $i$H; 3° de la position du corps par rapport à cet axe. Or, la position du point $i$ est déterminée par les valeurs des quantités $r$, $s$ et $\varphi$; la position de l'axe $i$H est déterminée par les valeurs des angles $\varepsilon$ et $\theta$; enfin, la position du corps par rapport à l'axe $i$H est déterminée par la valeur de l'angle $\varpi$; il faut donc trouver les équations qui déterminent ces quantités pour un instant donné quelconque.

Pour cela, je décompose les forces dont le corps est animé, chacune en trois autres parallèles aux axes $i$A, $i$B et $i$C.

Soient

$\psi$ la somme des forces parallèles à $i$C;

$\psi$Y et $\psi$X la somme de leurs moments, par rapport aux axes $i$A et $i$B;

$\psi'$ la somme des forces parallèles à $i$B;

$\psi'$Z' et $\psi'$X' la somme de leurs moments, par rapport aux axes $i$A et $i$C;

$\psi''$ la somme des forces parallèles à $i$A;

$\psi''$Z'' et $\psi''$Y'' la somme de leurs moments, par rapport aux axes $i$B et $i$C.

Cela posé, du point $i$ sur le plan $b$S$a$, j'abaisse la perpendiculaire $i$G, et du point G sur S$a$, la perpendiculaire GT; soient G$i = z$, GT $= y$ et ST $= x$. J'imagine ensuite une molécule quelconque du corps M, que je nomme $d$M, et de laquelle, si l'on mène sur le plan A$i$B les coordonnées parallèles aux trois axes $i$A, $i$B et $i$C, ces coordonnées soient exprimées par $x'$, $y'$ et $z'$, en fixant leur origine au point $i$; la quantité de mouvement de cette molécule dans le sens $i$A sera

$\dfrac{dx + dx'}{dt}\,dM$ ; dans le sens $iB$, elle sera $\dfrac{dy + dy'}{dt}\,dM$ ; et, dans le sens $iC$, elle sera $\dfrac{dz + dz'}{dt}\,dM$ ; dans l'instant suivant ces quantités de mouvement deviennent

$$\frac{dx + dx' + d^2x + d^2x'}{dt}\,dM,$$

$$\frac{dy + dy' + d^2y + d^2y'}{dt}\,dM,$$

$$\frac{dz + dz' + d^2z + d^2z'}{dt}\,dM,$$

en supposant $dt$ constant ; les quantités de mouvement perdues sont donc

$$-\frac{d^2x + d^2x'}{dt}\,dM, \quad -\frac{d^2y + d^2y'}{dt}\,dM, \quad -\frac{d^2z + d^2z'}{dt}\,dM.$$

Or les forces nécessaires pour produire cette perte sont égales à ces quantités de mouvement divisées par $dt$ ; et leur somme, devant faire équilibre aux forces $\psi$, $\psi'$ et $\psi''$, la somme des moments de toutes ces forces, par rapport à chacun des trois axes $iC$, $iB$ et $iA$, doit être nulle, comme on le démontre en Mécanique ; de là, je tire les équations suivantes :

$$0 = \psi\, Y - \psi'Z + \int dM\left(z'\,\frac{d^2y + d^2y'}{dt^2} - y'\,\frac{d^2z + d^2z'}{dt^2}\right),$$

$$0 = \psi\, X - \psi'Z + \int dM\left(z'\,\frac{d^2x + d^2x'}{dt^2} - x'\,\frac{d^2z + d^2z'}{dt^2}\right),$$

$$0 = \psi'X' - \psi''Y' + \int dM\left(y'\,\frac{d^2x + d^2x'}{dt^2} - x'\,\frac{d^2y + d^2y'}{dt^2}\right),$$

le signe d'intégration se rapportant à la molécule $dM$ et à toutes les quantités qui varient avec elle.

De plus, la somme de toutes ces forces doit être nulle, suivant les directions de chacun de ces trois axes, puisque le corps est supposé libre ; de là, on aura

$$\psi - \int\frac{d^2z' + d^2z}{dt^2}\,dM = 0,$$

$$\psi' - \int\frac{d^2y' + d^2y}{dt^2}\,dM = 0,$$

$$\psi'' - \int\frac{d^2x' + d^2x}{dt^2}\,dM = 0.$$

Au moyen de ces six équations, on peut déterminer le mouvement du corps pour un instant quelconque.

## XXXVIII.

Le point $i$ étant arbitraire, on peut simplifier les équations précédentes en prenant pour ce point le centre d'inertie du corps; car on a, par la propriété de ce centre,

$$\int x' dM = 0, \qquad \int y' dM = 0, \qquad \int z' dM = 0;$$

partant,

$$\int dM \frac{d^2 x'}{dt^2} = 0, \qquad \int dM \frac{d^2 y'}{dt^2} = 0, \qquad \int dM \frac{d^2 z'}{dt^2} = 0,$$

$$\int dM \frac{d^2 x}{dt^2} = M \frac{d^2 x}{dt^2}, \qquad \int dM \frac{d^2 y}{dt^2} = M \frac{d^2 y}{dt^2}, \qquad \int dM \frac{d^2 z}{dt^2} = M \frac{d^2 z}{dt^2},$$

$$\int z' \frac{d^2 y}{dt^2} dM = \frac{d^2 y}{dt^2} \int z' dM = 0,$$

et ainsi de suite; les équations précédentes deviendront conséquemment

$$0 = \psi Y - \psi' Z' + \int dM \left( z' \frac{d^2 y'}{dt^2} - y' \frac{d^2 z'}{dt^2} \right),$$

$$0 = \psi X - \psi' Z' + \int dM \left( z' \frac{d^2 x'}{dt^2} - x' \frac{d^2 z'}{dt^2} \right),$$

$$0 = \psi' X' - \psi' Y'' + \int dM \left( y' \frac{d^2 x'}{dt^2} - x' \frac{d^2 y'}{dt^2} \right);$$

$$\psi' - M \frac{d^2 x}{dt^2} = 0,$$

$$\psi' - M \frac{d^2 y}{dt^2} = 0,$$

$$\psi - M \frac{d^2 z}{dt^2} = 0.$$

## XXXIX.

Ces trois dernières équations peuvent se changer en d'autres plus commodes pour les usages astronomiques; car on a, par l'article XXXVII,

$$x = r\cos\varphi, \qquad y = r\sin\varphi, \qquad z = rs;$$

d'où il est facile de conclure

$$d^2x = d^2r\cos\varphi - 2\,dr\,d\varphi\sin\varphi - r\,d^2\varphi\sin\varphi - r\,d\varphi^2\cos\varphi,$$
$$d^2y = d^2r\sin\varphi + 2\,dr\,d\varphi\cos\varphi + r\,d^2\varphi\cos\varphi - r\,d\varphi^2\sin\varphi,$$
$$d^2z = r\,d^2s + 2\,ds\,dr + s\,d^2r.$$

Or, si l'on suppose que la droite $Sa$ soit infiniment près de SG, alors $\psi''$ sera la force suivant SG et tendant de S vers G; $\psi'$ sera la force perpendiculaire à SG, et dirigée dans le sens $aGb$, que je suppose être celui du mouvement de la planète; de plus, $\cos\varphi = 1$ et $\sin\varphi = 0$, d'où l'on aura

$$d^2x = d^2r \quad - r\,d\varphi^2,$$
$$d^2y = r\,d^2\varphi + 2\,dr\,d\varphi;$$

partant,

$$\frac{d^2r}{dt^2} - \frac{r\,d\varphi^2}{dt^2} - \frac{\psi'}{M} = 0 \qquad \text{et} \qquad \frac{r\,d^2\varphi}{dt^2} + \frac{2\,dr\,d\varphi}{dt^2} - \frac{\psi'}{M} = 0.$$

Si l'on multiplie cette dernière équation par $r$, et que, ensuite, on l'intègre, on aura

$$(1) \qquad \frac{d\varphi}{dt} = \frac{1}{r^2}\left(C + \int\frac{\psi' r\,dt}{M}\right).$$

La première équation donnera

$$(2) \qquad \frac{d^2r}{dt^2} - \frac{1}{r^3}\left(C + \int\frac{\psi' r\,dt}{M}\right)^2 - \frac{\psi''}{M} = 0;$$

et, puisque l'on a

$$d^2z = r\,d^2s + 2\,ds\,dr + s\,d^2r = r\,d^2s + 2\,ds\,dr + \left[\frac{s\psi''}{M} + \frac{s}{r^3}\left(C + \int\frac{\psi' r\,dt}{M}\right)^2\right]dt^2,$$

on aura

$$(3) \qquad 0 = \frac{d^2s}{dt^2} + \frac{2\,ds\,dr}{r\,dt^2} + \frac{s}{r^3}\left(C + \int\frac{\psi' r\,dt}{M}\right)^2 + \frac{S\psi' - \psi}{Mr}.$$

Au moyen des équations (1), (2) et (3) on peut déterminer le mouvement du centre d'inertie du corps M, et l'on peut prendre pour ligne fixe d'où l'on commence à compter l'angle $\varphi$ toute droite fixe, telle que $Sa$, faisant un angle quelconque avec le rayon vecteur ; il faut seulement observer que $\psi''$ exprime la force qui agit dans le sens SG, et de S vers G ; $\psi'$ exprime la force perpendiculaire à SG, et dirigée dans le même sens que le mouvement du corps, et que $\psi$ représente la force perpendiculaire au plan $bSa$.

## XL.

On peut simplifier, d'une manière analogue, les équations qui servent à déterminer le mouvement de rotation du corps autour du centre d'inertie. Pour cela, soient $y''$ la distance de la molécule $dM$ au plan H$i$F, $x''$ la distance de la projection sur le plan H$i$F à la droite $i$C, et $z''$ la distance de cette molécule au plan A$i$B ; on aura

$$z' = z'',$$
$$y' = x'' \sin \varepsilon + y'' \cos \varepsilon,$$
$$x' = x'' \cos \varepsilon - y'' \sin \varepsilon.$$

Nommons ensuite $y'''$ la distance de la molécule $dM$ au plan H$i$F, $x'''$ la distance de la projection sur ce plan à la droite $i$K, et $z''$ la distance de cette projection à l'axe $i$H ; on aura

$$y'' = y''',$$
$$z'' = x''' \sin \vartheta + z''' \cos \vartheta,$$
$$x'' = x''' \cos \vartheta - z''' \sin \vartheta.$$

Nommons enfin $y^{\text{iv}}$ la distance de la molécule $dM$ au plan H$i$V, $x^{\text{iv}}$ la distance de la projection sur ce plan à la droite $i$V, et $z^{\text{iv}}$ la distance de cette projection à la droite $i$H ; cela posé, on aura

$$x''' = x^{\text{iv}},$$
$$y''' = y^{\text{iv}} \cos \varpi + z^{\text{iv}} \sin \varpi,$$
$$z''' = z^{\text{iv}} \cos \varpi - y^{\text{iv}} \sin \varpi.$$

De là, je conclus

$$x' = x^{\text{iv}} \cos\varepsilon \cos\vartheta + y^{\text{iv}}(\sin\varpi \sin\vartheta \cos\varepsilon - \sin\varepsilon \cos\varpi)$$
$$- z^{\text{iv}}(\sin\vartheta \cos\varepsilon \cos\varpi + \sin\varepsilon \sin\varpi),$$

$$y' = x^{\text{iv}} \cos\vartheta \sin\varepsilon + y^{\text{iv}}(\sin\varpi \sin\vartheta \sin\varepsilon + \cos\varpi \cos\varepsilon$$
$$+ z^{\text{iv}}(\sin\varpi \cos\varepsilon - \cos\varpi \sin\vartheta \sin\varepsilon),$$

$$z' = x^{\text{iv}} \sin\vartheta \qquad + z^{\text{iv}} \cos\vartheta \cos\varpi - y^{\text{iv}} \sin\varpi \cos\vartheta.$$

Les valeurs de $x^{\text{iv}}$, $y^{\text{iv}}$ et $z^{\text{iv}}$ restent constantes pour la même molécule $dM$; ainsi, en différentiant pour avoir les valeurs de $d^2 x'$, $d^2 y'$ et $d^2 z'$, il ne faut faire varier que les quantités $\vartheta$, $\varepsilon$ et $\varpi$; d'où il sera facile de conclure les valeurs de

$$\int dM z' \frac{d^2 y'}{dt^2}, \qquad \int dM y' \frac{d^2 z'}{dt^2}, \qquad \ldots,$$

mais la considération suivante simplifie considérablement le calcul.

On sait que dans tout corps il existe trois axes perpendiculaires entre eux, et par rapport auxquels on a

$$\int x^{\text{iv}} y^{\text{iv}} dM = 0,$$
$$\int x^{\text{iv}} z^{\text{iv}} dM = 0,$$
$$\int y^{\text{iv}} z^{\text{iv}} dM = 0.$$

Ces axes ont été nommés les *trois axes principaux de rotation*, parce qu'ils ont cette propriété, que si le corps a un mouvement de rotation autour de l'un d'eux, ce mouvement sera invariable, abstraction faite de toutes forces étrangères. Je suppose donc que $i$H, $i$V et une droite menée par le centre $i$ d'inertie, et perpendiculaire au plan H$i$V, soient ces trois axes; soit de plus $\int x'''^2 dM = M a^2$, $M$ étant la masse entière du corps,

$$\int y'''^2 dM = M b^2$$

et

$$\int z'''^2 dM = M c^2.$$

Cela posé, on aura

$$
\begin{aligned}
\mathrm{o} =\ & (\psi Y - \psi' Z')\, dt^2 \\
& + M a^2 [\sin\theta\, d^2(\cos\theta \sin\varepsilon) - \cos\theta \sin\varepsilon\, d^2 \sin\theta] \\
& + M b^2 [(\sin\theta \sin\varpi \sin\varepsilon + \cos\varpi \cos\varepsilon)\, d^2(\sin\varpi \cos\theta) \\
& \qquad - \sin\varpi \cos\theta\, d^2(\sin\varpi \sin\theta \sin\varepsilon + \cos\varpi \cos\varepsilon)] \\
& + M c^2 [\cos\varpi \cos\theta\, d^2(\sin\varpi \cos\varepsilon - \cos\varpi \sin\theta \sin\varepsilon) \\
& \qquad - (\sin\varpi \cos\varepsilon - \cos\varpi \sin\theta \sin\varepsilon)\, d^2(\cos\varpi \cos\theta)], \\[4pt]
\mathrm{o} =\ & (\psi X - \psi'' Z'')\, dt^2 \\
& + M a^2 [\sin\theta\, d^2(\cos\varepsilon \cos\theta) - \cos\varepsilon \cos\theta\, d^2 \sin\theta)] \\
& + M b^2 [(\sin\varpi \sin\theta \cos\varepsilon - \sin\varepsilon \cos\varpi)\, d^2(\sin\varpi \cos\theta) \\
& \qquad - \sin\varpi \cos\theta\, d^2(\sin\varpi \sin\theta \cos\varepsilon - \sin\varepsilon \cos\varpi)] \\
& + M c^2 [(\cos\varpi \sin\theta \cos\varepsilon + \sin\varepsilon \sin\varpi)\, d^2(\cos\varpi \cos\theta) \\
& \qquad - \cos\varpi \cos\theta\, d^2(\cos\varpi \sin\theta \cos\varepsilon + \sin\varepsilon \sin\varpi)], \\[4pt]
\mathrm{o} =\ & (\psi' X' - \psi'' Z'')\, dt^2 \\
& + M a^2 [\cos\theta \sin\varepsilon\, d^2(\cos\varepsilon \cos\theta) - \cos\varepsilon \cos\theta\, d^2(\cos\theta \sin\varepsilon)] \\
& + M b^2 [(\sin\varpi \sin\theta \sin\varepsilon + \cos\varpi \cos\varepsilon)\, d^2(\sin\varpi \sin\theta \cos\varepsilon - \sin\varepsilon \cos\varpi) \\
& \qquad - (\sin\varpi \sin\theta \cos\varepsilon - \sin\varepsilon \cos\varpi)\, d^2(\sin\varpi \sin\theta \sin\varepsilon + \cos\varpi \cos\varepsilon)] \\
& + M c^2 [(\sin\theta \cos\varepsilon \cos\varpi + \sin\varepsilon \sin\varpi)\, d^2(\sin\varpi \cos\varepsilon - \cos\varpi \sin\theta \sin\varepsilon) \\
& \qquad - (\sin\varpi \cos\varepsilon - \cos\varpi \sin\theta \sin\varepsilon)\, d^2(\sin\theta \cos\varepsilon \cos\varpi + \sin\varepsilon \sin\varpi)]
\end{aligned}
$$

(L.)

On peut considérer, dans ces équations, le centre d'inertie comme immobile, en sorte que, en évaluant les moments des forces $\psi$, $\psi'$ et $\psi''$, on peut retrancher de la force dont chaque particule est animée celle qui lui est commune avec le centre d'inertie, parce que les moments de cette dernière force sont évidemment nuls.

On peut encore, dans les équations précédentes, supposer après les différentiations $\sin\varepsilon$ égal à o et $\cos\varepsilon$ égal à 1, ce qui les simplifie; mais alors il faut observer que les forces $\psi''$ et $\psi'$ doivent être parallèles, la première, à la ligne $i$F, et la seconde, à la perpendiculaire menée sur cette ligne dans le plan $A i$B, et dirigée de F vers B; le mouvement de rotation du corps étant supposé avoir lieu dans le sens ACB. On aura ainsi, en exécutant les différentiations indiquées dans les équations (L),

$$0 = \frac{\psi Y - \psi' Z'}{M a^2}\, dt^2$$
$$+ d^2\varepsilon \sin\theta \cos\theta \left(1 - \frac{b^2+c^2}{2a^2} + \frac{b^2-c^2}{2a^2}\cos 2\varpi\right)$$
$$- 2\, d\varepsilon\, d\theta \left[1 - \cos^2\theta \left(1 - \frac{b^2+c^2}{2a^2} - \frac{b^2-c^2}{2a^2}\cos 2\varpi\right)\right]$$
$$- 2\, d\varepsilon\, d\varpi \sin\theta \cos\theta \frac{b^2-c^2}{2a^2}\sin 2\varpi + d\varepsilon^2 \cos\theta \frac{b^2-c^2}{2a^2}\sin 2\varpi$$
$$- d^2\theta \sin\theta \frac{b^2-c^2}{2a^2}\sin 2\varpi - 2\, d\varpi\, d\theta \sin\theta \left(\frac{b^2+c^2}{2a^2} + \frac{b^2-c^2}{2a^2}\cos 2\varpi\right)$$
$$- d\theta^2 \cos\theta \frac{b^2-c^2}{2a^2}\sin 2\varpi + 2\, d^2\varpi \cos\theta \frac{b^2+c^2}{2a^2},$$

$$0 = \frac{\psi X - \psi'' Z''}{M a^2}\, dt^2$$
$$+ d^2\varepsilon \cos\theta \frac{b^2-c^2}{2a^2}\sin 2\varpi - 2\, d\varepsilon\, d\varpi \cos\theta \left(\frac{b^2+c^2}{2a^2} - \frac{b^2-c^2}{2a^2}\cos 2\varpi\right)$$
$$- d\varepsilon^2 \sin\theta \cos\theta \left(1 - \frac{b^2+c^2}{2a^2} + \frac{b^2-c^2}{2a^2}\cos 2\varpi\right)$$
$$- d^2\theta \left(1 + \frac{b^2+c^2}{2a^2} - \frac{b^2-c^2}{2a^2}\cos 2\varpi\right) - 2\, d\varpi\, d\theta \frac{b^2-c^2}{2a^2}\sin 2\varpi,$$

$$0 = \frac{\psi' X' - \psi'' Y''}{M a^2}\, dt^2$$
$$- d^2\varepsilon \left[1 + \frac{b^2+c^2}{2a^2} - \left(1 - \frac{b^2+c^2}{2a^2}\right)\sin^2\theta + \frac{b^2-c^2}{2a^2}\cos^2\theta \cos 2\varpi\right]$$
$$+ 2\, d\varepsilon\, d\theta \sin\theta \cos\theta \left(1 - \frac{b^2+c^2}{2a^2} + \frac{b^2-c^2}{2a^2}\cos 2\varpi\right)$$
$$+ 2\, d\varepsilon\, d\varpi \cos^2\theta \frac{b^2-c^2}{2a^2}\sin 2\varpi + d^2\theta \cos\theta \frac{b^2-c^2}{2a^2}\sin 2\varpi$$
$$+ 2\, d\varpi\, d\theta \cos\theta \left(\frac{b^2+c^2}{2a^2} + \frac{b^2-c^2}{2a^2}\cos 2\varpi\right)$$
$$- d\theta^2 \sin\theta \frac{b^2-c^2}{2a^2}\sin 2\varpi + 2\, d^2\varpi \sin\theta \frac{b^2+c^2}{2a^2}.$$

(L')

## XLI.

Dans l'application des équations précédentes à l'Astronomie physique, elles deviennent fort simples; car, les corps célestes étant à très peu près sphériques, on peut négliger les quantités proportionnelles au carré de l'excentricité de ces corps; or, les termes $(\psi Y - \psi'Z')$, $(\psi X - \psi''Z'')$ et $(\psi'X' - \psi''Y'')$ sont toujours de l'ordre de ces excentricités. D'ailleurs, l'état d'équilibre de toutes les parties d'une planète exige que le mouvement de rotation se fasse au moins à très peu près autour d'un de ses axes principaux, abstraction faite de l'action de toute force étrangère; car, sans cela, la planète changeant à chaque instant d'axe et de vitesse de rotation, changerait continuellement de figure; $d\varepsilon$ et $d\theta$ seraient donc nuls à très peu près si les quantités $(\psi Y - \psi'Z')$, $(\psi X - \psi''Z'')$ et $(\psi'X' - \psi''Y'')$ s'évanouissaient; partant, ils sont du même ordre que ces quantités; ainsi l'on peut négliger leurs carrés, leurs produits deux à deux, et les termes qui, multipliés par $d\varepsilon$ ou $d\theta$, le seraient encore par $(a^2 - b^2)$ ou $(a^2 - c^2)$ ou $(b^2 - c^2)$.

Soit donc

$$\frac{\psi Y - \psi'Z'}{2 M a^2} = R, \qquad \frac{\psi X - \psi''Z''}{2 M a^2} = R' \qquad \text{et} \qquad \frac{\psi'X' - \psi''X''}{2 M a^2} = R''.$$

On aura donc

$$o = R\, dt^2 - d\varepsilon\, d\theta + d(d\varpi \cos\theta),$$
$$o = R'\, dt^2 - d^2\theta - d\varepsilon\, d\varpi \cos\theta,$$
$$o = R''\, dt^2 - d^2\varepsilon + d(d\varpi \sin\theta).$$

Ces équations sont sous une forme aussi simple que l'on puisse désirer, et, en les joignant à celles-ci,

$$\frac{d\varphi}{dt} = \frac{1}{r^2}\left(C + \int \frac{\psi'r\,dt}{M}\right),$$
$$o = \frac{d^2 r}{dt^2} - \frac{1}{r^3}\left(C + \int \frac{\psi'r\,dt}{M}\right)^2 - \frac{\psi''}{M},$$
$$o = \frac{d^2 s}{dt^2} + \frac{2\,ds\,dr}{dt^2} + \frac{s}{r^4}\left(C + \int \frac{\psi'r\,dt}{M}\right)^2 + \frac{s\psi'' - \psi}{M r},$$

qui regardent le mouvement du centre d'inertie, on aura toutes les
équations nécessaires pour déterminer les altérations du mouvement
des corps célestes, troublés par l'action des forces étrangères. Il y a
cependant des recherches fort délicates, qui demandent beaucoup de
précision, et dans lesquelles il est nécessaire d'avoir égard même aux
quantités proportionnelles au carré de l'excentricité de ces corps. Telle
est, par exemple, la recherche des inégalités séculaires du mouvement
de rotation des planètes (*voir* dans le Volume de l'Académie, pour
l'année 1773, un Mémoire sur cet objet). Dans ce cas, il faut faire
usage des équations (L') de l'article précédent.

## XLII.

### *Examen du principe de la gravitation universelle.*

Il n'existe point en Physique de vérité plus incontestable, et mieux
démontrée par l'accord de l'observation et du calcul que celle-ci : *Tous
les corps célestes gravitent les uns sur les autres.* Newton, auteur de cette
découverte la plus importante que l'on ait jamais faite dans la Philo-
sophie naturelle, trouva que les mouvements observés des Planètes ne
peuvent subsister sans une tendance vers le Soleil, proportionnelle à
leur masse, et réciproque au carré de leur distance à cet astre. Les
mouvements des satellites lui donnèrent le même résultat par rapport
à leur planète principale. Il ne balança plus dès lors à généraliser cette
idée, et il supposa que toutes les parties de la matière s'attirent en
proportion de leur masse, et en raison réciproque du carré de leurs
distances. On sait avec quel succès ce grand géomètre et ceux qui l'ont
suivi ont expliqué par ce moyen les phénomènes célestes; ainsi, sans
entrer dans aucun détail à cet égard, je me bornerai à faire quelques
réflexions sur le principe même de la pesanteur universelle.

En l'appliquant au mouvement des corps célestes, Newton est parti
de ces quatre suppositions, adoptées généralement par les géomètres :

1° L'attraction est en raison directe de la masse et réciproquement
comme le carré de la distance.

2° La force attractive d'un corps est le résultat de l'attraction de chacune des parties qui le composent.

3° Cette force se propage dans un instant, du corps attirant à celui qu'il attire.

4° Elle agit de la même manière sur les corps en repos et en mouvement.

Je vais examiner ces quatre suppositions et voir jusqu'à quel point elles sont conformes à ce que l'on observe.


## XLIII.


De ce que les aires décrites par les rayons vecteurs des planètes sont proportionnelles au temps, il faut que ces corps tendent vers le Soleil; l'ellipticité de leurs mouvements démontre que cette tendance pour chacun d'eux est réciproque au carré de leur distance à cet astre, et le rapport du cube des grands axes de leurs orbites au carré des temps de leurs révolutions prouve invinciblement que la force attractive du Soleil ne varie d'une planète à l'autre, qu'à raison des distances. En vertu de la première de ces lois, tout corps pèse sur le Soleil; par la seconde, un corps placé successivement à différentes distances de cet astre pèse sur lui en raison inverse du carré de ses différentes distances; et par la troisième, les poids de plusieurs corps placés à des distances quelconques du Soleil sont en raison de leurs masses, divisées par le carré de leurs distances, en sorte que, à distances égales, ils sont proportionnels aux masses. La même chose s'observe sur la Terre; car les expériences ont fait voir que, dans le vide, tous les corps se précipitent vers son centre, avec une égale vitesse, et que si deux corps homogènes ou hétérogènes sont égaux en masse, c'est-à-dire si, venant à se rencontrer avec des vitesses égales et directement contraires, ils se font équilibre, leurs poids sont égaux.

Présentement, on doit regarder comme une loi de la nature, démontrée par toutes les observations, que l'action est toujours égale à la réaction, et qu'ainsi le centre de gravité des deux corps qui agissent l'un sur l'autre ne change point en vertu de cette action mutuelle; il suit de là que le Soleil pèse sur chaque planète; et comme leur gravité sur cet astre est en raison de leur masse divisée par le carré de leur distance, leur action sur lui est dans le même rapport.

Cette pesanteur réciproque du Soleil et des planètes a également lieu entre le Soleil, les planètes et leurs satellites; et les inégalités si multipliées du mouvement de la Lune s'en déduisent avec une telle précision, qu'il n'est plus permis de la révoquer en doute. Plusieurs philosophes ont cru cependant que la loi de la pesanteur réciproque au carré de la distance pourrait n'être pas vraie à de petites distances; mais il me semble que leur assertion est destituée de fondement; car cette même loi, qui a lieu pour les grandes distances des planètes au Soleil, est encore vraie à la distance de la Lune, et même à celle du rayon de la Terre, puisqu'il est prouvé que la pesanteur d'un corps à la surface de la Terre, est à sa pesanteur à la distance de la Lune, comme le carré de cette distance est à celui du rayon de la Terre. Il nous est impossible de prononcer avec la même certitude, sur de plus petites distances, mais l'analogie porte à croire que cette loi doit toujours avoir lieu; d'ailleurs sa simplicité doit la faire préférer à toute autre, jusqu'à ce que les observations nous aient forcé de l'abandonner.

On a souvent demandé pourquoi la pesanteur diminue en raison du carré de la distance. La cause de cette force étant inconnue, il est impossible d'en donner la raison physique; mais, s'il était permis de se livrer à la Métaphysique dans une matière qu'il n'est pas possible de soumettre à l'expérience, ne serait-il pas naturel de penser que les lois de la nature sont telles que le système de l'univers serait toujours semblable à lui-même, en supposant que toutes ses dimensions viennent à augmenter ou à décroître proportionnellement? Sans chercher ici à appuyer ce principe par des raisons que les métaphysiciens imagineront aisément, mais auxquelles les géomètres se rendraient difficilement, je me contenterai d'observer que toutes les lois connues du mouvement de la matière y sont très conformes.

Maintenant, je suppose que les distances respectives du Soleil, de la Lune et de la Terre, leurs vitesses et leurs diamètres décroissent proportionnellement; il est visible que la courbe décrite par la Lune ne peut rester semblable à elle-même, à moins que la force qui l'agite ne décroisse dans la même proportion. Soient donc T la masse de la Terre, $h$ la distance de la Lune, et que toutes les dimensions de l'univers décroissent dans le rapport de 1 à $\frac{1}{m}$; $\frac{T}{m^3}$ exprimera la masse de la Terre dans cette supposition, et $\frac{h}{m}$ la distance de la Lune. Soit de plus $\frac{T}{\varphi(h)}$ l'action actuelle de la Terre sur la Lune; $\dfrac{T}{m^3\varphi\left(\dfrac{h}{m}\right)}$ exprimera sa nouvelle action; mais la similitude des courbes exige que l'on ait

$$\frac{T}{m^3\,\varphi\left(\dfrac{h}{m}\right)} = \frac{T}{m\,\varphi(h)};$$

partant, on aura

$$m^2.\varphi\left(\frac{h}{m}\right) = \varphi(h).$$

Soit $\varphi(h) = h^2.'\varphi(h)$; donc on aura

$$'\varphi\left(\frac{h}{m}\right) = '\varphi(h).$$

Cette équation devant avoir lieu quelle que soit $m$, il faut que $'\varphi(h)$ soit égal à une constante $A$; donc $\varphi(h) = Ah^2$; c'est-à-dire que la pesanteur diminue en raison du carré de la distance. Je passe maintenant à l'examen de la seconde supposition.

## XLIV.

Quelques illustres géomètres, M. Daniel Bernoulli, entre autres (Pièce sur le *flux* et le *reflux de la mer*), convaincus d'ailleurs de la pesanteur réciproque de tous les corps célestes, ont regardé seulement comme une opinion probable, que cette pesanteur soit le résultat de l'attraction de chacune de leurs parties; nous observons à la vérité sur la Terre que les propriétés attractives des corps sont communes à leurs plus petites molécules; une forte analogie porte donc à croire que la pesanteur résulte pareillement de l'attraction de toutes les parties de la Terre; mais le plus sûr moyen de vérifier cette hypothèse, est de la soumettre à l'analyse, et de comparer ensuite les résultats du calcul aux phénomènes. Les principaux qui en dépendent sont la figure des astres, le flux et le reflux de la mer, la précession des équinoxes et la nutation de l'axe de la Terre. Un exposé très succinct des recherches que l'on a faites sur ces différents objets va montrer jusqu'à quel point elle est fondée.

Si la pesanteur était dirigée vers un centre unique, en nommant $r$ le petit axe de Jupiter, la différence de ses axes serait $\frac{1}{23,23}r$; suivant les observations les plus exactes, elle est environ $\frac{1}{13}r$; mais, dans l'hypothèse de la gravitation réciproque de toutes les parties de la matière, et en supposant que Jupiter ait été primitivement fluide, cette différence doit être entre les deux limites $\frac{1}{9,05}r$ et $\frac{1}{23,23}r$; ce qui s'accorde fort bien avec l'observation. Ainsi, la figure de Jupiter donne un résultat très satisfaisant pour l'hypothèse que nous discutons ici; il n'en est pas de même de la figure de la Terre.

Suivant Newton et les géomètres qui ont adopté sa théorie, la Terre est un sphéroïde elliptique, sur lequel l'accroissement de la pesanteur et des degrés de l'équateur aux pôles est en raison du carré du sinus de la latitude : le rapport du petit au grand axe de ce sphéroïde supposé homogène, et celui des pesanteurs d'un même corps placé successivement à l'équateur et aux pôles, est égal à $\frac{229}{230}$; mais, si la Terre est composée de couches inégalement denses, alors autant le rapport des axes surpasse cette fraction, autant celui des pesanteurs est moindre, et réciproquement.

En comparant ensemble les mesures des différents degrés, il paraît impossible de les plier à une même figure elliptique; il est également impossible d'y assujettir les longueurs observées du pendule qui bat les secondes; et il l'est encore plus de concilier les figures conclues par les mesures des degrés et par celles des longueurs du pendule.

On ne doit point, malgré cela, exclure l'hypothèse de la gravitation réciproque de toutes les parties de la matière; il est bien plus naturel de rejeter sur les données dont les géomètres font usage le peu d'accord de leurs calculs avec l'observation. Ils supposent en effet la Terre formée d'une infinité de couches d'une densité quelconque, et disposées régulièrement autour de son centre d'inertie; or on voit combien cette hypothèse est précaire et peu conforme à ce que nous apercevons à la surface du globe, puisque les mers dont il est couvert en grande partie sont d'une densité moindre que la Terre. Ils font d'ailleurs abstraction de l'action des montagnes, de l'élévation des continents au-dessus du niveau de la mer, etc., toutes choses auxquelles il parait nécessaire d'avoir égard lorsqu'il est question de déterminer une aussi petite quantité que la différence des axes de la Terre. La réunion de ces différentes causes peut altérer sensiblement, non seulement la figure de la Terre, mais encore le résultat des observations; et, si l'on considère les erreurs inévitables qu'elles comportent, on pourra conclure que la figure déterminée par ces observations diffère peut-être autant de la véritable que celle trouvée par la théorie.

La remarque suivante peut servir encore à justifier le principe de la pesanteur universelle, au moins jusqu'à ce que l'analyse nous ait entièrement éclairés sur cet objet. La plupart des géomètres ont supposé dans leurs calculs une figure elliptique à la Terre; ils ont fait voir, à la vérité, la possibilité d'une telle figure; mais, pour être en droit de rejeter la loi de l'attraction, il faudrait, ou démontrer que cette figure est unique, ou épuiser successivement toutes les figures que peut donner la théorie, et prouver qu'aucune d'elles ne peut satisfaire à l'observation. Or, c'est ce qui n'a point été fait encore. M. d'Alembert, à qui nous devons cette remarque intéressante, a fait voir, à la vérité, dans le Tome V de ses *Opuscules*, que si la Terre est homogène, et un solide de révolution, elle doit être nécessairement elliptique. Il a de plus donné, dans la seconde Partie de ses recherches sur le système du

monde, une très belle méthode pour déterminer la figure de la Terre,
quelles que soient les différentes densités de ses couches, dans des
suppositions beaucoup plus générales que celle d'une figure elliptique;
mais, ni cet illustre géomètre, ni personne, que je sache, n'a déterminé celle de toutes ces figures qui s'accorde le mieux avec les observations. Le point où la théorie paraît s'en éloigner le plus, est l'aplatissement de la Terre, conclu par la mesure des degrés, et par celle
des longueurs du pendule qui bat les secondes. Il est en effet remarquable que ces longueurs semblent donner un aplatissement moindre
que $\frac{1}{230}$, tandis que la mesure des degrés le donne plus grand. Si donc
on pouvait trouver pour la Terre une figure qui conciliât ces deux
choses, et qui de plus satisfît à peu près à la mesure des degrés au
Nord, en France et à l'équateur, on ne devrait point balancer à l'admettre.

Il ne paraît pas que la figure de la Terre influe sensiblement sur le
mouvement de la Lune; la différence des axes de la Terre est trop petite
par rapport à la distance de cet astre pour que son effet puisse être
aperçu; mais l'aplatissement de Jupiter étant beaucoup plus grand
que celui de la Terre, si les mouvements de ses satellites et les inégalités qu'ils éprouvent en vertu de leur gravitation les uns sur les autres
et sur le Soleil étaient assez bien connus, on pourrait en conclure
l'effet de la figure de Jupiter, et juger s'il est conforme à la théorie;
mais les observations ne sont pas encore assez précises et assez multipliées pour établir rien de certain sur cette matière. Pour ce qui regarde le flux et le reflux de la mer, on sent aisément que ce phénomène ne peut rien nous apprendre de bien précis sur la nature de la
pesanteur, à cause de l'impossibilité de le soumettre à une analyse
rigoureuse, et de la multitude des circonstances étrangères qui doivent
troubler les résultats du calcul.

On voit par l'examen des phénomènes précédents, l'incertitude qu'ils
laissent encore sur le principe de la gravitation réciproque de toutes
les parties de la matière; mais il en est un qui me paraît ne devoir

laisser aucun doute sur la vérité de ce principe, c'est celui de la précession des équinoxes et de la nutation de l'axe de la Terre; car il
résulte des savantes recherches de M. d'Alembert sur cet objet, que ce
phénomène est uniquement dû à la pesanteur de toutes les parties de la
Terre sur le Soleil et la Lune, en supposant que chaque particule de
la Terre gravite sur chacun de ces astres en raison réciproque du carré
de sa distance; or le centre de gravité de deux corps restant immobile
en vertu de leur action mutuelle, la Lune pèse à son tour sur chaque
partie de la Terre, et c'est du résultat de toutes ces tendances partielles, que se forme la force centrale qui la retient dans son orbite;
il suit de là que la force attractive de la Terre, et généralement des
corps célestes, appartient à chacune de leurs parties, et par conséquent
que non seulement ces grands corps, mais les plus petites molécules
de la matière s'attirent en raison de leur masse, et réciproquement
comme le carré de leur distance; cette attraction générale a paru se
manifester dans l'expérience délicate de M. Bouguer sur l'action de la
montagne de Chimboraço; mais c'est à l'illustre géomètre, qui, le premier a résolu, par une analyse aussi savante que rigoureuse, le problème de la précession des équinoxes, que nous devons une preuve
incontestable de l'existence de cette gravitation réciproque de toutes
les parties de la matière : voyons présentement si cette force se propage dans un instant du corps attirant à celui qu'il attire.


## XLV.


Il n'est pas vraisemblable que la vertu attractive ou, plus généralement, qu'aucune des forces qui s'exercent *ad distans*, se communique
dans un instant d'un corps à l'autre, car tout ce qui se transmet à tra-
vers l'espace nous paraît devoir répondre successivement à ses différents points; mais l'ignorance où nous sommes sur la nature des forces
et la manière dont elles sont transmises doit nous rendre très retenus
dans nos jugements, jusqu'à ce que l'expérience vienne nous éclairer.
J'observerai cependant que dans le cas même où elle semblerait donner

une communication instantanée, on ne devrait pas se presser de conclure qu'elle a véritablement lieu dans la nature, car il y a infiniment loin d'une durée de propagation insensible à une durée absolument nulle. Or il peut arriver que cette durée ne soit qu'insensible, parce que les expériences sont faites sur des corps placés à de trop petites distances, ou pour d'autres raisons quelconques. Il eût été, par exemple, impossible de connaitre la vitesse de la lumière par des expériences faites sur la Terre ; mais, en prenant pour terme de comparaison les distances des planètes au Soleil, cette vitesse devient sensible, et c'est de cette manière qu'on est parvenu à la déterminer. Quoiqu'on puisse se servir des mêmes distances pour mesurer la durée de la propagation de la pesanteur, cette force pourrait cependant employer plusieurs minutes et même quelques heures à se communiquer du Soleil à la Terre, sans qu'il fût possible d'observer cette durée. Imaginons en effet deux masses, dont l'une, infiniment moindre que l'autre, se meuve autour d'elle, la plus grande étant supposée en repos ; il est visible que, dans les premiers moments, la plus petite masse ira en ligne droite jusqu'à ce que la force attractive de l'autre masse ait commencé à l'atteindre ; mais à ce moment son mouvement sera le même que si la force attractive se propageait dans un instant. Ceci aurait encore lieu si le système de ces deux corps était emporté d'un mouvement commun et uniforme dans l'espace. Or, les planètes et leurs satellites étant à peu près dans le cas de l'hypothèse précédente, on voit que la gravitation pourrait employer un temps beaucoup plus considérable que la lumière à se propager du Soleil à la Terre, sans qu'il puisse être observé. M. Daniel Bernoulli paraît soupçonner cette propagation successive dans son excellente pièce sur *Le flux et le reflux de la mer*. Suivant cet illustre géomètre, l'action de la Lune peut employer un ou deux jours à parvenir à la Terre. Une propagation aussi lente n'est pas vraisemblable : elle produirait des inégalités sensibles dans le mouvement de la Lune, et parait d'ailleurs contraire à l'activité avec laquelle la pesanteur s'exerce sur les corps, comme on va le voir dans les articles suivants.

## XLVI.

Il nous reste enfin à discuter si la pesanteur agit de la même manière sur les corps en repos et en mouvement; il est visible qu'un corps en repos, étant abandonné à la pesanteur, éprouvera toute son action, et tombera suivant la verticale sur la surface de la Terre; mais, s'il se meut déjà vers la Terre dans la direction de cette verticale, il est naturel de penser que la vitesse doit le soustraire en partie à l'effort de la pesanteur. Ce sentiment, très vraisemblable en lui-même, serait incontestable si la cause de cette force venait de l'impulsion d'un fluide quelconque; mais, comme elle est entièrement inconnue, je vais soumettre à l'analyse les mouvements des corps célestes d'après la supposition de la gravitation agissant différemment sur les corps suivant leurs différents mouvements; je comparerai ensuite le calcul à l'observation, car s'il existait quelque phénomène inexplicable jusqu'ici dans les suppositions ordinaires et qui dérivât nécessairement de celle-ci, on ne pourrait s'empêcher alors de la regarder comme indiquée par la nature, et conséquemment de l'admettre.

Je considérerai la pesanteur d'une molécule de matière comme produite par l'impulsion d'un corpuscule infiniment plus petit qu'elle, et mû vers le centre de la Terre avec une vitesse quelconque. La supposition ordinaire, suivant laquelle la pesanteur agit de la même manière sur les corps en repos et en mouvement, revient à faire cette vitesse infinie; je la supposerai indéfinie, et je chercherai à la déterminer par l'observation.

## XLVII.

J'imagine un corps infiniment petit $p$ dans l'espace (*fig.* 2), décrivant autour de S, considéré comme immobile, une orbite quelconque sur le plan fixe $p$SM; je fais $Sp = r$, et l'angle $p$SM $= \varphi$. Je nomme, de plus, $\frac{\psi'}{p}$ la force perpendiculaire à $Sp$, et agissant dans le même sens que le mouvement de la planète, et $\frac{\psi'}{p}$ la force agissant dans la direction du rayon vecteur S$p$ et de S vers $p$; cela posé, on aura, par l'article XXXIX,

$$(1) \qquad \frac{dQ}{dt} = \frac{1}{r^2}\left(c + \int \frac{\psi'}{p} r\, dt\right),$$

$$(2) \qquad 0 = \frac{d^2 r}{dt^2} - \frac{1}{r^3}\left(c + \int \frac{\psi'}{p} r\, dt\right)^2 - \frac{\psi''}{p}.$$

Il s'agit présentement de déterminer $\psi'$ et $\psi''$; pour cela, soit N le corpuscule que je suppose faire graviter $p$ vers S; si $p$ était en repos, N lui communiquerait vers S la force $\dfrac{S}{r^2}$. Je représente par $p$G l'espace que décrirait ce corpuscule durant le temps que $p$ décrirait la droite

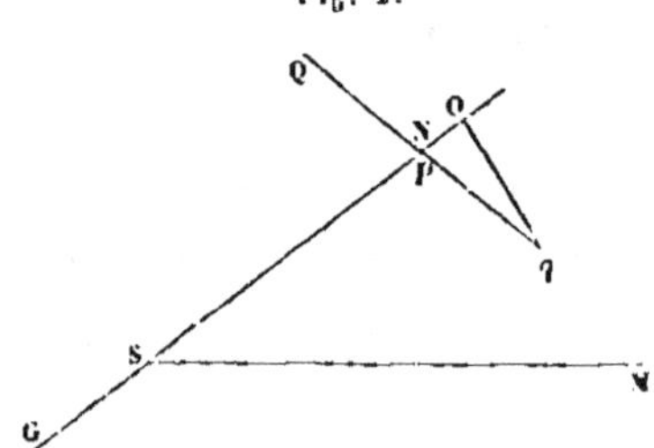

Fig. 2.

$p$Q, tangente à son orbite, avec la vitesse qu'il a en $p$. Si l'on fait $pq$ égal à $p$Q, on peut considérer N comme animé des trois vitesses $p$Q, $pq$ et $p$G; il n'agit sur $p$ qu'en vertu des deux dernières; en sorte que, par l'action de ce corpuscule, $p$ est animé d'une force $\dfrac{S}{r^2}$, dirigée de $p$ vers S, et d'une force $\dfrac{S}{r^2}\dfrac{p\text{Q}}{p\text{G}}$, dirigée de $p$ vers $q$. Soit maintenant $\dfrac{\theta}{\alpha}$ l'espace que décrirait le corpuscule N dans le temps T, avec la vitesse qu'il a en N, T et $\alpha$ étant constants, $\alpha$ étant un coefficient numérique extrêmement petit, et $\theta$ étant variable suivant une fonction quelconque de la distance de $p$ à S; on a

$$\frac{p\text{Q}}{p\text{G}} = \alpha \text{T} \frac{\sqrt{dr^2 + r^2 d\varphi^2}}{\theta\, dt},$$

$dt$ étant l'élément du temps que je regarde comme constant; la force $\dfrac{S}{r^2}\dfrac{p\text{Q}}{p\text{G}}$ est conséquemment égale à $\dfrac{S}{r^2}\alpha\text{T}\dfrac{\sqrt{dr^2 + r^2 d\varphi^2}}{\theta\, dt}$.

Or, si on la décompose en deux, l'une $Oq$ perpendiculaire à $pS$, et l'autre suivant $Op$, on aura, pour la première,

$$\frac{S}{r^3}\,\frac{T \alpha r\, d\varphi}{\theta\, dt}$$

et, pour la seconde,

$$-\frac{\alpha S T\, dr}{\theta r^2\, dt}.$$

De là, on conclura facilement

$$\frac{\psi'}{p} = -\frac{S}{r^2} - \frac{\alpha S T\, dr}{\theta r^2\, dt},$$

$$\frac{\psi'}{p} = -\frac{\alpha S T\, d\varphi}{\theta r\, dt};$$

partant, on aura

$$(3) \qquad \frac{d\varphi}{dt} = \frac{1}{r^2}\left(c - \int \frac{\alpha S T\, d\varphi}{\theta}\right),$$

$$(4) \qquad o = \frac{d^2 r}{dt^2} - \frac{1}{r^3}\left(c - \int \frac{\alpha S T\, d\varphi}{\theta}\right)^2 + \frac{S}{r^2} + \frac{\alpha S T\, dr}{\theta r^2\, dt}.$$

Puisque les orbites des planètes sont presque circulaires, je fais

$$r = a(1 + \alpha y) \qquad \text{et} \qquad \varphi = nt + \alpha x;$$

ainsi, en négligeant les quantités de l'ordre $\alpha^2$, je puis supposer $\theta$ constant, ce qui donne

$$\int \frac{\alpha S T\, d\varphi}{\theta} = \frac{\alpha S T\, nt}{\theta},$$

en faisant commencer l'intégrale avec $t$; ensuite l'équation (4) donne

$$o = \frac{d^2 y}{dt^2} + \frac{1}{\alpha}\left(\frac{S}{a^3} - \frac{c^2}{a^4}\right) + \left(\frac{3c^2}{a^4} - \frac{2S}{a^3}\right)y + \frac{2S}{a^3}\frac{cT}{a\theta}\,nt.$$

Il est clair que $\frac{S}{a^3} - \frac{c^2}{a^4}$ doit être de l'ordre de $\alpha$, et, comme $a$ est arbitraire, je supposerai $\frac{S}{a^3} = \frac{c^2}{a^4}$, ce qui donne

$$o = \frac{d^2 y}{dt^2} + \frac{c^2}{a^4}\,y + \frac{2c^2}{a^5}\frac{a}{\theta}\,T nt,$$

d'où je tire, en intégrant,

$$y = \mathrm{K} \cos\left(\frac{c}{a^2} t + \varepsilon\right) - \frac{2c}{a^2} \frac{a}{\theta} \mathrm{T} nt,$$

K et $\varepsilon$ étant arbitraires. Pour les déterminer, je supposerai que la droite SM, sur laquelle je place le corps $p$ au premier instant du mouvement, soit le lieu de l'aphélie de l'orbite elliptique que $p$ aurait décrite, si l'on eût eu $\frac{a}{\theta} = 0$; donc, si l'on nomme $\alpha e$ le rapport de l'excentricité primitive à la distance moyenne, on aura

$$\mathrm{K} = e \qquad \text{et} \qquad \varepsilon = 0;$$

partant

$$r = a\left(1 + \alpha e \cos \frac{c}{a^2} t - \frac{2c}{a^2} \frac{\alpha a}{\theta} \mathrm{T} nt\right).$$

Présentement, l'équation (3) donne, en négligeant les quantités de l'ordre de $\alpha^2$,

$$n + \alpha \frac{dx}{dt} = \frac{c}{a^2} - \frac{2c}{a^2} \alpha y - \frac{\alpha \mathrm{S} a \mathrm{T} nt}{a^3 \theta}.$$

Soit

$$n = \frac{c}{a^2},$$

partant

$$n^2 = \frac{c^2}{a^4} = \frac{\mathrm{S}}{a^3};$$

donc

$$\frac{dx}{dt} = -2ny - \frac{an^2 \mathrm{T}}{\theta} nt.$$

En substituant, au lieu de $y$, sa valeur, et intégrant, on aura

$$x = -2e \sin nt + \frac{3}{2} n \mathrm{T} \frac{a}{\theta} n^2 t^2;$$

donc

$$r = a\left(1 + \alpha e \cos nt - \frac{2 a \alpha}{\theta} \mathrm{T} n^2 t\right),$$

$$\varphi = nt - 2\alpha e \sin nt + \frac{3}{2} \frac{a\alpha}{\theta} \mathrm{T} n^3 t^2;$$

d'où il résulte que le mouvement moyen de $p$ est assujetti à une équation séculaire proportionnelle au carré du temps.

Les calculs précédents auraient encore lieu si les deux corps $p$ et $S$ étaient emportés d'un mouvement commun dans l'espace.

Dans la supposition ordinaire, $\frac{\alpha a}{\theta}$ est infiniment petit, et l'équation séculaire disparaît; partant, si cette quantité $\frac{\alpha a}{\theta}$ n'est pas nulle, c'est surtout dans l'altération du mouvement moyen des planètes et des satellites que son effet doit être sensible. Voyons donc ce que les observations nous apprennent sur cet objet.

## XLVIII.

En comparant les éclipses des siècles passés avec celles de ce siècle, les astronomes ont remarqué que les Tables de la Lune ne peuvent y satisfaire, en supposant à cet astre un mouvement moyen constant; ils ont conséquemment admis une accélération dans ce mouvement. M. Mayer, qui parait être un de ceux qui se sont le plus occupés de cet objet, a déterminé la quantité de cette accélération; il l'a trouvée d'un degré en deux mille ans, et sensiblement proportionnelle au carré des temps comptés depuis une époque donnée qu'il fixe en 1700; à la vérité, les preuves sur lesquelles l'accélération du moyen mouvement de la Lune est fondée viennent d'être savamment discutées par M. de Lagrange, dans l'excellente pièce qui a remporté le prix de l'Académie pour l'année 1773; et il parait résulter de son travail qu'elle est encore incertaine. Mais, sans entrer ici dans l'examen de ces preuves, j'observerai cependant qu'elle est assez vraisemblable. Or, si l'on considère les différents termes qui peuvent entrer dans l'équation de l'orbite lunaire, il est très difficile d'expliquer cette équation séculaire dans la supposition ordinaire de $\frac{\alpha T}{\theta}$, infiniment petit; car il résulte des savantes recherches que M. d'Alembert a données dans ses *Opuscules*, que cela est impossible, en n'ayant égard qu'à l'action du Soleil, de la Terre et de la Lune supposées sphériques, et M. de Lagrange a fait voir, dans la pièce que je viens de citer, que la figure non sphérique de la Lune et de la Terre, et l'action des planètes ne peuvent le produire;

on peut donc conjecturer, avec quelque vraisemblance, que $\frac{\alpha T}{\theta}$ n'est pas exactement nul et, dans ce cas, en déterminer la valeur de cette manière.

Soient

S la Terre;

$p$ la Lune;

$i$ le nombre des révolutions de la Lune dans le temps $t$;

$l$ le nombre de ses révolutions dans le temps T.

L'équation séculaire de la Lune sera

$$\frac{3}{2} \frac{\alpha a}{\theta} l \left( \frac{360^\circ}{57^\circ 17' 44''} \right)^2 i^2 . 360^\circ.$$

Or le rapport du mouvement moyen de la Terre à celui de la Lune égale environ $\frac{27^j 7^h 43^m}{365^j 6^h 9^m} = \frac{39343}{525969}$. Donc, pour l'intervalle de 2000 ans, on a

$$t = 2000 \frac{525969}{39343}.$$

Ainsi, en supposant $l = 1$, l'accélération du mouvement de la Lune sera, pour cet espace de temps,

$$\frac{3}{2} \frac{\alpha a}{\theta} \left( \frac{360^\circ}{57^\circ 17' 44''} \right)^2 (2000)^2 \left( \frac{525969}{39343} \right)^2 360^\circ,$$

$\frac{\theta}{\alpha}$ étant l'espace que parcourrait, durant une révolution de la Lune, le corpuscule que je suppose la faire graviter sur la Terre.

Présentement, si l'on admet avec M. Mayer que, en partant de l'année 1700, l'accélération du mouvement moyen de la Lune soit de $1^\circ$ en 2000 ans, on aura, pour déterminer $\frac{\theta}{\alpha}$, l'équation suivante

$$\frac{3}{2} \frac{\alpha a}{\theta} \left( \frac{360^\circ}{57^\circ 17' 44''} \right)^2 (2000)^2 \left( \frac{525969}{39343} \right)^2 360 = 1;$$

mais, pour comparer la vitesse $\frac{\theta}{\alpha T}$ avec la plus grande qui nous soit connue, savoir celle de la lumière, je nomme $a'$ la distance moyenne de la Terre au Soleil, et je suppose, conformément aux dernières observations, la parallaxe moyenne de cet astre de $8'',5$, celle de la Lune étant de $57'3''$; on aura

$$a = a' \frac{8'',5}{57'3''} = a' \frac{17}{6846}.$$

Soit, de plus, $h$ l'espace que parcourrait dans une minute le corpuscule que je suppose faire graviter la Lune, on aura

$$h = a' \frac{51 \left(\dfrac{360°}{57°17'44''}\right)^3 (2000)^2 \left(\dfrac{525969}{39343}\right)^2 180}{39343 \times 6846}.$$

Partant, $h$ égale environ $960000$ fois la distance du Soleil à la Terre, et, comme la lumière emploie huit minutes à peu près à venir du Soleil à nous, il suit que la vitesse du corpuscule N est $7\,680\,000$ fois plus grande que celle de la lumière, en sorte qu'il faudrait que la Lune se précipitât sur la Terre avec cette vitesse, pour ne point éprouver, au premier instant de sa chute, l'action de la pesanteur.

## XLIX.

Si l'équation séculaire de la Lune dépend de la valeur de $\frac{\alpha \mathrm{T}}{\theta}$, cette quantité doit pareillement produire une équation séculaire dans le moyen mouvement des planètes. Pour la déterminer, j'observe que $\frac{\alpha \mathrm{T}}{\theta}$ peut varier suivant la grandeur de la masse attirante S, et suivant la distance du corps attiré $p$; il n'est cependant pas à présumer que la masse plus ou moins considérable de S change cette quantité, parce que chaque molécule agissant comme si elle était isolée, en augmentant la masse, on ne fait qu'augmenter la somme des actions des molécules de matière, ce qui ne peut altérer la vitesse $\frac{\theta}{\alpha \mathrm{T}}$.

Quant à la manière dont $\frac{\theta}{\alpha \mathrm{T}}$ dépend de la distance $Sp$, la supposition la plus naturelle est de faire $\theta$ constant ou, ce qui revient au même, la vitesse $\frac{\theta}{\alpha \mathrm{T}}$ constante aux différentes distances de S; je m'arrèterai conséquemment à cette supposition, faute d'observations pour déterminer la véritable.

Cela posé, si l'on désigne par $i'$, $l'$, $a'$, pour le Soleil et la Terre, des quantités analogues à celles que j'ai représentées ci-dessus par $i$, $l$, $a$ pour la Terre et la Lune, on trouvera l'équation séculaire de la Terre égale à

$$\frac{3}{2} \alpha \frac{a'}{g} l' \left( \frac{360}{57° 17' 44''} \right)^2 i'^2 . 360° ;$$

d'où il suit que, dans le même intervalle de temps, les équations séculaires de la Terre et de la Lune sont entre elles comme $a' l' i'^2 : a l i^2$, ou, parce que $l' : l :: i' : i$, comme $a' i'^3 : a i^3$. Or $a' : a :: 57' 3'' : 8'', 5$ et $i' : i :: 39343 : 525969$; donc l'équation séculaire de la Terre est à celle de la Lune comme $1 : 5,934$, ou comme $1 : 6$ environ, et, par conséquent, de $10'$ à peu près en 2000 ans.

J'observerai ici que cette accélération du mouvement moyen de la Terre donne pour la Lune une équation séculaire un peu différente de celle que M. Mayer a conclue des observations, et dont j'ai fait usage. Cet illustre astronome l'a déterminée par la comparaison des éclipses anciennes et modernes, en supposant le mouvement moyen du Soleil constant; mais, puisqu'il est actuellement plus rapide qu'autrefois, il est clair qu'en partant du mouvement moyen actuel, M. Mayer a supposé le Soleil et, par conséquent, la Lune, trop peu avancés au moment des éclipses anciennes : il faut donc ajouter à l'équation séculaire de la Lune, trouvée par cet astronome, celle du Soleil, pour avoir la véritable quantité de cette équation. Soit $x$ cette quantité; l'équation séculaire de la Terre est $\frac{1}{6} x$; mais l'équation conclue par M. Mayer égale

$$x - \frac{1}{6} x = 1° ;$$

donc $x$ égale $1° 12'$; la véritable équation séculaire est donc de $1° 12'$, et celle du Soleil de $12'$ en 2000 ans. Cette considération diminue un peu la vitesse du corpuscule N, et la rend 6 400 000 fois plus grande que celle de la lumière.

Pour avoir les équations séculaires des autres planètes, je considère deux de ces planètes $p$ et $p'$, dont les distances moyennes du Soleil soient $a$ et $a'$, et pour lesquelles $i$ et $i'$ expriment les nombres des révolutions faites dans le même temps $t$; leurs équations séculaires seront entre elles comme $ai^2 : a'i'^2$; mais on a

$$i^2 : i'^2 :: a'^3 : a^3;$$

d'où il résulte que ces équations séculaires sont entre elles comme $\frac{1}{a^{\frac{7}{2}}} : \frac{1}{a'^{\frac{7}{2}}}$, c'est-à-dire, réciproquement, comme les racines carrées des septièmes puissances des grands axes de leurs orbites.

D'après ce théorème, je trouve pour Vénus une équation séculaire d'environ 38′ en 2000 ans, et, pour Mercure, une équation d'environ 5°,5 pour le même intervalle de temps.

Si l'on compare maintenant ces résultats à l'observation, on verra que nous manquons d'observations assez anciennes et assez exactes pour savoir si Vénus et Mercure ont une équation séculaire sensible.

Il est fort incertain si le moyen mouvement de la Terre s'accélère, ou reste sensiblement le même; ce dernier sentiment parait le plus vraisemblable, mais l'incertitude où l'on est à cet égard prouve au moins que l'équation séculaire de la Terre est très petite, ce qui s'accorde fort bien avec la théorie précédente, suivant laquelle cette équation n'est qu'un sixième de celle de la Lune.

Quant aux planètes supérieures, il est probable que les mouvements moyens de Jupiter et de Saturne ont souffert une variation sensible; mais elle dépend d'une autre cause que de la valeur de $\frac{\alpha T}{\theta}$, qui ne peut en produire qu'une absolument insensible.

L.

Je n'ai eu égard, dans les calculs précédents, qu'à l'équation séculaire des moyens mouvements, comme la plus considérable de toutes les inégalités dépendantes de $\frac{\alpha T}{\theta}$; j'ai de plus supposé les orbites presque circulaires, ce qui n'est pas vrai pour les comètes. Voici pré-

sentement une méthode pour déterminer ces variations, quelle que soit
l'excentricité des orbites.

Je reprends les équations

$$(3) \qquad \frac{d\varphi}{dt} = \frac{1}{r^2}\left( c - \int \frac{\alpha ST\, d\varphi}{\theta} \right),$$

$$(4) \qquad 0 = \frac{d^2 r}{dt^2} - \frac{r\, d\varphi^2}{dt^2} + \frac{S}{r^2} + \frac{\alpha ST\, dr}{\theta\, r^2\, dt}.$$

Puisque $\theta$ est supposé constant, on aura

$$\int \frac{\alpha ST\, d\varphi}{\theta} = \frac{\alpha ST \varphi}{\theta}.$$

Soit

$$\frac{\alpha ST}{\theta} = \delta;$$

l'équation (3) devient ainsi

$$\frac{d\varphi}{dt} = \frac{c - \delta\varphi}{r^2};$$

l'équation (4) donne celle-ci,

$$0 = d\left(\frac{dr}{dt}\right) - r\frac{d\varphi^2}{dt} + \frac{S\, dt}{r^2} + \delta\frac{dr}{r^2},$$

équation dans laquelle je puis faire varier $dt$; or, si l'on y substitue
au lieu de $dt$ sa valeur $\dfrac{r^2\, d\varphi}{c - \delta\varphi}$, et que l'on fasse $\dfrac{1}{r} = z$, on aura, en supposant $d\varphi$ constant,

$$\frac{d^2 z}{d\varphi} + z\, d\varphi = \frac{S\, d\varphi}{(c - \delta\varphi)^2},$$

ce qui donne, en intégrant,

$$z = \sin\varphi \int \frac{S\, d\varphi \cos\varphi}{(c - \delta\varphi)^2} - \cos\varphi \int \frac{S\, d\varphi \sin\varphi}{(c - \delta\varphi)^2}.$$

Comme il paraît très difficile d'intégrer rigoureusement ces quantités, je les réduis en séries; or on a

$$\int \varphi^n\, d\varphi \cos\varphi = \varphi^n \sin\varphi + n\,\varphi^{n-1} \cos\varphi - n(n-1)\varphi^{n-2} \sin\varphi$$
$$- n(n-1)(n-2)\varphi^{n-3} \cos\varphi + \ldots$$

et

$$\int \varphi^n \, d\varphi \sin\varphi = - \varphi^n \cos\varphi + n \varphi^{n-1} \sin\varphi + n(n-1)\varphi^{n-2} \cos\varphi - \ldots;$$

partant

$$\sin\varphi \int \varphi^n \, d\varphi \cos\varphi - \cos\varphi \int \varphi^n \, d\varphi \sin\varphi$$
$$= \varphi^n - n(n-1)\varphi^{n-2} + n(n-1)(n-2)(n-3)\varphi^{n-4} - \ldots:$$

d'où il est facile de conclure

$$z = \mathrm{K}\cos(\varphi + \varepsilon) + \frac{\mathrm{S}}{c^3}\left[ 1 + \frac{2\mathfrak{b}}{c}\varphi + \frac{3\mathfrak{b}^2}{c^2}(\varphi^2 - 1.2) + \frac{4\mathfrak{b}^3}{c^3}(\varphi^3 - 2.3\varphi) + \ldots \right].$$

Maintenant, puisque l'on a

$$dt = \frac{r^2 \, d\varphi}{c - \mathfrak{b}\varphi}$$

et

$$r = \frac{1}{z} = \cfrac{1}{\mathrm{K}\cos(\varphi + \varepsilon) + \frac{\mathrm{S}}{c^3}\left( 1 + \frac{2\mathfrak{b}}{c}\varphi + \ldots \right)},$$

on aura $t$ en $\varphi$; partant $\varphi$ en $t$, par le retour des suites; d'où il sera aisé de conclure $r$ en $t$.

Si l'on nomme $a$ le demi grand axe d'une ellipse, $ae$ son excentricité, $\varepsilon$ la distance de la planète qui circule dans cette ellipse au périhélie, lorsque $\varphi = 0$, on aura

$$r = \frac{a(1 - e^2)}{1 + e\cos(\varphi + \varepsilon)};$$

partant, si l'on considère l'orbite de la planète $p$ comme une ellipse dont le demi grand axe et l'excentricité varient, on aura

$$\frac{1}{a(1 - e^2)} = \frac{\mathrm{S}}{c^3}\left( 1 + \frac{2\mathfrak{b}}{c}\varphi + \ldots \right)$$

et

$$\frac{e}{a(1 - e^2)} = \mathrm{K}.$$

Je n'aurai égard ici qu'aux quantités de l'ordre de $\mathfrak{b}$, et je désignerai par $\delta a$ et $\delta e$ les variations extrêmement petites de $a$ et de $e$; cela posé, lorsque $\varphi$ égale zéro, on a

$$\frac{S}{c^2} = \frac{1}{a(1-e^2)},$$

et lorsque $\varphi$ a une valeur quelconque, on a

$$\frac{S}{c^2}\left(1 + \frac{2\delta}{c}\varphi\right) = \frac{1}{(a+\delta a)\left[1-(e+\delta e)^2\right]};$$

donc

$$-\frac{\delta a}{a^2(1-e^2)} + \frac{2e\,\delta e}{a(1-e^2)^2} = \frac{S}{c^2}\frac{2\delta}{c}\varphi,$$

partant

$$-\frac{\delta a}{a} + \frac{2e\,\delta e}{1-e^2} = \frac{2\delta}{c}\varphi;$$

de plus l'équation

$$K = \frac{eS}{c^2}\left(1 + \frac{2\delta}{c}\varphi\right)$$

donne

$$\frac{\delta e}{e} = -\frac{2\delta}{c}\varphi;$$

donc

$$\frac{\delta a}{a} = \frac{\delta e(1+e^2)}{e(1-e^2)}.$$

De ces équations, on tirera les valeurs de $\delta a$ et $\delta e$; j'observerai ici que les lieux de l'aphélie et du périhélie sont immobiles. Je suppose maintenant que l'on veuille déterminer de quelle quantité la valeur de $\frac{\alpha T}{9}$ accélère le passage d'une comète par le périhélie. Je reprends pour cela les équations

$$dt = \frac{r^2\,d\varphi}{c - \delta\varphi}$$

et

$$r = \frac{1}{\dfrac{S}{c^2}\left(1 + \dfrac{2\delta}{c}\varphi\right) + K\cos(\varphi + \varepsilon)};$$

elles donnent

$$c\,dt = \frac{d\varphi}{\left(1 - \dfrac{\delta}{c}\varphi\right)\left[\dfrac{S}{c^2}\left(1 + \dfrac{2\delta}{c}\varphi\right) + K\cos(\varphi + \varepsilon)\right]^2};$$

partant

$$c\,dt = \cfrac{d\varphi}{\left[\dfrac{S}{c^2} + K\cos(\varphi+\varepsilon)\right]^2} + \cfrac{\dfrac{6}{c}\varphi\,d\varphi}{\left[\dfrac{S}{c^2} + K\cos(\varphi+\varepsilon)\right]^2} - \cfrac{4\dfrac{S}{c^2}\dfrac{6}{c}\varphi\,d\varphi}{\left[\dfrac{S}{c^2} + K\cos(\varphi+\varepsilon)\right]^3}.$$

Soit

$$\cfrac{1}{\left[\dfrac{S}{c^2} + K\cos(\varphi+\varepsilon)\right]^2} = A + B\cos(\varphi+\varepsilon) + C\cos 2(\varphi+\varepsilon) + \ldots$$

et

$$\cfrac{1}{\left[\dfrac{S}{c^2} + K\cos(\varphi+\varepsilon)\right]^3} = A' + B'\cos(\varphi+\varepsilon) + C'\cos 2(\varphi+\varepsilon) + \ldots$$

Donc

$$ct = A\varphi + B\sin(\varphi+\varepsilon) + \ldots$$
$$+ \frac{6}{2c}A\varphi^2 + \frac{6}{c}B\varphi\sin(\varphi+\varepsilon) + \ldots - \frac{26}{c}A'\frac{S}{c^2}\varphi^2 - \ldots$$

Soit $\varepsilon = 0$, le passage au périhélie aura lieu lorsque $\varphi = 0$, $\varphi = 360°$, $\varphi = 2.360°$, .... Nommant donc $T$ le temps d'une révolution, et $T'$ le temps de la révolution suivante, l'une et l'autre à compter du passage par le périhélie, on aura

$$\frac{T - T'}{T} = 3\frac{6}{c}\left(\frac{360°}{57°17'44''}\right)\left(\frac{2A'}{A}\frac{S}{c^2} - \frac{1}{2}\right).$$

Il ne s'agit plus maintenant que de connaitre $A$, $A'$ et $\dfrac{6}{c}$; or, puisque l'on a

$$\frac{S}{c^2} = \frac{1}{a(1-e^2)}$$

et

$$K = \frac{e}{a(1-e^2)},$$

on aura (*voir* le *Calcul intégral* de M. Euler)

$$A = a^2\sqrt{1-e^2}$$

et

$$A' = a^3\sqrt{1-e^2}\left(1 + \tfrac{1}{2}e^2\right).$$

Soit $'T = m$ minutes et $'T' = m'$ minutes; on a

$$\frac{6}{c} = \frac{\alpha ST}{c\theta}.$$

Je fais $T = 'T$, donc

$$c\,'T = 2\pi a^2 \sqrt{1 - e^2},$$

$\pi$ exprimant le rapport de la demi-circonférence au rayon; partant

$$\frac{6}{c} = \frac{2\pi a}{\frac{\theta}{\alpha}\sqrt{1 - e^2}},$$

$\frac{\theta}{\alpha}$ étant l'espace que décrirait le corpuscule N durant le temps T; or, dans une minute, cet espace est par l'article XLVIII, en ayant égard à la remarque de l'article XLIX, égal à $800000a'$, $a'$ exprimant le demi grand axe de l'orbite terrestre; donc

$$\frac{6}{c} = \frac{2\pi a}{\sqrt{1 - e^2}\,800000\,ma'};$$

partant

$$m - m' = \frac{1}{44444}\,\frac{a}{a'}\left(\frac{355}{113}\right)^2\frac{1 + e^2}{(1 - e^2)^{\frac{1}{2}}},$$

d'où l'on voit que $m - m'$ est absolument insensible.

LI.

Il résulte des articles précédents que l'hypothèse de la pesanteur agissant différemment sur les corps en repos et en mouvement donne un moyen fort simple d'expliquer l'équation séculaire de la Lune; cependant, quelque naturelle qu'elle puisse être, je suis bien éloigné de la regarder comme certaine, et je ne la propose que comme une conjecture qui m'a paru mériter l'attention des philosophes; elle ne serait pas douteuse s'il était bien démontré : 1° que l'équation séculaire de la Lune existe; 2° qu'elle ne peut s'expliquer dans les suppositions ordinaires, ou par des causes étrangères à la pesanteur; or l'une et l'autre de ces assertions, et particulièrement la seconde, est sujette encore à bien des difficultés. Il est à la vérité vraisemblable, par la comparaison des observations anciennes et modernes, que le moyen mouvement de la Lune est maintenant plus rapide qu'autrefois; c'est ce qui m'a paru même résulter des calculs de M. de Lagrange, dans la pièce citée précédemment, en les examinant avec attention. (*Voir* l'addition qui est à la fin de ce Mémoire.) Cette accélération d'ailleurs, si elle existe, ne paraît pas explicable par le seul principe de la gravitation universelle, dans les suppositions reçues, comme je l'ai déjà remarqué.

Si donc on admet cette équation séculaire, il faut, pour l'expliquer, ou faire varier un peu, comme je l'ai fait précédemment, les suppositions d'après lesquelles on a calculé jusqu'ici le mouvement des corps célestes, ou recourir à des causes étrangères au principe de la gravitation universelle. Pour voir jusqu'à quel point le premier de ces deux moyens est préférable au second, j'imagine que, au lieu de déterminer les mouvements célestes dans certaines suppositions sur l'action de la pesanteur, on eût cherché à déterminer ces suppositions par les mouvements observés; il est visible que, en admettant une accélération dans le moyen mouvement de la Lune, on aurait trouvé la pesanteur agissant différemment sur les corps, suivant leurs différents mouvements; or je demande si l'on ne s'en fût pas tenu à ce résultat, qui paraît d'ailleurs bien plus naturel que la supposition ordinaire? On doit convenir, cependant, que, en admettant dans l'espace un fluide extrêmement rare, on explique d'une manière très satisfaisante l'équation séculaire de la Lune (*voir* la pièce de M. l'abbé Bossut, qui a remporté le prix de l'Académie pour l'année 1762). Mais l'existence d'un pareil fluide est fort incertaine, à moins que l'on ne prenne pour ce fluide la lumière du Soleil. Or, il ne paraît pas qu'elle résiste assez pour retarder sensiblement le mouvement de la Lune; car, selon toutes les apparences, cette lumière est une émanation de la substance même du Soleil. Cela se prouve par les phénomènes de la réflexion et de la réfraction de la lumière, qui s'accordent très bien avec cette hypothèse, en admettant de plus que les atomes lumineux sont attirés par les corps, suivant une fonction de la distance. Cela paraît encore indiqué par l'aberration des fixes; car ce phénomène prouve que la vitesse du corpuscule de lumière qui vient frapper l'organe de la vision est à celle de la Terre en raison constante, quel que soit l'astre qui envoie la lumière; or, cela ne peut arriver dans l'hypothèse d'un fluide élastique, mis en vibration par les corps lumineux; en effet, si l'on applique à ce cas les formules que MM. de Lagrange et Euler ont données pour le son, on trouve que, à une très grande distance de l'astre, la vitesse de ce fluide diminuerait en raison de cette distance, en le supposant également élastique et dense dans toute son étendue; cette vitesse ne serait donc pas constante pour les différentes étoiles, ni la même que celle de la lumière qui nous est réfléchie par les satellites de Jupiter, ce qui est contraire à l'observation. On pourrait, à la vérité, imaginer que les vitesses communiquées au fluide par les différentes étoiles sont telles qu'elles deviennent toutes égales, près de la Terre; on pourrait supposer encore telles lois d'élasticité et de densité qui produiraient cette égalité; mais ces suppositions sont trop invraisemblables pour les admettre.

Présentement, si l'on regarde la lumière comme une émanation de la substance du Soleil, elle ne peut produire par son impulsion l'équation séculaire de la Lune; c'est ce que les géomètres trouveront aisément par le procédé suivant qui m'a conduit à ce résultat. J'omets ici les calculs à cause de leur longueur, et parce qu'ils sont faciles par la méthode exposée dans les articles précédents.

En admettant, avec M. Mayer, une équation séculaire pour la Lune d'un degré en deux mille ans, et supposant la parallaxe du Soleil de $8''\frac{1}{2}$, je détermine d'abord la perte de la masse du Soleil dans cet intervalle de temps; ensuite, pour vérifier si cette perte est réelle, j'observe qu'il doit en résulter un retardement dans le moyen mouvement de la Terre, parce que la masse du Soleil diminuant sans cesse, l'orbite de la Terre doit se dilater de plus en plus : or, je trouve que, pour admettre dans le mouvement moyen de la Lune une accélération d'un degré en deux mille ans, il faudrait admettre une retardation de plusieurs degrés dans celui de la Terre, ce qui est absolument contraire aux observations; d'où je conclus que l'impulsion de la lumière solaire ne peut produire l'équation séculaire de la Lune. Mais cette lumière agit d'une manière plus sensible sur la Terre, en dilatant l'atmosphère; c'est ce qui produit, au moins en partie, ces vents généraux d'est qu'on observe sous la zone torride. Or, il parait que la rotation de la Terre doit être sensiblement retardée par l'action de ces vents; ce qui expliquerait d'une manière fort simple l'équation séculaire de la Lune. En effet, si l'on suppose les jours plus longs qu'autrefois, le mouvement de la Lune doit, par cette raison, paraitre plus rapide. Il est vrai qu'alors les mouvements moyens du Soleil et des planètes seraient pareillement assujettis à une équation séculaire; mais le mouvement du Soleil n'étant que $\frac{1}{13}$ environ de celui de la Lune, son équation séculaire serait en même raison plus petite, et par conséquent insensible. Dans cette supposition, l'accélération du moyen mouvement de la Lune n'est qu'apparente, et ce mouvement est constant en lui-même; mais j'ai trouvé, par une méthode fort simple, que je me propose d'exposer ailleurs, que la rotation de la Terre ne peut être sensiblement retardée par l'action des vents, en admettant qu'ils aient pour cause la dilatation de l'atmosphère produite par la chaleur du Soleil. J'ai de plus examiné dans un *Mémoire sur les inégalités du mouvement de rotation de la Terre*, si l'action du Soleil et de la Lune peut y produire une équation séculaire sensible, en ayant égard aux différentes inégalités du mouvement de ces deux astres, et supposant, pour plus de généralité, une inégalité quelconque entre les moments d'inertie de la Terre par rapport à ses trois axes principaux. Cette discussion m'a paru nécessaire avant que de prononcer sur l'impossibilité d'expliquer l'équation séculaire de la Lune dans les suppositions ordinaires sur la gravitation universelle. Or, puisqu'il résulte de cette recherche que l'action du Soleil, de la Lune et des vents ne peut retarder le moyen mouvement de rotation de la Terre, il suit que l'accélération du moyen mouvement de la Lune est réelle : il y a donc bien de l'apparence, si elle existe, qu'elle dépend de la cause que je lui ai assignée ci-dessus.

Quoi qu'il en soit, les calculs précédents ont du moins l'avantage de nous faire connaitre l'étonnante activité de la pesanteur, puisqu'il faudrait supposer à la Lune une vitesse vers la Terre plusieurs millions de fois plus grande que celle de la lumière, pour la soustraire à son action; et il parait bien certain que cette activité ne peut être moindre, car elle serait infinie, si l'équation séculaire de la Lune était nulle, ou due à d'autres causes. Cette activité prodigieuse me persuade que la force attractive doit employer un temps beaucoup moindre que la lumière à se propager d'un corps à l'autre; et que celle de la Lune, loin d'être deux jours à parvenir à la Terre, comme M. Daniel Bernoulli l'a soupçonné, y parvient en moins de $\frac{1}{100000}$ de seconde.

Après avoir discuté les différentes suppositions dont les géomètres ont fait usage dans l'application du principe de la pesanteur universelle, je vais rentrer dans ces mêmes suppositions, et déterminer les inégalités séculaires des planètes.

## LII.

### *Sur les inégalités séculaires des planètes.*

En considérant les masses des planètes comme étant extrêmement petites par rapport à celle du Soleil, leur action serait insensible dans l'intervalle d'un petit nombre de révolutions, et chacune d'elles décrirait à chaque révolution une orbite elliptique autour du Soleil. Après un temps considérable, l'action réciproque des planètes pourrait devenir sensible; mais comme, après ce temps, elles décriraient encore à très peu près une ellipse à chaque révolution, cette action ne pourrait se manifester que par les changements qu'elle occasionnerait à la longue dans les éléments des orbites, c'est-à-dire dans la position des nœuds et de la ligne des apsides, dans l'excentricité, l'inclinaison et surtout dans les moyens mouvements. Ces inégalités sont, par conséquent, les plus considérables de toutes, et celles dont il importe le plus de fixer la valeur par la théorie.

Parmi ces inégalités, la plus essentielle à considérer est celle des moyens mouvements; elle ne paraît pas, cependant, avoir été déterminée avec toute la précision qu'exige son importance. M. Euler, dans sa seconde pièce sur les irrégularités de Jupiter et de Saturne, la trouve égale pour l'une et l'autre de ces planètes. Suivant M. de Lagrange, au contraire, dans le troisième Volume des *Mémoires de Turin* (¹), elle est fort différente pour ces deux corps. Ayant recherché la raison d'une disparité aussi frappante entre les résultats de ces deux illustres géomètres, il m'a paru qu'ils n'avaient point fait entrer en considération plusieurs termes aussi sensibles que ceux auxquels ils ont eu égard. M. de Lagrange semble à la vérité avoir porté plus loin la précision que M. Euler : j'ai lieu de croire, cependant, que la formule n'est pas encore exacte. Celle à laquelle je parviens est fort différente (²). Ce peu d'accord m'avait fait soupçonner que je pouvais m'être trompé; mais, ayant recommencé plusieurs fois mes calculs, je suis parvenu aux mêmes résultats; je m'y suis conformé d'ailleurs, en examinant avec attention la solution de M. de Lagrange; car cet illustre géomètre néglige dans les équations différentielles les sinus et les cosinus de très petits angles, à cause de l'extrême petitesse de leurs coefficients; mais ces coefficients deviennent fort grands par l'intégration, et produisent, dans les moyens mouvements, une équation séculaire comparable à celle à laquelle il parvient. J'observerai ici que la grandeur de ces coefficients dans la théorie des planètes peut rendre fautive la supposition que leur mouvement vrai est égal à leur mouvement moyen, plus à une très petite quantité. Or, comme toutes les solutions connues du problème des trois corps sont fondées sur cette supposition, il me parait que les formules du mouvement vrai des planètes que l'on

---

(¹) *OEuvres de Lagrange*, T. I, p. 667.

(²) Depuis que j'ai lu ces Recherches à l'Académie, j'ai trouvé qu'elle était identiquement nulle (*voir* l'Article LIX). J'aurais pu le démontrer d'abord, mais j'ai préféré donner mes idées suivant l'ordre dans lequel elles se sont présentées à mon esprit.

en tire, ne doivent être employées que pour un temps limité après lequel il est à craindre qu'elles ne deviennent inexactes.

Indépendamment de tout calcul, on peut s'assurer par la considération suivante, que la formule de M. de Lagrange est incomplète. Car, si le plan fixe auquel il rapporte le mouvement des deux planètes, au lieu d'être l'écliptique, était tout autre plan, cette formule donnerait une équation séculaire totalement différente; et si ce plan passait par l'intersection des orbites de Jupiter et de Saturne, cette même équation qui, auparavant, dépendait de l'inclinaison respective des orbites cesserait d'en dépendre. Il paraît, cependant, que le mouvement moyen d'une planète et l'équation séculaire de ce mouvement doivent être les mêmes, quel que soit le plan sur lequel on les rapporte. Au reste, ce que je viens de dire ne touche point au mérite de la solution de M. de Lagrange; je lui rends, avec plaisir, la justice de la regarder comme une des choses les plus délicates que l'on ait tirées de l'Analyse.

L'Académie proposa pour sujet du prix de l'année 1760, de déterminer l'altération du mouvement moyen de la Terre, produite par l'action des corps célestes. La pièce de M. Charles Euler qui fut couronnée, quelque estimable qu'elle soit d'ailleurs, n'a rien ajouté, ce me semble, à ce que l'on savait déjà sur l'effet de l'attraction des planètes. Après avoir discuté l'action de la comète de 1759, sur la Terre, pour altérer son mouvement moyen, il se contente d'observer que l'action des planètes doit y produire une inégalité proportionnelle au carré du temps, sans se mettre en peine d'en fixer la véritable valeur.

On voit par ce détail l'incertitude qui règne encore sur l'équation séculaire du mouvement moyen des planètes, et combien il est nécessaire de la déterminer avec précision.

Voici maintenant pour y parvenir une méthode fort simple; mais comme cette recherche est nécessairement liée avec celle des inégalités séculaires, tant de l'excentricité et de l'inclinaison que de la position des nœuds et des apsides, je vais les embrasser dans mon calcul.

Je dois observer ici que, quoique les formules auxquelles je parviens renferment des termes proportionnels au temps et au carré du temps, je ne prétends pas, cependant, que ces termes se rencontrent dans l'expression rigoureuse du mouvement des planètes; il peut arriver, en effet, qu'ils soient produits par le développement des sinus et cosinus de très petits angles, en séries; mon objet ici n'est point d'entrer dans cette discussion, très intéressante du côté de l'Analyse, mais qui devient inutile pour tout le temps durant lequel l'Astronomie a été cultivée. On peut consulter, sur cette matière, un fort beau Mémoire de M. de Condorcet, qui a pour titre : *Réflexions sur les méthodes d'approximation* ([1]).

## LIII.

Je reprends les équations (1), (2) et (3) de l'article XXXIX.

$$(1) \qquad \frac{d\varphi}{dt} = \frac{1}{r^2}\left(c + \int \frac{\psi' r\, dt}{M}\right),$$

$$(2) \qquad 0 = \frac{d^2 r}{dt^2} - \frac{1}{r^3}\left(c + \int \frac{\psi' r\, dt}{M}\right)^2 - \frac{\psi''}{M},$$

$$(3) \qquad 0 = \frac{d^2 s}{dt^2} + \frac{2\, ds\, dr}{r\, dt^2} + \frac{s}{r^4}\left(c + \int \frac{\psi' r\, dt}{M}\right)^2 + \frac{s\psi'' - \psi}{Mr}.$$

J'imagine ensuite une autre planète $p'$, et je désigne pour cette planète par $\varphi'$, $r'$ et $s'$ ce que j'ai nommé $\varphi$, $r$ et $s$ pour $p$; soient de plus $p$ et $p'$ les masses des deux planètes $p$, $p'$, et $\varrho$ leur distance mutuelle; soit encore S la masse du Soleil. Cela posé, on trouvera

$$-\frac{\psi''}{M} = \frac{S+p}{r^2(1+s^2)^{\frac{3}{2}}} + p'\frac{\cos(\varphi'-\varphi)}{r'^2(1+s'^2)^{\frac{3}{2}}} + \frac{p'}{\varrho^3}[r - r'\cos(\varphi'-\varphi)],$$

$$-\frac{\psi' r}{M} = p' r \sin(\varphi'-\varphi)\left[\frac{1}{r'^2(1+s'^2)^{\frac{3}{2}}} - \frac{r'}{\varrho^3}\right],$$

$$-\frac{\psi}{M} = \frac{(S+p)s}{r^2(1+s^2)^{\frac{3}{2}}} + \frac{p's'}{r'^2(1+s'^2)^{\frac{3}{2}}} + \frac{p'}{\varrho^3}(rs - r's');$$

([1]) *Mémoires de l'Académie,* année 1771, p. 281.

partant, on aura

$$(\text{A}) \quad \frac{d\varphi}{dt} = \frac{1}{r^2}\left\{ c - \int p'r\,dt \sin(\varphi'-\varphi)\left[ \frac{1}{r'^2(1+s'^2)^{\frac{3}{2}}} - \frac{r'}{v'^3} \right] \right\},$$

$$(\text{B}) \quad \left\{ \begin{aligned} &0 = \frac{d^2r}{dt^2} - \frac{1}{r^3}\left\{ c - \int p'r\,dt \sin(\varphi'-\varphi)\left[ \frac{1}{r'^2(1+s'^2)^{\frac{3}{2}}} - \frac{r'}{v'^3} \right] \right\}^2 \\ &\qquad + \frac{S+p}{r^3(1+s'^2)^{\frac{3}{2}}} + \frac{p'r}{v'^3} + p'\cos(\varphi'-\varphi)\left[ \frac{1}{r'^2(1+s'^2)^{\frac{3}{2}}} - \frac{r'}{v'^3} \right], \end{aligned} \right.$$

$$(\text{C}) \quad \left\{ \begin{aligned} &0 = \frac{d^2s}{dt^2} + \frac{2\,ds\,dr}{r\,dt^2} + \frac{s}{r^3}\left\{ c - \int p'r\,dt \sin(\varphi'-\varphi)\left[ \frac{1}{r'^2(1+s'^2)^{\frac{3}{2}}} - \frac{r'}{v'^3} \right] \right\}^2 \\ &\qquad + \frac{p'}{r}[s' - s\cos(\varphi'-\varphi)]\left[ \frac{1}{r'^2(1+s'^2)^{\frac{3}{2}}} - \frac{r'}{v'^3} \right]. \end{aligned} \right.$$

Je supposerai les masses des planètes infiniment petites par rapport à celle du Soleil; je ferai ainsi $p = \delta m$ et $p' = \delta m'$, la caractéristique $\delta$ désignant une différence infiniment petite. Je prendrai ensuite pour plan de projection le plan de l'orbite primitive de $p$, ce qui rend $s$ infiniment petit, et permet de négliger son carré.

Cela posé, j'observe d'abord que les orbites des planètes sont fort peu inclinées les unes aux autres, et qu'elles ont fort peu d'excentricité; ainsi, en supposant $\alpha$ une quantité très petite, je supposerai l'excentricité et l'inclinaison de l'ordre $\alpha$; je me contenterai de pousser la précision jusqu'aux quantités de l'ordre $\alpha^2\,\delta m'$ inclusivement.

Si l'on intègre présentement les deux équations

$$(4) \qquad \frac{d\varphi}{dt} = \frac{c}{r^2},$$

$$(5) \qquad 0 = \frac{d^2r}{dt^2} - \frac{c^2}{r^3} + \frac{S+\delta m}{r^2},$$

elles donneront, comme l'on sait,

$$\varphi = nt + \Lambda' - 2\alpha e \sin(nt+\varepsilon) + \frac{5}{4}\alpha^2 e^2 \sin 2(nt+\varepsilon) + \ldots$$

et

$$r = a\left[ 1 + \frac{\alpha^2 e^2}{2} + \alpha e \cos(nt+\varepsilon) - \frac{\alpha^2 e^2}{2}\cos 2(nt+\varepsilon) + \ldots \right].$$

Ces équations sont à une ellipse dont $a$ est le demi grand axe, et $\alpha ca$ l'excentricité; $A'$ exprime la distance moyenne de la planète à une ligne fixe, lorsque $t = 0$, et $\varepsilon$ la quantité dont elle est plus avancée que son aphélie à cet instant. Ces valeurs de $r$ et de $\varphi$ sont exactes lorsque $\delta m' = 0$; mais, lorsqu'il n'est pas nul, il faut différentier les équations (4) et (5), par rapport à $\delta$, et leur ajouter les termes affectés de $\delta m'$, dans les équations (A) et (B); on aura ainsi

$$(6) \qquad \frac{d\,\delta\varphi}{dt} = -\frac{2c}{r^3}\,\delta r - \frac{\delta m'}{r^2} \int r\,dt \sin(\varphi'-\varphi)\left[\frac{1}{r'^2(1+s'^2)^{\frac{3}{2}}} - \frac{r'}{t'^3}\right]$$

et

$$(7) \quad \left\{ \begin{aligned} 0 &= \frac{d^2\,\delta r}{dt^2} + \frac{3c^2}{r^5}\,\delta r - \frac{2(S+\delta m)}{r^3}\,\delta r + \frac{2c\,\delta m'}{r^3}\int r\,dt \sin(\varphi'-\varphi)\left[\frac{1}{r'^2(1+s'^2)^{\frac{3}{2}}} - \frac{r'}{t'^3}\right]\\ &\quad + \frac{\delta m'\,r}{t'^3} + \delta m'\cos(\varphi'-\varphi)\left[\frac{1}{r'^2(1+s'^2)^{\frac{3}{2}}} - \frac{r'}{t'^3}\right]. \end{aligned} \right.$$

Si l'on substituait dans ces équations, au lieu de $\varphi$, $r$, $\varphi'$, $r'$, $s'$, $\delta\varphi$, $\delta r$, leurs véritables valeurs, tous les termes homologues se détruiraient réciproquement, c'est-à-dire que l'on aurait séparément égaux à zéro : 1° les termes constants; 2° les termes proportionnels au temps; 3° ceux qui sont proportionnels au carré du temps, etc.; 4° les coefficients des sinus et des cosinus des différents angles; ce qui produirait une suite infinie d'équations, mais, pour l'objet que l'on se propose ici, il suffit d'avoir égard dans l'équation (6) aux termes constants, et à ceux qui croissent comme le temps; dans l'équation (7), il faut, de plus, avoir égard aux coefficients de $\cos(nt + \varepsilon)$ et de $\sin(nt + \varepsilon)$. Or, en ayant égard à ces termes seuls, on aura

$$\frac{2c\,\delta m'}{r^3}\int r\,dt \sin(\varphi'-\varphi)\left[\frac{1}{r'^2(1+s'^2)^{\frac{3}{2}}} - \frac{r'}{t'^3}\right] + \frac{\delta m'\,r}{t'^3}$$

$$+ \delta m'\cos(\varphi'-\varphi)\left[\frac{1}{r'^2(1+s'^2)^{\frac{3}{2}}} - \frac{r'}{t'^3}\right]$$

$$= a\frac{\delta m'}{a^3}A + \alpha^2 a\frac{\delta m'}{a^3}B\,nt + \alpha a\frac{\delta m'}{a^3}C\cos(nt + \varepsilon) + \alpha a\frac{\delta m'}{a^3}D\sin(nt + \varepsilon).$$

Parmi les termes constants, on peut négliger ceux de l'ordre $\alpha^2 \delta m'$; on aura ainsi, en n'ayant égard qu'aux termes constants et proportionnels au temps,

$$- \frac{\delta m'}{r^2} \int r \, dt \sin(\varphi' - \varphi) \left[ \frac{1}{r'^2 (1 + s'^2)^{\frac{3}{2}}} - \frac{r'}{r'^3} \right] = - \frac{\alpha^2 \delta m'}{a'^3} \frac{a^3}{2c} \, \mathrm{B} \, nt.$$

Or on a

$$\frac{\mathrm{S} + \delta m}{a^3} = n^2,$$

et, aux quantités près de l'ordre $\alpha^2$,

$$\frac{c}{a^2} = n.$$

Soit donc

$$\frac{\delta m'}{a'} = n^2 \, \delta \mu',$$

$\delta \mu'$ exprimera le rapport de la masse de la planète $p'$ à celle du Soleil, et l'on aura

$$(8) \qquad \frac{d \, \delta \varphi}{dt} = - \frac{2c}{r^3} \, \delta r - \frac{\alpha^2 \, \delta \mu'}{2} \, \mathrm{B} \, n^2 t,$$

$$(9) \quad \left\{ \begin{aligned} 0 = {}&\frac{d^2 \delta r}{dt^2} + \frac{3c^2}{r^4} \, \delta r - \frac{2(\mathrm{S} + \delta m)}{r^3} \, \delta r + a \, \delta \mu' n^2 \mathrm{A} + \alpha a \, \delta \mu' n^2 \mathrm{C} \cos(nt + \varepsilon) \\ &+ \alpha a \, \delta \mu' n^2 \mathrm{D} \sin(nt + \varepsilon) + \alpha^2 a \mathrm{B} \, \delta \mu' n^2 t. \end{aligned} \right.$$

Je suppose

$$\delta \varphi = \delta \mu' g nt + \alpha^2 \, \delta \mu' h n^2 t^2$$

et

$$\delta r = a \, \delta \mu' [l + \alpha \, 'p nt \cos(nt + \varepsilon) + \alpha q nt \sin(nt + \varepsilon) + \alpha^2 \mathrm{K} \, nt];$$

en substituant ces valeurs de $\delta \varphi$ et $\delta r$ dans les équations (8) et (9), on trouvera, en comparant les termes homologues,

$$g = 2\mathrm{A}, \qquad l = -\mathrm{A}, \qquad 'p = \frac{1}{2} \mathrm{D},$$

$$q = -3c\mathrm{A} - \frac{1}{2}\mathrm{C}, \qquad \mathrm{K} = \frac{3}{2} c\mathrm{D} - \mathrm{B}, \qquad h = \frac{3}{4}(\mathrm{B} - c\mathrm{D}).$$

De là, on tirera facilement

$$\varphi = nt + A' + 2A\,\delta\mu'\,nt + \alpha^2\,\delta\mu'\,\frac{3}{4}(B - cD)\,n^2t^2 + \ldots$$

et

$$r = a\left\{1 + \alpha\left(c + \frac{1}{2}\delta\mu'\,D\,nt\right)\cos\left[nt\left(1 + 3A\,\delta\mu' + \frac{1}{2c}C\,\delta\mu'\right) + \varepsilon\right] + \ldots\right\}.$$

On voit par là que, si l'on nomme $i$ le nombre des révolutions de $p$, depuis une époque donnée, l'accroissement de l'équation du centre sera

$$\alpha D\,\delta\mu'\,i.360^\circ.$$

Le mouvement de l'apogée, suivant l'ordre des signes, sera

$$-\delta\mu'\,i.360^\circ\left(3A + \frac{C}{2c}\right).$$

Enfin l'accélération du mouvement moyen sera

$$\frac{3}{2}\alpha^2\,\delta\mu'\,\frac{355}{113}(B - cD)\,i^2.360^\circ.$$

Il ne s'agit donc plus que de déterminer A, B, C et D avec toute l'exactitude possible. Or, si l'on nomme $a'$ le demi grand axe de l'orbite de $p'$, $\alpha c'a'$ son excentricité ; si, de plus, on fait

$$\frac{a'}{a} = z$$

et

$$\frac{1}{(1 - 2z\cos\vartheta + z^2)^{\frac{3}{2}}} = b + b_1\cos\vartheta + b_2\cos2\vartheta + b_3\cos3\vartheta + \ldots,$$

$$\frac{1}{(1 - 2z\cos\vartheta + z^2)^{\frac{5}{2}}} = b' + b'_1\cos\vartheta + b'_2\cos2\vartheta + b'_3\cos3\vartheta + \ldots,$$

$$\frac{1}{(1 - 2z\cos\vartheta + z^2)^{\frac{7}{2}}} = b'' + b''_1\cos\vartheta + b''_2\cos2\vartheta + b''_3\cos3\vartheta + \ldots,$$

et que l'on nomme V la longitude de l'aphélie de $p'$, moins celle de l'aphélie de $p$ à l'origine du mouvement, j'ai trouvé :

Accroissement de l'équation du centre

$$= \alpha c' \partial \mu' \sin V\, i.360^\circ \left[ b_1 + \frac{3}{2} z \left( b' + \frac{b'_2}{2} - 3b + \frac{b_2}{2} \right) \right.$$

$$\left. - \frac{3}{8} z^2 (9 b'_1 - b'_3) + \frac{3}{2} z^3 \left( 3 b' - \frac{1}{2} b'_2 \right) \right] ;$$

je nomme X cette quantité :

Mouvement de l'apogée suivant l'ordre des signes

$$= - \partial \mu'\, i.360^\circ \left[ \frac{3}{2} (b - b') + \frac{z}{2} (3 b'_1 - b_1) - \frac{3}{4} z^2 \left( b' + \frac{1}{2} b'_2 \right) \right] - \frac{X}{2 \alpha c \tan V} ;$$

Accélération du mouvement moyen

$$= - \frac{3195}{452} \alpha c\, \alpha c' \partial \mu'\, z \sin V\, i^2.360^\circ$$

$$\times \left\{ 3 \left[ b - b' + \frac{1}{2} (b'_2 - b_2) \right] + \frac{z}{4} \left[ 7 (b'_1 - b'_3) - 5 (b''_1 - b''_3) \right] \right.$$

$$\left. - z^2 \left[ 3 \left( b' - \frac{b'_2}{2} \right) - \frac{5}{4} \left( 5 b'' - 2 b''_2 - \frac{1}{2} b''_4 \right) \right] - \frac{5}{4} z^3 (b'_1 - b'_3) \right\} - \frac{3}{2} \frac{355}{113} \alpha c i\, X$$

On aura $b$, $b_1$, et, à leur moyen, $b_2$, $b_3$, …, $b'$, $b'_1$, …, $b''$, $b''_1$, … par des méthodes trop connues des géomètres pour que je m'y arrête.

En comparant ces formules avec celles de M. de Lagrange, j'ai trouvé que les expressions de l'accroissement de l'équation du centre et du mouvement de l'aphélie sont entièrement d'accord avec celles de cet illustre géomètre, mais l'expression de l'accélération du mouvement moyen est très différente, et j'en ai dit ci-dessus les raisons.

## LIV.

Je vais maintenant déterminer la position de l'orbite de la planète sur un plan fixe; pour cela, je reprends les équations (A), (B),

(C), etc. J'y suppose d'abord $\delta m' = 0$; elles deviennent

$$\frac{d\varphi}{dt} = \frac{c}{r^2},$$

$$0 = \frac{d^2 r}{dt^2} - \frac{c}{r^3} + \frac{S + p}{r^2(1 + s^2)^{\frac{3}{2}}},$$

$$0 = \frac{d^2 s}{dt^2} + \frac{2\,ds\,dr}{r\,dt^2} + \frac{c^2 s}{r^4}.$$

Au lieu de supposer, comme précédemment, $s = 0$, je le supposerai de l'ordre de $\alpha$, et je ferai $s = \alpha\lambda$, $s' = \alpha\lambda'$. Il est clair que les trois équations précédentes sont celles d'une ellipse projetée sur un plan fixe, et l'on aura, aux quantités près de l'ordre de $\alpha^3$,

$$s = \alpha\gamma \sin(\varphi + \varpi), \qquad s' = \alpha\gamma' \sin(\varphi' + \varpi'),$$

$\alpha\gamma$ et $\alpha\gamma'$ étant les tangentes des inclinaisons des orbites de $p$ et $p'$ sur le plan fixe. Cela posé, l'équation (C) donne

$$(10) \quad \left\{ \begin{aligned} 0 &= \frac{d^2 \delta\lambda}{dt^2} + \frac{2\,d\lambda\,d\delta r}{r\,dt^2} + \frac{2\,dr\,d\delta\lambda}{r\,dt^2} + \frac{c^2 \delta\lambda}{r^4} - \frac{4 c^2 \delta r \lambda}{r^5} \\ &\quad - \frac{2 c\lambda}{r^4} \delta m' \int r\,dt \sin(\varphi' - \varphi) \left[ \frac{1}{r'^2(1 + s'^2)^{\frac{3}{2}}} - \frac{r'}{\rho^3} \right] \\ &\quad + \frac{\delta m'}{r} [\lambda' - \lambda \cos(\varphi' - \varphi)] \left[ \frac{1}{r'^2(1 + s'^2)^{\frac{3}{2}}} - \frac{r'}{\rho^3} \right]. \end{aligned} \right.$$

Je ne ferai attention qu'aux termes de la forme

$$\cos(nt + \theta) \quad \text{et} \quad \sin(nt + \theta),$$

$\theta$ étant la quantité dont la planète est plus avancée que son nœud lorsque $t = 0$; soit donc, en poussant la précision jusqu'aux quantités de l'ordre de $\alpha\,\delta\mu'$ exclusivement,

$$-\frac{2 c\lambda}{r^4} \delta m' \int r\,dt \sin(\varphi' - \varphi) \left[ \frac{1}{r'^2(1 + s'^2)^{\frac{3}{2}}} - \frac{r'}{\rho^3} \right]$$

$$+ \frac{\delta m'}{r} [\lambda' - \lambda \cos(\varphi' - \varphi)] \left[ \frac{1}{r'^2(1 + s'^2)^{\frac{3}{2}}} - \frac{r'}{\rho^3} \right]$$

$$= E n^2 \delta\mu' \sin(nt + \theta) + F n^2 \delta\mu' \cos(nt + \theta);$$

on aura

$$o = \frac{d^2\,\delta\lambda}{dt^2} + \frac{2\,d\lambda\,d\delta r}{r\,dt^2} + \frac{2\,dr\,d\delta\lambda}{r\,dt^2} + \frac{c^2\,\delta\lambda}{r^4} + \frac{4c^2\lambda\,\delta r}{r^5}$$
$$+ \, \mathrm{E}\,n^2\,\delta\mu'\sin(nt + \theta) + \mathrm{F}\,n^2\,\delta\mu'\cos(nt + \theta).$$

Soit

$$\delta\lambda = \delta\mu'\,gnt\,\sin(nt + \theta) + \delta\mu'\,fnt\,\cos(nt + \theta),$$

et l'on trouvera, en substituant dans l'équation précédente, au lieu de $\delta\lambda$, cette valeur, et, au lieu de $\delta r$, sa valeur ci-dessus,

$$f = \frac{1}{2}\,\mathrm{E} + 3\gamma\mathrm{A} \qquad \text{et} \qquad g = -\frac{1}{2}\,\mathrm{F};$$

partant,

$$\alpha\lambda = \alpha\gamma\,\sin(nt + \theta) + \alpha\,\delta\mu'\,nt\left(3\mathrm{A}\gamma + \frac{1}{2}\,\mathrm{E}\right)\cos(nt + \theta)$$
$$- \frac{1}{2}\,\mathrm{F}\,\delta\mu'\,nt\,\sin(nt + \theta),$$

d'où l'on tire

$$s = \left(\alpha\gamma - \frac{1}{2}\,\mathrm{F}\,\delta\mu'\,nt\right)\sin\left[nt\left(1 + 2\mathrm{A}\,\delta\mu' + \frac{\mathrm{E}\,\delta\mu'}{2\gamma}\right) + \theta\right].$$

La diminution de l'inclinaison de l'orbite de $p$ sur le plan fixe sera donc $\frac{1}{2}\mathrm{F}\,\delta\mu'.i.360^{\circ}$, et le mouvement rétrograde de ses nœuds sur le même plan $\frac{\mathrm{E}\,\delta\mu'}{2\gamma}\,i.360^{\circ}$. Il ne s'agit donc plus que de déterminer $\mathrm{E}$ et $\mathrm{F}$; or, en nommant $\mathrm{I}$ la longitude du nœud de $p'$ sur le plan fixe, moins celle du nœud de $p$ à l'origine du mouvement, j'ai trouvé

Diminution séculaire de l'inclinaison de l'orbite $p$ sur le plan fixe

$$= \frac{3\,b_1}{4}\,\alpha\gamma'\sin\mathrm{I}\,\delta\mu'i.360^{\circ}$$

et

Mouvement rétrograde de ses nœuds sur le même plan

$$= \frac{3\,b_1}{4}\,\delta\mu'\left(1 - \frac{\gamma'}{\gamma}\cos\mathrm{I}\right)i.360^{\circ}.$$

Ces formules du mouvement du nœud et de la variation de l'inclinaison s'accordent avec celles de M. de Lagrange, et avec celles que M. Euler a données dans sa première pièce sur Jupiter et Saturne; car cet illustre géomètre, en prenant pour plan fixe celui de l'orbite de $p'$, considéré comme invariable, trouve

Diminution de l'inclinaison de l'orbite de $p$ sur ce plan $= 0$

et

Mouvement rétrograde de ses nœuds $= \dfrac{z\, b_1\, \partial\mu'}{4}\, i.360^\circ$.

D'où il est aisé de tirer les formules précédentes, en rapportant le mouvement de cette planète sur un autre plan peu incliné à celui des deux orbites de $p$ et de $p'$.

Il est aisé de voir que l'inclinaison de l'orbite de $p$ ira en augmentant, ou en diminuant, suivant la position du plan fixe, et que le mouvement des nœuds sera direct ou rétrograde, suivant que $\dfrac{z'}{z}\cos I$ sera plus grand ou moindre que l'unité. Ces deux remarques sont des corollaires assez simples des formules de M. Euler pour qu'il ait pu se dispenser de les faire; mais, ce qu'il importait véritablement de tirer de son calcul, était la diminution de l'obliquité de l'écliptique, et c'est ce que cet illustre géomètre a fait dans les *Mémoires de l'Académie pour l'année* 1754.

LV.

J'ai supposé dans les calculs précédents les masses des planètes infiniment petites par rapport à celle du Soleil; cette supposition est admissible pour Mars, la Terre, Vénus et Mercure; mais elle n'est pas exacte pour Jupiter et Saturne, car Jupiter, par exemple, égale $\frac{1}{1067}$ de la masse du Soleil; or, ce rapport, loin d'être infiniment petit, est très comparable au produit des excentricités des deux orbites, auquel j'ai eu égard dans l'expression de l'accélération des moyens mouvements. Il parait donc alors nécessaire de considérer dans ces recherches les quantités multipliées par $\partial\mu'^2$. Or, en regardant $\partial\mu'$ comme étant de l'ordre de $\alpha^2$, j'ai trouvé par le calcul, et les géomètres verront aisément à l'inspection des équations (6) et (7), que ces quantités n'ajoutent aucun terme aux formules précédentes; en sorte qu'elles sont exactes, même dans la supposition où $\partial\mu'$ serait de l'ordre de $\alpha^2$.

De plus, si l'on considère avec attention ces mêmes équations (6) et (7), on verra que l'expression de l'accélération du mouvement moyen est exacte aux quantités près de l'ordre de $\alpha^4 \, \delta\mu'$, en sorte qu'elle serait la même si l'on avait égard dans le calcul aux quantités de l'ordre de $\alpha^3 \, \delta\mu'$; pareillement, on verra que les formules du mouvement des nœuds et de l'apogée, et de la variation de l'excentricité et de l'inclinaison sont exactes, aux quantités près de l'ordre de $\alpha^3 \, \delta\mu$; on peut donc les regarder comme fort approchées.

## LVI.

Je vais présentement déterminer les inégalités proportionnelles au cube et aux puissances supérieures du temps dans le moyen mouvement des planètes, et celles qui sont proportionnelles au carré et aux puissances supérieures du temps, dans les autres éléments de leurs orbites.

Il est aisé de voir, à l'inspection des équations du problème, que l'on aura

$$\varphi = nt + K \, \delta\mu' \, t^2 + L \, \delta\mu'^2 \, t^3 + \dots$$

J'ai précédemment déterminé K en fonction de $z$, $\alpha e$, $\alpha e'$ et $\sin V$, et j'en conclus L de la manière suivante. Pour cela, je fais

$$t = T + t_1 \qquad \text{et} \qquad \varphi = \Phi + \varphi_{1},$$

T et $\Phi$ étant considérablement plus grands que $t_1$ et $\varphi_1$, et $\varphi_1$ étant nul lorsque $t_1$ égale o; on aura donc

$$\varphi_1 = nt_1 + 2 K \, \delta\mu' T t_1 + \delta\mu' K t_1^2 + 3 L \, \delta\mu'^2 T^2 t_1 + 3 L \, \delta\mu'^2 T t_1^2 + \dots;$$

mais si l'on nomme K' ce que devient K lorsqu'on y met, au lieu de $r$, $e$, $e'$ et V, les valeurs qui ont lieu après le temps T, et que l'on nomme $n_1$ ce que devient $n$ après ce temps, on aura

$$\varphi_1 = n_1 t_1 + K' \delta\mu' t_1^2;$$

donc, en comparant, on aura

$$3 L \, \partial\mu'^2 T + K \, \partial\mu' = K' \partial\mu';$$

partant,

$$L \, \partial\mu' = \frac{1}{3} \frac{K' - K}{T}.$$

On voit donc que, pour avoir L, il faut différentier K, en y faisant varier $z$, V, $c$, $c'$, des quantités dont elles ont varié après le temps T, diviser cette différence par T, et en prendre le tiers.

Comme la variation de $z$ est de l'ordre de $\alpha^2 \, \partial\mu'$, celles de $c$ et $c'$ étant de l'ordre de $\partial\mu'$, on peut regarder dans la différentiation $z$ comme constant.

On obtiendrait, par une méthode semblable, les termes proportionnels à la quatrième, cinquième, etc. puissance du temps.

Pareillement, on peut supposer le mouvement de l'apogée égal à $H \, \partial\mu' t + M \, \partial\mu'^2 t^2 + \ldots$. J'ai déterminé ci-devant H en fonction de $c$, $c'$, $z$ et V. Soient donc $t = T + t_1$, et H' ce que devient H après le temps T; le mouvement dans l'intervalle $t_1$, sera

$$H \, \partial\mu' t_1 + 2 M \, \partial\mu'^2 T t_1 + \ldots,$$

d'où l'on tirera

$$H' = H + 2 M \, \partial\mu' T;$$

partant

$$M \, \partial\mu' = \frac{H' - H}{2 T}.$$

On déterminerait de la même manière les inégalités proportionnelles au carré, au cube, etc. des temps, dans les autres éléments de l'orbite; mais toutes ces inégalités sont encore trop peu sensibles pour y avoir égard.

## LVII.

*Application des formules précédentes à Jupiter et à Saturne.*

M. de Lagrange a trouvé dans le Mémoire cité précédemment (*voir* le III$^e$ Vol. des *Mémoires de Turin*, p. 376), en supposant que $p$ soit

Saturne et $p'$ Jupiter,

$$z = 0,545169, \qquad b' = 6,89171,$$
$$b = 2,17810, \qquad b'_1 = 12,40329,$$
$$b_1 = 3,18323, \qquad b'_2 = 9,89076,$$
$$b_2 = 3,08012, \qquad b'_3 = 7,31577.$$

Ayant vérifié ces valeurs, je les ai trouvées exactes, et j'en ai conclu

$$b^r = 26,31447,$$
$$b^r_1 = 49,97291,$$
$$b^r_2 = 43,52843,$$
$$b^r_3 = 35,45922,$$
$$b^r_4 = 27,43053.$$

Mais, suivant les Tables de Halley, on a, pour l'année 1750,

$$\alpha c' = 0,048218, \qquad \alpha c = 0,057003,$$
$$V = -79^\circ 6' 12'',$$

et si l'on prend pour le plan fixe celui de l'écliptique pour le commencement de l'année 1750, on aura

$$\alpha \gamma' = 0,023032, \qquad \alpha \gamma = 0,043710 \quad \text{et} \quad -I = 13^\circ 4' 16'';$$

de plus,

$$\delta \mu' = \frac{1}{1067} \cdot$$

Cela posé, M. de Lagrange ayant déterminé, d'après des formules exactes, le mouvement des nœuds et de l'aphélie, ainsi que la variation de l'excentricité et de l'inclinaison de l'orbite de Saturne sur l'écliptique, il n'y a point de doute que les valeurs qu'il trouve ne soient exactes ; je me bornerai conséquemment ici à déterminer l'équation séculaire du mouvement moyen. Or, en substituant les valeurs précédentes dans l'expression analytique de cette équation, je l'ai trouvée absolument nulle ; d'où je conclus que l'altération du mouvement moyen de Saturne, si elle existe, n'est point due à l'action de Jupiter.

Si l'on suppose actuellement que $p$ soit Jupiter et $p'$ Saturne; si, de plus, on distingue par une parenthèse les quantités correspondantes à Jupiter, on aura

$$(z) = \frac{1}{z},$$

$$(b) = bz^1, \quad (b_1) = b_1 z^1, \quad \ldots, \quad (b') = b'z^1, \quad \ldots, \quad (b'') = b''z^1, \quad \ldots,$$

d'où j'ai conclu

$$
\begin{aligned}
&(b\ ) = 0,35292, \qquad &&(b') = 0.33188, \qquad &&(b'') = 0,37663,\\
&(b_1) = 0,51578, \qquad &&(b'_1) = 0,59730, \qquad &&(b''_1) = 0,71524,\\
&(b_2) = 0,33704, \qquad &&(b'_2) = 0,47630, \qquad &&(b''_2) = 0,62300,\\
& &&(b'_3) = 0,35230, \qquad &&(b''_3) = 0,50751,\\
& && &&(b''_4) = 0,39260;
\end{aligned}
$$

enfin

$$\partial\mu' = \frac{1}{3021};$$

d'ailleurs,

$$(V) = -V, \qquad (I) = -I,$$

$$(xe) = ae', \qquad (x\gamma) = x\gamma' \quad \text{et} \quad (x\gamma') = x\gamma.$$

Cela posé, en substituant ces valeurs dans la formule de l'équation séculaire, je l'ai trouvée absolument nulle; d'où je conclus que l'altération du mouvement moyen de Jupiter, si elle existe, n'est point due à l'action de Saturne.

En comparant les observations de Jupiter et de Saturne faites dans les différents siècles, les astronomes ont cru apercevoir une accélération dans le mouvement moyen de Jupiter et une retardation dans celui de Saturne; je ne m'arrêterai point ici à discuter ces observations et à faire voir l'incertitude qu'elles laissent sur la quantité de ces altérations; il suffit d'observer ici que leur existence parait assez vraisemblable, et que le retardement de Saturne est beaucoup plus considérable que l'accélération de Jupiter dans le même intervalle de temps.

Il résulte de la théorie précédente que ces variations ne peuvent être attribuées à l'action mutuelle de ces deux planètes; mais, si l'on considère le grand nombre de comètes qui se meuvent autour du

Soleil, si l'on fait ensuite réflexion qu'il est très possible que quelques-unes d'entre elles aient passé assez près de Jupiter et de Saturne pour altérer leurs mouvements, et que leur effet, toutes choses d'ailleurs égales, doit être plus sensible sur les planètes les plus éloignées du Soleil, par la même raison que l'effet de Jupiter sur Saturne est beaucoup plus grand que sur Mars, dont il est, cependant, plus près que de Saturne, on regardera comme très probable que les variations observées dans les mouvements moyens de Jupiter et de Saturne ont été produites par l'action de ces comètes; on ne peut douter, en effet, qu'elles ne soient soumises, comme tous les autres corps célestes, aux lois de la pesanteur universelle; il semble même résulter des observations, que leur action sur Saturne est sensible, puisque cette planète est sujette à des inégalités qui ne paraissent pas pouvoir dépendre de sa pesanteur sur Jupiter; il serait donc fort à désirer que le nombre des comètes, leurs masses et leurs mouvements fussent assez connus pour que l'on pût déterminer l'effet de leur action sur les planètes; c'est ce qu'on ne doit attendre que d'une très longue suite d'observations.

LVIII.

Mais voici un moyen fort simple de s'assurer d'ailleurs si les altérations des mouvements moyens de Jupiter et de Saturne sont l'effet de leur action mutuelle; pour cela, je fais usage d'un principe que M. le chevalier d'Arcy a donné dans les *Mémoires de l'Académie*, année 1747, et qu'il a fort heureusement appliqué à la solution de différents Problèmes de Dynamique. Voici l'énoncé de ce principe : *Si plusieurs corps se meuvent autour d'un point quelconque, que je considère comme foyer, la somme des produits de la masse de chaque corps, par l'aire que décrit le rayon vecteur de sa projection sur un plan fixe, qui passe par ce foyer, est proportionnelle au temps.*

Soit donc C (*fig.* 3) le centre commun de gravité du Soleil S, de Jupiter $p$ et de Saturne $p'$; je regarde ce point comme foyer, et je fais passer par ce même point un plan fixe que je suppose être celui de l'écliptique, pour le commencement de l'année 1750. Cela posé, le produit de l'aire que décrit le rayon vecteur de la projection de Jupiter autour de C, multipliée par sa masse, plus celui de l'aire décrite par le rayon vecteur de la projection de Saturne, multipliée par sa masse, plus celui de l'aire décrite par le rayon vecteur de la projection du Soleil, multipliée par sa masse, est constant en temps égal.

Fig. 3.

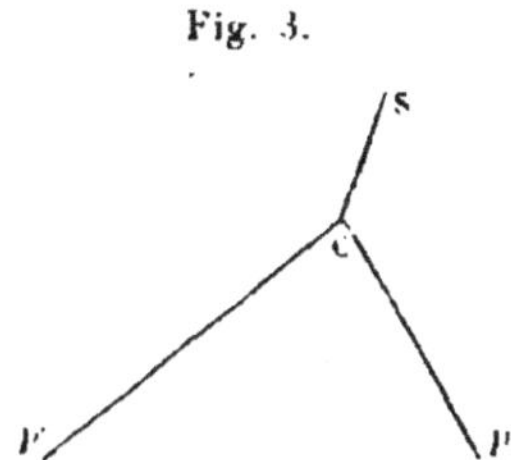

En regardant les masses de Jupiter et de Saturne comme infiniment petites par rapport à celle du Soleil, que nous prendrons pour unité de masse, il est clair que CS sera infiniment petit du premier ordre; partant, l'aire décrite par le rayon vecteur de la projection du Soleil autour de C est infiniment petite du second ordre, et conséquemment négligeable. Maintenant, si l'on suppose les orbites de Jupiter et de Saturne elliptiques dans l'intervalle d'une révolution; que l'on nomme $\delta\mu$ la masse de Jupiter, $\delta\mu'$ celle de Saturne, et que l'on conserve en général les mêmes dénominations que ci-dessus, en observant de marquer d'un trait pour Saturne, les quantités correspondantes à celles de Jupiter; j'ai trouvé, en négligeant les quatrièmes puissances des excentricités et des inclinaisons, que l'aire décrite, durant un instant infiniment petit $dt$, par le rayon vecteur de la projection de Jupiter est égale à

$$\frac{1}{2} a^2 n\, dt \left( 1 - \frac{1}{2} \alpha^2 e^2 - \frac{1}{2} x^2 \gamma^2 \right),$$

et qu'ainsi celle décrite par le rayon vecteur de la projection de Saturne est égale à

$$\frac{1}{2} a'^2 n'\, dt \left( 1 - \frac{1}{2} x^2 e'^2 - \frac{1}{2} x^2 \gamma'^2 \right);$$

on aura donc

$$\delta\mu\, na^2\left(1 - \frac{1}{2}\alpha^2 e^2 - \frac{1}{2}\alpha^2\gamma^2\right) + \delta\mu'\,n'a'^2\left(1 - \frac{1}{2}\alpha^2 e'^2 - \frac{1}{2}\alpha^2\gamma'^2\right) = C,$$

C étant une constante; or on a

$$\frac{1}{a^3} = n^2 \qquad \text{et} \qquad \frac{1}{a'^3} = n'^2;$$

l'équation précédente deviendra, par conséquent,

$$n^{-\frac{1}{3}}\delta\mu\left(1 - \frac{1}{2}\alpha^2 e^2 - \frac{1}{2}\alpha^2\gamma^2\right) + n'^{-\frac{1}{3}}\delta\mu'\left(1 - \frac{1}{2}\alpha^2 e'^2 - \frac{1}{2}\alpha^2\gamma'^2\right) = C.$$

Si l'on suppose actuellement qu'après plusieurs siècles, les orbites des deux planètes changent par leur action mutuelle, et que l'on exprime par la caractéristique $\delta$ les variations de leurs éléments, on différentiera l'équation précédente par rapport à $\delta$, en regardant C comme constante; ce qui établit une relation entre les inégalités des deux planètes, relation à laquelle les observations doivent satisfaire, si ces planètes n'ont éprouvé d'autre action sensible que leur gravitation réciproque. On aura donc

$$(Z)\qquad \begin{cases} \dfrac{1}{3}\delta\mu\, n^{-\frac{4}{3}}\delta n\left(1 - \dfrac{1}{2}\alpha^2 e^2 - \dfrac{1}{2}\alpha^2\gamma^2\right) \\[2ex] \quad + \dfrac{1}{3}\delta\mu'\,n'^{-\frac{4}{3}}\delta n'\left(1 - \dfrac{1}{2}\alpha^2 e'^2 - \dfrac{1}{2}\alpha^2\gamma'^2\right) \\[2ex] \quad + n^{-\frac{1}{3}}\delta\mu\,(\alpha^2 e\,\delta e + \alpha^2\gamma\,\delta\gamma) \\[2ex] \qquad + n'^{-\frac{1}{3}}\delta\mu'\,(\alpha^2 e'\,\delta e' + \alpha^2\gamma'\,d\gamma') = 0. \end{cases}$$

Si l'on nomme T le temps après lequel on suppose que les éléments $n$, $e$, $\gamma$, $n'$, $e'$ et $\gamma'$ ont varié des quantités $\delta n$, $\delta e$, $\delta\gamma$, $\delta n'$, $\delta e'$ et $\delta\gamma'$, et que l'on suppose que durant ce temps Jupiter ait fait $i$ révolutions, on aura (*voir* le Mémoire de M. de Lagrange)

$$2\,\delta\alpha e = \frac{7'',4254}{57°17'44''}\,i, \qquad 2\,\delta\alpha e' = -\frac{32'',6086}{57°17'44''}\,i\,\frac{n'}{n},$$

$$\delta\alpha\gamma = -\frac{1'',0030}{57°17'44''}\,i, \qquad \delta\alpha\gamma' = \frac{2'',7449}{57°17'44''}\,i\,\frac{n'}{n}.$$

D'ailleurs, $\dfrac{n'}{n} = 0,402528$. De là, je conclus

$$\delta\mu\, n^{-\frac{1}{3}}(\alpha^2 e\, \delta e + \alpha^2 \gamma\, \delta\gamma) + \delta\mu'\, n'^{-\frac{1}{3}}(\alpha^2 e'\, \delta e' + \alpha^2 \gamma'\, \delta\gamma') = 0;$$

partant, en négligeant les quantités de l'ordre de $\alpha^2 \delta n\, \delta\mu$ et $\alpha^2 \delta n'\, \delta\mu'$, l'équation (Z) devient

$$\delta n' = -\, \delta n \frac{\delta\mu}{\delta\mu'} \left(\frac{n'}{n}\right)^{\frac{4}{3}},$$

ce qui donne

$$\delta n' = -\, \delta n . 0,84149.$$

De là, il suit que l'équation séculaire de Jupiter est à celle de Saturne dans le même intervalle de temps, comme $1 : 0,84149$, et que d'ailleurs elles ont des signes contraires. Les observations satisfont, à la vérité, à cette dernière condition, mais non pas à la première, puisque l'équation séculaire de Saturne, loin d'être moindre que celle de Jupiter, est beaucoup plus grande.

On peut remarquer, en passant, que si l'équation séculaire de Jupiter était nulle, celle de Saturne devrait l'être pareillement; ce qui coïncide avec les résultats que j'ai trouvés précédemment, et ce qui confirme par conséquent leur exactitude.

Il paraît donc certain que l'on doit chercher ailleurs que dans l'action mutuelle de Jupiter et de Saturne l'altération que l'on observe dans leurs moyens mouvements. On l'attribuera peut-être à l'action de leurs satellites; mais cela est impossible; car, si un système de corps très voisins les uns des autres se meut à une fort grande distance du Soleil, le centre de gravité du système décrit très sensiblement une ellipse constante autour du Soleil (*voir* le VI$^e$ Volume des *Opuscules* de M. d'Alembert). D'ailleurs, par la théorie des satellites et par les observations, il est prouvé que le système d'une planète et de ses satellites est compris dans des limites déterminées, au moins durant un très grand nombre de siècles. Ainsi, la planète reste toujours fort près du centre commun de gravité du système; d'où il suit que les éléments de l'ellipse décrite par la planète peuvent être considérés comme invariables, en ne considérant que l'action de ses satellites.

## LIX.

J'ai observé (art. LVII) que la substitution des valeurs numériques de $b$, $b_1$, ..., $b'$, $b'_1$, ..., $b''$, ..., relatives à Jupiter et à Saturne, dans l'expression analytique de l'équation séculaire du moyen mouvement des planètes, la rendait nulle à très peu près, en sorte que les quantités extrêmement petites qui restent à la fin du calcul peuvent être attribuées aux erreurs inévitables dans la détermination de $b$, $b_1$, .... L'exactitude avec laquelle les différents termes de cette expression se sont mutuellement détruits dans ce cas m'a fait soupçonner qu'elle est identiquement nulle; en effet, il est assez peu vraisemblable qu'une égalité aussi parfaite entre ses termes positifs et négatifs soit due aux circonstances particulières du mouvement de Jupiter et de Saturne : j'ai donc cherché à vérifier cette conjecture, et je l'ai trouvée juste; d'où il suit que l'action des planètes les unes sur les autres et sur le Soleil n'a pu sensiblement altérer leurs moyens mouvements, depuis le temps au moins auquel on a commencé à cultiver l'Astronomie, jusqu'à ce moment. Comme cette remarque me paraît de la plus grande importance dans la théorie des planètes, et que, d'ailleurs, elle est contraire à ce qu'ont cru jusqu'ici tous les géomètres qui se sont occupés de cet objet, je vais exposer en peu de mots le procédé qui m'y a conduit.

Les géomètres savent que, $b$ et $b_1$ étant donnés, on a facilement par des expressions finies les autres quantités $b_2$, ..., $b'$, $b'_1$, $b'_2$, ..., $b''$, $b''_1$, ..., comme M. d'Alembert l'a trouvé le premier (*voir* le II$^e$ Volume de ses *Recherches sur le Système du monde*). Soient

$$\frac{1}{(1 - 2z\cos\theta + z^2)^\mu} = b + b_1\cos\theta + b_2\cos 2\theta + \ldots,$$

$$\frac{1}{(1 - 2z\cos\theta + z^2)^{\mu+1}} = b' + b'_1\cos\theta + b'_2\cos 2\theta + \ldots,$$

on aura [*voir* les *Recherches* de M. de Lagrange *sur Jupiter et Saturne* ([1])]

$$b_2 = \frac{(1 + z^2)b_1 - 2b\mu z}{z(2 - \mu)},$$

$$b_3 = \frac{2(1 + z^2)b_2 - b_1 z(1 + \mu)}{z(3 - \mu)},$$

$$b_4 = \frac{3(1 + z^2)b_3 - z b_2(2 + \mu)}{z(4 - \mu)},$$

$$\dots\dots\dots\dots\dots\dots\dots\dots,$$

$$b' = \frac{b(1 + z^2) + \frac{\mu - 1}{\mu} b_1 z}{(1 - z^2)^2},$$

$$b'_1 = \frac{4bz + \frac{\mu - 1}{\mu} b_1(1 + z^2)}{(1 - z^2)^2}.$$

De là, en faisant $\mu = \frac{3}{2}$, j'ai conclu

$$b_2 = \frac{2(1 + z^2)}{z} b_1 - 6b,$$

$$b' = \frac{b(1 + z^2)}{(1 - z^2)^2} + \frac{\frac{1}{3} b_1 z}{(1 - z^2)^2},$$

$$b'_1 = \frac{4bz}{(1 - z^2)^2} + \frac{\frac{1}{3} b_1(1 + z^2)}{(1 - z^2)^2},$$

$$b'_2 = \frac{2b(1 + z^2)}{(1 - z^2)^2} + \frac{\frac{10}{3} b_1 z - \frac{2}{3} \frac{b_1(1 - z^2)^2}{z}}{(1 - z^2)^2},$$

$$b'_3 = \frac{\frac{8b(1 + z^2)^2}{z} - 28bz}{(1 - z^2)^2} + \frac{11 b_1(1 + z^2) - \frac{8}{3} \frac{b_1(1 + z^2)^3}{z^2}}{(1 - z^2)^2},$$

$$b'' = \frac{\frac{12}{5} bz^2 + b(1 + z^2)^2}{(1 - z^2)^4} + \frac{\frac{8}{15} b_1 z(1 + z^2)}{(1 - z^2)^4},$$

$$b''_1 = \frac{\frac{32}{5} b z(1 + z^2)}{(1 - z^2)^4} + \frac{\frac{4}{3} b_1 z^2 + \frac{1}{5} b_1(1 + z^2)^2}{(1 - z^2)^4},$$

([1]) *OEuvres de Lagrange*, T. I, p. 609.

$$b'_2 = \frac{\frac{56}{5}bz^2 + \frac{2}{5}b(1+z^2)^2}{(1-z^2)^4} + \frac{\frac{8}{5}b_1 z(1+z^2) - \frac{2}{15}\dfrac{b_1(1+z^2)^3}{z}}{(1-z^2)^4},$$

$$b'_3 = \frac{\frac{64}{5}bz(1+z^2) - \frac{8}{5}\dfrac{b(1+z^2)^2}{z}}{(1-z^2)^4} + \frac{12\,b_1 z^2 - \frac{23}{5}b_1(1+z^2)^2 + \frac{8}{15}\dfrac{b_1(1+z^2)^4}{z^2}}{(1-z^2)^4},$$

$$b'_4 = \frac{\frac{362}{5}b(1+z^2)^2 - \frac{616}{5}bz^2 - \frac{48}{5}\dfrac{b(1+z^2)^4}{z^2}}{(1-z^2)^4}$$
$$+ \frac{\frac{372}{5}b_1 z(1+z^2) - \frac{392}{15}\dfrac{b_1(1+z^2)^3}{z} + \frac{48}{15}\dfrac{b_1(1+z^2)^5}{z^3}}{(1+z^2)^4}.$$

Si l'on substitue ces valeurs dans l'expression de l'équation séculaire du moyen mouvement, on trouvera, après toutes les réductions, qu'elle se réduit à zéro.

J'ai cherché ensuite si, par de semblables substitutions, il ne serait pas possible de simplifier les expressions de l'accroissement de l'équation du centre et du mouvement de l'apogée, et j'ai trouvé qu'elles deviennent par là extrêmement simples et commodes pour le calcul :

Accroissement de l'équation du centre

$$= x e' \delta\mu' \sin V\, i.360^e[b_1(1+z^2) - 3bz];$$

Mouvement de l'apogée suivant l'ordre des signes

$$= \delta\mu'\, i.360^n \left\{ \frac{1}{4} z b_1 - \frac{\frac{1}{2}\alpha c'}{\alpha c}\cos V[b_1(1+z^2) - 3bz)]\right\}.$$

Si l'on joint à ces formules celles du mouvement rétrograde des nœuds de l'orbite et de la diminution séculaire de son inclinaison sur le plan fixe, on aura toutes les inégalités séculaires du mouvement moyen des planètes exprimées par des formules aussi simples qu'on puisse le désirer, en sorte qu'il ne reste plus de difficulté que dans la détermination de $b$ et $b_1$; mais les géomètres ont imaginé pour cela différentes méthodes qu'il serait inutile de rapporter ici.

Je puis me servir, pour prouver l'exactitude des calculs précédents, de la méthode dont j'ai fait usage, article LVIII, dans le cas particulier de Jupiter et de Saturne; car si les formules précédentes sont exactes, il faut que l'équation (Z)

$$(Z) \quad \begin{cases} \dfrac{1}{3}\delta\mu\, n^{-\frac{1}{3}}\delta n\left(1-\dfrac{1}{2}\alpha^2 e^2 - \dfrac{1}{2}\alpha^2\gamma^2\right) + \dfrac{1}{3}\delta\mu\, n'^{-\frac{1}{3}}\delta n'\left(1-\dfrac{1}{2}\alpha^2 e'^2 - \dfrac{1}{2}\alpha^2\gamma'^2\right) \\[2mm] \quad + n^{-\frac{1}{3}}\delta\mu(\alpha e\,\delta e + \alpha\gamma\,\delta\gamma) + n'^{-\frac{1}{3}}\delta\mu'(\alpha e'\,\delta e' + \alpha\gamma'\,\delta\gamma') = 0 \end{cases}$$

trouvée, article LVIII, soit vraie, en y supposant $\delta n = 0$, $\delta n' = 0$. Il faut donc que les valeurs de $\delta e$, $\delta\gamma$, $\delta e'$, $\delta\gamma'$ satisfassent à l'équation

$$(\sigma) \qquad n^{-\frac{1}{3}}\delta\mu(\alpha e\,\delta e + \alpha\gamma\,\delta\gamma) + n'^{-\frac{1}{3}}\delta\mu'(\alpha e'\,\delta e' + \alpha\gamma'\,\delta\gamma') = 0;$$

or on a

$$\delta e = \alpha e'\,\delta\mu'\sin V\, i.360^\circ[\, b_1(1+z^2) - 3\,b z\,],$$

$$\delta e' = -\,\alpha e\,\delta\mu\sin V\, i\,\frac{n'}{n}\,360^\circ\, z[\, b_1(1+z^2) - 3\,b z\,],$$

$$\delta\gamma = \frac{1}{4}\,\alpha\gamma'\, z\, b_1\sin I\,\delta\mu'\, i.360^\circ,$$

$$\delta\gamma' = -\,\frac{1}{4}\,\alpha\gamma\, b_1\, z^2\sin I\,\delta\mu\, i\,\frac{n'}{n}\,360^\circ.$$

De plus

$$\frac{n'}{n} = z^{-\frac{3}{2}}.$$

Cela posé, si l'on substitue ces valeurs dans l'équation $(\sigma)$, on verra qu'elles y satisfont.

Voici maintenant une petite Table qui renferme toutes les inégalités séculaires du mouvement de la planète $p$, troublée par l'action de la planète $p'$.

Soient

$\delta\mu'$ le rapport de la masse de $p'$ à celle du Soleil;

$a$ la moyenne distance de $p$ au Soleil;

$\alpha\, ea$ l'excentricité de son orbite;

$\alpha\gamma$ son inclinaison sur le plan fixe;

L la longitude de son apogée et I' celle de son nœud à l'époque où l'on
    fixe l'origine du mouvement;

que $a'$, $\alpha e'a'$, $\alpha\gamma'$, L′ et Γ′ désignent des quantités analogues pour la planète $p'$.

Soient, de plus,

$$\frac{a'}{a} = z$$

et

$$\frac{1}{(1 - 2z\cos\theta + z^2)^{\frac{3}{2}}} = b + b_1\cos\theta + \ldots;$$

on déterminera $b$ et $b_1$ au moyen des expressions suivantes (*voir* le *Calcul intégral* de M. Euler) :

$$b = \frac{1}{(1 + z^2)^{\frac{3}{2}}}\left[1 + \left(1 - \frac{1}{4^2}\right)\left(\frac{2z}{1 + z^2}\right)^2 + \left(1 - \frac{1}{4^2}\right)\left(1 - \frac{1}{8^2}\right)\left(\frac{2z}{1 + z^2}\right)^4\right.$$
$$\left. + \left(1 - \frac{1}{4^2}\right)\left(1 - \frac{1}{8^2}\right)\left(1 - \frac{1}{12^2}\right)\left(\frac{2z}{1 + z^2}\right)^6 + \ldots\right],$$

$$b_1 = \frac{3z}{(1 + z^2)^{\frac{5}{2}}}\left\{1 + \left[1 + \frac{3}{4(3^2 - 1)}\right]\left(\frac{2z}{1 + z^2}\right)^2 + \left[1 + \frac{3}{4(3^2 - 1)}\right]\left[1 + \frac{3}{4(5^2 - 1)}\right]\left(\frac{2z}{1 + z^2}\right)^4\right.$$
$$\left. + \left[1 + \frac{3}{4(3^2 - 1)}\right]\left[1 + \frac{3}{4(5^2 - 1)}\right]\left[1 + \frac{3}{4(7^2 - 1)}\right]\left(\frac{2z}{1 + z^2}\right)^6 + \ldots\right\}.$$

Soit enfin $i$ le nombre des révolutions de $p$ depuis l'époque donnée, il faudra faire $i$ négatif, si l'on veut remonter aux temps antérieurs à cette époque. Cela posé :

*Table des inégalités séculaires du mouvement de p produites par l'action de p'.*

Mouvement moyen de l'apogée suivant l'ordre des signes :

$$\delta\mu'i.360°\left\{\frac{1}{4}zb_1 - \frac{\frac{1}{2}\alpha e'}{\alpha e}\cos(\text{L}' - \text{L})\left[b_1(1 + z^2) - 3bz\right]\right\}.$$

Accroissement de l'équation du centre :

$$\alpha e'\delta\mu'\sin(\text{L}' - \text{L})\,i.360°\left[b_1(1 + z^2) - 3bz\right].$$

Diminution de l'inclinaison de l'orbite sur le plan fixe :

$$\frac{1}{4}\, z\, b_1\, \alpha\gamma'\sin(\Gamma'-\Gamma)\,\delta\mu'\,i.36o°.$$

Mouvement rétrograde du nœud sur le plan fixe :

$$\frac{z\, b_1}{4}\,\delta\mu'\left[1-\frac{\alpha\gamma'}{\alpha\gamma}\cos(\Gamma'-\Gamma)\right]i.36o°.$$

Équation séculaire du moyen mouvement, nulle.

Il paraît donc constant que l'action réciproque des planètes ne peut causer de variation remarquable dans leurs moyens mouvements, au moins, aux quantités près de l'ordre de $\alpha^2\,\delta\mu'$; il pourrait arriver cependant qu'en poussant plus loin les approximations, on trouvât une équation séculaire; mais il y a tout lieu de croire qu'elle serait insensible, car elle ne peut être, ainsi que je l'ai observé (art. LV), que de l'ordre de $\alpha^4\,\delta\mu'$, c'est-à-dire du même ordre que le produit de la quatrième puissance de l'excentricité de la planète troublante par le rapport de sa masse à celle du Soleil. Or, les quantités de l'ordre de $\alpha^2\,\delta\mu'$ étant déjà excessivement petites, il est très probable que celles de l'ordre de $\alpha^4\,\delta\mu'$ sont absolument insensibles.

Les altérations observées dans le moyen mouvement de quelques-unes des planètes dépendent conséquemment d'une autre cause que de leur action mutuelle. J'avoue que cette conclusion serait moins certaine si ces altérations suivaient une loi proportionnelle au carré des temps, car cela indiquerait sûrement une cause toujours agissante; or, jusqu'à présent, nous n'en connaissons point d'autre que leur gravitation mutuelle; il serait donc alors indispensable de pousser la précision jusqu'aux quantités de l'ordre de $\alpha^4$; mais, avant que d'entreprendre un calcul aussi pénible par son excessive longueur, et dont on a si peu lieu d'attendre quelque équation sensible, il faudrait être bien assuré de l'existence d'une pareille variation; or les observations sont bien éloignées de la démontrer, puisqu'elles indiquent à peine une altération dans les moyens mouvements, sans qu'elles puissent même nous en faire connaître la véritable quantité.

## LX.

### *Détermination des inégalités séculaires de la Terre.*

Je vais présentement déterminer les inégalités séculaires de la Terre, inégalités qui, malgré leur importance, n'ont point encore, ce me semble, été discutées avec exactitude. A la vérité, le célèbre M. Euler a cherché à les déterminer dans sa pièce sur les inégalités séculaires de la Terre, qui a remporté le prix de l'Académie en 1756; mais: 1° cet auteur n'a point eu égard à la variation séculaire de l'équation du centre; 2° sa formule du mouvement moyen de l'apogée me paraît incomplète et diffère de celle trouvée précédemment, ce qui vient de ce qu'il a négligé les termes multipliés par l'excentricité de la planète troublante, en conservant néanmoins ceux qui sont multipliés par l'excentricité de la planète troublée; j'ai donc cru qu'il n'était pas inutile de discuter de nouveau ces objets, d'autant plus que le mouvement moyen de l'apogée du Soleil, qui paraît connu avec assez de précision, servira à déterminer la masse de Vénus, et, par conséquent, la diminution de l'obliquité de l'écliptique résultant de l'action des planètes.

### *Inégalités séculaires produites par l'action de Vénus.*

Les Tables de M. Halley donnent

$$\frac{a'}{a} = \varsigma = 0{,}72333;$$

de là j'ai conclu

$$b = 4{,}995814 \qquad \text{et} \qquad b_1 = 8{,}871351.$$

Les mêmes Tables donnent, pour le commencement de 1750, la longueur de l'aphélie de Vénus égale $10^s 7° 10' 31''$, et, suivant les Tables du Soleil de M. l'abbé de la Caille, la longitude de l'apogée du Soleil à cette époque égale $3^s 8° 38' 4''$. De là, on aura

$$V = 6^s 28° 40' 27''.$$

On a de plus, suivant M. Halley,

$$l\alpha e' = \overline{3},8439549,$$
$$l\alpha e = \overline{2},2253610.$$

Soient présentement $\delta \mu' = \dfrac{m_1}{100000}$, et $i$ le nombre des révolutions de la Terre depuis l'époque donnée; cela posé, on aura

Augmentation de la plus grande équation du centre....  $- 0'',11601\, m_1 i$

Mouvement direct de l'apogée.....................  $27'',103 \quad m_1 i$

Pour déterminer maintenant le mouvement de l'orbite du Soleil, il faut la rapporter sur un plan fixe; or la position de ce plan étant arbitraire, je choisis celui qui, au commencement de 1750, était incliné à l'écliptique de $1°30'$, et dont le nœud descendant se trouvait à cette époque dans l'équinoxe du printemps; on aura ainsi, pour cet instant,

Longitude du nœud ascendant de l'orbite du Soleil sur le plan fixe............................................... $0^s0°\ 0'0''$

Inclinaison de l'orbite sur son plan fixe................... $1°30'$

Suivant les Tables de M. Halley, on a, pour la même époque,

Longitude du nœud ascendant de Vénus sur l'écliptique.... $2^s14°23'42''$

Inclinaison de l'orbite de Vénus à l'écliptique............. $3°23'20''$

De là j'ai conclu

Longitude du nœud ascendant de Vénus sur le plan fixe...... $53°33'50''$

Inclinaison de son orbite sur le plan fixe.................. $4°\ 3'27''$

Partant,
$$I = 53°33'50''.$$

Ce qui donne la diminution de l'inclinaison de l'orbite du Soleil sur le plan fixe égale à $1'',1865\, m_1 i$, et le mouvement direct du nœud égal à $12'',6594\, m_1 i$.

## LXI.

### *Inégalités séculaires produites par l'action de Jupiter.*

Les Tables de M. Halley donnent

$$\frac{a'}{a} = s = 5,20098;$$

d'où j'ai conclu

$$b = 0,0077351 \qquad \text{et} \qquad b_1 = 0,00440026;$$

on a de plus, suivant les mêmes Tables,

$$l\,\alpha e' = \overline{2},6832078;$$

Longitude de l'aphélie de Jupiter au commencement de 1750...   $6^s\,10°33'46'$

ce qui donne

$$V = 3^s\,1°55'42''.$$

D'ailleurs

$$\delta\mu' = \frac{1}{1067}.$$

Cela posé, je trouve

Augmentation de la plus grande équation du centre du Soleil..   $0'',16038\,i$

Mouvement de son apogée........................................   $7'',10990\,i$

Les Tables de M. Halley donnent encore

Longitude du nœud ascendant de Jupiter sur l'écliptique au
commencement de 1750................................   $3^s\,8°15'49'$

Inclinaison de son orbite à l'écliptique....................   $1°19'10''$

De là j'ai conclu

Longitude du nœud ascendant de l'orbite de Jupiter sur le
plan fixe........................................   $44°54'56'$

Inclinaison au plan fixe..................................   $1°51'\,0''$

Partant,

$$I = 44°54'56''.$$

Ce qui donne

Diminution de l'inclinaison de l'orbite du Soleil sur le plan fixe.  $o'',15849i$
Mouvement rétrograde du nœud ........................ $o'',8793i$

La variation de l'équation du centre est proportionnelle à l'excentricité de la planète troublante. Or, l'excentricité de Mercure étant fort considérable, il semblerait nécessaire d'avoir égard à son action ; mais la petitesse de sa masse et sa proximité du Soleil rendent son effet presque insensible, comme je m'en suis assuré par le calcul. On peut encore négliger l'action de Mars, quoique son excentricité soit pareillement fort grande, de sorte que je puis me borner ici à ne considérer que l'action de Vénus et de Jupiter.

L'action réunie de Jupiter et de Vénus produit, dans l'équation du centre du Soleil, un accroissement égal à

$$o'',16038\,i - o'',11601\,m_1\,i$$

et dans son apogée, un mouvement égal à

$$27'',103\,m_1\,i + 7'',1099\,i.$$

Il reste présentement à déterminer la quantité $m_1$. Le moyen le plus exact pour y parvenir est de chercher, par l'observation, le mouvement annuel de l'apogée du Soleil, et de l'égaler à celui que donne la théorie. Ce mouvement parait assez bien déterminé par l'observation, et les meilleurs astronomes s'accordent à peu près sur sa quantité. M. Le Monnier la suppose, dans ses *Institutions*, de 63 secondes par année, par rapport aux équinoxes ; M. l'abbé de la Caille, de $65'',5$, et M. Mayer, dans ses nouvelles Tables, de 66 secondes. Je la supposerai, avec M. l'abbé de la Caille, de $65'',5$ ; et, en admettant avec cet astronome la précession moyenne des équinoxes de $50''\frac{1}{3}$, je formerai l'équation suivante

$$50'',3333 + 27'',103\,m_1 + 7'',1099 = 65'',5;$$

d'où je conclus

$$m_1 = 0,29727,$$

ce qui donne la masse de Vénus égale à $\dfrac{1}{336399}$ de celle du Soleil. On en conclut :

Augmentation totale de l'équation du centre du Soleil........ $0,12589 i$

Mouvement de son apogée............................... $15,167 i$

Diminution de l'inclinaison de l'orbite du Soleil sur le plan fixe.. $0,51120 i$

Mouvement direct du nœud............................... $2,8838 i$

On voit, par ces formules, que l'équation du centre du Soleil n'est pas constante, et qu'elle va en augmentant de 13 secondes environ par siècle.

## LXII.

*Méthode pour déterminer la variation de l'obliquité de l'écliptique.*

Que DAS (*fig.* 4) représente la position de l'écliptique pour une époque donnée; MAB celle du plan fixe auquel je rapporte le mouve-

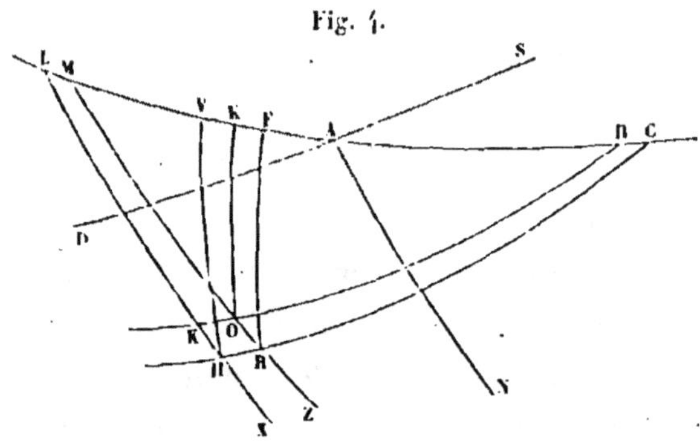

Fig. 4.

ment de l'orbite de la Terre, et AN celle de l'équateur. Je suppose maintenant que, en vertu de la précession des équinoxes, l'équateur parvienne à un instant donné dans la situation MOR et que, par le mouvement des nœuds, l'écliptique parvienne dans la situation BO. Cela posé, je conçois que l'écliptique BO prend la situation infiniment proche CR, et je fais BO $= v$, BA $= z$, et l'angle ABO $= \varphi$, $\varphi$ étant très petit. Soit de plus l'angle BOZ, ou l'angle formé par l'écliptique et l'équateur, égal à V, on aura par les analogies différentielles de la Trigonométrie sphérique :

1° En supposant $\varphi$ constant et $z$ variable,

$$dV = -\, dz \sin v \sin \varphi;$$

2° En supposant $z$ constant et $\varphi$ variable,

$$dV = d\varphi \cos v.$$

Partant, en supposant $\varphi$ et $z$ variables à la fois,

$$dV = d\varphi \cos v - dz \sin v \sin \varphi.$$

Ce serait l'expression de la variation de l'obliquité de l'écliptique, si l'équateur était fixe dans la position MR; mais, si je conçois qu'il prend la situation LII, et que durant ce mouvement l'inclinaison de l'écliptique croisse de la quantité $dz$, en sorte que BKII $=$ BOR $+ dz$, il est facile de voir que l'on aura

$$\mathrm{CIIX} = \mathrm{CRZ} + dz.$$

Partant,

$$dV = dz + d\varphi \cos v - dz \sin v \sin \varphi,$$

et c'est l'expression totale de la variation de l'obliquité de l'écliptique.

On aura pareillement :

1° En faisant varier $z$ seul,

$$dv = \frac{dz \cos \mathrm{RM} \sin \mathrm{M}}{\sin \mathrm{V}};$$

or on a

$$\sin \mathrm{M} : \sin v :: \sin \varphi : \sin \mathrm{RM}.$$

Partant,

$$\sin \mathrm{M} = \frac{\sin v \sin \varphi}{\sin \mathrm{RM}} \qquad \text{et} \qquad dv = \frac{dz\, \varphi \sin v \cot \mathrm{RM}}{\sin \mathrm{V}}.$$

Si, du point R, on abaisse sur CM l'arc perpendiculaire RF, on aura, dans le triangle sphérique rectangle CRF,

$$1 : \cos v :: \tan \varphi : \cot \mathrm{CRF}.$$

Partant,

$$\frac{\cos \mathrm{CRF}}{\sin \mathrm{CRF}} = \varphi \cos v,$$

$\varphi$ étant toujours supposé très petit ; on a donc

$$1 - \sin^2 CRF = \varphi^2 \cos^2 e \sin^2 CRF,$$

ce qui donne

$$\sin CRF = 1 - \frac{1}{2} \varphi^2 \cos^2 e.$$

Soit

$$CRF = 90° - \gamma,$$

on aura

$$\sin CRF = 1 - \frac{\gamma^2}{2}.$$

Donc

$$\gamma = \varphi \cos e.$$

Partant,

$$MRF = 90° + \gamma - V ;$$

or on a

$$\cos CRF : \cos MRF :: \cot e : \cot RM$$

ou

$$\varphi \cos e : \sin(V - \varphi \cos e) :: \cot e : \cot RM.$$

Partant,

$$\cot RM = \frac{\cot e \sin(V - \varphi \cos e)}{\varphi \cos e} ;$$

donc

$$dv = \frac{dz \sin(V - \varphi \cos e)}{\sin V} = dz - \varphi \, dz \cos e \cot V.$$

2° Si l'on fait varier l'angle B, on a

$$dv = - \frac{d\varphi \sin e}{\tan V} ;$$

donc

$$dv = dz - \frac{\varphi \, dz \cos e + d\varphi \sin e}{\tan V}.$$

## LXIII.

Je suppose que l'on veuille déterminer la position de l'équinoxe pour un instant donné ; pour cela, je le rapporte au plan fixe, en abaissant des points O et H (*fig.* 4) les arcs OK' et HV perpendiculaires sur AM. On aura très sensiblement BK' = BO et CH = CV ; mais si l'on fait $HR = d\chi$, $d\chi$ représentant le mouvement instantané des équinoxes produit par l'action du Soleil et de la Lune, on aura

$$VK' = VF - FK' = d\chi - \frac{\varphi\, dz \cos v + d\varphi \sin v}{\tang V};$$

ce sera le mouvement instantané en longitude du point de l'équinoxe rapporté au plan fixe.

La latitude du point de l'équinoxe sera $\varphi \sin v$; on aura donc ainsi sa position dans l'espace; l'augmentation différentielle de l'obliquité de l'écliptique sera

$$dV = d\alpha + d\varphi \cos v - dz \sin v \sin \varphi.$$

Pour avoir cette augmentation pour un temps quelconque, il faudrait intégrer les équations

$$dv = d\chi + dz - \frac{d\varphi \sin v + \varphi\, dz \cos v}{\tang V},$$

$$dV = d\alpha + d\varphi \cos v - dz \sin v \sin \varphi;$$

et, si l'on voulait remonter à des temps éloignés, comme le siècle d'Hipparque, il paraîtrait nécessaire de faire attention dans les expressions de $\varphi$ et de $z$ aux inégalités proportionnelles au carré du temps ; ce calcul est très facile, d'après ce que j'ai dit précédemment ; mais, comme les observations anciennes sont trop peu exactes pour y comparer les résultats du calcul, je me contenterai de déterminer la variation de l'obliquité de l'écliptique qui a lieu pour ce siècle-ci.

Je puis m'en tenir alors à l'expression différentielle, sans recourir à l'intégration. Je suppose donc que $dV$ représente la variation de l'obliquité de l'écliptique depuis 1750 jusqu'en 1850 ; au commencement de 1750, on a $\cos v = 1$, $\sin v = 0$, de plus, $d\varphi = -0'',51120\, i$ ; et, puisqu'il s'agit d'avoir $d\varphi$ durant l'espace d'un siècle, il faut faire $i = 100$, ce qui donne

$$d\varphi = -51'',120.$$

D'ailleurs, je ne ferai ici aucune attention à $d\alpha$, qui, comme on sait, ne renferme que des quantités périodiques ; on aura donc

$$dV = -51'',120 ;$$

c'est la diminution séculaire actuelle de l'obliquité de l'écliptique.

Cette diminution est une suite nécessaire des attractions des planètes, en admettant le mouvement annuel de l'apogée du Soleil, de $65'',5$, par rapport aux équinoxes, ce qui paraît assez bien constaté par les observations. Si donc les observations célestes donnaient l'obliquité de l'écliptique constante ou à peu près constante, cela indiquerait sûrement l'action de quelques causes étrangères ; et, pour expliquer cette constance, il faudrait recourir aux attractions des comètes dont l'effet a pu détruire, au moins en grande partie, celui des planètes. En effet, les orbites des comètes étant fort inclinées à l'écliptique, il peut arriver que leur action, quoique passagère, fasse équilibre avec l'action permanente des planètes ; mais une pareille supposition est trop peu vraisemblable pour l'admettre. On doit donc regarder la diminution de l'obliquité de l'écliptique comme aussi certaine que tous les autres phénomènes célestes, puisqu'elle dépend de la même cause. Les observations anciennes et modernes paraissent même l'indiquer, quoiqu'elles soient encore insuffisantes pour fixer sa valeur. Cette découverte est ainsi réservée aux siècles à venir ; mais, comme il semble, par le peu de différence qui règne entre les résultats des astronomes, que le véritable mouvement de l'apogée du Soleil sera plutôt connu par les observations, que la diminution de l'obliquité de l'écliptique, les calculs précédents qui donnent l'un de ces phénomènes au moyen de l'autre serviront à accélérer cette découverte.

## LXIV.

### *Addition à l'article XLVIII.*

J'ai dit, article XLVIII, que, malgré l'incertitude qui paraît résulter des recherches de M. de Lagrange, sur l'équation séculaire de la Lune, elle était cependant vraisemblable ; ayant examiné depuis, avec plus d'attention, les calculs de cet illustre géomètre, il m'a paru que, loin d'être contraires à l'accélération du moyen mouvement de cet astre, ils lui sont favorables; c'est ce que je me propose de faire voir ici. Pour cela, je suppose que l'on ait sous les yeux l'excellente pièce de M. de Lagrange, qui a remporté le prix de l'Académie pour l'année 1774 ([1]). J'en extrais la Table suivante :

| Date des éclipses observées. | Erreurs des Tables de Mayer | |
| --- | --- | --- |
| | avec l'équation séculaire. | sans l'équation séculaire. |
| 720 avant Jésus-Christ........ | — 24.55 | — 23.30 |
| 382          » ........ | — 26 | — 11.30 |
| 200          » ........ | — 17 | — 1.15 |
| 364 après Jésus-Christ........ | — 12.40 | + 12.12 |
| 977          » ........ | — 1.22 | + 20.42 |
| 978          » ........ | + 0.18 | + 16.35 |

J'observerai relativement à cette Table : 1° que les calculs où l'on a rejeté l'équation séculaire de M. Mayer ont été faits en rétablissant le mouvement moyen séculaire de M. Cassini, lequel est de 3'42" moindre que celui de M. Mayer; 2° que M. de Lagrange, conformément à une remarque que M. de Lalande a faite dans son Mémoire sur les équations séculaires (*Mémoires de l'Académie*, année 1757), fixe l'instant de l'éclipse de 720 av. J.-C. 47ᵐ plus tôt que MM. Cassini et Mayer. Or, ces deux astronomes s'étant appuyés sur cette observation pour déterminer le moyen mouvement de la Lune, il paraît naturel de se servir : 1° du moyen mouvement séculaire que M. Cassini aurait trouvé en faisant usage de la remarque de M. de Lalande; 2° du mouvement et de l'équation séculaire que M. Mayer en aurait tirée. Or, M. de Lagrange trouve que le moyen mouvement séculaire de la Lune de M. Mayer en est augmenté de 25", et l'équation séculaire de 3",5. D'ailleurs, le moyen mouvement séculaire de M. Cassini en doit être diminué de 58". Il faudrait donc corriger, d'après ces nouveaux éléments, la Table de M. de Lagrange; mais j'observe que rien n'oblige de supposer exactement nulle l'erreur de l'observation de l'année 720 avant J.-C. J'ai donc préféré de n'augmenter le moyen mouvement de Mayer que de 15″, en augmentant son équation séculaire de 3″,5, parce que bien qu'il en résulte une erreur pour l'observation de 720 avant J.-C., cependant celles de toutes les autres observations sont par là beaucoup diminuées. Je dois observer encore que j'ai négligé les petites variations qui doivent résulter de ces changements dans les équations de la Lune; sur cela, *voir* la Pièce de M. de la Grange ([1]). Voici présentement la Table de cet illustre géomètre corrigée :

| Date des éclipses observées. | Erreurs des Tables de Mayer | |
| --- | --- | --- |
| | avec l'équation séculaire. | sans l'équation séculaire. |
| 720 avant Jésus-Christ........ | + 3.12 | 0. 0 |
| 382 » ............. | — 5.55 | + 8.38 |
| 200 » ............. | — 0.41 | + 17. 7 |
| 364 après Jésus-Christ........ | — 5.36 | + 25. 7 |
| 977 » ............. | — 0. 7 | + 27.42 |
| 978 » ............. | + 1.32 | + 23.35 |

On voit ainsi que les Tables de Mayer, en y faisant les corrections que nous venons d'indiquer, représentent, avec l'équation séculaire, les anciennes observations aussi bien qu'il est possible, vu le peu d'exactitude de ces observations; tandis que, sans l'équation séculaire, elles donnent des erreurs beaucoup au-dessus de celles que l'on peut supposer à ces mêmes observations. On pourrait, à la vérité, diminuer un peu ces erreurs, en changeant le moyen mouvement de M. Cassini; mais, quelque combinaison que l'on fasse, on aura toujours une erreur de plus de 20′ sur quelques-unes de ces éclipses.

D'ailleurs, suivant M. de la Grange ([2]), si l'on veut calculer les éclipses précédentes sans l'équation séculaire, on doit rétablir le moyen mouvement de M. Cassini; si cela est, il faut pareillement l'adopter pour les éclipses modernes. Cependant, ce savant auteur

([1]) *Œuvres de Lagrange*, T. VI, p. 395.
([2]) »            »      p. 394.

trouve (¹), en comparant aux Tables de Mayer quelques éclipses observées dans les xiv^e et xv^e siècles, que le moyen mouvement parait bien établi par Mayer; et il propose, en conséquence, de le conserver en supprimant l'équation séculaire; or, si l'on calcule dans cette supposition les éclipses anciennes de la Table précédente, on trouvera des erreurs énormes. Il parait donc impossible de faire cadrer, avec un moyen mouvement constant, les observations anciennes et modernes; et partant, il semble nécessaire d'admettre une équation séculaire à très peu près proportionnelle au carré du temps.

(¹) *OEuvres de Lagrange,* T. VI, p. 397.

# MÉMOIRE

SUR

## L'INCLINAISON MOYENNE DES ORBITES DES COMÈTES,

SUR

## LA FIGURE DE LA TERRE ET SUR LES FONCTIONS.

# MÉMOIRE

SUR

## L'INCLINAISON MOYENNE DES ORBITES DES COMÈTES,

SUR

### LA FIGURE DE LA TERRE ET SUR LES FONCTIONS.

*Mémoires de l'Académie royale des Sciences de Paris, Savants étrangers,*
année 1773, T. VII; 1776.

## I.

Un des phénomènes les plus extraordinaires que nous offre le Système du monde est le mouvement des planètes et de leurs satellites dans le même sens et à peu près dans le même plan; si l'on se représente en effet tous ces astres décrivant d'Occident en Orient des orbites presque circulaires et fort peu inclinées à l'écliptique, tandis que les comètes paraissent se mouvoir indifféremment dans tous les sens et avec toutes les inclinaisons possibles dans des ellipses fort excentriques, on aperçoit une séparation bien marquée entre les planètes et les comètes, en sorte que, dans le mouvement de ces grands corps, la nature ne suit point cette gradation par nuances insensibles qu'elle observe toujours lorsque sa marche n'est point interrompue par des causes particulières.

Nous comptons en tout six planètes et dix satellites; or, si l'on suppose qu'ils aient été lancés au hasard, il est aisé de voir que la probabilité qu'ils tourneront tous dans le même sens est $\frac{1}{2^{15}} = \frac{1}{32768}$, en sorte qu'il y a 32767 à parier contre l'unité, que cela n'arrivera pas. Si l'on multiplie la fraction $\frac{1}{32768}$ par celle qui exprime la probabilité que les orbites seront comprises dans une aussi petite zone que celle qui les renferme, on verra que la disposition actuelle de notre système planétaire serait infiniment peu probable si elle était due au hasard, et qu'elle annonce par conséquent, avec une certitude équivalente ou même supérieure à celle d'un grand nombre d'événements dont il nous paraîtrait absurde de douter, l'existence d'une cause régulière qui a déterminé les planètes et leurs satellites à se mouvoir dans le même sens et presque dans le même plan; je supprime cette analyse, que M. Daniel Bernoulli a donnée depuis longtemps, et qui d'ailleurs est fort simple.

Quelle est présentement la cause qui peut avoir ainsi déterminé le mouvement des planètes et des satellites? A-t-elle été particulière à ces astres, ou bien a-t-elle influé sur le mouvement de tous ceux qui tournent autour du Soleil? La première de ces questions me semble fort difficile à résoudre; et j'avoue qu'après y avoir longtemps réfléchi, et après avoir examiné avec attention toutes les hypothèses imaginées jusqu'ici pour expliquer ce phénomène, je n'ai rien trouvé de satisfaisant. Quant à la seconde question, on peut aisément y répondre; il suffit pour cela : 1° de calculer l'inclinaison moyenne des orbites de toutes les comètes observées, et de voir de combien elle s'éloigne de 45°; car, en supposant les comètes lancées au hasard, il y a autant à parier qu'elle sera au-dessus qu'au-dessous de 45°; 2° de connaître le rapport du nombre des comètes directes à celui des rétrogrades, et de voir de combien il s'éloigne de l'unité; car il est aussi probable qu'il sera plus grand que moindre. Ces calculs ont été faits par M. du Séjour dans son excellent Ouvrage sur les comètes; ce savant auteur a trouvé que l'inclinaison moyenne des soixante-trois comètes observées jusqu'à présent était de 46°16', ce qui s'éloigne peu de 45°, et que le rapport des comètes directes aux rétrogrades était $\frac{5}{4}$, ce qui s'écarte peu de l'unité. De là il conclut, avec raison, qu'il n'existe pour les comètes aucune cause qui les détermine à se mouvoir dans un sens plutôt que dans un autre, et à peu près dans le même plan, et qu'ainsi celle qui détermine le mouvement des planètes est entièrement indépendante du système général de l'univers.

Cette observation intéressante de M. du Séjour m'a fait naître l'idée de soumettre à l'Analyse les probabilités que l'inclinaison moyenne des comètes et le rapport du nombre des directes à celui des rétrogrades, seront compris entre des limites données, en supposant qu'elles aient été projetées au hasard ; ce calcul est même nécessaire pour donner plus de certitude à cette observation ; car si, par exemple, l'inclinaison moyenne des orbites était $45° + \alpha$, et qu'il y eût un très grand nombre, comme un million, à parier contre l'unité qu'elle doit être au-dessous, on pourrait en conclure avec beaucoup de vraisemblance qu'il existe une cause qui détermine les comètes à se mouvoir dans un plan plutôt que dans un autre ; il est donc essentiel de connaître les probabilités que l'inclinaison moyenne sera au-dessus ou au-dessous de $45° + \alpha$. Le même raisonnement peut s'appliquer au rapport du nombre des comètes directes à celui des rétrogrades. Il est facile de calculer la probabilité que ce rapport sera entre deux limites données ; il suffit, pour cela, d'élever le binôme $(\frac{1}{2} + \frac{1}{2})$ à la puissance indiquée par le nombre des comètes ; soit $n$ ce nombre, en développant $(\frac{1}{2} + \frac{1}{2})^n$, le terme

$$\frac{n(n-1)\ldots(n-\mu+1)}{1.2.3\ldots\mu} \left(\frac{1}{2}\right)^{n-\mu} \left(\frac{1}{2}\right)^{\mu}$$

exprimera la probabilité qu'il y aura $n - \mu$ comètes directes, et $\mu$ comètes rétrogrades ; donc, si l'on veut déterminer la probabilité que le rapport des directes aux rétrogrades sera compris entre les deux limites $\frac{n-\mu}{\mu}$ et $\frac{n-\mu'}{\mu'}$, il faut prendre la somme des termes du binôme $(\frac{1}{2} + \frac{1}{2})$ élevé à la puissance $n$, compris entre le terme

$$\frac{n(n-1)\ldots(n-\mu+1)}{1.2.3\ldots\mu} \left(\frac{1}{2}\right)^{n-\mu} \left(\frac{1}{2}\right)^{\mu}$$

et le terme

$$\frac{n(n-1)\ldots(n-\mu'+1)}{1.2.3\ldots\mu'} \left(\frac{1}{2}\right)^{n-\mu'} \left(\frac{1}{2}\right)^{\mu'};$$

cette somme exprimera la probabilité demandée; mais il est bien plus difficile de déterminer la probabilité que l'inclinaison moyenne des orbites sera comprise entre deux limites données; ce problème me paraît être un des plus compliqués de toute l'analyse des hasards, surtout lorsqu'on se propose, ainsi que je l'ai fait, de trouver une formule générale pour un nombre quelconque de comètes. J'avoue qu'il m'aurait été impossible d'y parvenir sans le secours d'une méthode que j'ai donnée ailleurs (¹), pour trouver directement l'expression générale des quantités assujetties à une loi qui sert à les former. J'espère que l'application de cette méthode au problème dont il s'agit ne sera pas inutile pour en faire connaître la nature et les avantages.

## II.

*Je suppose un nombre indéfini de corps lancés au hasard dans l'espace et circulant autour du Soleil; il s'agit de trouver la probabilité que l'inclinaison moyenne de leurs orbites sur un plan donné, tel que l'écliptique, sera comprise entre deux limites données, comme 40° et 50°.*

Par *inclinaison moyenne*, j'entends la somme de toutes les inclinaisons divisée par le nombre des orbites.

Pour résoudre ce problème, je ne considère d'abord que deux corps M et N, et je suppose que la droite AB (*fig.* 1) représente 90° ou la plus

Fig. 1.

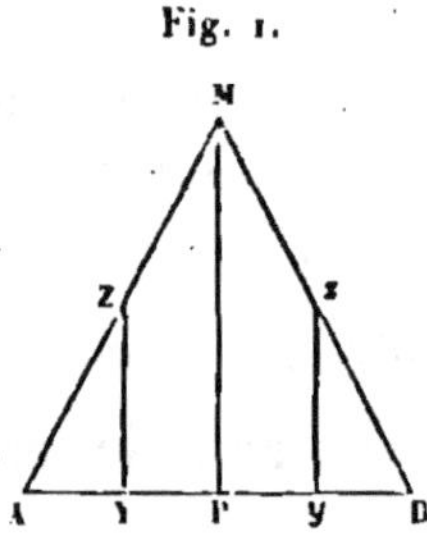

grande inclinaison moyenne des deux orbites; je commence par tracer une ligne AZMB, dont chaque ordonnée soit proportionnelle à la pro-

(¹) *OEuvres de Laplace*, T. VIII, p. 97.

babilité que l'inclinaison moyenne sera égale à l'abscisse correspondante AY ; je nommerai cette ligne *courbe des probabilités*. Or, si l'on fait AY = $x$ et YZ = $y$, $y$ sera proportionnel à $2x$, depuis A jusqu'au milieu P de la droite AB ; car si l'inclinaison moyenne des deux orbites est $x$, $x$ étant moindre que $\frac{1}{2}a$, il est visible que cela peut arriver d'autant de manières qu'il y a de points dans la droite $2x$ ; en effet, l'inclinaison de l'orbite de M peut, dans ce cas, être également ou o, ou $dx$, ou $2dx$, ou $3dx$, ou etc. jusqu'à $2x$, en représentant par $dx$ l'accroissement infiniment petit de l'inclinaison de cette orbite. On peut donc faire YZ = 2AY ; et partant, AZM sera une ligne droite, et APM un triangle rectangle tel que PM = 2 AP = $a$.

Présentement, la ligne BM doit être entièrement égale à la droite AM, parce que, à égale distance des points A et B, les ordonnées doivent être égales, vu qu'il est aussi probable que l'inclinaison moyenne approche de la limite A comme de la limite B ; la ligne AMB sera donc composée de deux droites égales AM et BM, telles que PM = $a$.

Si l'on veut avoir maintenant la probabilité que l'inclinaison moyenne sera comprise entre les deux limites Y et $y$, il faudra diviser l'aire YZM$zy$ par l'aire entière AMB, et le quotient représentera cette probabilité.

### III.

Supposons qu'il y ait trois corps M, N et P ; soit divisée (*fig.* 2) la

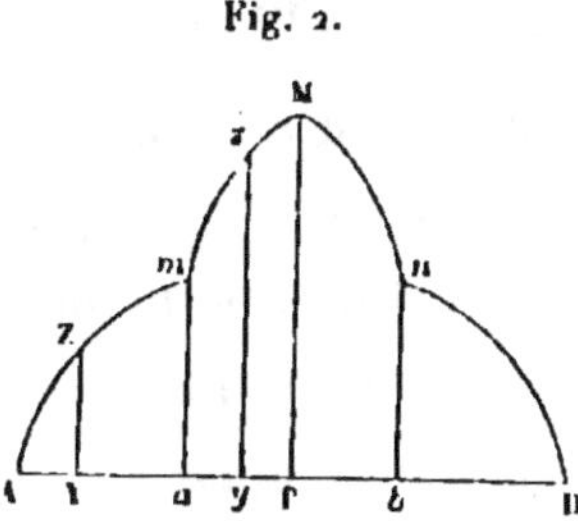

Fig. 2.

droite AB = $a$ en trois parties égales, A$a$, $ab$, $b$B ; et cherchons la probabilité que l'inclinaison moyenne sera égale à l'abscisse quelconque AY, ou, ce qui revient au même, traçons la courbe A$m$M$n$B des probabilités; soit AY $= x$, $x$ étant supposé d'abord moindre que A$a$ ou $\frac{1}{3}a$. Je suppose que l'un quelconque des trois corps, M par exemple, ait une inclinaison que je désigne par $f$; il faut conséquemment que l'inclinaison moyenne des deux autres soit $\frac{3x-f}{2}$, puisque, par hypothèse, l'inclinaison moyenne des trois corps est $x$; or, $\frac{3x-f}{2}$ étant moindre que $\frac{a}{2}$, il est aisé de voir, par l'article précédent, que le nombre des cas dans lesquels cela peut arriver est $3x-f$. Il faut multiplier présentement cette quantité par $df$, et en prendre l'intégrale, depuis $f = 0$ jusqu'à $f = 3x$, pour avoir le nombre total des cas dans lesquels l'inclinaison moyenne des trois corps peut être $x$, et l'on trouvera $\frac{9}{2}x^2$ pour ce nombre; on peut donc, depuis A jusqu'en $a$, supposer l'ordonnée YZ égale à $\frac{9}{2}\frac{x^2}{a}$; ce qui donne

$$ay = \frac{9}{2}x^2$$

pour l'équation de la courbe AZM, et partant aussi pour celle de la courbe B$n$, en y faisant commencer les $x$ au point B.

Déterminons maintenant la nature de la courbe $m$M$n$; j'observe d'abord qu'elle doit être composée de deux parties entièrement égales, $m$M et M$n$, P étant le milieu de la droite AB; soit $ay = z$ (*fig.* 2), ou A$y = \frac{1}{3}a + z$, et soit $f$ l'inclinaison de l'orbite du corps M; les deux autres corps N et P auront donc ensemble l'inclinaison $a + 3z - f$; or, soit $3z - f = u$, en sorte que l'inclinaison de ces deux corps soit $a + u$, et partant leur inclinaison moyenne $\frac{a}{2} + \frac{u}{2}$; le nombre des cas dans lesquels cela peut arriver est, par l'article précédent, $a - u$ ou $a + f - 3z$; il faut donc multiplier cette quantité par $df$ et l'intégrer, depuis $f = 0$ jusqu'à $f = 3z$, pour avoir le nombre des cas qui ont lieu dans cet intervalle; on aura ainsi $3az - \frac{9}{2}z^2$ pour le nombre de ces cas; il faut maintenant déterminer le nombre des cas qui ont lieu depuis $f = 3z$ jusqu'à $f = a$, et pour cela je fais $f = 3z + s$; l'inclinaison totale des deux corps N et P sera donc $a - s$, et, partant, leur inclinaison moyenne $\frac{a}{2} - \frac{s}{2}$; or, le nombre des cas dans lesquels cela peut arriver est, par l'article précédent, $a - s$; multipliant donc cette quantité $ds$, et l'intégrant depuis $s = 0$ jusqu'à $s = a - 3z$, on aura $\frac{1}{2}a^2 - \frac{9}{2}z^2$, pour le nombre des cas qui ont lieu depuis $f = 3z$ jusqu'à $f = a$. Rassemblant donc tous ces cas, on aura $\frac{1}{2}a^2 + 3az - 9z^2$, pour le nombre de ceux qui donnent l'inclinaison moyenne des trois corps égale à $\frac{1}{3}a + z$. Ainsi, on peut supposer l'ordonnée $yz$ égale à $\dfrac{\frac{1}{2}a^2 + 3az - 9z^2}{a}$, et l'équation de la courbe $m\mathrm{M}n$ sera

$$ay = \tfrac{1}{2}a^2 + 3az - 9z^2.$$

Si l'on veut présentement avoir la probabilité que l'inclinaison moyenne des trois orbites sera comprise entre deux limites données, on cherchera l'aire comprise entre ces limites, et on la divisera par l'aire entière de la courbe AMB; le quotient exprimera la probabilité demandée.

IV.

Supposons maintenant quatre corps M, N, P, Q, et divisons la droite AB (*fig.* 3) en quatre parties égales A$a$, $a$P, P$b$ et $b$B; la

Fig. 3.

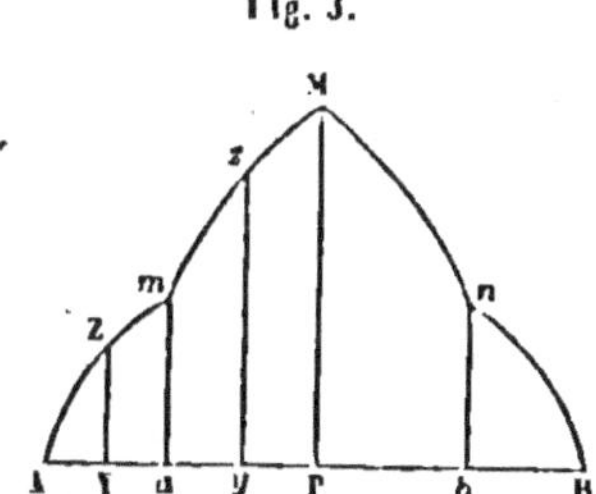

courbe A$m$M$n$B sera composée de quatre parties A$m$, $m$M, M$n$ et $n$B, telles, cependant, que l'on ait A$m$ égal à B$n$, et $m$M égal à $n$M.

Déterminons la nature de ces courbes, et, pour cela, soit comme ci-dessus AY $= x$, $x$ étant moindre que $\frac{1}{4}a$, YZ $= y$; soit de plus $f$ l'inclinaison de l'orbite du corps M; la somme des inclinaisons des orbites des trois autres corps N, P et Q sera $4x - f$, et partant leur inclinaison moyenne sera $\frac{4x-f}{3}$; or, par l'article précédent, le nombre des cas dans lesquels cola peut arriver est

$$\frac{9}{2}\left(\frac{4x-f}{3}\right)^2 = \frac{1}{2}(4x-f)^2.$$

Si l'on multiplie cette quantité par $df$, et qu'on l'intègre depuis $f = 0$ jusqu'à $f = 4x$, on aura $\frac{32}{3}x^3$ pour le nombre des cas dans lesquels l'inclinaison moyenne des quatre orbites peut être $x$; partant, on peut supposer que depuis $A$ jusqu'en $a$, l'équation de la courbe $Am$ est

$$a^2 y = \frac{32}{3} x^3.$$

Pour avoir l'équation de la courbe $mM$, je supppose $ay = z$, partant $Ay = \frac{1}{4}a + z$; soit $f$ l'inclinaison du corps $M$, la somme des inclinaisons des trois autres corps sera donc $a + 4z - f$; partant, leur inclinaison moyenne sera $\frac{a+4z-f}{3}$; or, tant que $4z - f$ est une quantité positive, le nombre des cas dans lesquels cette inclinaison est possible, est (art. précédent)

$$\frac{1}{2}a^2 + 3a\left(\frac{4z-f}{3}\right) - 9\left(\frac{4z-f}{3}\right)^2 = \frac{1}{2}a^2 + a(4z-f) - (4z-f)^2;$$

si l'on multiplie cette quantité par $df$, et que l'on intègre depuis $f = 0$ jusqu'à $f = 4z$, on aura $2a^2 z + 8az^2 - \frac{64}{3}z^3$, pour le nombre des cas qui ont lieu dans cet intervalle.

Pour avoir le nombre de ceux qui répondent à l'intervalle compris entre $f = 4z$ et $f = a$, je fais $f - 4z = s$; $\frac{a+4z-f}{3}$ devient donc $\frac{a-s}{3}$; soit $a - s = u$, on aura $\frac{u}{3}$ pour l'inclinaison moyenne des trois orbites; or le nombre des cas dans lesquels cela peut arriver est, par l'article précédent, $\frac{1}{2}u^2$ ou $\frac{1}{2}(a - s)^2$; multipliant cette quantité par $ds$ et l'intégrant, depuis $s = 0$ jusqu'à $s = a - 4z$, on aura $\frac{1}{6}a^3 - \frac{32}{3}z^3$, pour le nombre de tous les cas possibles depuis $f = 4z$ jusqu'à $f = a$;

donc, le nombre de tous les cas dans lesquels l'inclinaison moyenne des quatre orbites peut être $\frac{1}{4}a + z$ est

$$\tfrac{1}{6}a^3 + 2a^2 z + 8az^2 - 32z^3;$$

on peut ainsi supposer que, depuis $a$ jusqu'en P, l'équation de la courbe $m$M est

$$a^2 y = \tfrac{1}{6}a^3 + 2a^2 z + 8az^2 - 32z^3.$$

## V.

S'il y avait cinq corps M, N, P, Q et R, en partageant la droite AB en cinq parties égales, on aurait les courbes correspondantes à chacune de ces parties, au moyen des courbes relatives à quatre corps, comme nous venons de conclure celles-ci, au moyen des courbes relatives à trois corps. De là on peut inférer généralement que les courbes relatives à $n$ corps peuvent toujours se déduire de celles qui sont relatives à $n-1$ corps. Pour établir d'une manière générale la relation qui existe entre ces différentes courbes, supposons la droite AB (*fig.* 3) divisée en $n$ parties égales, et déterminons l'équation de la courbe relative à la partie $r^{\text{ième}}$; soit $\frac{r-1}{n}a + z$ la distance d'une de ses ordonnées au point A, $z$ étant moindre que $\frac{a}{n}$; soit encore $\frac{{}_r y_{n,z}}{a^{n-1}}$ cette ordonnée, ou, ce qui revient au même, soit ${}_r y_{n,z}$ le nombre des cas dans lesquels il peut arriver que l'inclinaison moyenne des $n$ corps soit $\frac{r-1}{n}a + z$. Cela posé, si l'on désigne par $f$ l'inclinaison du corps M, la somme des inclinaisons des $n-1$ autres corps sera $(r-1)a + nz - f$; partant, leur inclinaison moyenne sera

$$\frac{(r-1)a + nz - f}{n-1};$$

or il peut arriver que $nz - f$ soit positif ou négatif; je le suppose d'abord positif; le nombre des cas dans lesquels il peut arriver que l'inclinaison moyenne des $n-1$ corps soit $\frac{(r-1)a + nz - f}{n-1}$ est

$$_r y_{n-1,\,\frac{nz - f}{n-1}}.$$

En multipliant cette quantité par $df$, et l'intégrant depuis $f = 0$ jusqu'à $f = nz$, on aura, pour le nombre des cas qui répondent à cet intervalle,

$$\int_0^{nz} {_r}y_{n-1,\,\frac{nz-f}{n-1}}\,df.$$

Si $nz - f$ est une quantité négative, soit $nz - f = -s$, on aura $\dfrac{(r-1)a-s}{n-1}$ pour l'inclinaison moyenne des $n-1$ corps; or

$$\frac{(r-1)a-s}{n-1} = \frac{r-2}{n-1}\,a + \frac{a-s}{n-1};$$

et le nombre des cas dans lesquels cela est possible est ${_{r-1}}y_{n-1,\,\frac{a-s}{n-1}}$; donc on a

$$\int_0^{a-nz} {_{r-1}}y_{n-1,\,\frac{a-s}{n-1}}\,ds$$

pour le nombre des cas depuis $s = 0$ jusqu'à $s = a - nz$ ou, ce qui revient au même, depuis $f = nz$ jusqu'à $f = a$; partant

$$(\sigma) \qquad {_r}y_{n,z} = \int_0^{nz} {_r}y_{n-1,\,\frac{nz-f}{n-1}}\,df + \int_0^{a-nz} {_{r-1}}y_{n-1,\,\frac{a-s}{n-1}}\,ds;$$

telle est l'équation générale au moyen de laquelle, lorsqu'on connait les courbes relatives à $n-1$ corps, on peut déterminer celles qui sont relatives à $n$ corps.

## VI.

Il faut présentement, au moyen de l'équation $(\sigma)$, trouver l'expression générale de ${_r}y_{n,z}$; pour cela, j'observe que ${_r}y_{n,z}$ a une valeur de cette forme

$$(i) \qquad {_r}y_{n,z} = {_r}A_n z^{n-1} + {_r}B_n z^{n-2} + {_r}C_n z^{n-3} + \ldots + {_r}G_n z + {_r}H_n,$$

où ${_r}A_n,\ {_r}B_n,\ \ldots$ sont des fonctions de $r$ et $n$ qu'il s'agit de déterminer; pour y parvenir, je ferai usage d'une méthode que j'ai exposée ailleurs (*voir* la page 97 de ce Volume); l'expression précédente de $_r y_{n,z}$ donne

$$_r y_{n-1,\,\frac{nz-f}{n-1}} = \,_r\mathrm{A}_{n-1}\left(\frac{nz-f}{n-1}\right)^{n-2} + \,_r\mathrm{B}_{n-1}\left(\frac{nz-f}{n-1}\right)^{n-3} + \ldots + \,_r\mathrm{G}_{n-1}\left(\frac{nz-f}{n-1}\right)^{0};$$

donc on aura

$$\int_0^{nz} {}_r y_{n-1,\,\frac{nz-f}{n-1}}\,df = \,_r\mathrm{A}_{n-1}\left(\frac{n}{n-1}\right)^{n-1} z^{n-1} + \,_r\mathrm{B}_{n-1}\frac{n-1}{n-2}\left(\frac{n}{n-1}\right)^{n-2} z^{n-2}$$

$$+ \,_r\mathrm{C}_{n-1}\frac{n-1}{n-3}\left(\frac{n}{n-1}\right)^{n-3} z^{n-3} + \ldots + \,_r\mathrm{G}_{n-1}\,nz;$$

on aura pareillement

$$_{r-1} y_{n-1,\,\frac{a-s}{n-1}} = \,_{r-1}\mathrm{A}_{n-1}\left(\frac{a-s}{n-1}\right)^{n-2} + \,_{r-1}\mathrm{B}_{n-1}\left(\frac{a-s}{n-1}\right)^{n-3} + \ldots + \,_{r-1}\mathrm{G}_{n-1}.$$

Donc

$$\int_{s}^{a-nz} {}_r y_{n-1,\,\frac{a-s}{n-1}}\,ds = \,_{r-1}\mathrm{A}_{n-1}\left[\left(\frac{a}{n-1}\right)^{n-1} - \left(\frac{n}{n-1}\right)^{n-1} z^{n-1}\right]$$

$$+ \frac{n-1}{n-2}\,_{r-1}\mathrm{B}_{n-1}\left[\left(\frac{a}{n-1}\right)^{n-2} - \left(\frac{n}{n-1}\right)^{n-2} z^{n-2}\right] + \ldots$$

$$+ \,_{r-1}\mathrm{G}_{n-1}(a - nz).$$

L'équation ($\sigma$) donnera donc

$$_r y_{n,z} = z^{n-1}\left(\frac{n}{n-1}\right)^{n-1}\left(_r\mathrm{A}_{n-1} - \,_{r-1}\mathrm{A}_{n-1}\right)$$

$$+ z^{n-2}\frac{n-1}{n-2}\left(\frac{n}{n-1}\right)^{n-2}\left(_r\mathrm{B}_{n-1} - \,_{r-1}\mathrm{B}_{n-1}\right)$$

$$+ z^{n-3}\frac{n-1}{n-3}\left(\frac{n}{n-1}\right)^{n-3}\left(_r\mathrm{C}_{n-1} - \,_{r-1}\mathrm{C}_{n-1}\right)$$

$$+ \ldots\ldots\ldots\ldots\ldots\ldots\ldots\ldots\ldots\ldots\ldots\ldots\ldots$$

$$+ \left(\frac{a}{n-1}\right)^{n-1}{}_{r-1}\mathrm{A}_{n-1} + \frac{n-1}{n-2}\,_{r-1}\mathrm{B}_{n-1}\left(\frac{a}{n-1}\right)^{n-2} + \ldots.$$

En comparant cette équation avec l'équation ($i$), on aura les suivantes :

$$(\Psi) \quad \left\{ \begin{array}{l} {}_r\mathrm{A}_n = \left(\dfrac{n}{n-1}\right)^{n-1} ({}_r\mathrm{A}_{n-1} - {}_{r-1}\mathrm{A}_{n-1}), \\[2ex] {}_r\mathrm{B}_n = \dfrac{n-1}{n-2} \left(\dfrac{n}{n-1}\right)^{n-2} ({}_r\mathrm{B}_{n-1} - {}_{r-1}\mathrm{B}_{n-1}), \\[2ex] {}_r\mathrm{C}_n = \dfrac{n-1}{n-3} \left(\dfrac{n}{n-1}\right)^{n-3} ({}_r\mathrm{C}_{n-1} - {}_{r-1}\mathrm{C}_{n-1}), \\[2ex] \cdots\cdots\cdots\cdots\cdots\cdots\cdots\cdots\cdots\cdots , \\[2ex] {}_r\mathrm{G}_n = n({}_r\mathrm{G}_{n-1} - {}_{r-1}\mathrm{G}_{n-1}), \\[2ex] {}_r\mathrm{H}_n = \left(\dfrac{a}{n-1}\right)^{n-1} {}_{r-1}\mathrm{A}_{n-1} + \dfrac{n-1}{n-3}\left(\dfrac{a}{n-1}\right)^{n-2} {}_{r-1}\mathrm{B}_{n-1} + \cdots \end{array} \right.$$

Ces équations sont aux différences finies partielles, excepté la dernière qui donne sans aucune intégration la valeur de ${}_r\mathrm{H}_n$ lorsqu'on connaît ${}_r\mathrm{A}_n$, ${}_r\mathrm{B}_n$, ....

On peut déterminer encore ${}_r\mathrm{H}_n$ par la considération suivante ; il est visible que

$$ {}_r\mathcal{Y}_{n,0} = {}_{r-1}\mathcal{Y}'_{n,\frac{a}{n}}, $$

c'est-à-dire que l'ordonnée de la courbe des probabilités, qui répond à l'extrémité de la $(r-1)^{\text{ième}}$ partie de la droite AB divisée en $n$ parties égales, est la même que l'ordonnée qui répond au commencement de la $r^{\text{ième}}$ partie ; donc on a

$$(\Gamma) \qquad {}_r\mathrm{H}_n = {}_{r-1}\mathrm{A}_n \left(\dfrac{a}{n}\right)^{n-1} + {}_{r-1}\mathrm{B}_n \left(\dfrac{a}{n}\right)^{n-2} + \ldots + {}_{r-1}\mathrm{H}_n$$

ou

$$ {}_r\mathrm{H}_n - {}_{r-1}\mathrm{H}_n = {}_{r-1}\mathrm{A}_n \left(\dfrac{a}{n}\right)^{n-1} + {}_{r-1}\mathrm{B}_n \left(\dfrac{a}{n}\right)^{n-2} + \ldots $$

Partant, en intégrant par rapport à $r$ seul, on a

$$ {}_r\mathrm{H}_n = \sum \left[ {}_{r-1}\mathrm{A}_n \left(\dfrac{a}{n}\right)^{n-1} + {}_{r-1}\mathrm{B}_n \left(\dfrac{a}{n}\right)^{n-2} + \ldots \right], $$

la caractéristique $\Sigma$ étant le signe d'intégration pour les différences finies. Déterminons présentement ${}_r\mathrm{A}_n$, ${}_r\mathrm{B}_n$, ....

La première des équations ($\Psi$) donne

$$_1A_n = \left(\frac{n}{n-1}\right)^{n-1} {}_1A_{n-1};$$

et en intégrant, par la méthode de la page 74 de ce Volume, on aura

$$_1A_n = H\left(\frac{2}{1}\right)^1 \left(\frac{3}{2}\right)^2 \left(\frac{4}{3}\right)^3 \cdots \left(\frac{n}{n-1}\right)^{n-1},$$

H étant une constante arbitraire; or, posant $n = 2$, on a $_1A_2 = 2$; donc $H = 1$; on a d'ailleurs

$$\left(\frac{2}{1}\right)^1 \left(\frac{3}{2}\right)^2 \cdots \left(\frac{n}{n-1}\right)^{n-1} = \frac{n^{n-1}}{1.2.3\ldots(n-1)} = \frac{n^{n-1}}{\nabla(n-1)},$$

en désignant, comme je l'ai fait ailleurs (*voir* la page 74 de ce Volume). le produit $1.2.3\ldots(n-1)$, par $\nabla(n-1)$; on aura donc

$$_1A_n = \frac{n^{n-1}}{\nabla(n-1)};$$

partant,

$$_2A_n = \left(\frac{n}{n-1}\right)^{n-1}\left[{}_2A_{n-1} - \frac{(n-1)^{n-1}}{\nabla(n-2)}\right];$$

soit

$$_2A_n = \frac{n^{n-1}}{\nabla(n-1)}\, u_n;$$

on aura

$$u_n = u_{n-1} - 1;$$

donc

$$u_n = -n + H;$$

partant,

$$_2A_n = -\frac{n^{n-1}}{\nabla(n-1)}(n - H);$$

or, posant $n = 2$, on a $_2A_n = -2$, car on a, par l'article II,

$$\mathcal{V}'_{2,2} = -2\,3 + a;$$

donc

$$H = 1 \qquad \text{et} \qquad _2A_n = -\frac{n^{n-1}}{\nabla(n-1)}(n-1);$$

partant,

$$_3A_n = \left(\frac{n}{n-1}\right)^{n-1}\left[_3A_{n-1} + \frac{(n-1)^{n-2}}{\nabla(n-2)}(n-2)\right];$$

soit

$$_3A_n = \frac{n^{n-1}}{\nabla(n-1)}\, u_n,$$

et l'on aura

$$u_n = u_{n-1} + (n-2);$$

d'où l'on tire

$$u_n = \frac{(n-1)(n-2)}{1.2} + H;$$

or, posant $n = 2$, on a $_3A_n = 0$; donc

$$H = 0 \qquad \text{et} \qquad _3A_n = \frac{n^{n-1}}{\nabla(n-1)}\,\frac{(n-1)(n-2)}{1.2}.$$

En continuant d'opérer ainsi, on trouvera

$$_rA_n = \pm\, \frac{n^{n-1}}{\nabla(n-1)}\,\frac{(n-1)(n-2)\ldots(n-r+1)}{1.2.3\ldots(r-1)}$$

ou

$$_rA_n = \pm\, \frac{n^{n-1}}{\nabla(r-1)\,\nabla(n-r)};$$

le signe $+$ ayant lieu si $r$ est impair, et le signe $-$ s'il est pair.

J'observerai ici, relativement au produit $\dfrac{1}{\nabla(n-1)}$, que l'on a

$$\frac{1}{\nabla(n-r)} = 1,$$

lorsque $n - r = 0$ et lorsque $n - r = 1$; en effet,

$$\frac{1}{\nabla(n-r)} = \frac{n(n-1)\ldots(n-r+1)}{1.2.3\ldots n}.$$

Or, cette dernière quantité est égale à $1$, lorsque $n - r = 1$ et lorsque $n - r = 0$; si $r$ est plus grand que $n$, ces deux nombres étant supposés positifs et entiers, on a

$$\frac{1}{\nabla(n-r)} = 0,$$

parce qu'alors on a évidemment

$$n(n-1)\ldots(n-r+1)=0.$$

Déterminons maintenant $_rB_n$.

Il est facile de voir, par les articles précédents, que l'on a

$$_1B_n=0,\qquad _1C_n=0,\qquad \ldots\ldots$$

Ensuite la seconde des équations ($\Psi$) donne

$$_2B_n=\frac{n-1}{n-3}\left(\frac{n}{n-1}\right)^{n-2}{}_2B_{n-1};$$

d'où je tire, en intégrant,

$$_2B_n=\frac{H\,n^{n-2}}{\nabla(n-2)},$$

$H$ étant une constante arbitraire. Pour la déterminer, j'observe que l'équation différentielle en $_2B_n$ ne commence à exister que lorsque $n=3$, en sorte que, pour avoir $H$, il faut connaitre $_2B_2$; or il est visible que $_2B_2$ est le terme tout constant de l'expression de $_2y_{2,z}$, et partant, la dernière des équations ($\Psi$) donne

$$_2B_2=\,_1A_1\,a=2a;$$

donc

$$H=a\qquad \text{et}\qquad _2B_n=\frac{n^{n-2}a}{\nabla(n-2)}.$$

De là on aura

$$_3B_n=-\frac{n^{n-2}a}{\nabla(n-2)}(n+H),$$

$H$ étant une constante arbitraire; or, posant $n=2$, on a $_3B_n=0$; donc

$$H=-2$$

et

$$_3B_n=-\frac{n^{n-2}}{\nabla(n-2)}a(n-2).$$

On aura, de la même manière,

$$_4B_n=\frac{n^{n-2}a}{\nabla(n-2)}\left[\frac{(n-2)(n-3)}{1.2}+H\right];$$

or, posant $n = 2$, ${}_1B_n = 0$; donc

$$H = 0.$$

En continuant d'opérer ainsi, on trouvera généralement

$$_rB_n = \mp \frac{n^{n-2}a}{\nabla(n-2)} \frac{(n-2)(n-3)\ldots(n-r+1)}{1.2.3\ldots(r-2)}$$

ou

$$_rB_n = \mp \frac{n^{n-2}a}{\nabla(r-2)\,\nabla(n-r)}.$$

La troisième des équations ($\Psi$) donne

$$_2C_n = \frac{n-1}{n-3}\left(\frac{n}{n-1}\right)^{n-2}{}_2C_{n-1};$$

d'où je tire, en intégrant,

$$_2C_n = \frac{n^{n-3}H}{\nabla(n-3)}.$$

Pour déterminer $H$, j'observe que l'équation différentielle en ${}_2C_n$ ne commence à exister que lorsque $n = 4$; il faut donc, pour avoir $H$, connaître ${}_2C_3$; or il est visible que ${}_2C_3$ est le terme tout constant de l'expression de ${}_2y_{3,z}$; partant, la dernière des équations ($\Psi$) donne

$$_2C_3 = {}_1A_2\left(\frac{a}{2}\right)^2;$$

donc

$$_2C_3 = \frac{a^2}{2} \qquad \text{et} \qquad H = \frac{a^2}{1.2};$$

ainsi

$$_2C_n = \frac{n^{n-3}a^2}{1.2.\nabla(n-3)}.$$

De là on tirera

$$_3C_n = -\frac{n^{n-3}a^2}{1.2.\nabla(n-3)}(n+H).$$

Pour déterminer $H$, il faut connaître ${}_3C_3$; or cette quantité est le terme tout constant de l'expression de ${}_2y_{3,z}$; ainsi la dernière des équations ($\Psi$) donne

$$_3C_3 = {}_1A_2\left(\frac{a}{2}\right)^2 + 2.{}_2B_1\frac{a}{2} = \frac{a^2}{2};$$

partant,

$$\text{H} = -4 \qquad \text{et} \qquad {}_3\text{C}_n = -\frac{n^{n-3}a^2}{1.2.\nabla(n-3)}\left(\frac{n-3}{1}-1\right).$$

De là je tire

$$_4\text{C}_n = \frac{n^{n-3}a^2}{1.2.\nabla(n-3)}\left[\frac{(n-3)(n-4)}{1.2}-\frac{n-3}{1}+\text{H}\right];$$

or on a $_4\text{C}_4 = 0$; donc $\text{H} = 0$. En continuant d'opérer ainsi, on trouvera généralement

$$_r\text{C}_n = \mp\frac{n^{n-3}a^2}{1.2.\nabla(n-3)}\left[\frac{(n-3)(n-4)\ldots(n-r)}{1.2.3\ldots(r-2)}-\frac{(n-3)\ldots(n-r+1)}{1.2\ldots(r-3)}\right]$$

ou

$$_r\text{C}_n = \mp\frac{n^{n-3}a^2}{1.2}\left[\frac{1}{\nabla(r-2)\,\nabla(n-r-1)}-\frac{1}{\nabla(r-3)\,\nabla(n-r)}\right],$$

le signe supérieur ayant lieu si $r$ est impair, et l'inférieur s'il est pair. J'ai trouvé, de la même manière,

$$_r\text{D}_n = \mp\frac{n^{n-3}a^3}{1.2.3}\left[\frac{1}{\nabla(r-2)\,\nabla(n-r-2)}\right.$$
$$\left.-\frac{4}{\nabla(r-3)\,\nabla(n-r-1)}+\frac{1}{\nabla(r-4)\,\nabla(n-r)}\right],$$

le signe supérieur ayant toujours lieu si $r$ est impair, et l'inférieur s'il est pair.

## VII.

On aura ainsi, par la méthode précédente, la loi de chaque terme, quels que soient $r$ et $n$, mais cela ne suffit pas encore; il faut, de plus, avoir la loi de ces termes les uns par rapport aux autres, c'est-à-dire la loi du $q^{\text{ième}}$ terme de la suite

$$_r\text{A}_n z^{n-1}+{}_r\text{B}_n z^{n-2}+\ldots.$$

Nommons $_r\overset{q}{\text{T}}_n z^{n-q}$ ce terme; $_r\overset{q}{\text{T}}_n$ sera fonction de $q$, de $r$ et de $n$; nous pouvons déjà connaître, par ce qui précède, de quelle manière il est fonction de $r$ et de $n$; il faut présentement déterminer de quelle manière il est fonction de $q$; pour cela, je reprends les termes déjà trouvés

$$_r\mathrm{A}_n = \pm \frac{n^{n-1}}{\nabla(r-1)\,\nabla(n-r)},$$

$$_r\mathrm{B}_n = \mp \frac{n^{n-2}a}{\nabla(r-2)\,\nabla(n-r)},$$

$$_r\mathrm{C}_n = \mp \frac{n^{n-3}a^2}{1.2}\left[\frac{1}{\nabla(r-2)\,\nabla(n-r-1)} - \frac{1}{\nabla(r-3)\,\nabla(n-r)}\right],$$

$$_r\mathrm{D}_n = \mp \frac{n^{n-4}a^3}{1.2.3}\left[\frac{1}{\nabla(r-2)\,\nabla(n-r-2)}\right.$$
$$\left. - \frac{4}{\nabla(r-3)\,\nabla(n-r-1)} + \frac{1}{\nabla(r-4)\,\nabla(n-r)}\right],$$

le signe supérieur ayant lieu si $r$ est impair, et l'inférieur s'il est pair. De là, je conclus que l'on a généralement

$$_r\overset{q}{\mathrm{T}}_n = \mp \frac{n^{n-q}a^{q-1}}{\nabla(q-1)}\left[\frac{1}{\nabla(r-2)\,\nabla(n-r-q+2)}\right.$$
$$+ \frac{\mathrm{M}_q}{\nabla(r-3)\,\nabla(n-r-q+3)}$$
$$\left. + \frac{{}^1\mathrm{M}_q}{\nabla(r-4)\,\nabla(n-r-q+4)} + \ldots + \frac{{}^{q-1}\mathrm{M}_q}{\nabla(r-q)\,\nabla(n-r)}\right],$$

expression dans laquelle il faut déterminer $\mathrm{M}_q$, ${}^1\mathrm{M}_q$, .... Pour y parvenir, j'observe que cette valeur de $_r\overset{q}{\mathrm{T}}_n$ ne peut commencer à exister que lorsque $n=q$; or on a

$$_q\overset{q}{\mathrm{T}}_q = -\frac{a^{q-1}\mathrm{M}_q}{\nabla(q-1)};$$

d'ailleurs, l'équation (Γ) donne

$$_q\overset{q}{\mathrm{T}}_q = {}_q\mathrm{A}_q\left(\frac{a}{q}\right)^{q-1} + {}_q\mathrm{B}_q\left(\frac{a}{q}\right)^{q-2} + \ldots + {}_q\overset{q}{\mathrm{T}}_q$$

$$= a^{q-1}\left[-\frac{1}{\nabla(q-2)} + \frac{1}{\nabla(q-2)} + \frac{1}{1.2.\nabla(q-3)} + \ldots + \frac{1}{\nabla(q-1)}\right]$$

$$= \frac{a^{q-1}}{\nabla(q-1)}\left[1 + \frac{q-1}{1} + \frac{(q-1)(q-2)}{1.2} + \ldots + 1 - q\right]$$

$$= \frac{a^{q-1}}{\nabla(q-1)}(2^{q-1} - q);$$

en comparant cette expression de $_3\overset{q}{T}_q$ avec la précédente, on aura

$$- M_q = 2^{q-1} - q.$$

Pour trouver $^1M_q$, j'observe que l'on a

$$_1\overset{q}{T}_q = \frac{^1M_q\, a^{q-1}}{\nabla(q-1)}.$$

D'ailleurs,

$$_1\overset{q}{T}_q = {}_1A_q\left(\frac{a}{q}\right)^{q-1} + {}_1B_q\left(\frac{a}{q}\right)^{q-2} + \ldots + {}_1T_q,$$

ce qui donne

$$_1\overset{q}{T}_q = a^{q-1}\Bigg[ + \frac{1}{1.2.\nabla(q-3)} - \frac{1}{\nabla(q-3)}$$

$$- \frac{1}{1.2.\nabla(q-4)} + \frac{2^2-3}{1.2.\nabla(q-3)}$$

$$- \frac{1}{1.2.3.\nabla(q-5)} + \frac{2^3-4}{1.2.3.\nabla(q-4)}$$

$$- \ldots \ldots \ldots \ldots \ldots \ldots \ldots$$

$$- \frac{1}{\nabla(q-2)} + \frac{2^{q-2}-(q-1)}{\nabla(q-2)} + \frac{2^{q-1}-q}{\nabla(q-1)}\Bigg].$$

En sommant cette quantité, on aura

$$_1\overset{q}{T}_q = \frac{a^{q-1}}{\nabla(q-1)}\left[ 3^{q-1} - 2^{q-1}q + \frac{q(q-1)}{1.2}\right].$$

En comparant cette valeur de $_1\overset{q}{T}_q$ avec la précédente, on trouvera

$$^1M_q = 3^{q-1} - 2^{q-1}q + \frac{q(q-1)}{1.2}.$$

J'ai trouvé, de la même manière,

$$- {}^2M_q = 4^{q-1} - 3^{q-1}q + 2^{q-1}\frac{q(q-1)}{1.2} - \frac{q(q-1)(q-2)}{1.2.3}.$$

Il est inutile de chercher de nouveaux termes, parce que leur loi est visible, en sorte que l'on a généralement

$${}^s\mathrm{M}_q = \pm\Big[(s+2)^{q-1} - (s+1)^{q-1}q + s^{q-1}\frac{q(q-1)}{1.2}$$
$$- (s-1)^{q-1}\frac{q(q-1)(q-2)}{1.2.3} + \dots\Big],$$

$s$ ne pouvant excéder $q-3$, et le signe supérieur ayant lieu si $s$ est impair, et l'inférieur s'il est zéro ou pair; on aura donc

$${}_r^q\mathrm{T}_n = \mp\frac{n^{n-q}a^{q-1}}{\nabla(q-1)}\Big[\frac{1}{\nabla(r-2)\nabla(n-r-q+2)}$$
$$- \frac{2^{q-1}-q}{\nabla(r-3)\nabla(n-r-q+3)}$$
$$+ \frac{3^{q-1}-2^{q-1}q+\dfrac{q(q-1)}{1.2}}{\nabla(r-4)\nabla(n-r-q+4)}$$
$$- \dots\dots\dots\dots\dots\dots\dots$$
$$\mp \frac{(q-1)^{q-1}-(q-2)^{q-1}q+\dots}{\nabla(r-q)\nabla(n-r)}\Big];$$

partant,

$${}_r\mathrm{V}_{n,z} = \pm\frac{(nz)^{n-1}}{\nabla(r-1)\nabla(n-r)} \mp \frac{a(nz)^{n-2}}{\nabla(r-2)\nabla(n-r)}$$
$$\mp \frac{a^2(nz)^{n-3}}{1.2}\Big[\frac{1}{\nabla(r-2)\nabla(n-r-1)} - \frac{1}{\nabla(r-3)\nabla(n-r)}\Big]$$
$$\dots\dots\dots\dots\dots\dots\dots\dots\dots\dots\dots\dots$$
$$\mp \frac{a^{q-1}(nz)^{n-q}}{\nabla(q-1)}\Big[\frac{1}{\nabla(r-2)\nabla(n-r-q+2)}$$
$$- \frac{2^{q-1}-q}{\nabla(r-3)\nabla(n-r-q+3)}$$
$$+ \frac{3^{q-1}-2^{q-1}q+\dfrac{q(q-1)}{1.2}}{\nabla(r-4)\nabla(n-r-q+4)}$$
$$- \dots\dots\dots\dots\dots\dots\dots$$
$$\mp \frac{(q-1)^{q-1}-(q-2)^{q-1}q+\dots}{\nabla(r-q)\nabla(n-r)}\Big]$$
$$+ \dots\dots\dots\dots\dots\dots\dots\dots\dots\dots\dots\dots$$
$$+ \frac{a^{n-1}}{\nabla(n-1)}\Big[(r-1)^{n-1} - \frac{n}{1}(r-2)^{n-1} + \frac{n(n-1)}{1.2}(r-3)^{n-1} - \dots\Big];$$

le signe supérieur ayant lieu si $r$ est impair, et l'inférieur s'il est pair, excepté pour le terme

$$\mp \frac{[(q-1)^{q-1} - (q-2)^{q-1}q + \ldots]}{\nabla(r-q)\,\nabla(n-r)},$$

pour lequel le signe supérieur a lieu lorsque $q$ est impair, et l'inférieur lorsqu'il est pair.

## VIII.

Si l'on fait, comme précédemment, $AB = a = 90°$ (*fig.* 4), et qu'on

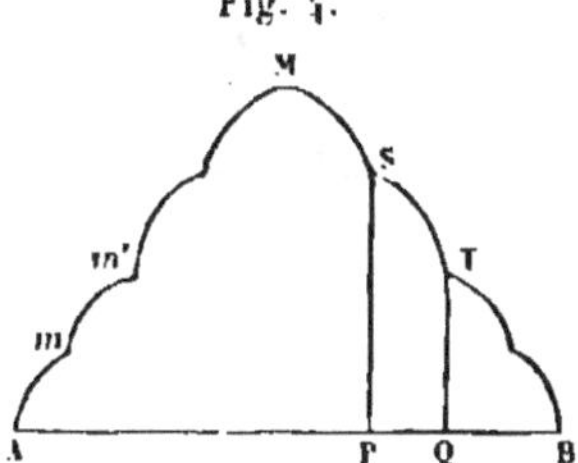

Fig. 4.

divise cette droite en $n$ parties égales, on aura, pour l'équation de la courbe correspondante à la $r^{\text{ième}}$ partie,

$$a^{n-2}y = {}_rY_{n,x}.$$

Si l'on veut ensuite déterminer la probabilité que l'inclinaison moyenne des $n$ orbites est comprise entre deux points quelconques P et Q, on déterminera l'aire STPQ, et le quotient de cette surface divisée par l'aire entière $Amm'MSTB$ exprimera la probabilité demandée. On voit ainsi que la superficie entière de la courbe est un élément essentiel à connaître. Pour y parvenir, j'observe que l'aire comprise entre les deux abscisses $\frac{r-1}{n}a$ et $\frac{r}{n}a$ est

$$\frac{1}{a^{n-1}}\left[\frac{{}_rA_n}{n}\left(\frac{a}{n}\right)^n + \frac{{}_rB_n}{n-1}\left(\frac{a}{n}\right)^{n-1} + \ldots\right];$$

je désigne par ${}_rK_n$ cette surface; or la dernière des équations ($\Psi'$) de l'article VI donne

$$_{r+1}\Pi_{n+1} = n\left[\frac{{}_rA_n}{n}\left(\frac{a}{n}\right)^n + \frac{{}_rB_n}{n-1}\left(\frac{a}{n}\right)^{n-1} + \ldots\right];$$

donc on aura

$$_r\mathrm{K}_n = \frac{_{r+1}\mathrm{II}_{n+1}}{n a^{n-2}};$$

partant,

$$_r\mathrm{K}_n = \frac{a^2}{n\,\nabla(n)}\left[r^n - \frac{n+1}{1}(r-1)^n + \dots\right].$$

Présentement, la superficie entière de la courbe est égale à

$$_n\mathrm{K}_n + {}_{n-1}\mathrm{K}_n + \dots$$

Nommant donc S cette superficie, on aura

$$S = \frac{a^2}{n\,\nabla(n)}\left[\; n^n - \frac{n+1}{1}(n-1)^n + \frac{(n+1)n}{1.2}(n-2)^n - \dots \right.$$
$$+ (n-1)^n - \frac{n+1}{1}(n-2)^n + \dots$$
$$\left. + (n-2)^n - \frac{n+1}{1}(n-3)^n + \dots \right]$$
$$= \frac{a^2}{n\,\nabla(n)}\left[n^n - n(n-1)^n + \frac{n(n-1)}{1.2}(n-2)^n - \dots \right].$$

Or, en désignant par la caractéristique $\Delta$ la différence finie d'une quantité, on a, comme on sait,

$$n^n - n(n-1)^n + \dots = \Delta^n 0^n;$$

d'ailleurs, on a généralement

$$\Delta . x^n = \nabla(n);$$

partant,

$$S = \frac{a^2}{n}.$$

*Remarque.* — L'aire comprise entre les deux abscisses $\frac{r-1}{n}a$ et $\frac{r}{n}a$ doit être égale à l'aire comprise entre les deux abscisses $\frac{n-r+1}{n}a$ et $\frac{n-r}{n}a$; c'est-à-dire que l'on doit avoir

$$_r\mathrm{K}_n = {}_{n-r+1}\mathrm{K}_n,$$

parce que ces deux surfaces sont également situées par rapport aux extrémités A et B; on doit donc avoir

$$(\mu) \quad \begin{cases} r^n - \dfrac{n+1}{1}(r-1)^n + \dfrac{(n+1)n}{1.2}(r-2)^n - \dots \\[2mm] = (n-r+1)^n - \dfrac{n+1}{1}(n-r)^n + \dots, \end{cases}$$

en continuant l'un et l'autre membre de cette équation, jusqu'à ce qu'on arrive à un terme qui soit nul. On peut s'assurer d'ailleurs de la vérité de cette équation, en observant que l'on a

$$r^n - (n+1)(r-1)^n + \dots$$
$$\mp (n+1)(r-n)^n \pm (r-n-1)^n = \Delta^{n+1}(r-n-1)^n,$$

le signe $+$ ayant lieu si $n$ est impair, et le signe $-$ s'il est pair; or $\Delta^{n+1} r^n = 0$, d'où il est facile de conclure l'équation $(\mu)$.

## IX.

Pour appliquer la théorie précédente à la Nature, il faudrait supposer $n = 63$, parce qu'il existe présentement soixante-trois comètes dont on a calculé les orbites; mais ce calcul serait pénible à cause de sa longueur; ainsi, l'abandonnant à ceux qui désireront de l'entreprendre, je me contenterai de supposer ici $n = 12$; j'imagine donc la droite AB, partagée en douze parties égales, dont chacune soit conséquemment de $7^{\circ}\frac{1}{2}$; on trouvera, par l'article précédent, que la probabilité que l'inclinaison moyenne des douze orbites sera comprise entre $45^{\circ} - 7^{\circ}\frac{1}{2}$ et $45^{\circ}$, ou entre $45^{\circ} + 7^{\circ}\frac{1}{2}$ et $45^{\circ}$, est égale à

$$\frac{6^{12}}{\nabla(12)}\left[1 - 13\left(\frac{5}{6}\right)^{12} + \frac{13.12}{1.2}\left(\frac{4}{6}\right)^{12} - \frac{13.12.11}{1.2.3}\left(\frac{3}{6}\right)^{12} \right.$$
$$\left. + \frac{13.12.11.10}{1.2.3.4}\left(\frac{2}{6}\right)^{12} - \frac{13.12.11.10.9}{1.2.3.4.5}\left(\frac{1}{6}\right)^{12}\right].$$

Or, en faisant le calcul, je trouve cette quantité égale à $0,339$; d'où il suit : $1^{\circ}$ qu'il y a 839 à parier contre 161, que l'inclinaison moyenne de douze orbites sera au-dessus de $37^{\circ}\frac{1}{2}$; $2^{\circ}$ qu'il y a autant à parier qu'elle sera au-dessous de $52°\frac{1}{2}$; 3° qu'il y a 678 à parier contre 322, qu'elle sera entre les deux limites $37°\frac{1}{2}$ et $52°\frac{1}{2}$.

Maintenant, si l'on ajoute ensemble les indications des douze dernières comètes observées dont voici le Tableau :

| Comètes des années. | Inclinaison des orbites. |
| --- | --- |
| 1774 | 82.48. 0 |
| 1773 | 61.25.21 |
| 1772 | 18.59.40 |
| 1771 | 11.15.29 |
| 1771 | 31.25.55 |
| 1770 | 1.44.30 |
| 1769 | 40.42.30 |
| 1766 | 8.20. 0 |
| 1766 | 40.50.20 |
| 1764 | 53.54.19 |
| 1763 | 73.39.29 |
| 1762 | 85. 3. 2 |

on trouvera que leur inclinaison moyenne est de $42°31'$. Pour soupçonner dans ces comètes une cause qui tende à les faire mouvoir dans le plan de l'écliptique, il faudrait qu'il y eût un très grand nombre à parier contre l'unité que, si elles étaient lancées au hasard, leur inclinaison moyenne surpasserait $42°30'$; or nous venons de trouver qu'il y a 839 contre 161, ce qui ne fait pas six contre un à parier qu'elle sera au-dessus de $37°\frac{1}{2}$, et il y a considérablement moins à parier qu'elle sera au-dessus de $42°30'$.

## X.

### Sur la figure de la Terre.

Lorsque Newton voulut déterminer la figure de la Terre, il considéra cette planète comme une masse fluide homogène, et il supposa que la figure qu'elle a prise en vertu de son mouvement de rotation est celle d'un sphéroïde elliptique. Cette supposition était fort précaire; les géomètres en ont ensuite démontré la possibilité; mais, si la figure nécessaire pour l'équilibre, au lieu d'être elliptique, eût été d'un autre genre, on aurait été fort embarrassé pour la déterminer, parce qu'il est beaucoup plus facile de s'assurer si une figure donnée convient à l'équilibre, que de chercher immédiatement celles qui peuvent y convenir. Ce dernier problème est sans contredit un des points les plus intéressants du Système du monde; voici quelques recherches qui y sont relatives :

PROBLÈME. — *Si une masse fluide homogène, dont toutes les parties s'attirent en raison réciproque du carré des distances, tourne autour d'un de ses axes quelconques, on propose de déterminer la figure qu'elle doit prendre.*

Je supposerai ici deux choses : 1° que cette figure diffère infiniment peu de la sphère; 2° qu'elle est une surface de révolution. Cela posé :

Soit AMB (*fig.* 5) la courbe qui, par sa révolution autour de l'axe AB, engendre la surface proposée, et ATB un cercle décrit sur AB comme

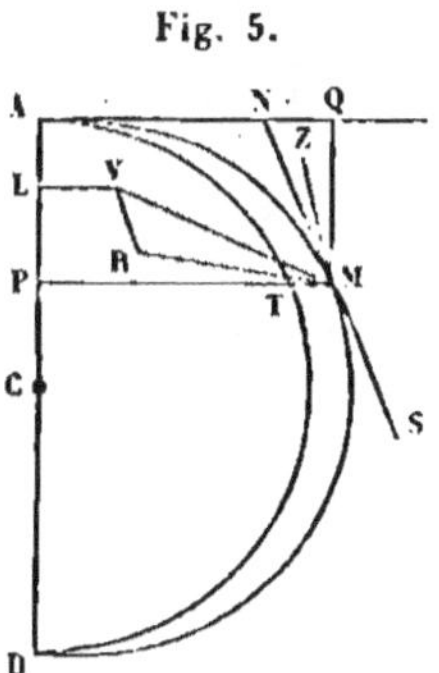

Fig. 5.

diamètre; soit R un point quelconque du corps dont V soit la projection sur le plan AMB, et que l'on mène par le point M, et dans le plan AMB, la tangente MN à la courbe AMB, la droite MQ parallèle à AB, et la droite MP perpendiculaire sur AB; que l'on mène ensuite AQ et LV, parallèles à PM, et que l'on élève, perpendiculairement au plan AMB, la droite MZ, qui sera visiblement tangente à la surface de révolution; soient $q$ l'angle VMN, $\varpi$ l'angle NMQ, $\varphi$ l'arc AT, $CB = CA = 1$; soient encore RM $= r$, et $p$ l'angle RMZ, on trouvera facilement que la molécule R est égale à $r^2 \sin p \, dp \, dq \, dr$; ainsi l'action de cette molécule sur le point M est $\sin p \, dp \, dq \, dr$; en la décomposant en trois, la première parallèlement à MN et de M vers N; la seconde, perpendiculairement à cette droite; et la troisième, parallèlement à MZ, on aura, pour la première, $\sin^2 p \cos q \, dp \, dq \, dr$; d'où, en intégrant successivement par rapport aux trois variables $p$, $q$ et $r$, on aura l'action entière de la masse sur le point M, parallèlement à MN, et de M vers N; mais, en intégrant par rapport à $r$, on a $\sin^2 p \cos q \, dp \, dq$; $r$ étant la droite MR, prolongée jusqu'à ce qu'elle sorte du corps; donc

$$\int_0^\pi \int_0^\pi r \sin^2 p \cos q \, dp \, dq$$

exprimera l'action de la masse suivant MN. Maintenant, si l'on nomme $\alpha h$ la force centrifuge d'un point placé à l'équateur, $\alpha$ étant supposé infiniment petit, on aura, en négligeant les quantités de l'ordre $\alpha^2$, $\alpha h \sin \varphi$ pour cette force au point M, ce qui produira suivant la tangente MN la force $\alpha h \sin \varphi \cos \varphi$, et comme elle agit de M vers S, elle doit, pour l'équilibre, balancer l'attraction du corps de M vers N; d'où résulte l'équation

$$\int_0^\pi \int_0^\pi r \sin^2 p \cos q \, dp \, dq = \alpha h \sin \varphi \cos \varphi.$$

Il ne s'agit donc plus que de déterminer $r$. Pour cela, j'observe que TM doit rester le même, en changeant seulement de signe, lorsque $\varphi$ devient négatif; soit donc

$$TM = \alpha \sin \varphi \, \Gamma(\cos \varphi),$$

$\Gamma(\cos \varphi)$ exprimant une fonction de $\cos \varphi$ qu'il s'agit de connaître; on aura

$$PM = \sin \varphi [1 + \alpha \, \Gamma(\cos \varphi)],$$

et cette équation peut généralement représenter toutes les courbes rentrantes composées de deux parties égales, et semblablement situées de part et d'autre de l'axe AB; on a

$$MV = r \sin p, \qquad RV = r \cos p, \qquad VL = PM - r \sin p \sin(q + \varpi),$$
$$CL = \cos \varphi + r \sin p \cos(q + \varpi);$$

partant

$$(RV)^2 + (VL)^2 = r^2\cos^2 p + \sin^2\varphi + 2\alpha\sin^2\varphi\,\Gamma(\cos\varphi) - 2r\sin\varphi\sin p\sin(q+\varpi)$$
$$- 2\alpha r\sin\varphi\sin p\sin(q+\varpi)\,\Gamma(\cos\varphi) + r^2\sin^2 p\sin^2(q+\varpi);$$

mais, le point R étant supposé à la surface du corps, on a, par la nature de la courbe génératrice,

$$(RV)^2 + (VL)^2 = [1 - (CL)^2][1 + 2\alpha\,\Gamma(CL)].$$

Soit

$$\sin^2\varphi\,\Gamma(\cos\varphi) = \Pi(\cos\varphi);$$

on aura

$$[1 - (CL)^2][1 + 2\alpha\,\Gamma(CL)] = 1 - (CL)^2 + 2\alpha\,\Pi(CL);$$

donc, en comparant les deux expressions de $(RV)^2 + (VL)^2$ et substituant au lieu de CL sa valeur, on aura l'équation

$$r^2 - 2r\sin\varphi\sin p\sin(q+\varpi) + 2r\cos\varphi\sin p\cos(q+\varpi)$$
$$= 2\alpha\,\Pi[\cos\varphi + r\sin p\cos(q+\varpi)] - 2\alpha\,\Pi(\cos\varphi)$$
$$+ \frac{2\alpha r}{\sin\varphi}\,\Pi(\cos\varphi)\sin p\sin(q+\varpi);$$

d'où l'on tire

$$r = 2\sin\varphi\sin p\sin(q+\varpi) - 2\cos\varphi\sin p\cos(q+\varpi)$$
$$+ \frac{2\alpha}{r}\,\Pi[\cos\varphi + r\sin p\cos(q+\varpi)] - \frac{2\alpha}{r}\,\Pi(\cos\varphi)$$
$$+ \frac{2\alpha}{\sin\varphi}\,\Pi(\cos\varphi)\sin p\sin(q+\varpi).$$

Or soit TM $= \alpha\mu$, on aura

$$\mu\sin\varphi = \Pi(\cos\varphi);$$

ensuite

$$\sin\varpi = \frac{\cos\varphi\,d\varphi + \alpha\,d\mu}{\sqrt{d\varphi^2 + 2\alpha\,d\mu\,d\varphi\cos\varphi}} = \cos\varphi + \alpha\,\frac{d\mu}{d\varphi}\sin^2\varphi$$

et

$$\cos\varpi = \frac{\sin\varphi\,d\varphi}{\sqrt{d\varphi^2 + 2\alpha\,d\mu\,d\varphi\cos\varphi}} = \sin\varphi - \alpha\,\frac{d\mu}{d\varphi}\sin\varphi\cos\varphi;$$

de là on tirera

$$r = 2 \sin p \sin q + 2\alpha \frac{d\mu}{dq} \sin\varphi \sin p \cos q$$

$$+ 2\alpha\mu \sin\varphi \sin p \sin q + 2\alpha\mu \cos\varphi \sin p \cos q$$

$$+ \frac{\alpha \Pi[\cos\varphi + 2\sin^2 p \sin q (\cos q \sin\varphi - \sin q \cos\varphi)] - \alpha\Pi(\cos\varphi)}{\sin p \sin q};$$

partant on aura

$$\int_0^\pi \int_0^\pi \sin^2 p \cos q \Big[ 2 \sin p \sin q + 2\alpha \frac{d\mu}{dq} \sin\varphi \sin p \cos q$$

$$+ 2\alpha\mu \sin\varphi \sin p \sin q + 2\alpha\mu \cos\varphi \sin p \cos q$$

$$+ \frac{\alpha \Pi[\cos\varphi + 2\sin^2 p \sin q (\cos q \sin\varphi - \sin q \cos\varphi)] - \alpha\Pi(\cos\varphi)}{\sin p \sin q} \Big] dp\, dq$$

$$= \alpha h \sin\varphi \cos\varphi.$$

Mais on a généralement

$$\int_0^\pi \int_0^\pi P \cos q \, dp \, dq = 0$$

en supposant que $\cos q$ ne se trouve point, dans P, élevé à une puissance impaire; car, dans cette supposition, il est visible que l'élément P $dq$ sera le même pour deux valeurs de $q$ prises à égale distance
de part et d'autre de $\frac{\pi}{2}$; mais $\cos q$ sera le même dans les deux cas, avec
des signes contraires; d'où l'on voit que la somme des deux éléments
P $\cos q \, dq$, correspondants l'un à $q = \frac{\pi}{2} - \alpha$, l'autre à $q = \frac{\pi}{2} + \alpha$, sera
nulle, et qu'ainsi

$$\int_0^\pi \int_0^\pi P \cos q \, dp \, dq = 0;$$

l'équation précédente deviendra donc

$$\int_0^\pi \int_0^\pi 2 \sin^3 p \cos^2 q \left( \frac{d\mu}{dq} \sin\varphi + \mu \cos\varphi \right) dp \, dq$$

$$+ \int_0^\pi \int_0^\pi \frac{\sin p \cos q}{\sin q} \{ \Pi[\cos\varphi + 2\sin^2 p \sin q (\cos q \sin\varphi - \sin q \cos\varphi)] - \Pi(\cos\varphi) \} dp \, dq = h \sin\varphi \, c$$

Mais on a

$$\frac{d\mu}{d\varphi}\sin\varphi + \mu\cos\varphi = \frac{d(\mu\sin\varphi)}{d\varphi} = \frac{d\,\Pi(\cos\varphi)}{d\varphi};$$

soit donc $\cos\varphi = x$, et $\Pi(\cos\varphi) = y$; partant

$$\frac{d\,\Pi(\cos\varphi)}{d\varphi} = -\frac{dy}{dx}\sin\varphi$$

et

$$\Pi[\cos\varphi + 2\sin^2 p\sin q(\cos q\sin\varphi - \sin q\cos\varphi)]$$
$$= y + 2\sin^2 p\sin q(\cos q\sin\varphi - \sin q\cos\varphi)\frac{dy}{dx}$$
$$+ 4\sin^4 p\sin^2 q(\cos q\sin\varphi - \sin q\cos\varphi)^2\frac{d^2 y}{1.2\,dx^2} + \dots;$$

de plus, on aura

$$\int_0^\pi\int_0^\pi 2\sin^3 p\cos^2 q\,dp\,dq = \frac{3}{4}\pi;$$

donc

$$-\frac{4}{3}\pi\frac{dy}{dx} + \int_0^\pi\int_0^\pi \frac{1}{\sin\varphi}\left|\ \begin{aligned} &2\sin^3 p\cos q(\cos q\sin\varphi - \sin q\cos\varphi)\frac{dy}{dx} \\[4pt] &+ 4\sin^5 p\sin q\cos q(\cos q\sin\varphi - \sin q\cos\varphi)^2\frac{d^2 y}{1.2.\,dx^2} \\[4pt] &+ 8\sin^7 p\sin^3 q\cos q(\cos q\sin\varphi - \sin q\cos\varphi)^3\frac{d^3 y}{1.2.3.\,dx^3} \\[4pt] &+ \dots\dots\dots\dots\dots\dots\dots\dots\dots\dots\dots\dots\dots\dots\dots \end{aligned}\right]dp\,dq = h\,,$$

Or il est aisé de voir, par ce qui précède, que l'on ne doit admettre dans le développement des puissances de $(\cos q\sin\varphi - \sin q\cos\varphi)$, que les termes dans lesquels $\cos q$ se trouve élevé à une puissance impaire, d'où l'on tire

$$= -\frac{4}{3}\pi\frac{dy}{dx}$$
$$+ \int_0^\pi\int_0^\pi \sin^3 p\cos q\left\{ 2\frac{dy}{dx}\cos q + 4\frac{d^2 y}{1.2.\,dx^2}\sin^2 p\sin q(-2x\sin q\cos q)\right.$$
$$+ 8\frac{d^3 y}{1.2.3.\,dx^3}\sin^4 p\sin^2 q[(1-x^2)\cos^3 q + 3x^2\cos q\sin^2 q]$$
$$\left. + \dots\dots\dots\dots\dots\dots\dots\dots\dots\dots\dots\dots\dots\dots\dots\dots\right\}dp\,dq.$$

Mais on a

$$\int_0^{\pi} \sin^{2i+1} p \, dp = \frac{2.4.6\ldots 2i}{1.3.5.7\ldots(2i+1)}\,2, \qquad \int_0^{\pi} \cos^{2i} q \, dq = \frac{1.3.5\ldots(2i-1)}{2.4.6\ldots 2i}\,\frac{\pi}{2},$$

$$\int_0^{\pi} \sin^{2n+2i} q \, \cos^{2n-2i} q \, dq = \frac{1.3.5\ldots(2n+2i-1)}{(2n-2i+1)(2n-2i+3)\ldots(4n-1)}\int_0^{\pi} \cos^{2n} q \, dq,$$

$$\int_0^{\pi} \sin^{2n+2i-2} q \, \cos^{2n-2i} q \, dq = \frac{1.3.5\ldots(2n+2i-3)}{(2n-2i+1)(2n-2i+3)\ldots(4n-3)}\int_0^{\pi} \cos^{2n-2} q \, dq :$$

on aura donc

$$(Z)\quad
\begin{aligned}
0 =\ & \frac{h}{\pi} + 2^2 \frac{d^2 y}{1.2.dx^2}\,\frac{4}{15} - 2^3 \frac{d^3 y}{1.2.3.dx^3}\,\frac{2}{35.x}(1+2x^2) + \ldots \\[2mm]
& + \frac{2^{2n+1} d^{2n} y}{1.2.3\ldots 2n \, dx^{2n}}\,\frac{1.3.5\ldots(2n-1)}{(2n+1)(2n+3)\ldots(4n+1)} \\[2mm]
& \times \left[ 2n(1-x^2)^{n-1} + \frac{2n(2n-1)(2n-2)}{1.2.3}\,\frac{2n+1}{2n-1}\,x^2(1-x^2)^{n-1} \right. \\[2mm]
& \left. + \frac{2n(2n-1)(2n-2)(2n-3)(2n-4)}{1.2.3.4.5}\,\frac{2n+1}{2n-1}\,\frac{2n+3}{2n-3}\,x^4(1-x^2)^{n-1} + \ldots \right] \\[2mm]
& - \frac{2^{2n+2} d^{2n+1} y}{1.2.3\ldots 2n \, dx^{2n+1}}\,\frac{1.3.5\ldots(2n-1)}{(2n+3)(2n+5)\ldots(4n+3).x} \\[2mm]
& \times \left[ (1-x^2)^n + \frac{(2n+1)2n}{1.2}\,x^2(1-x^2)^{n-1} \right. \\[2mm]
& \left. + \frac{(2n+1)2n(2n-1)(2n-2)}{1.2.3.4}\,\frac{2n+3}{2n-1}\,x^4(1-x^2)^{n-1} + \ldots \right] \\[2mm]
& + \ldots\ldots\ldots\ldots\ldots\ldots\ldots\ldots\ldots\ldots\ldots\ldots\ldots
\end{aligned}$$

Voilà l'équation infinie qu'il faut résoudre pour avoir la valeur de $y$; il est évident que l'équation $d^2 y = 0$ en est une intégrale particulière, ce qui donne une ellipse pour la courbe du méridien; on aura, dans ce cas,

$$y = c x^2 + b x + a;$$

or il est visible, à l'inspection de la *fig.* 5 (p. 303), que $y = 0$ lorsque $x = 1$ et lorsque $x = -1$, ce qui donne

$$0 = c + b + a \qquad \text{et} \qquad 0 = c - b + a;$$

d'où l'on tire

$$b = 0 \quad \text{et} \quad a = -c;$$

partant

$$y = -c(1 - x^2);$$

or l'équation (Z) donne, en y substituant au lieu de $y$ cette valeur,

$$c = -\frac{15}{16}\frac{h}{\pi};$$

partant

$$y = \frac{15}{16}\frac{h}{\pi}(1 - x^2) = \frac{15}{16}\frac{h}{\pi}\sin^2\varphi = \mu\sin\varphi.$$

Donc

$$\mu = \frac{15}{16}\frac{h}{\pi}\sin\varphi;$$

d'où l'on tire

$$\mathrm{PM} = \sin\varphi\left(1 + \frac{15}{16}\frac{\alpha h}{\pi}\right).$$

Je suppose que la force centrifuge à l'équateur soit à la pesanteur comme $\alpha m : 1$; on pourra, en regardant la masse comme sphérique, supposer la pesanteur égale à la masse divisée par le carré du rayon CB, ce qui donne $\frac{4}{3}\pi$ pour l'expression de cette force, partant

$$\alpha h = \alpha m \tfrac{4}{3}\pi \quad \text{et} \quad \mathrm{PM} = \sin\varphi(1 + \tfrac{5}{4}\alpha m);$$

d'où il suit que le rayon de l'équateur est $1 + \frac{5}{4}\alpha m$, et, par conséquent, l'aplatissement de la masse est égal à $\frac{5}{4}\alpha m$; ce que l'on sait d'ailleurs.

Je suppose maintenant

$$\frac{d^2 y}{dx^2} = 2c + \frac{d^2 z}{dx^2};$$

on aura

$$0 = \frac{h}{\pi} + \frac{16}{15}c + \frac{4}{15}2^2\frac{d^2 z}{1.2.dx^2} + \ldots;$$

et déterminant $c$ de manière que

$$0 = \frac{h}{\pi} + \frac{16}{15}c,$$

on aura l'équation

$$0 = 2^2 \frac{d^4 z}{1.2.dx^4} \frac{4}{15} - 2^3 \frac{d^3 z}{1.2.3.dx^3} \frac{2}{35x} (1 + 2x^2) + \ldots$$

Je suppose que l'intégrale de cette équation soit $z = \varphi(x)$, on aura

$$y = \varphi(x) + cx^2 + bx + a;$$

la supposition de $h = 0$ donne $y = z = \varphi(x)$; on voit donc que le mouvement de rotation du corps ne fait qu'ajouter à la valeur de $y$ la quantité $cx^2 + bx + a$; ainsi toutes les figures de révolution dans lesquelles l'équilibre a lieu lorsque la masse est immobile ont également lieu lorsqu'elle tourne autour de son axe de révolution, pourvu qu'on ajoute à l'expression de $y$, $cx^2 + bx + a$. Mais, lorsque $h = 0$, existe-t-il d'autre cas d'équilibre que la figure sphérique? Il paraît difficile de se prononcer sur cet objet; voici cependant une remarque fort générale qui exclut un grand nombre de figures.

Je suppose que, dans le cas de $h = 0$, on ait

$$y = \Pi + ax^r + bx^s + \ldots + gx^\mu,$$

$r$, $s$, ..., $\mu$ étant des nombres quelconques, et $x^\mu$ étant la puissance de $x$ la plus haute; si l'on substitue cette valeur dans l'équation (Z), le terme $gx^\mu$ en donnera un de cette forme

$$g x^{\mu-1} \left[ 2^2 \frac{4}{15} \frac{\mu(\mu-1)}{1.2} - 2^3 \frac{4}{35} \frac{\mu(\mu-1)(\mu-2)}{1.2.3} + \ldots \right],$$

et, comme il sera le plus élevé par rapport à $x$, il faut que l'on ait

$$(t) \qquad 0 = 2^2 \frac{4}{15} \frac{\mu(\mu-1)}{1.2} - 2^3 \frac{4}{35} \frac{\mu(\mu-1)(\mu-2)}{1.2.3} + \ldots$$

Voyons donc quelles sont les valeurs de $\mu$ qui peuvent satisfaire à cette équation; en la considérant sous cette forme, il serait fort difficile de déterminer ces valeurs, mais on peut la mettre sous une forme beaucoup plus simple de la manière suivante.

Je reprends pour cela l'équation (A), et j'observe qu'elle se réduit à celle-ci, en faisant $h = 0$,

$$0 = \int_0^\pi \int_0^\pi \frac{1}{\sin\varphi} \left[ \; 2^3 \sin^5 p \sin q \cos q (\cos q \sin\varphi - \sin q \cos\varphi)^2 \frac{d^2 y}{1.2.dx^2} \right.$$
$$+ 2^3 \sin^7 p \sin^2 q \cos q (\cos q \sin\varphi - \sin q \cos\varphi)^3 \frac{d^3 y}{1.2.3.dx^3}$$
$$\left. + \ldots\ldots\ldots\ldots\ldots\ldots\ldots\ldots\ldots\ldots\ldots\ldots\ldots \right] dp\, dq.$$

Si l'on suppose, dans cette équation,

$$y = g x^\mu \qquad \text{et} \qquad \sin^2\varphi = - x^2,$$

il est visible qu'elle donnera l'équation ($t$); or, dans cette supposition, on a

$$\sin\varphi = x \sqrt{-1} \, ;$$

partant (¹)

$$(\cos q \sin\varphi - \sin q \cos\varphi)^i = x^i (\sqrt{-1})^i (\cos q + \sqrt{-1} \sin q)^i$$
$$= x^i (\sqrt{-1})^i (\cos iq + \sqrt{-1} \sin iq).$$

Le terme

$$\int_0^\pi \int_0^\pi \frac{1}{\sin\varphi} \frac{d^{2n} y}{1.2.3\ldots 2n\, dx^{2n}} 2^{2n} \sin^{4n+1} p \sin^{2n-1} q \cos q (\cos q \sin\varphi - \sin q \cos\varphi)^{2n} dp\, dq$$

deviendra donc

$$\frac{\mu(\mu-1)(\mu-2)\ldots(\mu-2n+1)}{1.2.3\ldots 2n}$$
$$\times \int_0^\pi \int_0^\pi \frac{1}{\sqrt{-1}} x^{2n-1} (-1)^n \sin^{4n+1} p \, . \, 2^{2n} \sin^{2n-1} q \cos q (\cos 2nq + \sqrt{-1} \sin 2nq)\, dp\, dq :$$

or on a

$$2^{2n-2} \sin^{2n-1} q = \pm [\sin(2n-1)q - (2n-1)\sin(2n-3)q + \ldots],$$

(¹) On devrait avoir

$$(\cos q \sin\varphi - \sin q \cos\varphi)^i = x^i (\sqrt{-1})^i \left( \cos q + \sqrt{-1} \sqrt{1 + \frac{1}{x^2}} \sin q \right)^i;$$

mais, comme on ne cherche que le terme du degré le plus élevé en $x$, on peut prendre, avec Laplace,

$$x^i (\sqrt{-1})^i (\cos q + \sqrt{-1} \sin q)^i.$$

(Note de l'Éditeur.)

le signe $+$ ayant lieu si $n$ est impair et le signe $-$ s'il est pair; de là
on aura, en intégrant,

$$\int_0^{\pi} 2^{2n-1} \sin^{2n-1} q \cos q \, \frac{(-1)^n}{\sqrt{-1}} \left( \cos 2nq + \sqrt{-1} \sin 2nq \right) dq = -\tfrac{1}{4} \pi;$$

partant

$$\int_0^{\pi} \int_0^{\pi} \frac{1}{\sin \varphi} \frac{2^{2n} d^{2n} y}{1.2.3 \ldots 2n \, dx^{2n}} \sin^{2n+1} p \sin^{2n-1} q \cos q (\cos q \sin \varphi - \sin q \cos \varphi)^{2n} dp \, dq$$

$$= - \pi \frac{\mu(\mu-1) \ldots (\mu - 2n + 1)}{1.2.3 \ldots 2n} x^{2n-1} \int_0^{\pi} \sin^{2n+1} p \, dq;$$

on trouvera, de même,

$$\int_0^{\pi} \int_0^{\pi} \frac{1}{\sin \varphi} \frac{2^{2n+1} d^{2n+1} y}{1.2.3 \ldots (2n+1) \, dx^{2n+1}} \sin^{2n+2} p \sin^{2n} q \cos q (\cos q \sin \varphi - \sin q \cos \varphi)^{2n+1} dp \, dq$$

$$= \frac{\pi \, \mu(\mu-1) \ldots (\mu - 2n)}{1.2.3 \ldots (2n+1)} x^{2n} \int_0^{\pi} \sin^{2n+2} p \, dp.$$

L'équation ($A$) devient ainsi

$$0 = \int_0^{\pi} \sin p \left[ \frac{\mu(\mu-1)}{1.2} \sin^4 p - \frac{\mu(\mu-1)(\mu-2)}{1.2.3} \sin^6 p + \ldots \right] dp,$$

ce qui donne

$$0 = \int_0^{\pi} \sin p (1 - \sin^2 p)^{\mu} dp - \int_0^{\pi} \sin p (1 - \mu \sin^2 p) \, dp$$

$$= \int_0^{\pi} \sin p \cos^{2\mu} p - (1 - \mu) \, dp \int_0^{\pi} \sin p \, dp - \mu \int_0^{\pi} \sin p \cos^2 p \, dp;$$

d'où l'on tire, en intégrant,

$$(\gamma) \qquad 0 = C - \frac{1}{2\mu+1} \cos^{2\mu+1} p + (1 - \mu) \cos p + \tfrac{1}{3} \mu \cos^3 p.$$

Il faut déterminer la constante arbitraire C de manière que l'intégrale
soit nulle lorsque $\cos p = 1$, et faire ensuite, dans l'équation ($\gamma$),
$\cos p = -1$; or il peut arriver deux cas :

1° La valeur de $\mu$ peut être telle que

$$(-1)^{2\mu+1} = (1)^{2\mu+1},$$

dans ce cas l'équation $(y)$ donne

$$o = 2(1 - \mu) + \tfrac{2}{3}\mu \qquad \text{ou} \qquad \mu = \tfrac{1}{2},$$

mais cette valeur doit être rejetée par la nature du problème, puisque le terme $gx^\mu$ deviendrait imaginaire lorsque $x$ serait négatif;

2° La valeur de $\mu$ peut être telle que

$$(-1)^{2\mu+1} = -(1)^{2\mu+1};$$

dans ce cas, l'équation $(y)$ donne

$$\frac{2}{2\mu + 1} - 2(1 - \mu) - \tfrac{2}{3}\mu = o;$$

d'où l'on tire $\mu^2 - \mu = o$; partant $\mu = o$ et $\mu = 1$; d'où il suit que l'expression de $y$ ne peut avoir que cette forme

$$y = a + bx + cx^r + f x^s + \ldots,$$

$r, s, \ldots$ étant moindres que l'unité; or, en substituant cette valeur dans l'équation $(Z)$, il est visible que l'équation

$$y = cx^r + f x^s + \ldots$$

$y$ satisfera séparément; d'où il suit, par l'analyse précédente, que $r$ étant supposé le plus grand des exposants $r, s, \ldots$ ne peut être que $o$ ou $1$; donc, toutes les fois que la valeur de $y$ peut être exprimée par un nombre fini de termes, elle ne peut avoir que cette forme $y = a + bx$; maintenant il est aisé de voir que, dans ce cas, la figure du corps doit être sphérique; car on a (*fig.* 5), $y = o$ lorsque $x = 1$ et lorsque $x = -1$; d'où l'on tire

$$a + b = o \qquad \text{et} \qquad a - b = o; \qquad \text{partant} \qquad y = o.$$

Je dois observer ici que M. d'Alembert a déjà fait une remarque semblable pour le cas où les exposants de $x$ sont des nombres entiers et positifs (*voir* le Tome V des *Opuscules* de ce grand géomètre).

Il serait utile d'étendre ces recherches au cas où les couches de la masse fluide sont inégalement denses; c'est ce que je me propose de faire dans un autre Mémoire.

## XI.

### *Sur les fonctions.*

M. de Lagrange a donné, dans le Volume de l'Académie de Berlin pour l'année 1772, un très beau Mémoire sur l'analogie qui règne entre les puissances positives et les différences, aussi bien qu'entre les puissances négatives et les intégrales. (*Voir*, dans le Volume cité, un Mémoire qui a pour titre : *Sur une nouvelle espèce de calcul relatif à l'intégration et à la différentiation des quantités variables.*) En suivant cette analogie, il est parvenu à plusieurs théorèmes fort intéressants sur les fonctions; mais, comme cette voie est indirecte, et que d'ailleurs ce grand géomètre semble regarder comme difficile la démonstration directe de ces théorèmes, je vais ici les démontrer par une méthode assez simple, et qui, de plus, a l'avantage de faire voir pourquoi l'analogie des puissances et des sommes ou des différences a lieu.

Pour simplifier le calcul, je ne considérerai qu'une seule variable; il est facile d'étendre les recherches suivantes à tant de variables que l'on voudra. Soit donc $u$ une fonction quelconque de $x$ : on peut chercher l'intégrale ou la différence finie $n^{\text{ième}}$ de $u$, en fonction des intégrales et des différences infiniment petites de cette quantité; on peut chercher l'intégrale ou la différence infiniment petite $n^{\text{ième}}$ de $u$ en fonction de ses intégrales et de ses différences finies; or voici comme M. de Lagrange résout ces deux problèmes.

En désignant par les caractéristiques $\Delta$ et $\Sigma$ les différences et les intégrales finies, et supposant $x$ croître de $\alpha$ dans $u$, cet illustre auteur trouve d'une manière directe et fort élégante l'équation

$$(1) \qquad\qquad \Delta u = e^{\frac{du}{dx}\alpha} - 1;$$

en observant dans le développement du second membre d'appliquer les exposants à la caractéristique $d$; c'est-à-dire au lieu de $\left(\dfrac{du}{dx}\right)^2$, d'écrire $\dfrac{d^2u}{dx^2}$, et ainsi de suite; $e$ est le nombre dont le logarithme hyperbolique est l'unité. De l'équation (1) M. de Lagrange conclut, en vertu de l'analogie entre les puissances positives et les différences,

$$\Delta^n u = \left( e^{\frac{du}{dx}\alpha} - 1 \right)^n ;$$

(2)

et supposant $n$ négatif et changeant $\Delta^{-n} u$ en $\Sigma^n u$, il conclut, en vertu de l'analogie entre les puissances négatives et les intégrales,

$$\Sigma^n u = \frac{1}{\left( e^{\frac{du}{dx}\alpha} - 1 \right)^n} ;$$

(3)

en observant toujours d'appliquer les exposants à la caractéristique $d$, et de changer les différences négatives en intégrales; c'est-à-dire, au lieu de $d^{-1} u \, dx$, d'écrire $\int u \, dx$, et ainsi du reste.

Au moyen des équations (2) et (3), on aura donc la différence finie $n^{ième}$, et l'intégrale finie $n^{ième}$ de $u$, en fonction de ses intégrales et de ses différences infiniment petites.

Présentement l'équation (1) donne

$$e^{\frac{du}{dx}\alpha} = 1 + \Delta u ;$$

donc, en prenant les logarithmes,

$$\frac{du}{dx} \alpha = l(1 + \Delta u) ;$$

d'où, en vertu de l'analogie des puissances positives et des différences, on aura

$$\frac{d^n u}{dx^n} \alpha^n = [l(1 + \Delta u)]^n ,$$

(4)

en observant dans le développement du second membre de cette équation d'appliquer à $\Delta$ les exposants des puissances de $u$. Si l'on fait $n$ négatif dans l'équation (4), et que l'on change

$$d^{-n} u \, dx^n \quad \text{en} \quad \int^n u \, dx^n ,$$

on aura

$$(5) \qquad \frac{1}{\alpha^n} \int^n u\, dx^n = \frac{1}{[l(1 + \Delta u)]^n},$$

en observant dans le développement du second membre de cette équation d'appliquer les exposants des puissances de $\Delta u$ à la caractéristique $\Delta$, et de changer en intégrales finies les différences finies négatives.

## XII.

Voici maintenant une méthode directe pour trouver ces théorèmes.

Je représente par $u'$ la quantité $u$, lorsqu'on y suppose $x$ devenir $x + \alpha$. Soit $u' = u + s$, on aura, en différentiant par rapport à $\alpha$,

$$\frac{\partial u'}{\partial x} = \frac{\partial s}{\partial \alpha};$$

donc

$$s = \int d\alpha \frac{\partial u'}{\partial x}$$

et

$$u' = u + \int d\alpha \frac{\partial u'}{\partial x};$$

on aura pareillement

$$\frac{\partial u'}{\partial x} = \frac{du}{dx} + \int d\alpha \frac{\partial^2 u'}{\partial x^2},$$

et ainsi de suite; d'où l'on tire

$$u' = u + \alpha \frac{du}{dx} + h \alpha^2 \frac{d^2 u}{dx^2} + h' \alpha^3 \frac{d^3 u}{dx^3} + \ldots$$

et

$$(7) \qquad \Delta u = \alpha \frac{du}{dx} + h \alpha^2 \frac{d^2 u}{dx^2} + h' \alpha^3 \frac{d^3 u}{dx^3} + \ldots,$$

$h, h', \ldots$ étant des coefficients constants et indépendants de $\alpha$. On aura pareillement

$$\Delta u' - \Delta u = \Delta^2 u = \alpha \left( \frac{\partial u'}{\partial x} - \frac{du}{dx} \right) + h \alpha^2 \left( \frac{\partial^2 u'}{\partial x^2} - \frac{d^2 u}{dx^2} \right) + \ldots;$$

d'où je conclus

$$\Delta^2 u = \alpha^2 \frac{d^2 u}{dx^2} + p \alpha^3 \frac{d^3 u}{dx^3} + \ldots.$$

En suivant ce procédé, on aura généralement

$$(a) \qquad \Delta^n u = \alpha^n \frac{d^n u}{dx^n} + q\,\alpha^{n+1} \frac{d^{n+1} u}{dx^{n+1}} + q'\,\alpha^{n+2} \frac{d^{n+2} u}{dx^{n+2}} + \ldots$$

L'équation $(\sigma)$ donne

$$u = \alpha \sum \frac{du}{dx} + h\alpha^2 \sum \frac{d^2 u}{dx^2} + \ldots$$

Soit $\dfrac{du}{dx} = z$, on aura

$$\sum z = \frac{1}{\alpha} \int z\,dx - h\alpha \sum \frac{dz}{dx} - \ldots;$$

on aura pareillement

$$\sum \frac{dz}{dx} = \frac{1}{\alpha} z - h\alpha \sum \frac{d^2 z}{dx^2} - \ldots,$$

et ainsi de suite; d'où je tire

$$\sum z = \frac{1}{\alpha} \int z\,dx - mz - \alpha m' \frac{dz}{dx} - \ldots.$$

On aura pareillement

$$\sum{}^{2} z = \frac{1}{\alpha} \sum \int z\,dx - m \sum z - \alpha m' \sum \frac{dz}{dx} - \ldots.$$

Or

$$\sum \int z\,dx = \frac{1}{\alpha} \int{}^{2} z\,dx^2 - m \int z\,dx - \ldots,$$

d'où l'on voit que $\Sigma^2 z$ a une expression de cette forme

$$\sum{}^{2} z = \frac{1}{\alpha^2} \int{}^{2} z\,dx^2 + \frac{K}{\alpha} \int z\,dx + K' z + K'' \alpha \frac{dz}{dx} + \ldots;$$

en suivant ce procédé, on conclura généralement

$$(b) \qquad \sum{}^{n} u = \frac{1}{\alpha^n} \int{}^{n} u\,dx^n + \frac{r}{\alpha^{n-1}} \int{}^{n-1} u\,dx^{n-1} + \frac{r'}{\alpha^{n-2}} \int{}^{n-2} u\,dx^{n-2} + \ldots:$$

$r, r', \ldots$ étant des coefficients constants et indépendants de $\alpha$.

Je suppose, dans les équations $(a)$ et $(b)$, $u = e^x$, ce qui donne

$$u = \frac{du}{dx} = \frac{d^2 u}{dx^2} = \ldots = \int u\, dx = \int^2 u\, dx^2 = \ldots$$

et

$$\Delta u = e^x(e^x - 1), \qquad \Delta^2 u = e^x(e^x - 1)^2,$$

et généralement

$$\Delta^n u = e^x(e^x - 1)^n ;$$

ensuite

$$\Sigma u = \frac{e^x}{e^x - 1}, \qquad \Sigma^2 u = \frac{e^x}{(e^x - 1)^2},$$

et généralement

$$\Sigma^n u = \frac{e^x}{(e^x - 1)^n} ;$$

cela posé, les équations $(a)$ et $(b)$ donneront : la première

$$(e^x - 1)^n = \alpha^n + q\,\alpha^{n+1} + \ldots,$$

la seconde

$$\frac{1}{(e^x - 1)^n} = \frac{1}{\alpha^n} + \frac{r}{\alpha^{n-1}} + \ldots ;$$

donc on aura

$$\Delta^n u = \left( e^{x\frac{du}{dx}} - 1 \right)^n$$

et

$$\Sigma^n u = \frac{1}{\left( e^{x\frac{du}{dx}} - 1 \right)^n} ;$$

pourvu que, en développant les seconds membres de ces équations, on applique les exposants des puissances à la caractéristique $d$, et qu'on change les différences négatives en sommes.

L'équation $(a)$ donne

$$\Delta^n u \quad = \alpha^n\, \frac{d^n u}{dx^n} \quad + \alpha^{n+1}.q\, \frac{d^{n+1} u}{dx^{n+1}} + \ldots,$$

$$\Delta^{n+1} u = \alpha^{n+1}\, \frac{d^{n+1} u}{dx^{n+1}} + \alpha^{n+2}.q\, \frac{d^{n+2} u}{dx^{n+2}} + \ldots,$$

$$\Delta^{n+2} u = \alpha^{n+2}\, \frac{d^{n+2} u}{dx^{n+2}} + \ldots,$$

d'où l'on voit que $x^n \dfrac{d^n u}{dx^n}$ sera donné par une équation de cette forme

$$(c) \qquad x^n \frac{d^n u}{dx^n} = \Delta^n u + s\,\Delta^{n+1} u + s'\,\Delta^{n+2} u + \dots$$

L'équation $(b)$ donne pareillement

$$(d) \qquad \frac{1}{x^n} \int^n u\,dx^n = \Sigma^n u + f\,\Sigma^{n-1} u + f'\,\Sigma^{n-2} u + \dots,$$

$s$, $s'$, $\dots$, $f$, $f'$, $\dots$ étant des coefficients constants et indépendants de $z$. Soit donc $u = c^z$; l'équation $(c)$ donnera

$$x^n = c^z - 1 + s(c^z - 1)^2 + s'(c^z - 1)^3 + \dots;$$

or on a

$$x^n = [l(1 + c^z - 1)]^n;$$

donc, si l'on développe le second membre de cette équation par rapport aux puissances de $c^z - 1$, il donnera

$$c^z - 1 + s(c^z - 1)^2 + \dots;$$

partant, l'équation $(c)$ est la même que celle-ci,

$$x^n \frac{d^n u}{dx^n} = [l(1 + \Delta u)]^n,$$

pourvu que, dans le développement du second membre, on applique les exposants à la caractéristique $\Delta$.

L'équation $(d)$ donne, en faisant $u = c^z$,

$$\frac{1}{x^n} = \frac{1}{(c^z - 1)^n} + \frac{f}{(c^z - 1)^{n-1}} + \dots;$$

or

$$\frac{1}{x^n} = \frac{1}{[l(1 + c^z - 1)]^n};$$

d'où il est facile de conclure

$$\frac{1}{x^n} \int^n u\,dx^n = \frac{1}{[l(1 + \Delta u)]^n},$$

pourvu que, dans le second membre de cette équation, on applique à
la caractéristique $\Delta$ les exposants des puissances, et qu'on change les
différences négatives en intégrales.

## XIII.

Reprenons l'équation

$$e^{\frac{du}{dx}\alpha} - 1 = \Delta u$$

ou

$$e^{\frac{du}{dx}\alpha} = 1 + \Delta u ;$$

M. de Lagrange en conclut, en vertu de l'analogie des puissances et des
différences,

$$e^{\frac{du}{dx}x} = (1 + \Delta u)^{\frac{x}{\alpha}} ;$$

or $e^{\frac{du}{dx}x}$ représente ici l'unité, plus la différence finie de $u$, lorsqu'on y
suppose $x$ devenir $x + \alpha'$ ; cette équation renferme la théorie générale
des interpolations, et elle est facile à démontrer par ce qui précède ;
car, puisqu'on a

$$\alpha \frac{du}{dx} = \Delta u + f \Delta^2 u + \dots,$$

$$\alpha^2 \frac{d^2 u}{dx^2} = \Delta^2 u + {}^1 f \Delta^3 u + \dots,$$

$$\dots \dots \dots \dots \dots \dots \dots,$$

on aura

$$x' \frac{du}{dx} = \frac{\alpha'}{\alpha} \Delta u + f \frac{\alpha'}{\alpha} \Delta^2 u + \dots,$$

$$\alpha''^2 \frac{d^2 u}{dx^2} = \frac{\alpha''^2}{\alpha^2} \Delta^2 u + \frac{\alpha''^2}{\alpha^2} {}^1 f \Delta^3 u + \dots,$$

$$\dots \dots \dots \dots \dots \dots \dots \dots$$

Donc, nommant ${}^1\Delta u$ la différence finie de $u$, lorsqu'on y suppose $x$ devenir $x + \alpha'$, on aura

$$1 + {}^1\Delta u = 1 + \alpha' \frac{du}{dx} + \dots = 1 + \frac{\alpha'}{\alpha} \Delta u + \Delta^2 u \left( g \frac{\alpha'^2}{\alpha^2} + g' \frac{\alpha'}{\alpha} + g'' \right) + \dots,$$

$g,\ g',\ \dots$ étant des coefficients constants et indépendants de $\alpha$ et de $\alpha'$.

Soit $u = e^x$, et l'on aura

$$e^x = 1 + \frac{\alpha'}{\alpha}(e^x - 1) + (e^x - 1)^2\left(g\,\frac{\alpha'^2}{\alpha^2} + g'\,\frac{\alpha'}{\alpha} + g''\right) + \dots$$

Or

$$e^{x'} = (1 + e^x - 1)^{\frac{x}{x}};$$

développant donc le second membre de cette équation par rapport aux puissances de $e^x - 1$, on aura

$$1 + \frac{\alpha'}{\alpha}(e^x - 1) + (e^x - 1)^2\left(g\,\frac{\alpha'^2}{\alpha^2} + g'\,\frac{\alpha'}{\alpha} + g'' + \dots\right);$$

donc on aura

$$1 + {}^1\Delta u = e^{\frac{du}{dx}x'} = (1 + \Delta u)^{\frac{x}{x}},$$

en observant toujours d'appliquer aux caractéristiques $\Delta$ et $d$ les exposants des puissances.

# MÉMOIRE

SUR LES

## SOLUTIONS PARTICULIÈRES DES ÉQUATIONS DIFFÉRENTIELLES

ET SUR LES

## INÉGALITÉS SÉCULAIRES DES PLANÈTES.

# MÉMOIRE

SUR LES

## SOLUTIONS PARTICULIÈRES DES ÉQUATIONS DIFFÉRENTIELLES

ET SUR LES

## INÉGALITÉS SÉCULAIRES DES PLANÈTES.

*Mémoires de l'Académie royale des Sciences de Paris*, année 1772.
I<sup>re</sup> Partie; 1775.

Si l'on a une équation différentielle, telle que $dy = p\,dx$, $p$ étant fonction de $x$ et de $y$, son intégrale générale renferme une constante arbitraire à laquelle on peut conséquemment supposer toutes les valeurs possibles; on aura ainsi une infinité de solutions de l'équation différentielle, c'est-à-dire d'équations entre $x$ et $y$, qui la rendront identiquement nulle.

Il était assez naturel d'en conclure que toute solution d'une équation différentielle se trouvait comprise dans l'intégrale générale et qu'il suffisait, pour les faire coïncider, de donner à la constante arbitraire une valeur déterminée. M. Euler est le premier qui ait remarqué le contraire (*Mémoires de l'Académie de Berlin*, année 1756); cet illustre géomètre a de plus donné, dans le I<sup>er</sup> Volume de son *Calcul intégral*. une méthode pour déterminer si une solution d'une équation différentielle du premier ordre est comprise ou non dans son intégrale générale, sans connaître cette intégrale; mais, outre que cette méthode ne semble pas pouvoir s'étendre aux degrés ultérieurs, elle suppose d'ailleurs que la solution est sous cette forme, $y = X$, $X$ étant fonction de $x$; ce qui la rend souvent impraticable.

Puisqu'il peut exister des équations qui satisfont à une équation différentielle, sans être comprises dans son intégrale générale, on ne peut se flatter d'avoir, par la seule intégration, la résolution complète des problèmes qui en dépendent; il est de plus essentiel d'avoir égard à toutes les solutions particulières, et de les déterminer. Une théorie de ce genre de solutions importe conséquemment au progrès de l'Analyse infinitésimale, et doit être regardée comme un supplément nécessaire au Calcul intégral. Ces considérations m'ont fait entreprendre les recherches suivantes sur cette matière.

## I.

J'appellerai *solution* d'une équation différentielle d'un degré quelconque toute équation d'un degré inférieur qui satisfera à cette équation différentielle; *intégrale particulière*, toute solution qui se trouvera de plus comprise dans l'intégrale générale; et *solution particulière*, toute solution qui n'y est pas comprise.

Si l'on a l'équation différentielle

$$\mu M \, dx + \mu N \, dy = 0,$$

il est visible qu'elle deviendra nulle par la supposition de $\mu = 0$, en sorte que l'on pourrait considérer cette dernière équation comme une solution de l'équation différentielle; mais il ne sera point ici question de ce genre de solutions, qu'il est très facile d'ailleurs de déterminer; nous considérerons celles qui satisfont à l'équation différentielle proprement dite, c'est-à-dire à l'équation mise sous cette forme

$$dy = p \, dx.$$

Il est aisé de prouver l'existence des solutions particulières, en considérant l'équation différentielle

$$y \, dy + x \, dx = dy \sqrt{x^2 + y^2 - a^2};$$

car l'équation

$$x^2 + y^2 - a^2 = 0,$$

satisfait visiblement à cette équation différentielle, sans être cependant comprise dans l'intégrale générale

$$y + C = \sqrt{x^2 + y^2 - a^2},$$

puisque, de quelque manière que l'on détermine la constante arbitraire C, il est impossible d'en conclure

$$x^2 + y^2 = a^2.$$

Présentement, tous les problèmes que l'on peut se proposer sur ce genre de solutions se réduisent aux deux suivants :

*Étant donnée une équation différentielle d'un ordre quelconque, d'un nombre quelconque de variables, et dont on ne connaît point l'intégrale complète :*

*1° Déterminer si une équation d'un ordre inférieur qui y satisfait est comprise ou non dans son intégrale générale ;*

*2° Déterminer toutes les solutions particulières de cette équation différentielle.*

Voici pour les résoudre une méthode fort simple, et qui n'est restreinte ni par l'ordre de l'équation différentielle, ni par le nombre des variables. Je supposerai d'abord qu'il n'y en a que deux, et que l'équation est différentielle du premier ordre. Je la représenterai conséquemment par celle-ci

$$dy = p\,dx,$$

$p$ étant fonction de $x$ et de $y$. Cela posé :

## II.

PROBLÈME I. — *Déterminer si une solution donnée de l'équation différentielle $dy = p\,dx$ est comprise ou non dans son intégrale générale, sans connaître cette intégrale.*

Soit $\mu = 0$ la solution donnée de l'équation différentielle dont je supposerai l'intégrale complète exprimée par l'équation $\varphi = 0$. Si l'on construit, au moyen de deux équations, $\mu = 0$ et $\varphi = 0$, deux courbes

HCM et LCN (*fig.* 1), sur le même axe AB des abscisses dont l'origine soit fixée au point A, et que l'on détermine la constante arbitraire de l'équation $\varphi = 0$, par cette condition que la courbe LCN passe par un point donné C de la courbe HCM, il est visible que si l'équation $\mu = 0$ est comprise dans celle-ci, $\varphi = 0$, les deux courbes LCN et HCM doivent coïncider dans tous leurs points; si cela n'est pas, l'équation $\mu = 0$ est une solution particulière.

Fig. 1.

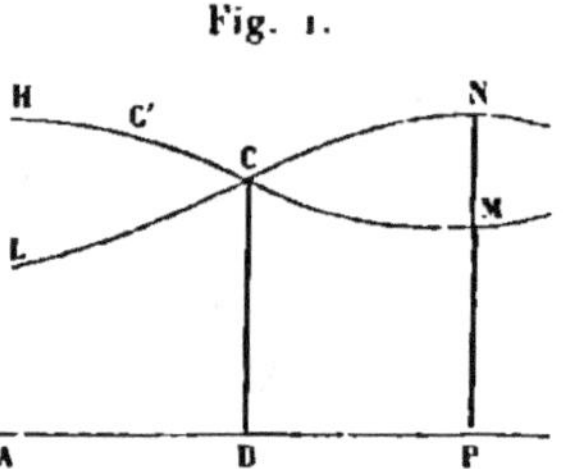

Si l'on prend maintenant, dans les deux courbes, deux ordonnées quelconques PM et PN répondantes à la même abscisse AP, et que l'on fasse BP $= \alpha$, AB $= x$, CB $= y$, PM $= y'$, et PN $= Y'$; marquant d'ailleurs par la caractéristique $\delta$ les différences dans la courbe HCM, par la caractéristique $d$ les différences dans la courbe LCN, et supposant $dx$ et $\delta x$ constants, on aura, comme l'on sait,

$$y' = y + \frac{\alpha\,\delta y}{\delta x} + \frac{\alpha^2}{1.2} \frac{\delta^2 y}{\delta x^2} + \frac{\alpha^3}{1.2.3} \frac{\delta^3 y}{\delta x^3} + \cdots,$$

$$Y' = y + \frac{\alpha\,dy}{dx} + \frac{\alpha^2}{1.2} \frac{d^2 y}{dx^2} + \frac{\alpha^3}{1.2.3} \frac{d^3 y}{dx^3} + \cdots.$$

Or, afin que les deux courbes coïncident dans tous leurs points, il faut que l'on ait constamment $y' = Y'$, quel que soit $\alpha$, ce qui ne peut être, à moins que l'on n'ait, au point C,

$$\frac{\delta y}{\delta x} = \frac{dy}{dx}, \qquad \frac{\delta^2 y}{\delta x^2} = \frac{d^2 y}{dx^2}, \qquad \frac{\delta^3 y}{\delta x^3} = \frac{d^3 y}{dx^3}, \qquad \cdots$$

J'observe présentement que si, au lieu du point C, on eût pris sur la courbe HCM un autre point quelconque C', on aurait eu pour ce point les mêmes équations, parce que la constante arbitraire de l'équation $\varphi = o$ n'entre point dans les valeurs de $\frac{dy}{dx}$, $\frac{d^2y}{dx^2}$, …; de là il suit que les équations précédentes doivent avoir lieu en même temps que celle-ci $\mu = o$, quelle que soit $x$, pour que cette dernière équation soit une intégrale particulière. On peut donc ainsi déterminer si l'équation $\mu = o$ est comprise ou non dans celle-ci, $\varphi = o$; elle y sera comprise, si elle satisfait aux équations

$$\frac{\delta y}{\delta x} = \frac{dy}{dx}, \qquad \frac{\delta^2 y}{\delta x^2} = \frac{d^2 y}{dx^2}, \qquad \frac{\delta^3 y}{\delta x^3} = \frac{d^3 y}{dx^3}, \qquad \dots,$$

autrement, elle ne sera qu'une solution particulière. Or on peut s'assurer si ces équations peuvent être satisfaites, sans connaître l'intégrale générale $\varphi = o$; car, de l'équation $\mu = o$, il est facile de conclure les valeurs de $\frac{\delta y}{\delta x}$, $\frac{\delta^2 y}{\delta x^2}$, …; je les représente par $v$, $v'$, $v''$, …. De plus, l'équation différentielle $dy = p\,dx$, donne $\frac{dy}{dx} = p$; partant,

$$\frac{d^2 y}{dx^2} = \frac{\partial p}{\partial x} + \frac{\partial p}{\partial y}\frac{dy}{dx} = \frac{\partial p}{\partial x} + p\,\frac{\partial p}{\partial y}.$$

Soit $p'$ cette quantité $\left(\text{par } \frac{dp}{dx} \text{ j'entends la différence entière de } p, \text{ divisée par } dx, \text{ et par } \frac{\partial p}{\partial x} \text{ j'entends le coefficient de } dx, \text{ dans la différence de } p; \text{ il en est de même de toutes les expressions semblables}\right)$; il est facile d'avoir, par un pareil procédé, les valeurs de $\frac{d^3 y}{dx^3}$, $\frac{d^4 y}{dx^4}$, …; soient $p''$, $p'''$, … ces valeurs; les équations précédentes deviendront

$$v - p = o, \qquad v' - p' = o, \qquad v'' - p'' = o, \qquad \dots.$$

La première de ces équations a nécessairement lieu, puisque l'équation $\mu = o$ satisfait à l'équation différentielle $dy = p\,dx$; ainsi, ce ne peut être que dans les suivantes que l'on peut apercevoir si la solution $\mu = o$ est ou n'est pas une intégrale particulière.

### III.

Si l'équation $y = 0$ était une intégrale particulière, on aurait

$$v = 0, \qquad v' = 0, \qquad v'' = 0, \qquad \ldots;$$

il faudrait donc que l'équation $y = 0$ rendît nulles les quantités $p$, $p'$, $p''$, ... ou, ce qui revient au même, les valeurs de $\dfrac{dy}{dx}$, $\dfrac{d^2y}{dx^2}$, $\dfrac{d^3y}{dx^3}$, ..., tirées de l'équation $dy = p\,dx$; voyons quelle doit être pour cela la nature de $p$ : je suppose qu'on le réduise dans une suite ascendante par rapport à $y$, on aura

$$p = f y^n + f' y^{n'} + f'' y^{n''} + \ldots,$$

$f$, $f'$, $f''$, ... étant fonctions de $x$, et $n$ étant nécessairement positif; on peut donc mettre $p$ sous cette forme $y^n q$, $q$ ne devenant ni infini, ni zéro, en vertu de l'équation $y = 0$; présentement, que l'on différentie l'expression précédente de $p$ réduit en séries, on aura

$$\frac{dp}{dx} = \frac{d^2y}{dx^2} = \frac{dy}{dx}\left(nf y^{n-1} + n'f' y^{n'-1} + \ldots\right) + y^n \frac{df}{dx} + y^{n'} \frac{df'}{dx} + \ldots.$$

Si l'on substitue dans cette équation, au lieu de $\dfrac{dy}{dx}$, sa valeur $f y^n + f' y^{n'} + \ldots$, on aura

$$\frac{d^2y}{dx^2} = nf^2 y^{2n-1} + (n + n') ff' y^{n+n'-1} + \ldots + y^n \frac{df}{dx} + \ldots.$$

On trouvera pareillement

$$\frac{d^3y}{dx^3} = n(2n - 1) f^3 y^{3n-2} + \ldots,$$

et ainsi de suite; or il est aisé de voir, en examinant la loi de ces différences, qu'elles ne peuvent s'évanouir toutes par la supposition de $y = 0$ que dans le cas où $n$ est égal ou plus grand que l'unité; d'où il suit que si l'équation $y = 0$ est une intégrale particulière de l'équation différentielle $dy = p\,dx$, $p$ est réductible à cette forme $y^n q$, $n$ étant nécessairement positif, égal ou plus grand que l'unité, et $q$ restant fini, lorsqu'on y fait $y = 0$; si $n$ est positif et moindre que l'unité, l'équation $y = 0$ n'est qu'une solution particulière.

Il pourrait arriver cependant que $p$, au lieu d'être réductible à cette forme $y^n q$, le fût à celle-ci, $\dfrac{q}{(1.y)^r}$, $r$ étant positif; la supposition de $y = 0$ satisferait à l'équation $dy = p\,dx$, parce que, en faisant $y = 0$, $\dfrac{1}{(1.y)^r}$ devient nul, le logarithme de zéro étant infini. Mais l'équation $y = 0$ n'est alors qu'une solution particulière, parce que $(1.y)^r$ est toujours infiniment moindre que $\dfrac{1}{y^n}$, quelque grand que soit $r$, et quelque petit que soit $n$, lorsque $y = 0$; ce cas rentre donc dans celui où $n$ est moindre que l'unité.

On peut concevoir encore que $p$ est réductible à cette forme $c^{-\frac{1}{y}} q$, $c$ étant plus grand que l'unité; car l'équation $y = 0$ satisfait alors à celle-ci

$$\frac{dy}{dx} = q c^{-\frac{1}{y}};$$

mais $y = 0$ est, dans ce cas, une intégrale particulière, parce que $c^{\frac{1}{y}}$ est infiniment plus grand que $\dfrac{1}{y^n}$, quelque considérable que l'on suppose $n$; ce cas rentre donc dans celui où $n$ est plus grand que l'unité. On prouvera de la même manière que, quelle que soit la forme de $p$, l'équation différentielle se rapportera toujours au cas de $n$ égal ou plus grand que l'unité, ou à celui de $n$ moindre que l'unité ([1]).

Comme on a, dans le cas particulier où $y = 0$ est une solution de l'équation différentielle, un moyen fort simple pour reconnaître si cette solution est en même temps une intégrale particulière, je vais chercher à y ramener le cas général où la solution est une équation quelconque entre $x$ et $y$.

___

([1]) Cette addition en petits caractères, ainsi que celle de la page 361, ont été publiées par Laplace postérieurement à l'impression du Mémoire, mais dans le même volume des Mémoires pour 1772, I^re Partie, p. 651. On a cru devoir les placer aux endroits indiqués par Laplace lui-même.                              (*Note de l'Éditeur.*)

## IV.

Soit, comme ci-dessus, $\mu = 0$ une solution quelconque de l'équation $dy = p\,dx$; elle donnera, par ce qui précède, $v - p = 0$; ces deux quantités $\mu$ et $v - p$ doivent conséquemment avoir un facteur commun, lequel sera la vraie solution de l'équation différentielle; ainsi, je puis considérer $\mu$ comme étant ce facteur lui-même. J'observerai ici que, par facteur d'une quantité, j'entends toute fonction qui, égalée à zéro, la fait évanouir. Je conçois maintenant $\mu$ sous une forme telle que $\frac{\partial \mu}{\partial x}$ et $\frac{\partial \mu}{\partial y}$ ne deviennent ni zéro, ni infinis par la supposition de $\mu = 0$; c'est ce qui aura toujours lieu, si les facteurs de $\mu$ n'y sont point élevés à d'autres puissances que l'unité; je suppose, en effet, que toutes les valeurs qui satisfont pour $y$ dans l'équation $\mu = 0$; soient $y = M$, $y = M'$, $y = M''$, ..., M, M', M'', ... étant des fonctions différentes de $x$, et que l'on ait

$$\mu = (y - M)(y - M')(y - M'')\dots$$

Partant,

$$\frac{\partial \mu}{\partial y} = (y - M')(y - M')\dots + (y - M)(y - M'')\dots + (y - M)(y - M')\dots + \dots$$

et

$$-\frac{\partial \mu}{\partial x} = \frac{dM}{dx}(y - M')(y - M')\dots + \frac{dM'}{dx}(y - M)(y - M'')\dots + \dots$$

Or il est aisé de voir, cela posé, qu'aucune des équations $y - M = 0$, $y - M' = 0$, ... ne peut rendre infinies ou nulles les quantités $\frac{\partial \mu}{\partial y}$ et $\frac{\partial \mu}{\partial x}$.

Maintenant, soit $n$ l'exposant de la puissance à laquelle le facteur $\mu$ est élevé dans la quantité $v - p$, en sorte que l'on ait

$$v - p = \mu^n q,$$

$q$ ne devenant ni infini, ni zéro, par la supposition de $\mu = 0$, et $n$ étant nécessairement positif; puisque l'on a

$$v = -\frac{\frac{\partial\mu}{\partial x}}{\frac{\partial\mu}{\partial y}} \qquad \text{et} \qquad \frac{dy}{dx} = p,$$

on aura

$$-\mu^n q\,dx = \frac{\frac{\partial\mu}{\partial x}}{\frac{\partial\mu}{\partial y}}\,dx + dy.$$

Partant,

$$d\mu = -\mu^n q\,\frac{\partial\mu}{\partial y}\,dx;$$

cette équation est évidemment l'équation $dy = p\,dx$, mise sous une autre forme. Maintenant, puisque $\mu$ est fonction de $x$ et de $y$, on peut avoir $y$ en fonction de $x$ et de $\mu$; de cette manière, $-q\frac{\partial\mu}{\partial y}$ deviendra une fonction de $x$ et de $\mu$, que je représente par $h$, $h$ restant toujours fini dans la supposition de $\mu = 0$; on aura ainsi

$$d\mu = \mu^n h\,dx;$$

l'équation $dy = p\,dx$ étant mise sous cette forme, il est aisé de voir, par l'article précédent, que l'équation $\mu = 0$ ne peut en être une intégrale particulière que dans le cas où $n$ est égal ou plus grand que l'unité; autrement cette équation n'est qu'une solution particulière.

Je suppose que l'on ait

$$\frac{dy}{dx} = \frac{-x}{y - \sqrt{x^2 + y^2 - a^2}};$$

équation à laquelle satisfait celle-ci

$$x^2 + y^2 - a^2 = 0;$$

on aura, dans ce cas,

$$\mu = x^2 + y^2 - a^2,$$

et l'on trouvera

$$\mu^n q = \frac{x}{y - \sqrt{x^2 + y^2 - a^2}} - \frac{x}{y} = \mu^{\frac{1}{2}}\frac{x}{y^2 - y\sqrt{x^2 + y^2 - a^2}}.$$

Partant, $n = \frac{1}{2}$, d'où il résulte que l'équation $x^2 + y^2 - a^2 = 0$ n'est qu'une solution particulière.

V.

Je reprends l'équation $d\mu = \mu^n h\, dx$, et je réduis $\mu^n h$, dans une suite ascendante par rapport à $\mu$; soit

$$\mu^n h = \mu^n l + \mu^{n'} l' + \ldots,$$

$l, l', \ldots$ étant fonctions de $x$; que l'on différentie présentement cette expression de $\mu^n h$ par rapport à $x$ seul, en regardant $\mu$ comme fonction de $x$ et de $y$; elle deviendra, en divisant par $dx$,

$$n \mu^{n-1} l \frac{\partial \mu}{\partial x} + \mu^n \frac{\partial l}{\partial x} + \ldots.$$

Il est aisé de voir que cette quantité devient infinie par la supposition de $\mu = 0$, en supposant que $n$ est moindre que l'unité; or

$$\mu^n h = \frac{d\mu}{dx} = \frac{\partial \mu}{\partial x} + \frac{\partial \mu}{\partial y}\frac{dy}{dx} = \frac{\partial \mu}{\partial x} + p\frac{\partial \mu}{\partial y}.$$

Partant, si l'équation $\mu = 0$ est une solution particulière, elle doit rendre infinie la différence de $\frac{\partial \mu}{\partial x} + p\frac{\partial \mu}{\partial y}$, prise en ne faisant varier que $x$ et divisée par $dx$; d'où résulte ce théorème :

THÉORÈME. — *Si l'équation* $\mu = 0$ *est une solution de l'équation différentielle* $dy = p\, dx$, *elle sera une solution particulière, toutes les fois qu'elle rendra nulle la quantité*

$$\frac{1}{\frac{\partial^2 \mu}{\partial x^2} + 2p\frac{\partial^2 \mu}{\partial x\,\partial y} + \frac{\partial p}{\partial x}\frac{\partial \mu}{\partial y}};$$

*autrement, elle sera une intégrale particulière.*

Ce théorème suppose que $\mu$ est fonction des deux variables $x$ et $y$; si l'on voulait en faire usage dans le cas où $\mu$ serait fonction de $x$ seul, ou de $y$ seul, il faudrait transformer les variables $x$ et $y$ en d'autres $x'$ et $y'$, telles que l'on ait, par exemple, $x = x' + y'$ et $y = x' - y'$.

Il y a des équations différentielles qui n'ont aucunes solutions particulières, et qui par leur forme excluent ce genre de solutions. Ainsi l'on peut assurer, en général, que l'équation $dy = p\,dx$ ne peut avoir de solutions particulières qui soient fonctions de $x$ et de $y$, ou de $y$ seul, toutes les fois que $p$, étant fonction de $x$ et de $y$, est rationnel par rapport à $y$; car ces solutions sont toujours réductibles à la forme

$$y - \mathrm{X} = 0,$$

X étant fonction de $x$ et de constantes; or il est aisé de voir que, si l'on fait $y - \mathrm{X} = \mu$, l'équation $dy = p\,dx$ se transformera, par ce qui précède, dans la suivante

$$\frac{d\mu}{dx} = \mu^n q,$$

$n$ étant nécessairement alors un nombre entier positif, égal ou plus grand que l'unité; la même chose a lieu pour la variable $x$; donc, si $p$ est rationnel par rapport à $x$ et à $y$ à la fois, l'équation $dy = p\,dx$ ne peut avoir aucunes solutions particulières.

Déterminons présentement toutes les solutions particulières des équations différentielles du premier ordre.

## VI.

**Problème II.** — *L'équation différentielle $dy = p\,dx$ étant donnée, il faut en déterminer toutes les solutions particulières.*

Je suppose d'abord que l'intégrale complète soit connue; soit $\beta$ le facteur par lequel on doit multiplier $dy - p\,dx$, pour rendre cette quantité une différence exacte, et $\mu = 0$ une solution particulière de l'équation différentielle proposée; on aura

$$\beta\,dy - \beta p\,dx = d\,\varphi(x, y);$$

mais, de ce que $\mu$ est fonction de $x$ et de $y$, on aura

$$y = \Gamma(x, \mu);$$

donc $d\,\varphi(x, y)$ deviendra $d\,\varphi'(x, \mu)$. Partant $\psi(x, \mu) + \mathrm{C} = 0$ est l'intégrale complète de l'équation $dy = p\,dx$, C étant une constante arbitraire : présentement, puisque l'équation $\mu = 0$ n'est point une intégrale particulière, elle ne peut faire évanouir $\psi(x, \mu) + C$, quelque valeur que l'on donne à C; donc elle ne peut faire évanouir la différence $6(dy - p\,dx)$; mais par la supposition elle rend nulle $dy - p\,dx$; il faut donc que l'équation $\mu = 0$ rende $6$ infini, et partant qu'elle fasse évanouir $\frac{1}{6}$; donc $\mu$ est facteur de $\frac{1}{6}$. Je dois observer ici que M. le marquis de Condorcet est parvenu à ce résultat, mais par une autre méthode (*voir* son *Calcul intégral*).

Maintenant, si l'on essaye, parmi les facteurs de $\frac{1}{6}$, ceux qui satisfont à l'équation $dy = p\,dx$, et que l'on distingue ceux qui sont des intégrales particulières d'avec ceux qui ne le sont pas, on sera sûr d'avoir toutes les solutions particulières de cette équation différentielle. Il ne s'agit donc que de connaître la fonction $6$; or elle est facile à conclure de l'intégrale générale; car, soit $T = C$ cette intégrale, on aura, en différentiant,

$$L\,dy - O\,dx = 0 \qquad \text{ou} \qquad 6\,dy - 6p\,dx = 0;$$

donc

$$6 = L.$$

On sait que $6$ a une infinité de valeurs, lesquelles peuvent être généralement représentées par $6\,\varphi(T)$; mais on ne doit admettre que la plus simple $6$ de ces valeurs, car toutes les autres donneront pour solution, ou $T + q = 0$, ou $\frac{1}{T + q} = 0$, $q$ étant constant; or, ces deux solutions sont comprises dans l'intégrale générale $T = C$, en supposant, dans le premier cas, $C + q = 0$, et, dans le second cas, $\frac{1}{C + q} = 0$.

Pour déterminer tous les facteurs de $\frac{1}{6}$ qui, égalés à zéro, sont des solutions de l'équation $dy = p\,dx$, je nomme $\mu$ l'un de ces facteurs; si l'on différentie l'équation $\frac{1}{6} = 0$, on en conclura $dy = \gamma\,dx$, et l'équation $\mu = 0$ satisfera visiblement à cette équation différentielle; mais, par la supposition, elle fait évanouir $dy - p\,dx$; donc elle fera évanouir $\gamma - p$; $\mu$ sera donc un facteur commun aux deux quantités

$\frac{1}{6}$ et $\gamma - p$. La détermination de ce facteur est du ressort de l'Analyse ordinaire; tout facteur commun à ces deux quantités, égalé à zéro, est une solution de l'équation $dy = p\,dx$; car ce facteur, égalé à zéro, faisant évanouir les deux quantités $dy - \gamma\,dx$ et $\gamma\,dx - p\,dx$ doit faire évanouir leur somme $dy - p\,dx$. On distinguera ensuite fort aisément si $\mu = 0$ est ou n'est pas une intégrale particulière. Voilà donc un moyen assez simple pour trouver toutes les solutions particulières d'une équation différentielle dont on connait l'intégrale complète.

Cette intégrale est, dans un très grand nombre de cas, indéterminable au moins par les méthodes connues; on est donc obligé de recourir alors aux approximations, qui la donnent souvent avec une précision suffisante. Mais, comme il importe dans tous les cas d'avoir toutes les solutions particulières, et que la méthode précédente suppose l'intégrale exactement connue, il serait très intéressant d'avoir une méthode générale de les déterminer, entièrement indépendante de la connaissance de l'intégrale complète; en voici une très simple, et d'un usage plus facile que la précédente, dans le cas même où l'intégrale complète est donnée.

Soit $\mu = 0$ une solution particulière de l'équation différentielle $dy = p\,dx$; cette dernière équation est, par l'article IV, réductible à cette forme

$$d\mu = \mu^n h\,dx,$$

$n$ étant moindre que l'unité. Or, $d\mu$ étant égal à $\dfrac{\partial \mu}{\partial x}\,dx + \dfrac{\partial \mu}{\partial y}\,dy$, on aura

$$\frac{\partial \mu}{\partial y}\,dy = \mu^n h\,dx - \frac{\partial \mu}{\partial x}\,dx.$$

Mais

$$dy = p\,dx;$$

partant,

$$p = \frac{\mu^n h}{\dfrac{\partial \mu}{\partial y}} - \frac{\dfrac{\partial \mu}{\partial x}}{\dfrac{\partial \mu}{\partial y}}.$$

Je suppose maintenant, ce qui est toujours possible, que la quantité $\mu$

ait cette forme $y - X$, X étant fonction de $x$; on aura

$$\frac{\partial \mu}{\partial y} = 1 \qquad \text{et} \qquad -\frac{\partial \mu}{\partial x} = \frac{dX}{dx}.$$

Si, dans la quantité $h$, on substitue $X + \mu$ au lieu de $y$, et qu'on la développe dans une suite ascendante par rapport à $\mu$, en sorte que l'on ait

$$h = l + \mu^{n'} l' + \ldots,$$

$l, l, \ldots$ étant fonctions de $x$ seul, on aura

$$p = \frac{dX}{dx} + \mu^n l + \mu^{n+n'} l' + \ldots;$$

donc, en différentiant par rapport à $y$, on aura

$$\frac{\partial p}{\partial y} = n\mu^{n-1} l + (n + n')\mu^{n+n'-1} l' + \ldots.$$

Cette expression de $\frac{\partial p}{\partial y}$ devient infinie par la supposition de $\mu = 0$, car il est clair que, par cette supposition, le premier terme $n\mu^{n-1} l$ devient infini et infiniment plus grand que les suivants. L'équation $\mu = 0$ rend donc nulle la quantité $\frac{1}{\frac{\partial p}{\partial y}}$; ainsi $\mu$ est facteur de $\frac{1}{\frac{\partial p}{\partial y}}$. On prouverait, par le même procédé, qu'il est facteur de $\frac{1}{\frac{\partial p}{\partial x}}$. Pour trouver ce facteur, je différentie l'équation $\frac{1}{\frac{\partial p}{\partial y}} = 0$, et je suppose qu'elle donne $dy = \mathcal{E}\, dx$. L'équation $\mu = 0$ satisfera visiblement à cette équation différentielle; mais elle satisfait à celle-ci, $dy = p\, dx$; partant elle rendra nulle la quantité $p - \mathcal{E}$; $\mu$ sera donc facteur commun aux deux quantités $\frac{1}{\frac{\partial p}{\partial y}}$ et $p - \mathcal{E}$; de plus, il est visible que tout facteur commun à ces deux quantités est une solution particulière de l'équation différentielle $dy = p\, dx$; car, $\mu$ étant ce facteur, l'équation $\mu = 0$ fait évanouir les quantités $dy - \mathcal{E}\, dx$ et $p\, dx - \mathcal{E}\, dx$; elle fera donc évanouir leur différence $dy - p\,dx$; et, puisqu'elle rend $\dfrac{1}{\dfrac{\partial p}{\partial y}}$ nul, elle ne

peut être une intégrale particulière. Il est aisé de voir que

$$\varepsilon = -\,\frac{\dfrac{\partial^2 p}{\partial x\,\partial y}}{\dfrac{\partial^2 p}{\partial y^2}},$$

d'où résulte ce théorème :

THÉORÈME. — *Si* $\mu = 0$ *est une solution particulière de l'équation différentielle* $dy = p\,dx$, $\mu$ *est facteur commun aux deux quantités*

$$p + \frac{\dfrac{\partial^2 p}{\partial x\,\partial y}}{\dfrac{\partial^2 p}{\partial y^2}} \quad \text{et} \quad \frac{1}{\dfrac{\partial p}{\partial y}};$$

*et, réciproquement, tout facteur commun à ces deux quantités, égalé à zéro, est une solution particulière de l'équation différentielle* $dy = p\,dx$.

C'est le théorème que j'ai donné sans démonstration à la fin du Mémoire *Sur la probabilité des causes par les événements* (voir le VI$^\text{e}$ Volume des *Savants étrangers*) (¹). Il en résulte une méthode fort simple pour trouver directement toutes les solutions particulières d'une équation différentielle, sans connaitre son intégrale générale.

Je suppose, par exemple, que l'on ait l'équation différentielle

$$dy = \frac{-\,x\,dx}{y - \sqrt{x^2 + y^2 - a^2}},$$

on aura

$$p = \frac{-\,x}{y - \sqrt{x^2 + y^2 - a^2}}$$

et

$$\frac{1}{\dfrac{\partial p}{\partial y}} = -\,\frac{\sqrt{x^2 + y^2 - a^2}\left(y - \sqrt{x^2 + y^2 - a^2}\right)}{x};$$

(¹) *OEuvres de Laplace*, t. VIII, p. 62.

d'où l'on aura

$$p + \frac{\dfrac{\partial^2 p}{\partial x\, \partial y}}{\dfrac{\partial^2 p}{\partial y^2}} = \frac{\sqrt{x^2 + y^2 - a^2}\,\left(y^2 - a^2 - y\sqrt{x^2 + y^2 - a^2}\right)}{x\left(y - \sqrt{x^2 + y^2 - a^2}\right)^2}.$$

Il est aisé de voir que les deux quantités $p + \dfrac{\dfrac{\partial^2 p}{\partial x\, \partial y}}{\dfrac{\partial^2 p}{\partial y^2}}$ et $\dfrac{1}{\dfrac{\partial p}{\partial y}}$ ont pour

facteur commun $\sqrt{x^2 + y^2 - a^2}$, et qu'elles n'ont que celui-là ; d'où il résulte : 1° que l'équation $x^2 + y^2 - a^2 = 0$ est une solution particulière de l'équation différentielle proposée ; 2° qu'elle est unique.

Le théorème précédent a généralement lieu toutes les fois que la solution particulière $\mu = 0$ renferme $x$ et $y$ ; mais il peut souffrir des exceptions, si $\mu$ est fonction de $x$ seul ou de $y$ seul. Voici comment on peut la déterminer dans ce cas. Je suppose d'abord $\mu$ fonction de $y$ seul. L'équation $\mu = 0$ donnera $dy = 0$ ; donc, puisqu'elle rend nul $dy - p\,dx$, elle donnera $p = 0$. Partant, on aura $p = \mu^n h$, $h$ étant une fonction de $x$ et de $y$, qui ne devient ni zéro ni infinie, en vertu de l'équation $\mu = 0$. Présentement, de ce que $\mu$ est fonction de $y$, on aura $y$ en fonction de $\mu$ ; $h$ deviendra ainsi fonction de $x$ et de $\mu$, et, en réduisant $p$ dans une suite ascendante par rapport à $\mu$, on aura

$$p = \mu^n l + \mu^{n+n'} l' + \dots,$$

$l, l', \dots$ étant fonctions de $x$ ; on aura donc

$$\frac{\partial p}{\partial y} = n \mu^{n-1} l \frac{\partial \mu}{\partial y} + \dots.$$

Donc, puisque $n$ est moindre que l'unité, $\dfrac{\partial p}{\partial y}$ devient infini en vertu de l'équation $\mu = 0$. Partant, $\dfrac{1}{\dfrac{\partial p}{\partial y}}$ est nul : ainsi $\mu$ est facteur commun aux deux quantités $p$ et $\dfrac{1}{\dfrac{\partial p}{\partial y}}$ ; et, réciproquement, tout facteur commun à ces deux quantités qui sera fonction de $y$ seul, égalé à zéro, sera une solution particulière de l'équation $dy = p\,dx$.

Si $\mu$ est fonction de $x$ seul, en considérant l'équation $dx = \frac{1}{p} dy$, on trouvera pareillement qu'il doit être facteur commun aux deux quantités $\frac{1}{p}$ et $\frac{p'}{\frac{\partial p}{\partial x}}$, et, réciproquement, que tout facteur commun à ces deux quantités, qui sera fonction de $x$ seul, égalé à zéro, est une solution particulière de l'équation $dy = p\, dx$.

Examinons présentement les équations différentielles du second ordre.

VII.

Une équation différentielle du second ordre peut avoir pour solutions particulières des équations finies, ou des équations différentielles du premier ordre; les unes et les autres peuvent également se déterminer par la méthode précédente.

PROBLÈME III. — *Déterminer si une solution $\mu = 0$ de l'équation différentielle $d^2 y = p\, dx^2$ est une intégrale particulière, sans connaître l'intégrale générale, $\mu$ et $p$ étant fonctions de $x$, $y$ et $\frac{dy}{dx}$, $dx$ étant supposé constant.*

En faisant usage de la méthode du problème I, on verra facilement que, si de l'équation $\mu = 0$ on tire les valeurs de $\frac{d^2 y}{dx^2}$, $\frac{d^3 y}{dx^3}$, ..., et qu'on les représente par $v$, $v'$, $v''$, ...; que, ensuite, on représente par $p'$, $p''$, ... les valeurs de $\frac{d^3 y}{dx^3}$, $\frac{d^4 y}{dx^4}$, ... tirées de l'équation

$$d^2 y = p\, dx^2 ;$$

$v$, $v'$, $v''$, ...; $p$, $p'$, $p''$, ... étant fonctions de $x$, $y$ et $\frac{dy}{dx}$, si $\mu = 0$ est une intégrale particulière, non seulement la quantité $v - p$, mais les suivantes $v' - p'$, $v'' - p''$, ... doivent s'évanouir par la supposition de $\mu = 0$, et, si cela n'arrive pas, l'équation $\mu = 0$ est une solution particulière.

Puisque $\mu = 0$ donne $v - p = 0$, on aura $v - p = \mu^n q$, $n$ étant positif et $q$ ne s'évanouissant pas par la supposition de $\mu = 0$; donc

$$v - \frac{d^2 y}{dx} = \mu^n q \qquad \text{et} \qquad v = \frac{-\dfrac{\partial\mu}{\partial x} - \dfrac{\partial\mu}{\partial y}\dfrac{dy}{dx}}{dx\,\dfrac{\partial\mu}{\partial^2 y}}.$$

Donc

$$d\mu = -\mu^n q\, dx^2\, \frac{\partial\mu}{\partial^2 y};$$

la quantité $\mu$ peut toujours être imaginée sous la forme $\dfrac{dy}{dx} - R$, $R$ étant fonction de $x$ et de $y$, et, dans ce cas, $dx\dfrac{\partial\mu}{\partial^2 y} = 1$ $(^1)$; maintenant, puisque l'on a $\dfrac{dy}{dx} = R + \mu$, si l'on substitue cette valeur de $\dfrac{dy}{dx}$ dans la quantité $q$, elle deviendra fonction de $x$, $y$ et $\mu$; je suppose qu'en la développant dans une suite ascendante par rapport à $\mu$ on ait

$$-q = l + \mu^{n'} l' + \mu^{n''} l'' + \ldots,$$

$l, l', l'', \ldots$ étant fonctions de $x$ et de $y$, on aura

$$\frac{d\mu}{dx} = \mu^n l + \mu^{n+n'} l' + \ldots;$$

partant,

$$\frac{d^2\mu}{dx^2} = n\mu^{n-1} l \frac{d\mu}{dx} + (n + n')\mu^{n+n'-1} l' \frac{d\mu}{dx} + \ldots + \mu^n \frac{dl}{dx} + \mu^{n+n'} \frac{dl'}{dx} + \ldots,$$

et en substituant, au lieu de $\dfrac{d\mu}{dx}$, sa valeur, et, au lieu de $\dfrac{dl}{dx}$,

$$\frac{\partial l}{\partial x} + \frac{\partial l}{\partial y}(R + \mu),$$

on aura

$$\frac{d^2\mu}{dx^2} = n\mu^{2n-1} l^2 + (2n + n')\mu^{2n+n'-1} l l' + \ldots + \mu^n\left(\frac{\partial l}{\partial x} + R\frac{\partial l}{\partial y}\right) + \mu^{n+1}\frac{\partial l}{\partial y} + \ldots$$

En continuant ainsi de prendre les différences successives de $\mu$ et ob-

---

$(^1)$ La notation $\dfrac{\partial\mu}{\partial^2 y}$ demande une explication; son sens est fixé par la formule

$$\frac{\partial\mu}{\partial^2 y} = \frac{\partial\mu}{\partial y}\frac{1}{dx},$$

où l'on a fait pour un moment $\dfrac{dy}{dx} = y'$. 　　　　　(*Note de l'Éditeur.*)

servant la loi de ces différences, on verra facilement qu'elles ne peuvent s'évanouir toutes par la supposition de $\mu = 0$ que dans le cas où $n$ est égal ou plus grand que l'unité; l'équation $\mu = 0$ n'est donc une intégrale particulière que dans ce cas; autrement, elle n'est qu'une solution particulière, résultat analogue à celui que j'ai trouvé (art. IV) pour les équations différentielles du premier ordre.

## VIII.

**Problème IV.** — *Déterminer toutes les solutions particulières aux premières différences de l'équation différentielle $d^2 y = p\,dx^2$.*

Si l'on connaissait l'intégrale complète aux premières différences de cette équation, on pourrait trouver ainsi toutes ses solutions particulières aux premières différences. Soit $\varepsilon$ le facteur par lequel il faut multiplier l'équation $d^2 y = p\,dx^2$ pour la rendre intégrable, on aura

$$\varepsilon\left(\frac{d^2 y}{dx} - p\,dx\right) = d\varphi\left(x, y, \frac{dy}{dx}\right),$$

et l'intégrale de l'équation $d^2 y = p\,dx^2$ est

$$\varphi\left(x, y, \frac{dy}{dx}\right) + C = 0.$$

Présentement, je suppose que $\mu = 0$ soit une solution particulière, $\mu$ étant fonction de $x$, $y$, $\dfrac{dy}{dx}$; puisque cette solution ne peut faire évanouir $\varphi\left(x, y, \dfrac{dy}{dx}\right) + C$, quelque valeur que l'on donne à C, elle ne fera pas évanouir la différence $\varepsilon\left(\dfrac{d^2 y}{dx} - p\,dx\right)$; mais, par la supposition, elle fait évanouir $\dfrac{d^2 y}{dx} - p\,dx$; donc elle rend $\varepsilon$ infini, c'est-à-dire qu'elle fait évanouir $\dfrac{1}{\varepsilon}$. Je suppose que, en différentiant l'équation $\dfrac{1}{\varepsilon} = 0$, on ait $\dfrac{d^2 y}{dx} = \gamma\,dx$; l'équation $\mu = 0$ fait évanouir $\gamma - p$ et $\dfrac{1}{\varepsilon}$. Donc $\mu$ est facteur commun à ces deux quantités; de plus, tout facteur commun à ces deux quantités est une solution de l'équation différentielle

$$d^2 y = p\,dx^2.$$

Or on distinguera aisément, parmi ces solutions, celles qui sont des intégrales particulières d'avec celles qui ne le sont pas.

Si l'intégrale complète aux premières différences de l'équation $d^2y = p\,dx^2$ est inconnue, on trouvera, de la manière suivante, toutes les solutions particulières aux premières différences de cette équation.

L'équation $d^2y = p\,dx^2$ peut recevoir, par l'article précédent, cette forme

$$d\mu = \mu^n q\,dx,$$

$n$ étant moindre que l'unité. Partant, on aura

$$p = -\mu^n q\, \frac{-\dfrac{\partial\mu}{\partial x} - \dfrac{\partial\mu}{\partial y}\dfrac{dy}{dx}}{dx\,\dfrac{d\mu}{d^2y}};$$

on peut toujours supposer au facteur $\mu$ cette forme $\dfrac{dy}{dx} - R$, ce qui donne

$$dx\,\frac{\partial\mu}{\partial^2 y} = 1, \qquad \frac{\partial\mu}{\partial x} = -\frac{\partial R}{\partial x}, \qquad \frac{\partial\mu}{\partial y} = -\frac{\partial R}{\partial y}.$$

Donc

$$p = -\mu^n q - \frac{\partial R}{\partial x} - (R + \mu)\frac{\partial R}{\partial y};$$

ce qui donne en substituant, dans $q$, $R + \mu$ au lieu de $\dfrac{dy}{dx}$, et réduisant en une suite ascendante par rapport à $\mu$,

$$p = l + \mu^n l' + \mu^{n+n'} l'' + \dots,$$

$l$, $l'$, ... étant fonctions de $x$ et de $y$; si l'on différentie cette équation par rapport à $dy$, on aura

$$dx\,\frac{\partial p}{\partial^2 y} = n\mu^{n-1} l' + (n + n')\mu^{n+n'-1} l'' + \dots.$$

Or, puisque $n$ est moindre que l'unité, il est clair que $dx\,\dfrac{\partial p}{\partial^2 y}$ devient infini par la supposition de $\mu = 0$. Partant, $\dfrac{1}{dx\,\dfrac{\partial p}{\partial^2 y}}$ devient nul, en sorte que $\mu$ est facteur de cette quantité. Je suppose que de l'équation

$$\frac{1}{dx\,\dfrac{\partial p}{\partial^2 y}} = 0,$$

on tire par la différentiation

$$d^2 y = \gamma\, dx^2;$$

$\mu$ sera facteur commun aux deux quantités $\gamma - p$ et $\dfrac{1}{dx\,\dfrac{\partial p}{\partial^2 y}}\cdot$ De plus,

tout facteur commun à ces deux quantités et qui renfermera $\dfrac{dy}{dx}$, égalé

à zéro, sera une solution particulière de l'équation différentielle

$$d^2 y = p\, dx^2.$$

Puisque

$$\gamma = \frac{-\dfrac{\partial^2 p}{\partial x\, \partial^2 y} - \dfrac{\partial^2 p}{\partial y\, \partial^2 y}\dfrac{dy}{dx}}{dx\,\dfrac{\partial^2 p}{\partial^2 y^2}},$$

on aura le théorème suivant :

THÉORÈME. — *L'équation différentielle* $d^2 y = p\,dx^2$ *étant donnée, si
l'on différentie p par rapport à* $\dfrac{dy}{dx}$ *seul, que l'on nomme* $\dfrac{1}{q}$ *cette différence
divisée par* $\dfrac{d^2 y}{dx}$; *que l'on différentie q en regardant* $\dfrac{dy}{dx}$ *comme constant;
soit* R $dx$ *cette différence, et* R' $dx$ *la différence de q prise en ne faisant
varier que* $\dfrac{dy}{dx}$, *et divisée par* $\dfrac{d^2 y}{dx^2}$; *cela posé, si* $\mu = 0$ *est une solution particulière du premier ordre de l'équation* $d^2 y = p\,dx^2$; $\mu$ *sera facteur com-
mun aux deux quantités* $p + \dfrac{R}{R'}$ *et* $q$; *et réciproquement, tout facteur du
premier ordre, commun à ces deux quantités, égalé à zéro, est une solution particulière de la proposée.* (Théorème analogue à celui de l'article VI, sur les équations différentielles du premier ordre.)

On peut généraliser ce théorème et l'étendre aux équations différentielles de tous les ordres.

Si l'on a l'équation différentielle

$$\frac{d^n y}{dx^n} = p,$$

$p$ étant fonction de $x$, $y$, $\frac{dy}{dx}$, $\ldots$, $\frac{d^{n-1}y}{dx^{n-1}}$, $dx$ étant supposé constant; que l'on différentie $p$ par rapport à $\frac{d^{n-1}y}{dx^{n-1}}$, et que l'on nomme $\frac{1}{q}$ cette différence divisée par $\frac{d^n y}{dx^{n-1}}$; si l'on différentie $q$, en regardant $\frac{d^{n-1}y}{dx^{n-1}}$ comme constant, et que l'on nomme $\mathrm{R}\,dx$ cette différence; qu'ensuite on différentie $q$, en regardant $\frac{d^{n-1}y}{dx^{n-1}}$ comme seule variable, et que l'on nomme $\mathrm{R}'\,dx$ cette différence divisée par $\frac{d^n y}{dx^n}$; cela posé, si $\mu = 0$ est une solution particulière de l'ordre $n-1$ de l'équation proposée, $\mu$ est facteur commun aux deux quantités $q$ et $p + \frac{\mathrm{R}}{\mathrm{R}'}$; et réciproquement tout facteur de l'ordre $n-1$ commun à ces deux quantités, égalé à zéro, est une solution particulière de la proposée.

Il est aisé de conclure de ce qui précède que si, dans l'équation $\frac{d^n y}{dx^n} = p$, $p$ est rationnel par rapport à $\frac{d^{n-1}y}{dx^{n-1}}$, cette équation ne peut avoir de solutions particulières de l'ordre $n-1$.

IX.

Examinons présentement les solutions particulières et sans différences de l'équation $d^2 y = p\,dx^2$. Je suppose que $\mu = 0$ soit une de ces solutions; en conservant les mêmes dénominations que dans l'article VII, on verra que, puisque $v - p$ s'évanouit par la supposition de $\mu = 0$, on aura

$$v - p = \mu^n \frac{d^i \mu}{dx^i} q + \mu^{n'} \frac{d^{i'} \mu}{dx^{i'}} q' + \cdots;$$

mais

$$v = -\frac{\partial^2 \mu}{\partial y^2} \frac{dy^2}{dx^2} - 2\frac{\partial^2 \mu}{\partial x \,\partial y} \frac{dy}{dx} - \frac{\partial^2 \mu}{\partial x^2}.$$

Donc

$$\frac{d^2\mu}{dx^2} = -\frac{\partial\mu}{\partial y}\left(q\mu^n\frac{d^i\mu}{dx^i} + q'\mu^{n'}\frac{d^{i'}\mu}{dx^{i'}} + \dots\right).$$

Cela posé, voici comment on reconnaîtra si $\mu = 0$ est ou n'est pas une solution particulière. Prenez les différences successives $\frac{d^2\mu}{dx^2}$, $\frac{d^3\mu}{dx^3}$, $\frac{d^4\mu}{dx^4}$, ..., elles seront toutes données en fonctions de $x$, $y$ et $\frac{d\mu}{dx}$; examinez ensuite la loi de ces différences. Si l'on peut les faire évanouir toutes en supposant le rapport de $\frac{d\mu}{dx}$ à $\mu$ fini ou infiniment grand, l'équation $\mu = 0$ est une intégrale particulière; autrement, elle n'est qu'une solution particulière.

Je suppose que l'on ait

$$\frac{d^2\mu}{dx^2} = \mu^n h,$$

$h$ étant fonction de $x$ et de $\mu$, on trouvera facilement que $\mu = 0$ n'est intégrale particulière que dans le cas où $n$ est égal ou plus grand que l'unité. Ainsi dans l'équation

$$\frac{d^2 y}{dx^2} = a\left[(1 - x^3)^4 - (1 - y^3)^4\right],$$

à laquelle satisfait l'équation $y = x$, si l'on fait $y - x = \mu$, on aura

$$\frac{d^2\mu}{dx^2} = a\left\{(1 - x^3)^4 - [1 - (x + \mu)^3]^4\right\};$$

en réduisant en suite ascendante par rapport à $\mu$, on a

$$\frac{d^2\mu}{dx^2} = 12a\mu x^2(1 - x^3)^3 + \dots.$$

Or l'exposant de $\mu$ étant, dans ce cas, égal à l'unité, il suit que $\mu = 0$ est une intégrale particulière; mais dans l'équation

$$\frac{d^2 y}{dx^2} = \sqrt{x^2 - y^2},$$

à laquelle satisfait pareillement celle-ci, $y = x$, on verra facilement que cette dernière équation n'est qu'une solution particulière.

Pour trouver maintenant toutes les solutions particulières sans différences de l'équation $d^2y = p\,dx^2$, je suppose que $\mu = 0$ soit une de ces solutions; la proposée peut être transformée dans la suivante :

$$\frac{d^2\mu}{dx^2} = -\frac{\partial\mu}{\partial y}\left(\mu^n\,\frac{d^i\mu}{dx^i}\,q + \dots\right).$$

Or, si l'on conçoit $\mu$ sous la forme $y - X$, $X$ étant fonction de $x$, on aura

$$d^2\mu = d^2y - d^2X.$$

Donc

$$p = -\mu^n\,\frac{d^i\mu}{dx^i}\,q - \mu^{n'}\,\frac{d^{i'}\mu}{dx^{i'}}\,q' - \dots + \frac{d^2X}{dx^2}.$$

Or, si la plus petite des quantités $i$, $i'$, ..., que je suppose être $i$, est positive et moindre que l'unité, $d\mu = 0$ est une solution particulière qui se déterminera par les articles précédents. Si $i$ est négatif, en supposant $d\mu = 0$, $p$ deviendra infini; partant, $d\mu$ sera facteur de $\frac{1}{p}$. Enfin, si $i = 0$, $n$ sera moindre que l'unité; donc $\mu$ sera facteur de

$$\frac{1}{\dfrac{\partial p}{\partial y}} = -\frac{1}{n\mu^{n-1}q + \dots}.$$

Dans tous ces cas, il sera facile de déterminer toutes les solutions particulières sans différences de l'équation $d^2y = p\,dx^2$.

On peut donc, au moyen de la méthode précédente, déterminer toutes les solutions particulières des équations différentielles du second ordre; il est aisé de voir qu'elle s'étend également aux ordres ultérieurs, mais il serait inutile de nous y arrêter davantage. Appliquons-la présentement aux équations qui renferment trois variables.

## X.

**Problème V.** — *Déterminer si une solution* $\mu = 0$ *est une intégrale particulière de l'équation différentielle à trois variables*

$$dz = p\,dx + q\,dy.$$

Je suppose que cette équation soit intégrable. Cela posé, si l'on a l'équation $z = \varphi(x, y)$ et que l'on veuille déterminer la variable $z'$, qui répond à $x + \alpha$ et à $y + 6$, on aura

$$z' = \varphi(x + \alpha, y + 6).$$

Or, en supposant $dx$ constant, on a

$$\varphi(x + \alpha, y + 6) = \varphi(x, y + 6) + \alpha \frac{\partial \varphi(x, y + 6)}{\partial x} + \frac{\alpha^2}{1 \cdot 2} \frac{\partial^2 \varphi(x, y + 6)}{\partial x} + \dots$$

De plus, en supposant $dy$ constant,

$$\varphi(x, y + 6) = \varphi(x, y) + 6 \frac{\partial \varphi(x, y)}{\partial y} + \frac{6^2}{1 \cdot 2} \frac{\partial^2 \varphi(x, y)}{\partial y^2} + \dots,$$

$$\frac{\partial \varphi(x, y + 6)}{\partial x} = \frac{\partial \varphi(x, y)}{\partial x} + 6 \frac{\partial^2 \varphi(x, y)}{\partial x\, \partial y} + \dots,$$

$$\dots \dots \dots \dots \dots \dots \dots \dots \dots \dots \dots \dots$$

Donc on aura

$$z' = z + \alpha \frac{\partial z}{\partial x} + \frac{\alpha^2}{1 \cdot 2} \frac{\partial^2 z}{\partial x^2} + \dots$$
$$+ 6 \frac{\partial z}{\partial y} + \alpha 6 \frac{\partial^2 z}{\partial x\, \partial y} + \dots$$
$$+ \frac{6^2}{1 \cdot 2} \frac{\partial^2 z}{\partial y^2} + \dots.$$

L'équation

$$dz = p\,dx + q\,dy$$

donne

$$\frac{\partial z}{\partial x} = p, \qquad \frac{\partial z}{\partial y} = q.$$

Donc

$$\frac{\partial^2 z}{\partial x^2} = \frac{\partial p}{\partial x} + \frac{\partial p}{\partial z} \frac{\partial z}{\partial x} = \frac{\partial p}{\partial x} + p \frac{\partial p}{\partial z}.$$

Soit $p'$ cette quantité, on aura facilement

$$\frac{\partial^2 z}{\partial y^2}, \quad \frac{\partial^2 z}{\partial x\, \partial y}, \quad \frac{\partial^3 z}{\partial y^3}, \quad \dots,$$

je nomme $p'$, $p''$, $\dots$ ces quantités; maintenant, si de l'équation $\mu = 0$ on tire les valeurs de $\frac{\partial z}{\partial x}$, $\frac{\partial z}{\partial y}$, $\frac{\partial^2 z}{\partial x^2}$, $\dots$ et qu'on les nomme $v$, $'v$, $l$, $l'$, $\dots$, il est aisé de conclure, par un raisonnement entièrement analogue à celui de l'article II, que l'équation $\mu = 0$ ne peut être une intégrale particulière que dans le cas où elle fait évanouir non seulement les quantités $v - p$, $'v - q$, mais encore les suivantes $l - p'$, $l' - p''$, $\dots$. Puisque l'équation $\mu = 0$ fait disparaitre $v - p$, on aura

$$v - p = \mu^n \mathrm{K},$$

et puisqu'elle fait disparaitre $'v - q$, on aura

$$'v - q = \mu^{n'} \mathrm{K}'.$$

Si l'on multiplie la première de ces équations par $dx$, la seconde, par $dy$, qu'ensuite on les ajoute, on aura

$$v\, dx + {}'v\, dy - p\, dx - q\, dy = \mu^n \mathrm{K}\, dx + \mu^{n'} \mathrm{K}'\, dy,$$

ou, à cause de $dz = p\, dx + q\, dy$,

$$v\, dx + {}'v\, dy - dz = \mu^n \mathrm{K}\, dx + \mu^{n'} \mathrm{K}'\, dy;$$

mais on a

$$v = -\frac{\dfrac{\partial \mu}{\partial x}}{\dfrac{\partial \mu}{\partial z}} \quad \text{et} \quad {}'v = -\frac{\dfrac{\partial \mu}{\partial y}}{\dfrac{\partial \mu}{\partial z}}.$$

Donc

$$d\mu = -\mu^n \mathrm{K} \frac{\partial \mu}{\partial z}\, dx - \mu^{n'} \mathrm{K}' \frac{\partial \mu}{\partial z}\, dy.$$

Or il est aisé de voir que $\mu = 0$ ne peut être une intégrale particulière, que dans le cas où le moindre des exposants $n$, $n'$ est égal ou plus grand que l'unité; autrement $\mu = 0$ n'est qu'une solution particulière.

## XI.

PROBLÈME VI. — *On propose de trouver toutes les solutions particulières de l'équation*

$$dz = p\,dx + q\,dy.$$

Soit $\mu = 0$ une de ces solutions; on aura, par l'article précédent,

$$p = -\mu^n K \frac{-\dfrac{\partial \mu}{\partial x}}{\dfrac{\partial \mu}{\partial z}} \qquad \text{et} \qquad q = -\mu^{n'} K' \frac{-\dfrac{\partial \mu}{\partial y}}{\dfrac{\partial \mu}{\partial z}};$$

et, puisque l'un des deux exposants $n$ et $n'$ doit être moindre que l'unité, si l'on suppose que ce soit $n$, on aura

$$\frac{\partial p}{\partial z} = -n\mu^{n-1} K \frac{\partial \mu}{\partial z} - \ldots,$$

d'où l'on voit que $\frac{\partial p}{\partial z}$ devient infini par la supposition de $\mu = 0$; partant, $\frac{1}{\dfrac{\partial p}{\partial z}}$ devient nulle par cette même supposition. Si c'était $n'$ qui fût moindre que l'unité, $\frac{1}{\dfrac{\partial q}{\partial z}}$ deviendrait nul, en faisant $\mu = 0$. En cherchant donc, parmi les facteurs de $\frac{1}{\dfrac{\partial p}{\partial z}}$ et $\frac{1}{\dfrac{\partial q}{\partial z}}$, ceux qui satisfont à l'équation

$$dz = p\,dx + q\,dy$$

et distinguant ceux qui sont des intégrales particulières, on aura toutes les solutions particulières de cette équation différentielle.

## XII.

Il arrive souvent que l'équation

$$dz = p\,dx + q\,dy$$

n'est point intégrable, et cela a lieu, comme l'on sait, lorsque l'équation de condition

$$p\frac{\partial q}{\partial z} - q\frac{\partial p}{\partial z} - \frac{\partial p}{\partial y} + \frac{\partial q}{\partial x} = 0$$

n'est point identiquement nulle. Dans ce cas, on ne peut donc espérer que des solutions particulières de la proposée. M. Euler donne cette règle pour les déterminer, dans ses *Institutions du Calcul différentiel*, p. 275 :

*Formez l'équation de condition, laquelle ne sera point identiquement nulle, puisque, par hypothèse, la proposée n'est pas intégrable; examinez ensuite si cette équation satisfait à la proposée; si cela est, vous aurez, par ce moyen, toutes les solutions possibles de l'équation différentielle; mais si cela n'est pas, vous serez sûr qu'aucune équation finie ne peut y satisfaire.*

Cette règle n'est pas générale; car, si l'on a

$$dz = dx\left[1 + \sqrt[3]{z-y-x}\left(y + a\sqrt[3]{z-y-x} - b\sqrt[3]{z-y-x}\right)\right] + dy\left(1 + x\sqrt[3]{z-y-x}\right),$$

l'équation résultante de l'équation de condition est

$$z = x + y + \left(\frac{3a}{4b}\right)^{12},$$

équation qui ne satisfait point à l'équation différentielle. On aurait tort cependant d'en conclure que cette équation ne peut avoir de solutions, puisqu'elle est satisfaite par celle-ci

$$z = x + y.$$

Voici présentement une méthode pour trouver toutes ces solutions.

Soit $\mu = 0$ une de ces solutions; l'équation

$$dz = p\,dx + q\,dy$$

peut être transformée dans la suivante

$$d\mu = \mu^n h\,dx + \mu^{n'} h'\,dy,$$

$h$ et $h'$ étant fonctions de $x$, $y$ et $\mu$. Or, si l'un des deux exposants, $n$ ou $n'$, est moindre que l'unité, on trouvera facilement $\mu$ par l'article précédent. Reste donc à déterminer $\mu$, lorsque le moindre des exposants $n$ et $n'$ est égal ou plus grand que l'unité. Or, dans ce cas, l'équation $\mu = 0$ satisfait à l'équation de condition, et la règle de M. Euler est exacte. Pour le faire voir, j'observe que l'équation de condition, pour que

$$d\mu = \mu^n h\, dx + \mu^{n'} h'\, dy$$

soit intégrable, est

$$0 = (n' - n)hh'\mu^{n+n'-1} + \mu^{n+n'}\left( h\,\frac{\partial h'}{\partial \mu} - h'\,\frac{\partial h}{\partial \mu} \right) - \mu^n\,\frac{\partial h}{\partial y} + \mu^{n'}\,\frac{\partial h'}{\partial x}.$$

Il est clair que, si $n$ et $n'$ sont égaux ou plus grands que l'unité, cette quantité devient nulle par la supposition de $\mu = 0$; car les quantités $\frac{\partial h}{\partial y}$ et $\frac{\partial h'}{\partial x}$ ne peuvent devenir infinies en vertu de cette supposition, comme il est aisé de s'en convaincre en réduisant $h$ et $h'$ en suites ascendantes par rapport à $\mu$; les quantités $\frac{\partial h}{\partial \mu}$, $\frac{\partial h'}{\partial \mu}$ peuvent le devenir, si, par exemple, $h$ et $h'$ renferment des termes tels que $\mu^i \varphi(x, y)$, $i$ étant positif et moindre que l'unité; mais la différence de ces termes prise par rapport à $\mu$, et multipliée par $\mu^{n+n'}$, sera toujours nulle en y faisant $\mu = 0$, puisque $n$ et $n'$ sont supposés plus grands que l'unité. L'équation de condition

$$0 = (n' - n)\mu^{n+n'-1}hh' + \mu^{n+n'}\left( h\,\frac{\partial h'}{\partial \mu} - h'\,\frac{\partial h}{\partial \mu} \right) - \mu^n\,\frac{\partial h}{\partial y} + \mu^{n'}\,\frac{\partial h'}{\partial x}$$

est donc satisfaite par la supposition de $\mu = 0$.

On pourrait craindre, cependant, que celle-ci

$$0 = p\,\frac{\partial q}{\partial z} - q\,\frac{\partial p}{\partial z} - \frac{\partial p}{\partial y} + \frac{\partial q}{\partial x}$$

ne le fût pas en vertu de cette même supposition; car, bien que ces deux équations soient les mêmes, cependant il peut arriver que, pour avoir la seconde, il fallût diviser la première par un facteur; et, si ce facteur était une puissance positive de $\mu$, alors l'équation $\mu = 0$, qui

rend la première nulle, pourrait ne pas satisfaire à la seconde. Il est
donc essentiel de faire voir que ces deux équations ont le même facteur $\mu$; pour cela je les représente, la première par celle-ci, R = 0, et
la seconde par celle-ci, S = 0. Cela posé, on a, par l'article X,

$$ p = \frac{-\dfrac{\partial\mu}{\partial x} + \mu^n h}{\dfrac{\partial\mu}{\partial z}}, \qquad q = \frac{-\dfrac{\partial\mu}{\partial y} + \mu^{n'} h'}{\dfrac{\partial\mu}{\partial z}}; $$

d'où, en faisant le calcul, je tire

$$ S = \frac{\partial\mu}{\partial z} R; $$

ainsi $\mu$, étant facteur de R, sera nécessairement facteur de S; partant,
il sera facile de le déterminer.

## XIII.

### Sur les inégalités séculaires des planètes.

J'ai donné dans un autre Mémoire [1] les expressions des inégalités
séculaires des planètes sous une forme, ce me semble, aussi simple
qu'on puisse le désirer; et, ce qui peut être de quelque utilité dans
l'Astronomie physique, j'ai fait voir que les moyens mouvements des
planètes et, par conséquent, leurs moyennes distances n'étaient assujettis à aucune équation séculaire, en vertu de leur action les unes sur
les autres; mais les formules auxquelles je suis parvenu ne peuvent
avoir lieu que pour un temps limité, après lequel elles deviennent
inexactes, et, quoiqu'elles me paraissent suffisantes pour tout le temps

[1] *Voir*, dans le Tome VII des *Savants étrangers*, un Mémoire qui a pour titre : *Recherches, 1° sur l'intégration des équations aux différences finies et sur leur usage dans
l'analyse des hasards; 2° sur le principe de la gravitation universelle et sur les inégalités
séculaires des planètes qui en dépendent*. Comme j'aurai occasion de citer ce Mémoire,
j'en désignerai les articles de cette manière (*M. E.*, art.); ainsi (*M. E.*, art. 30) en désignera le 30ᵉ article [a].

[a] Voir *Œuvres de Laplace*, T. VIII. p. 69 et 301.

durant lequel l'Astronomie a été cultivée, surtout en ayant égard aux quantités proportionnelles au carré du temps (*M. E.*, art. 56), cependant il serait très intéressant, du côté de l'analyse, d'avoir les expressions exactes de ces inégalités. Celles que j'ai données n'en sont que les différentielles; je m'étais proposé depuis longtemps de les intégrer; mais le peu d'utilité de ce calcul pour les besoins de l'Astronomie, joint aux difficultés qu'il présentait, m'avait fait abandonner cette idée, et j'avoue que je ne l'aurais pas reprise, sans la lecture d'un excellent Mémoire *Sur les inégalités séculaires du mouvement des nœuds et de l'inclinaison des orbites des planètes*, que M. de Lagrange vient d'envoyer à l'Académie, et qui paraîtra dans un des Volumes suivants. Cet illustre géomètre, au moyen d'une transformation heureuse, réduit le problème à l'intégration d'autant d'équations différentielles linéaires du premier ordre qu'il y a d'inconnues; il donne ensuite une méthode fort ingénieuse pour les intégrer, et pour déterminer les constantes que renferme l'intégrale, quel que soit le nombre des planètes. En employant la même transformation, j'ai tiré les mêmes équations de mes formules; j'ai de plus cherché si l'on ne pourrait pas déterminer d'une manière analogue les inégalités séculaires de l'excentricité et du mouvement de l'aphélie, et j'y suis heureusement parvenu; en sorte que je puis déterminer, non seulement les inégalités séculaires du mouvement des nœuds et de l'inclinaison des orbites des planètes, les seules que M. de Lagrange ait considérées, mais encore celles de l'excentricité et du mouvement des aphélies, et comme j'ai fait voir que les inégalités du moyen mouvement et de la distance moyenne sont nulles, on aura ainsi une théorie complète et rigoureuse de toutes les inégalités séculaires des orbites des planètes. J'observerai ici que la constance du moyen mouvement des planètes et de leur moyenne distance est nécessaire à l'exactitude des résultats de M. de Lagrange et de ceux que je vais donner (¹).

---

(¹) J'aurais dû naturellement attendre que les recherches de M. de Lagrange fussent publiées avant que de donner les miennes; mais, venant de faire paraître dans les *Savants étrangers*, année 1773, un Mémoire sur cette matière, j'ai cru pouvoir communiquer ici

### XIV.

J'imagine une planète $p$, troublée par l'action de tant de planètes $p'$, $p''$, $p'''$, ... qu'on voudra; soient $a$, $a'$, $a''$, ... les moyennes distances de $p$, $p'$, $p''$, ... au Soleil; $ea$, $e'a'$, $e''a''$, ... les excentricités de leurs orbites; L, L', L'', ... les longitudes de leurs aphélies, le point d'où l'on commence à compter les longitudes étant supposé fixe, et les angles L, L', ... pouvant être comptés sur un plan fixe et peu incliné à celui de l'orbite de $p$. Soient encore $\gamma$, $\gamma'$, $\gamma''$, ... les tangentes des inclinaisons de leurs orbites sur le plan fixe; $\Gamma$, $\Gamma'$, $\Gamma''$, ... les longitudes de leurs nœuds comptées sur le plan fixe; $\delta\mu$, $\delta\mu'$, $\delta\mu''$, ... les rapports de leurs masses à celles du Soleil; $i$, $i'$, $i''$, ... le nombre de leurs révolutions depuis une époque donnée où l'on fixe l'origine de leurs mouvements : on suppose les inclinaisons et les excentricités fort petites. Soit

$$\frac{a'}{a} = z \qquad \text{et} \qquad \frac{1}{(1 - 2z\cos\theta + z^2)^{\frac{3}{2}}} = b + b_1 \cos\theta + \ldots;$$

que $dt$ exprime l'arc infiniment petit décrit par la Terre dans son orbite avec sa vitesse moyenne; la distance moyenne de la Terre au Soleil étant prise pour l'unité; et que $di.360°$ exprime le mouvement angulaire moyen de $p$ autour du Soleil, tandis que la Terre décrit l'angle $dt$; soit

$$(0, 1)\,dt = \frac{1}{4} z b_1 \,\delta\mu' \, di.360°,$$

où

$$(0, 1) = \frac{1}{4} z b_1 \,\delta\mu' \, \frac{di.360°}{dt},$$

$\dfrac{di.360°}{dt}$ exprimera le rapport du temps de la révolution de la Terre à

aux géomètres, en forme de supplément, ce qui lui manquait encore pour être complet, en rendant d'ailleurs au Mémoire de M. de Lagrange toute la justice qu'il mérite; je m'y suis d'autant plus volontiers déterminé, que j'espère qu'ils me sauront gré de leur présenter d'avance l'esquisse de cet excellent Ouvrage.

celui de la révolution de la planète $p$; soit, de plus,

$$\overline{(0,1)}\,dt = \tfrac{1}{2}\left[b_1(1+z^2) - 3bz\right]\partial\mu'\,di.360°,$$

que l'on forme des expressions analogues pour $p''$, $p'''$, ..., considérés par rapport à $p$ de la même manière que $p'$ vient de l'être, et qu'on les représente par $(0,2)\,dt$, $\overline{(0,2)}\,dt$; $(0,3)\,dt$, $\overline{(0,3)}\,dt$; ..., que l'on désigne par $(1,0)$, $\overline{(1,0)}$; $(1,2)$, $\overline{(1,2)}$; ...; $(2,0)$, $\overline{(2,0)}$; $(2,1)$, $\overline{(2,1)}$; ... des quantités analogues divisées par $dt$, en considérant les autres planètes par rapport à $p'$ ou $p''$, ... comme on vient de les considérer par rapport à $p$; enfin que l'on désigne par $dL$, $de$, $d\Gamma$, $d\gamma$, $dL'$, ... les variations moyennes infiniment petites de L, $e$, $\Gamma$, $\gamma$, $L'$, .... on aura [*M. E.*, art. 59, p. 221 (¹)]

$$dL = (0,1)\,dt - \overline{(0,1)}\frac{e'}{e}\cos(L'-L)\,dt + (0,2)\,dt + \ldots.$$

$$de = \overline{(0,1)}\,e'\,dt\sin(L'-L) + \overline{(0,2)}\,e''\,dt\sin(L''-L) + \ldots.$$

$$-d\Gamma = (0,1)\left[1 - \frac{\gamma'}{\gamma}\cos(\Gamma'-\Gamma)\right]dt + \ldots,$$

$$-d\gamma = (0,1)\gamma'\sin(\Gamma'-\Gamma)\,dt + \ldots;$$

on aura des équations semblables pour $dL'$, $de'$, $d\gamma'$, $d\Gamma'$, .... Je fais présentement

$$
\begin{aligned}
x &= e\sin L, & z &= \gamma\sin\Gamma, \\
y &= e\cos L, & s &= \gamma\cos\Gamma, \\
x' &= e'\sin L', & z' &= \gamma'\sin\Gamma', \\
y' &= e'\cos L', & s' &= \gamma'\cos\Gamma', \\
&\ldots\ldots\ldots, & &\ldots\ldots\ldots,
\end{aligned}
$$

De là, je conclus

$$e = \sqrt{x^2 + y^2} \qquad \text{et} \qquad de = \frac{x\,dx + y\,dy}{e};$$

ensuite

$$\cos L\,dL = \frac{e\,dx - x\,de}{e^2},$$

donc

$$dL = \frac{y\,dx - x\,dy}{e^2};$$

(¹) *OEuvres de Laplace*, T. VIII, p. 262.

d'ailleurs

$$\sin(L'-L) = \sin L' \cos L - \sin L \cos L' = \frac{yx'-xy'}{ec'},$$

$$\cos(L'-L) = \sin L' \sin L + \cos L' \cos L = \frac{xx'+yy'}{ec'}.$$

Cela posé, on aura les deux équations suivantes :

$$y\,dx - x\,dy = (x^2+y^2)\,(0,1)\,dt - \overline{(0,1)}\,(xx'+yy')\,dt + \ldots$$

et

$$x\,dx + y\,dy = \overline{(0,1)}\,(yx'-xy')\,dt + \ldots.$$

Je multiplie la première de ces équations par $y$ et la seconde par $x$, et je les ajoute ensemble, ce qui donne, après avoir divisé par $(x^2+y^2)$,

$$(1) \qquad dx = dt \left\{ \begin{array}{l} (0,1)y - \overline{(0,1)}y' \\ + (0,2)y - \overline{(0,2)}y' \\ + (0,3)y - \overline{(0,3)}y'' \\ + \ldots\ldots\ldots\ldots \end{array} \right\}.$$

Je multiplie ensuite la première des équations précédentes par $x$, et je la retranche de la seconde multipliée par $y$; ce qui donne

$$(2) \qquad dy = dt \left\{ \begin{array}{l} -(0,1)x + \overline{(0,1)}x' \\ -(0,2)x + \overline{(0,2)}x' \\ -(0,3)x + \overline{(0,3)}x'' \\ -\ldots\ldots\ldots\ldots \end{array} \right\}.$$

On aura de la même manière

$$dx' = dt \left\{ \begin{array}{l} (1,0)y' - \overline{(1,0)}y \\ + (1,2)y' - \overline{(1,2)}y'' \\ +\ldots\ldots\ldots\ldots \end{array} \right\},$$

$$dy' = dt \left\{ \begin{array}{l} -(1,0)x' + \overline{(1,0)}x \\ -(1,2)x' + \overline{(1,2)}x'' \\ -\ldots\ldots\ldots\ldots \end{array} \right\};$$

et ainsi du reste. Si donc il y a un nombre $n$ de planètes et, par conséquent, un nombre $2n$ de variables, on aura un nombre $2n$ d'équations différentielles linéaires du premier ordre pour les déterminer; ayant ensuite $x$ et $y$, on aura facilement L et $e$ au moyen des équations

$$e = \sqrt{x^2 + y^2}$$

et

$$\tan L = \frac{x}{y}.$$

En faisant des opérations analogues sur les équations relatives au mouvement des nœuds et à l'inclinaison des orbites, on aura

$$dz = [(0,1)(s'-s) + (0,2)(s''-s) + \ldots] dt,$$

$$ds = [(0,1)(z-z') + (0,2)(z-z'') + \ldots] dt,$$

$$dz' = [(1,0)(s-s') + (1,2)(s''-s') + \ldots] dt,$$

$$\cdots\cdots\cdots\cdots\cdots\cdots\cdots\cdots\cdots\cdots\cdots\cdots\cdots$$

Ces dernières équations sont les mêmes que celles de M. de Lagrange, et l'on voit que les équations du mouvement des aphélies et de l'excentricité ont une forme à peu près semblable, quoique différente à quelques égards; celles du mouvement des nœuds et de l'inclinaison y sont réductibles en y supposant $\overline{(0,1)} = (0,1)$, $(0,2) = \overline{(0,2)}$, ..., il nous suffira donc ici de considérer les équations de l'excentricité et des aphélies, d'autant plus que M. de Lagrange a traité les autres dans le plus grand détail.

## XV.

Si l'on fait, suivant la méthode que M. de Lagrange a donnée dans le Mémoire cité,

$$x = A \sin(ht + \alpha), \qquad y = A \cos(ht + \alpha),$$

$$x' = A'\sin(ht + \alpha), \qquad y' = A'\cos(ht + \alpha),$$

$$\cdots\cdots\cdots\cdots\cdots\cdots, \qquad \cdots\cdots\cdots\cdots\cdots\cdots$$

on aura, pour le nombre $n$ de planètes, les $n$ équations

$$
(\tau) \quad
\begin{cases}
h\mathrm{A} = (o,1)\mathrm{A} - \overline{(o,1)}\mathrm{A}' \\
\quad + (o,2)\mathrm{A} - \overline{(o,2)}\mathrm{A}'' \\
\quad + \ldots\ldots\ldots\ldots\ldots, \\
h\mathrm{A}' = (1,o)\mathrm{A}' - \overline{(1,o)}\mathrm{A} \\
\quad + (1,2)\mathrm{A}' - \overline{(1,2)}\mathrm{A}'' \\
\quad + \ldots\ldots\ldots\ldots\ldots, \\
h\mathrm{A}'' = (2,o)\mathrm{A}'' - \overline{(2,o)}\mathrm{A} \\
\quad + \ldots\ldots\ldots\ldots\ldots, \\
\ldots\ldots\ldots\ldots\ldots\ldots\ldots;
\end{cases}
$$

au moyen de ces équations, on aura une équation en $h$ du degré $n$, d'où l'on aura $n$ racines pour $h$; et, en désignant par $h$, $'h$, $''h$, $\ldots$ ces $n$ racines, on aura, pour les expressions complètes de $x$ et de $y$,

$$
x = \mathrm{A}\sin(ht+\alpha) + {'\mathrm{A}}\sin({'ht}+{'\alpha}) + {''\mathrm{A}}\sin({''ht}+{''\alpha}) + \ldots,
$$
$$
y = \mathrm{A}\cos(ht+\alpha) + {'\mathrm{A}}\cos({'ht}+{'\alpha}) + {''\mathrm{A}}\cos({''ht}+{''\alpha}) + \ldots,
$$

$\mathrm{A}$, $'\mathrm{A}$, $''\mathrm{A}$, $\ldots$; $\alpha$, $'\alpha$, $''\alpha$, $\ldots$ étant des constantes telles que $\mathrm{A}$ et $\alpha$ doivent dépendre de $h$ de la même manière que $'\mathrm{A}$ et $'\alpha$ dépendent de $'h$, ou que $''\mathrm{A}$ et $''\alpha$ dépendent de $''h$, $\ldots$. On aura, de la même manière,

$$
x' = \mathrm{A}'\sin(ht+\alpha) + {'\mathrm{A}'}\sin({'ht}+{'\alpha}) + \ldots,
$$
$$
y' = \mathrm{A}'\cos(ht+\alpha) + {'\mathrm{A}'}\cos({'ht}+{'\alpha}) + \ldots;
$$

et ainsi de suite. Il faut présentement déterminer les constantes $\mathrm{A}$, $'\mathrm{A}$, $''\mathrm{A}$, $\ldots$; $\mathrm{A}'$, $'\mathrm{A}'$, $\ldots$; $\alpha$, $'\alpha$, $''\alpha$, $\ldots$. Pour cela, nommons $\mathrm{X}$, $\mathrm{X}'$, $\mathrm{X}''$, $\ldots$; $\mathrm{Y}$, $\mathrm{Y}'$, $\mathrm{Y}''$, $\ldots$ les valeurs de $x$, $x'$, $x''$, $\ldots$; $y$, $y'$, $y''$, $\ldots$ lorsque $t = o$, et nous aurons

$$
\mathrm{X} = \mathrm{A}\sin\alpha + {'\mathrm{A}}\sin{'\alpha} + \ldots, \qquad \mathrm{Y} = \mathrm{A}\cos\alpha + {'\mathrm{A}}\cos{'\alpha} + \ldots,
$$
$$
\mathrm{X}' = \mathrm{A}'\sin\alpha + {'\mathrm{A}'}\sin{'\alpha} + \ldots, \qquad \mathrm{Y}' = \mathrm{A}'\cos\alpha + {'\mathrm{A}'}\cos{'\alpha} + \ldots,
$$
$$
\ldots\ldots\ldots\ldots\ldots\ldots\ldots; \qquad \ldots\ldots\ldots\ldots\ldots\ldots\ldots
$$

On aura ainsi $2n$ équations; mais on formera $(n-1)$ systèmes d'équations semblables à celui des équations $(\sigma)$, en marquant successivement d'un trait, de deux traits, etc. à gauche, les lettres $h$, $A$, $A'$, ... ce qui donnera, après avoir éliminé $h$, $'h$, ..., $n(n-1)$ équations qui, ajoutées avec les $2n$ précédentes, donneront $n^2+n$ équations entre les variables $A$, $'A$, ...; $A'$, $'A'$, ...; $\alpha$, $'\alpha$, ..., lesquelles sont pareillement au nombre de $n^2+n$. Si l'on voulait faire usage des méthodes ordinaires d'élimination, on tomberait dans des calculs extrêmement compliqués; mais M. de Lagrange a donné dans le Mémoire cité une très belle méthode pour éliminer dans ce cas et dans d'autres semblables.

Ce serait ici le lieu d'appliquer les recherches précédentes aux différents corps de notre système planétaire, mais je me propose de donner dans un des Volumes suivants une théorie générale du mouvement des planètes, dans laquelle je reprendrai toute cette matière.

Je ferai usage d'une nouvelle méthode d'approximation à laquelle les recherches précédentes m'ont conduit, et qui est générale et surtout fort simple, quel que soit le nombre des variables; c'est principalement sous ce dernier rapport qu'elle peut avoir quelque avantage sur les méthodes déjà connues, qui mènent à des calculs impraticables, lorsque le nombre des variables est indéfini; elle consiste à faire varier les constantes arbitraires dans les intégrales approchées, et à faire disparaître par ce moyen les arcs de cercle, lorsque cela est possible. Cette manière de faire ainsi varier les constantes arbitraires est, si je ne me trompe, absolument nouvelle et d'une grande fécondité dans l'Analyse; je vais en donner ici une idée très succincte, me réservant de la développer avec plus d'étendue dans le Volume suivant.

Je suppose que l'on ait à intégrer l'équation différentielle

$$(1) \qquad 0 = \frac{d^2 y}{dt^2} + y - l + \alpha y^2,$$

$\alpha$ étant un coefficient constant fort petit, et $dt$ étant supposé constant; j'intègre d'abord celle-ci

$$0 = \frac{d^2 y}{dt^2} + y - l,$$

ce qui donne

$$y = l + p \sin l + q \cos l,$$

$p$ et $q$ étant deux constantes arbitraires que je détermine au moyen des valeurs de $y$ et de $\dfrac{dy}{dt}$ lorsque $t = 0$; c'est l'expression de $y$ lorsqu'on y suppose $\alpha = 0$; je fais ensuite

$$y = l + p \sin l + q \cos l + \alpha z;$$

substituant cette valeur dans l'équation (1), elle donne, en négligeant les quantités de l'ordre $\alpha^2$, et en l'intégrant,

$$z = -\frac{2 l^2 + p^2 + q^2}{2} - lql \sin l + lpl \cos l + \frac{q^2 - p^2}{6} \cos 2l + \frac{pq}{3} \sin 2l.$$

Il est inutile d'ajouter ici de nouvelles constantes, parce qu'elles sont déjà renfermées dans la première valeur de $y$; partant, on aura

$$(2) \quad \begin{cases} y = l - \alpha \dfrac{2 l^2 + p^2 + q^2}{2} + (p - \alpha lql) \sin l + (q + \alpha lpl) \cos l \\[2ex] \quad + \alpha \dfrac{q^2 - p^2}{6} \cos 2l + \dfrac{\alpha pq}{3} \sin 2l. \end{cases}$$

Que l'on fasse présentement, dans l'équation (1), $t = T + t_{,}$, T étant supposé constant, elle deviendra

$$0 = \frac{d^2 y}{dt_{,}^2} + y - l + \alpha y^2;$$

d'où l'on tirera en l'intégrant, en négligeant les quantités de l'ordre $\alpha^2$ et en ajoutant les constantes arbitraires de manière qu'elles coïncident avec celles de l'équation (2), lorsqu'on suppose $\alpha = 0$,

$$(3) \quad \begin{cases} y = l - \alpha \dfrac{2 l^2 + {'p}^2 + {'q}^2}{2} + ('p - \alpha l.'q t_{,}) \sin (T + t_{,}) + ('q + \alpha l.'p t_{,}) \cos(T + t_{,}) \\[2ex] \quad + \alpha \dfrac{{'q}^2 - {'p}^2}{6} \cos(2T + 2t_{,}) + \alpha \dfrac{'p.'q}{3} \sin(2T + 2t_{,}), \end{cases}$$

$'p$ et $'q$ étant deux nouvelles constantes arbitraires que je détermine au moyen des valeurs de $y$ et de $\dfrac{dy}{dt_{,}}$, lorsque $t_{,} = 0$. Au lieu d'intégrer deux fois l'équation (1) : 1° sans y substituer $T + t_{,}$, au lieu de $t$; 2° en se servant de cette substitution, il sera plus simple de faire usage d'abord de cette substitution et de former ainsi l'équation (3); car il n'est besoin alors que d'une seule intégration, l'équation (2) étant facile à conclure de l'équation (3) en y supposant $T = o$, auquel cas $'p$ et $'q$ deviennent $p$ et $q$; maintenant, si l'on avait $\alpha = o$, on aurait, en comparant les équations (2) et (3), $'p = p$ et $'q = q$; donc $'p$ et $'q$ ne diffèrent de $p$ et de $q$ que des quantités de l'ordre $\alpha$; soit donc $'p = p + \delta p$ et $'q = q + \delta q$, $\delta p$ et $\delta q$ étant de l'ordre $\alpha$; cela posé, si l'on retranche l'équation (2) de l'équation (3), on aura, en négligeant les quantités de l'ordre $\alpha^2$ et observant que $t = T + t_,$,

$$o = (\delta p + \alpha l T q)\sin t + (\delta q - \alpha l T p)\cos t,$$

équation qui, à cause de $t$ variable et de $T$ supposé constant, se partage dans les deux suivantes

$$(4) \qquad\qquad \delta p = - \alpha l T q,$$
$$(5) \qquad\qquad \delta q = \quad \alpha l T p,$$

d'où l'on voit que $p$ et $q$ sont fonctions de $\alpha l T$. Pour déterminer ces fonctions, soit $\alpha l T = x$, et l'on aura, comme l'on sait,

$$'p = p + \delta p = p + x\frac{dp}{dx} + \frac{x^2}{1.2}\frac{d^2 p}{dx^2} + \ldots,$$

$$'q = q + \delta q = q + x\frac{dq}{dx} + \frac{x^2}{1.2}\frac{d^2 q}{dx^2} + \ldots,$$

donc

$$\delta p = x\frac{dp}{dx} + \ldots \qquad \text{et} \qquad \delta q = x\frac{dq}{dx} + \ldots$$

Les équations (4) et (5) deviendront ainsi, en négligeant les quantités de l'ordre $x^2$, ou, ce qui revient au même, en comparant les termes multipliés par $x$,

$$\frac{dp}{dx} = - q, \qquad \frac{dq}{dx} = p;$$

d'où l'on tire, en intégrant,

$$p = f\cos x - h\sin x, \qquad q = f\sin x + h\cos x;$$

$f$ et $h$ étant deux nouvelles constantes arbitraires que je détermine au moyen des valeurs de $p$ et de $q$, lorsque $x = o$; donc on aura

$$'p = f\cos \alpha l T - h\sin \alpha l T,$$
$$'q = f\sin \alpha l T + h\cos \alpha l T.$$

L'équation (3) deviendra donc, en y substituant au lieu de $'p$ et de $'q$ ces valeurs, et en y supposant $t_, = 0$,

$$y = l - \alpha \frac{2\,l^2 + f^2 + h^2}{2} + f \sin(\mathrm{T} + \alpha l \mathrm{T}) + h \cos(\mathrm{T} + \alpha l \mathrm{T})$$
$$+ \alpha \frac{h^2 - f^2}{6} \cos(2\mathrm{T} + 2\alpha l \mathrm{T}) + \alpha \frac{fh}{3} \sin(2\mathrm{T} + 2\alpha l \mathrm{T}).$$

C'est l'expression de $y$, après le temps quelconque T.

Si l'on voulait porter la précision jusqu'aux quantités de l'ordre $\alpha^2$, on ferait

$$y = l - \alpha \frac{2\,l^2 + f^2 + h^2}{2} + f \sin(l + \alpha l l) + h \cos(l + \alpha l l) + \ldots + \alpha^2 z,$$

et l'on opérerait comme on vient de le voir, en faisant varier les nouvelles arbitraires $f$ et $h$, et ainsi de suite.

L'équation que je viens d'intégrer est très simple, aussi ne l'ai-je choisie que pour faire entendre cette nouvelle méthode; mais, si l'on avait, entre les $n$ variables $y, y', y'', \ldots, y^n$, les $n$ équations suivantes, lesquelles sont de la même nature que celles du mouvement des planètes,

$$\frac{d^2 y}{dt^2} + q^2 y = \alpha \left\{ \begin{array}{l} (0)y + (0,1)\, y' \, \cos(q'-q)l \\[4pt] \quad + \overline{(0,1)} \dfrac{\partial y'}{\partial t} \sin(q'-q)l \\[4pt] \quad + (0,2)\, y'' \, \cos(q''-q)l \\[4pt] \quad + \overline{(0,2)} \dfrac{\partial y''}{\partial t} \sin(q''-q)l \\[4pt] \quad + \ldots\ldots\ldots\ldots\ldots\ldots \end{array} \right\},$$

$$\frac{d^2 y'}{dt^2} + q'^2 y' = \alpha \left\{ \begin{array}{l} (1)y' + (1,0)\, y \, \cos(q-q')l \\[4pt] \quad + \overline{(1,0)} \dfrac{\partial y}{\partial t} \sin(q-q')l \\[4pt] \quad + (1,2)\, y'' \, \cos(q''-q')l \\[4pt] \quad + \overline{(1,2)} \dfrac{\partial y''}{\partial t} \sin(q''-q')l \\[4pt] \quad + \ldots\ldots\ldots\ldots\ldots\ldots \end{array} \right\},$$

$$\frac{d^2 y''}{dt^2} + q''^2 y'' = \alpha \left\{ (2)y'' + \ldots\ldots\ldots\ldots\ldots\ldots \right\},$$

$$\ldots\ldots\ldots\ldots\ldots\ldots\ldots\ldots\ldots\ldots\ldots,$$

$(0)$, $(1)$, $(2)$, ..., $(0,1)$, $(0,2)$, ..., $(1,0)$, ... étant des coefficients constants quelconques, on tomberait, par les méthodes connues, dans des calculs impraticables; au lieu que la méthode précédente donne leur intégrale approchée avec une extrême facilité, en ramenant leur intégration à celle de $2n$ équations différentielles du premier ordre, de la même nature et susceptibles de la même méthode que celles de l'article XIV; c'est ce dont il est aisé de s'assurer par un calcul fort simple.

*Remarque.* — Ayant envoyé à M. de Lagrange mes recherches sur les inégalités séculaires des planètes, lorsqu'elles furent imprimées, ce grand géomètre me communiqua dans une Lettre, datée du 10 avril 1775, qu'il me fit l'honneur de m'écrire à ce sujet, une méthode très élégante et que les géomètres verront avec plaisir pour trouver directement les équations différentielles de l'excentricité et de l'aphélie; la voici telle qu'il me l'a envoyée :

« Je prends la solution du problème des trois corps de M. Clairaut (*Théorie de la Lune,* p. 6), et j'observe que, puisque

$$\frac{f^2}{Mr} = 1 - \sin u\left(g - \int \Omega \cos u \, du\right) - \cos u\left(c + \int \Omega \sin u \, du\right).$$

si l'on fait

$$g - \int \Omega \cos u \, du = e \sin I,$$

$$c + \int \Omega \sin u \, du = e \cos I,$$

on a

$$\frac{f^2}{Mr} = 1 - e \cos(u - I);$$

en sorte que $e$ sera l'excentricité et $I$ le lieu de l'aphélie, et il est remarquable que les quantités $e$ et $I$ peuvent être regardées comme constantes, pendant que les quantités $r$ et $u$ varient de $dr$ et $du$; car, comme

$$\frac{f^2}{Mr} = 1 - e \sin I \sin u - e \cos I \cos u,$$

il suffit de démontrer que la différentielle de cette équation est nulle, en ne faisant varier que les deux quantités $e \sin I$, $e \cos I$; c'est-à-dire que

$$\sin u \, d(e \sin I) + \cos u \, d(e \cos I) = 0;$$

mais

$$d(e \sin I) = -\Omega \cos u \, du \qquad \text{et} \qquad d(e \cos I) = \Omega \sin u \, du;$$

donc .... Je fais donc $x = e \sin I$ et $y = e \cos I$ ; j'ai

$$\frac{f^2}{M r} = 1 - x \sin u - y \cos u,$$

et ensuite j'ai, en différentiant, les équations

$$dx = - \Omega \cos u \, du, \qquad dy = \Omega \sin u \, du ;$$

si l'on substitue dans ces équations et dans les autres semblables les valeurs de $r$ et de $u$, en $x$, $y$ et $t$, et que l'on ne conserve que les termes où $x$, $y$, $x'$, $y'$, ... seront linéaires et multipliés par des coefficients constants, on aura les équations cherchées ; il faut seulement avoir soin de ne pas rejeter dans la quantité $\Omega$ les termes de la forme

$$\int x \sin u \, du, \quad \int x \cos u \, du, \quad \int y \sin u \, du, \quad \int y \cos u \, du$$

et les autres semblables ; car, ces termes étant transformés en

$$- x \cos u + \int \cos u \, dx, \quad \ldots$$

produiront, dans les équations différentielles, des termes de la forme demandée ; à l'égard des quantités $\int \cos u \, dx$, ..., on pourra les négliger entièrement, parce que $dx$ est déjà très petit de l'ordre des masses des planètes perturbatrices. »

# RECHERCHES

SUR

# LE CALCUL INTÉGRAL

ET SUR

# LE SYSTÈME DU MONDE.

*Mémoires de l'Académie des Sciences de Paris*, année 1772, II<sup>e</sup> Partie; 1776.

## I.

Je me propose de donner dans ce Mémoire une nouvelle méthode pour intégrer par approximation les équations différentielles, avec une application de cette méthode au mouvement des planètes premières. Cette matière, l'une des plus intéressantes de toute l'Analyse, a déjà donné lieu à des recherches très profondes; heureux si celles que je présente ici aux géomètres peuvent mériter leur attention!

C'est principalement dans l'application de l'Analyse au système du monde que l'on a besoin de méthodes simples et convergentes, pour intégrer par approximation les équations différentielles; celles du mouvement des corps célestes se présentent, en effet, sous une forme si compliquée, qu'elles ne laissent aucun espoir de réussir jamais à les intégrer rigoureusement; mais, comme les valeurs des variables sont à peu près connues, on imagina de substituer à leur place les quantités connues dont elles diffèrent toujours fort peu, plus une très petite quantité; et, en négligeant le carré et les puissances supérieures de cette nouvelle indéterminée, on réduisit le problème à l'intégration d'autant d'équations différentielles linéaires qu'il y avait de variables. Il ne restait plus ainsi qu'à intégrer ces équations; or les géomètres imaginèrent pour cela différentes méthodes, dont la plus ingénieuse me paraît être celle des coefficients indéterminés de M. d'Alembert. Ayant ainsi une première valeur approchée des variables, on substitua dans les équations différentielles, au lieu de chaque variable, cette valeur, plus une très petite indéterminée dont on négligea le carré et les puissances supérieures, et, en continuant d'opérer ainsi, on eut une seconde, une troisième, etc. valeur approchée. Cette méthode, analogue à celle de Newton pour déterminer par approximation les racines des équations numériques, se présenta naturellement aux géomètres qui résolurent les premiers le problème des trois corps; appliquée à la recherche du mouvement de la Lune, elle avait l'inconvénient de donner dans la seconde approximation des arcs de cercle, dans le cas même où il était démontré qu'il ne devait point y en avoir; mais on parvint à les faire disparaître par différents moyens.

Lorsque la planète n'a qu'un satellite, la méthode que nous venons d'exposer est suffisante; mais, quand elle en a plusieurs, ou lorsqu'il s'agit de déterminer le mouvement de deux ou d'un plus grand nombre de planètes autour du Soleil, on trouve, par la seconde approximation, des termes du même ordre que ceux qui résultent de la première, tandis qu'on les suppose d'un ordre inférieur. M. de Lagrange est le premier qui ait senti et résolu cette difficulté par une analyse sublime, dans son excellente pièce sur les inégalités des satellites de Jupiter, et dans le Tome III des *Mémoires de Turin*. MM. d'Alembert et de Condorcet ont depuis donné des méthodes fort ingénieuses pour le même objet; celle que je propose ici est, si je ne me trompe, absolument nouvelle et d'ailleurs très utile, lorsque les variables sont fonctions de quantités périodiques et d'autres quantités croissantes très lentement, ce qui est le cas de toutes les questions relatives à l'Astronomie physique. Elle consiste à faire varier les constantes arbitraires dans les intégrales approchées, et à trouver ensuite par l'intégration leurs valeurs pour un temps quelconque. Cette méthode conduit à des équations fort simples et très faciles à intégrer, quel que soit le nombre des variables, et c'est là un de ses principaux avantages. J'en ai donné une idée fort succincte dans le Volume de l'Académie pour l'année 1772, I$^{re}$ Partie, p. 651 (¹). Je vais la développer ici avec plus d'étendue, et l'appliquer au mouvement des planètes. Les exemples suivants la feront mieux entendre que des généralités toujours difficiles à saisir.

*Exemple I.* — Soit proposé d'intégrer l'équation différentielle

$$(1) \qquad \frac{d^2 y}{dt^2} + y = \alpha y \cos 2t,$$

$\alpha$ étant supposé fort petit et $dt$ constant. J'intègre d'abord celle-ci

$$\frac{d^2 y}{dt^2} + y = 0,$$

ce qui donne, par les méthodes connues,

$$y = p \sin t + q \cos t,$$

$p$ et $q$ étant deux constantes arbitraires que je détermine au moyen des valeurs de $y$ et de $\frac{dy}{dx}$, lorsque $t = 0$; c'est l'expression de $y$, en y supposant $\alpha = 0$. Soit maintenant

$$y = p \sin t + q \cos t + \alpha z,$$

et l'équation (1) donnera, en négligeant les quantités de l'ordre $\alpha^2$,

$$\frac{d^2 z}{dt^2} + z = \frac{p}{2} \sin 3t - \frac{p}{2} \sin t + \frac{q}{2} \cos 3t + \frac{q}{2} \cos t;$$

d'où l'on aura, en intégrant,

$$z = \frac{p}{4} t \cos t + \frac{q}{4} t \sin t - \frac{p}{16} \sin 3t - \frac{q}{16} \cos 3t.$$

Il est inutile d'ajouter ici de nouvelles constantes, parce qu'elles sont

(¹) *Œuvres de Laplace*, T. VIII, p. 361.

déjà renfermées dans la première valeur de $y$; partant, on aura

$$(2) \qquad y = \left(p + \frac{\alpha}{4}qt\right)\sin t + \left(q + \frac{\alpha}{4}pt\right)\cos t - \frac{\alpha p}{16}\sin 3t - \frac{\alpha q}{16}\cos 3t.$$

Je fais ensuite, dans l'équation (1), $t = T + t_1$, T étant constant; elle devient

$$\frac{d^2 y}{dt_1^2} + y = \alpha y \cos(2T + 2t_1);$$

et l'on trouvera en l'intégrant, en portant la précision jusqu'aux quantités de l'ordre $\alpha$ inclusivement, et en ajoutant les constantes arbitraires de manière qu'elles coïncident avec celles de l'équation (2), lorsque $\alpha = 0$,

$$(3) \quad \left\{ \begin{aligned} y &= \left('p + \frac{\alpha}{4}\,'q t_1\right)\sin(T + t_1) + \left('q + \frac{\alpha}{4}\,'p t_1\right)\cos(T + t_1) \\ &\quad - \frac{\alpha\,'p}{16}\sin(3T + 3t_1) - \frac{\alpha\,'q}{16}\cos(3T + 3t_1), \end{aligned} \right.$$

$'p$ et $'q$ étant deux nouvelles constantes arbitraires que je détermine au moyen des valeurs de $y$ et de $\frac{dy}{dt_1}$ lorsque $t_1 = 0$.

On pourrait simplifier un peu le calcul, en substituant tout de suite dans l'équation (1), au lieu de $t$, $T + t_1$, et en parvenant ainsi à l'équation (3); car l'équation (2) peut aisément s'en déduire en y faisant $T = 0$, partant $t = t_1$, $'p = p$ et $'q = q$.

Si l'on avait $\alpha = 0$, on aurait, en comparant les équations (2) et (3), $'p = p$, $'q = q$; donc $p$ ne diffère de $'p$ et $q$ de $'q$ que de quantités de l'ordre $\alpha$; soit donc

$$'p = p + \delta p, \qquad 'q = q + \delta q,$$

$\delta p$ et $\delta q$ étant de l'ordre $\alpha$; cela posé, si l'on retranche l'équation (2) de l'équation (3), après avoir substitué dans celle-ci $t - T$ au lieu de $t_1$, on aura, en négligeant les quantités de l'ordre $\alpha^2$,

$$0 = \left(\delta p - \frac{\alpha}{4}Tq\right)\sin t + \left(\delta q - \frac{\alpha}{4}Tp\right)\cos t,$$

équation qui, à cause de $t$ variable et de T supposé constant, se partage dans les deux suivantes :

$$(4) \qquad \delta p = \frac{\alpha}{4} \mathrm{T} q,$$

$$(5) \qquad \delta q = \frac{\alpha}{4} \mathrm{T} p.$$

On voit ainsi que $p$ et $q$ sont fonctions de $\frac{\alpha}{4}\mathrm{T}$. Pour déterminer ces fonctions, soit $\frac{\alpha}{4}\mathrm{T} = x$, on aura, comme l'on sait,

$$'p = p + \delta p = p + x \frac{dp}{dx} + \frac{x^2}{1.2} \frac{d^2p}{dx^2} + \ldots,$$

$$'q = q + \delta q = q + x \frac{dq}{dx} + \frac{x^2}{1.2} \frac{d^2q}{dx^2} + \ldots,$$

partant

$$\delta p = x \frac{dp}{dx} + \frac{x^2}{1.2} \frac{d^2p}{dx^2} + \ldots,$$

$$\delta q = x \frac{dq}{dx} + \frac{x^2}{1.2} \frac{d^2q}{dx^2} + \ldots;$$

les équations (4) et (5) deviendront ainsi, en négligeant les quantités de l'ordre $x^2$, ou, ce qui revient au même, en comparant les termes multipliés par $x$,

$$(6) \qquad \frac{dp}{dx} = q,$$

$$(7) \qquad \frac{dq}{dx} = p.$$

Pour intégrer ces deux équations, je fais

$$p = f e^{nx} \qquad \text{et} \qquad q = g e^{nx},$$

$e$ étant le nombre dont le logarithme hyperbolique est l'unité, et $f$ et $n$ étant constants ; en substituant ces valeurs de $p$ et de $q$ dans les équations différentielles (6) et (7), on aura

$$f n = g \qquad \text{et} \qquad g n = f,$$

d'où l'on tire

$$n = \pm 1 ;$$

partant, on aura

$$p = f e^x + {}^1\!f e^{-x} \quad \text{et} \quad q = g e^x + {}^1\!g e^{-x};$$

de plus, on a

$$f = g \quad \text{et} \quad {}^1\!f = - {}^1\!g;$$

donc

$$p = f e^{\frac{\alpha}{4} \mathrm{T}} + {}^1\!f e^{-\frac{\alpha}{4} \mathrm{T}} \quad \text{et} \quad q = f e^{\frac{\alpha}{4} \mathrm{T}} - {}^1\!f e^{-\frac{\alpha}{4} \mathrm{T}},$$

$f$ et ${}^1\!f$ étant deux nouvelles constantes arbitraires; ce sont les expressions de $p$ et de $q$ après le temps T, ou, ce qui est la même chose, les valeurs de ${}^1\!p$ et de ${}^1\!q$; maintenant, si l'on substitue dans l'équation (3) ces valeurs de ${}^1\!p$ et de ${}^1\!q$, et que l'on y suppose $t_1 = o$, elle deviendra

$$(\sigma) \quad \begin{cases} y = f e^{\frac{\alpha}{4} \mathrm{T}} \left( \sin \mathrm{T} + \cos \mathrm{T} - \frac{\alpha}{16} \sin 3\mathrm{T} - \frac{\alpha}{16} \cos 3\mathrm{T} \right) \\[2mm] \quad + {}^1\!f e^{-\frac{\alpha}{4} \mathrm{T}} \left( \sin \mathrm{T} - \cos \mathrm{T} - \frac{\alpha}{16} \sin 3\mathrm{T} + \frac{\alpha}{16} \cos 3\mathrm{T} \right). \end{cases}$$

C'est l'expression de $y$, après le temps quelconque T, en négligeant les quantités de l'ordre $\alpha^2$.

Si l'on voulait porter la précision jusqu'aux quantités de l'ordre $\alpha^2$, on le ferait d'une manière semblable en faisant varier les nouvelles arbitraires $f$ et ${}^1\!f$.

On pourrait parvenir encore à l'équation $(\sigma)$ de cette manière : je reprends l'équation (2)

$$(2) \quad y = \left( p + \frac{\alpha}{4} q t \right) \sin t + \left( q + \frac{\alpha}{4} p t \right) \cos t - \frac{\alpha p}{16} \sin 3t - \frac{\alpha q}{16} \cos 3t,$$

et j'observe que, puisqu'on a négligé les termes de l'ordre $\alpha^2$, on peut substituer, dans les termes de l'ordre $\alpha$, au lieu de $p$ et $q$, d'autres quantités ${}^1\!p$ et ${}^1\!q$, telles que leurs différences d'avec $p$ et $q$ soient de l'ordre $\alpha$, en sorte que ${}^1\!p$ et ${}^1\!q$ seraient constants si l'on avait $\alpha = o$; je suppose donc ${}^1\!p$ et ${}^1\!q$ tels que l'on ait

$$^1\!p - p = \frac{\alpha}{4} q t \quad \text{et} \quad {}^1\!q - q = \frac{\alpha}{4} p t,$$

l'équation (2) donnera

$$y = {}^1p \sin t + {}^1q \cos t - \frac{\alpha^1 p}{16} \sin 3t - \frac{\alpha^1 q}{16} \cos 3t;$$

de plus, on aura comme précédemment, en faisant $\frac{\alpha}{4} t = x$,

$$\frac{dp}{dx} = q \quad \text{et} \quad \frac{dq}{dx} = p,$$

d'où l'on tirera l'équation

$$y = f e^{\frac{\alpha}{4} t} \left( \sin t + \cos t - \frac{\alpha}{16} \sin 3t - \frac{\alpha}{16} \cos 3t \right)$$
$$+ {}^1 f e^{-\frac{\alpha}{4} t} \left( \sin t - \cos t - \frac{\alpha}{16} \sin 3t + \frac{\alpha}{16} \cos 3t \right),$$

la même que l'équation ($\sigma$).

Quoique de cette seconde manière le calcul soit plus simple, cependant je préférerai, dans la suite, la première, qui me paraît plus directe.

*Exemple II.* — Soit encore l'équation différentielle

$$(8) \qquad \frac{d^2 y}{dt^2} + y = \alpha y^2 \sin 3t.$$

En intégrant d'abord celle-ci

$$\frac{d^2 y}{dt^2} + y = 0,$$

on aura

$$y = p \sin t + q \cos t,$$

$p$ et $q$ étant deux constantes arbitraires dépendantes des valeurs de $y$ et de $\frac{dy}{dt}$, lorsque $t = 0$.

On fera ensuite

$$y = p \sin t + q \cos t + \alpha z,$$

et l'équation (8) donnera, en négligeant les quantités de l'ordre $\alpha^2$,

$$\frac{d^2 z}{dt^2} + z = \frac{pq}{2} \cos t + \frac{q^2 - p^2}{4} \sin t + \frac{p^2 + q^2}{2} \sin 3t + \frac{q^2 - p^2}{4} \sin 5t - \frac{pq}{2} \cos 5t;$$

d'où l'on tire, en intégrant,

$$s = \frac{pqt}{4}\sin t + \frac{(p^2 - q^2)t}{8}\cos t$$

$$- \frac{p^2 + q^2}{16}\sin 3t + \frac{p^2 - q^2}{96}\sin 5t + \frac{pq}{48}\cos 5t,$$

partant,

$$(9) \quad \begin{cases} y = \left(p + \dfrac{\alpha pq}{4}t\right)\sin t + \left(q + \alpha\dfrac{p^2 - q^2}{8}t\right)\cos t \\[2mm] \qquad - \alpha\dfrac{p^2 + q^2}{16}\sin 3t + \alpha\dfrac{p^2 - q^2}{96}\sin 5t + \dfrac{\alpha pq}{48}\cos 5t. \end{cases}$$

Si l'on fait présentement dans l'équation (8), $t = T + t_1$, elle deviendra

$$\frac{d^2 y}{dt_1^2} + y = \alpha y^2 \sin 3(T + t_1),$$

et, en intégrant, on aura

$$(10) \quad \begin{cases} y = \left('p + \alpha\dfrac{'p\,'q}{4}t_1\right)\sin(T + t_1) + \left('q + \alpha\dfrac{'p^2 - 'q^2}{8}t_1\right)\cos(T + t_1) \\[2mm] \qquad - \alpha\dfrac{'p^2 + 'q^2}{16}\sin 3(T + t_1) + \alpha\dfrac{'p^2 - 'q^2}{96}\sin 5(T + t_1) + \alpha\dfrac{'p\,'q}{48}\cos 5(T + t_1), \end{cases}$$

$'p$ et $'q$ étant deux nouvelles constantes arbitraires dépendantes des valeurs de $y$ et de $\dfrac{dy}{dt_1}$, lorsque $t_1 = 0$.

Si l'on avait $\alpha = 0$, on aurait $'p = p$ et $'q = q$, donc $'p$ et $'q$ ne diffèrent de $p$ et $q$ que de quantités de l'ordre $\alpha$; soit donc

$$'p = p + \delta p \qquad \text{et} \qquad 'q = q + \delta q,$$

on aura, en comparant les équations (9) et (10), et négligeant les quantités de l'ordre $\alpha^2$,

$$\delta p = \alpha\frac{pq}{4}T, \qquad \delta q = \alpha\frac{p^2 - q^2}{8}T;$$

d'où l'on voit que $p$ et $q$ sont fonctions de $\alpha T$; soit

$$\frac{\alpha T}{8} = x,$$

et l'on aura, comme dans l'exemple précédent,

$$\frac{dp}{dx} = 2pq, \qquad \frac{dq}{dx} = p^2 - q^2;$$

en multipliant la première de ces équations par $\sqrt{-1}$, et en l'ajoutant et la retranchant successivement de la seconde, on formera les deux suivantes :

$$\frac{dq}{dx} + \sqrt{-1}\,\frac{dp}{dx} = p^2 - q^2 + 2pq\sqrt{-1} = (p + q\sqrt{-1})^2,$$

$$\frac{dq}{dx} - \sqrt{-1}\,\frac{dp}{dx} = p^2 - q^2 - 2pq\sqrt{-1} = (p - q\sqrt{-1})^2.$$

Soit

$$p + q\sqrt{-1} = s'\sqrt{-1} \qquad \text{et} \qquad p - q\sqrt{-1} = s\sqrt{-1};$$

on aura

$$\frac{ds'}{dx} = \frac{dq}{dx} - \sqrt{-1}\,\frac{dp}{dx},$$

$$-\frac{ds}{dx} = \frac{dq}{dx} + \sqrt{-1}\,\frac{dp}{dx};$$

donc

$$\frac{ds'}{dx} = -s^2 \qquad \text{et} \qquad \frac{ds}{dx} = s'^2;$$

en différentiant cette dernière équation, on aura

$$\frac{d^2 s}{dx^2} = 2s'\frac{ds'}{dx} = -2s's^2 = -2s^2\sqrt{\frac{ds}{dx}};$$

donc

$$\left(\frac{ds}{dx}\right)^{\frac{1}{2}}\frac{d^2 s}{dx^2} = -2s^2\,ds$$

et, en intégrant,

$$\frac{2}{3}\left(\frac{ds}{dx}\right)^{\frac{3}{2}} = \frac{2}{3}a^3 - \frac{2}{3}s^3,$$

$a$ étant une constante arbitraire; partant

$$\frac{ds}{(a^3 - s^3)^{\frac{2}{3}}} = dx \qquad \text{et} \qquad h + \int \frac{ds}{(a^3 - s^3)^{\frac{2}{3}}} = x,$$

$h$ et $a$ étant arbitraires; de là on aura $s$ et, par conséquent, $p$ et $q$ en $x$, et, restituant au lieu de $x$ sa valeur $\dfrac{\alpha \mathrm{T}}{8}$, on aura les valeurs de $'p$ et de $'q$; et l'équation (10) donnera, en y supposant $t_1 = 0$,

$$y = {'p}\sin\mathrm{T} + {'q}\cos\mathrm{T} - \alpha\frac{{'p_1^2} + {'q_1^2}}{2}\sin 3\mathrm{T} + \alpha\frac{{'p^3} - {'q^3}}{96}\cos 5\mathrm{T} + \alpha\frac{{'p}\,{'q}}{48}\cos 5\mathrm{T};$$

c'est l'expression de $y$, après le temps quelconque $\mathrm{T}$; toute la difficulté se réduit donc à intégrer la quantité $\dfrac{ds}{(a^3 - s^3)^{\frac{2}{3}}}$; or elle n'est renfermée dans aucun des cas connus dans lesquels le binôme $x^m\,dx\,(a + bx^n)^p$ est intégrable; car, pour cela, il faut, comme l'on sait, que $\dfrac{m+1}{n}$, ou $\dfrac{m+1}{n} + p$, soient des nombres entiers, ce qui n'a point lieu pour la quantité $ds\,(a^3 - s^3)^{-\frac{2}{3}}$.

*Exemple III.* — Que l'on propose encore d'intégrer l'équation

$$(11) \qquad 0 = \frac{d^2 y}{dt^2} + y - l + \alpha y^2.$$

On intégrera d'abord celle-ci

$$0 = \frac{d^2 y}{dt^2} + y - l,$$

ce qui donne

$$y = l + p\sin t + q\cos t,$$

$p$ et $q$ étant des constantes arbitraires que je détermine au moyen des valeurs de $y$ et de $\frac{dy}{dt}$, lorsque $t = 0$; je fais ensuite

$$y = t + p \sin t + q \cos t + \alpha z,$$

et substituant cette valeur de $y$ dans l'équation (11), elle donne, en négligeant les quantités de l'ordre $\alpha^2$ et en intégrant,

$$z = - \frac{2 t^2 + p^2 + q^2}{2} + \frac{q^2 - p^2}{6} \cos 2t + \frac{pq}{3} \sin 2t + lpt \cos t - lqt \sin t;$$

donc

$$(12) \quad \begin{cases} y = t - \alpha \dfrac{2 t^2 + p^2 + q^2}{2} + (p - \alpha lqt) \sin t + (q + \alpha lpt) \cos t \\[2ex] \qquad + \alpha \dfrac{q^2 - p^2}{6} \cos 2t + \dfrac{\alpha pq}{3} \sin 2t. \end{cases}$$

Que l'on fasse présentement, dans l'équation (11),

$$t = T + t_1,$$

T étant supposé constant, elle deviendra

$$0 = \frac{d^2 y}{dt_1^2} + y - t + \alpha y^2;$$

d'où l'on tirera, en l'intégrant et négligeant les quantités de l'ordre $\alpha^2$,

$$(13) \quad \begin{cases} y = t - \dfrac{\alpha(2 t^2 + {}^1p^2 + {}^1q^2)}{2} + ({}^1p - \alpha t\,{}^1q\,t_1) \sin(T + t_1) + ({}^1q + \alpha t\,{}^1p\,t_1) \cos(T + t_1) \\[2ex] \qquad + \dfrac{\alpha({}^1q^2 - {}^1p^2)}{6} \cos(2T + 2t_1) + \dfrac{\alpha\,{}^1p\,{}^1q}{3} \sin(2T + 2t_1). \end{cases}$$

${}^1p$ et ${}^1q$ étant deux nouvelles constantes arbitraires que je détermine au moyen des valeurs de $y$ et de $\frac{dy}{dt_1}$ lorsque $t_1 = 0$.

Présentement, si l'on avait $\alpha = 0$, on aurait ${}^1p = p$, ${}^1q = q$; donc ${}^1p$ et ${}^1q$ ne diffèrent de $p$ et de $q$ que de quantités de l'ordre $\alpha$; soit donc

$$ {}^1p = p + \delta p \qquad \text{et} \qquad {}^1q = q + \delta q.$$

Si l'on compare les équations (12) et (13), on aura, comme dans l'exemple précédent, en négligeant les quantités de l'ordre $\alpha^2$,

$$\delta p = -\alpha l \mathrm{T} q \quad \text{et} \quad \delta q = \alpha l \mathrm{T} p;$$

d'où l'on voit que $p$ et $q$ sont fonctions de $\alpha l \mathrm{T}$; soit

$$\alpha l \mathrm{T} = x,$$

et l'on aura

$$\frac{dp}{dx} = -q \quad \text{et} \quad \frac{dq}{dx} = p;$$

en intégrant ces deux équations, on aura

$$p = e\cos(x + \varpi) \quad \text{et} \quad q = e\sin(x + \varpi),$$

$e$ et $\varpi$ étant deux nouvelles constantes arbitraires que l'on déterminera au moyen des valeurs de $p$ et de $q$, lorsque $x = 0$; on aura donc

$${}^1p = e\cos(\alpha l \mathrm{T} + \varpi), \quad {}^1q = e\sin(\alpha l \mathrm{T} + \varpi),$$

et l'équation (13) donnera, en y supposant $t_{,} = 0$,

$$y = l - \frac{\alpha(2l^2 + e^2)}{2} + e\sin[\mathrm{T}(1 + \alpha l) + \varpi] - \frac{\alpha e^2}{6}\cos[2\mathrm{T}(1 + \alpha l) + 2\varpi]:$$

c'est l'expression de $y$ après le temps quelconque T, en négligeant la quantité de l'ordre $\alpha^2$.

Si l'on veut pousser l'approximation jusques aux quantités de l'ordre $\alpha^2$, on fera

$$y = l - \frac{\alpha(2l^2 + e^2)}{2} + e\sin[t(1 + \alpha l) + \varpi] - \frac{\alpha e^2}{6}\cos[2t(1 + \alpha l) + 2\varpi] + \alpha^2 z,$$

et l'équation (11) donnera, en négligeant les quantités de l'ordre $\alpha^3$;

$$0 = \frac{d^2 z}{dt^2} + z - 2l^2 - e^2 l$$
$$- \frac{18 e l^2 + 5 e^3}{6}\sin[t(1 + \alpha l) + \varpi]$$
$$+ e^2 l \cos[2t(1 + \alpha l) + 2\varpi] - \frac{e^3}{6}\sin[3t(1 + \alpha l) + 3\varpi];$$

partant, en intégrant et en négligeant les quantités de l'ordre $\alpha$, on aura

$$z = 2l^3 + e^2l - \frac{18el^2 + 5e^3}{12} l \cos[l(1 + \alpha l) + \varpi]$$

$$+ \frac{e^2l}{3} \cos[2l(1 + \alpha l) + 2\varpi] - \frac{e^3}{48} \sin[3l(1 + \alpha l) + 3\varpi]$$

et

$$(14) \quad \begin{cases} y = l - \alpha l^2 - \dfrac{\alpha e^2}{2} + 2\alpha^2 l^3 \\[2mm] \quad + \alpha^2 e^2 l + e \sin[l(1 + \alpha l) + \varpi] - \alpha^2 \dfrac{18el^2 + 5e^3}{12} l \cos[l(1 + \alpha l) + \varpi] \\[2mm] \quad - \left(\dfrac{\alpha e^2}{6} - \dfrac{\alpha^2 e^2 l}{3}\right) \cos[2l(1 + \alpha l) + 2\varpi] - \dfrac{\alpha^2 e^3}{48} \sin[3l(1 + \alpha l) + 3\varpi]. \end{cases}$$

$e$ et $\varpi$ dépendant des valeurs de $y$ et de $\dfrac{dy}{dl}$, lorsque $l = 0$.

Que l'on fasse présentement, comme ci-dessus, $l = T + l_1$ dans l'équation (11), et l'on trouvera, de la même manière que nous venons de conclure l'équation (14),

$$\begin{cases} y = l - \alpha l^2 - \dfrac{\alpha \,'e^2}{2} + 2\alpha^2 l^3 + \alpha^2 \,'e^2 l \\[2mm] \quad + \,'e \sin[(T + l_1)(1 + \alpha l) + \,'\varpi] - \dfrac{\alpha^2(18\,'el^2 + 5\,'e^3)}{12} l_1 \cos[(T + l_1)(1 + \alpha l) + \,'\varpi] \\[2mm] \quad - \left(\dfrac{\alpha \,'e^2}{6} - \dfrac{\alpha^2 \,'e^2 l}{3}\right) \cos[(2T + 2l_1)(1 + \alpha l) + 2\,'\varpi] - \dfrac{\alpha^2 \,'e^3}{48} \sin[(3T + 3l_1)(1 + \alpha l) + 3\,'\varpi] \end{cases}$$

$'e$ et $'\varpi$ dépendant des valeurs de $y$ et de $\dfrac{dy}{dl_1}$, lorsque $l_1 = 0$; or, si l'on négligeait les quantités de l'ordre $\alpha^2$, on aurait visiblement $'e = e$ et $'\varpi = \varpi$; donc $'e$ ne diffère de $e$, et $'\varpi$ de $\varpi$, que des quantités de l'ordre $\alpha^2$; soit donc

$$'e = e + \delta e \quad \text{et} \quad '\varpi = \varpi + \delta\varpi.$$

Cela posé, les équations (14) et (15) donnent, en les comparant, et en négligeant les quantités de l'ordre $\alpha^3$,

$$\delta e \sin[l(1+\alpha l)+\varpi] + e\,\delta\varpi \cos[l(1+\alpha l)+\varpi]$$
$$= -\frac{\alpha^2}{12}(18\,el^2+5e^3)\,\mathrm{T}\cos[l(1+\alpha l)+\varpi],$$

d'où l'on tire

$$(16)\qquad \delta e = 0 \qquad \text{et} \qquad \delta\varpi = -\frac{\alpha^2}{12}(18\,l^2+5e^2)\,\mathrm{T};$$

partant, $e$ est constant et $\varpi$ est fonction de

$$-\frac{\alpha^2}{12}(18\,l^2+5e^2)\,\mathrm{T};$$

en nommant donc $-x$ cette quantité, on aura

$$\delta\varpi = x\frac{d\varpi}{dx} + \frac{x^2}{1\cdot2}\frac{d^2\varpi}{dx^2} + \ldots,$$

et l'équation (16) donnera, en comparant les termes multipliés par $x$,

$$\frac{d\varpi}{dx} = -1;$$

partant,

$$\varpi = -x + \theta,$$

$\theta$ étant une nouvelle constante arbitraire que l'on déterminera au moyen de la valeur de $\varpi$, lorsque $x = 0$; donc

$$\varpi = \theta - \frac{\alpha^2}{12}(18\,l^2+5e^2)\,\mathrm{T}.$$

L'équation (15) deviendra par conséquent, en y supposant $l_1 = 0$,

$$y = l - \alpha l^2 - \frac{\alpha e^2}{2} + 2\alpha^2 l^3 + \alpha^2 e^2 l$$
$$+ e\sin[\mathrm{T}(1+\alpha l - \tfrac{3}{2}\alpha^2 l^2 - \tfrac{5}{12}\alpha^2 e^2) + \theta]$$
$$- \frac{\alpha e^2}{6}(1-2\alpha l)\cos[2\mathrm{T}(1+\alpha l - \tfrac{3}{2}\alpha^2 l^2 - \tfrac{5}{12}\alpha^2 e^2) + 2\theta]$$
$$- \frac{\alpha^2 e^3}{48}\sin[3\mathrm{T}(1+\alpha l - \tfrac{3}{2}\alpha^2 l^2 - \tfrac{5}{12}\alpha^2 e^2) + 3\theta];$$

c'est, aux quantités près de l'ordre $\alpha^3$, la valeur de $y$ après le temps quelconque T; on pourrait, en suivant ce procédé, continuer aussi loin que l'on voudrait l'approximation.

## II.

La méthode de l'article précédent consiste, comme l'on voit, à déterminer à chaque approximation les constantes arbitraires, de manière à faire disparaître les arcs de cercle, lorsque cela est possible; mais, au lieu de répéter cette opération autant de fois qu'il y a d'approximations, on peut d'abord intégrer l'équation différentielle, en conservant les arcs de cercle et en poussant la précision jusqu'aux quantités de l'ordre auquel on veut s'arrêter; ensuite, on n'aura plus besoin que d'une seule opération pour faire disparaître les arcs de cercle. Développons cette méthode et, pour cela, considérons l'équation différentielle

$$(11) \qquad 0 = \frac{d^2 y}{dt^2} + y - l + \alpha y^2,$$

que nous venons d'intégrer.

Comme je ne veux porter la précision que jusqu'aux quantités de l'ordre $\alpha^2$ inclusivement, je fais

$$y = z + \alpha z' + \alpha^2 z''.$$

En substituant cette valeur de $y$ dans l'équation (11), et comparant séparément les termes sans $\alpha$, ceux de l'ordre $\alpha$ et ceux de l'ordre $\alpha^2$, j'ai les trois équations suivantes

$$\frac{d^2 z}{dt^2} + z - l = 0,$$

$$\frac{d^2 z'}{dt^2} + z' + z^2 = 0,$$

$$\frac{d^2 z''}{dt^2} + z'' + 2 z z' = 0;$$

ce qui donne, en les intégrant successivement,

$$z = l + p \sin l + q \cos l,$$

$$z' = -\tfrac{1}{2}(2\,l^2 + p^2 + q^2) - lql \sin l + lpl \cos l$$
$$+ \frac{q^2 - p^2}{6} \cos 2l + \frac{pq}{3} \sin 2l,$$

$$z'' = l(2\,l^2 + p^2 + q^2)$$
$$+ \sin l\,[\tfrac{1}{12}\,ql(18\,l^2 + 5p^2 + 5q^2) - \tfrac{1}{2}pl^2 l^2]$$
$$- \cos l\,[\tfrac{1}{12}\,pl(18\,l^2 + 5p^2 + 5q^2) + \tfrac{1}{2}ql^2 l^2]$$
$$- \sin 2l\left(\frac{2pql}{3} - l\frac{p^2 - q^2}{3} l\right)$$
$$+ \cos 2l\left(l\frac{p^2 - q^2}{3} + \frac{2pql}{3} l\right)$$
$$+ p\,\frac{3q^2 - p^2}{48} \sin 3l + q\,\frac{q^2 - 3p^2}{48} \cos 3l;$$

partant

$$(V)\quad
\begin{cases}
y = l - \alpha(\tfrac{1}{2} - \alpha l)(2\,l^2 + p^2 + q^2)\\[4pt]
+ \sin l\left[p - \alpha lql + \frac{\alpha^2 ql}{12}(18\,l^2 + 5p^2 + 5q^2) - \frac{\alpha^2 pl^2}{2} l^2\right]\\[4pt]
+ \cos l\left[q + \alpha lpl - \frac{\alpha^2 pl}{12}(18\,l^2 + 5p^2 + 5q^2) - \frac{\alpha^2 ql^2}{2} l^2\right]\\[4pt]
+ \alpha \sin 2l\left[\frac{pq}{3} - \frac{2\alpha pql}{3} + \frac{\alpha l(p^2 - q^2)}{3} l\right]\\[4pt]
+ \alpha \cos 2l\left[\frac{q^2 - p^2}{6} + \frac{\alpha l(p^2 - q^2)}{3} + \frac{2\alpha pql}{3} l\right]\\[4pt]
+ \frac{\alpha^2 p(3q^2 - p^2)}{48} \sin 3l + \frac{\alpha^2 q(q^2 - 3p^2)}{48} \cos 3l,
\end{cases}$$

$p$ et $q$ étant des constantes arbitraires que je détermine au moyen des valeurs de $y$ et de $\dfrac{dy}{dl}$, lorsque $l = 0$.

Si l'on fait présentement, dans l'équation (11), $l = T + l$, on aura, en l'intégrant,

$$(V') \begin{cases} y = l - \alpha(\tfrac{1}{2} - \alpha l)(2\,l^2 + {}'p^2 + {}'q^2) \\[4pt] \quad + \sin(T + l_1)\left[{}'p - \alpha l\,{}'q l_1 + \dfrac{\alpha^2.\,{}'q l_1}{12}(18\,l^2 + 5\,{}'p^2 + 5\,{}'q^2) - \dfrac{\alpha^2}{2}\,{}'p l^2 l_1^2\right] \\[8pt] \quad + \cos(T + l_1)\left[{}'q + \alpha l\,{}'p l_1 - \dfrac{\alpha^2.\,{}'p l_1}{12}(18\,l^2 + 5\,{}'p^2 + 5\,{}'q^2) - \dfrac{\alpha^2}{2}\,{}'q l^2 l_1^2\right] \\[8pt] \quad + \alpha\sin 2(T + l_1)\left[\dfrac{{}'p\,{}'q}{3} - \dfrac{2\alpha\,{}'p\,{}'q l}{3} + \dfrac{\alpha l({}'p^2 - {}'q^2)}{3}\,l_1\right] \\[8pt] \quad + \alpha\cos 2(T + l_1)\left[\dfrac{{}'q^2 - {}'p^2}{6} + \dfrac{\alpha l({}'p^2 - {}'q^2)}{3} + \dfrac{2\alpha\,{}'p\,{}'q l}{3}\,l_1\right] \\[8pt] \quad + \dfrac{\alpha^2.\,{}'p(3\,{}'q^2 - {}'p^2)}{48}\sin 3(T + l_1) + \dfrac{\alpha^2.\,{}'q({}'q^2 - 3\,{}'p^2)}{48}\cos 3(T + l_1), \end{cases}$$

${}'p$ et ${}'q$ étant deux nouvelles constantes arbitraires dépendantes des valeurs de $y$ et de $\dfrac{dy}{dl_1}$, lorsque $l_1 = 0$.

On peut, sans intégrer une seconde fois, conclure l'équation $(V')$ de l'équation $(V)$, en changeant dans celle-ci $p$ en ${}'p$, $q$ en ${}'q$, $l$ en $l_1$, excepté sous les sinus et les cosinus, où l'on doit écrire $T + l_1$ au lieu de $l$.

Si l'on compare maintenant dans les équations $(V)$ et $(V')$ les coefficients de $\sin l$ et de $\cos l$, on aura, en observant que $l = T + l_1$, les deux équations

$${}'p - \alpha l\,{}'q l_1 + \dfrac{\alpha^2.\,{}'q l_1}{12}(18\,l^2 + 5\,{}'p^2 + 5\,{}'q^2) - \dfrac{\alpha^2}{2}\,{}'p l^2 l_1^2$$
$$= p - \alpha(T + l_1)\left[lq - \dfrac{\alpha q}{12}(18\,l^2 + 5 p^2 + 5 q^2)\right] - \dfrac{\alpha^2}{2} p l^2 (T + l_1)^2,$$

$${}'q + \alpha l\,{}'p l_1 - \dfrac{\alpha^2.\,{}'q l_1}{12}(18\,l^2 + 5\,{}'p^2 + 5\,{}'q^2) - \dfrac{\alpha^2}{2}\,{}'q l^2 l_1^2$$
$$= q + \alpha(T + l_1)\left[lp - \dfrac{\alpha p}{12}(18\,l^2 + 5 p^2 + 5 q^2)\right] - \dfrac{\alpha^2}{2} q l^2 (T + l_1)^2.$$

Je fais dans ces deux équations $l_1 = 0$, et j'observe que l'on a

$${}'p = p + T\dfrac{dp}{dT} + \dfrac{T^2}{1.2}\dfrac{d^2 p}{dT^2} + \cdots,$$

$${}'q = q + T\dfrac{dq}{dT} + \dfrac{T^2}{1.2}\dfrac{d^2 q}{dT^2} + \cdots.$$

En substituant ces valeurs de $p$ et de $q$ dans les équations précédentes, on aura, en comparant séparément les termes multipliés par T, les deux équations suivantes :

$$\frac{dp}{dT} = -\alpha l q + \frac{\alpha^2 q}{12}(18\,l^2 + 5p^2 + 5q^2),$$

$$\frac{dq}{dT} = \alpha l p - \frac{\alpha^2 p}{12}(18\,l^2 + 5p^2 + 5q^2).$$

Soit $\alpha l T = x$, et l'on aura

$$\frac{dp}{dx} = -q + \frac{\alpha q(18\,l^2 + 5p^2 + 5q^2)}{12\,l},$$

$$\frac{dq}{dx} = p - \frac{\alpha p(18\,l^2 + 5p^2 + 5q^2)}{12\,l}.$$

Je multiplie la première de ces équations par $p$, la seconde par $q$, et je les ajoute ensemble, ce qui donne

$$p\frac{dp}{dx} + q\frac{dq}{dx} = 0;$$

donc

$$p^2 + q^2 = c^2,$$

$c$ étant constant ; on aura conséquemment

$$\frac{dp}{dx} = -q\left[1 - \frac{\alpha(18\,l^2 + 5c^2)}{12\,l}\right],$$

$$\frac{dq}{dx} = p\left[1 - \frac{\alpha(18\,l^2 + 5c^2)}{12\,l}\right];$$

d'où je conclus, en intégrant,

$$p = c\cos\left\{x\left[1 - \frac{\alpha(18\,l^2 + 5c^2)}{12\,l}\right] + \vartheta\right\},$$

$$q = c\sin\left\{x\left[1 - \frac{\alpha(18\,l^2 + 5c^2)}{12\,l}\right] + \vartheta\right\},$$

$c$ et $\vartheta$ étant deux constantes arbitraires dépendantes des valeurs de $p$

et de $q$, lorsque $x = 0$; on aura donc

$$'p = e \cos\left\{\alpha T\left[l - \frac{\alpha(18\,l^2 + 5\,e^2)}{12}\right] + \theta\right\},$$

$$'q = e \sin\left\{\alpha T\left[l - \frac{\alpha(18\,l^2 + 5\,e^2)}{12}\right] + \theta\right\}.$$

Ainsi l'équation (V') donnera, en y supposant $l_1 = 0$,

$$y = l - \alpha\left(\tfrac{1}{2} - \alpha l\right)(2\,l^2 + e^2) + e \sin\left[\ T\left(1 + \alpha l - \tfrac{3}{2}\alpha^2 l^2 - \tfrac{5}{12}\alpha^2 e^2\right) + \theta\right]$$

$$- \frac{\alpha e^2}{6}(1 - 2\alpha l)\cos\left[2T\left(1 + \alpha l - \tfrac{3}{2}\alpha^2 l^2 - \tfrac{5}{12}\alpha^2 e^2\right) + 2\theta\right]$$

$$- \frac{\alpha^2 e^3}{48}\sin\left[3T\left(1 + \alpha l - \tfrac{3}{2}\alpha^2 l^2 - \tfrac{5}{12}\alpha^2 e^2\right) + 3\theta\right].$$

C'est, aux quantités près de l'ordre $\alpha^3$, l'expression de $y$, après le temps quelconque T; cette valeur est précisément la même que celle à laquelle nous sommes arrivés par un autre procédé dans l'article précédent.

Prenons encore pour exemple l'équation différentielle

$$(x)\quad\left\{\begin{aligned}\frac{d^2 y}{dt^2} + h^2 y = T &+ \alpha\left(T'\,y + T''\frac{dy}{dt}\right)\\[4pt] &+ \alpha^2\left(T'''y^2 + T^{IV}y\frac{dy}{dt} + T^{V}\frac{dy^2}{dt^2}\right)\\[4pt] &+ \alpha^3\left(T^{VI}y^3 + \dots\right) + \dots,\end{aligned}\right.$$

T, T', ... étant des fonctions rationnelles et entières de sinus et de cosinus de cette forme $\sin \xi t$, $\cos \xi t$.

Soit

$$y = z + \alpha z' + \alpha^2 z'' + \dots,$$

et l'on aura, en comparant séparément les quantités sans $\alpha$, celles de l'ordre $\alpha$, celles de l'ordre $\alpha^2$, etc., les équations différentielles

$$\frac{d^2 z}{dt^2} + h^2 z = T,$$

$$\frac{d^2 z'}{dt^2} + h^2 z' = T'z + T''\frac{dz}{dt},$$

$$\frac{d^2 z''}{dt^2} + h^2 z'' = T'z' + T''\frac{dz'}{dt} + T'''z^2 + T^{IV}z\frac{dz}{dt} + \dots$$

$$\dots\dots\dots\dots\dots\dots\dots\dots\dots\dots\dots$$

Ces équations seront au nombre de $n + 1$; si l'on veut pousser l'approximation jusqu'aux quantités de l'ordre $\alpha''$ inclusivement; on les intégrera facilement par les méthodes connues, en conservant les arcs de cercle, et l'on pourra, pour plus de simplicité, rejeter des valeurs de $z'$, $z''$, ... les termes de la forme $6 \sin ht$ et $6 \cos ht$, $6$ étant constant; car je suppose que dans la valeur de $z'$ on ait le terme $6 \sin ht$; comme on peut ajouter à l'intégrale de l'équation différentielle en $z'$ le terme $K \sin ht$, $K$ étant arbitraire, on pourra prendre $K$ égal à $- 6$; et dans ce cas, le terme $\sin ht$ disparaît. A la vérité, de cette manière, $z'$, $z''$, ... ne renferment point de constantes arbitraires; mais, comme $z$ en renferme deux, la valeur de $y$ les renfermera pareillement; partant, elle sera complète; on aura ainsi pour $y$ une expression de cette forme

$$(V') \quad
\begin{cases}
y = \sin ht \begin{cases} p + t\,[\,K + \alpha(ap + {}^1aq) + \alpha^2({}^2ap^2 + {}^3apq + {}^4aq^2) + \alpha^3({}^5ap^3 + \ldots) + \ldots] \\ \quad + t^2[{}^1K + \ldots\ldots\ldots\ldots\ldots\ldots\ldots\ldots\ldots\ldots\ldots\ldots\ldots] \\ \quad + \ldots\ldots\ldots\ldots\ldots\ldots\ldots\ldots\ldots\ldots\ldots\ldots\ldots\ldots \end{cases} \\[2em]
+ \cos ht \begin{cases} q + t\,[\,H + \alpha(bq + {}^1bp) + \alpha^2({}^2bq^2 + {}^3bpq + {}^4bp^2) + \alpha^3({}^5bq^3 + \ldots) + \ldots] \\ \quad + t^2[{}^1H + \ldots\ldots\ldots\ldots\ldots\ldots\ldots\ldots\ldots\ldots\ldots\ldots\ldots] \\ \quad + \ldots\ldots\ldots\ldots\ldots\ldots\ldots\ldots\ldots\ldots\ldots\ldots\ldots\ldots \end{cases}
\end{cases} +$$

R étant fonction de $t$, de sinus et de cosinus.

Présentement, si l'on suppose, dans l'équation $(x)$, $t = T + t_1$, on aura, en l'intégrant,

$$(V') \quad
\begin{cases}
y' = \sin h(T + t_1) \begin{cases} p' + t_1\,[\,K + \alpha(ap' + {}^1aq') + \ldots] \\ \quad + t_1^2[{}^1K + \ldots\ldots\ldots\ldots\ldots\ldots\ldots] \\ \quad + \ldots\ldots\ldots\ldots\ldots\ldots\ldots\ldots\ldots \end{cases} \\[2em]
+ \cos h(T + t_1) \begin{cases} q' + t_1\,[\,H + \alpha(bq' + {}^1bp') + \ldots] \\ \quad + t_1^2[{}^1H + \ldots\ldots\ldots\ldots\ldots\ldots\ldots] \\ \quad + \ldots\ldots\ldots\ldots\ldots\ldots\ldots\ldots\ldots \end{cases} + R',
\end{cases}$$

$p'$ et $q'$ étant deux constantes arbitraires que je détermine au moyen des valeurs de $y$, de $\dfrac{dy}{dt_1}$, lorsque $t_1 = 0$, R' étant ce que devient R, lorsqu'on y change $p$ en $p'$, $q$ en $q'$ et $t$ en $t_1$, excepté sous les sinus et les cosinus, où il faut écrire $T + t_1$ au lieu de $t$; si l'on compare maintenant les deux valeurs précédentes de $y$, on aura, en observant que

$t = T + t_1$, et égalant séparément les coefficients de $\sin ht$ et de $\cos ht$,

$$(f) \quad \begin{cases} p + (T + t_1)[K + \alpha(ap + {}^1aq) + \ldots] + (T + t_1)^2[{}^1K + \ldots] \\ \quad + \ldots\ldots\ldots\ldots\ldots\ldots\ldots\ldots\ldots\ldots\ldots\ldots\ldots\ldots \\ \quad = p' + t_1[K + \alpha(ap' + {}^1aq') + \ldots] + t_1^2[{}^1K + \ldots] \\ \quad + \ldots\ldots\ldots\ldots\ldots\ldots\ldots\ldots\ldots\ldots\ldots\ldots\ldots , \end{cases}$$

$$(f') \quad \begin{cases} q + (T + t_1)[H + \alpha(bq + {}^1bp) + \ldots] + (T + t_1)^2[{}^1H + \ldots] \\ \quad + \ldots\ldots\ldots\ldots\ldots\ldots\ldots\ldots\ldots\ldots\ldots\ldots\ldots\ldots \\ \quad = q' + t_1[H + \alpha(bq' + {}^1bp') + \ldots] + t_1^2[{}^1H + \ldots] \\ \quad + \ldots\ldots\ldots\ldots\ldots\ldots\ldots\ldots\ldots\ldots\ldots\ldots\ldots \end{cases}$$

Je fais dans ces deux équations $t_1 = 0$, et j'observe que l'on a

$$p' = p + T\frac{dp}{dT} + \frac{T^2}{1.2}\frac{d^2p}{dT^2} + \ldots,$$

$$q' = q + T\frac{dp}{dT} + \frac{T^2}{1.2}\frac{d^2q}{dT^2} + \ldots.$$

Substituant ces valeurs de $p'$ et de $q'$, dans les deux équations précédentes, on aura, en comparant séparément les termes multipliés par T, les deux suivantes :

$$(h) \quad \frac{dp}{dT} = K + \alpha(ap + {}^1aq) + \alpha^2({}^2ap^2 + {}^1apq + {}^3aq^2) + \alpha^3({}^4ap^3 + \ldots) + \ldots.$$

$$(h') \quad \frac{dq}{dT} = H + \alpha(bq + {}^1bp) + \alpha^2({}^2bq^2 + {}^1bpq + {}^3bp^2) + \alpha^3({}^3bq^3 + \ldots) + \ldots;$$

il ne s'agit donc plus que d'intégrer ces deux équations; or voici, pour cela, la méthode qui m'a paru la plus simple.

Soit

$$p = r + \alpha(fr^2 + {}^1frs + {}^2fs^2) + \alpha^2({}^3fr^3 + \ldots) + \ldots,$$

$$q = s + \alpha(gs^2 + {}^1grs + {}^2gr^2) + \alpha^2({}^1gs^3 + \ldots) + \ldots;$$

en différentiant, on aura

$$\frac{dp}{dT} = \frac{dr}{dT}[1 + \alpha(2fr + {}^1fs) + \ldots] + \alpha\frac{ds}{dT}[({}^1fr + 2\,{}^2fs) + \ldots].$$

$$\frac{dq}{dT} = \frac{ds}{dT}[1 + \alpha(2gs + {}^1gr) + \ldots] + \alpha\frac{dr}{dT}[({}^1gs + 2\,{}^2gr) + \ldots];$$

substituant, au lieu de $p$, $q$, $\dfrac{dp}{dT}$, $\dfrac{dq}{dT}$, ... ces valeurs dans les équations $(h)$ et $(h')$, on aura deux équations de cette forme

$$\frac{dr}{dT}\left[1 + \alpha(2fr + {}^1fs) + \ldots\right] + \alpha\frac{ds}{dT}\left[({}^1fr + 2\,{}^2fs) + \ldots\right]$$
$$= K + \alpha(ar + {}^1as) + \alpha^2(mr^1 + \ldots) + \ldots,$$

$$\frac{ds}{dT}\left[1 + \alpha(2gs + {}^1gr) + \ldots\right] + \alpha\frac{dr}{dT}\left[({}^1gs + 2\,{}^2gr) + \ldots\right]$$
$$= H + \alpha(bs + {}^1br) + \alpha^2(ns^1 + \ldots) + \ldots.$$

Je multiplie la première par le coefficient de $\dfrac{ds}{dT}$ de la seconde, et la seconde par le coefficient de $\dfrac{ds}{dT}$ de la première, et je les retranche l'une de l'autre, ce qui donne une équation de cette forme

$$\frac{dr}{dT}\left[1 + \alpha(cr + {}^1cs) + \ldots\right] = M + \alpha(er + {}^1es) + \ldots.$$

En divisant cette équation par $1 + \alpha(cr + c_1 s) + \ldots$, et réduisant le second membre dans une suite ascendante par rapport à $\alpha$, en ne portant la précision que jusqu'aux quantités de l'ordre $\alpha^n$ inclusivement, on aura une équation de cette forme

$$\frac{dr}{dT} = M + \alpha(6r + {}^16s) + \alpha^2({}^16r^1 + {}^26rs + {}^16s^1) + \ldots.$$

On aura, par un procédé entièrement semblable, une autre équation de cette forme

$$\frac{ds}{dT} = N + \alpha(\lambda s + {}^1\lambda r) + \alpha^2({}^2\lambda s^1 + {}^2\lambda rs + {}^1\lambda r^1) + \ldots;$$

$M$, $N$, $6$, ${}^16$, ${}^26$, ..., $\lambda$, ${}^1\lambda$, ${}^2\lambda$, ... sont fonctions de $f$, ${}^1f$, ${}^2f$, ..., $g$, ${}^1g$, ${}^2g$, ....

Maintenant, pour n'avoir que deux équations linéaires, je forme les suivantes

$$ {}^16 = 0, \qquad {}^26 = 0, \qquad {}^16 = 0, \qquad \ldots,$$
$$ {}^2\lambda = 0, \qquad {}^2\lambda = 0, \qquad {}^1\lambda = 0, \qquad \ldots,$$

au moyen desquelles on déterminera $f$, $'f$, $\ldots$, $g$, $'g$, $\ldots$; comme on porte la précision jusqu'aux quantités de l'ordre $\alpha^n$ inclusivement, il est aisé de voir que ces équations sont au nombre $(n-1)(n+4)$; mais on peut s'assurer aussi très facilement que le nombre des indéterminées $f$, $'f$, $\ldots$, $g$, $'g$, $\ldots$ est également $(n-1)(n+4)$; d'où il suit qu'il y a autant d'inconnues que d'équations; cela posé, on aura

$$\frac{dr}{dT} = M + \alpha(\delta r + {}'\delta s),$$

$$\frac{ds}{dT} = N + \alpha(\lambda s + {}'\lambda r),$$

équations très faciles à intégrer.

Ayant ainsi les valeurs de $r$ et de $s$, on conclura aisément celles de $p$ et de $q$, et substituant ces valeurs dans l'équation $(V'')$ et y supposant $t_1 = 0$, on aura, aux quantités près de l'ordre $\alpha^{n+1}$, la valeur de $y$, après le temps quelconque T. Telle est, si je ne me trompe, la méthode la plus générale et la plus directe pour intégrer, par approximation, les équations différentielles.

En supposant, dans les équations $(f)$ et $(f')$, $t_1 = 0$, et en y substituant au lieu de $p'$, $p + T\frac{dp}{dT} + \ldots$, et au lieu de $q'$, $q + T\frac{dq}{dT} + \ldots$, on a simplement comparé les termes multipliés par T, et l'on a négligé ceux qui le sont par $T^2$, $T^3$, $\ldots$, ce qui a donné les équations $(h)$ et $(h')$. Il est en effet visible que les coefficients de T, ceux de $T^2$, $\ldots$, doivent être égaux séparément; de là il suit que les valeurs de $p$ et de $q$, que donnent les équations $(h)$ et $(h')$, satisfont aux équations qui résulteraient de la comparaison des coefficients de $T^2$, $T^3$, $\ldots$ dans les équations $(f)$ et $(f')$. Il serait difficile de le démontrer d'une manière directe; mais on voit que cela doit être. Il arrive ici la même chose que dans l'application du Calcul infinitésimal, où l'on néglige les quantités infiniment petites d'un ordre supérieur à celles que l'on compare, bien certain que les équations auxquelles on parvient satisferaient aux équations résultantes de la comparaison des ordres supérieurs.

III.

Jusqu'ici, je n'ai considéré que les équations différentielles à deux variables; celles que j'ai intégrées dans l'article I sont fort simples, et par cette raison elles étaient propres à faire entendre cette nouvelle méthode; mais les suivantes, qui, traitées par les méthodes déjà connues, conduiraient à des calculs impraticables, en feront sentir l'avantage, par la facilité avec laquelle elle donne leurs intégrales approchées; comme ces équations sont à peu près du même genre que celles du mouvement des planètes, je vais les considérer ici avec étendue.

Je suppose que l'on ait entre les $n$ variables $y$, $y'$, $y''$, $\ldots$, $y^n$ les $n$ équations

$$
(\Psi)
\begin{cases}
\dfrac{d^2 y}{dt^2} + q^2\, y = 2\alpha q
\begin{cases}
(\mathrm{o})y + 2\,(\mathrm{o},\mathrm{i})\ y'\ \cos(q'-q)t \\[4pt]
+ 2\,\dfrac{\overline{(\mathrm{o},\mathrm{i})}}{q'}\,\dfrac{dy'}{dt}\,\sin(q'-q)t \\[4pt]
+ 2\,(\mathrm{o},2)\ y''\ \cos(q''-q)t \\[4pt]
+ 2\,\dfrac{\overline{(\mathrm{o},2)}}{q''}\,\dfrac{dy''}{dt}\,\sin(q''-q)t \\[4pt]
+ \ldots\ldots\ldots\ldots\ldots\ldots
\end{cases} \\[40pt]
\dfrac{d^2 y'}{dt^2} + q'^2\, y' = 2\alpha q'
\begin{cases}
(\mathrm{i})y' + 2\,(\mathrm{i},\mathrm{o})\ y\ \cos(q-q')t \\[4pt]
+ 2\,\dfrac{\overline{(\mathrm{i},\mathrm{o})}}{q}\,\dfrac{dy}{dt}\,\sin(q-q')t \\[4pt]
+ 2\,(\mathrm{i},2)\ y''\ \cos(q''-q')t \\[4pt]
+ 2\,\dfrac{\overline{(\mathrm{i},2)}}{q''}\,\dfrac{dy''}{dt}\,\sin(q''-q')t \\[4pt]
+ \ldots\ldots\ldots\ldots\ldots\ldots
\end{cases} \\[40pt]
\dfrac{d^2 y''}{dt^2} + q''^2\, y'' = 2\alpha q''
\begin{cases}
(2)y'' + 2\,(2,\mathrm{o})\ y\ \cos(q-q'')t \\[4pt]
+ \ldots\ldots\ldots\ldots\ldots\ldots
\end{cases} \\[20pt]
\ldots\ldots\ldots\ldots\ldots\ldots\ldots\ldots\ldots\ldots\ldots\ldots\ldots,
\end{cases}
$$

$(\mathrm{o})$, $(\mathrm{o},\mathrm{i})$, $\overline{(\mathrm{o},\mathrm{i})}$, $(\mathrm{o},2)$, $\overline{(\mathrm{o},2)}$, $\ldots$, $(\mathrm{i})$, $(\mathrm{i},\mathrm{o})$, $\ldots$, $(2)$, $\ldots$ étant des coefficients constants quelconques.

J'intègre d'abord les équations

$$
\frac{d^2 y}{dt^2} + q^2 y = 0, \qquad \frac{d^2 y'}{dt^2} + q'^2 y' = 0, \qquad \ldots,
$$

ce qui donne

$$y = h \sin qt + l \cos qt, \qquad y' = h' \sin q't + l' \cos q't, \qquad \ldots,$$

$h, h', \ldots; l, l', \ldots$ étant des constantes arbitraires que je détermine au moyen des valeurs de $y$, $\dfrac{dy}{dt}$, $y'$, $\dfrac{dy'}{dt}$, $\ldots$, lorsque $t = 0$.

Je fais ensuite

$$y = h \sin qt + l \cos qt + \alpha z,$$
$$y' = h' \sin q't + l' \cos q't + \alpha z',$$
$$\ldots\ldots\ldots\ldots\ldots\ldots\ldots\ldots$$

Je substitue ces valeurs dans les équations $(\Psi')$, en négligeant les quantités de l'ordre $\alpha^2$; elles donnent

$$\frac{d^2 z}{dt^2} + q^2 z = 2q \sin qt \left| (0)h + h'[(0,1) - \overline{(0,1)}] + h''[(0,2) - \overline{(0,2)}] + \ldots \right|$$
$$+ 2q \cos qt \left| (0)l + l'[(0,1) - \overline{(0,1)}] + l''[(0,2) - \overline{(0,2)}] + \ldots \right|$$
$$+ [(0,1) + \overline{(0,1)}]2q[h'\sin(2q' - q)t + l'\cos(2q' - q)t]$$
$$+ \ldots\ldots\ldots\ldots\ldots\ldots\ldots\ldots\ldots\ldots\ldots\ldots\ldots\ldots\ldots$$

On formera des équations analogues pour $z'$, $z''$, $\ldots$; on aura donc, en intégrant et ajoutant $\alpha z$ à la valeur précédente de $y$,

$$(\lambda)\quad \begin{cases} y = \left| h + \alpha t((0)l + l'[(0,1) - \overline{(0,1)}] + l''[(0,2) - \overline{(0,2)}] + \ldots) \right| \sin qt \\[2mm] + \left| l - \alpha t((0)h + h'[(0,1) - \overline{(0,1)}] + h''[(0,2) - \overline{(0,2)}] + \ldots) \right| \cos qt \\[2mm] + \dfrac{\alpha q[(0,1) + \overline{(0,1)}]}{2q'(q - q')}[h'\sin(2q' - q)t + l'\cos(2q' - q)t] \\[2mm] + \ldots\ldots\ldots\ldots\ldots\ldots\ldots\ldots\ldots\ldots\ldots\ldots\ldots \end{cases}$$

Si l'on suppose maintenant, dans les équations $(\Psi')$, $t = \mathrm{T} + t_1$ et qu'on les intègre, on trouvera facilement

$$(\lambda')\quad \begin{cases} y = \left| {}^1h + \alpha t_1((0){}^1l + {}^1l'[(0,1) - \overline{(0,1)}] + {}^1l''[(0,2) - \overline{(0,2)}] + \ldots) \right| \sin q(\mathrm{T} + t_1) \\[2mm] + \left| {}^1l - \alpha t_1((0){}^1h + {}^1h'[(0,1) - \overline{(0,1)}] + {}^1h''[(0,2) - \overline{(0,2)}] + \ldots) \right| \cos q(\mathrm{T} + t_1) \\[2mm] + \dfrac{\alpha q[(0,1) + \overline{(0,1)}]}{2q'(q - q')}[{}^1h'\sin(2q' - q)(\mathrm{T} + t_1) + {}^1l'\cos(2q' - q)(\mathrm{T} + t_1)] \\[2mm] + \ldots\ldots\ldots\ldots\ldots\ldots\ldots\ldots\ldots\ldots\ldots\ldots\ldots\ldots\ldots\ldots\ldots, \end{cases}$$

$'h$, $'l$, $'h'$, $'l'$, ... étant des constantes arbitraires dépendantes des valeurs de $y$, $\dfrac{dy}{dt_1}$, $y'$, $\dfrac{dy'}{dt_1}$, ... lorsque $t_1 = 0$; or, si l'on avait $\alpha = 0$, on aurait $'h = h$, $'l = l$, $'h' = h'$, ...; donc $'h$ ne diffère de $h$, $'l$ de $l$, ... que de quantités de l'ordre $\alpha$; soit donc $'h = h + \delta h$, $'l = l + \delta l$, ..., et l'on aura, en comparant les équations $(\lambda)$ et $(\lambda')$ et en négligeant les quantités de l'ordre $\alpha^2$,

$$\delta l = -\alpha T \left\{ (o)h + h'[(o,1) - \overline{(o,1)}] + h'[(o,2) - \overline{(o,2)}] + ... \right\},$$

$$\delta h = \alpha T \left\{ (o)l + l'[(o,1) - \overline{(o,1)}] + l'[(o,2) - \overline{(o,2)}] + ... \right\}.$$

Soit $\alpha T = x$; $h$ et $l$ seront, comme l'on voit, fonctions de $x$, et l'on aura

$$\delta h = x\frac{dh}{dx} + \frac{x^2}{1.2}\frac{d^2 h}{dx^2} + \cdots,$$

$$\delta l = x\frac{dl}{dx} + \frac{x^2}{1.2}\frac{d^2 l}{dx^2} + \cdots;$$

donc, en comparant les termes multipliés par $x$, on aura

$$\frac{dh}{dx} = (o)l + l'[(o,1) - \overline{(o,1)}] + l'[(o,2) - \overline{(o,2)}] + ...,$$

$$\frac{dl}{dx} = -(o)h - h'[(o,1) - \overline{(o,1)}] - h'[(o,2) - \overline{(o,2)}] - ...;$$

on trouvera de la même manière

$$(\chi) \quad
\begin{cases}
\dfrac{dh'}{dx} = (1)l' + l[(1,0) - \overline{(1,0)}] + l'[(1,2) - \overline{(1,2)}] + ...,\\[2mm]
\dfrac{dl'}{dx} = -(1)h' - h[(1,0) - \overline{(1,0)}] - h'[(1,2) - \overline{(1,2)}] - ...,\\[2mm]
\dfrac{dh''}{dx} = (2)l' + l[(2,0) - \overline{(2,0)}] + l'[(2,1) - \overline{(2,1)}] + ...,\\[2mm]
\dfrac{dl''}{dx} = -(2)h' - h[(2,0) - \overline{(2,0)}] - h'[(2,1) - \overline{(2,1)}] - ....
\end{cases}$$

Il ne s'agit plus maintenant que d'intégrer ces équations, et pour cela on fera, ainsi que M. de Lagrange l'a pratiqué dans un cas à peu près semblable (*voir* son excellente pièce *Sur le mouvement des nœuds et l'inclinaison des orbites des planètes*),

$$h = b \sin(f.x + \varpi), \qquad l = b \cos(f.x + \varpi),$$
$$h' = b' \sin(f.x + \varpi), \qquad l' = b' \cos(f.x + \varpi),$$
$$\dots\dots\dots\dots\dots, \qquad \dots\dots\dots\dots\dots,$$

et l'on aura les $n$ équations

$$fb = (\mathrm{o})b + b'[(\mathrm{o},\mathrm{i}) - \overline{(\mathrm{o},\mathrm{i})}] + b''[(\mathrm{o},2) - \overline{(\mathrm{o},2)}] + \dots,$$
$$fb' = (\mathrm{i})b' + b[(\mathrm{i},\mathrm{o}) - \overline{(\mathrm{i},\mathrm{o})}] + b''[(\mathrm{i},2) - \overline{(\mathrm{i},2)}] + \dots,$$
$$fb'' = (2)b'' + b[(2,\mathrm{o}) - \overline{(2,\mathrm{o})}] + b'[(2,\mathrm{i}) - \overline{(2,\mathrm{i})}] + \dots.$$
$$\dots\dots\dots\dots\dots\dots\dots\dots\dots\dots\dots$$

ou

$$(>)\ \begin{cases} \mathrm{o} = b[(\mathrm{o}) \quad - \quad f\ ] + b'[(\mathrm{o},\mathrm{i}) - \overline{(\mathrm{o},\mathrm{i})}] + b''[(\mathrm{o},2) - \overline{(\mathrm{o},2)}] + \dots, \\ \mathrm{o} = b[(\mathrm{i},\mathrm{o}) - \overline{(\mathrm{i},\mathrm{o})}] + b'[(\mathrm{i}) \quad - \quad f\ ] + b''[(\mathrm{i},2) - \overline{(\mathrm{i},2)}] + \dots, \\ \mathrm{o} = b[(2,\mathrm{o}) - \overline{(2,\mathrm{o})}] + b'[(2,\mathrm{i}) - \overline{(2,\mathrm{i})}] + b''[(2) \quad - \quad f\ ] + \dots, \end{cases}$$
$$\dots\dots\dots\dots\dots\dots\dots\dots\dots\dots\dots$$

De ces équations on en tirera une en $f$; les géomètres ont donné pour
cet objet des règles générales (*voir* l'*Introduction à l'analyse des lignes
courbes*, de M. Cramer, et les *Mémoires de l'Académie* pour l'année 1764,
p. 292); mais comme elles ne me paraissent avoir été jusqu'ici démon-
trées que par induction, et que d'ailleurs elles sont impraticables,
pour peu que le nombre des équations soit considérable, je vais reprendre de nouveau cette matière, et donner quelques procédés plus
simples que ceux qui sont déjà connus, pour éliminer entre un nombre
quelconque d'équations du premier degré.

## IV.

Je suppose que l'on ait, entre les $n$ inconnues $\mu$, $\mu'$, $\mu''$, ...., les
$n$ équations

$$\mathrm{o} = {}^{1}a\mu + {}^{1}b\mu' + {}^{1}c\mu'' + \dots,$$
$$\mathrm{o} = {}^{2}a\mu + {}^{2}b\mu' + {}^{2}c\mu'' + \dots,$$
$$\mathrm{o} = {}^{3}a\mu + {}^{3}b\mu' + {}^{3}c\mu'' + \dots,$$
$$\dots\dots\dots\dots\dots\dots\dots,$$

les nombres 1, 2, 3, ... placés à gauche des lettres $a$, $b$, $c$, ... étant ce que je nommerai dans la suite *indices* de ces lettres. On déterminera ainsi l'équation de condition qui doit avoir lieu entre les quantités $^1a$, $^1b$, $^1c$, ...; $^2a$, $^2b$, ...; $^3a$, ... pour que les équations précédentes soient possibles.

Lorsque dans un produit tel que $^4d\,^2c\,^3b\,^1a$, dont les indices suivent la loi des nombres naturels 1, 2, 3, 4, une lettre telle que $b$ précède une autre lettre dont elle est précédée dans l'ordre de l'alphabet, j'appelle cela *variation*, et un terme a d'autant plus de variations que cela peut arriver de plus de manières; par exemple, dans le terme $^4d\,^2c\,^3b\,^1a$, $d$ précède $c$, $b$, $a$, dont il est précédé dans l'ordre de l'alphabet, ce qui forme trois variations; $c$ précède $b$ et $a$, ce qui donne deux variations, et $b$ précède $a$, d'où résulte une variation; ainsi ce terme renferme six variations; cela posé, formez toutes les permutations possibles entre toutes les lettres $a$, $b$, $c$, $d$, $e$, ..., et, dans chaque permutation, donnez l'indice 1 à la première lettre, l'indice 2 à la deuxième, l'indice 3 à la troisième, etc.; ensuite faites précéder chaque permutation du signe $+$ si le nombre des variations y est nul ou pair, et du signe $-$ si ce nombre est impair; en égalant à zéro la somme de tous ces termes, vous aurez l'équation de condition demandée.

Cette règle est due à M. Cramer, mais elle peut être simplifiée par le procédé suivant, que M. Bezout a donné dans l'endroit cité des Mémoires de l'Académie.

Écrivez la lettre $a$, et avec cette lettre et la lettre $b$ formez toutes les permutations possibles, en écrivant d'abord la lettre $b$ la dernière, ensuite l'avant-dernière, et changeant de signe lorsque $b$ change de place, et vous aurez

$$+\,ab, \quad -\,ba.$$

Avec ces deux permutations et la lettre $c$, formez toutes les permutations possibles, en écrivant d'abord dans chaque terme la lettre $c$ la dernière, ensuite l'avant-dernière, et ainsi de suite; et changeant de signe toutes les fois que $c$ change de place, et vous aurez

$$+\,abc, \quad -\,acb, \quad +\,cab, \quad -\,bac, \quad +\,bca, \quad -\,cba.$$

Combinez de la même manière toutes ces permutations avec la lettre $d$, et ainsi de suite, en employant autant de lettres qu'il y a d'inconnues $\mu$, $\mu'$, ...; cela posé, donnez dans chaque terme l'indice 1 à la première lettre, l'indice 2 à la seconde, l'indice 3 à la troisième, etc., en égalant à zéro la somme de tous ces termes, vous aurez l'équation de condition demandée.

Cette règle est, comme l'on voit, d'un usage fort commode, et il est facile de s'assurer qu'elle retombe dans celle de M. Cramer. Cela est d'abord évident pour les deux permutations $+ab$, $-ba$; si on les combine présentement avec la lettre $c$, il est aisé de voir qu'en écrivant dans ces deux termes la lettre $c$ la dernière, le nombre des variations dans chacun d'eux ne changera pas, aussi conservent-ils le même signe qu'ils avaient; mais si, dans ces termes, on écrit la lettre $c$ l'avant-dernière, le nombre de leurs variations est alors augmenté d'une unité, et, suivant la règle, ils changent de signe; d'où il suit généralement que les termes dont le nombre des variations sera zéro ou pair auront le signe $+$, et les autres le signe $-$. D'ailleurs, le nombre des termes dont l'équation de condition est formée est, suivant les deux méthodes, égal à $1.2.3...n$, s'il y a $n$ lettres; et tous ces termes sont différents les uns des autres; donc l'équation de condition sera la même dans les deux cas. Nous allons présentement démontrer la règle de M. Bezout, comme étant la plus simple.

Si, au lieu de combiner d'abord la lettre $a$ avec la lettre $b$, ensuite ces deux-ci avec la lettre $c$, et ainsi de suite, c'est-à-dire si, au lieu de combiner les lettres $a$, $b$, $c$, $d$, $e$, ... dans l'ordre $a$, $b$, $c$, $d$, $e$, ..., on les eût combinées dans l'ordre $a$, $c$, $b$, $d$, $e$, ..., ou $a$, $d$, $b$, $c$, $e$, ..., ou $a$, $e$, $b$, $c$, $d$, ..., ou etc., je dis qu'on aurait toujours eu la même quantité, à la différence des signes près.

Pour démontrer ce théorème, nommons, en général, *résultante* la quantité qui résulte de l'une quelconque de ces combinaisons, en sorte que la *première résultante* soit celle qui vient de la combinaison suivant l'ordre $a$, $b$, $c$, $d$, $e$, ..., que la *seconde résultante* soit celle qui vient de la combinaison suivant l'ordre $a$, $c$, $b$, $d$, $e$, ..., que la *troi-*

*sième résultante* soit celle qui vient de la combinaison suivant l'ordre $a$, $d$, $b$, $c$, $e$, ..., et ainsi de suite; cela posé, il est clair que toutes ces résultantes renferment le même nombre de termes, et précisément les mêmes, puisqu'elles renferment tous les termes qui peuvent résulter de la combinaison des $n$ lettres $a$, $b$, $c$, $d$, $e$, ... disposées entre elles de toutes les manières possibles; il ne peut donc y avoir de différence entre deux résultantes que dans les signes de chacun de leurs termes; or, il est visible que la première résultante donne la seconde, si l'on change dans la première $b$ en $c$ et, réciproquement, $c$ en $b$; mais ce changement augmente ou diminue d'une unité le nombre des variations de chaque terme; d'où il suit que, dans la seconde résultante, tous les termes dont le nombre des variations est impair auront le signe $+$, et les autres le signe $-$; partant, cette seconde résultante n'est que la première, prise négativement.

Il est visible pareillement que la seconde résultante donnera la troisième, en y changeant $c$ en $d$, et réciproquement; or, ce changement augmente ou diminue d'une unité le nombre des variations de chaque terme; donc les termes dont le nombre des variations est zéro ou pair dans la troisième résultante auront le signe $+$, et les autres le signe $-$; de là, on conclura généralement que, si l'on nomme R la première résultante, R′ la deuxième, R″ la troisième, etc., on aura

$$R' = -R, \qquad R'' = R, \qquad R''' = -R, \qquad \ldots$$

Il suit de là que si, dans la première résultante, on change $a$ en $b$, et réciproquement, ou $a$ en $c$, et réciproquement, ou $a$ en $d$, et réciproquement, etc., on aura toujours la même résultante, à la différence des signes près; car l'échange de $a$ en $b$ et de $b$ en $a$ ne signifie autre chose, sinon qu'au lieu de combiner $+ab - ba$, avec les lettres $c$, $d$, $e$, ..., on combine $-ab + ba$ avec ces mêmes lettres, ce qui donne la première résultante prise en $-$; pareillement, l'échange de $a$ en $c$, et de $c$ en $a$, indique qu'au lieu de combiner $+ac - ca$ avec les lettres $b$, $d$, $e$, ..., on combine avec elles $-ac + ca$, ce qui donne la seconde résultante prise en $-$, ou la première prise en $+$, et ainsi de suite.

Il suit encore du théorème précédent que, si, dans la première résultante, on écrit $b$, ou $c$, ou $d$, ou etc. partout où est $a$, cette résultante sera identiquement nulle ; car, je suppose que l'on écrive $c$ au lieu de $a$, la première résultante est égale, par ce que nous venons de voir, à la troisième, c'est-à-dire à celle qui résulte de la combinaison suivant l'ordre $a$, $c$, $b$, $d$, $e$, …; or, en combinant d'abord les deux lettres $a$ et $c$, on a $+ac - ca$ ; si l'on combine ces deux termes avec la lettre $b$, ensuite ceux-ci avec la lettre $d$, etc., il est visible que la quantité qui en résultera deviendra identiquement nulle, en écrivant $c$ au lieu de $a$, parce que, alors, $ac - ca$ devient identiquement nul.

Je suppose maintenant que l'on ait les trois équations

$$0 = {}^1a\mu + {}^1b\mu' + {}^1c\mu'',$$
$$0 = {}^2a\mu + {}^2b\mu' + {}^2c\mu'',$$
$$0 = {}^3a\mu + {}^3b\mu' + {}^3c\mu'';$$

je forme d'abord la résultante des trois lettres $a$, $b$, $c$, suivant l'ordre $a$, $b$, $c$, ce qui donne

$${}^1a\,{}^2b\,{}^3c - {}^1a\,{}^2c\,{}^3b + {}^1c\,{}^2a\,{}^3b - {}^1b\,{}^2a\,{}^3c + {}^1b\,{}^2c\,{}^3a - {}^1c\,{}^2b\,{}^3a$$

ou

$${}^1a({}^2b\,{}^3c - {}^2c\,{}^3b) + {}^2a({}^1c\,{}^3b - {}^1b\,{}^3c) + {}^3a({}^1b\,{}^2c - {}^1c\,{}^2b);$$

je multiplie ensuite la première des équations précédentes par ${}^2b\,{}^3c - {}^2c\,{}^3b$, la deuxième par ${}^1c\,{}^3b - {}^1b\,{}^3c$, la troisième par ${}^1b\,{}^2c - {}^1c\,{}^2b$, et je les ajoute ensemble, ce qui donne

$$0 = \mu\,[{}^1a({}^2b\,{}^3c - {}^2c\,{}^3b) + {}^2a({}^1c\,{}^3b - {}^1b\,{}^3c) + {}^3a({}^1b\,{}^2c - {}^1c\,{}^2b)]$$
$$+ \mu'[{}^1b({}^2b\,{}^3c - {}^2c\,{}^3b) + {}^2b({}^1c\,{}^3b - {}^1b\,{}^3c) + {}^3b({}^1b\,{}^2c - {}^1c\,{}^2b)]$$
$$+ \mu''[{}^1c({}^2b\,{}^3c - {}^2c\,{}^3b) + {}^2c({}^1c\,{}^3b - {}^1b\,{}^3c) + {}^3c({}^1b\,{}^2c - {}^1c\,{}^2b)];$$

or, il suit de ce que nous venons de voir que les coefficients de $\mu'$ et $\mu''$ sont identiquement nuls, puisqu'ils ne sont que la résultante des trois lettres $a$, $b$, $c$, dans laquelle on écrit $b$ ou $c$ partout où est $a$ ; donc, on aura, pour l'équation de condition demandée,

$$0 = {}^1a({}^2b\,{}^3c - {}^2c\,{}^3b) + {}^2a({}^1c\,{}^3b - {}^1b\,{}^3c) + {}^3a({}^1b\,{}^2c - {}^1c\,{}^2b),$$

c'est-à-dire la résultante de la combinaison des trois lettres $a$, $b$, $c$, égalée à zéro. On démontrerait la même chose, quel que soit le nombre des équations.

Pour montrer l'analogie de cette matière avec l'élimination des équations du premier degré, je suppose que l'on ait les trois équations

$$^1p = {}^1a\mu + {}^1b\mu' + {}^1c\mu'',$$
$$^2p = {}^2a\mu + {}^2b\mu' + {}^2c\mu'',$$
$$^3p = {}^3a\mu + {}^3b\mu' + {}^3c\mu''.$$

Je multiplie, comme ci-devant, la première par $(^2b\,{}^3c - {}^2c\,{}^3b)$, la deuxième par $(^1c\,{}^3b - {}^1b\,{}^3c)$, et la troisième par $(^1b\,{}^2c - {}^1c\,{}^2b)$, je les ajoute ensemble, et j'observe que les coefficients de $\mu'$ et de $\mu''$ sont identiquement nuls dans l'équation qui en résulte ; d'où je conclus

$$\mu = \frac{^1p(^2b\,{}^3c - {}^2c\,{}^3b) + {}^2p(^1c\,{}^3b - {}^1b\,{}^3c) + {}^3p(^1b\,{}^2c - {}^1c\,{}^2b)}{^1a(^2b\,{}^3c - {}^2c\,{}^3b) + {}^2a(^1c\,{}^3b - {}^1b\,{}^3c) + {}^3a(^1b\,{}^2c - {}^1c\,{}^2b)};$$

on voit donc que le numérateur de l'expression de $\mu$ se forme du dénominateur, en y changeant $a$ en $p$ ; on aura ensuite $\mu'$ ou $\mu''$, en changeant, dans l'expression de $\mu$, $a$ en $b$, ou en $c$, et réciproquement ; mais, en changeant, dans le dénominateur de $\mu$, $a$ en $b$, et réciproquement, on a toujours, par ce qui précède, la même quantité, au signe près ; donc la valeur de $\mu'$ sera $\dfrac{K}{-R}$, R étant le dénominateur de $\mu$, ou, ce qui revient au même, la première résultante des trois lettres $a$, $b$, $c$ ; K se formera de $-R$, en y changeant $b$ en $p$ ; partant, $-K$ se formera de R, en y changeant $b$ en $p$ ; donc

$$\mu' = \frac{K}{-R} = \frac{-K}{R};$$

ainsi l'expression de $\mu'$ est réduite au même dénominateur que celle de $\mu$, et les numérateurs de ces deux expressions se forment du dénominateur commun R, en y changeant $a$ en $p$ pour $\mu$, et $b$ en $p$ pour $\mu'$ ; on démontrerait de la même manière que l'expression de $\mu''$ a R pour dénominateur, et que son numérateur se forme de R, en y changeant

$c$ en $p$, et cette règle a généralement lieu, quel que soit le nombre des équations.

Voici maintenant un procédé fort simple qui peut considérablement abréger le calcul de l'équation de condition, entre les lettres $a$, $b$, $c$, ....

Je suppose que vous ayez deux équations

$$0 = {}^1a\mu + {}^1b\mu', \qquad 0 = {}^2a\mu + {}^2b\mu';$$

écrivez $+ ab$, et donnez l'indice 1 à la première lettre, et l'indice 2 à la seconde; l'équation de condition demandée sera

$$+ {}^1a\,{}^2b - {}^1b\,{}^2a = 0.$$

Je suppose que vous ayez trois équations; écrivez $+ ab$, combinez ce terme avec la lettre $c$ de toutes les manières possibles, en changeant le signe de chaque terme chaque fois que $c$ change de place, vous aurez ainsi

$$+ abc - acb + cab;$$

donnez dans chaque terme l'indice 1 à la première lettre, l'indice 2 à la deuxième, l'indice 3 à la troisième, et vous aurez

$$+ {}^1a\,{}^2b\,{}^3c - {}^1a\,{}^2c\,{}^3b + {}^1c\,{}^2a\,{}^3b;$$

cela posé, au lieu de $+ {}^1a\,{}^2b\,{}^3c$, écrivez

$$+ ({}^1a\,{}^2b - {}^1b\,{}^2a)\,{}^3c;$$

au lieu de $- {}^1a\,{}^2c\,{}^3b$, écrivez

$$- ({}^1a\,{}^3b - {}^1b\,{}^3a)\,{}^2c;$$

et, au lieu de $+ {}^1c\,{}^2a\,{}^3b$, écrivez

$$+ ({}^2a\,{}^3b - {}^2b\,{}^3a)\,{}^1c;$$

l'équation de condition demandée sera

$$0 = ({}^1a\,{}^2b - {}^1b\,{}^2a)\,{}^3c - ({}^1a\,{}^3b - {}^1b\,{}^3a)\,{}^2c + ({}^2a\,{}^3b - {}^2b\,{}^3a)\,{}^1c.$$

Je suppose que vous ayez quatre équations ; écrivez

$$+ abc - acb + cab,$$

et combinez ces trois termes avec la lettre $d$, en observant : 1° de n'admettre que les termes dans lesquels $c$ précède $d$ ; 2° de changer de signe dans chaque terme toutes les fois que $d$ change de place, et vous aurez

$$+ abcd - acbd + acdb + cabd - cadb + cdab;$$

donnez ensuite l'indice 1 à la première lettre, l'indice 2 à la deuxième, etc., et vous aurez

$$+ {}^1a\,{}^2b\,{}^3c\,{}^4d - {}^1a\,{}^2c\,{}^3b\,{}^4d + {}^1a\,{}^2c\,{}^3d\,{}^4b + {}^1c\,{}^2a\,{}^3b\,{}^4d - {}^1c\,{}^2a\,{}^3d\,{}^4b + {}^1c\,{}^2d\,{}^3a\,{}^4b;$$

cela posé, au lieu de $+ {}^1a\,{}^2b\,{}^3c\,{}^4d$, écrivez

$$+ ({}^1a\,{}^2b - {}^1b\,{}^2a)({}^3c\,{}^4d - {}^3d\,{}^4c),$$

et ainsi des autres termes, et l'équation de condition sera

$$0 = ({}^1a\,{}^2b - {}^1b\,{}^2a)({}^3c\,{}^4d - {}^3d\,{}^4c) - ({}^1a\,{}^3b - {}^1b\,{}^3a)({}^2c\,{}^4d - {}^2d\,{}^4c)$$
$$+ ({}^1a\,{}^4b - {}^1b\,{}^4a)({}^2c\,{}^3d - {}^2d\,{}^3c) + ({}^2a\,{}^3b - {}^2b\,{}^3a)({}^1c\,{}^4d - {}^1d\,{}^4c)$$
$$- ({}^2a\,{}^4b - {}^2b\,{}^4a)({}^1c\,{}^3d - {}^1d\,{}^3c) + ({}^3a\,{}^4b - {}^3b\,{}^4a)({}^1c\,{}^2d - {}^1d\,{}^2c).$$

Je suppose que vous ayez cinq équations ; écrivez les six termes $+ abcd - acbd + \ldots$ relatifs à quatre équations, et combinez-les avec la lettre $e$ de toutes les manières possibles, en observant de changer de signe chaque fois que $e$ change de place ; donnez ensuite l'indice 1 à la première lettre de chaque terme, l'indice 2 à la deuxième, etc. ; cela posé, transformez chacun de ces termes dans un autre suivant la méthode que nous venons de prescrire pour les équations à trois et à quatre inconnues ; ainsi, au lieu du terme $+ {}^1a\,{}^2c\,{}^3b\,{}^4e\,{}^5d$, écrivez

$$+ ({}^1a\,{}^3b - {}^1b\,{}^3a)({}^2c\,{}^5d - {}^2d\,{}^5c)\,{}^4e;$$

en égalant à zéro la somme de tous ces termes, vous aurez l'équation de condition demandée.

Lorsqu'on aura six équations, on combinera les termes

$$+ abcde - abced + \ldots$$

relatifs à cinq équations avec la lettre $f$, en observant : 1° de n'admettre que les termes dans lesquels $e$ précède $f$; 2° de changer de signe lorsque $f$ change de place; on transformera ensuite, par la règle précédente, chaque terme dans un autre composé du produit des trois facteurs, chacun de deux dimensions et de deux termes, et l'on aura l'équation de condition demandée; il en sera de même pour un nombre quelconque d'équations.

Il est aisé de voir qu'en effectuant les multiplications, les termes qui en résulteraient seraient tous différents les uns des autres, en sorte que, par ce procédé, on n'a aucun terme inutile; on voit d'ailleurs qu'il abrège considérablement le calcul de l'équation de condition. Il faut présentement la démontrer, et, pour cela, nommons (R) l'équation de condition qu'il donne, et R celle qui résulte des méthodes de MM. Cramer et Bezout; nommons de plus *dérangements* les cas dans lesquels $b$ précède $a$, où $c$ précède $d$, où $e$ précède $f$, etc., en sorte qu'il y ait d'autant plus de dérangements dans un terme que cela y arrive de plus de manières. Cela posé, il est clair, d'après la formation de (R), que cette quantité renferme tous les termes de R; car (R) renferme : 1° toutes les combinaisons possibles entre $a$, $b$, $c$, ..., dont le nombre des dérangements est nul; 2° toutes les combinaisons dont le nombre des dérangements est 1; 3° toutes celles dont le nombre des dérangements est 2, et ainsi de suite; donc (R) renferme tous les termes qui peuvent résulter de la combinaison de $n$ lettres $a$, $b$, $c$, ..., et, par conséquent, cette équation renferme les mêmes termes que R. D'ailleurs chaque terme de (R) a le même signe que son correspondant dans R : 1° cela est évident pour les termes dont le nombre des dérangements est zéro, puisqu'ils sont formés de la même manière dans les deux équations; 2° ceux qui ont un dérangement ont des signes contraires aux premiers, et cela a pareillement lieu dans R, puisqu'en changeant $b$ en $a$, et réciproquement, ou $d$ en $c$, et réciproquement, ou etc., le nombre des variations augmente ou diminue d'une unité, et, partant, le signe de chaque terme est différent; 3° les termes qui ont deux dérangements ont des signes contraires à ceux qui n'en ont qu'un, ce qui a lieu également pour R, et ainsi de suite; d'où l'on voit que l'équation (R) est identiquement la même que l'équation R. On peut aisément déterminer le nombre des termes de l'équation (R); car, celui de l'équation R étant $1.2.3\ldots n$, si $n$ est pair, chaque terme de (R) sera le produit de $\frac{n}{2}$ facteurs de deux termes, ce qui donnera, après avoir effectué les multiplications, $2^{\frac{n}{2}}$ termes; donc, si l'on nomme $q$ le nombre des termes de (R), on aura, après les multiplications, $q\,2^{\frac{n}{2}}$ termes qui, comme nous l'avons vu, sont tous différents; partant, (R) étant égale à R, on aura

$$q\,2^{\frac{n}{2}} = 1.2.3\ldots n,$$

donc

$$q = \frac{1.2.3\ldots n}{2^{\frac{n}{2}}};$$

on trouvera par le même raisonnement que, si $n$ est impair, on a

$$q = \frac{1.2.3\ldots n}{2^{\frac{n-1}{2}}}.$$

On peut réduire encore de la manière suivante l'équation R en termes composés de facteurs de trois dimensions; pour cela, je désigne par $(abc)$ la quantité

$$abc - acb + cab - bac + bca - cba,$$

et par $(ab)$ la quantité $ab - ba$, et ainsi de suite; par $(^1a\,^2b\,^3c)$, j'indiquerai la quantité $(abc)$, dans les termes de laquelle on donne 1 pour indice à la première lettre, 2 à la deuxième, et 3 à la troisième; par $(^1a\,^2b)$, je désignerai la quantité $(ab)$, dans les termes de laquelle on donne 1 pour indice à la première lettre et 2 à la deuxième; et ainsi de suite.

Je suppose maintenant que vous ayez trois équations, l'équation de condition sera

$$0 = (^1a\,^2b\,^3c).$$

Je suppose que vous ayez quatre équations; écrivez $+ abc$, et combinez ce terme de toutes les manières possibles avec la lettre $d$, en observant de changer de signe lorsque $d$ change de place, ce qui donne

$$+ abcd - abdc + adbc - dabc;$$

donnez l'indice 1 à la première lettre, l'indice 2 à la deuxième, etc., et vous aurez

$$+ {}^1a\,{}^2b\,{}^3c\,{}^4d - {}^1a\,{}^2b\,{}^3d\,{}^4c + {}^1a\,{}^4d\,{}^3b\,{}^4c - {}^4d\,{}^2a\,{}^3b\,{}^4c;$$

au lieu du terme $+ {}^1a\,{}^2b\,{}^3c\,{}^4d$, écrivez

$$+ ({}^1a\,{}^2b\,{}^3c)\,{}^4d;$$

au lieu de $- {}^1a\,{}^2b\,{}^3d\,{}^4c$, écrivez

$$- ({}^1a\,{}^2b\,{}^4c)\,{}^3d,$$

et ainsi de suite, et vous formerez l'équation de condition

$$0 = ({}^1a\,{}^2b\,{}^3c)\,{}^4d - ({}^1a\,{}^2b\,{}^4c)\,{}^3d + ({}^1a\,{}^3b\,{}^4c)\,{}^2d - ({}^2a\,{}^3b\,{}^4c)\,{}^1d.$$

Je suppose que vous ayez cinq équations; combinez les termes $+ abcd - abdc + \ldots$ relatifs à quatre équations avec la lettre $e$, en observant : 1° de n'admettre que les termes dans lesquels $d$ précède $e$: 2° de changer de signe lorsque $e$ change de place, et vous aurez

$$+ abcde - abdce + abdec + \ldots;$$

donnez l'indice 1 à la première lettre, l'indice 2 à la deuxième, etc., et vous aurez

$$+ {}^1a\,{}^2b\,{}^3c\,{}^4d\,{}^5e - {}^1a\,{}^2b\,{}^3d\,{}^4c\,{}^5e + {}^1a\,{}^2b\,{}^3d\,{}^4c\,{}^3c + \ldots;$$

ensuite, au lieu de $+ {}^1a\,{}^2b\,{}^3c\,{}^4d\,{}^5e$, écrivez

$$+ ({}^1a\,{}^2b\,{}^3c)\,({}^4d\,{}^5e);$$

au lieu de $- {}^1a\,{}^2b\,{}^3d\,{}^4c\,{}^5e$, écrivez

$$- ({}^1a\,{}^2b\,{}^4c)\,({}^3d\,{}^5e),$$

et ainsi de suite, et, en égalant à zéro la somme de tous ces termes, vous formerez l'équation de condition demandée.

Je suppose que vous ayez six équations, combinez les termes

$+ abcde - \ldots$ relatifs à cinq équations avec la lettre $f$, en observant : 1° de n'admettre que les termes où $e$ précède $f$; 2° de changer de signe lorsque $f$ change de place ; donnez ensuite $1$ pour indice à la première lettre, $2$ à la deuxième, etc., et, au lieu d'un terme quelconque tel que $^1a\,^2d\,^3b\,^4e\,^5c\,^0f$, écrivez

$$(^1a\,^3b\,^5c)(^2d\,^4e\,^6f),$$

et ainsi des autres termes, et, en égalant à zéro la somme de tous ces termes, vous aurez l'équation de condition demandée.

Si vous avez sept équations, combinez les termes $+ abcdef - \ldots$ relatifs à six équations avec la lettre $g$, de toutes les manières possibles ; pour huit équations, combinez les termes relatifs à sept avec la lettre $h$, en n'admettant que les termes dans lesquels $g$ précède $h$, et ainsi du reste.

On décomposerait de la même manière l'équation R en termes composés de facteurs de $4$, de $5$, etc. dimensions.

V.

Je reprends maintenant les équations $(>)$ de l'article III, et j'observe que l'équation de condition qui en résulte est du degré $n$, par rapport à $f$; car il est aisé de voir, par l'article précédent, qu'elle renfermera le terme

$$[(0) - f][(1) - f][(2) - f]\ldots[(n-1) - f],$$

lequel est du degré $n$ par rapport à $f$, et ce terme est celui qui renferme la plus haute puissance de $f$. Soient $f$, $^1f$, $^2f$, $\ldots$ les $n$ racines de cette équation de condition ; il est visible que, les équations $(\psi)$ de l'article III étant linéaires, leur intégrale complète sera

$$h = b\,\sin(fx + \varpi) + {}^1b\,\sin({}^1fx + {}^1\varpi) + {}^2b\,\sin({}^2fx + {}^2\varpi) + \ldots,$$
$$l = b\,\cos(fx + \varpi) + {}^1b\,\cos({}^1fx + {}^1\varpi) + {}^2b\,\cos({}^2fx + {}^2\varpi) + \ldots,$$
$$h' = b'\,\sin(fx + \varpi) + {}^1b'\,\sin({}^1fx + {}^1\varpi) + {}^2b'\,\sin({}^2fx + {}^2\varpi) + \ldots,$$
$$l' = b'\,\cos(fx + \varpi) + {}^1b'\,\cos({}^1fx + {}^1\varpi) + \ldots,$$
$$h'' = b''\,\sin(fx + \varpi) + \ldots,$$

$b$, $'b$, $^2b$, ...; $b'$, $'b'$, ...: $b''$, ...; $\varpi$, $'\varpi$, ... étant des constantes arbitraires, telles que $b$ et $\varpi$, $b'$ et $\varpi$, $b''$ et $\varpi$, etc. dépendent de la même manière de $f$, que $'b$ et $'\varpi$, $'b'$ et $'\varpi$, $'b''$ et $'\varpi$, etc. dépendent de $'f$, ou que $^2b$ et $^2\varpi$, etc. dépendent de $^2f$, et ainsi de suite.

Soient $\mathrm{H}$, $\mathrm{H}'$, ...; $\mathrm{L}$, $\mathrm{L}'$, ... les valeurs de $h$, $h'$, ...; $l$, $l'$, ... à l'origine des intégrales que je suppose commencer avec $x$, on aura

$$(\Gamma)\quad\begin{cases} \mathrm{H} = b\ \sin\varpi + {}'b\sin{}'\varpi + {}^2b\sin{}^2\varpi + \ldots, \\ \mathrm{H}' = b'\sin\varpi + {}'b'\sin{}'\varpi + {}^2b'\sin{}^2\varpi + \ldots, \\ \cdots\cdots\cdots\cdots\cdots\cdots\cdots\cdots\cdots\cdots, \\ \mathrm{L} = b\ \cos\varpi + {}'b\cos{}'\varpi + {}^2b\cos{}^2\varpi + \ldots, \\ \mathrm{L}' = b'\cos\varpi + {}'b'\cos{}'\varpi + \ldots, \\ \cdots\cdots\cdots\cdots\cdots\cdots\cdots\cdots\cdots \end{cases}$$

On aura ainsi $2n$ équations, mais on formera $n-1$ systèmes d'équations semblables à celui des équations $(>)$ de l'article III, en prenant successivement, au lieu de $f$, $b$, $b'$, ..., les quantités $'f$, $'b$, $'b'$, ... ou $^2f$, $^2b$, $^2b'$, ... ou $^3f$, .... Si, dans chaque système, on élimine $f$, $'f$, $^2f$, ..., on formera $n(n-1)$ équations entre $b$, $b'$, ...; $'b$, $'b'$, ...; $^2b$, ..., lesquelles, étant ajoutées avec les $2n$ précédentes, donneront $n^2 + n$ équations entre les $n^2 + n$ indéterminées, $\varpi$, $'\varpi$, ...; $b$, $b'$, ...; $'b$, $'b'$, ....

En suivant les méthodes ordinaires d'élimination, on tomberait dans des calculs impraticables; mais M. de Lagrange a donné dans la pièce déjà citée, *Sur le mouvement des nœuds et l'inclinaison des orbites des planètes,* une très belle méthode pour éliminer dans un cas à peu près semblable; comme elle me parait être ce qu'on peut trouver de plus simple, je vais l'exposer ici en peu de mots, pour dispenser le lecteur de la chercher ailleurs.

Soient

$$\mathrm{H}_1 = (0)\mathrm{H} + \mathrm{H}'[(0,1) - \overline{(0,1)}] + \mathrm{H}'[(0,2) - \overline{(0,2)}] + \ldots,$$
$$\mathrm{H}'_1 = (1)\mathrm{H}' + \mathrm{H}[(1,0) - \overline{(1,0)}] + \mathrm{H}'[(1,2) - \overline{(1,3)}] + \ldots,$$
$$\mathrm{H}''_1 = (2)\mathrm{H}'' + \ldots,$$
$$\cdots\cdots\cdots\cdots\cdots$$

En substituant dans la première de ces équations, au lieu de $H$, $H'$, ..., leurs valeurs tirées des équations $(\Gamma)$, on aura

$$H_1 = \quad \sin\varpi\left\{(o)b + b'[(o,1) - \overline{(o,1)}] + b''[(o,2) - \overline{(o,2)}] + \ldots\right\}$$
$$+ \sin{}'\varpi\left\{(o){}^1b + {}^1b'[(o,1) - \overline{(o,1)}] + {}^1b''[(o,2) - \overline{(o,2)}] + \ldots\right\}$$
$$+ \ldots\ldots\ldots\ldots\ldots\ldots\ldots\ldots\ldots\ldots\ldots\ldots\ldots\ldots\ldots\ldots\ldots\ldots\ldots$$

Or les équations $(>)$ de l'article III donnent

$$(o)b + b'[(o,1) - \overline{(o,1)}] + \ldots = fb,$$
$$(o){}^1b + {}^1b'[(o,1) - \overline{(o,1)}] + \ldots = {}^1f\,{}^1b,$$
$$\ldots\ldots\ldots\ldots\ldots\ldots\ldots\ldots\ldots\ldots\ldots\ldots\ldots;$$

donc

$$H_1 = fb\sin\varpi + {}^1f\,{}^1b\sin{}'\varpi + {}^2f\,{}^2b\sin{}''\varpi + \ldots,$$

et, de là, on conclura $H'_1$, $H''_1$, ..., en marquant d'un, de deux, etc. traits à droite, les lettres $b$, ${}^1b$, ... de l'expression de $H_1$.

Soient pareillement

$$H_2 = (o)H_1 + H'_1[(o,1) - \overline{(o,1)}] + H''_1[(o,2) - \overline{(o,2)}] + \ldots,$$
$$H'_2 = (1)H'_1 + H_1[(1,0) - \overline{(1,0)}] + H''_1[(1,2) - \overline{(1,2)}] + \ldots,$$
$$\ldots\ldots\ldots\ldots\ldots\ldots\ldots\ldots\ldots\ldots\ldots\ldots\ldots\ldots\ldots\ldots\ldots,$$

et l'on trouvera, de la même manière,

$$H_2 = f^2 b\sin\varpi + {}^1f^2.{}^1b\sin{}'\varpi + {}^2f^2.{}^2b\sin{}''\varpi + \ldots.$$

En continuant d'opérer ainsi, on formera les $n$ équations

$$H \quad = \quad b\sin\varpi + \quad {}^1b\sin{}'\varpi + \quad {}^2b\sin{}''\varpi + \ldots,$$
$$H_1 \quad = f \quad b\sin\varpi + {}^1f\,{}^1b\sin{}'\varpi + {}^2f\,{}^2b\sin{}''\varpi + \ldots,$$
$$H_2 \quad = f^2 b\sin\varpi + {}^1f^2.{}^1b\sin{}'\varpi + {}^2f^2.{}^2b\sin{}''\varpi + \ldots,$$
$$\ldots\ldots\ldots\ldots\ldots\ldots\ldots\ldots\ldots\ldots\ldots\ldots\ldots\ldots\ldots,$$
$$H_{n-1} = f^{n-1} b\sin\varpi + {}^1f^{n-1}.{}^1b\sin{}'\varpi + \ldots + {}^{n-1}f^{n-1}.{}^{n-1}b\sin{}^{n-1}\varpi.$$

Il faut présentement tirer de ces équations les valeurs de $b\sin\varpi$, ${}^1b\sin\varpi$, ...; on peut imaginer pour cela différents moyens ; en voici un fort simple, dont j'ai déjà fait usage ailleurs. Je multiplie la première des équations précédentes par ${}^{n-1}f$, et j'en retranche la deuxième; je multiplie la deuxième par ${}^{n-1}f$, et j'en retranche la troisième, et ainsi de suite, ce qui donne

$$
\begin{aligned}
{}^{n-1}f\,\mathrm{II} - \mathrm{II}_1 = {}&\ b\sin\varpi({}^{n-1}f - f) \\
&+ {}^{1}b\sin{}^{1}\varpi({}^{n-1}f - {}^{1}f) + \ldots + {}^{n-2}b\sin{}^{n-2}\varpi({}^{n-1}f - {}^{n-2}f),
\end{aligned}
$$

$$
\begin{aligned}
{}^{n-1}f\,\mathrm{II}_1 - \mathrm{II}_2 = {}&\ fb\ \sin\varpi({}^{n-1}f - f) \\
&+ {}^{1}f\,{}^{1}b\sin{}^{1}\varpi({}^{n-1}f - {}^{1}f) + \ldots + {}^{n-2}f\,{}^{n-2}b\sin{}^{n-2}\varpi({}^{n-1}f - {}^{n-2}f),
\end{aligned}
$$

$$
\cdots\cdots\cdots\cdots\cdots\cdots\cdots\cdots\cdots\cdots\cdots
$$

Je multiplie pareillement la première de ces équations par ${}^{n-2}f$, et j'en retranche la deuxième; je multiplie la deuxième par ${}^{n-2}f$, et j'en retranche la troisième, et ainsi de suite, ce qui donne

$$
\begin{aligned}
\mathrm{II}\,{}^{n-1}f\,{}^{n-2}f - \mathrm{II}_1({}^{n-2}f + {}^{n-1}f) + \mathrm{II}_2 & \\
= b\sin\varpi({}^{n-1}f - f)({}^{n-2}f - f) + \ldots & \\
+ {}^{n-3}b\sin{}^{n-3}\varpi({}^{n-1}f - {}^{n-3}f)({}^{n-2}f - {}^{n-3}f), &
\end{aligned}
$$

$$
\begin{aligned}
\mathrm{II}_1\,{}^{n-1}f\,{}^{n-2}f - \mathrm{II}_2({}^{n-2}f + {}^{n-1}f) + \mathrm{II}_3 & \\
= fb\sin\varpi({}^{n-1}f - f)({}^{n-2}f - f) + \ldots & \\
+ {}^{n-3}f\,{}^{n-3}b\sin{}^{n-3}\varpi({}^{n-1}f - {}^{n-3}f)({}^{n-2}f - {}^{n-3}f), &
\end{aligned}
$$

$$
\cdots\cdots\cdots\cdots\cdots\cdots\cdots\cdots\cdots\cdots\cdots
$$

Je multiplie la première de ces équations par ${}^{n-3}f$, et j'en retranche la deuxième, et ainsi de suite, ce qui donne

$$
\begin{aligned}
\mathrm{II}\,{}^{n-1}f\,{}^{n-2}f\,{}^{n-3}f - \mathrm{II}_1({}^{n-1}f\,{}^{n-3}f + {}^{n-2}f\,{}^{n-3}f + {}^{n-1}f\,{}^{n-2}f) & \\
+ \mathrm{II}_2({}^{n-1}f + {}^{n-2}f + {}^{n-3}f) - \mathrm{II}_3 & \\
= b\sin\varpi({}^{n-1}f - f)({}^{n-2}f - f)({}^{n-3}f - f) + \ldots, &
\end{aligned}
$$

$$
\cdots\cdots\cdots\cdots\cdots\cdots\cdots\cdots\cdots\cdots\cdots
$$

De là, il est aisé de voir que si l'on nomme $\mathcal{E}$ la somme de toutes les racines ${}^{1}f$, ${}^{2}f$, ${}^{3}f$, …; $\gamma$ la somme de tous leurs produits deux à deux; $\lambda$ la somme de leurs produits trois à trois, et ainsi de suite, on aura

$$
b\sin\varpi = \frac{\mathrm{II}_{n-1} - \mathcal{E}\,\mathrm{II}_{n-2} + \gamma\,\mathrm{II}_{n-3} - \lambda\,\mathrm{II}_{n-4} + \ldots}{(f - {}^{1}f)(f - {}^{2}f)(f - {}^{3}f)\ldots(f - {}^{n-1}f)}.
$$

On aura ${}^{1}b\sin{}^{1}\varpi$, ${}^{2}b\sin{}^{2}\varpi$, … en changeant successivement dans cette valeur de $b \sin \varpi$, $f$ en $'f$, $^2f$, ..., et réciproquement. On aura de la même manière

$$b' \sin \varpi = \frac{\mathrm{H}'_{n-1} - 6\mathrm{H}'_{n-2} + \gamma \mathrm{H}'_{n-3} - \ldots}{(f - 'f)(f - 'f)\ldots(f - {}^{n-1}f)},$$

$$b'' \sin \varpi = \frac{\mathrm{H}'_{n-1} - \ldots}{(f - 'f)\ldots},$$

$$\ldots\ldots\ldots\ldots\ldots\ldots,$$

et l'on en conclura $'b' \sin '\varpi$, $^2b' \sin ^2\varpi$, ...; $'b'' \sin '\varpi$, $^2b'' \sin ^2\varpi$, ... en y changeant successivement $f$ en $'f$, $^2f$, ..., et réciproquement.

De plus, il est aisé de voir, par la nature des équations (I'), qu'il suffit pour avoir $b \cos \varpi$ de changer dans l'expression précédente de $b \sin \varpi$, $\mathrm{H}$, $\mathrm{H}'$, ... en $\mathrm{L}$, $\mathrm{L}'$, ...; désignant donc par $\mathrm{L}_{n-1}$, $\mathrm{L}_{n-2}$, ... des fonctions en $\mathrm{L}$, $\mathrm{L}'$, ... pareilles à celles de $\mathrm{H}_{n-1}$, $\mathrm{H}_{n-2}$, ... en $\mathrm{H}$, $\mathrm{H}'$, ..., on aura

$$b \cos \varpi = \frac{\mathrm{L}_{n-1} - 6\mathrm{L}_{n-2} + \gamma \mathrm{L}_{n-3} - \ldots}{(f - 'f)(f - 'f)\ldots},$$

et de là on conclura facilement $'b \cos '\varpi$, $^2b \cos ^2\varpi$, ...; $b' \cos \varpi$, ....

Les quantités $6$, $\gamma$, $\lambda$ peuvent se déterminer aisément de cette manière : soit

$$x^n - \theta x^{n-1} + {}'\theta x^{n-2} - {}^2\theta x^{n-3} + {}^3\theta x^{n-4} - \ldots = 0$$

l'équation dont les différentes racines sont $f$, $'f$, $^2f$, ..., on aura, en divisant cette équation par $x - f$,

$$x^{n-1} - 6 x^{n-2} + \gamma x^{n-3} - \lambda x^{n-4} + \ldots = 0;$$

donc, en multipliant cette dernière équation par $x - f$, et la comparant terme à terme à la première, on aura

$$6 + f = \theta,$$
$$\gamma + 6f = {}'\theta,$$
$$\lambda + \gamma f = {}^2\theta,$$
$$\ldots\ldots\ldots\ldots$$

ou

$$6 = \theta - f,$$
$$\gamma = {}'\theta - 6f,$$
$$\lambda = {}^2\theta - \gamma f,$$

Quant au produit $(f - {}^1f)(f - {}^2f)\dots$, on le déterminera facilement en considérant que l'équation

$$x^n - \theta x^{n-1} + {}^1\theta x^{n-2} - \dots = 0$$

peut être mise sous cette forme

$$(x - f)(x - {}^1f)(x - {}^2f)\dots = 0;$$

en sorte que

$$(x - f)(x - {}^1f)\dots = x^n - \theta x^{n-1} + \dots$$

Soit $x = f + \alpha$, $\alpha$ étant supposé infiniment petit, et l'on aura, en négligeant les quantités de l'ordre $\alpha^2$ et divisant par $\alpha$,

$$(f - {}^1f)(f - {}^2f)\dots = nf^{n-1} - (n-1)\theta f^{n-2} + (n-2){}^1\theta f^{n-3} - \dots$$

Maintenant on aura

$$\begin{aligned}
{}^1h &= b\sin\varpi\cos\alpha fT + b\cos\varpi\sin\alpha fT + \dots, \\
{}^1l &= b\cos\varpi\cos\alpha fT - b\cos\varpi\sin\alpha fT + \dots
\end{aligned}$$

Donc l'équation $(\lambda')$ de l'article III donne, en y supposant $l_1 = 0$,

$$\begin{aligned}
y =\ & b\sin\varpi\sin(q - \alpha f)T + b\cos\varpi\cos(q - \alpha f)T \\
& + {}^1b\sin{}^1\varpi\sin(q - \alpha{}^1f)T + {}^1b\cos{}^1\varpi\cos(q - \alpha{}^1f)T \\
& + \dots\dots\dots\dots\dots\dots\dots\dots\dots\dots\dots\dots\dots\dots \\
& + \frac{\alpha q[(0,1) + \overline{(0,1)}]}{2q'(q - q')}\left[b'\sin\varpi\sin(2q' - q - \alpha f)T + b_1\cos\varpi\cos(2q' - q - \alpha f)T\right] \\
& + \dots\dots\dots\dots\dots\dots\dots\dots\dots\dots\dots\dots\dots\dots\dots
\end{aligned}$$

C'est la valeur de $y$ après le temps quelconque T.

Si l'on voulait porter la précision jusqu'aux quantités de l'ordre $\alpha^2$, on ferait varier les nouvelles constantes arbitraires H, H', … ; L, L', …, comme nous l'avons fait dans l'article I.

## VI.

On pourrait encore étendre aux équations à un nombre quelconque de variables la méthode que nous avons donnée (art. II) pour une équation différentielle à deux variables ; je suppose, en effet, que l'on ait les deux équations :

$$\frac{d^2 y}{dt^2} + h^2 y = T + \alpha\left(T'y + T'\frac{dy}{dt} + T''y' + T^{iv}\frac{dy'}{dt}\right) + \alpha^2(T^v y^2 + \ldots) + \ldots,$$

$$\frac{d^2 y'}{dt^2} + h'^2 y' = S + \alpha\left(S'y' + S'\frac{dy'}{dt} + S''y + S^{iv}\frac{dy}{dt}\right) + \alpha^2(S^v y'^2 + \ldots) + \ldots,$$

T, T', …; S, S', … étant des fonctions quelconques rationnelles et entières de sinus et de cosinus ; on fera

$$y = z + \alpha z' + \alpha^2 z'' + \ldots,$$
$$y' = u + \alpha u' + \alpha^2 u'' + \ldots,$$

et l'on trouvera, pour $y$ et pour $y'$, deux expressions de cette forme

$$
\begin{aligned}
y = \ \ & \sin ht \ \Big| p + t \ [K + \alpha(ap + {}^1aq + {}^2a^1p + {}^3a^1q) + \ldots] \\
& \qquad + t^2 [\ldots\ldots\ldots\ldots\ldots\ldots\ldots\ldots\ldots] + \ldots \Big| \\
+\ & \cos ht \ \Big| q + t \ [H + \alpha(bq + {}^1bp + {}^2b^1q + {}^3b^1p) + \ldots] \\
& \qquad + \ldots\ldots\ldots\ldots\ldots\ldots\ldots\ldots\ldots\ldots\ldots \Big| + R,
\end{aligned}
$$

$$
\begin{aligned}
y' = \ \ & \sin h't \ \Big| {}^1p + t \ [M + \alpha(c^1p + {}^1c^1q + {}^2cp + {}^3cq) + \ldots] \\
& \qquad + \ldots\ldots\ldots\ldots\ldots\ldots\ldots\ldots\ldots\ldots\ldots \Big| \\
+\ & \cos h't \ \Big| {}^1q + t \ [N + \alpha(e^1q + {}^1e^1p + {}^2ep + {}^3ep) + \ldots] \\
& \qquad + \ldots\ldots\ldots\ldots\ldots\ldots\ldots\ldots\ldots\ldots\ldots \Big| + {}^1R,
\end{aligned}
$$

$p$, $q$, ${}^1p$ et ${}^1q$ étant les quatre constantes arbitraires des valeurs de $y$, $y'$, $\frac{dy}{dt}$ et $\frac{dy'}{dt}$, lorsque $t = o$ ; de là on tirera par la méthode de l'article cité les quatre équations

$$\frac{dp}{dT} = K + \alpha(ap + {}^1aq + {}^2a^1p + {}^3a^1q) + \alpha^2({}^1ap^2 + \ldots) + \ldots,$$

$$\frac{dq}{dT} = H + \alpha(bq + {}^1bp + {}^2b^1q + {}^3b^1p) + \alpha^2({}^1bq^2 + \ldots) + \ldots,$$

$$\frac{d^1p}{dT} = M + \alpha(c^1p + {}^1c^1q + {}^2cp + {}^3cq) + \ldots,$$

$$\frac{d^1q}{dT} = N + \alpha(e^1q + {}^1e^1p + {}^2cq + {}^3ep) + \ldots.$$

Pour intégrer ces équations, on fera

$$p = r + \alpha(fr + {}^1fs + {}^2fr_1 + {}^3fs_1) + \alpha({}^1fr + \ldots) + \ldots,$$
$$q = s + \alpha(gs + \ldots) + \ldots,$$
$${}^1p = {}^1r + \alpha(m^1r + \ldots) + \ldots,$$
$${}^1q = {}^1s + \ldots$$

En substituant ces valeurs de $p$, $q$, ${}^1p$, ${}^1q$ dans les quatre équations précédentes, on formera, par la méthode du même article, quatre équations linéaires entre $r$, $s$, ${}^1r$ et ${}^1s$; d'où l'on aura, comme dans l'article cité, les valeurs de $y$ et $y'$, après le temps quelconque T, aux quantités près de l'ordre $\alpha^{n+1}$.

## VII.

La méthode précédente d'intégrer par approximation les équations différentielles, en faisant varier les constantes arbitraires des intégrales approchées, est, si je ne me trompe, très féconde dans l'Analyse; pour en donner un usage fort étendu, je suppose que l'on ait une équation différentielle d'un ordre quelconque, entre $z$, $t$, $p$, $q$, $\ldots$, $dt$ étant supposé constant, et $p$, $q$, $\ldots$ étant des quantités qui croissent fort lentement; on intégrera d'abord cette équation, en regardant $p$ et $q$ comme constants; je suppose que l'intégrale soit

$$z = \varphi(t, p, q, \ldots; a, b, \ldots),$$

$a$, $b$, $\ldots$ étant des constantes arbitraires dépendantes des valeurs de $z$, $\frac{dz}{dt}$, $\frac{d^1z}{dt^1}$, $\ldots$ à l'origine de l'intégrale que je fixe lorsque $t = h$. Cette valeur de $z$ pourra être employée, sans erreur sensible, pour une valeur de $t$ fort grande; car, les variations de $p$, $q$, $\ldots$ étant supposées de l'ordre $\alpha$, si l'on regarde $\alpha$ comme infiniment petit, il faut supposer à $t$ une valeur infinie, pour que les quantités qu'on néglige, en regardant $p$, $q$, $\ldots$ comme constants, puissent devenir sensibles; mais, lorsque $t$ est infini, ces quantités peuvent être finies; ainsi le problème qu'il s'agit de résoudre est d'avoir une expression de $z$ telle, que les quantités de l'ordre $\alpha$ qu'on y néglige ne puissent devenir finies, après une valeur de $t$ infiniment grande.

Pour cela, je suppose $t = h + \mathrm{T}$, T étant extrêmement grand, mais tel cependant que, dans cet intervalle, les valeurs de $p$, $q$, ... soient encore peu sensibles; on peut faire usage de l'expression

$$z = \varphi(t, p, q, \ldots; a, b, \ldots),$$

depuis $t = h$ jusqu'à $t = h + \mathrm{T}$. Si l'on voulait avoir la valeur de $z$ pour un intervalle plus considérable, par exemple lorsque $t = h + \mathrm{T} + t_1$, on aurait

$$z = \varphi(h + \mathrm{T} + t_1, p', q', \ldots; a', b', \ldots),$$

$p'$, $q'$, ...; $a'$, $b'$, ... étant ce que deviennent $p$, $q$, ...; $a$, $b$, ... après l'intervalle T; cette nouvelle valeur de $z$ peut être employée sans erreur sensible depuis $t_1 = o$ jusqu'à $t_1 = \mathrm{T}'$, T′ étant tel que, dans cet intervalle, les variations de $p$, $q$, ... soient encore fort petites; en continuant d'opérer ainsi et prenant les valeurs de $z$ : 1° depuis $t = h$ jusqu'à $t = h + \mathrm{T}$; 2° depuis $t = h + \mathrm{T}$ jusqu'à $t = h + \mathrm{T} + \mathrm{T}'$; 3° depuis $t = h + \mathrm{T} + \mathrm{T}'$ jusqu'à $t = h + \mathrm{T} + \mathrm{T}' + \mathrm{T}''$, etc., on aura l'expression de $z$ pour une valeur quelconque de $t$; mais il faut, à chaque opération, déterminer les nouvelles constantes arbitraires $a'$, $b'$, ...; $a''$, $b''$, ... qu'elle introduit; or, de la même manière que les constantes artraires $a$, $b$, ... se déterminent au moyen des valeurs de $z$, $\dfrac{dz}{dt}$, $\dfrac{d^2 z}{dt^2}$, ..., lorsque $t = h$, de même, les constantes arbitraires $a'$, $b'$, ... doivent se déterminer au moyen de ces valeurs, lorsque $t = h + \mathrm{T}$; soit donc

$$\frac{dz}{dt} = \varphi'(t, p, q, \ldots; a, b, \ldots),$$

$$\frac{d^2 z}{dt^2} = \varphi''(t, p, q, \ldots; a, b, \ldots),$$

$$\ldots\ldots\ldots\ldots\ldots\ldots\ldots\ldots\ldots\ldots$$

On aura, à la fin de l'intervalle compris entre $t = h$ et $t = h + \mathrm{T}$,

$$z = \varphi(h + \mathrm{T}, p, q, \ldots; a, b, \ldots),$$

$$\frac{dz}{dt} = \varphi'(h + \mathrm{T}, p, q, \ldots; a, b, \ldots),$$

$$\frac{d^2 z}{dt^2} = \varphi''(h + \mathrm{T}, p, q, \ldots; a, b, \ldots),$$

$$\ldots\ldots\ldots\ldots\ldots\ldots\ldots\ldots\ldots\ldots,$$

et, au commencement de l'intervalle compris entre $t = h + \mathrm{T}$ et $t = h + \mathrm{T} + \mathrm{T}'$,

$$z = \varphi(h + \mathrm{T}, p', q', \ldots; a', b', \ldots),$$

$$\frac{dz}{dt} = \varphi'(h + \mathrm{T}, p', q', \ldots; a', b', \ldots),$$

$$\frac{d^2z}{dt^2} = \varphi''(h + \mathrm{T}, p', q', \ldots; a', b', \ldots),$$

$$\ldots\ldots\ldots\ldots\ldots\ldots\ldots\ldots\ldots$$

Ces valeurs de $z$, $\frac{dz}{dt}$, $\cdots$ sont les mêmes à la fin du premier intervalle qu'au commencement du second; on aura donc les équations

$$(\sigma) \quad \begin{cases} \varphi(h + \mathrm{T}, p, q, \ldots; a, b, \ldots) = \varphi(h + \mathrm{T}, p', q', \ldots; a', b', \ldots), \\ \varphi'(h + \mathrm{T}, p, q, \ldots; a, b, \ldots) = \varphi'(h + \mathrm{T}, p', q', \ldots; a', b', \ldots), \\ \ldots\ldots\ldots\ldots\ldots\ldots\ldots\ldots\ldots\ldots \end{cases}$$

Si $p$, $q$, $\ldots$ étaient invariables, on aurait

$$a = a', \qquad b = b', \qquad \ldots;$$

soit donc

$$p' = p + \delta p, \qquad q' = q + \delta q, \qquad \ldots,$$

$\delta p$, $\delta q$, $\ldots$ étant des quantités extrêmement petites de l'ordre $\alpha$; soit, de plus,

$$a' = a + \delta a, \qquad b' = b + \delta b, \qquad \ldots,$$

$\delta a$, $\delta b$, $\ldots$ seront de l'ordre $\delta p$, $\delta q$, $\ldots$; les équations $(\sigma)$ donneront, cela posé, en négligeant les quantités de l'ordre $\delta p^2$,

$$0 = \delta p \frac{\partial z}{\partial p} + \delta q \frac{\partial z}{\partial q} + \ldots + \delta a \frac{\partial z}{\partial a} + \delta b \frac{\partial z}{\partial b} + \ldots,$$

$$0 = \delta p \frac{\partial^2 z}{\partial p\, \partial t} + \delta q \frac{\partial^2 z}{\partial q\, \partial t} + \ldots + \delta a \frac{\partial^2 z}{\partial a\, \partial t} + \delta b \frac{\partial^2 z}{\partial b\, \partial t} + \ldots,$$

$$0 = \delta p \frac{\partial^3 z}{\partial p\, \partial t^2} + \ldots,$$

$$\ldots\ldots\ldots\ldots\ldots\ldots;$$

les quantités $\frac{\partial z}{\partial p}$, $\frac{\partial z}{\partial q}$, $\ldots$; $\frac{\partial z}{\partial a}$, $\cdots$ représentent les coefficients de $dp$, $dq$, $\ldots$; $da$, $\ldots$ dans la différentiation de $z$ en y faisant varier $p$, $q$, $\ldots$; $a$, $\ldots$.

Maintenant, si l'on différentie les équations précédentes, en négligeant les quantités de l'ordre $\alpha^2$, et observant que

$$d\,\delta p = dp, \qquad d\,\delta q = dq, \qquad \ldots; \qquad d\,\delta a = da, \qquad \ldots,$$

la première donnera

$$0 = \frac{dp}{dt}\frac{\partial z}{\partial p} + \frac{dq}{dt}\frac{\partial z}{\partial q} + \ldots + \frac{da}{dt}\frac{\partial z}{\partial a} + \frac{db}{dt}\frac{\partial z}{\partial b} + \ldots$$
$$+ \delta p\,\frac{\partial^2 z}{\partial p\,\partial t} + \delta q\,\frac{\partial^2 z}{\partial q\,\partial t} + \ldots + \delta a\,\frac{\partial^2 z}{\partial a\,\partial t} + \ldots.$$

Mais on a

$$0 = \delta p\,\frac{\partial^2 z}{\partial p\,\partial t} + \delta q\,\frac{\partial^2 z}{\partial q\,\partial t} + \ldots;$$

donc

$$0 = \frac{dp}{dt}\frac{\partial z}{\partial p} + \frac{dq}{dt}\frac{\partial z}{\partial q} + \ldots + \frac{da}{dt}\frac{\partial z}{\partial a} + \frac{db}{dt}\frac{\partial z}{\partial b} + \ldots.$$

On trouvera de la même manière

$$0 = \frac{dp}{dt}\frac{\partial^2 z}{\partial p\,\partial t} + \frac{dq}{dt}\frac{\partial^2 z}{\partial q\,\partial t} + \ldots + \frac{da}{dt}\frac{\partial^2 z}{\partial a\,\partial t} + \frac{db}{dt}\frac{\partial^2 z}{\partial b\,\partial t} + \ldots,$$

et ainsi de suite; on formera autant de ces équations qu'il y a d'arbitraires $a$, $b$, ... et, en les intégrant, on aura les valeurs de ces constantes arbitraires. On peut observer que, dans ces équations, la supposition de $\alpha$ infiniment petit permet de supposer $t$ infiniment grand, ce qui simplifie le calcul dans un grand nombre de circonstances.

On peut parvenir encore à ces mêmes équations de la manière suivante.

Je suppose que l'équation

$$z = \varphi(t, p, q, \ldots; a, b, \ldots),$$

au lieu d'être l'intégrale approchée de l'équation différentielle proposée, en soit l'intégrale complète, il est visible que $a$, $b$, ... ne seront plus constants, mais qu'ils varieront avec $p$, $q$, ... dans un rapport qu'il s'agit de déterminer. Je suppose donc, comme ci-dessus, que, lorsque $p$, $q$, ... croissent depuis l'origine de l'intégrale des quantités

$\delta p$, $\delta q$, ..., $a$, $b$, ... croissent des quantités $\delta a$, $\delta b$, ...; $\delta p$, $\delta q$, ..., $\delta a$, $\delta b$, ... étant extrêmement petits; on aura, comme l'on sait, en négligeant les quantités de l'ordre $\delta^2$,

$$z = \varphi(t, p, q, \ldots, a, b, \ldots) + \delta p \, \frac{\partial \varphi(t, p, q, \ldots, a, b, \ldots)}{\partial p}$$
$$+ \delta q \, \frac{\partial \varphi(t, p, q, \ldots, a, b, \ldots)}{\partial q}$$
$$+ \ldots \ldots \ldots \ldots \ldots \ldots \ldots \ldots$$
$$+ \delta a \, \frac{\partial \varphi(t, p, \ldots)}{\partial a}$$
$$+ \ldots \ldots \ldots \ldots \ldots,$$

$p$, $q$, ..., $a$, $b$, ... étant les valeurs de $p$, $q$, ..., $a$, $b$, ... à l'origine de l'intégrale; en regardant conséquemment $p$, $q$, ..., $a$, $b$, ... comme constants, on néglige, dans l'expression de $z$, la quantité

$$\delta p \, \frac{\partial z}{\partial p} + \delta q \, \frac{\partial z}{\partial q} + \ldots + \delta a \, \frac{\partial z}{\partial a} + \delta b \, \frac{\partial z}{\partial b} + \ldots$$

Faisant donc en sorte que cette erreur soit nulle, on aura l'équation

$$0 = \delta p \, \frac{\partial z}{\partial p} + \delta q \, \frac{\partial z}{\partial q} + \ldots + \delta a \, \frac{\partial z}{\partial a} + \ldots,$$

la même que nous avons trouvée précédemment. En raisonnant sur les valeurs de $\frac{\partial z}{\partial t}$, $\frac{\partial^2 z}{\partial t^2}$, ... comme nous venons de le faire sur celle de $z$, nous aurons les autres équations.

*Exemple*. — Je suppose que l'on veuille intégrer l'équation différentielle

$$\frac{d^2 z}{dt^2} + p^2 z = 0,$$

$p$ étant une quantité croissant très lentement, et telle que l'on ait

$$p = m \cos(\alpha t + \varepsilon),$$

$\alpha$ étant extrêmement petit; j'intègre d'abord cette équation en supposant $p$ constant, ce qui donne

$$z = a \sin pt + b \cos pt;$$

et l'on a, par ce qui précède, les deux équations

$$o = (da - bt\,dp)\sin pt + (db + at\,dp)\cos pt,$$

$$o = (a\,dp + p\,da - pbt\,dp)\cos pt - (b\,dp + p\,db + pat\,dp)\sin pt.$$

La supposition de $t$ extrêmement grand fait disparaître le terme $a\,dp\cos pt$ devant $-pat\,dp\sin pt$; il peut donc être négligé, ainsi que le terme $-b\,dp\sin pt$; on aura ainsi les deux équations

$$o = (da - bt\,dp)\sin pt + (dp + at\,dp)\cos pt,$$

$$o = (da - bt\,dp)\cos pt - (db + at\,dp)\sin pt.$$

Je multiplie la première par $\sin pt$ et la seconde par $\cos pt$, et je les ajoute, ce qui donne

$$o = da - bt\,dp;$$

je multiplie ensuite la seconde par $\sin pt$ et je la retranche de la première multipliée par $\cos pt$, ce qui donne

$$o = db + at\,dp;$$

soit $t\,dp = ds$, on aura

$$o = da - b\,ds, \qquad o = db + a\,ds,$$

d'où l'on tire, en intégrant,

$$a = f\sin(s + \varpi), \qquad b = f\cos(s + \varpi),$$

$f$ et $\varpi$ étant deux constantes arbitraires; donc

$$z = f\sin(s + \varpi)\sin pt + f\cos(s + \varpi)\cos pt = f\cos(pt - s - \varpi);$$

or

$$s = \int t\,dp = pt - \int p\,dt = pt - \frac{m}{\alpha}\sin(\alpha t + \varepsilon);$$

donc

$$z = f\cos\left[-\varpi + \frac{m}{\alpha}\sin(\alpha t + \varepsilon)\right]:$$

c'est l'expression de $z$, en négligeant les quantités de l'ordre $\alpha$ qui restent toujours fort petites, quel que soit le temps $t$.

## VIII.

*Application de la méthode précédente à la théorie des planètes.*

La partie la plus délicate de cette importante théorie est la détermination des inégalités séculaires du mouvement des planètes, et, malgré les savantes recherches des premiers géomètres de ce siècle sur cet objet, il faut convenir qu'elle laisse beaucoup à désirer encore.

M. de Lagrange est le premier qui ait envisagé cette matière sous son véritable point de vue, dans sa belle pièce *Sur les inégalités des satellites de Jupiter* et dans sa *Théorie de Jupiter et de Saturne*; la méthode qu'il a employée pour cela est un chef-d'œuvre d'analyse, et l'excellent Mémoire qu'il vient de donner *Sur les variations du mouvement des nœuds des planètes et de l'inclinaison de leurs orbites* renferme la théorie la plus générale et la plus simple de ces variations; mais toutes les autres inégalités séculaires, et surtout celle du moyen mouvement et de la moyenne distance, n'avaient point encore été déterminées avec l'exactitude et la généralité qu'on peut désirer, au moins jusqu'au moment où je donnai, sur cet objet, mes recherches, dans lesquelles j'ai prouvé que les moyens mouvements des planètes et leurs moyennes distances au Soleil sont invariables (*voir* le tome VII des *Savants étrangers*) (¹). Je me propose ici de considérer toutes les inégalités, tant périodiques que séculaires, du mouvement de ces corps; on verra avec quelle facilité la méthode précédente donne ces inégalités, et j'ose me flatter que cette discussion intéressera les géomètres par sa généralité, et surtout par l'exactitude des résultats.

*Du mouvement d'un point sollicité par des forces quelconques.*

Je suppose ici toutes les parties d'un corps réunies à son centre de gravité; pour en déterminer la position dans l'espace, je prends, sur un plan fixe, deux droites perpendiculaires entre elles, et qui se croisent dans un point que je nomme S; l'une sera ce que j'appelle

(¹) *OEuvres de Laplace*, T. VIII, p. 258.

*axe des x*, et l'autre *axe des y*; soit de plus $z$ la distance du corps à ce plan, sa position sera déterminée par les trois coordonnées $x$, $y$ et $z$; cela posé, si l'on réduit toutes les forces dont il est animé à trois autres parallèles aux axes des $x$, des $y$ et des $z$; que l'on nomme $\psi$ la première, $\psi'$ la seconde et $\psi''$ la troisième, on aura, en prenant l'élément $dt$ du temps pour constant, et supposant que les forces $\psi$, $\psi'$ et $\psi''$ tendent à augmenter les $x$, les $y$ et les $z$,

$$(1) \qquad d^2 x = \psi \, dt^2,$$

$$(2) \qquad d^2 y = \psi' \, dt^2,$$

$$(3) \qquad d^2 z = \psi'' \, dt^2.$$

Maintenant, par l'origine S des $x$ et des $y$ je mène au point de projection du corps sur le plan fixe une droite que je représente par $r$, et que dans la suite je nommerai *rayon vecteur*; je nomme ensuite $\varphi$ l'angle formé par cette droite et par l'axe des $x$, et $s$ la tangente de la latitude du corps vu du point S; on aura

$$x = r \cos \varphi,$$
$$y = r \sin \varphi,$$
$$z = rs;$$

partant,

$$d^2 x = d^2 r \cos \varphi - 2 \, dr \, d\varphi \sin \varphi - r \, d^2\varphi \sin \varphi - r \, d\varphi^2 \cos \varphi,$$
$$d^2 y = d^2 r \sin \varphi + 2 \, dr \, d\varphi \cos \varphi + r \, d^2\varphi \cos \varphi - r \, d\varphi^2 \sin \varphi,$$
$$d^2 z = r \, d^2 s + 2 \, ds \, dr + s \, d^2 r.$$

Or, si l'on suppose que l'axe des $x$ soit infiniment près de la droite $r$, on aura

$$\varphi = 0, \qquad \sin \varphi = 0, \qquad \cos \varphi = 1,$$

partant,

$$d^2 x = d^2 r - r \, d\varphi^2, \qquad d^2 y = r \, d^2\varphi + 2 \, dr \, d\varphi;$$

les équations (1), (2) et (3) deviendront conséquemment

$$(4) \qquad d^2 r - r \, d\varphi^2 - \psi \, dt^2 = 0,$$

$$(5) \qquad r \, d^2\varphi + 2 \, dr \, d\varphi - \psi' \, dt^2 = 0,$$

$$(6) \qquad d^2 s + \frac{2 \, ds \, dr}{r} + s \frac{d^2 r}{r} - \frac{\psi''}{r} \, dt^2 = 0;$$

mais il faut observer qu'alors la force $\psi$ est parallèle à $r$ et tend à l'augmenter, et que la force $\psi'$ est perpendiculaire à cette droite et tend à augmenter l'angle $\varphi$; or, comme les équations précédentes ne renferment que les différentielles de cet angle, on peut en fixer où l'on voudra l'origine sur le plan fixe.

Si l'on multiplie l'équation (5) par $r$, et qu'on l'intègre, on aura

$$\frac{r^2\,d\varphi}{dt} = c + \int \psi' r\,dt,$$

$c$ étant une constante arbitraire; donc

$$(7) \qquad \frac{d\varphi}{dt} = \frac{c + \int \psi' r\,dt}{r^2};$$

l'équation (4) deviendra, en y substituant cette valeur de $\frac{d\varphi}{dt}$,

$$(8) \qquad \frac{d^2 r}{dt^2} - \frac{\left(c + \int \psi' r\,dt\right)^2}{r^3} - \psi = 0;$$

et si dans l'équation (6) on substitue, au lieu de $d^2 r$, sa valeur tirée de l'équation (8), on aura

$$(9) \qquad \frac{d^2 s}{dt^2} + \frac{2\,ds\,dr}{r\,dt^2} + \frac{s\left(c + \int \psi' r\,dt\right)^2}{r^4} + \frac{s\psi - \psi'}{r} = 0;$$

au moyen des équations (7), (8) et (9), on déterminera le mouvement du corps dans l'espace.

Je suppose qu'au lieu de $dt$ on veuille prendre $d\varphi$ pour constant, on mettra l'équation (5) sous cette forme

$$r\,\frac{d\varphi}{dt}\,d\frac{d\varphi}{dt} + 2\,dr\,\frac{d\varphi^2}{dt^2} = \psi'\,d\varphi;$$

si l'on multiplie cette équation par $2r^2$, le premier membre devient intégrable, et l'on a

$$r^4\frac{d\varphi^2}{dt^2} = h^2 + 2\int r^3 \psi'\,d\varphi,$$

$h$ étant une constante arbitraire; donc

$$dt = \frac{r^2\, d\varphi}{\sqrt{h^2 + 2\int r^2 \psi'\, d\varphi}};$$

ensuite l'équation (4) donne

$$d\frac{dr}{dt} - r\frac{d\varphi^2}{dt} = \psi\, dt;$$

en substituant, au lieu de $dt$, sa valeur, et faisant $\frac{1}{r} = u$, on aura

$$\frac{d^2 u}{d\varphi^2} + u + \frac{\dfrac{\psi}{u^2} + \dfrac{1}{u^3}\psi'\dfrac{du}{d\varphi}}{h^2 + 2\int\dfrac{\psi'\,d\varphi}{u^3}} = 0.$$

L'équation (6) donnera, par un procédé semblable, en y faisant $\frac{1}{r} = u$, et en y substituant, au lieu de $d^2 u$, sa valeur tirée de l'équation précédente,

$$\frac{d^2 s}{d\varphi^2} + s + \frac{s\psi - \psi'' + \psi'\dfrac{ds}{d\varphi}}{u^3\left(h^2 + 2\int\dfrac{\psi'\,\partial\varphi}{u^3}\right)} = 0.$$

<h2 style="text-align:center">IX.</h2>

Du mouvement des planètes autour du Soleil, en negligeant<br>leur action les unes sur les autres.

Je suppose un nombre indéfini de planètes P, P', P'', ... circulantes autour du Soleil, et que l'on néglige leur action les unes sur les autres; soit S la masse du Soleil, et concevons cet astre immobile au point S; si l'on transporte en sens contraire à la planète P son action sur le Soleil, elle sera sollicitée vers S par une force égale à $\dfrac{S+P}{r^2(1+s^2)}$, d'où l'on tire

$$\psi'=0, \qquad \psi = -\frac{(S+P)u^2}{(1+s^2)^{\frac{3}{2}}} \qquad \text{et} \qquad \psi'' = -\frac{(S+P)su^2}{(1+s^2)^{\frac{3}{2}}};$$

on aura ainsi les trois équations

$$dt = \frac{r^2\,d\varphi}{h}, \qquad \frac{d^2u}{d\varphi^2} + u - \frac{(S+P)}{h^2(1+s^2)^{\frac{3}{2}}} = 0, \qquad \frac{d^2s}{d\varphi^2} + s = 0.$$

$\dfrac{r^2\,d\varphi}{2}$ étant le petit secteur décrit par le rayon vecteur $r$, durant l'élément du temps $dt$; la première de ces trois équations nous apprend que les aires décrites par les rayons vecteurs sont proportionnelles aux temps; la troisième équation donne, en l'intégrant,

$$s = \alpha\gamma \sin(\varphi + \varpi),$$

$\alpha\gamma$ et $\varpi$ étant deux constantes arbitraires; et la seconde donne

$$u = \frac{S+P}{h^2(1+\alpha^2\gamma^2)}\sqrt{1+s^2} + m\cos(\varphi + \varepsilon),$$

$m$ et $\varepsilon$ étant constants et arbitraires. L'expression de $s$ montre que l'orbite est dans un plan invariable, dont la tangente d'inclinaison au plan fixe est $\alpha\gamma$, ce qui d'ailleurs est visible. Je suppose donc que le plan fixe soit celui de cette orbite, on aura $s = 0$ et $\alpha\gamma = 0$; donc

$$u = \frac{S+P}{h^2} + m\cos(\varphi + \varepsilon)$$

et

$$r = \frac{1}{\dfrac{S+P}{h^2} + m\cos(\varphi + \varepsilon)};$$

mais si l'on nomme $a$ le demi-grand axe d'une ellipse, $\alpha e a$ son excentricité, $r$ le rayon vecteur mené d'un des foyers à la courbe, $\varphi + \varepsilon$ l'angle compris entre le rayon vecteur et la plus grande des deux parties du grand axe divisé inégalement par le foyer, on a, comme l'on sait,

$$r = \frac{a(1 - \alpha^2 e^2)}{1 - \alpha e\cos(\varphi + \varepsilon)};$$

d'où, en comparant cette expression de $r$ à la précédente, on aura

$$m = \frac{-\alpha e}{a(1 - \alpha^2 e^2)} \qquad \text{et} \qquad \frac{h^2}{S+P} = a(1 - \alpha^2 e^2);$$

partant,

$$h = \sqrt{(S + P)a(1 - \alpha^2 e^2)}.$$

Si l'on reprend l'équation $dt = \dfrac{r^2 \, d\varphi}{h}$, en nommant T le temps d'une révolution entière de P, et E la surface de l'ellipse que décrit cette planète, on aura $T = \dfrac{2E}{h}$; mais, si l'on désigne par $\pi$ le rapport de la demi-circonférence au rayon, on a

$$E = a^2 \pi \sqrt{1 - \alpha^2 e^2};$$

donc, si, dans l'expression de T, on substitue au lieu de E et de $h$ leurs valeurs, on aura

$$T = \frac{2\pi a^{\frac{3}{2}}}{\sqrt{S + P}}.$$

En négligeant P par rapport à S, on a

$$T = \frac{2\pi a^{\frac{3}{2}}}{\sqrt{S}};$$

et en marquant d'un, de deux, etc. traits relativement à P', P'', ... les quantités T et $a$, on aura

$$T' = \frac{2\pi (a')^{\frac{3}{2}}}{\sqrt{S}}, \qquad T'' = \frac{2\pi (a'')^{\frac{3}{2}}}{\sqrt{S}}, \qquad \dots$$

Donc

$$T^2 : (T')^2 : (T'')^2 : \dots :: a^3 : (a')^3 : (a'')^3 : \dots$$

Soit $nt$ le moyen mouvement de P autour du Soleil, en sorte que l'on ait $\varphi$ égal à $nt$, plus à une fonction de quantités périodiques, on aura

$$nT = 360^\circ = 2\pi;$$

donc, puisque

$$T = \frac{2\pi a^{\frac{3}{2}}}{\sqrt{S + P}},$$

on aura

$$n^2 = \frac{S + P}{a^3}$$

et

$$h = \sqrt{(S + P)a(1 - \alpha^2 e^2)} = na^2(1 - \alpha^2 e^2)^{\frac{1}{2}}.$$

partant,

$$d\varphi = \frac{h\,dt}{r^2} = \frac{n\,dt}{(1 - \alpha^2 e^2)^{\frac{3}{2}}} \left[1 - \alpha e \cos(\varphi + \varepsilon)\right]^2.$$

Pour déterminer $\varphi$ en $t$, je suppose l'origine des angles $\varphi$ et $nt$ à l'aphélie, en sorte que la planète parte de ce point au premier instant de son mouvement, on aura $\varepsilon = 0$; soit

$$\varphi = nt + \alpha z + \alpha^2 z' + \ldots,$$

on aura, en réduisant $\cos(\varphi + \varepsilon)$ ou $\cos(nt + \alpha z + \alpha^2 z' + \ldots)$ et $\dfrac{1}{(1 - \alpha^2 e^2)^{\frac{3}{2}}}$ en suites ascendantes par rapport à $\alpha$,

$$d\varphi = n\,dt + \alpha\,dz + \alpha^2\,dz' + \ldots$$
$$= n\,dt\left(1 - 2\alpha e \cos nt + 3\alpha^2 e^2 + \ldots + 2\alpha^2 e z \sin nt + \frac{\alpha^2 e^2}{2}\cos 2nt\right).$$

De là je conclus, en comparant ensemble les termes de l'ordre $\alpha$, ceux de l'ordre $\alpha^2$, ...,

$$dz = -2 en\,dt \cos nt,$$
$$dz' = n\,dt\left(2 e^2 + 2 e z \sin nt + \frac{e^2}{2}\cos 2nt\right),$$
$$\ldots\ldots\ldots\ldots\ldots\ldots\ldots\ldots\ldots\ldots$$

En intégrant ces équations et faisant en sorte que $z$, $z'$, ... soient nuls avec $t$, on aura

$$z = -2 e \sin nt,$$
$$z' = \tfrac{5}{4} e^2 \sin 2nt,$$
$$\ldots\ldots\ldots\ldots\ldots$$

donc

$$\varphi = nt - 2\alpha e \sin nt + \tfrac{5}{4}\alpha^2 e^2 \sin 2nt + \ldots.$$

Pour déterminer présentement $r$ en $t$, j'observe que l'équation $dt = \dfrac{r^2\,d\varphi}{h}$ donne

$$r = \sqrt{\frac{h\,dt}{d\varphi}} = \frac{a(1 - \alpha^2 e^2)^{\frac{1}{4}}}{(1 - 2\alpha e \cos nt + \tfrac{5}{4}\alpha^2 e^2 \cos 2nt + \ldots)^{\frac{1}{2}}};$$

d'où je conclus

$$r = a\left(1 + \frac{\alpha^2 e^2}{2} + \alpha e \cos nt - \frac{\alpha^2 e^2}{2}\cos 2nt + \dots\right).$$

Si, lorsque $t = 0$, la planète, au lieu d'être à son aphélie, était plus avancée de la quantité $\varepsilon$, en nommant $\theta$ l'anomalie moyenne correspondante à l'anomalie vraie $\varepsilon$, on a, par ce qui précède,

$$\varepsilon = \theta - 2\alpha e \sin\theta + \tfrac{3}{4}\alpha^2 e^2 \sin 2\theta + \dots$$

et

$$\varphi = \theta + nt - 2\alpha e \sin(nt + \theta) + \tfrac{3}{4}\alpha^2 e^2 \sin 2(nt + \theta) + \dots,$$

et si la ligne fixe d'où l'on commence à compter l'angle $\varphi$, au lieu d'être sur la ligne des apsides, est moins avancée que l'aphélie d'un certain angle I, en sorte que I soit la longitude de l'aphélie, on a

$$\varphi = \mathrm{I} + \theta + nt - 2\alpha e \sin(nt + \theta) + \tfrac{3}{4}\alpha^2 e^2 \sin(2nt + 2\theta) + \dots$$

et

$$r = a\left[1 + \frac{\alpha^2 e^2}{2} + \alpha e \cos(nt + \theta) - \frac{\alpha^2 e^2}{2}\cos(2nt + 2\theta) + \dots\right].$$

Je suppose maintenant que l'on veuille rapporter le mouvement de la planète à un autre plan très peu incliné à celui de son orbite, et passant par le centre du Soleil; je nomme $'\varphi$ et $'r$ la longitude de la planète et son rayon vecteur dans l'orbite réelle, et $\varphi$ et $r$ ces quantités dans l'orbite projetée; les expressions que nous venons de trouver pour $\varphi$ et $r$, se rapportant à l'orbite réelle, sont les valeurs de $'\varphi$ et de $'r$; il faut présentement en conclure $\varphi$ et $r$ en $t$.

Pour cela, je fixe l'origine de $\varphi$ et de $'\varphi$ sur la ligne des nœuds; on a

$$'r \cos{'\varphi} = r \cos\varphi;$$

de plus,

$$'r = r\sqrt{1 + s^2},$$

et nous avons trouvé précédemment

$$s = \alpha\gamma \sin\varphi;$$

soit

$$\varphi = {'\varphi} + q,$$

$q$ étant nécessairement fort petit; l'équation $'r\cos{'\varphi} = r\cos\varphi$ donnera

$$\sqrt{1 + s^2}\,\cos{'\varphi} = \cos({'\varphi} + q);$$

donc, en négligeant le carré de $q$ et la quatrième puissance de $s$, on aura

$$q\sin{'\varphi} = -\tfrac{1}{2}s^2\cos{'\varphi};$$

on peut supposer, dans cette équation, ${'\varphi} = \varphi$, et en y substituant, au lieu de $\sin\varphi$, sa valeur $\dfrac{s}{\alpha\gamma}$, on aura

$$q = -\tfrac{1}{2}\alpha\gamma s\cos\varphi = -\tfrac{1}{4}\alpha^2\gamma^2\sin 2\varphi;$$

si l'on néglige les quantités de l'ordre $\alpha^3$, on peut supposer dans cette équation $\varphi = nt + \varpi$, $\varpi$ étant la distance moyenne de la planète à son nœud, lorsque $t = o$; donc

$$\varphi = {'\varphi} - \tfrac{1}{4}\alpha^2\gamma^2\sin(2nt + 2\varpi)$$
$$= \mathrm{I} + \theta + nt - 2\alpha e\sin(nt + \theta) + \ldots - \tfrac{1}{4}\alpha^2\gamma^2\sin(2nt + 2\varpi);$$

I exprime ici la distance entre l'aphélie de la planète et le nœud de son orbite; soit L la projection de cet angle, ou, ce qui revient au même, la distance entre le nœud et la projection de l'aphélie, on aura, par ce qu'on vient de voir,

$$\mathrm{I} = \mathrm{L} + \tfrac{1}{4}\alpha^2\gamma^2\sin 2\mathrm{L};$$

supposons ensuite que, au lieu de fixer l'origine de $\varphi$ sur la ligne des nœuds, on la fixe sur une droite moins avancée de l'angle II, en sorte que la longitude du nœud soit II, on aura

$$\varphi = \mathrm{II} + \mathrm{L} + \tfrac{1}{4}\alpha^2\gamma^2\sin 2\mathrm{L} + \theta + nt - 2\alpha e\sin(nt + \theta) + \ldots$$

Je fais, pour abréger,

$$\mathrm{II} + \mathrm{L} + \tfrac{1}{4}\alpha^2\gamma^2\sin 2\mathrm{L} = \Lambda.$$

Maintenant l'équation

$$'r = r\sqrt{1 + s^2}$$

donne

$$r = {'r} - \tfrac{1}{4}a\alpha^2\gamma^2 + \tfrac{1}{4}a\alpha^2\gamma^2\cos(2nt + 2\varpi) + \ldots;$$

ensuite l'équation

$$s = \alpha\gamma\sin\varphi$$

donne

$$s = \alpha\gamma \sin(nt + \varpi) + \ldots ;$$

donc on aura, pour déterminer le mouvement de la planète sur le plan fixe, les trois équations

$$\varphi = A + \theta + nt - 2\alpha e \sin(nt + \theta)$$
$$+ \tfrac{3}{4}\alpha^2 e^2 \sin(2nt + 2\theta) + \ldots - \tfrac{1}{4}\alpha^2\gamma^2 \sin(2nt + 2\varpi),$$

$$r = a\left[ 1 + \frac{\alpha^2 e^2}{2} - \frac{\alpha^2\gamma^2}{4} + \alpha e \cos(nt + \theta) \right.$$
$$\left. - \frac{\alpha^2 e^2}{2} \cos(2nt + 2\theta) + \ldots + \frac{\alpha^2\gamma^2}{4} \cos(2nt + 2\varpi) \right],$$

$$s = \alpha\gamma \sin(nt + \varpi) + \ldots ,$$

$a$ étant le demi-grand axe de l'ellipse décrite par la planète, ou, ce qui revient au même, sa moyenne distance au Soleil; $e$ son excentricité; $\gamma$ la tangente de son inclinaison sur le plan fixe; A étant la longitude de la projection de l'aphélie augmentée de $\tfrac{1}{4}\alpha^2\gamma^2 \sin 2L$; L étant égale à la longitude de cette projection, moins celle du nœud; $\theta$ et $\varpi$ étant les moyennes distances de la planète à son aphélie et à son nœud, lorsque $t = o$.

Si l'on voulait avoir les valeurs de $r'$, $\varphi'$, $s'$; $r''$, $\varphi''$, $s''$, …, relatives aux planètes P′, P″, …, il suffirait de marquer d'un trait, de deux traits, etc., les lettres $a$, $e$, $\theta$, $\gamma$, A, $\varpi$, $n$.

## X.

*Du mouvement des planètes autour du Soleil, en ayant égard*
*à leur action les unes sur les autres.*

Je reprends les équations (7), (8) et (9) de l'article VIII,

$$(7) \qquad \frac{d\varphi}{dt} = \frac{c + \int \psi' r\, dt}{r^2},$$

$$(8) \qquad \frac{d^2 r}{dt^2} - \frac{(c + \int \psi' r\, dt)^2}{r^3} - \psi = o,$$

$$(9) \qquad \frac{d^2 s}{dt^2} + 2\frac{ds\, dr}{r\, dt^2} + \frac{s(c + \int \psi' r\, dt)^2}{r^4} + \frac{s\psi - \psi'}{r} = o,$$

au moyen desquelles il faut déterminer le mouvement de la planète P; pour cela, il est nécessaire de connaître les forces $\psi$, $\psi'$, $\psi''$, dont elle est animée; or, cette planète est d'abord attirée vers le Soleil par une force égale à $\dfrac{S}{r^2(1+s^2)}$; de plus, elle attire le Soleil avec une force égale à $\dfrac{P}{r^2(1+s^2)}$, et, puisque nous cherchons le mouvement relatif de la planète autour du Soleil, il faut considérer cet astre comme immobile et transporter à la planète, en sens contraire, la force $\dfrac{P}{r^2(1+s^2)}$; ainsi cette planète sera attirée vers S par une force égale à $\dfrac{S+P}{r^2(1+s^2)}$; en la décomposant en deux, l'une parallèle au rayon vecteur et tendante à éloigner P de S, et l'autre perpendiculaire au plan fixe et tendante à élever la planète au-dessus de ce plan, on aura, pour la première,

$$\frac{-(S+P)}{r^2(1+s^2)^{\frac{3}{2}}}$$

et pour la seconde

$$\frac{-(S+P)s}{r^2(1+s^2)^{\frac{3}{2}}}.$$

Imaginons ensuite une autre planète P', pour laquelle nous nommerons $\varphi'$, $r'$ et $s'$ ce que nous avons nommé $\varphi$, $r$ et $s$ pour P; soit $'v$ la distance de P à P'; P' attirera P avec une force égale à $\dfrac{P'}{'v^2}$; il faut décomposer cette force en deux, l'une perpendiculaire au plan fixe, et l'autre parallèle à la projection de la droite $'v$ sur ce plan; or, la première est égale à $\dfrac{r's'-rs}{'v^3}P'$, et la seconde est égale à $\dfrac{v_1 P'}{'v^3}$, en nommant $v_1$ la projection de $'v$; si l'on décompose cette dernière force en deux autres, l'une parallèle, et l'autre perpendiculaire à $r$, on trouvera, pour la première,

$$\frac{[r'\cos(\varphi'-\varphi)-r]}{'v^3}P',$$

et pour la seconde

$$\frac{r'\sin(\varphi'-\varphi)}{'v^3}P'.$$

La planète P′ attire le Soleil avec une force égale à $\dfrac{P'}{r'^2(1+s'^2)}$; il faut donc transporter cette force en sens contraire à la planète P; et si, après l'avoir ainsi transportée, on la décompose en trois, l'une perpendiculaire au plan fixe, l'autre parallèle à $r$, et la troisième parallèle au plan fixe et perpendiculaire à $r$, on trouvera, pour la première

$$-\frac{P's'}{r'^2(1+s'^2)^{\frac{3}{2}}},$$

pour la seconde

$$-\frac{P'\cos(\varphi'-\varphi)}{r'^2(1+s'^2)^{\frac{3}{2}}},$$

et pour la troisième

$$-\frac{P'\sin(\varphi'-\varphi)}{r'^2(1+s'^2)^{\frac{3}{2}}}.$$

Si l'on marque de deux traits, de trois traits, etc., les lettres marquées d'un trait dans l'expression des forces précédentes, on aura les forces résultantes de l'action de tant d'autres planètes, P″, P‴, P⁗, …, qu'on voudra; rassemblant donc toutes ces forces, on aura

$$\psi = -\frac{S+P}{r^2(1+s^2)^{\frac{3}{2}}} + \frac{P'[r'\cos(\varphi'-\varphi)-r]}{{}_{\mathrm{I}}\rho^3} - \frac{P'\cos(\varphi'-\varphi)}{r'^2(1+s'^2)^{\frac{3}{2}}}$$

$$+ \frac{P'[r''\cos(\varphi''-\varphi)-r]}{{}_{\mathrm{II}}\rho^3} - \frac{P''\cos(\varphi''-\varphi)}{r''^2(1+s''^2)^{\frac{3}{2}}}$$

$$+ \dots\dots\dots\dots\dots\dots\dots\dots\dots ,$$

$$\psi' = P'\sin(\varphi'-\varphi)\left[\frac{r'}{{}_{\mathrm{I}}\rho^3} - \frac{1}{r'^2(1+s'^2)^{\frac{3}{2}}}\right] + P''\dots,$$

$$\psi'' = -\frac{(S+P)s}{r^2(1+s^2)^{\frac{3}{2}}} + \frac{P'(r's'-rs)}{{}_{\mathrm{I}}\rho^3} - \frac{P's'}{r'^2(1+s'^2)^{\frac{3}{2}}} + P''\dots;$$

partant, on aura

$$(10)\quad \frac{d\varphi}{dt} = \frac{c}{r^2} + \frac{1}{r^2}\int\left\{P'r\,dt\sin(\varphi'-\varphi)\left[\frac{r'}{{}_{\mathrm{I}}\rho^3} - \frac{1}{r'^2(1+s'^2)^{\frac{3}{2}}}\right] + P''\dots\right\},$$

$$(11) \quad \begin{cases} 0 = \dfrac{d^2 r}{dt^2} - \dfrac{1}{r^3}\left(c + \int\left\{P' r\, dt \sin(\varphi'-\varphi)\left[\dfrac{r'}{\rho^3} - \dfrac{1}{r'^2(1+s'^2)^{\frac{3}{2}}}\right] + P''\ldots\right\}\right)^2 \\[2ex] \qquad + \dfrac{S+P}{r^2(1+s^2)^{\frac{3}{2}}} + P'\dfrac{[r - r'\cos(\varphi'-\varphi)]}{\rho^3} + \dfrac{P'\cos(\varphi'-\varphi)}{r'^3(1+s'^2)^{\frac{3}{2}}} + P''\ldots, \end{cases}$$

$$(12) \quad \begin{cases} 0 = \dfrac{d^2 s}{dt^2} + \dfrac{2\,ds\,dr}{r\,dt^2} + \dfrac{s}{r^3}\left(c + \int\left\{P' r\, dt \sin(\varphi'-\varphi)\left[\dfrac{r'}{\rho^3} - \dfrac{1}{r'^2(1+s'^2)^{\frac{3}{2}}}\right] + P''\ldots\right\}\right) \\[2ex] \qquad + \dfrac{P'}{r}[s' - s\cos(\varphi'-\varphi)]\left[\dfrac{1}{r'^2(1+s'^2)^{\frac{3}{2}}} - \dfrac{r'}{\rho^3}\right] + \dfrac{P''}{r}\ldots. \end{cases}$$

## XI.

Les observations nous ont appris que les planètes se meuvent dans des orbites presque circulaires et peu inclinées les unes aux autres, et que les perturbations que ces corps éprouvent en vertu de leur action réciproque sont presque insensibles, puisque leurs mouvements sont à très peu près les mêmes que si le Soleil seul agissait sur elles. Il faut donc que leurs masses soient extrêmement petites relativement à celle du Soleil; ainsi, nommant $\delta\mu$, $\delta\mu'$, $\delta\mu''$, ... les rapports des masses de P, P', P'', ... à celle du Soleil, je considérerai ces quantités comme infiniment petites, et je négligerai leurs carrés et leurs puissances supérieures, en sorte que, dans les expressions de $\varphi$, $r$, $s$, je n'aurai égard qu'aux termes de l'ordre $\delta\mu$, ce qui donne, pour ces variables, des expressions de cette forme

$$(>) \quad \begin{cases} \varphi = M + M'\delta\mu' + M''\delta\mu'' + \ldots, \\ r = N + N'\delta\mu' + N''\delta\mu'' + \ldots, \\ s = Q + Q'\delta\mu' + Q''\delta\mu'' + \ldots. \end{cases}$$

On peut supposer $\delta\mu'' = 0$, $\delta\mu''' = 0$, ..., et déterminer dans cette supposition $M'$, $N'$, $Q'$; car $M''$, $N''$, $Q''$, $M'''$, ... peuvent s'en déduire aisément en y changeant les quantités relatives à la planète P' dans celles qui sont relatives aux planètes P'', P''', ....

Cela posé, si l'on avait $\delta\mu' = 0$ ou, ce qui revient au même, P' = 0, les équations (10), (11) et (12) se changeraient dans celles-ci :

$$(13) \qquad \frac{d\varphi}{dt} = \frac{c}{r^2},$$

$$(14) \qquad 0 = \frac{d^2 r}{dt^2} - \frac{c^2}{r^3} + \frac{S + P}{r^2(1 + s^2)^{\frac{3}{2}}},$$

$$(15) \qquad 0 = \frac{d^2 s}{dt^2} + \frac{2\,ds\,dr}{r\,dt^2} + \frac{c^2 s}{r^4}.$$

Ces équations sont celles qui auraient lieu si les planètes n'agissaient point les unes sur les autres; leurs intégrales sont donc, par l'article IX

$$(\sigma) \quad \begin{cases} \varphi = A + \theta + nt - 2\alpha e \sin(nt + \theta) \\ \qquad + \tfrac{5}{4}\alpha^2 e^2 \sin(2nt + 2\theta) + \ldots - \tfrac{1}{4}\alpha^2\gamma^2 \sin(2nt + 2\varpi), \\[2mm] r = a\left[ 1 + \dfrac{\alpha^2 e^2}{2} - \dfrac{\alpha^2\gamma^2}{4} + \alpha e \cos(nt + \theta) \right. \\ \qquad \left. - \dfrac{\alpha^2 e^2}{2}\cos(2nt + 2\theta) + \ldots + \dfrac{\alpha^2\gamma^2}{4}\cos(2nt + 2\varpi) \right], \\[2mm] s = \alpha\gamma \sin(nt + \varpi) + \ldots, \end{cases}$$

$\alpha$ étant très petit.

Ces trois valeurs de $\varphi$, $r$ et $s$ semblent renfermer sept constantes arbitraires A, $e$, $\theta$, $a$, $n$, $\gamma$, $\varpi$, quoiqu'il ne puisse y en avoir que six, le mouvement du corps P étant déterminé par trois équations différentielles du second ordre; mais il faut observer qu'il existe (art. IX) entre $n$ et $a$ une relation exprimée par cette équation $n^2 = \dfrac{S + P}{a^3}$, ce qui réduit les deux arbitraires $n$ et $a$ à une seule; de plus, quoique la constante arbitraire $c$ de l'équation (13) ne paraisse pas entrer dans les valeurs de $\varphi$, $r$ et $s$, elle y est cependant implicitement renfermée en vertu d'une équation qui existe entre $c$, $a$, $e$ et $\gamma$; en effet, puisque l'on a $r^2\,d\varphi = c\,dt$, si l'on nomme T le temps d'une révolution entière de P, on aura $cT = \int r^2\,d\varphi$; mais il est visible que $\int r^2\,d\varphi$ est égal au double de la surface de l'orbite projetée de la planète; or, cette surface est à celle de l'orbite réelle comme le rayon est au cosinus de l'inclinaison de l'orbite sur le plan fixe; donc, si l'on nomme $'E$ la surface de l'orbite projetée, on aura, en portant la précision jusqu'aux quantités de l'ordre $\alpha^2$,

$$'E = a^2\pi(1 - \alpha^2 e^2)^{\frac{1}{2}}(1 + \alpha^2\gamma^2)^{-\frac{1}{2}} = a^2\pi\left(1 - \frac{1}{2}\alpha^2 e^2 - \frac{1}{2}\alpha^2\gamma^2\right) = \frac{1}{2}cT;$$

mais, par l'article IX,

$$T = \frac{2\pi a^{\frac{3}{2}}}{\sqrt{S + P}};$$

donc

$$c = \sqrt{a(S + P)}\left(1 - \frac{1}{2}\alpha^2 e^2 - \frac{1}{2}\alpha^2\gamma^2\right) = na^2\left(1 - \frac{1}{2}\alpha^2 e^2 - \frac{1}{2}\alpha^2\gamma^2\right).$$

Les expressions précédentes de $\varphi$, $r$ et $s$ satisfont aux équations (10), (11) et (12), lorsqu'on y suppose $\delta\mu' = 0$, $\delta\mu'' = 0$, …. Ce sont, par conséquent, les valeurs de M, N et Q des équations ($>$). Pour déterminer présentement M', N' et Q', il faut différentier les équations (13), (14) et (15) par rapport à $\delta$, et leur ajouter les termes multipliés par P' dans les équations (10), (11) et (12), ce qui donne

$$(16) \quad \frac{d\,\delta\varphi}{dt} = \frac{\delta c}{r^2} - \frac{2c\,\delta r}{r^3} + \frac{P'}{r^2}\int r\,dt\,\sin(\varphi' - \varphi)\left[\frac{r'}{r'^3} - \frac{1}{r'^2(1 + s^2)^{\frac{3}{2}}}\right],$$

$$(17) \quad \left\{\begin{aligned}
0 = {}& \frac{d^2\,\delta r}{dt^2} - \frac{2c\,\delta c}{r^3} + \frac{3c^2\,\delta r}{r^4} - \frac{2(S + P)\,\delta r}{r^3(1 + s^2)^{\frac{1}{2}}} - \frac{3(S + P)s\,\delta s}{r^2(1 + s^2)^{\frac{3}{2}}} \\
& - \frac{2cP'}{r^3}\int r\,dt\,\sin(\varphi' - \varphi)\left[\frac{r'}{r'^3} - \frac{1}{r'^2(1 + s'^2)^{\frac{3}{2}}}\right] \\
& + \frac{P'}{r'^3}[r - r'\cos(\varphi' - \varphi)] + \frac{P'\cos(\varphi' - \varphi)}{r'^2(1 + s'^2)^{\frac{1}{2}}},
\end{aligned}\right.$$

$$(18) \quad \left\{\begin{aligned}
0 = {}& \frac{d^2\,\delta s}{dt^2} + \frac{2\,dr\,d\delta s}{r\,dt^2} + \frac{2\,ds\,d\delta r}{r\,dt^2} + \frac{c^2\,\delta s}{r^4} + \frac{2sc\,\delta c}{r^4} - \frac{4c^2 s\,\delta r}{r^5} \\
& + \frac{2cP's}{r^4}\int r\,dt\,\sin(\varphi' - \varphi)\left[\frac{r'}{r'^3} - \frac{1}{r'^2(1 + s'^2)^{\frac{3}{2}}}\right] \\
& + \frac{P'}{r}[s' - s\cos(\varphi' - \varphi)]\left[\frac{1}{r'^2(1 + s'^2)^{\frac{1}{2}}} - \frac{r'}{r'^3}\right].
\end{aligned}\right.$$

Il faut présentement tirer de ces équations les valeurs de $\delta c$, $\delta\varphi$, $\delta r$ et $\delta s$.

## XII.

$\alpha$ étant ici fort petit, je n'aurai égard qu'aux quantités de l'ordre $\alpha^2$, et, parmi les termes de cet ordre, je ne considérerai que ceux qui peuvent produire dans la valeur de $\delta\varphi$ des quantités de la forme $\delta\mu'\alpha^2 ht^2$, d'où résulterait une équation séculaire dans le moyen mouvement de la planète ; ces termes méritent conséquemment une attention particulière : or il est aisé de voir à l'inspection des équations (16) et (17) que, si, dans le développement de

$$r\,dt\sin(\varphi'-\varphi)\left[\frac{r'}{r'^3}--\frac{1}{r'^2(1+s'^2)^{\frac{3}{2}}}\right],$$

il y avait un terme tout constant, il en produirait un, dans la valeur de $\delta r$, de la forme $\delta\mu' ft$, et dans la valeur de $\delta\varphi$ un de la forme $\delta\mu' gt^2$ ; il faut donc, dans le développement de cette quantité, porter la précision jusqu'aux quantités de l'ordre $\alpha^2$ ; mais on peut n'avoir aucun égard aux termes de cet ordre qui seraient multipliés par des sinus ou des cosinus.

Il est aisé de voir pareillement qu'il est inutile d'avoir égard aux termes de l'ordre $\alpha^2$, dans le développement de

$$\frac{P''}{r'^3}[r--r'\cos(\varphi'-\varphi)]+\frac{P''\cos(\varphi'-\varphi)}{r'^2(1+s'^2)^{\frac{3}{2}}}.$$

Soit donc

$$\delta\varphi = \delta\mu'(x+\alpha.x'+\alpha^2\delta n^2 t^2),$$
$$\delta r = a\,\delta\mu'(y+\alpha y'+\alpha^2\lambda.nt),$$
$$\delta s = \alpha s\,\delta\mu'.$$

On substituera ces valeurs dans les équations (16), (17) et (18), en observant : 1º de substituer partout, au lieu de $\varphi$, $r$, $s$ ; $\varphi'$, $r'$, $s'$, leurs valeurs tirées des équations ($\sigma$) de l'article précédent, ce qui est évidemment permis, puisqu'on néglige ici les termes de l'ordre $\delta\mu'^2$ ;

2° au lieu de P', de substituer $\delta\mu'a^3n^2$; car, en négligeant les quantités de l'ordre $\delta\mu$, on a

$$\frac{S}{a^3} = n^2 \qquad \text{et} \qquad \delta\mu' = \frac{P'}{S};$$

3° au lieu de $c$, d'écrire

$$na^2\left(1 - \frac{1}{3}\alpha^2 c^2 - \frac{1}{2}\alpha^2\gamma^2\right).$$

On comparera ensuite séparément les termes sans $\alpha$, ceux de l'ordre $\alpha$, ceux de l'ordre $\alpha^2$; l'équation (16) en donnera donc trois autres entre $x$, $x'$ et $\mathcal{C}$; l'équation (17) en donnera trois entre $y$, $y'$ et $\lambda$; et l'équation (18) en donnera un en $z$.

Les substitutions précédentes n'ont de difficultés que celles qui peuvent venir du développement de $\frac{1}{v^3}$; il ne sera donc pas inutile de faire quelques remarques à ce sujet.

## XIII.

$v$ exprimant la distance de P à P', on a, comme il est facile de s'en assurer,

$$v^2 = r^2 - 2rr'\cos(\varphi' - \varphi) + r'^2 + (r's' - rs)^2,$$

donc

$$\frac{1}{v^3} = \frac{1}{[r^2 + r'^2 + (r's' - rs)^2]^{\frac{3}{2}}} \frac{1}{\left[1 - \frac{2rr'\cos(\varphi' - \varphi)}{r^2 + r'^2 + (r's' - rs)^2}\right]^{\frac{3}{2}}};$$

soit, pour abréger,

$$\frac{2rr'}{r^2 + r'^2 + (r's' - rs)^2} = q,$$

on aura (*voir* la première pièce de M. Euler sur Jupiter et Saturne, ou le premier Volume du *Calcul intégral* de cet illustre auteur)

$$\frac{1}{\left(1 + \frac{a'^2}{a^2}\right)^{\frac{3}{2}}[1 - q\cos(\varphi' - \varphi)]^{\mu}}$$

$$= b + b_1\cos(\varphi' - \varphi) + b_2\cos 2(\varphi' - \varphi) + b_3\cos 3(\varphi' - \varphi) + \ldots,$$

et

$$b = \frac{1}{\left(1 + \dfrac{a'^2}{a^2}\right)^{\frac{1}{2}}} \left\{ \begin{aligned} &1 + \frac{\mu}{2}\,\frac{\mu+1}{2}\,q^2 \\ &+ \frac{\mu}{2}\,\frac{\mu+1}{2}\,\frac{\mu+2}{4}\,\frac{\mu+3}{4}\,q^4 \\ &+ \frac{\mu}{2}\,\frac{\mu+1}{2}\,\frac{\mu+2}{4}\,\frac{\mu+3}{4}\,\frac{\mu+4}{6}\,\frac{\mu+5}{6}\,q^6 + \ldots \end{aligned} \right\},$$

$$b_1 = \frac{\mu q}{\left(1 + \dfrac{a'^2}{a^2}\right)^{\frac{1}{2}}} \left\{ \begin{aligned} &1 + \frac{\mu+1}{2}\,\frac{\mu+2}{4}\,q^2 \\ &+ \frac{\mu+1}{2}\,\frac{\mu+2}{4}\,\frac{\mu+3}{4}\,\frac{\mu+4}{6}\,q^4 \\ &+ \frac{\mu+1}{2}\,\frac{\mu+2}{4}\,\frac{\mu+3}{4}\,\frac{\mu+4}{6}\,\frac{\mu+5}{6}\,\frac{\mu+6}{8}\,q^6 + \ldots \end{aligned} \right\}.$$

Ayant ainsi $b$ et $b_1$, on aura $b_2$, $b_3$, ... au moyen des équations suivantes

$$(\diagup) \quad \left\{ \begin{aligned} b_2 &= \frac{2\mu b q - 2 b_1}{(\mu - 2)q}, \\ b_3 &= \frac{(\mu+1)b_1 q - 4 b_2}{(\mu - 3)q}, \\ b_4 &= \frac{(\mu+2)b_2 q - 6 b_3}{(\mu - 4)q}, \\ b_5 &= \frac{(\mu+3)b_3 q - 8 b_4}{(\mu - 5)q} \end{aligned} \right.$$

et généralement

$$b_s = \frac{(\mu + s - 2)b_{s-1} q - 2(s - 1)b_{s-2}}{(\mu - s)q}.$$

Les quantités $b$, $b_1$, $b_2$, ... sont fonctions de la variable $q$, et puisque nous avons besoin de porter dans certains cas la précision jusqu'aux quantités de l'ordre $\alpha^2$ et que les variations de $q$ sont de l'ordre $\alpha$, il faut réduire $b$, $b_1$, ... en suites ascendantes par rapport à $\alpha$; soit donc

$$q = h + \alpha h',$$

$h$ étant constant et égal à $\dfrac{2 a a'}{a^2 + a'^2}$, on aura

$$b = (b) + \alpha h' \left(\frac{db}{dq}\right) + \frac{\alpha^2 h'^2}{1 \cdot 2} \left(\frac{d^2 b}{dq^2}\right) + \ldots,$$

$(b)$, $\left(\dfrac{db}{dq}\right)$, $\left(\dfrac{d^2b}{dq^2}\right)$, $\cdots$ étant ce que deviennent $b$, $\dfrac{db}{dq}$, $\dfrac{d^2b}{dq^2}$, $\cdots$ lorsqu'on y substitue $h$ au lieu de $q$; on aura pareillement

$$b_1 = (b_1) + \alpha h'\left(\frac{db}{dq}\right) + \frac{\alpha^2 h'^2}{1.2}\left(\frac{d^2 b_1}{dq^2}\right) + \ldots,$$

$$b_2 = (b_2) + \alpha h'\left(\frac{db_2}{dq}\right) + \ldots,$$

. . . . . . . . . . . . . . . . . . . . .

Il ne s'agit donc plus que d'avoir les valeurs de $\dfrac{db}{dq}$, $\dfrac{d^2b}{dq^2}$, $\ldots$, $\dfrac{db_1}{dq}$, $\ldots$; or l'équation

$$\frac{1}{\left(1 + \dfrac{a'^2}{a^2}\right)^{\frac{3}{2}}[1 - q\cos(\varphi'-\varphi)]^\mu} = b + b_1\cos(\varphi'-\varphi) + b_2\cos 2(\varphi'-\varphi) + \ldots$$

donne, en la différentiant par rapport à $q$,

$$\frac{\mu\cos(\varphi'-\varphi)}{\left(1 + \dfrac{a'^2}{a^2}\right)^{\frac{3}{2}}[1 - q\cos(\varphi'-\varphi)]^\mu[1 - q\cos(\varphi'-\varphi)]} = \frac{db}{dq} + \frac{db_1}{dq}\cos(\varphi'-\varphi) + \ldots;$$

partant,

$$\mu\cos(\varphi'-\varphi)[b + b_1\cos(\varphi'-\varphi) + b_2\cos 2(\varphi'-\varphi) + \ldots]$$
$$= [1 - q\cos(\varphi'-\varphi)]\left[\frac{db}{dq} + \frac{db_1}{dq}\cos(\varphi'-\varphi) + \frac{db_2}{dq}\cos 2(\varphi'-\varphi) + \ldots\right].$$

De là, en faisant les multiplications et réduisant les produits de cosinus en cosinus, on aura, en comparant séparément les coefficients constants, ceux des cosinus de l'angle $(\varphi'-\varphi)$ et de ses multiples,

$$2\frac{db}{dq} = \mu b_1 + q\frac{db_1}{dq},$$

$$2\frac{db_1}{dq} = 2\left(\mu b + q\frac{db}{dq}\right) + \mu b_2 + q\frac{db_2}{dq},$$

$$2\frac{db_2}{dq} = \mu b_1 + q\frac{db_1}{dq} + \mu b_3 + q\frac{db_3}{dq},$$

$$2\frac{db_3}{dq} = \mu b_2 + q\frac{db_2}{dq} + \mu b_4 + q\frac{db_4}{dq},$$

. . . . . . . . . . . . . . . . . . . . .

Au moyen de ces équations et des équations $(\nearrow)$, on aura $\dfrac{db_2}{dq}$, $\dfrac{db}{dq}$, $\ldots$ lorsqu'on connaîtra $\dfrac{db}{dq}$ et $\dfrac{db_1}{dq}$; or on a, par ce qui précède,

$$b_2 = \frac{-3b_1 + 2\mu bq}{(\mu - 2)q};$$

partant,

$$\mu b_2 + q\frac{db_2}{dq} = -\frac{2\mu b_1}{(\mu - 2)q} + \frac{2\mu^2 b}{\mu - 2}$$

$$-\frac{1}{\mu - 2}\frac{db_1}{dq} + \frac{3b_1}{(\mu - 2)q} + \frac{2\mu q}{\mu - 2}\frac{db}{dq};$$

on aura donc les deux équations

$$2\frac{db}{dq} = \mu b_1 + q\frac{db_1}{dq},$$

$$\frac{db_1}{dq} = 2\mu b - \frac{b_1}{q} + 2q\frac{db}{dq};$$

d'où l'on tirera

$$\frac{db}{dq} = \frac{b_1(\mu - 1) + 2\mu bq}{2(1 - q^2)},$$

$$\frac{db_1}{dq} = \frac{2\mu bq + b_1(\mu q^2 - 1)}{q(1 - q^2)}.$$

Ayant ainsi déterminé $\dfrac{db}{dq}$, $\dfrac{db_1}{dq}$, $\dfrac{db_2}{dq}$, $\ldots$ en $b$, $b_1$, $b_2$, $\ldots$, on en conclura facilement, par la différentiation, les valeurs de $\dfrac{d^2 b}{dq^2}$, $\dfrac{d^2 b_1}{dq^2}$, $\ldots$; et, en changeant $q$ en $h$, on aura

$$(b), \quad (b_1), \quad (b_2), \quad \ldots; \quad \left(\frac{db}{dq}\right), \quad \left(\frac{db_1}{dq}\right), \quad \ldots; \quad \left(\frac{d^2 b}{dq^2}\right), \quad \ldots$$

Soit

$$\frac{a'}{a} = i,$$

ce qui donne

$$h = \frac{2i}{1 + i^2},$$

on aura, cela posé, dans le cas de $\mu = \frac{3}{2}$,

$$(b) = \frac{1}{(1+i^2)^{\frac{3}{2}}} \left\{ \begin{array}{l} 1 + \left(1 - \frac{1}{4^2}\right)\left(\frac{2i}{1+i^2}\right)^2 \\[2mm] + \left(1 - \frac{1}{4^2}\right)\left(1 - \frac{1}{8^2}\right)\left(\frac{2i}{1+i^2}\right)^4 \\[2mm] + \left(1 - \frac{1}{4^2}\right)\left(1 - \frac{1}{8^2}\right)\left(1 - \frac{1}{12^2}\right)\left(\frac{2i}{1+i^2}\right)^6 + \ldots \end{array} \right\},$$

$$(b_1) = \frac{3i}{(1+i^2)^{\frac{5}{2}}} \left\{ \begin{array}{l} 1 + \left[1 + \frac{3}{4(3^2-1)}\right]\left(\frac{2i}{1+i^2}\right)^2 \\[2mm] + \left[1 + \frac{3}{4(3^2-1)}\right]\left[1 + \frac{3}{4(5^2-1)}\right]\left(\frac{2i}{1+i^2}\right)^4 \\[2mm] + \left[1 + \frac{3}{4(3^2-1)}\right]\left[1 + \frac{3}{4(5^2-1)}\right]\left[1 + \frac{3}{4(7^2-1)}\right]\left(\frac{2i}{1+i^2}\right)^6 + \ldots \end{array} \right\},$$

$$(b_2) = \frac{2(b_1)(1+i^2) - 6(b)i}{i}, \qquad (b_3) = \frac{4(b_2)(1+i^2) - 5(b_1)i}{3i},$$

$$(b_4) = \frac{6(b_3)(1+i^2) - 7(b_2)i}{5i}, \qquad (b_5) = \frac{8(b_4)(1+i^2) - 9(b_3)i}{7i}.$$

$$\ldots\ldots\ldots\ldots\ldots\ldots\ldots\ldots\ldots, \qquad \ldots\ldots\ldots\ldots\ldots\ldots\ldots\ldots\ldots$$

La loi de ces termes est trop visible pour les continuer plus loin; on aura ensuite

$$\left(\frac{db}{dq}\right) = \frac{(b_1)(1+i^2)^2}{4(1-i^2)^2} + \frac{3(b)i(1+i^2)}{(1-i^2)^2},$$

$$\left(\frac{db_1}{dq}\right) = \frac{3(b)(1+i^2)^2}{(1-i^2)^2} - \frac{(b_1)(1+i^2)(1-4i^2+i^4)}{2i(1-i^2)^2},$$

$$\left(\frac{db_2}{dq}\right) = \frac{6(b)(1+i^2)(1-i^2+i^4)}{i(1-i^2)^2} - \frac{(b_1)(1+i^2)^2(4-9i^2+4i^4)}{2i^2(1-i^2)^2};$$

et les équations $(\angle)$ donnent, en les différentiant,

$$\left(\frac{db_3}{dq}\right) = \frac{4(1+i^2)\left(\frac{db_2}{dq}\right)}{3i} - \frac{2(b_2)(1+i^2)^2}{3i^2} - \frac{5}{3}\left(\frac{db_1}{dq}\right),$$

$$\left(\frac{db_4}{dq}\right) = \frac{6(1+i^2)\left(\frac{db_3}{dq}\right)}{5i} - \frac{3(b_3)(1+i^2)^2}{5i^2} - \frac{7}{5}\left(\frac{db_2}{dq}\right),$$

$$\left(\frac{db_5}{dq}\right) = \frac{8(1+i^2)\left(\frac{db_4}{dq}\right)}{7i} - \frac{4(b_4)(1+i^2)^2}{7i^2} - \frac{9}{7}\left(\frac{db_3}{dq}\right),$$

$$\ldots\ldots\ldots\ldots\ldots\ldots\ldots\ldots\ldots\ldots\ldots\ldots\ldots\ldots\ldots\ldots$$

La loi de ces termes est trop visible pour les continuer plus loin; enfin, on aura

$$\left(\frac{d^2 b}{dq^2}\right) = \frac{3(b)(3i^5 + 26i^3 + 3)(1+i^2)^2}{4(1-i^2)^5}$$
$$- \frac{(b_1)(1-18i^2+i^4)(1+i^2)^3}{8i(1-i^2)^5},$$

$$\left(\frac{d^2 b_1}{dq^2}\right) = \frac{(b_1)\left[60i^5 - 15i^3(1+i^2)^2 + 2(1+i^2)^4\right](1+i^2)^2}{4i^3(1-i^2)^5}$$
$$- \frac{3(b)(1+i^2)^3(1-18i^2+i^4)}{2i(1-i^2)^5},$$

$$\left(\frac{d^2 b_2}{dq^2}\right) = \frac{3(b)\left[-60i^5 + 47i^3(1+i^2)^2 - 6(1+i^2)^4\right](1+i^2)^2}{2i^3(1-i^2)^5}$$
$$+ \frac{(b_1)\left[230i^5 - 99i^3(1+i^2)^2 + 12(1+i^2)^4\right](1+i^2)^3}{4i^3(1-i^2)^5}.$$

## XIV.

Il faut présentement développer les différents termes des équations (16), (17) et (18) de l'article XI, et, pour faciliter ce calcul, il ne sera pas inutile d'avoir sous les yeux les formules suivantes

$$\sin a \cos b = \frac{1}{2}\sin(a+b) + \frac{1}{2}\sin(a-b),$$

$$\sin a \sin b = \frac{1}{2}\cos(a-b) - \frac{1}{2}\cos(a+b),$$

$$\cos a \cos b = \frac{1}{2}\cos(a+b) + \frac{1}{2}\cos(a-b),$$

$$\sin(z+\alpha) = \sin z + \alpha \cos z - \frac{\alpha^2}{1.2}\sin z - \ldots,$$

$$\cos(z+\alpha) = \cos z - \alpha \sin z - \frac{\alpha^2}{1.2}\cos z + \ldots;$$

on trouvera, cela posé, en portant la précision jusqu'aux quantités de l'ordre $\alpha^2$, et ne conservant parmi les termes de cet ordre que ceux d'où peut résulter une équation séculaire dans le moyen mouvement de la planète P,

$$\frac{\alpha r r'}{\left[r^2 + r'^2 + (r's - rs)^2\right]^{\frac{3}{2}}} = \frac{i}{(1+i^2)^{\frac{3}{2}}}\left\{\begin{array}{l} 1 + \dfrac{\alpha e(i^2 - 2)}{1 + i^2}\cos(nt + \theta) \\[2mm] - \dfrac{\alpha^2 e e'}{2}\dfrac{2 - 11 i^2 + 2 i^4}{(1 + i^2)^2}\cos(n't - nt + \theta' - \theta) \\[2mm] + \dfrac{\alpha e'(1 - 2i^2)}{1 + i^2}\cos(n't + \theta') \\[2mm] + \dfrac{3}{2}\dfrac{\alpha^2 i \gamma\gamma'}{1 + i^2}\cos(n't - nt + \varpi' - \varpi) \end{array}\right\};$$

on aura ensuite

$$h = \frac{2i}{1 + i^2},$$

$$\alpha h' = \frac{2i}{1 + i^2}\left\{\begin{array}{l} \alpha e \dfrac{i^2 - 1}{1 + i^2}\cos(nt + \theta) - \tfrac{1}{2}\alpha^2 e e'\dfrac{1 - 6i^2 + i^4}{(1 + i^2)^2}\cos(n't - nt + \theta' - \theta) \\[2mm] + \alpha e'\dfrac{1 - i^2}{1 + i^2}\cos(n't + \theta') + \dfrac{\alpha^2\gamma\gamma' i}{1 + i^2}\cos(n't - nt + \varpi' - \varpi) \end{array}\right\};$$

partant,

$$\frac{\alpha^2 h'^2}{2} = -\frac{2\alpha^2 e e' i^2 (1 - i^2)^2}{(1 + i^2)^4}\cos(n't - nt + \theta' - \theta).$$

De là, on conclura, en faisant, pour abréger,

$$\Lambda' - \Lambda + \theta' - \theta = B, \qquad \Lambda' - \Lambda = V,$$

et

$$\Lambda' - \Lambda + \theta' - \theta - \varpi' + \varpi = U,$$

$$\frac{\alpha r r' \sin(\varphi' - \varphi)}{r^3} = i\left\{\begin{array}{l} [(b) - \tfrac{1}{2}(b_2)]\ \sin(n't - nt + B) \\[1mm] + \tfrac{1}{2}[(b_1) - (b_3)]\sin 2(n't - nt + B) \\[1mm] + \tfrac{1}{2}[(b_2) - (b_4)]\sin 3(n't - nt + B) \\[1mm] + \dots\dots\dots\dots\dots\dots\dots\dots\dots \end{array}\right.$$

$$+ \left\{\begin{array}{l} 2\alpha c i\,\sin(nt + \theta) \\ -\,2\alpha e' i\sin(n't + \theta') \end{array}\right\}\left\{\begin{array}{l} [(b) - \tfrac{1}{2}(b_2)]\ \cos(n't - nt + B) \\[1mm] + \tfrac{2}{2}[(b_1) - (b_3)]\cos 2(n't - nt + B) \\[1mm] + \tfrac{3}{2}[(b_2) - (b_4)]\cos 3(n't - nt + B) \\[1mm] + \dots\dots\dots\dots\dots\dots\dots\dots\dots \end{array}\right\}$$

$$+ \left\{\begin{array}{l} \dfrac{\alpha c i(i^2 - 2)}{1 + i^2}\ \cos(nt + \theta) \\[2mm] + \dfrac{\alpha c' i(1 - 2i^2)}{1 + i^2}\cos(n't + \theta') \end{array}\right\}\left\{\begin{array}{l} [(b) - \tfrac{1}{2}(b_2)]\ \sin(n't - nt + B) \\[1mm] + \tfrac{1}{2}[(b_1) - (b_3)]\sin 2(n't - nt + B) \\[1mm] + \dots\dots\dots\dots\dots\dots\dots\dots\dots \end{array}\right.$$

$$+ \frac{2\,i^2(i^2-1)}{(1+i^2)^2}\begin{Bmatrix}\alpha c\,\cos(nt+\theta)\\[2pt]-\alpha e'\cos(n't+\theta')\end{Bmatrix}\begin{Bmatrix}\left[\left(\dfrac{db}{dq}\right)-\tfrac{1}{2}\left(\dfrac{db_2}{dq}\right)\right]\sin(n't-nt+B)\\[6pt]+\tfrac{1}{3}\left[\left(\dfrac{db_1}{dq}\right)-\left(\dfrac{db_3}{dq}\right)\right]\sin 2(n't-nt+B)\\[6pt]+\dots\dots\dots\dots\dots\dots\dots\dots\end{Bmatrix}.$$

$$+ \frac{15\,i^3}{4(1+i^2)^3}\alpha^2 cc'[(b)-\tfrac{1}{2}(b_2)]\sin V + \tfrac{3}{4}\alpha^2\gamma\gamma'\frac{i^3}{1+i^2}[(b)-\tfrac{1}{2}(b_2)]\sin U$$

$$- 2\,\alpha^2 ce'\frac{i^2(1-3i^2+i^4)}{(1+i^2)^3}\left[\left(\frac{db}{dq}\right)-\tfrac{1}{2}\left(\frac{db_2}{dq}\right)\right]\sin V$$

$$+ \frac{\alpha^2\gamma\gamma' i^2}{(1+i^2)^2}\left[\left(\frac{db}{dq}\right)-\tfrac{1}{2}\left(\frac{db_2}{dq}\right)\right]\sin U$$

$$- \frac{\alpha^2 ce' i^2(1-i^2)^2}{(1+i^2)^4}\left[\left(\frac{d^2 b}{dq^2}\right)-\tfrac{1}{2}\left(\frac{d^2 b_2}{dq^2}\right)\right]\sin V.$$

Soit

$$\frac{15\,i^2}{4(1+i^2)^3}[(b)-\tfrac{1}{3}(b_2)] - \frac{3\,i^2(1-3i^2+i^4)}{(1+i^2)^3}\left[\left(\frac{db}{dq}\right)-\tfrac{1}{3}\left(\frac{db_1}{dq}\right)\right]$$
$$- \frac{i^2(1-i^2)^2}{(1+i^2)^4}\left[\left(\frac{d^2 b}{dq^2}\right)-\tfrac{1}{3}\left(\frac{d^2 b_1}{dq^2}\right)\right]=K,$$

$$\frac{3\,i^2}{4(1+i^2)}[(b)-\tfrac{1}{2}(b_2)] + \frac{i^3}{(1+i^2)^2}\left[\left(\frac{db}{dq}\right)-\tfrac{1}{3}\left(\frac{db_2}{dq}\right)\right]=L;$$

$$C = i[\,(b)-\tfrac{1}{2}(b_2)],$$
$${}'C = 2\,i[\tfrac{1}{2}(b_1)-\tfrac{1}{4}(b_3)],$$
$${}^2C = 3\,i[\tfrac{1}{2}(b_2)-\tfrac{1}{4}(b_4)],$$
$$\dots\dots\dots\dots\dots\dots\dots\dots;$$

$$D = \frac{i(i^2-2)}{2(1+i^2)}[\,(b)-\tfrac{1}{2}(b_2)] + \frac{i^3(i^2-1)}{(1+i^2)^3}\left[\,\left(\frac{db}{dq}\right)-\tfrac{1}{2}\left(\frac{db_2}{dq}\right)\right],$$

$$'D = \frac{i(i^2-2)}{2(1+i^2)}[\tfrac{1}{2}(b_1)-\tfrac{1}{2}(b_3)] + \frac{i^2(i^2-1)}{(1+i^2)^3}\left[\tfrac{1}{2}\left(\frac{db_1}{dq}\right)-\tfrac{1}{3}\left(\frac{db_3}{dq}\right)\right],$$

$$^2D = \frac{i(i^2-2)}{2(1+i^2)}[\tfrac{1}{2}(b_2)-\tfrac{1}{2}(b_4)] + \frac{i^2(i^2-1)}{(1+i^2)^3}\left[\tfrac{1}{2}\left(\frac{db_2}{dq}\right)-\tfrac{1}{3}\left(\frac{db_4}{dq}\right)\right],$$

$$\dots\dots\dots\dots\dots\dots\dots\dots;$$

$$E = \frac{i^2(i^2-1)}{(1+i^2)^2}\left[\,\left(\frac{db}{dq}\right)-\tfrac{1}{3}\left(\frac{db_1}{dq}\right)\right] - \frac{i(1-3i^2)}{2(1+i^2)}[\,(b)-\tfrac{1}{2}(b_1)],$$

$$'E = \frac{i^2(i^2-1)}{(1+i^2)^2}\left[\tfrac{1}{2}\left(\frac{db_1}{dq}\right)-\tfrac{1}{3}\left(\frac{db_3}{dq}\right)\right] - \frac{i(1-2i^2)}{2(1+i^2)}[\tfrac{1}{2}(b_1)-\tfrac{1}{2}(b_3)],$$

$$\dots\dots\dots\dots\dots\dots\dots\dots$$

On aura

$$\int \frac{arr'\, dt \sin(\varphi'-\varphi)}{\rho^3} = \frac{1}{n-n'}\left\{ \begin{array}{l} C\cos\ (n't-nt+B) \\ +\tfrac{1}{4}{}^{1}C\cos 2(n't-nt+B) \\ +\tfrac{1}{9}{}^{2}C\cos 3(n't-nt+B)+\dots \end{array}\right\}$$

$$-\alpha e\left\{ \begin{array}{l} \dfrac{C+D}{n'}\cos(\ n't\ \ +\ B+\theta) \\[4pt] +\dfrac{D-C}{n'-2n}\cos(\ n't-2nt+\ B-\theta) \\[4pt] +\dfrac{{}^{1}D+{}^{1}C}{2n'-n}\cos(2n't-\ nt+2B+\theta) \\[4pt] +\dfrac{{}^{1}D-{}^{1}C}{2n'-3n}\cos(2n't-3nt+2B-\theta) \\[4pt] +\dfrac{{}^{2}D+{}^{2}C}{3n'-2n}\cos(3n't-2nt+3B+\theta) \\[4pt] +\dfrac{{}^{2}D-{}^{2}C}{3n'-4n}\cos(3n't-4nt+3B+\theta) \\[4pt] +\dots\dots\dots\dots \end{array}\right.$$

$$+\alpha e'\left\{ \begin{array}{l} \dfrac{E+C}{2n'-n}\cos(2n't-\ nt+\ B+\theta') \\[4pt] +\dfrac{C-E}{n}\cos(\ nt-\ \ B+\theta') \\[4pt] +\dfrac{{}^{1}E+{}^{1}C}{3n'-2n}\cos(3n't-2nt+2B+\theta') \\[4pt] +\dfrac{{}^{1}E-{}^{1}C}{n'-2n}\cos(\ n't-2nt+2B-\theta') \\[4pt] +\dfrac{{}^{2}E+{}^{2}C}{4n'-3n}\cos(4n't-3nt+3B-\theta') \\[4pt] +\dfrac{{}^{2}E-{}^{2}C}{2n'-3n}\cos(2n't-3nt+3B-\theta') \\[4pt] +\dots\dots\dots\dots \end{array}\right.$$

$$+\alpha^{2}ee'\,K\,t\sin V+\alpha^{2}\gamma\gamma'\,L\,t\sin U.$$

Soit encore

$$(b)-\frac{i(b_1)}{2}\qquad\qquad = F,$$

$$(b_1)-i[\ (b)+\tfrac{1}{2}(b_2)]={}^{1}F,$$

$$2(b_2)-2i[\tfrac{1}{2}(b_1)+\tfrac{1}{2}(b_3)]={}^{2}F,$$

$$3(b_3)-3i[\tfrac{1}{2}(b_2)+\tfrac{1}{2}(b_4)]={}^{3}F,$$

$$\dots\dots\dots\dots\dots\dots\dots\dots;$$

$$\frac{(i^2-2)}{2(1+i^2)}(b) + \frac{i(i^2-1)}{(1+i^2)^2}\left(\frac{db}{dq}\right) + \frac{3i}{2(1+i^2)}\left(\frac{b_1}{2}\right) - \frac{i^2(i^2-1)}{(1+i^2)^2}\left(\frac{db_1}{2\,dq}\right) =$$

$$\frac{(i^2-2)}{2(1+i^2)}(b_1) + \frac{i(i^2-1)}{(1+i^2)^2}\left(\frac{db_1}{dq}\right) + \frac{3i}{2(1+i^2)}\left[(b)+\tfrac{1}{2}(b_2)\right] - \frac{i^2(i^2-1)}{(1+i^2)^2}\left[\left(\frac{db}{dq}\right)+\frac{1}{2}\left(\frac{db_2}{dq}\right)\right] =$$

$$\frac{(i^2-2)}{2(1+i^2)}(b_2) + \frac{i(i^2-1)}{(1+i^2)^2}\left(\frac{db_2}{dq}\right) + \frac{3i}{2(1+i^2)}\left[\tfrac{1}{2}(b_1)+\tfrac{1}{2}(b_3)\right] - \frac{i^2(i^2-1)}{(1+i^2)^2}\left[\frac{1}{2}\left(\frac{db_1}{dq}\right)+\frac{1}{3}\left(\frac{db_3}{dq}\right)\right] =$$

$$\dotfill$$

$$\frac{3i^2}{2(1+i^2)}(b) + \frac{i(i^2-1)}{(1+i^2)^2}\left(\frac{db}{dq}\right) + \frac{i(1-2i^2)}{2(1+i^2)}\left(\frac{b_1}{2}\right) - \frac{i^2(i^2-1)}{(1+i^2)^2}\left(\frac{db_1}{3\,dq}\right) =$$

$$\frac{3i^2}{2(1+i^2)}(b_1) + \frac{i(i^2-1)}{(1+i^2)^2}\left(\frac{db_1}{dq}\right) + \frac{i(1-2i^2)}{2(1+i^2)}\left[(b)+\tfrac{1}{2}(b_2)\right] - \frac{i^2(i^2-1)}{(1+i^2)^2}\left[\left(\frac{db}{dq}\right)+\frac{1}{2}\left(\frac{db_2}{dq}\right)\right] =$$

$$\frac{3i^2}{2(1+i^2)}(b_2) + \frac{i(i^2-1)}{i(1+i^2)^2}\left(\frac{db_2}{dq}\right) + \frac{i(1-2i^2)}{2(1+i^2)}\left[\tfrac{1}{2}(b_1)+\tfrac{1}{2}(b_3)\right] - \frac{i^2(i^2-1)}{(1+i^2)^2}\left[\frac{1}{3}\left(\frac{db_1}{dq}\right)+\frac{1}{3}\left(\frac{db_3}{dq}\right)\right] =$$

$$\dotfill$$

on trouvera

$$\frac{a^2\left[r - r'\cos(\varphi'-\varphi)\right]}{\rho^3} = F + {}^1F\cos\,(n't - nt + B)$$
$$+ \tfrac{1}{2}\,{}^2F\cos 2(n't - nt + B)$$
$$+ \tfrac{1}{3}\,{}^3F\cos 3(n't - nt + B)$$
$$+ \ldots\ldots\ldots\ldots\ldots$$

$$+\; xe\left\{
\begin{array}{l}
2G\cos(\,nt + \vartheta) \\
+ ({}^1G + {}^1F)\cos(\,n't \;+\; B + \vartheta) \\
+ ({}^1G - {}^1F)\cos(\,n't - 2nt + B - \vartheta) \\
+ ({}^2G + {}^2F)\cos(2n't - nt + 2B + \vartheta) \\
+ ({}^2G - {}^2F)\cos(2n't - 3nt + 2B - \vartheta) \\
+ \ldots\ldots\ldots\ldots\ldots
\end{array}
\right.$$

$$-\; xe'\left\{
\begin{array}{l}
2H\cos(\,n't + \vartheta') \\
+ ({}^1H + {}^1F)\cos(2n't - nt + B + \vartheta') \\
+ ({}^1H - {}^1F)\cos(\,nt - B + \vartheta') \\
+ ({}^2H + {}^2F)\cos(3n't - 2nt + 2B + \vartheta') \\
+ ({}^1H - {}^2F)\cos(\,n't - 2nt + 2B - \vartheta') \\
+ \ldots\ldots\ldots\ldots\ldots
\end{array}
\right.\;.$$

On trouvera pareillement

$$-\int \frac{ar\,dt\sin(\varphi'-\varphi)}{r'^2(1+s'^2)^{\frac{3}{2}}} = \frac{1}{i^2(n'-n)}\cos(n't-nt+B)$$

$$-\,xe\left[\frac{1}{2i^2(n'-2n)}\cos(n't-2nt+B-\vartheta)\right.$$

$$\left.-\,\frac{3}{2i^3n'}\cos(n't+B+\vartheta)\right]$$

$$-\,\frac{3\,xe'}{i^2(2n'-n)}\cos(2n't-nt+B+\vartheta'),$$

$$\frac{a^3\cos(\varphi'-\varphi)}{r'^2(1+s'^2)^{\frac{3}{2}}} = \frac{1}{i^2}\cos(n't-nt+B)$$

$$-\,\frac{xe}{i^2}\left[\cos(n't-2nt+B-\vartheta)-\cos(n't+B+\vartheta)\right]$$

$$-\,\frac{3\,xe'}{i^2}\cos(2n't-nt+B+\vartheta').$$

On aura enfin

$$a^2[s'-s\cos(\varphi'-\varphi)]\left[\frac{1}{r'^2(1+s'^2)^{\frac{3}{2}}} - \frac{r'}{i^3}\right]$$

$$= \frac{x\gamma'i}{2}\left\{\begin{array}{l}
\left[\dfrac{2}{i}-2(b)\right]\sin(n't+\varpi') \\[4pt]
\qquad -(b_1)\left[\ \sin(2n't-\ nt+\ B+\varpi')\right.\\
\qquad\qquad \left.+\sin(\ nt-\qquad\quad B+\varpi')\right] \\[4pt]
\qquad -(b_2)\left[\ \sin(3n't-2nt+2B+\varpi')\right.\\
\qquad\qquad \left.-\sin(\ n't-3nt+2B-\varpi')\right] \\[4pt]
\qquad -(b_3)\left[\ \sin(4n't-3nt+3B+\varpi')\right.\\
\qquad\qquad \left.-\sin(2n't-3nt+3B-\varpi')\right] \\[4pt]
\qquad -\ldots\ldots\ldots\ldots\ldots\ldots\ldots\ldots\ldots
\end{array}\right\}$$

$$+\,\frac{x\gamma i}{4}\left\{\begin{array}{l}
2(b)\sin(nt+\varpi) \\[4pt]
+\left[2(b_1)+(b_2)-\dfrac{2}{i^2}\right]\left[\ \sin(\ n't\qquad +\ B+\varpi)\right.\\
\qquad\qquad \left.-\sin(\ n't-2nt+\ B-\varpi)\right] \\[4pt]
+\ [(b_1)+(b_3)]\left[\ \sin(2n't-\ nt+2B+\varpi)\right.\\
\qquad\qquad \left.-\sin(2n't-3nt+2B+\varpi)\right] \\[4pt]
+\ \ldots\ldots\ldots\ldots\ldots\ldots\ldots\ldots\ldots
\end{array}\right\}.$$

## XV.

L'équation (17) de l'article XI donne, en y substituant, au lieu de $\partial r$, $a\,\delta\mu'y$, et en négligeant les quantités de l'ordre $\alpha$,

$$0 = \frac{d^2 y}{dt^2} - \frac{2c\,\partial c}{a^3\,\partial\mu'} + y\left[\frac{3c^2}{a^3} - \frac{3(S+P)}{a^3}\right]$$

$$+ \frac{2c}{a^2}\,\frac{n^2}{n'-n}\left\{
\begin{aligned}
&\left(C - \frac{1}{t^2}\right)\cos\,(n't - nt + B)\\
&+ \tfrac{1}{4}{}^1C\cos 2(n't - nt + B)\\
&+ \tfrac{1}{9}{}^2C\cos 3(n't - nt + B)\\
&+\ldots\ldots\ldots\ldots\ldots
\end{aligned}\right.$$

$$+ n^2\left\{
\begin{aligned}
&F + \left({}^1F + \frac{1}{t^2}\right)\cos\,(n't - nt + B)\\
&+ \tfrac{1}{4}{}^2F\cos 2(n't - nt + B)\\
&+ \tfrac{1}{3}{}^3F\cos 3(n't - nt + B)\\
&+\ldots\ldots\ldots\ldots\ldots
\end{aligned}\right.$$

Or, on a par l'article XI, aux quantités près de l'ordre $\alpha^2$, $\dfrac{c}{a^3} = n$, ensuite, $n^2 = \dfrac{S+P}{a^3}$; donc

$$0 = \frac{d^2 y}{dt^2} - \frac{2n\,\partial c}{a^2\,\partial\mu'} + n^2 y + n^2 F + n^2\left\{
\begin{aligned}
&\left[{}^1F + \frac{1}{t^2} + \frac{2n}{n'-n}\left(C - \frac{1}{t^2}\right)\right]\cos\,(n't - nt + B)\\
&+ \left(\tfrac{1}{4}{}^2F + \frac{2n}{n'-n}\tfrac{1}{4}{}^1C\right)\cos 2(n't - nt + B)\\
&+ \left(\tfrac{1}{3}{}^3F + \frac{2n}{n'-n}\tfrac{1}{9}{}^2C\right)\cos 3(n't - nt + B)\\
&+\ldots\ldots\ldots\ldots\ldots
\end{aligned}\right.,$$

d'où l'on tire, en intégrant,

$$y = -F + \frac{2\,\partial c}{a^2 n\,\partial\mu'} + \frac{n^2}{(n'-n)^2 - n^2}\left[{}^1F + \frac{1}{t^2} + \frac{2n}{n'-n}\left(C - \frac{1}{t^2}\right)\right]\cos(n't - nt + B)$$

$$+ \frac{n^2}{(2n'-2n)^2 - n^2}\left[\tfrac{1}{4}{}^2F + \frac{2n}{n'-n}\tfrac{1}{4}{}^1C\right]\cos 2(n't - nt + B)$$

$$+ \frac{n^2}{(3n'-3n)^2 - n^2}\left[\tfrac{1}{3}{}^3F + \frac{2n}{n'-n}\tfrac{1}{9}{}^2C\right]\cos 3(n't - nt + B)$$

$$+\ldots\ldots\ldots\ldots\ldots\ldots\ldots\ldots\ldots\ldots\ldots\ldots$$

Il est inutile d'ajouter ici des constantes arbitraires, parce qu'elles sont déjà renfermées dans la première valeur de $r$, que la supposition de $\delta\mu' = o$ nous a donnée article IX.

Si l'on substitue cette valeur de $y$ dans l'équation (16) de l'article XI, on aura, en y supposant $\delta\varrho = x\,\delta\mu'$ et négligeant les quantités de l'ordre $\alpha$,

$$\frac{dx}{dt} = -\frac{3\delta c}{a^2\delta\mu'} + 2n\mathrm{F}$$

$$-\left\{\frac{n^2}{n'-n}\left(\mathrm{C}-\frac{1}{i^2}\right) + \frac{2n^3}{(n'-n)^2-n^2}\left[{}^1\mathrm{F} + \frac{1}{i^2} + \frac{2n}{n'-n}\left(\mathrm{C}-\frac{1}{i^2}\right)\right]\right\}\cos(n't-nt+\mathrm{B})$$

$$-\left[\frac{1}{4}\frac{n^2}{n'-n}\,{}^1\mathrm{C} + \frac{2n^3}{(2n'-3n)^2-n^2}\left(\frac{1}{2}{}^2\mathrm{F} + \frac{3n}{n'-n}\frac{1}{4}\,{}^1\mathrm{C}\right)\right]\cos 2(n't-nt+\mathrm{B})$$

$$-\left[\frac{1}{9}\frac{n^2}{n'-n}\,{}^2\mathrm{C} + \frac{2n^3}{(3n'-3n)^2-n^2}\left(\frac{1}{3}{}^3\mathrm{F} + \frac{2n}{n'-n}\frac{1}{9}\,{}^2\mathrm{C}\right)\right]\cos 3(n't-nt+\mathrm{B})$$

$$-\cdots\cdots\cdots\cdots\cdots\cdots\cdots$$

Que l'on détermine présentement $\delta c$ de manière que $\dfrac{dx}{dt}$ ne renferme point de terme constant, et qu'ainsi $nt$ représente le moyen mouvement de la planète, on aura

$$o = -\frac{3\delta c}{a^2\delta\mu'} + 2n\mathrm{F};$$

partant,

$$\frac{\delta c}{a^2\delta\mu'} = \tfrac{2}{3}n\mathrm{F};$$

donc

$$y = \tfrac{2}{3}\mathrm{F} + \frac{n^2}{(n'-n)^2-n^2}\left[{}^1\mathrm{F} + \frac{1}{i^2} + \frac{2n}{n'-n}\left(\mathrm{C}-\frac{1}{i^2}\right)\right]\cos(n't-nt+\mathrm{B}) + \ldots;$$

telles sont les valeurs de $\dfrac{\delta r}{a\,\delta\mu'}$ et de $\dfrac{d\,\delta\varrho}{dt}$, aux quantités près de l'ordre $\alpha$. Déterminons présentement ces valeurs aux quantités près de l'ordre $\alpha^2$.

## XVI.

Pour cela, on substituera dans l'équation (17) de l'article XI, au lieu de $r$, $a\,\delta\mu'(y + xy')$; on négligera les quantités de l'ordre $\alpha^2$, et l'on observera que, par la nature de $y$, les termes sans $\alpha$ doivent se détruire réciproquement; de cette manière, en faisant, pour abréger,

$$I = -\frac{3n^2}{(n'-n)^2-n^2}\left[{}^1F + \frac{1}{i^2} + \frac{2n}{n'-n}\left(C - \frac{1}{i^2}\right)\right]$$
$$+ \frac{2n}{n'}\left(C + D - \frac{3}{2i^2}\right) - \frac{3n}{n'-n}\left(C - \frac{1}{i^2}\right) \div {}^1G + {}^1F + \frac{1}{i^2},$$

$$^1I = -\frac{3n^2}{(n'-n)^2-n^2}\left[{}^1F + \frac{1}{i^2} + \frac{2n}{n'-n}\left(C - \frac{1}{i^2}\right)\right]$$
$$+ \frac{2n}{n'-2n}\left(D - C + \frac{1}{2i^2}\right) - \frac{3n}{n'-n}\left(C - \frac{1}{i^2}\right) + {}^1G - {}^1F - \frac{1}{i^2},$$

$$^2I = -\frac{3n^2}{(2n'-3n)^2-n^2}\left(\tfrac{1}{2}\,{}^2F + \frac{2n}{n'-n}\tfrac{1}{4}\,{}^1C\right)$$
$$+ \frac{2n}{2n'-n}({}^1D \div {}^1C) - \frac{3n}{n'-n}\tfrac{1}{4}\,{}^1C + {}^2G + {}^2F,$$

$$^3I = -\frac{3n^2}{(2n'-2n)^2-n^2}\left(\tfrac{1}{2}\,{}^2F + \frac{2n}{n'-n}\tfrac{1}{4}\,{}^1C\right)$$
$$+ \frac{2n}{2n'-3n}({}^1D - {}^1C) - \frac{3n}{n'-n}\tfrac{1}{4}\,{}^1C + {}^2G - {}^2F,$$

$$^4I = -\frac{3n^2}{(3n'-3n)^2-n^2}\left(\tfrac{1}{2}\,{}^3F + \frac{2n}{n'-n}\tfrac{1}{9}\,{}^2C\right)$$
$$+ \frac{2n}{3n'-2n}({}^2D + {}^2C) - \frac{3n}{n'-n}\tfrac{1}{9}\,{}^2C + {}^3G \div {}^3F,$$

$$^5I = -\frac{3n^2}{(3n'-3n)^2-n^2}\left(\tfrac{1}{3}\,{}^3F + \frac{2n}{n'-n}\tfrac{1}{9}\,{}^2C\right)$$
$$+ \frac{2n}{3n'-4n}({}^2D - {}^2C) - \frac{3n}{n'-n}\tfrac{1}{9}\,{}^2C + {}^3G - {}^3F,$$

$$\dotfill;$$

$$^1L = \frac{2n}{2n'-n}\left(E + C - \frac{2}{i^2}\right) + {}^1H + F + \frac{2}{i^2},$$

$$^2L = 2(C - E) + {}^1H - {}^1F,$$

$$^3L = \frac{2n}{3n'-2n}({}^1E + {}^1C) + {}^2H + {}^1F,$$

$$^4L = \frac{2n}{n'-2n}({}^1E - {}^1C) + {}^2H - {}^2F,$$

$$\dotfill,$$

on aura l'équation suivante

$$
\begin{aligned}
o = {} & \frac{d^2 y'}{dt^2} + n^2 y' + 2n^2 c(F+G)\cos(nt+\theta) \\
& - n^2.{}^2Lc'\cos(\,nt-B+\theta') \\
& + n^2 c.\,I\cos(\,n't+B+\theta\,) \\
& + n^2 c.{}^1I\cos(\,n't-2nt+\,B-\theta) \\
& + n^2 c.{}^2I\cos(2n't-\,nt+2B+\theta) \\
& + n^2 c.{}^3I\cos(2n't-3nt+2B-\theta) \\
& + n^2 c.{}^4I\cos(3n't-2nt+3B+\theta) \\
& + n^2 c.{}^5I\cos(3n't-4nt+3B-\theta) \\
& +\dots\dots\dots\dots\dots\dots\dots\dots\dots \\
& - 2n^2 c'.\,II\cos(\,n't+\theta') \\
& - \ n^2 c'.{}^1L\,\cos(2n't-\,nt+\,B+\theta') \\
& - \ n^2 c'.{}^3L\,\cos(3n't-2nt+2B+\theta') \\
& - \ n^2 c'.{}^4L\,\cos(\,n't-2nt+2B-\theta') \\
& -\dots\dots\dots\dots\dots\dots\dots\dots\dots\,;
\end{aligned}
$$

d'où, en intégrant, on aura

$$
\begin{aligned}
y' = {} & - (F+G)\,cnt\sin(nt+\theta) \\
& + \tfrac{1}{2}.{}^2Lc'nt\sin(nt-B+\theta') \\
& + \frac{n^2 c.I}{n'^2-n^2}\cos(n't+B+\theta) \\
& + \frac{n^2 c.{}^1I}{(n'-2n)^2-n^2}\cos(\,n't-2nt+\,B-\theta) \\
& + \frac{n^2 c.{}^2I}{(2n'-n)^2-n^2}\cos(2n't-\,nt+2B+\theta) \\
& + \frac{n^2 c.{}^3I}{(2n'-3n)^2-n^2}\cos(2n't-3nt+2B-\theta) \\
& +\dots\dots\dots\dots\dots\dots\dots\dots\dots \\
& - \frac{2n^2 c'.II}{n'^2-n^2}\cos(n't+\theta') \\
& - \frac{n^2 c'.{}^1L}{(2n'-n)^2-n^2}\cos(2n't-\,nt+\,B+\theta') \\
& - \frac{n^2 c'.{}^3L}{(3n'-2n)^2-n^2}\cos(3n't-2nt+2B+\theta') \\
& - \frac{n^2 c'.{}^4L}{(n'-2n)^2-n^2}\cos(\,n't-2nt+2B-\theta') \\
& -\dots\dots\dots\dots\dots\dots\dots\dots\dots
\end{aligned}
$$

Maintenant, si l'on substitue, au lieu de $\delta\varphi$, $\delta\mu'(x+\alpha x')$, dans l'équation (16) de l'article XI, que l'on néglige les quantités de l'ordre $\alpha^2$, et que l'on considère que, par la nature de $x$, tous les termes sans $\alpha$ disparaissent d'eux-mêmes, on aura, en faisant, pour abréger,

$$M = \frac{3n^2}{(n'-n)^2-n^2}\left[{}^1F + \frac{1}{i^2} + \frac{2n}{n'-n}\left(C-\frac{1}{i^2}\right)\right]$$
$$-\,\frac{3n^2.I}{n'^2-n^2} - \frac{n}{n'}\left(C+D-\frac{3}{2i^2}\right) + \frac{n}{n'-n}\left(C-\frac{1}{i^2}\right),$$

$$^1M = \frac{3n^2}{(n'-n)^2-n^2}\left[{}^1F + \frac{1}{i^2} + \frac{3n}{n'-n}\left(C-\frac{1}{i^2}\right)\right]$$
$$-\,\frac{3n^2.{}^1I}{(n'-3n)^2-n^2} - \frac{n}{n'-3n}\left(D-C+\frac{1}{2i^2}\right) + \frac{n}{n'-n}\left(C-\frac{1}{i^2}\right),$$

$$^2M = \frac{3n^2}{(2n'-2n)^2-n^2}\left(\tfrac{1}{2}\,{}^2F + \frac{2n}{n'-n}\,\tfrac{1}{2}{}^1C\right)$$
$$-\,\frac{2n^2.{}^2I}{(2n'-n)^2-n^2} - \frac{n}{2n'-n}\left({}^1D+{}^1C\right) + \frac{n}{n'-n}\,{}^1C,$$

$$^3M = \frac{3n^2}{(2n'-3n)^2-n^2}\left(\tfrac{1}{2}\,{}^2F + \frac{2n}{n'-n}\,\tfrac{1}{2}{}^1C\right)$$
$$-\,\frac{2n^2.{}^3I}{(2n'-3n)^2-n^2} - \frac{n}{2n'-3n}\left({}^1D-{}^1C\right) + \frac{n}{n'-n}\,{}^1C,$$

$$\ldots\ldots\ldots\ldots\ldots\ldots\ldots\ldots\ldots\ldots\ldots\ldots\ldots\ldots;$$

$$N = \frac{3n^2.{}^1L}{(2n'-n)^2-n^2} + \frac{n}{2n'-n}\left(E+C-\frac{2}{i^2}\right),$$

$$^1N = C - E,$$

$$^2N = \frac{3n^2.{}^3L}{(3n'-3n)^2-n^2} + \frac{n}{3n'-3n}\left({}^1E+{}^1C\right),$$

$$^3N = \frac{3n^2.{}^1L}{(n'-2n)^2-n^2} + \frac{n}{n'-2n}\left({}^1E-{}^1C\right).$$

$$\ldots\ldots\ldots\ldots\ldots\ldots\ldots\ldots\ldots\ldots\ldots\ldots\ldots$$

on aura

$$\frac{dx'}{dt} = \tfrac{2}{3} n F e \cos(nt + \theta) + 2 n e (F + G) n t \sin(nt + \theta)$$
$$- {}^2L e' n^2 t \sin(nt - B + \theta') + \frac{4 n^3 . {}^1H}{n'^2 - n^2} \cos(n't + \theta')$$
$$+ e n . M \cos(n't + B + \theta)$$
$$+ e n . {}^1M \cos(n't - 2nt + B - \theta)$$
$$+ e n . {}^2M \cos(2n't - nt + 2B + \theta)$$
$$+ e n . {}^3M \cos(2n't - 3nt + 2B - \theta)$$
$$+ \dots \dots \dots \dots \dots \dots$$
$$+ e'n . N \cos(2n't - nt + B + \theta')$$
$$+ e'n . {}^1N \cos(n't + \theta' - B)$$
$$+ e'n . {}^2N \cos(3n't - 2nt + 2B + \theta')$$
$$+ e'n . {}^3N \cos(n't - 2nt + 2B - \theta')$$
$$+ \dots \dots \dots \dots \dots \dots$$

Enfin, si, dans l'équation (18) de l'article XI, on substitue, au lieu de $\delta s$, $\alpha z \delta \mu'$, que l'on néglige les quantités de l'ordre $\alpha^2$, et que l'on fasse, pour abréger,

$$
{}^1P = - \frac{n(n' + n)}{(n' - n)^2 - n^2} \left[ {}^1F + \frac{1}{i^2} + \frac{2n}{n' - n}\left(C - \frac{1}{i^2}\right) \right]
$$
$$
- \frac{n}{n' - n}\left(C - \frac{1}{i^2}\right) + \frac{i}{4}\left[ 2(b) + (b_2) - \frac{2}{i^3} \right],
$$

$$
{}^2P = \frac{n(3n - n')}{(n' - n)^2 - n^2} \left[ {}^1F + \frac{1}{i^2} + \frac{2n}{n' - n}\left(C - \frac{1}{i^2}\right) \right]
$$
$$
+ \frac{n}{n' - n}\left(C - \frac{1}{i^2}\right) - \frac{i}{4}\left[ 2(b) + (b_2) - \frac{2}{i^3} \right],
$$

$$
{}^3P = - \frac{2nn'}{(2n' - 2n)^2 - n^2} \left( \tfrac{1}{2}{}^2F + \frac{2n}{n' - n} {}^1C \right)
$$
$$
- \frac{n}{n' - n} {}^1C + \frac{i}{4}\left[ (b_1) + (b_3) \right],
$$

$$
{}^4P = \frac{n(4n - 2n')}{(2n' - 2n)^2 - n^2} \left( \tfrac{1}{2}{}^2F + \frac{2n}{n' - n} {}^1C \right)
$$
$$
+ \frac{n}{n' - n} {}^1C - \frac{i}{4}\left[ (b_1) + (b_3) \right],
$$

$$\dots \dots \dots \dots \dots \dots \dots \dots \dots ,$$

on trouvera, cela posé,

$$
\begin{aligned}
0 = \frac{d^2 z}{dt^2} &+ n^2 z + n^2 \gamma.^1 P \sin(\ n't + B + \varpi) \\
&+ n^2 \gamma.^2 P \sin(\ n't - 2nt + \ B - \varpi) \\
&+ n^2 \gamma.^3 P \sin(2n't - \ nt + 2B + \varpi) \\
&+ n^2 \gamma.^4 P \sin(2n't - 3nt + 2B - \varpi) \\
&+ \dots\dots\dots\dots\dots\dots\dots\dots \\
&+ \frac{n^2 \gamma' i}{3}(b_1) \sin(nt + \varpi) \\
&+ \tfrac{1}{4} n^2 \gamma' i \left[ \frac{2}{i^3} - 2(b) \right] \sin(n't + \varpi) \\
&- \frac{n^2 i \gamma'}{2}(b_1) \sin(nt - B + \varpi') \\
&- \frac{n^2 \gamma' i}{2}(b_1) \sin(2n't - nt + B + \varpi') \\
&- \frac{n^2 i \gamma'(b_2)}{2} \left[ \sin(3n't - 2nt + 2B + \varpi') - \sin(\ n't - 2nt + 2B - \varpi') \right] \\
&- \frac{n^2 i \gamma'(b_3)}{3} \left[ \sin(4n't - 3nt + 2B + \varpi') - \sin(2n't - 3nt + 3B - \varpi') \right] \\
&- \dots\dots\dots\dots\dots\dots\dots\dots\dots\dots\dots\dots ;
\end{aligned}
$$

d'où, en intégrant, on aura

$$
\begin{aligned}
z = \frac{i\gamma'(b_1)}{4} nt \cos(nt + \varpi) &- \frac{i\gamma'}{4}(b_1) nt \cos(nt - B + \varpi') \\
&+ \frac{n^2}{n'^2 - n^2} \gamma.^1 P \sin(n't + B + \varpi) \\
&+ \frac{n^2}{(n' - 2n)^2 - n^2} \gamma.^2 P \sin(n't - 2nt + B - \varpi) \\
&+ \dots\dots\dots\dots\dots\dots\dots\dots\dots\dots\dots\dots
\end{aligned}
$$

## XVII.

Ayant ainsi les valeurs de $\delta r$, $\frac{d\delta \rho}{dt}$ et $\delta s$, aux quantités près de l'ordre $\alpha^2$, il nous reste à déterminer les termes de l'ordre $\alpha^2$ et proportionnels à $t$, dans les expressions de $\frac{d\delta \rho}{dt}$ et $\delta r$, parce que de là dépend, comme nous l'avons déjà observé, l'équation séculaire du moyen mouvement de la planète; or, si, dans l'équation (17) de l'article XI, on substitue, au lieu de $\delta r$, $a\,\delta\mu'(y + \alpha y' + \alpha^2\lambda nt)$, au lieu de $\delta s$, sa valeur trouvée dans l'article précédent, et que l'on ne conserve que les termes de l'ordre $\alpha^2$ proportionnels à $t$, il est clair d'abord que les termes sans $\alpha$ et ceux de l'ordre $\alpha$ disparaîtront d'eux-mêmes en vertu des valeurs précédentes de $y$ et de $y'$; de plus, on trouvera, par un calcul fort simple,

$$\lambda = ee'\sin V\left(2K - \tfrac{3}{2}{}^2L\right) + \gamma\gamma'\sin U\left[2L - \tfrac{3}{8}i(b_1)\right];$$

ensuite l'équation (16) de l'article XI donne, en y substituant, au lieu de $\delta\bar{\varpi}$, $\delta\mu'(x + \alpha x' + \alpha^2 6n^2t^2)$, et ne conservant parmi les termes de l'ordre $\alpha^2$ que ceux qui sont proportionnels à $t$,

$$6 = ee'\sin V\left(\tfrac{3}{4}{}^2L - \tfrac{3}{2}K\right) + \gamma\gamma'\sin U\left[\tfrac{3}{8}i(b_1) - \tfrac{3}{2}L\right].$$

Il est visible que le terme $\alpha^2\,\delta\mu'6n^2t^2$ donne l'équation séculaire du moyen mouvement de la planète, et comme cette inégalité est la plus essentielle à déterminer, il ne sera pas inutile de chercher à la mettre sous la forme la plus simple dont elle est susceptible.

Pour cela, j'observe que l'on a, par l'article XIV,

$$L = \frac{3i^2}{4(1 + i^2)}\left[(b) - \tfrac{1}{2}(b_2)\right] + \frac{i^3}{(1 + i^2)^2}\left[\left(\frac{db}{dq}\right) - \tfrac{1}{2}\left(\frac{db_2}{dq}\right)\right];$$

or, si l'on substitue, au lieu de $(b_2)$, $\left(\dfrac{db}{dq}\right)$, $\left(\dfrac{db_1}{dq}\right)$, leurs valeurs en $(b)$ et $(b_1)$, trouvées dans l'article XIII, on aura

$$L = \tfrac{1}{4}i(b_1);$$

partant,

$$\tfrac{3}{8}i(b_1) - \tfrac{3}{2}L = 0;$$

ce qui réduit déjà l'expression de $6$ à celle-ci

$$6 = ee'\sin V\left(\tfrac{3}{4}{}^2L - \tfrac{3}{2}K\right);$$

de plus, on a

$${}^2L = 2C - 2E + {}'H - {}'F;$$

et en substituant, au lieu de C, E, $^1$H et $^1$F, leurs valeurs en $(b)$ et $(b_1)$, que l'on tirera facilement des articles XIII et XIV, on trouvera

$$^2\mathrm{L} = 3i(b) - (b_1)(1 + i^2);$$

on trouvera de la même manière

$$\mathrm{K} = \tfrac{3}{2}i(b) - \tfrac{1}{2}(b_1)(1 + i^2);$$

d'où l'on tire $\mathcal{E} = 0$, c'est-à-dire que l'équation séculaire du moyen mouvement de la planète est nulle, au moins en ne poussant l'approximation que jusqu'aux quantités de l'ordre $\alpha^2\,\delta\mu'$. Nous verrons ci-après qu'elle serait encore nulle, en ayant égard aux termes de l'ordre $\alpha^3\,\delta\mu'$; et comme les quantités des ordres $\alpha^2\,\delta\mu'$ et $\alpha^3\,\delta\mu'$ sont déjà excessivement petites, on peut en conclure que *l'action réciproque des planètes, les unes sur les autres, n'a pu sensiblement altérer leurs moyens mouvements, depuis le temps au moins auquel on a commencé à cultiver l'Astronomie, jusqu'à nos jours;* résultat analogue à celui que j'ai trouvé par une autre méthode dans les *Savants étrangers,* année 1773, page 218 ([1]).

## XVIII.

Reprenons maintenant les valeurs de $\delta r$ et de $\delta s$; en y ajoutant les valeurs de $r$ et de $s$, trouvées ci-dessus dans la supposition de $\delta\mu' = 0$, on aura

$$r = a \left\{ \begin{array}{l} 1 + \dfrac{\alpha^2 e^2}{2} - \dfrac{\alpha^2 \gamma^2}{4} + \alpha e \cos(nt + \mathcal{G}) \\[2mm] - \alpha(\mathrm{F} + \mathrm{G})\,\delta\mu'\,ent\,\sin(nt + \mathcal{G}) + \alpha^2\,\delta\mu'\lambda.nt \\[2mm] + \dfrac{\alpha.\,^2\mathrm{L}}{2}\,e'\,nt\,\delta\mu'\,\sin(nt - \mathrm{B} + \mathcal{G}') + \mathrm{Y} \end{array} \right\}$$

et

$$s = \alpha\gamma\sin(nt + \varpi) + \dfrac{\alpha\gamma(b_1)i}{4}\,\delta\mu'\,nt\,\cos(nt + \varpi)$$

$$- \dfrac{\alpha\gamma'(b_1)i}{4}\,\delta\mu'\,nt\,\cos(nt - \mathrm{B} + \varpi') + \mathrm{Z},$$

Y et Z étant des quantités périodiques qui ne renferment point d'arcs

([1]) *Œuvres de Laplace,* T. VIII, p. 263.

de cercle. Or on a

$$\sin(nt - B + \vartheta') = \sin(nt + \vartheta + \vartheta' - \vartheta - B)$$
$$= \sin(nt + \vartheta - V)$$
$$= \cos V \sin(nt + \vartheta) - \sin V \cos(nt + \vartheta),$$

parce que $V$ égale $B - \vartheta' + \vartheta$ (art. XIV); de plus, on trouvera facilement $F + G = -\frac{1}{4} i(b_1)$; on pourra donc ainsi mettre l'expression de $r$ sous cette forme

$$(F) \quad r = a \left\{ \begin{array}{l} 1 + \alpha \left\{ e + \frac{1}{2} e' n t\, \partial\mu' \sin V\, [(b_1)(1 + i^2) - 3i(b)] \right\} \\[4pt] \qquad \times \cos\left( \vartheta + nt \left\{ 1 - \frac{i}{4}(b_1)\, \partial\mu' + \frac{1}{2}\frac{e'}{e} \cos V\, \partial\mu'[(b_1)(1 + i^2) - 3i(b)] \right\} \right) \\[6pt] + \dfrac{\alpha^2 e^2}{2} - \dfrac{\alpha^2 \gamma^2}{4} - \alpha^2\, \partial\mu'\, n t e e' \sin V\, [\frac{3}{2} i(b) - \frac{1}{2}(b_1)(1 + i^2)] \\[6pt] + \alpha^2\, \partial\mu'\, n t \gamma\gamma' \sin U \dfrac{i}{8}(b_1) + Y \end{array} \right.$$

On aura pareillement, en considérant que l'on a $B - \varpi' + \varpi = U$ (art. XIV),

$$s = \alpha \left[ \gamma - \frac{\gamma'}{4} i(b_1)\, \partial\mu'\, n t \sin U \right] \sin\left\{ \varpi + nt \left[ 1 + \frac{i(b_1)}{4}\, \partial\mu' - \frac{\gamma'}{\gamma} i\frac{(b_1)}{4}\, \partial\mu' \cos U \right] \right\} + Z.$$

En considérant les masses des planètes comme étant extrêmement petites par rapport à celle du Soleil, il est visible que chacune d'elles décrirait très sensiblement une orbite elliptique à chaque révolution, et qu'ainsi leur action réciproque ne pourrait être sensible qu'autant qu'elle altérerait à la longue les éléments de ces ellipses, c'est-à-dire la moyenne distance de la planète au Soleil, la position de son aphélie et de ses nœuds, son excentricité et son inclinaison; or il est visible que l'augmentation de l'excentricité, après le temps $t$, sera

$$\tfrac{1}{2} \alpha e' n t\, \partial\mu' \sin V\, [(b_1)(1 + i^2) - 3i(b)],$$

de sorte qu'après le nombre $c$ de révolutions, l'augmentation de l'équation du centre qui, pour les planètes, est à très peu près le double de l'excentricité, sera

$$360^\circ \, \alpha e' c\, \partial\mu' \sin V\, [(b_1)(1 + i^2) - 3i(b)];$$

il est aisé de voir pareillement que le mouvement direct de l'aphélie sera

$$360° \, c \, \delta\mu' \left\{ \frac{i}{4}(b_1) - \frac{1}{2} \frac{\alpha e'}{\alpha e} \cos V [(b_1)(1 + i^2) - 3 i(b)] \right\},$$

que la diminution de l'inclinaison de l'orbite sera

$$\frac{\alpha\gamma' i(b_1) \delta\mu'}{4} \, 360° \, c \, \sin U,$$

et que le mouvement rétrograde des nœuds sera

$$360° \, c \, \delta\mu' \left[ \frac{i(b_1)}{4} - \frac{\alpha\gamma'}{\alpha\gamma} i \frac{(b_1)}{4} \cos U \right].$$

Pour ce qui regarde la variation du grand axe, on peut déjà conclure qu'elle est nulle, de ce que le moyen mouvement de la planète reste constamment le même; car nous avons démontré précédemment que les carrés des temps des révolutions périodiques sont comme les cubes des grands axes; par conséquent, si, après plusieurs siècles, les grands axes des orbites devenaient plus ou moins grands, les révolutions deviendraient moins ou plus rapides. Il suit de là que les termes proportionnels au temps qui se rencontrent dans l'expression (F) de $r$ ne sont dus qu'aux variations des quantités $\frac{\alpha^2 e^2}{2}$ et $-\frac{\alpha^2\gamma^2}{4}$, qui se trouvent dans la valeur de $r$, lorsqu'on suppose $\delta\mu' = 0$; c'est en effet ce que le calcul confirme, car la variation de $\frac{\alpha^2 e^2}{2}$ est égale à celle de $\alpha e$, multipliée par $\alpha e$, c'est-à-dire égale à

$$- \alpha^2 e e' \, nt \, \delta\mu' \sin V [\tfrac{3}{2} i(b) - \tfrac{1}{2}(b_1)(1 + i^2)];$$

pareillement la variation de $-\frac{\alpha^2\gamma^2}{4}$ est

$$+ \tfrac{1}{8} \alpha^2 \gamma\gamma' i(b_1) \, \delta\mu' \, nt \sin U;$$

or, ce sont là les termes proportionnels au temps qui se rencontrent dans l'expression de $r$; donc la quantité $a$, qui exprime la moyenne distance de la planète au Soleil dans l'orbite réelle, reste toujours constante.

## XIX.

Les articles précédents donnent les valeurs de $r$, $s$ et $\frac{d\varphi}{dt}$, aux quantités près de l'ordre $\alpha^2$; et, de la valeur de $\frac{d\varphi}{dt}$, on peut très facilement conclure celle de $\varphi$; mais ces expressions renferment des arcs de cercle et ne peuvent servir conséquemment que pour un temps limité; il est donc essentiel de les faire disparaître, toutes les fois que cela est possible, et c'est ce qu'on peut faire d'une manière extrêmement simple, par la méthode exposée au commencement de ce Mémoire; mais avant que de donner ce calcul, il ne sera pas inutile de faire quelques remarques sur le degré de précision des approximations précédentes.

J'observe d'abord que si l'on voulait obtenir de nouveaux termes proportionnels au temps, dans les expressions de $r$ et de $\frac{d\varphi}{dt}$, il faudrait pousser l'approximation jusqu'aux quantités de l'ordre $\alpha^4 \delta\mu'$; les géomètres qui auront suivi l'analyse précédente s'en assureront très aisément à l'inspection des équations (16), (17) et (18) de l'article XI. De plus, comme Jupiter et Saturne ont des masses assez considérables pour qu'on puisse regarder, par rapport à elles, $\delta\mu'$ comme de l'ordre $\alpha^2$, il est indispensable alors d'avoir égard aux termes de l'ordre $(\delta\mu')^2$; or, en considérant les équations (10), (11) et (12) de l'article X, on verra facilement que les termes de l'ordre $(\delta\mu')^2$ ne peuvent produire aucun terme proportionnel au temps dans la valeur de $r$, ni dans celle de $\frac{d\varphi}{dt}$, et qu'il faut pour cela porter l'approximation jusqu'aux quantités de l'ordre $\alpha^2(\delta\mu')^2$; d'où il suit que, généralement, l'équation séculaire du moyen mouvement des planètes est nulle, au moins aux quantités près de l'ordre $\alpha^4 \delta\mu'$.

J'observe ensuite que, parmi les termes de l'ordre $\alpha^2$, il ne s'en trouve aucun, dans les expressions de $r$ et de $s$, de la forme

$$\alpha^2 K t \cos(nt + q),$$

et qu'ainsi les variations trouvées dans l'article précédent, pour l'inclinaison et l'excentricité de l'orbite, sont exactes, aux quantités près de l'ordre $\alpha^3$, et que celles du mouvement des nœuds et des aphélies le sont aux quantités près de l'ordre $\alpha^2$, par où l'on voit qu'elles sont fort approchées.

Considérons maintenant un argument tel que

$$\cos q(n't - nt + \mathrm{B}),$$

$q$ étant un nombre entier quelconque, on verra aisément qu'il faut porter la précision jusqu'aux quantités de l'ordre $\alpha^2$, pour en retrouver un pareil; et si l'on considère un argument tel que

$$\alpha e \cos(n't - 3nt + \mathrm{B} - \vartheta),$$

on verra qu'il faut, pour retrouver son pareil, porter la précision jusqu'aux quantités de l'ordre $\alpha^3$; de là, on peut conclure généralement que le même argument ne peut être reproduit que par les quantités des ordres $\alpha^2$, $\alpha^4$, $\alpha^6$, … s'il se trouve, pour la première fois, parmi les termes des ordres $\alpha^0$, $\alpha^2$, $\alpha^4$, …, ou par les quantités des ordres $\alpha^3$, $\alpha^5$, $\alpha^7$, … s'il se trouve, pour la première fois, parmi les termes des ordres $\alpha$, $\alpha^3$, $\alpha^5$, ….

## XX.

Je reprends maintenant les équations de l'article XVIII

$$r = a \left\{ \begin{array}{l} 1 + \dfrac{\alpha^2 e^2}{2} - \dfrac{\alpha^2 \gamma^2}{4} + \alpha^2 \partial\mu'\lambda.nt + \alpha e \cos(nt + \vartheta) \\[2mm] - \alpha(\mathrm{F} + \mathrm{G})\partial\mu'ent\sin(nt + \vartheta) \\[2mm] + \dfrac{\alpha e'.^2\mathrm{L}}{2} nt \, \partial\mu' \sin(nt - \mathrm{B} + \vartheta') + \mathrm{Y} \end{array} \right\},$$

$$s = \alpha\gamma \sin(nt + \varpi) + \frac{\alpha\gamma i(b_1)}{4} \partial\mu'nt \cos(nt + \varpi)$$

$$- \frac{\alpha\gamma' i(b_1)}{4} \partial\mu'nt \cos(nt - \mathrm{B} + \varpi') + \mathrm{Z};$$

et j'observe que l'on a pour $\dfrac{d\varphi}{dt}$ une équation de cette forme

$$\frac{d\varphi}{dt} = n - 2\alpha en \cos(nt + \vartheta) + 2\alpha en(\mathrm{F} + \mathrm{G})nt \sin(nt + \vartheta)$$

$$- {}^2\mathrm{L}\alpha e'n^2 t \sin(nt - \mathrm{B} + \vartheta') + \mathrm{X},$$

X, Y et Z étant des quantités périodiques ou qui ne renferment point d'arcs de cercle. Or, si l'on nomme $\varepsilon$ la distance réelle de la planète P à son aphélie, $B_1$, $B'_1$, ... les angles compris à l'origine du mouvement entre les projections des planètes P, P', ... et la ligne fixe d'où l'on commence à compter les longitudes, on aura, en négligeant les quantités de l'ordre $\alpha^2$,

$$B_1 = A + \varepsilon;$$

de plus, on a, par l'article IX,

$$\theta = \varepsilon + 2\alpha e \sin\varepsilon;$$

donc

$$\theta = B_1 - A + 2\alpha e \sin(B_1 - A);$$

or on a (art. XIV)

$$B = A' - A + \theta' - \theta;$$

donc

$$B = B'_1 - B_1 + 2\alpha e' \sin(B'_1 - A') - 2\alpha e \sin(B_1 - A);$$

on aura ainsi

$$\cos q(n't - nt + B) = \cos q(n't - nt + B'_1 - B_1)$$
$$+ [2\alpha e q \sin(B_1 - A) - 2\alpha e' q \sin(B'_1 - A')] \sin q(n't - nt + B'_1 - B_1);$$

on a de plus, en négligeant les quantités de l'ordre $\alpha$,

$$\cos(nt + \theta) = \cos(nt + B_1 - A) = \cos A \cos(nt + B_1) + \sin A \sin(nt + B_1),$$
$$\sin(nt + \theta) = \sin(nt + B_1 - A) = \cos A \sin(nt + B_1) - \sin A \cos(nt + B_1),$$
$$\sin(nt - B + \theta') = \sin(nt + B_1 - A') = \cos A' \sin(nt + B_1) - \sin A' \cos(nt + B_1),$$
$$\sin V = \sin(A' - A) = \sin A' \cos A - \sin A \cos A'.$$

Nommons ensuite $C_1$, $C'_1$, ... les distances des nœuds de P, P', ... à la ligne fixe, à l'origine du mouvement, et nous aurons, en négligeant les quantités de l'ordre $\alpha$,

$$B_1 - \varpi = C_1$$

$$\sin(nt + \varpi) = \sin(nt + B_1 - C_1) = \cos C_1 \sin(nt + B_1) - \sin C_1 \cos(nt + B_1),$$
$$\cos(nt + \varpi) = \cos(nt + B_1 - C_1) = \cos C_1 \cos(nt + B_1) + \sin C_1 \sin(nt + B_1)$$

et

$$\cos(nt - B + \varpi') = \cos(nt + B_1 - C'_1) = \cos C'_1 \cos(nt + B_1) + \sin C'_1 \sin(nt + B_1),$$
$$\sin U = (\text{art. XIV}) \sin(A' - A + \vartheta' - \vartheta - \varpi' + \varpi)$$
$$= \sin(B'_1 - \varpi' - B_1 + \varpi) = \sin(C'_1 - C_1)$$
$$= \sin C'_1 \cos C_1 - \sin C_1 \cos C'_1.$$

Cela posé, on verra facilement que les expressions précédentes de $r$, $s$ et $\dfrac{d\varphi}{dt}$ peuvent être mises sous cette forme

$$r = a \left\{ \begin{array}{l} 1 + \dfrac{\alpha^2 c^2}{2} - \dfrac{\alpha^2 \gamma^2}{4} + \cos(nt + B_1)\left[\alpha e \cos A + \alpha e \sin A\,(F + G)\,\partial\mu' nt - \alpha e' \sin A' \dfrac{^2L}{2}\,nt\,\partial\mu'\right. \\[2ex] \qquad\qquad + \sin(nt + B_1)\left[\alpha e \sin A + \alpha e \cos A\,(F + G)\,\partial\mu' nt - \alpha e' \cos A' \dfrac{^2L}{2}\,\partial\mu' n\right. \\[2ex] - \alpha^2 \partial\mu' nt\,ee'(\sin A' \cos A - \sin A \cos A')\left[\tfrac{3}{4}i(b_1) - \tfrac{1}{2}(b)(1 + i^2)\right] \\[1ex] + \alpha^2 \partial\mu' nt\,\gamma\gamma'\,\tfrac{1}{8}i(b_1)(\sin C'_1 \cos C_1 - \sin C_1 \cos C'_1) \\[1ex] + \cdots\cdots\cdots\cdots\cdots\cdots\cdots\cdots\cdots\cdots\cdots\cdots\cdots \\[1ex] + Q + \alpha e \sin A\,\partial\mu' R \quad + \alpha e \cos A\,\partial\mu'.^1R \\[1ex] \quad + \alpha e' \sin A'\,\partial\mu'.^2R + \alpha e' \cos A'\,\partial\mu'.^3R, \end{array} \right.$$

$$s = \sin(nt + B_1)\left[\alpha\gamma \cos C_1 + \alpha\gamma \sin C_1\,\dfrac{i(b_1)\,\partial\mu'}{4}\,nt - \alpha\gamma \sin C'_1\,\dfrac{i(b_1)\,\partial\mu'}{4}\,nt\right]$$
$$- \cos(nt + B_1)\left[\alpha\gamma \sin C_1 - \alpha\gamma \cos C_1\,\dfrac{i(b_1)\,\partial\mu'}{4}\,nt + \alpha\gamma' \cos C'_1\,\dfrac{i(b_1)\,\partial\mu'}{4}\,nt\right]$$
$$+ \alpha\gamma \sin C_1.^1S + \alpha\gamma \cos C_1.^2S + \alpha\gamma' \sin C'_1.^3S + \alpha\gamma' \cos C'_1.^4S,$$

$$\dfrac{d\varphi}{dt} = n - 2n \cos(nt + B_1)\left[\alpha e \cos A + \alpha e \sin A\,(F + G)\,\partial\mu' nt - \alpha e' \sin A' \dfrac{^2L}{2}\,\partial\mu' nt\right]$$
$$- 2n \sin(nt + B_1)\left[\alpha e \sin A - \alpha e \cos A\,(F + G)\,\partial\mu' nt + \alpha e' \cos A' \dfrac{^2L}{2}\,\partial\mu' nt\right]$$
$$+ {}^1X + \alpha e \sin A.^2X + \alpha e \cos A.^3X + \alpha e' \sin A'.^4X + \alpha e' \cos A'.^5X,$$

$Q$, $R$, $^1R$, ..., $^1S$, $^2S$, ..., $^1X$, $^2X$, ... étant des quantités périodiques qui ne renferment point les constantes $e$, $e'$, ..., $A$, $A'$, ..., $C_1$, $C'_1$, .... On peut observer que $A$, $A'$, ... peuvent être ici considérées comme exprimant les distances des projections des aphélies de P, P', ... à la ligne fixe, et $C_1$, $C'_1$, ... comme exprimant les distances de leurs nœuds à la même ligne.

Présentement, si l'on nomme $u$ le moyen mouvement durant le temps $t$ d'une planète qui circulerait autour du Soleil, à une distance que je prends pour l'unité, et que l'on fasse

$$\tfrac{1}{4} i(b_1)\, \delta\mu' nt = (0,1)u,$$
$$\tfrac{1}{2}\left[(b_1)(1+i^2) - 3i(b)\right] \delta\mu' nt = \overline{(0,1)}u\,;$$

que l'on représente par $(0,2)u$, $\overline{(0,2)}u$, $(0,3)u$, $\overline{(0,3)}u$, ... les mêmes quantités relativement aux planètes $P''$, $P'''$, ... ; soit de plus

$$\alpha e \sin A = p, \qquad \alpha e \cos A = q,$$
$$\alpha e' \sin A' = p', \qquad \alpha e' \cos A' = q',$$
$$\dotsb, \qquad\qquad \dotsb,$$
$$\alpha\gamma \sin C_1 = h, \qquad \alpha\gamma \cos C_1 = l,$$
$$\alpha\gamma' \sin C_1' = h', \qquad \alpha\gamma' \cos C_1' = l',$$
$$\dotsb, \qquad\qquad \dotsb,$$

on aura

$$\alpha^2 e^2 = p^2 + q^2, \qquad \alpha^2 \gamma^2 = h^2 + l^2,$$

et les trois équations précédentes deviendront

$$r = a\left\{
\begin{aligned}
&1 + \tfrac{1}{2}(p^2 + q^2 - \tfrac{1}{4}(h^2 + l^2) \\
&+ \sin(nt + B_1)\left[p + (0,1)qu - \overline{(0,1)}q'u\right] \\
&+ \cos(nt + B_1)\left[q - (0,1)pu + \overline{(0,1)}p'u\right] \\
&+ \overline{(0,1)}u(p'q - pq') + \tfrac{1}{2}(0,1)u(h'l - hl') \\
&+ Q + p\,\delta\mu'R + q\,\delta\mu'.{}^1R + p'\,\delta\mu'.{}^2R + q'\,\delta\mu'.{}^3R
\end{aligned}
\right\},$$

$$s = \sin(nt + B_1)\left[l + (0,1)hu - (0,1)h'u\right] + h\,\delta\mu'.{}^1S + l\,\delta\mu'.{}^2S$$
$$- \cos(nt + B_1)\left[h - (0,1)lu + (0,1)l'u\right] + h'\,\delta\mu'.{}^3S + l'\,\delta\mu'.{}^4S,$$

$$\frac{d\varsigma}{dt} = n - 3n\sin(nt + B_1)\left[p + (0,1)qu - \overline{(0,1)}q'u\right]$$
$$+ {}^1X + p\,\delta\mu'.{}^2X + q\,\delta\mu'.{}^3X$$
$$- 3n\cos(nt + B_1)\left[q - (0,1)pu + \overline{(0,1)}p'u\right] + p'\,\delta\mu'.{}^4X + q'\,\delta\mu'.{}^5X.$$

Pour faire disparaître les arcs de cercle de l'expression de $r$, je fais, en suivant l'esprit de la méthode exposée au commencement de ce Mémoire,

I. $$\frac{dp}{du} = (0,1)q - \overline{(0,1)}q',$$

II. $$\frac{dq}{du} = -(0,1)p + \overline{(0,1)}p',$$

et

III.
$$\frac{da}{du} + a\left(p\frac{dp}{du} + q\frac{dq}{du} - \tfrac{1}{2}h\frac{dh}{du} - \tfrac{1}{2}l\frac{dl}{du}\right)$$
$$= a\left[\overline{(0,1)}(p'q - q'p) + \tfrac{1}{2}(0,1)(h'l - hl')\right];$$

ensuite, pour faire disparaître les arcs de cercle de la valeur de $s$, je fais

IV.
$$\frac{dl}{du} = (0,1)h - \overline{(0,1)}h',$$

V.
$$\frac{dh}{du} = (0,1)l' - \overline{(0,1)}l;$$

enfin, pour faire disparaître les arcs de cercle de la valeur de $\frac{dz}{dt}$, je fais

$$\frac{dp}{du} = \quad (0,1)q - \overline{(0,1)}q',$$

$$\frac{dq}{du} = -(0,1)p + \overline{(0,1)}p',$$

équations qui rentrent dans les deux premières.

L'équation III donne, en y substituant, au lieu de $\frac{dp}{du}$, $\frac{dq}{du}$, $\frac{dh}{du}$, $\frac{dl}{du}$, leurs valeurs tirées des équations I, II, IV et V, $\frac{da}{du} = 0$, ce qui indique que la variation de la moyenne distance est nulle, comme nous l'avons déjà observé; on aura donc les quatre équations

$$\frac{dp}{du} = \quad q[(0,1) + (0,2) + (0,3) + \ldots] - \overline{(0,1)}q' - \overline{(0,2)}q' - \overline{(0,3)}q'' - \ldots,$$

$$\frac{dq}{du} = -p[(0,1) + (0,2) + (0,3) + \ldots] + \overline{(0,1)}p' + \overline{(0,2)}p'' + \overline{(0,3)}p''' + \ldots,$$

$$\frac{dh}{du} = -l[(0,1) + (0,2) + \ldots] + (0,1)l' + (0,2)l'' + \ldots,$$

$$\frac{dl}{du} = \quad h[(0,1) + (0,2) + \ldots] - (0,1)h' - (0,2)h'' - \ldots.$$

Maintenant, si l'on regarde successivement les planètes P', P'', … comme troublées par l'action des autres, et que l'on nomme $(1,0)$, $\overline{(1,0)}$, $(1,2)$, $\overline{(1,2)}$, … pour P'; $(2,0)$, $\overline{(2,0)}$, $(2,1)$, $\overline{(2,1)}$, … pour

P″, ... des quantités analogues à celles que nous avons nommées $(\text{o},\text{1})$, $\overline{(\text{o},\text{1})}$, $(\text{o},\text{2})$, $\overline{(\text{o},\text{2})}$, ... pour P, on aura les équations

$$\frac{dp'}{du} = \quad q'[(\text{1},\text{o}) + (\text{1},\text{2}) + \ldots] - \overline{(\text{1},\text{o})}q - \overline{(\text{1},\text{2})}q'' - \ldots,$$

$$\frac{dq'}{du} = - p'[(\text{1},\text{o}) + (\text{1},\text{2}) + \ldots] + \overline{(\text{1},\text{o})}p + \overline{(\text{1},\text{2})}p'' + \ldots,$$

$$\frac{dh'}{du} = - l'[(\text{1},\text{o}) + \ldots] + (\text{1},\text{o})l + \ldots,$$

$$\frac{dl'}{du} = \quad h'[(\text{1},\text{o}) + \ldots] - \ldots,$$

. . . . . . . . . . . . . . . . . . . . . . . . .

En intégrant ces équations, on aura les valeurs de $p$, $q$, $h$, $l$, $p'$, $q'$. ..., et en les substituant dans les expressions de $r$, $s$ et $\frac{d\gamma}{dt}$, on effacera les arcs de cercle qui se rencontrent dans ces expressions.

Il est visible que les équations précédentes sont renfermées dans celles dont nous avons donné l'intégrale (art. III), en sorte qu'il ne peut y avoir aucune difficulté sur cet objet; mais il ne sera pas inutile de faire la remarque suivante.

Pour intégrer les équations précédentes, on y substituera, suivant la méthode de l'article III, au lieu de $p$, $p'$, ...,

$$b \sin(fx + \varpi), \quad b' \sin(fx + \varpi), \quad \ldots,$$

et, au lieu de $q$, $q'$, ...,

$$b \cos(fx + \varpi), \quad b' \cos(fx + \varpi), \quad \ldots,$$

et l'on aura les équations

$$fb = b \ [(\text{o},\text{1}) + (\text{o},\text{2}) + \ldots] - \overline{(\text{o},\text{1})}b' - \overline{(\text{o},\text{2})}b'' - \ldots,$$
$$fb' = b' [(\text{1},\text{o}) + (\text{1},\text{2}) + \ldots] - \overline{(\text{1},\text{o})}b - \overline{(\text{1},\text{2})}b'' - \ldots,$$
$$fb'' = b'' [(\text{2},\text{o}) + (\text{2},\text{1}) + \ldots] - \overline{(\text{2},\text{o})}b - \overline{(\text{2},\text{1})}b' - \ldots,$$

. . . . . . . . . . . . . . . . . . . . . . . . .

Il suffit ici de considérer les équations relatives à $p$, $p'$, ..., $q$, $q'$, ...; puisque les valeurs de $h$, $h'$, ..., $l$, $l'$, ... s'en déduisent en changeant dans $q, q', \ldots, p, p', \ldots$ les quantités $\overline{(0,1)}, \overline{(0,2)}, \ldots, \overline{(1,0)}, \ldots$, en $(0,1), (0,2), \ldots, (1,0), \ldots$.

Les équations précédentes en donnent une en $f$, du degré $n$, s'il y a $n$ planètes; or, si cette équation renferme des racines imaginaires, il entre nécessairement des quantités exponentielles dans les valeurs de $p, q, \ldots$, et comme ces quantités peuvent aller croissantes à l'infini, la solution précédente ne peut avoir lieu que pour un temps limité : il serait donc très important de s'assurer si l'équation en $f$ peut renfermer des racines imaginaires, et en quel nombre elles peuvent y exister. Cette discussion me paraît digne de toute l'attention des géomètres; je me contenterai ici d'observer que, lorsqu'on ne considère que deux planètes, comme on l'a fait jusqu'à présent dans la théorie de Jupiter et de Saturne, l'équation en $f$ a toujours deux racines réelles; car on a alors

$$fb = (0,1)b - \overline{(0,1)}b',$$
$$fb' = (1,0)b' - \overline{(1,0)}b,$$

d'où l'on tire

$$f^2 - [(1,0) + (0,1)]f = \overline{(1,0)}\,\overline{(0,1)} - (1,0)(0,1),$$

équation dont il est visible que les deux racines sont toujours réelles.

## XXI.

### *Détermination des inégalités séculaires du mouvement des aphélies et des excentricités de Jupiter et de Saturne.*

Il nous resterait présentement à appliquer la théorie précédente aux différentes planètes; mais la longueur déjà trop grande de ce Mémoire m'oblige de renvoyer ces applications à un autre temps; je me bornerai donc ici à déterminer les inégalités séculaires de Jupiter et de Saturne, et, parmi ces inégalités, je ne considérerai que celles du mouvement des aphélies et des excentricités, M. de Lagrange ayant traité, dans le plus grand détail, celles qui sont relatives au mouvement des nœuds et à l'inclinaison de leurs orbites. Les masses de ces deux corps sont tellement grandes par rapport à celles des autres planètes, et leur position dans le système solaire est telle qu'on peut, sans craindre aucune erreur sensible, considérer à part leur action réciproque.

Je reprends l'équation

$$f^2 - [(1,0) + (0,1)]f = \overline{(1,0)}\,\overline{(0,1)} - (1,0)\,(0,1).$$

Pour en avoir les racines, il faut connaitre $(0,1)$, $(1,0)$, $\overline{(0,1)}$ et $\overline{(1,0)}$; or soit P Jupiter et P' Saturne; que l'on désigne par $mt$ le moyen mouvement du Soleil, et que l'on fasse

$$u = \frac{1}{1000000}\, mt,$$

on aura (art. XX)

$$(0,1) = \frac{1000000}{4} \cdot \frac{a'}{a}\,(b_1)\,\delta\mu'\,\frac{n}{m},$$

$$\overline{(0,1)} = \frac{1000000}{2}\left[\frac{a^2 + a'^2}{a^2}\,(b_1) - \frac{3a'}{a}\,(b)\right]\delta\mu'\,\frac{n}{m},$$

$$(1,0) = \frac{1000000}{4} \cdot \frac{a}{a'}\,(b'_1)\,\delta\mu\,\frac{n'}{m},$$

$$\overline{(1,0)} = \frac{1000000}{2}\left[\frac{a^2 + a'^2}{a'^2}\,(b'_1) - \frac{3a}{a'}\,(b')\right]\delta\mu\,\frac{n'}{m},$$

$(b')$ et $(b'_1)$ étant ce que deviennent $(b)$ et $(b_1)$, lorsqu'on y change $a$ en $a'$, et réciproquement; or on trouvera facilement par l'article XIII

$$(b') = \frac{a'^3}{a^3}\,(b) \qquad \text{et} \qquad (b'_1) = \frac{a'^3}{a^3}\,(b_1);$$

donc

$$(1,0) = \frac{a'}{a}\,\frac{\delta\mu}{\delta\mu'}\,\frac{n'}{n}\,(0,1) = \left(\frac{n'}{n}\right)^{\frac{1}{3}}\frac{\delta\mu}{\delta\mu'}\,(0,1),$$

à cause de $\dfrac{a'}{a} = \left(\dfrac{n}{n'}\right)^{\frac{2}{3}}$; on aura semblablement

$$\overline{(1,0)} = \left(\frac{n'}{n}\right)^{\frac{1}{3}}\frac{\delta\mu}{\delta\mu'}\,\overline{(0,1)};$$

de sorte qu'ayant une fois $(0,1)$ et $\overline{(0,1)}$, on en conclura facilement $(1,0)$ et $\overline{(1,0)}$.

Suivant les Tables de Halley, le mouvement séculaire de Jupiter est de 10 926 257 secondes, et celui de Saturne est de 4 398 126 secondes; d'où l'on tire

$$\frac{n'}{n} = 0,402528;$$

partant,

$$\log \frac{a'}{a} = \log \left(\frac{n}{n'}\right)^{\frac{2}{3}} = 0,263469;$$

ensuite on a (*voir les Savants étrangers*, année 1773, p. 212) [1]

$$(b) = 0,35292, \qquad (b_1) = 0,51578;$$

de plus,

$$\delta\mu' = \frac{1}{3021};$$

de là je conclus

$$(0,1) = 6,6007,$$
$$\overline{(0,1)} = 4,3129;$$

ensuite

$$\delta\mu = \frac{1}{1067};$$

partant,

$$(1,0) = 13,7988,$$
$$\overline{(1,0)} = 9,0162;$$

on a donc l'équation

$$f^2 - 20,3995.f = -52,1958,$$

dont les deux racines sont

$$f = 17,3998,$$
$${}^1f = 2,9998;$$

maintenant, si l'on néglige, comme cela est ici permis, les quantités de l'ordre $\alpha^2$, et que l'on prenne pour plan fixe celui de l'écliptique au commencement de 1750, et pour point fixe d'où l'on commence à compter les longitudes la position de l'équinoxe du printemps à cette époque, l'angle $\Lambda$ exprimera la longitude de la projection de l'aphélie

<hr>

[1] *OEuvres de Laplace*, T. VIII, p. 253.

de Jupiter, et l'angle $A'$ celle de la projection de l'aphélie de Saturne; or on a, suivant les Tables de Halley, pour le commencement de 1750,

$$A = 6^s 10° 33' 46',$$
$$\alpha e = 0,048218,$$
$$A' = 8^s 29° 39' 58',$$
$$\alpha e' = 0,057003.$$

Soient $H$ et $H'$ les valeurs de $p$ et de $p'$; $L$ et $L'$ celles de $q$ et de $q'$ à cette époque; on aura

$$H = \alpha e \sin A = -0,008842,$$
$$H' = \alpha e' \sin A' = -0,057002,$$
$$L = \alpha e \cos A = -0,047400,$$
$$L' = \alpha e' \cos A' = -0,000663;$$

mais on a les quatre équations

$$H = b \sin \varpi + \, 'b \sin \, '\varpi,$$
$$H' = b' \sin \varpi + \, 'b' \sin \, '\varpi,$$
$$L = b \cos \varpi + \, 'b \cos \, '\varpi,$$
$$L' = b' \cos \varpi + \, 'b' \cos \, '\varpi;$$

ensuite on a

$$f \, b = (0,1) \, b - \overline{(0,1)} \, b',$$
$$'f \, 'b = (0,1) \, 'b - \overline{(0,1)} \, 'b';$$

donc, si l'on fait

$$H_1 = (0,1) H - \overline{(0,1)} H',$$
$$L_1 = (0,1) L - \overline{(0,1)} L',$$

on aura

$$H_1 = fb \sin \varpi + \, 'f \, 'b \sin \, '\varpi,$$
$$L_1 = fb \cos \varpi + \, 'f \, 'b \cos \, '\varpi;$$

or on trouve

$$H_1 = 0,18748, \qquad L_1 = -0,31001.$$

De là on formera les quatre équations

$$-0,008842 = b \sin \varpi + \, 'b \sin \, '\varpi,$$
$$0,18748 = 17,3998 \, b \sin \varpi + 2,9998 \, 'b' \sin \, '\varpi,$$
$$-0,047400 = b \cos \varpi + \, 'b \cos \, '\varpi,$$
$$-0,31001 = 17,3998 \, b \cos \varpi + 2,9998 \, 'b' \cos \, '\varpi$$

ce qui donne

$$b \sin \varpi = \quad 0,014861, \qquad b \cos \varpi = -0,011654,$$
$$'b \sin '\varpi = -0,023703, \qquad 'b \cos '\varpi = -0,035746.$$

Des deux valeurs de $b \sin \varpi$ et de $b \cos \varpi$, je conclus

$$\varpi = 128°6' \qquad \text{et} \qquad b = 0,018885;$$

ensuite, des deux valeurs de $'b \sin '\varpi$ et de $'b \cos '\varpi$, je conclus

$$'\varpi = 33°33' \qquad \text{et} \qquad 'b = -0,042891;$$

enfin les équations

$$fb = (0,1)b - \overline{(0,1)}b', \qquad 'f'b = (0,1)'b - \overline{(0,1)}'b'$$

donnent

$$b' = -0,047286, \qquad 'b' = -0,035808.$$

Si l'on nomme présentement $x$ le nombre entier ou fractionnaire d'années écoulées depuis l'origine du mouvement, que je fixe au commencement de 1750, on aura

$$fu = 22'',550.x, \qquad 'fu = 3'',888.x;$$

donc

$$p = \quad 0,018885 \sin(22'',550.x + 128° \; 6')$$
$$\quad -0,042891 \sin( \; 3'',888.x + \; 33°33'),$$

$$q = \quad 0,018885 \cos(22'',550.x + 128° \; 6')$$
$$\quad -0,042891 \cos( \; 3'',888.x + \; 33°33'),$$

$$p' = -0,047286 \sin(22'',550.x + 128° \; 6')$$
$$\quad -0,035808 \sin( \; 3'',888.x + \; 33°33'),$$

$$q' = -0,047286 \cos(22'',550.x + 128° \; 6')$$
$$\quad -0,035808 \cos( \; 3'',888.x + \; 33°33');$$

maintenant on a

$$\alpha^2 e^2 = p^2 + q^2 \qquad \text{et} \qquad \alpha e = \sqrt{p^2 + q^2};$$

d'où l'on conclura

$$\alpha e = \sqrt{(0,018885)^2 + (0,042891)^2 - 2.0,018885.0,042891 \cos(18'',662.x + 94°33')};$$

on aura pareillement

$$\alpha e' = \sqrt{(0,047286)^2 + (0,035808)^2 + 2.0,47286.0,035808 \cos(18'',662 x + 94°33')};$$

partant, la plus grande excentricité de Jupiter sera

$$0,018885 + 0,042891 = 0,061776,$$

et la plus petite sera $0,024006$; de même, la plus grande excentricité de Saturne sera $0,083094$, et la plus petite sera $0,011478$; la période de cette variation est déterminée par l'équation $18'',662 x = 180°$, ce qui donne $x = 34\,723$; partant, elle est de $34\,723$ années.

Quant au mouvement des aphélies, on se rappellera que A exprime la longitude de la projection de l'aphélie de Jupiter, et que l'on a

$$\operatorname{tang} A = \frac{p}{q} = \frac{b \sin(fu + \varpi) + {}'b \sin({}'fu + {}'\varpi)}{b \cos(fu + \varpi) + {}'b \cos({}'fu + {}'\varpi)};$$

d'où l'on tirera, à cause de ${}'b > b$, en valeur absolue,

$$A = m.180° + {}'fu + {}'\varpi + \frac{b}{{}'b} \sin[\,(f - {}'f)u + {}'\varpi - \varpi\,]$$
$$- \frac{b^2}{2.{}'b^2} \sin[2(f - {}'f)u - 2\varpi + 2\,{}'\varpi]$$
$$+ \frac{b^3}{3.{}'b^3} \sin[3(f - {}'f)u - 3\varpi + 3\,{}'\varpi]$$
$$- \ldots\ldots\ldots\ldots\ldots\ldots\ldots\ldots\ldots,$$

$m$ étant un nombre entier quelconque (*voir*, pour la démonstration de cette suite, l'excellente pièce de M. de Lagrange *Sur le mouvement des nœuds*); on aura donc

$$A = m.180° + 33°33' + 3'',888.x - \frac{18885}{42891} \sin\,(18'',662 x + 94°33')$$
$$- \frac{1}{2}\left(\frac{18885}{42891}\right)^2 \sin 2(18'',662 x + 94°33')$$
$$- \frac{1}{3}\left(\frac{18885}{42891}\right)^3 \sin 3(18'',662 x + 94°33')$$
$$- \ldots\ldots\ldots\ldots\ldots\ldots\ldots\ldots\ldots$$

Pour déterminer $m$, j'observe que l'on a, lorsque $x = 0$,

$$A = 6^{\mathrm{s}} 10^{\circ} 33' 46'';$$

d'où il est aisé de voir que $m = 1$; partant,

$$A = 213^{\circ}33' + 3'',888\,x - \frac{18885}{42981} \sin(18'',662\,x + 84^{\circ}33') - \ldots$$

On trouvera pareillement

$$A' = m \cdot 180^{\circ} + 128^{\circ}6' + 22'',550\,x - \frac{35808}{47286} \sin(18'',662\,x + 94^{\circ}33') + \ldots$$

Or, $x$ étant zéro, on a

$$A' = 8^{\mathrm{s}} 29^{\circ} 39' 58'';$$

on aura donc $m = 1$; partant,

$$A' = 308^{\circ}6' + 22'',550\,x - \frac{35808}{47286} \sin(18'',662\,x + 94^{\circ}33') - \ldots$$

De là il suit que le moyen mouvement de l'aphélie de Jupiter est $3'',888\,x$, et que celui de Saturne est $22'',550\,x$.

On pourrait réduire en degrés, minutes et secondes, les coefficients de sinus des valeurs de A et de A', et déterminer par ce moyen ces quantités; mais il paraît beaucoup plus simple de faire usage pour cela des équations

$$\operatorname{tang} A = \frac{p}{q} \qquad \text{et} \qquad \operatorname{tang} A' = \frac{p'}{q'};$$

ainsi, nous croyons pouvoir nous dispenser d'entrer dans aucun détail à ce sujet.

## XXII.

### *Du mouvement des planètes dans un milieu résistant.*

Cette matière a déjà été savamment discutée par plusieurs géomètres, mais ils ont tous supposé les variations produites par la résistance du milieu extrêmement petites; et aucun d'eux n'a recherché ce que deviendraient les orbites des planètes après un temps quelconque extrêmement grand. Comme la méthode exposée au commencement de ce Mémoire donne une solution fort simple de ce problème, je vais la présenter ici en peu de mots.

Je négligerai l'action des planètes les unes sur les autres, et je considérerai le Soleil comme immobile, ou tel au moins que l'éther qui l'environne se meuve avec lui; or il est démontré que cet éther, s'il existe, ne peut être qu'un fluide extrêmement rare, en sorte que sa résistance est insensible dans l'intervalle d'un petit nombre de révolutions. Les planètes décriraient conséquemment, à chacune de leurs révolutions, à très peu près une ellipse; après un temps quelconque, elles décriraient encore très sensiblement une orbite elliptique. Si l'effet de la résistance de la matière éthérée est remarquable, ce ne peut donc être que parce qu'elle doit altérer à la longue les éléments de cette ellipse, c'est-à-dire la moyenne distance de la planète au Soleil, son moyen mouvement, son excentricité et la position de son aphélie. Je vais ici déterminer ces variations, quelque grandes qu'elles soient.

Pour cela, je supposerai, conformément à ce qui existe dans la nature : 1° que la force centrale est en raison réciproque du carré de la distance; 2° que la résistance de l'éther est proportionnelle à sa densité, multipliée par le carré de la vitesse de la planète. Cela posé, soient, comme précédemment, $r$ le rayon vecteur de la planète; $\varphi$ l'angle que forme ce rayon vecteur avec une droite invariable prise sur le plan de l'orbite; $S + P$ la somme des masses du Soleil et de la planète; soient, de plus, $ds$ l'élément de la courbe; $dt$ l'élément du temps; $\dfrac{ds}{dt}$ sera la vitesse de la planète. Représentons par $\Gamma\left(\dfrac{1}{r}\right)$ la loi de la densité de l'éther aux différentes distances du Soleil; $\delta\mu.\,\Gamma\left(\dfrac{1}{r}\right)\dfrac{ds^2}{dt^2}$ exprimera la résistance que la planète éprouve, $\delta\mu$ étant ici un coefficient constant et extrêmement petit, dépendant du volume de la planète et de la densité de la matière éthérée, à une distance donnée. Si l'on décompose maintenant cette résistance en deux, l'une suivant le rayon vecteur, et l'autre perpendiculairement à ce rayon, on aura, pour la première,

$$- \delta\mu \, \Gamma\left(\frac{1}{r}\right) \frac{ds \, dr}{dt^2},$$

et pour la seconde,

$$- \delta\mu \, \Gamma\left(\frac{1}{r}\right) \frac{r \, ds \, d\varphi}{dt^2};$$

de cette manière, les quantités que nous avons nommées $\psi$ et $\psi'$, dans l'article VIII, deviendront, en faisant $\frac{1}{r} = u$,

$$\psi = - (S + P)u^2 + \delta\mu \, \Gamma(u) \frac{ds \, du}{u^2 dt^2},$$

$$\psi' = - \delta\mu \, \Gamma(u) \frac{ds \, d\varphi}{u \, dt^2};$$

mais on peut, en négligeant les quantités de l'ordre $\delta\mu^2$, mettre dans les termes multipliés par $\delta\mu$, au lieu de $dt$, $\frac{r^2 d\varphi}{h}$ ou $\frac{d\varphi}{hu^2}$ (art. IX), et l'on aura

$$\psi = - (S + P)u^2 + \delta\mu \, \Gamma(u) h^2 u^2 \frac{ds \, du}{d\varphi^2},$$

$$\psi' = - \delta\mu \, \Gamma(u) h^2 u^3 \frac{ds}{d\varphi};$$

l'équation

$$\frac{d^2 u}{d\varphi^2} + u + \frac{\dfrac{\psi}{u^2} + \dfrac{1}{u^3} \psi' \dfrac{du}{d\varphi}}{h^2 + 2 \displaystyle\int \psi' \dfrac{d\varphi}{u^3}} = 0,$$

trouvée dans l'article VIII, deviendra donc, en négligeant les quantités de l'ordre $\delta\mu^2$,

$$(h) \qquad 0 = \frac{d^2 u}{d\varphi^2} + u - \frac{S + P}{h^2} - \frac{2(S + P)}{h^2} \delta\mu \int ds \, \Gamma(u);$$

$d\varphi$ étant constant, et $h$ étant, par l'article IX, égal à

$$\sqrt{(S + P) a(1 - \alpha^2 e^2)},$$

$a$ étant le demi grand axe et $\alpha e$ l'excentricité de l'ellipse que la planète décrirait dans l'hypothèse de $\delta\mu = 0$; l'intégrale de l'équation $(h)$

est, par le même article, lorsque $\delta\mu = 0$,

$$u = \frac{1}{r} = \frac{1 - \alpha e \cos(\varphi + \varepsilon)}{a(1 - \alpha^2 e^2)};$$

mais, si l'on suppose que $\delta\mu$ n'est pas nul, il faut différentier l'équation

$$0 = \frac{d^2 u}{d\varphi^2} + u - \frac{S + P}{h^2},$$

par rapport à $\delta$, et y ajouter le terme $-\frac{2(S+P)}{h^2}\delta\mu \int ds\,\Gamma(u)$, ce qui donne

$$0 = \frac{d^2 \delta u}{d\varphi^2} + \delta u - 2\frac{S + P}{h^2}\delta\mu \int ds\,\Gamma(u);$$

or

$$ds = \sqrt{r^2\,d\varphi^2 + dr^2} \qquad \text{et} \qquad \Gamma(u) = \Gamma\left[\frac{1 - \alpha e \cos(\varphi + \varepsilon)}{a(1 - \alpha^2 e^2)}\right];$$

de là on aura, en réduisant en séries,

$$-\frac{2(S+P)}{h^2}\delta\mu \int ds\,\Gamma(u) = -\delta\mu[A\varphi + B\sin(\varphi + \varepsilon) + C\sin 2(\varphi + \varepsilon) + \ldots];$$

cette série sera d'autant plus convergente que $\alpha e$ sera plus petit, mais, $\alpha e$ étant toujours moindre que l'unité, elle convergera dans tous les cas, surtout après les intégrations; on aura donc

$$0 = \frac{d^2 \delta u}{d\varphi^2} + \delta u - \delta\mu[A\varphi + B\sin(\varphi + \varepsilon) + C\sin 2(\varphi + \varepsilon) + \ldots];$$

partant,

$$\delta u = \delta\mu\left[A\varphi - \frac{B}{2}\varphi\cos(\varphi + \varepsilon) - \frac{C}{3}\sin 2(\varphi + \varepsilon) - \ldots\right]$$

et

$$u = \frac{1}{a(1 - \alpha^2 e^2)} + \delta\mu A\varphi$$

$$- \left[\frac{\alpha e}{a(1 - \alpha^2 e^2)} + \delta\mu\frac{B\varphi}{2}\right]\cos(\varphi + \varepsilon) - \frac{\delta\mu C}{3}\sin 2(\varphi + \varepsilon) - \ldots;$$

d'où il est aisé de conclure que l'aphélie de la planète est immobile, mais que son grand axe et son excentricité sont assujettis à des inégalités proportionnelles au temps, durant un grand nombre de révolutions.

Pour faire disparaître les arcs de cercle de l'expression de $u$, soit $\delta \mu \varphi = z$, et l'on aura, suivant notre méthode, les deux équations

$$d\, \frac{1}{a(1 - \alpha^2 e^2)} = A\, dz,$$

$$d\, \frac{\alpha e}{a(1 - \alpha^2 e^2)} = \frac{B}{2}\, dz,$$

A, et B sont fonctions de $a$ et de $\alpha e$; ainsi, en intégrant les deux équations précédentes, on aura $a$ et $e$ en fonction de $z$.

Je suppose que l'on veuille avoir ces quantités en fonction de $t$, on substituera dans $z$, au lieu de $\varphi$, sa valeur

$$nt - 2\alpha e \sin(nt + \vartheta) - \ldots$$

trouvée article IX; on pourra même négliger les quantités périodiques, et l'on aura

$$dz = \delta \mu n\, dt;$$

de plus, on a, par le même article,

$$n = \frac{\sqrt{S + P}}{a^{\frac{3}{2}}};$$

soit donc

$$\delta \mu t \sqrt{S + P} = x,$$

et l'on aura

$$d\, \frac{\dfrac{1}{a(1 - \alpha^2 e^2)}}{dx} = \frac{A}{a^{\frac{3}{2}}},$$

$$d\, \frac{\dfrac{\alpha e}{a(1 - \alpha^2 e^2)}}{dx} = \frac{B}{2 a^{\frac{3}{2}}};$$

toute la difficulté se réduit donc à déterminer A et B; or, cela paraît très difficile en général : ainsi nous nous bornerons au cas dans lequel l'excentricité est fort petite, et nous négligerons son carré et ses puissances supérieures; dans ce cas, on aura

$$\int \Gamma(u)\,ds = \int r\,\Gamma(u)\,d\varphi;$$

or

$$\Gamma(u) = \Gamma\left[\frac{1 - \alpha e \cos(\varphi + \varepsilon)}{a}\right] = \Gamma\left(\frac{1}{a}\right) - \frac{\alpha e}{a}\cos(\varphi + \varepsilon)\,\Gamma'\left(\frac{1}{a}\right),$$

en exprimant $\dfrac{d\,\Gamma(u)}{du}$ par $\Gamma'(u)$; donc

$$\int \Gamma(u)\,ds = a\,\Gamma\left(\frac{1}{a}\right)\varphi + \sin(\varphi + \varepsilon)\left[\alpha e a\,\Gamma\left(\frac{1}{a}\right) - xc\,\Gamma'\left(\frac{1}{a}\right)\right];$$

donc

$$A = \frac{2(S + P)}{h^2}\,a\,\Gamma\left(\frac{1}{a}\right),$$

$$B = \frac{2(S + P)}{h^2}\,xc\left[a\,\Gamma\left(\frac{1}{a}\right) - \Gamma'\left(\frac{1}{a}\right)\right];$$

mais on a (art. IX)

$$\frac{S + P}{h^2} = \frac{1}{a};$$

partant,

$$A = 2\,\Gamma\left(\frac{1}{a}\right), \qquad B = \frac{2xc}{a}\left[a\,\Gamma\left(\frac{1}{a}\right) - \Gamma'\left(\frac{1}{a}\right)\right];$$

on aura donc les deux équations

$$d\,\frac{\dfrac{1}{a}}{dx} = \frac{2\Gamma\left(\dfrac{1}{a}\right)}{a^{\frac{1}{2}}},$$

$$d\,\frac{\dfrac{\alpha e}{a}}{dx} = \frac{\alpha e}{a^{\frac{1}{2}}}\left[a\,\Gamma\left(\frac{1}{a}\right) - \Gamma'\left(\frac{1}{a}\right)\right];$$

partant,

$$\frac{da}{dx\sqrt{a}} = -\,2\,\Gamma\left(\frac{1}{a}\right);$$

$$\frac{de}{dx} = -\,\frac{c}{a^{\frac{3}{2}}}\left[a\,\Gamma\left(\frac{1}{a}\right) + \Gamma'\left(\frac{1}{a}\right)\right].$$

Puisque nous supposons $e$ très petit, il faut que la valeur de $e$ soit telle, qu'elle reste toujours fort petite, sans quoi la solution précédente cesserait d'avoir lieu après un certain temps; mais elle sera exacte dans tous les cas où l'excentricité va en décroissant : or, je dis que ces cas sont ceux de la nature; car, s'il existe autour du Soleil un fluide extrêmement rare, sa densité doit diminuer à mesure qu'on s'éloigne de cet astre; ainsi, la fonction $\Gamma(u)$ doit être telle qu'elle augmente avec $u$; partant, $du\,\Gamma'(u)$ est toujours du même signe que $du$, c'est-à-dire que $\Gamma'(u)$ est une quantité positive; ainsi la valeur de $\dfrac{de}{dx}$ est négative.

Je suppose la densité de l'éther proportionnelle à $\dfrac{1}{r^m}$; on aura

$$\Gamma(u) = u^m;$$

donc

$$\Gamma'\left(\frac{1}{a}\right) = \frac{m}{a^{m-1}};$$

on aura ainsi

$$da\,a^{m-\frac{1}{2}} = -2\,dx;$$

partant,

$$a = [f - (2m+1)x]^{\frac{2}{2m+1}},$$

$f$ étant une constante arbitraire; de là je conclus

$$\frac{de}{e} = -\frac{dx(m+1)}{f-(2m+1)x};$$

d'où je tire, en intégrant,

$$e = h[f-(2m+1)x]^{\frac{m+1}{2m+1}},$$

$h$ étant une seconde arbitraire; on déterminera $f$ et $h$ au moyen des valeurs de $a$ et de $ae$ lorsque $x$ égale $0$.

Pour déterminer le moyen mouvement de la planète, depuis une époque donnée, j'observe que, en nommant $y$ ce moyen mouvement, on aurait

$$y = A + nt = A + \frac{\sqrt{S+P}}{a^{\frac{3}{2}}}\,t = A + \frac{x}{a^{\frac{3}{2}}\,\partial\mu}$$

si $a$ était constant; $A$ est une constante arbitraire qui exprime la valeur de $y$, lorsque $x = 0$; maintenant on aura, par la méthode de l'article VII, en faisant varier $a$,

$$0 = \frac{dA}{dx} - \frac{\frac{3}{2} x \frac{da}{dx}}{a^{\frac{3}{2}} \partial\mu};$$

en intégrant,

$$0 = A - H + \frac{x}{a^{\frac{3}{2}} \partial\mu} - \int \frac{dx}{a^{\frac{3}{2}} \partial\mu}$$

$$= A - H + \frac{x}{a^{\frac{3}{2}} \partial\mu} + \frac{1}{(2m-2)\partial\mu} [f - (2m+1)x]^{\frac{2m-2}{2m+1}};$$

et si l'on substitue au lieu de $A$ sa valeur tirée de cette dernière équation, dans celle-ci

$$y = A + \frac{x}{a^{\frac{3}{2}} \partial\mu},$$

on aura

$$y = H - \frac{1}{(2m-2)\partial\mu} [f - (2m+1)x]^{\frac{2m-2}{2m+1}};$$

je suppose $y = 0$, lorsque $x = 0$, on aura

$$H = \frac{1}{(2m-2)\partial\mu} f^{\frac{2m-2}{2m+1}};$$

partant,

$$y = \frac{f^{\frac{2m-2}{2m+1}}}{(2m-2)\partial\mu} \left[ 1 - \left( 1 - \frac{2m+1}{f} x \right)^{\frac{2m-2}{2m+1}} \right].$$

# ADDITIONS.

Ces additions ont pour objet : 1° l'éclaircissement d'une difficulté que présente la méthode d'approximation exposée au commencement de ces recherches ; 2° quelques nouvelles recherches sur l'équilibre des sphéroïdes homogènes.

I.

### Sur les approximations.

La méthode que nous avons donnée pour cela consiste à faire varier les constantes arbitraires dans les intégrales approchées. Reprenons le premier exemple auquel nous l'avons appliquée dans l'article I des *Recherches* citées (il est nécessaire d'avoir cet article sous les yeux). Nous sommes parvenus aux deux équations

$$\delta p = \frac{\alpha}{4}\,\mathrm{T} q, \qquad \delta q = \frac{\alpha}{4}\,\mathrm{T} p,$$

$\delta p$ étant la variation de $p$ après l'intervalle $\mathrm{T}$ et $\delta q$ celle de $q$ après le même intervalle. Pour tirer de ces équations les valeurs de $p$ et de $q$, nous avons observé qu'en nommant $'p$ et $'q$ ce que deviennent $p$ et $q$, après l'intervalle $\mathrm{T}$, et faisant $\frac{\alpha}{4}\,\mathrm{T} = x$, $'p$ et $'q$ étaient fonctions de $x$, et que l'on avait

$$'p = p + x\frac{dp}{dx} + \frac{x^2}{1.2}\frac{d^2p}{dx^2} + \dots,$$

$$'q = q + x\frac{dq}{dx} + \frac{x^2}{1.2}\frac{d^2q}{dx^2} + \dots;$$

donc

$$\delta p = x\frac{dp}{dx} + \dots \qquad \text{et} \qquad \delta q = x\frac{dq}{dx} + \dots.$$

partant on a, en comparant les termes multipliés par $x$,

$$\frac{dp}{dx} = q \qquad \text{et} \qquad \frac{dq}{dx} = p;$$

mais on doit remarquer que $p$, $q$, $\frac{dp}{dx}$, $\frac{dq}{dx}$ ne sont point fonctions de $x$, puisque ce sont les valeurs de $'p$, $'q$, $\frac{d'p}{dx}$, $\frac{d'q}{dx}$, lorsque $x = o$; cependant en intégrant, comme nous l'avons fait dans l'article cité, les équations $\frac{dp}{dx} = q$ et $\frac{dq}{dx} = p$, nous avons regardé ces quantités comme fonctions de $x$.

Pour résoudre cette difficulté, et pour répandre en même temps un nouveau jour sur la méthode dont il s'agit, nous allons faire voir que les équations $\frac{dp}{dx} = q$ et $\frac{dq}{dx} = p$ ont également lieu, $x$ étant quelconque, et le raisonnement que nous allons faire, pouvant s'appliquer généralement à tous les exemples que nous avons intégrés, servira non seulement à mettre cette méthode hors de toute atteinte, mais encore à présenter une idée nette du principe métaphysique sur lequel elle est fondée.

Si l'on fait dans l'équation (1) de l'article cité $t = T + t_{,}$, on parviendra à l'équation (3), et si l'on fait $t = T + T' + t_{,,}$, on aura une expression de $y$, semblable à celle que donne l'équation (3), en écrivant dans celle-ci $''p$ au lieu de $'p$, $''q$ au lieu de $'q$, $t_{,,}$ au lieu de $t_{,}$ et $T + T'$ au lieu de $T$; $''p$ et $''q$ étant deux nouvelles constantes arbitraires, que l'on déterminera au moyen des valeurs de $y$ et de $\frac{dy}{dt_{,,}}$, lorsque $t_{,,} = o$. Cela posé, si l'on compare cette nouvelle expression de $y$ avec celle que donne l'équation (3), on aura

$$''p - 'p = \frac{\alpha}{i} T'.'q \qquad \text{et} \qquad ''q - 'q = \frac{\alpha}{i} T'.'p;$$

donc, si l'on fait $\frac{\alpha}{i} T' = x'$, on aura, comme dans l'article cité,

$$\frac{d'p}{dx'} = 'q \qquad \text{et} \qquad \frac{d'q}{dx'} = 'p,$$

$'p$ et $'q$ étant fonctions de $\frac{\alpha}{4}T$ ou de $x$; partant, si l'on fait, comme cela est permis, $dx' = dx$, on aura

$$\frac{d\,'p}{dx} = \,'q \qquad \text{et} \qquad \frac{d\,'q}{dx} = 'p,$$

c'est-à-dire que les équations $\frac{dp}{dx} = q$ et $\frac{dq}{dx} = p$ ont lieu $x$ étant quelconque, et qu'ainsi on peut, en les intégrant, regarder $p$ et $q$ comme fonctions de $x$.

Un avantage particulier à la méthode précédente, et qui la rend d'un usage extrêmement simple, consiste en ce que, par les méthodes ordinaires, on peut pousser aussi loin que l'on veut les approximations, en conservant les arcs de cercle, et qu'il suffit ensuite d'une seule opération pour les faire disparaître, comme nous l'avons fait voir dans le second article des recherches citées; or, on peut encore appliquer à ce cas le raisonnement que nous venons de faire, en sorte qu'il ne doit rester aucune difficulté sur cet objet.

Ayant envoyé cette méthode à M. de Lagrange, il me fit l'honneur de me répondre qu'il en avait pareillement imaginé une qui y a rapport; comme tout ce qui sort de la plume de ce grand analyste ne peut qu'intéresser les Sciences, et que d'ailleurs cette méthode n'est point connue, je pense que les géomètres la verront ici avec plaisir; je vais donc la donner telle que M. de Lagrange me l'a envoyée.

« Ayant l'équation

$$\frac{d^n y}{dt^2} + y + \Omega = 0,$$

où $y$ est supposé très petit, et où $\Omega$ est une fonction rationnelle et entière de $y$ et de $\sin t$, $\cos t$, ..., j'observe que les deux premiers termes donnent

$$y = p \sin t + q \cos t,$$

$p$ et $q$ étant des constantes. Je fais maintenant

$$v = p \sin t + q \cos t + \varsigma,$$

et je regarde $p$ et $q$ comme variables ; j'ai la transformée

$$\frac{d^2 z}{dt^2} + z + \left(\frac{d^2 p}{dt^2} - 2\frac{dq}{dt}\right)\sin t + \left(\frac{d^2 q}{dt^2} + 2\frac{dp}{dt}\right)\cos t + \Omega = 0.$$

Je fais $= 0$ les termes affectés de $\sin t$ et de $\cos t$, et d'où résulteraient des arcs de cercle dans l'intégrale, j'ai deux équations qui serviront à déterminer $p$ et $q$ ; on peut étendre cette méthode à tant d'équations qu'on voudra et lui donner toute l'exactitude qu'on désirera. »

Cette méthode conduit à deux équations différentielles du second ordre entre $p$ et $q$ ; mais on verra, avec un peu d'attention, que les termes $\frac{d^2 p}{dt^2}$ et $\frac{d^2 q}{dt^2}$ sont d'un ordre moindre que $\frac{dp}{dt}$ et $\frac{dq}{dt}$, et qu'ainsi ils peuvent être négligés ; les équations différentielles du second ordre s'abaissent par là au premier ordre et rentrent dans celles que donne notre méthode.

## II.

### De l'équilibre des sphéroïdes homogènes.

Les géomètres qui se sont occupés de cet objet ont supposé au sphéroïde une figure déterminée, et ils ont cherché si l'équilibre pouvait subsister avec cette figure. Je me propose ici de résoudre le problème inverse et de chercher directement la figure qui convient à l'équilibre. Je ne fais d'autres suppositions que les deux suivantes : savoir, que le sphéroïde est un solide de révolution et qu'il diffère infiniment peu de la sphère. En partant de ces suppositions, je parviens à une équation différentielle très simple, mais d'un degré infini, et qui embrasse généralement toutes les figures qui conviennent à l'équilibre ; la figure elliptique satisfait visiblement à cette équation différentielle ; mais, quoique je démontre l'impossibilité de l'équilibre pour un très grand nombre de figures et que je n'en connaisse aucune autre que celle de l'ellipsoïde avec laquelle il soit possible, je n'ose cependant assurer qu'elle soit la seule. Il faudrait pour cela connaître en termes finis l'intégrale complète de l'équation différentielle du problème, et je n'ai pu encore y parvenir. Au reste, si mes recherches ne m'ont pas conduit à trouver généralement la figure du méridien, et par conséquent la loi de la variation des degrés de l'équateur aux pôles, elles m'ont fait connaitre celle de la variation de la pesanteur, et j'ai trouvé ce théorème remarquable, savoir, que *sur un sphéroïde homogène, quelle que soit sa figure, pourvu qu'elle tienne le sphéroïde en équilibre, la variation de la pesanteur de l'équateur aux pôles suit précisément la même loi que sur le sphéroïde elliptique homogène.*

PROBLÈME. — *Déterminer l'attraction d'un sphéroïde de révolution infiniment peu différent de la sphère, sur un point quelconque pris dans son intérieur.*

*Solution.* — Soit AMB*m*A (*fig.* 1, p. 491) la courbe qui, par sa révolution autour de l'axe AB, engendre le sphéroïde, et ANB*n*A un cercle décrit sur AB comme diamètre; que l'on fasse CA $= a$ et l'angle NCA $= \theta$, C étant le milieu de AB, on aura visiblement NC $= a$; ensuite MN est infiniment petit par la condition du problème; représentant donc par $\alpha$ une quantité infiniment petite, on pourra supposer MN de l'ordre $\alpha$. Si l'on fait maintenant $\theta$ négatif, et tel que l'on ait AN $=$ A*n*, on a non seulement CN $=$ C*n*, mais encore CM $=$ C*m*; donc MN $=$ *mn*; représentant donc MN par une fonction quelconque de l'angle $\theta$, cette fonction doit être telle qu'elle reste la même en changeant le signe de $\theta$; et comme le cosinus de l'angle $\theta$ a cette propriété, il en résulte qu'on peut généralement représenter MN par une fonction quelconque de $a\cos\theta$; désignant donc par $\varphi(a\cos\theta)$ une fonction de $a\cos\theta$, on pourra supposer MN $= \alpha a\,\varphi(a\cos\theta)$, en sorte que l'on aura

$$CM = a[1 + \alpha\,\varphi(a\cos\theta)],$$

et cette équation peut représenter toutes les courbes rentrantes, composées de deux parties égales et semblablement placées de part et d'autre de l'axe AB.

Avant que d'aller plus loin, il ne sera pas inutile de faire la remarque suivante.

Si l'on change le signe de $\theta$ sans changer sa valeur, $\cos\theta$ reste de même valeur et de même signe; partant, toute fonction de ce cosinus sera constamment la même; cependant, le sinus de $\theta$ peut toujours être donné en fonction du cosinus de cet angle, d'où il semblerait qu'il ne doit point changer de valeur, en faisant $\theta$ négatif, ce qui n'est pas. Pour résoudre cette difficulté, j'observe qu'on a $\sin\theta = \pm\sqrt{1 - \cos^2\theta}$; ainsi, à cause de l'ambiguïté de signe, l'expression analytique de $\sin\theta$ a deux valeurs; or la condition qui détermine laquelle de ces valeurs il faut employer est que, le sinus étant une perpendiculaire abaissée de l'extrémité de l'arc sur le diamètre, on doit prendre le radical en $+$ ou en $-$, suivant que cette extrémité est au-dessus ou au-dessous du diamètre; ce n'est donc point parce que la fonction qui exprime la valeur du sinus en cosinus change de valeur, lorsqu'on fait $\theta$ négatif, mais parce qu'elle change de forme, que $\sin\theta$ devient de positif négatif. On doit dire la même chose de l'arc et généralement de toutes les quantités qui, dépendantes de l'angle $\theta$ et pouvant être conséquemment exprimées par une fonction de son cosinus, changent de valeur en faisant $\theta$ négatif. Les fonctions transcendantes, telles que l'expression de l'arc par le cosinus, ne diffèrent à cet égard des fonctions algébriques, telles que l'expression du sinus par le cosinus, qu'en ce qu'elles renferment une infinité de formes différentes, au lieu que le nombre des dernières est limité.

La fonction $\varphi(a\cos\theta)$ doit toujours rester la même, tant que la quantité $a\cos\theta$, enveloppée sous le signe $\varphi$, reste la même. Cette fonction ne doit donc être sujette à aucune ambiguïté de formes, et si, par exemple, on prend pour elle $\sqrt{1 - \cos^2\theta}$, il faut prendre constamment le radical soit en plus, soit en moins.

Cela posé, T étant un point quelconque placé sur le plan AMB dans l'intérieur du sphéroïde, soit $TC = h$, et considérons une molécule quelconque du sphéroïde, située au point R dont Z est la projection sur le plan AMB; soit $TR = r$, et par le point T soient menées les deux

droites TI et TQ, la première dans le plan AMB, et perpendiculairement à la droite TC, la seconde perpendiculairement au plan AMB ;
soit $p$ l'angle QTR et $q$ l'angle ZTI ; on aura

$$TZ = r \sin p \qquad \text{et} \qquad ZR = r \cos p,$$

en sorte que la position du point R sera déterminée par les trois quantités $p$, $q$ et $r$.

$r$ et $p$ restant invariables, si l'on fait varier $q$ de la différence $dq$, on
aura un nouveau point R' dont Z' sera la projection sur le plan AMB ;
et il est clair que l'on aura ZZ' = RR' ; or on a $ZZ' = r\,dq \sin p$ ; donc
$RR' = r\,dq \sin p$.

Si l'on fait ensuite varier $r$ de la quantité $dr$, $p$ et $q$ étant constants,
on aura un troisième point R″, tel que RR″ = $dr$.

Enfin, si l'on fait varier $p$ de la quantité $dp$, $r$ et $q$ étant constants,
on aura un quatrième point R‴, tel que $RR‴ = r\,dp$.

Maintenant les trois lignes RR', RR″, RR‴ étant perpendiculaires
entre elles, leur produit formera un parallélépipède que nous pouvons
prendre pour la molécule même placée au point R ; or ce produit est
$r^2 \sin p\,dp\,dq\,dr$, et en le divisant par le carré $r^2$ de la distance $r$ du
point T à la molécule, on aura $\sin p\,dp\,dq\,dr$ pour l'action suivant TR
de la molécule placée en R, sur le point T.

Je décompose cette action en trois autres : la première perpendiculairement au plan AMB, et dont il est inutile de tenir compte, parce
qu'elle est détruite par l'action d'une autre molécule égale à la molécule R, et semblablement placée par rapport au point T, au-dessous de
ce plan ; la seconde, suivant le rayon TC, et la troisième, perpendiculairement à ce rayon dans le plan AMB.

Si, du point Z, on abaisse ZL perpendiculairement sur TC, il est
visible que l'expression de la force suivant TC sera $\sin p\,dp\,dq\,dr\,\dfrac{TL}{TR}$ ;
or on a

$$\frac{TL}{TR} = \sin p \sin q ;$$

ainsi la force suivant TC est égale à $dp\,dq\,dr \sin^2 p \sin q$.

L'expression de la force perpendiculaire à TC, et agissante de T vers I, est $\sin p \, dp \, dq \, dr \dfrac{ZL}{TR}$; or on a

$$\frac{ZL}{TR} = \sin p \cos q ;$$

ainsi la force perpendiculaire à TC est $dp \, dq \, dr \sin^2 p \cos q$.

Pour avoir présentement l'attraction entière du sphéroïde, il faut prendre les intégrales

$$\int\int\int dp \, dq \, dr \sin^2 p \sin q \quad \text{et} \quad \int\int\int dp \, dq \, dr \sin^2 p \cos q,$$

pour toute l'étendue du corps, en intégrant successivement par rapport aux trois variables $r$, $q$ et $p$.

En intégrant d'abord par rapport à $r$, elles deviennent

$$\int\int dp \, dq (r' + r) \sin^2 p \sin q$$

et

$$\int\int dp \, dq (r' + r) \sin^2 p \cos q,$$

en représentant par $r'$ le rayon TR prolongé depuis T jusqu'au point où il sort du sphéroïde, et par $r$ ce même rayon prolongé de l'autre côté de TC jusqu'au point de sortie; d'où l'on voit que $r$ est négatif.

Pour intégrer présentement les différentielles

$$dp \, dq (r' + r) \sin^2 p \sin q \quad \text{et} \quad dp \, dq (r' + r) \sin^2 p \cos q,$$

par rapport aux variables $p$ et $q$, il faut connaître $r'$ et $r$ en fonctions de $p$ et de $q$. Je suppose conséquemment le point R à la surface du sphéroïde; en menant de ce point à l'axe AB la perpendiculaire RK, on aura, par la nature de la courbe génératrice AMB,

$$\overline{RC}^2 = a^2 [1 + \alpha \, \varphi(CK)]^2;$$

et si, comme je le ferai toujours dans la suite, on néglige les quantités de l'ordre $\alpha^2$, on aura

$$\overline{RC}^2 = a^2 [1 + 2\alpha \, \varphi(CK)].$$

Cherchons présentement les expressions de RC et de CK.

On a, par ce qui précède,

$$ZL = r \sin p \cos q \quad , \quad \text{et} \quad TL = r \sin p \sin q;$$

donc

$$LC = h - r \sin p \sin q,$$

et si l'on mène LH perpendiculairement sur CA, on aura

$$CH = LC \cos \theta = (h - r \sin p \sin q) \cos \theta.$$

Si du point Z on abaisse ZS perpendiculairement sur LH, on aura

$$ZS = ZL . \sin \theta = r \sin p \cos q \sin \theta;$$

or, ZK étant perpendiculaire sur AB, on a

$$ZS = KH;$$

donc

$$KH = r \sin p \cos q \sin \theta;$$

partant,

$$CK = CH + HK = h \cos \theta + r \sin p (\sin \theta \cos q - \cos \theta \sin q)$$

ou

$$CK = h \cos \theta + r \sin p \sin (\theta - q).$$

Présentement, on a

$$\overline{ZC}^2 = \overline{CL}^2 + \overline{LZ}^2 = (h - r \sin p \sin q)^2 + r^2 \sin^2 p \cos^2 q$$

et

$$\overline{RZ}^2 = r^2 \cos^2 p;$$

donc

$$\overline{RC}^2 = (h - r \sin p \sin q)^2 + r^2 \sin^2 p \cos^2 q + r^2 \cos^2 p = h^2 - 2 h r \sin p \sin q + r^2;$$

l'équation

$$\overline{RC}^2 = a^2 [1 + 2 \alpha \, \varphi (CK)]$$

devient donc

$$r^2 - 2 h r \sin p \sin q = a^2 - h^2 + 2 \alpha a^2 \varphi [h \cos \theta + r \sin p \sin (\theta - q)];$$

partant,

$$r = h \sin p \sin q \pm \sqrt{\begin{array}{l} a^2 - h^2 + h^2 \sin^2 p \sin^2 q \\ + 2\alpha a^2 \varphi[h\cos\theta + r\sin p \sin(\theta - q)] \end{array}}$$

ou

$$r = h \sin p \sin q \pm \sqrt{a^2 - h^2 + h^2 \sin^2 p \sin^2 q}$$
$$\pm \frac{\alpha a^2 \varphi[h\cos\theta + r\sin p \sin(\theta - q)]}{\sqrt{a^2 - h^2 + h^2 \sin^2 p \sin^2 q}}.$$

Il est aisé de voir que l'on aura $r'$, en prenant le radical en $+$, et en substituant sous le signe $\varphi$, au lieu de $r$, la valeur que l'on aurait en supposant $\alpha = 0$, et prenant le radical en $+$, ce qui donne

$$r' = h \sin p \sin q + \sqrt{a^2 - h^2 + h^2 \sin^2 p \sin^2 q}$$
$$+ 2a^2 \frac{\varphi[h\cos\theta + (h\sin^2 p \sin q + \sin p \sqrt{a^2 - h^2 + h^2 \sin^2 p \sin^2 q})\sin(\theta - q)]}{\sqrt{a^2 - h^2 + h^2 \sin^2 p \sin^2 q}};$$

on trouvera pareillement

$$r = h \sin p \sin q - \sqrt{a^2 - h^2 + h^2 \sin^2 p \sin^2 q}$$
$$- \alpha a^2 \frac{\varphi[h\cos\theta + (h\sin^2 p \sin q - \sin p \sqrt{a^2 - h^2 + h^2 \sin^2 p \sin^2 q})\sin(\theta - q)]}{\sqrt{a^2 - h^2 + h^2 \sin^2 p \sin^2 q}}.$$

On aura ainsi, pour l'attraction du sphéroïde suivant TC,

$$\iint dp\,dq\,(r' + r)\sin^2 p \sin q$$
$$= \iint 2h\,dp\,dq\,\sin^3 p \sin^2 q + \iint \frac{\alpha a^2\,dp\,dq\,\sin^2 p \sin q}{\sqrt{a^2 - h^2 + h^2 \sin^2 p \sin^2 q}}$$
$$\times \left\{ \begin{array}{l} \varphi[h\cos\theta + (h\sin^2 p \sin q + \sin p \sqrt{a^2 - h^2 + h^2 \sin^2 p \sin^2 q})\sin(\theta - q)] \\ - \varphi[h\cos\theta + (h\sin^2 p \sin q - \sin p \sqrt{a^2 - h^2 + h^2 \sin^2 p \sin^2 q})\sin(\theta - q)] \end{array} \right\};$$

et pour l'attraction suivant TI,

$$\iint dp\,dq\,(r' + r)\sin^2 p \cos q$$
$$= \iint 2h\,dp\,dq\,\sin^3 p \sin q \cos q + \iint \frac{\alpha a^2\,dp\,dq\,\sin^2 p \cos q}{\sqrt{a^2 - h^2 + h^2 \sin^2 p \sin^2 q}}$$
$$\times \left\{ \begin{array}{l} \varphi[h\cos\theta + (h\sin^2 p \sin q + \sin p \sqrt{a^2 - h^2 + h^2 \sin^2 p \sin^2 q})\sin(\theta - q)] \\ - \varphi[h\cos\theta + (h\sin^2 p \sin q - \sin p \sqrt{a^2 - h^2 + h^2 \sin^2 p \sin^2 q})\sin(\theta - q)] \end{array} \right\}.$$

· Il faut présentement intégrer ces quantités depuis $q = 0$ et $p = 0$ jusqu'à $q = 180°$ et $p = 180°$, et l'on aura l'action entière du sphéroïde sur le point T; de là il suit que, dans le développement de ces différentielles, on peut négliger les termes dans lesquels $\cos q$ se trouve élevé à une puissance impaire; car, soit $P\, dq \cos q$ un de ces termes, P étant une fonction quelconque de $\sin q$ et de $\cos^2 q$ : il est clair que P sera le même pour deux valeurs de $q$, prises à égale distance de $90°$; mais $\cos q$ sera le même avec des signes contraires; d'où l'on voit que la somme des deux différentielles, $P\, dq \cos q$, correspondantes, l'une à $q = 90° - q'$, et l'autre à $90° + q'$, sera nulle, et qu'ainsi l'intégrale entière, $\int P\, dq \cos q$, sera zéro, en la prenant depuis $q = 0$ jusqu'à $q = 180°$.

## III.

Si le point T est à la surface du sphéroïde et tombe, par conséquent, sur le point M, il est visible que l'action du sphéroïde sur un point quelconque pris dans son intérieur, et infiniment voisin de M, est la même que sur M; ainsi, les formules de l'article précédent ont également lieu pour ce cas; mais on peut observer qu'alors, la différence de $a$ et de $h$ étant de l'ordre $\alpha$, on peut, dans les termes multipliés par $\alpha$, substituer $a$ au lieu de $h$; de plus, on a, par l'article II,

$$h = a[1 + \alpha\, \varphi(a \cos \theta)],$$

et, si l'on intègre depuis $q = 0$ jusqu'à $q = 180°$, on a

$$\iint 2h\, dp\, dq \sin^3 p \sin^2 q = \iint h\, dp \sin^3 p (dq - dq \cos 2q) = \pi \int h\, dp \sin^3 p,$$

en désignant par $\pi$ le rapport de la circonférence au diamètre; or, en intégrant depuis $p = 0$ jusqu'à $p = 180°$, on a

$$\int_0^\pi dp \sin^3 p = \tfrac{4}{3},$$

donc

$$\iint 2h \sin^3 p \sin^2 q\, dp\, dq = \tfrac{4}{3} h \pi = \tfrac{4}{3} a \pi[1 + \alpha\, \varphi(a \cos \theta)];$$

on a pareillement

$$\iint \sin p \, dp \, dq = 2\pi \qquad \text{et} \qquad \iint 2h \sin^2 p \sin q \cos q \, dp \, dq = 0;$$

donc si l'on fait pour plus de simplicité $a = 1$, on aura, pour l'attraction du sphéroïde sur le point M, suivant MC,

$$\iint (r' + r) \sin^2 p \sin q \, dp \, dq$$

$$= \tfrac{1}{3}\pi - \tfrac{1}{3}\pi \alpha \, \varphi(\cos\theta) + \iint \alpha \, dp \, dq \sin p \, \varphi[\cos\theta + 2\sin^2 p \sin q \sin(\theta - q)];$$

je nomme A cette quantité.

On aura ensuite, pour l'action du sphéroïde suivant MO perpendiculaire à MC,

$$\iint (r' + r) \, dp \, dq \sin^2 p \cos q$$

$$= \iint \frac{\alpha \, dp \, dq \sin p \cos q}{\sin q} \big\{ \varphi[\cos\theta + 2\sin^2 p \sin q \sin(\theta - q)] - \varphi(\cos\theta) \big\};$$

je nomme $\alpha$B cette quantité, et j'observe qu'elle peut être mise sous une forme plus simple; car, en intégrant par parties par rapport à $p$, on a

$$B = -\cos p \int \frac{dq \cos q}{\sin q} \big\{ \varphi[\cos\theta + 2\sin^2 p \sin q \sin(\theta - q)] - \varphi(\cos\theta) \big\} + C$$

$$+ \iint 4 \, dp \, dq \sin p \cos^2 p \cos q \sin(\theta - q) \, \varphi'[\cos\theta + 2\sin^2 p \sin q \sin(\theta - q)],$$

en désignant par $\varphi'(\theta)$ la différence de $\varphi(\theta)$, divisée par $d\cos\theta$; la constante arbitraire C doit être déterminée par la condition que l'intégrale commence lorsque $p = 0$, et cette intégrale doit se terminer lorsque $p = 180°$; or on a, dans ces deux cas,

$$\varphi[\cos\theta + 2\sin^2 p \sin q \sin(\theta - q)] - \varphi(\cos\theta) = 0;$$

donc $C = 0$; partant,

$$B = \iint 4 \, dp \, dq \sin p \cos^2 p \cos q \sin(\theta - q) \, \varphi'[\cos\theta + 2\sin^2 p \sin q \sin(\theta - q)];$$

or on a

$$2\cos q \sin(\theta - q) = \sin\theta + \sin(\theta - 2q)$$

et
$$2 \sin q \sin(\theta - q) = \cos(\theta - 2q) - \cos\theta;$$
donc
$$B = \iint 2\, dp\, dq \sin p \cos^2 p \sin\theta\, \varphi'[\cos\theta + \sin^2 p \cos(\theta - 2q) - \sin^2 p \cos\theta]$$
$$+ \iint 2\, dp\, dq \sin p \cos^2 p \sin(\theta - 2q)$$
$$\times \varphi'[\cos\theta + \sin^2 p \cos(\theta - 2q) - \sin^2 p \cos\theta].$$

J'observe maintenant que l'on a, en intégrant par rapport à $q$,

$$\int 2\, dq \sin^2 p \sin(\theta - 2q)\, \varphi'[\cos\theta - \sin^2 p \cos\theta + \sin^2 p \cos(\theta - 2q)]$$
$$= \varphi[\cos\theta - \sin^2 p \cos\theta + \sin^2 p \cos(\theta - 2q)] + C;$$

la constante doit se déterminer par cette condition que l'intégrale est nulle, lorsque $q = 0$, ce qui donne

$$C = - \varphi(\cos\theta);$$

de plus, l'intégrale doit se terminer lorsque $q = 180°$; or on a, dans ce cas,
$$\cos(\theta - 2q) = \cos\theta;$$
partant (art. I),

$$\varphi[\cos\theta - \sin^2 p \cos\theta + \sin^2 p \cos(\theta - 2q)] = \varphi(\cos\theta);$$
donc

$$\int 2\, dq \sin^2 p \sin(\theta - 2q)\, \varphi'[\cos\theta - \sin^2 p \cos\theta + \sin^2 p \cos(\theta - 2q)]$$
$$= \varphi(\cos\theta) - \varphi(\cos\theta) = 0.$$

L'expression précédente de B se réduira donc à celle-ci

$$B = \iint 2\, dp\, dq \sin p \cos^2 p \sin\theta\, \varphi'[\cos\theta - \sin^2 p \cos\theta + \sin^2 p \cos(\theta - 2q)].$$

Cette expression de B nous fournit un rapport remarquable et qui nous sera très utile dans la suite, entre les deux quantités A et B. En effet, si l'on différentie par rapport à $\theta$ l'expression précédente de A, après y avoir substitué $\cos(\theta - 2q) - \cos\theta$ au lieu de $2 \sin q \sin(\theta - q)$, on aura

$$\frac{dA}{d\theta} = \tfrac{2}{3}\pi\alpha \sin\theta\, \varphi'(\cos\theta) - \iint \alpha\, dp\, dq \sin p[\sin\theta \cos^2 p + \sin^2 p \sin(\theta - 2q)]$$
$$\times \varphi'[\cos\theta + \sin^2 p \cos(\theta - 2q) - \sin^2 p \cos\theta];$$

or on a, comme on vient de le voir,

$$\iint 2\, dq\, \sin^2 p\, \sin(\vartheta - 2q)\, \varphi'[\cos\vartheta + \sin^2 p\, \cos(\vartheta - 2q) - \sin^2 p\, \cos\vartheta] = 0;$$

partant,

(V)
$$\frac{dA}{d\vartheta} = \tfrac{2}{3}\,\alpha\pi\,\sin\vartheta\,\varphi'(\cos\vartheta) - \frac{\alpha B}{2}.$$

## IV.

Pour qu'un sphéroïde homogène soit en équilibre, il suffit que la direction de la pesanteur soit perpendiculaire à sa surface; cette proposition se trouve démontrée dans différents endroits (*voir* surtout l'excellent Ouvrage de M. Clairaut *sur la figure de la Terre*). Or il faut pour cela que la force dont le point M (*fig.* 1) est animé, suivant la

Fig. 1.

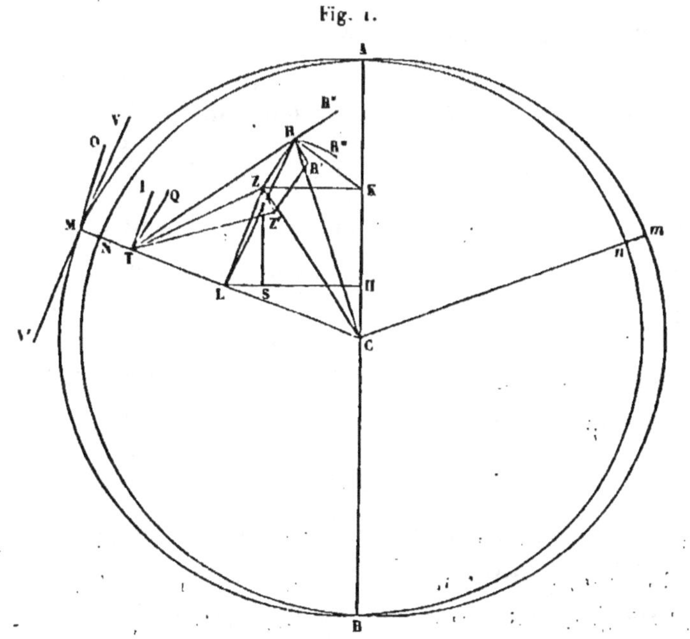

tangente MV, soit nulle; cela posé, la force $\alpha$B, dirigée suivant MO, donne, en négligeant les quantités de l'ordre $\alpha^2$, une force égale à $\alpha$B, suivant MV, parce que, le sphéroïde différant infiniment peu de la sphère, l'angle OMV est de l'ordre $\alpha$. De plus, en faisant toujours MC $= h$, on a

$$\cos VMC = \frac{dh}{h\,d\vartheta} = -\,\alpha\sin\vartheta\,\varphi'(\cos\vartheta),$$

en substituant au lieu de $h$, $1 + \alpha\,\varphi(\cos\vartheta)$, et négligeant les quantités de l'ordre $\alpha^2$; or la force A dirigée suivant MC donne, suivant MV, une force égale à A$\cos$VMC; l'action entière du sphéroïde produira donc suivant MV une force égale à $\alpha$B $-\,\alpha$A$\sin\vartheta\,\varphi'(\cos\vartheta)$; donc, en substituant au lieu de A sa valeur trouvée dans l'article précédent, et négligeant les quantités de l'ordre $\alpha^2$, on aura

$$\alpha B - \tfrac{1}{3}\pi\alpha\sin\vartheta\,\varphi'(\cos\vartheta)$$

pour cette force.

Soit maintenant $\alpha f$ la force centrifuge à l'équateur du sphéroïde, c'est-à-dire lorsque $\vartheta = 90°$, cette force au point M sera $\alpha f\sin\vartheta$, et elle donnera, suivant la tangente MV, une force égale à $-\,\alpha f\sin\vartheta\cos\vartheta$; je lui donne le signe $-$, parce qu'elle agit de M vers V; donc la force dont le point M est animé suivant la tangente MV est

$$\alpha B - \tfrac{1}{3}\pi\alpha\sin\vartheta\,\varphi'(\cos\vartheta) - \alpha f\sin\vartheta\cos\vartheta,$$

et comme elle doit être nulle dans le cas de l'équilibre, on aura, pour déterminer la figure du sphéroïde homogène en équilibre, l'équation

$$(Z) \qquad\qquad B - \tfrac{1}{3}\pi\sin\vartheta\,\varphi'(\cos\vartheta) = f\sin\vartheta\cos\vartheta;$$

et l'on connaîtra par son moyen la loi de la variation des degrés de l'équateur aux pôles.

V.

Pour avoir la loi de la pesanteur, j'observe que la force centrifuge au point M donne, suivant MC, une force égale à $-\,\alpha f\sin^2\vartheta$; ainsi, la force totale dont le point M est animé suivant MC est

$$A - \alpha f\sin^2\vartheta;$$

mais la pesanteur à ce point est la résultante de la force suivant MC et de la force suivant MO perpendiculaire à MC; or, cette dernière force étant de l'ordre $\alpha$, il est clair que la résultante ne différera de la force suivant MC, que d'une quantité de l'ordre $\alpha^2$; on peut donc prendre pour la pesanteur la force suivant MC; ainsi nommant P la pesanteur au point M, on aura

$$P = A - \alpha f \sin^2\theta;$$

donc

$$\frac{dP}{d\theta} = \frac{dA}{d\theta} - 2\alpha f \sin\theta \cos\theta,$$

et substituant, au lieu de $\frac{dA}{d\theta}$, sa valeur que donne l'équation (V) de l'article III, on aura

$$\frac{dP}{d\theta} = \tfrac{2}{3}\alpha\pi \sin\theta\, \varphi'(\cos\theta) - \frac{\alpha B}{2} - 2\alpha f \sin\theta \cos\theta;$$

si l'on substitue, au lieu de $\frac{B}{2}$, sa valeur que donne l'équation (Z) de l'équilibre, trouvée dans l'article précédent, on aura

$$dP = -\tfrac{5}{4}\alpha f\, d\theta \sin\theta \cos\theta;$$

donc, en intégrant,

$$P = C + \tfrac{5}{4}\alpha f \cos^2\theta.$$

Soit P' la pesanteur à l'équateur, c'est-à-dire lorsque $\cos\theta = 0$, et $\alpha m$, le rapport de la force centrifuge à la pesanteur à l'équateur, on aura

$$\alpha f = \alpha m\, P' \qquad \text{et} \qquad P' = C;$$

donc

$$P = P'(1 + \tfrac{5}{4}\alpha m \cos^2\theta);$$

cette équation donne la loi de la variation de la pesanteur de l'équateur aux pôles, et il en résulte que cette variation est proportionnelle au carré du sinus de la latitude.

## VI.

Reprenons maintenant l'équation (Z) de l'article IV, en y substituant, au lieu de B, sa valeur

$$\iint 2\, dp\, dq \sin p \cos^2 p \sin\theta\, \varphi'[\cos\theta - \sin^2 p \cos\theta + \sin^2 p \cos(\theta - 2q)],$$

trouvée dans l'article III, on aura

$$\iint 2\,dp\,dq\,\sin p\,\cos^2 p\,\varphi'[\cos\theta - \sin^2 p\,\cos\theta + \sin^2 p\,\cos(\theta - 2q)]$$
$$- \tfrac{1}{3}\pi\,\varphi'(\cos\theta) = f\cos\theta;$$

soient

$$\cos\theta = x \qquad \text{et} \qquad \varphi(\cos\theta) = y,$$

on aura

$$\varphi'(\cos\theta) = \frac{dy}{dx};$$

de plus, on a, par la théorie des suites,

$$\varphi'[\cos\theta - \sin^2 p\,\cos\theta + \sin^2 p\,\cos(\theta - 2q)]$$
$$= \frac{dy}{dx} - \sin^2 p\,[\cos\theta - \cos(\theta - 2q)]\frac{d^2 y}{dx^2}$$
$$+ \sin^4 p\,[\cos\theta - \cos(\theta - 2q)]^2\frac{d^3 y}{1.2\,dx^3}$$
$$- \sin^6 p\,[\cos\theta - \cos(\theta - 2q)]^3\frac{d^4 y}{1.2.3\,dx^4}$$
$$+\cdots\cdots\cdots\cdots\cdots\cdots\cdots\cdots\cdots$$

L'équation précédente deviendra donc

$$(C) \quad -\tfrac{1}{2}fx = \iint dp\,dq\,\sin^3 p\,\cos^2 p \left\{ \begin{aligned} &\frac{d^2 y}{dx^2}[\cos\theta - \cos(\theta - 2q)] \\ &- \frac{d^3 y}{1.2\,dx^3}\sin^2 p\,[\cos\theta - \cos(\theta - 2q)]^2 \\ &+\cdots\cdots\cdots\cdots\cdots\cdots\cdots\cdots \end{aligned} \right\},$$

en observant que $\iint 2\,dp\,dq\,\sin p\,\cos^2 p = \tfrac{1}{3}\pi$; or on a : 1°

$$[\cos\theta - \cos(\theta - 2q)]^r = \cos^r\theta - r\cos^{r-1}\theta\,\cos(\theta - 2q)$$
$$+ \frac{r(r-1)}{1.2}\cos^{r-2}\theta\,\cos(\theta - 2q)^2 - \ldots;$$

2° si l'on fait

$$\cos(\theta - 2q)^i = A + B\cos(\theta - 2q) + C\cos 2(\theta - 2q) + \ldots,$$

on a, comme l'on sait, $A = 0$ lorsque $i$ est impair, et $A = \dfrac{1.3.5\ldots(i-1)}{2.4.6\ldots i}$

lorsque $i$ est pair; 3° en intégrant depuis $q = 0$ jusqu'à $q = 180°$,

on a
$$\int dq \cos m(\vartheta - 2q) = 0,$$

$m$ étant un nombre entier quelconque; de là il est aisé de conclure

$$\int dq [\cos\vartheta - \cos(\vartheta - 2q)]^r = \pi \left\{ \begin{array}{l} x^r + \dfrac{r(r-1)}{2^2}x^{r-2} + \dfrac{r(r-1)(r-2)(r-3)}{2^2.4^2}x^{r-4} \\[2ex] + \dfrac{r(r-1)(r-2)(r-3)(r-4)(r-5)}{2^2.4^2.6^2}x^{r-6} + \ldots \end{array} \right\};$$

l'équation (C) deviendra donc

$$(D) \quad -\frac{fx}{2\pi} = \int dp \sin p \cos^2 p \left\{ \begin{array}{l} \sin^2 p \dfrac{d^2 y}{dx^2} x \\[2ex] - \sin^4 p \dfrac{d^3 y}{1.2\, dx^3}(x^2 + \tfrac{1}{2}) \\[2ex] + \sin^6 p \dfrac{d^4 y}{1.2.3\, dx^4}(x^3 + \tfrac{3}{2}x) \\[1ex] - \cdots \cdots \cdots \cdots \\[1ex] \pm \sin^{2n-2} p \dfrac{d^n y}{1.2.3\ldots(n-1)\, dx^n} \\[2ex] \times \left[ x^{n-1} + \dfrac{(n-1)(n-2)}{2^2}x^{n-3} \right. \\[2ex] \left. + \dfrac{(n-1)(n-2)(n-3)(n-4)}{2^2.4^2}x^{n-5} + \ldots \right] \\[1ex] \mp \cdots \cdots \cdots \cdots \cdots \end{array} \right\},$$

le signe $+$ ayant lieu si $n$ est pair et le signe $-$ s'il est impair.

Mais on a

$$\int dp \sin^{2n-1} p \cos^2 p = \frac{1}{2n}\sin^{2n} p \cos p + \frac{1}{2n}\int dp \sin^{2n+1} p;$$

et, en intégrant depuis $p = 0$ jusqu'à $p = 180°$, on a

$$\int dp \sin^{2n-1} p \cos^2 p = \frac{1}{2n}\int dp \sin^{2n+1} p;$$

de plus,

$$\int dp \sin^{2n+1} p = \frac{2.2.4.6\ldots 2n}{1.3.5\ldots(2n+1)};$$

donc

$$\int dp \sin^{2n-1} p \cos^2 p = \frac{2^n.1.2.3\ldots(n-1)}{1.3.5\ldots(2n+1)};$$

l'équation (D) deviendra donc

$$(\text{E})\begin{cases} -\dfrac{fx}{2\pi} = \dfrac{2^2}{3.5}\dfrac{d^2y}{dx^2}x - \dfrac{2^3}{3.5.7}\dfrac{d^3y}{dx^3}\left(x^2+\tfrac{1}{2}\right)+\ldots \\[3ex] \pm 2^n\dfrac{d^n y}{1.3.5\ldots(2n+1)dx^n}\begin{cases} x^{n-1}+\dfrac{(n-1)(n-2)}{2^2}x^{n-3} \\[2ex] +\dfrac{(n-1)(n-2)(n-3)(n-4)}{2^2.4^2}x^{n-5} \\[2ex] +\dfrac{(n-1)(n-2)(n-3)(n-4)(n-5)(n-6)}{2^2.4^2.6^2}x^{n-7}+\ldots \end{cases} \\[3ex] \mp\ldots\ldots\ldots\ldots\ldots\ldots\ldots\ldots\ldots\ldots\ldots\ldots\ldots\ldots \end{cases}$$

Telle est l'équation infinie qu'il faut résoudre pour avoir la valeur
de $y$.

## VII.

Il est évident que l'équation $d^3y = 0$ en est une intégrale particulière, ce qui donne une ellipse pour la courbe du méridien ; on aura,
dans ce cas, $y = cx^2 + bx + a$ ; l'équation (E) donne, en y substi-
tuant au lieu de $y$ cette valeur, $c = -\dfrac{15}{16}\dfrac{f}{\pi}$ ; de plus, il est visible, à
l'inspection de la figure, que $y$ est zéro, lorsque $x = 1$ et lorsque
$x = -1$, ce qui donne $c + b + a = 0$ et $c - b + a = 0$, d'où l'on tire
$b = 0$ et $a = -c$ ; partant,

$$y = \frac{15}{16}\frac{f}{\pi}(1 - x^2) = \frac{15}{16}\frac{f}{\pi}\sin^2\theta ;$$

donc le rayon CM du sphéroïde est égal à

$$1 + \alpha\frac{15}{16}\frac{f}{\pi}\sin^2\theta.$$

Je suppose qu'à l'équateur la force centrifuge soit à la pesanteur
comme $\alpha m : 1$ ; on pourra, en regardant le sphéroïde comme une sphère,
supposer la pesanteur égale à la masse divisée par le carré du rayon CA,
ce qui donne $\tfrac{4}{3}\pi$ pour l'expression de cette force ; on a donc $\alpha f = \alpha m\tfrac{4}{3}\pi$ ;
partant, CM $= 1 + \tfrac{5}{4}\alpha m\sin^2\theta$. Il suit de là que le rayon de l'équateur

est égal à $1 + \frac{5}{4}\alpha m$ et, par conséquent, que l'aplatissement de la masse est égal à $\frac{5}{4}\alpha m$, ce que l'on sait d'ailleurs.

## VIII.

Je suppose dans l'équation (E) de l'article VI

$$\frac{d^2 y}{dx^2} = 2c + \frac{d^2 z}{dx^2},$$

elle donnera

$$-\frac{f}{2\pi}x = \frac{2^3}{3.5}c.x + \frac{2^2}{3.5}\frac{d^2 z}{dx^2}x - \frac{2^3}{3.5.7}\frac{d^3 z}{dx^3}(x^2 + \tfrac{1}{2}) + \dots;$$

en faisant $c = -\frac{15}{16}\frac{f}{\pi}$, on aura

$$0 = \frac{2^2}{3.5}\frac{d^2 z}{dx^2}x - \frac{2^3}{3.5.7}\frac{d^3 z}{dx^3}(x^2 + \tfrac{1}{2}) + \dots.$$

Soit $z = \varphi(x)$ l'intégrale de cette équation; on aura

$$y = \varphi(x) + cx^2 + bx + a;$$

la supposition de $f = 0$ donne $y = z = \varphi(x)$; on voit ainsi que le mouvement de rotation du corps ne fait qu'ajouter à la valeur de $y$ la quantité $cx^2 + bx + a$; ainsi, toutes les figures de révolution dans lesquelles l'équilibre a lieu lorsque la masse est immobile ont également lieu lorsqu'elle tourne autour de son axe de révolution, pourvu qu'on ajoute à l'expression de $y$ $cx^2 + bx + a$; mais, lorsque $f = 0$, existe-t-il d'autre cas d'équilibre que la figure sphérique? Il paraît difficile de prononcer sur cet objet; voici cependant un théorème fort général qui exclut un grand nombre de figures.

Théorème. — *L'expression de $y$ ne peut avoir cette forme*

$$y = \frac{a.x^\mu + a'.x^{\mu'} + a''.x^{\mu''} + \dots}{b.x^r + b'.x^{r'} + b''.x^{r''} + \dots},$$

$\mu$, $\mu'$, $\mu''$, $\dots$, $r$, $r'$, $r''$, $\dots$ *étant des nombres quelconques réels.*

*Démonstration.* — Je suppose d'abord que le dénominateur de cette expression se réduise à l'unité et que l'on ait

$$y = a x^\mu + a' x^{\mu'} + a'' x^{\mu''} + \ldots;$$

soit $\mu$ le plus grand des exposants $\mu$, $\mu'$, $\mu''$, …; en substituant dans l'équation (D) de l'article VI, au lieu de $y$, l'expression précédente, et supposant $f = 0$, le terme $a x^\mu$ en donnera un de cette forme

$$\mu a x^{\mu-1} \int dp \sin p \cos^2 p \left[ (\mu - 1) \sin^2 p - \frac{(\mu - 1)(\mu - 2)}{1.2} \sin^4 p \right.$$
$$\left. + \frac{(\mu - 1)(\mu - 2)(\mu - 3)}{1.2.3} \sin^6 p - \ldots \right],$$

et comme ce terme est le plus élevé par rapport à $x$, il doit être séparément égal à zéro, ce qui donne

$$0 = \mu \int dp \sin p \cos^2 p \left[ (\mu - 1) \sin^2 p - \frac{(\mu - 1)(\mu - 2)}{1.2} \sin^4 p + \ldots \right];$$

or on a

$$(\mu - 1) \sin^2 p - \frac{(\mu - 1)(\mu - 2)}{1.2} \sin^4 p + \ldots$$
$$= 1 - (1 - \sin^2 p)^{\mu-1} = 1 - \cos^{2\mu-2} p;$$

donc

$$0 = \mu \int dp \sin p \cos^2 p - \mu \int dp \sin p \cos^{2\mu} p,$$

d'où l'on tire, en intégrant,

$$0 = \mu \left( C + \frac{1}{2\mu + 1} \cos^{2\mu+1} p - \tfrac{1}{3} \cos^3 p \right).$$

Il faut déterminer la constante arbitraire C de manière que l'intégrale soit nulle lorsque $\cos p = 1$, et faire ensuite $\cos p = -1$; l'équation précédente devient ainsi

$$\text{(T)} \qquad 0 = \mu [ \tfrac{2}{3} (2\mu + 1) - 1 + (-1)^{2\mu+1} ];$$

l'équation (T) donne d'abord $\mu = 0$; il peut ensuite arriver trois cas :

1° La valeur de $\mu$ peut être telle que l'on ait $(-1)^{2\mu-1} = 1$, l'équation (T) donne alors $\mu = -\frac{1}{2}$; mais cette valeur de $\mu$ doit être rejetée, parce que le terme $ax^\mu$ deviendrait imaginaire lorsque $x$ serait négatif, et que d'ailleurs, $\mu$ étant le plus grand des exposants $\mu$, $\mu'$, ..., la valeur de $y$ serait infinie lorsque $x$ serait nul.

2° La valeur de $\mu$ peut être telle que l'on ait $(-1)^{2\mu+1} = -1$, l'équation (T) donne dans ce cas $\mu = 1$.

3° Enfin, on peut supposer que $(-1)^{2\mu+1}$ est imaginaire; mais alors l'équation (T) donnerait pour $\mu$ une valeur imaginaire, ce qui est contre l'hypothèse dont nous sommes partis.

Il suit de là que l'expression de $y$ ne peut avoir que cette forme

$$y = ax + a' + a''x^{\mu''} + a'''x^{\mu'''} + \ldots,$$

$\mu''$, $\mu'''$, ... étant moindres que l'unité et différents de zéro; or, en substituant cette valeur dans l'équation (E) de l'article VI, et supposant $f = 0$, il est visible que, si l'expression précédente de $y$ y satisfait, celle-ci

$$y = a''x^{\mu''} + a'''x^{\mu'''} + \ldots$$

y satisfera pareillement, puisque l'équation (E) ne renferme point $y$ ni sa première différence; or il faut pour cela, comme on vient de le voir, que le plus grand des exposants $\mu''$, $\mu'''$, ... soit zéro ou l'unité, ce qui n'est pas; donc, si l'équation

$$y = ax^\mu + a'x^{\mu'} + \ldots$$

est possible, elle ne peut avoir que cette forme

$$y = ax + a';$$

maintenant on a $y = 0$ lorsque $x = 1$ et lorsque $x = -1$, d'où l'on tire $a = 0$ et $a' = 0$; partant $y = 0$, ce qui montre que le sphéroïde est une sphère.

Je dois observer ici que M. d'Alembert a déjà fait la même remarque pour le cas où les exposants $\mu$, $\mu'$, ... sont des nombres entiers positifs (*voir* le tome V des *Opuscules* de ce grand géomètre).

Supposons présentement que l'expression de $y$ ait un dénominateur et que l'on ait

$$y = \frac{a\,x^{\mu} + a'\,x^{\mu'} + a''\,x^{\mu''} + \ldots}{b\,x^{r} + b'\,x^{r'} + b''\,x^{r''} + \ldots};$$

soit $\mu$ le plus grand des exposants $\mu$, $\mu'$, ... et $r$ le plus grand des exposants $r$, $r'$, $r''$, ..., on aura, en divisant le numérateur et le dénominateur de l'expression de $y$ par $x^{r}$,

$$y = \frac{a\,x^{\mu-r} + a'\,x^{\mu'-r} + \ldots}{b + b'\,x^{r'-r} + \ldots}.$$

En réduisant le dénominateur en série, on aura pour $y$ une suite infinie de cette forme

$$\frac{a}{b}\,x^{\mu-r} + h\,x^{l} + h'\,x^{l'} + \ldots,$$

les exposants $\mu - r$, $l$, $l'$, ... allant toujours en décroissant; or, si l'on substitue, au lieu de $y$, cette valeur dans l'équation (E) de l'article VI, en supposant $f = o$, on prouvera, comme ci-dessus, que $\mu - r$ doit être égal à zéro ou à l'unité ou à $-\frac{1}{2}$. Si $\mu - r = -\frac{1}{2}$, on aura $r = \mu + \frac{1}{2}$; donc

$$y = \frac{a\,x^{\mu} + a'\,x^{\mu'} + \ldots}{b\,x^{\mu+\frac{1}{2}} + b'\,x^{r'} + \ldots};$$

or, en faisant $x$ négatif, $x^{\mu}$ est réel ou imaginaire; dans le premier cas, le dénominateur de l'expression de $y$, et dans le second cas, son numérateur devient imaginaire; on doit donc rejeter l'équation $\mu - r = -\frac{1}{2}$.

Si $\mu - r$ est égal à zéro, on a l'unité; en divisant le numérateur de l'expression de $y$ par son dénominateur, on pourra la mettre sous cette forme

$$y = h\,x + h' + \frac{c\,x^{l} + c'\,x^{l'} + \ldots}{b\,x^{r} + b'\,x^{r'} + \ldots},$$

$l$ ne surpassant $r$ ni de zéro ni de l'unité, et puisque cette valeur de $y$ satisfait à l'équation (E), en supposant $f = o$, celle-ci

$$y = \frac{c\,x^{l} + c'\,x^{l'} + \ldots}{b\,x^{r} + b'\,x^{r'} + \ldots}$$

y satisfera pareillement; or, pour cela il faut, par ce qui précède, que $i$ surpasse $r$ de zéro ou de l'unité, ce qui n'est pas; donc, généralement, l'expression

$$y = \frac{a.x^{\mu} + a'.x^{\mu} + \ldots}{b.x^{r} + b'.x^{r} + \ldots}$$

se réduit à celle-ci

$$y = ax + a';$$

d'où l'on tire $y = 0$ et, par conséquent, que le sphéroïde est une sphère.

Quoique, en vertu de ce théorème, un grand nombre de figures se trouvent exclues du cas de l'équilibre, il n'est cependant pas démontré que la figure elliptique soit la seule possible; mais il est très remarquable que, indépendamment de cela, nous soyons parvenus à déterminer généralement la loi de la pesanteur, et que cette loi soit la même sur tous les sphéroïdes de révolution, pourvu que leur figure convienne à l'équilibre.

FIN DU TOME HUITIÈME.

13909 Paris. — Imprimerie GAUTHIER-VILLARS ET FILS, quai des Grands-Augustins, 55.